교육의 힘으로
세상의 차이를 좁혀 갑니다

차이가 차별로 이어지지 않는 미래를 위해
EBS가 가장 든든한 친구가 되겠습니다.

모든 교재 정보와 다양한 이벤트가 가득!
EBS 교재사이트 book.ebs.co.kr

본 교재는 EBS 교재사이트에서
eBook으로도 구입하실 수 있습니다.

2025학년도

수능 연계교재 수능완성

수학영역

수학 Ⅰ · 수학 Ⅱ · 확률과 통계

기획 및 개발
권태완
정윤원
최희선
송지숙(개발총괄위원)

감수
한국교육과정평가원

책임 편집
임혜원
정혜선
최은아

본 교재의 강의는 TV와 모바일 APP, EBSi 사이트(www.ebsi.co.kr)에서 무료로 제공됩니다.

발행일 2024. 5. 20. 2쇄 인쇄일 2024. 7. 31. 신고번호 제2017-000193호 펴낸곳 한국교육방송공사 경기도 고양시 일산동구 한류월드로 281
표지디자인 ㈜무닉 내지디자인 다우 내지조판 ㈜글사랑 인쇄 팩컴코리아㈜
인쇄 과정 중 잘못된 교재는 구입하신 곳에서 교환하여 드립니다. 신규 사업 및 교재 광고 문의 pub@ebs.co.kr

정답과 풀이 PDF 파일은 EBSi 사이트(www.ebsi.co.kr)에서 내려받으실 수 있습니다.

교재 내용 문의
교재 및 강의 내용 문의는
EBSi 사이트(www.ebsi.co.kr)의 학습 Q&A 서비스를
활용하시기 바랍니다.

교재 정오표 공지
발행 이후 발견된 정오 사항을
EBSi 사이트 정오표 코너에서 알려 드립니다.
교재 → 교재 자료실 → 교재 정오표

교재 정정 신청
공지된 정오 내용 외에 발견된 정오 사항이 있다면
EBSi 사이트를 통해 알려 주세요.
교재 → 교재 정정 신청

호남대학교
HONAM UNIVERSITY
위니TV
YouTube
입학홍보대사
Instagram
카톡상담
Kakaotalk
취뽀
호남대학교
2025학년도 신입생모집
- 본 교재 광고의 수익금은 콘텐츠 품질 개선과 공익사업에 사용됩니다.
- 모두의 요강(mdipsi.com)을 통해 호남대학교의 입시정보를 확인할 수 있습니다.

2025학년도

수능 연계교재 수능완성

수학영역

수학 Ⅰ · 수학 Ⅱ · 확률과 통계

이 책의 **구성과 특징** STRUCTURE

이 책의 구성

❶ 유형편

유형에 제시된 필수유형 문제와 문항들로 유형별 학습을 할 수 있도록 하였다.

❷ 실전편

실전 모의고사 5회 구성으로 수능에 대비할 수 있도록 하였다.

2025학년도 대학수학능력시험 수학영역

❶ 출제원칙

수학 교과의 특성을 고려하여 개념과 원리를 바탕으로 한 사고력 중심의 문항을 출제한다.

❷ 출제방향

- 단순 암기에 의해 해결할 수 있는 문항이나 지나치게 복잡한 계산 위주의 문항 출제를 지양하고 계산, 이해, 추론, 문제해결 능력을 평가할 수 있는 문항을 출제한다.
- 2015 개정 수학과 교육과정에 따라 이수한 수학 과목의 개념과 원리 등은 출제범위에 속하는 내용과 통합하여 출제할 수 있다.
- 수학영역은 교육과정에 제시된 수학 교과의 수학Ⅰ, 수학Ⅱ, 확률과 통계, 미적분, 기하 과목을 바탕으로 출제한다.

❸ 출제범위

- '공통과목 + 선택과목' 구조에 따라 공통과목(수학Ⅰ, 수학Ⅱ)은 공통 응시하고 선택과목(확률과 통계, 미적분, 기하) 중 1개 과목을 선택한다.

구분 / 영역	문항수	문항유형	배점		시험 시간	출제범위(선택과목)
			문항	전체		
수학	30	5지 선다형, 단답형	2점 3점 4점	100점	100분	• 공통과목: 수학Ⅰ, 수학Ⅱ • 선택과목(택1): 확률과 통계, 미적분, 기하 • 공통 75%, 선택 25% 내외 • 단답형 30% 포함

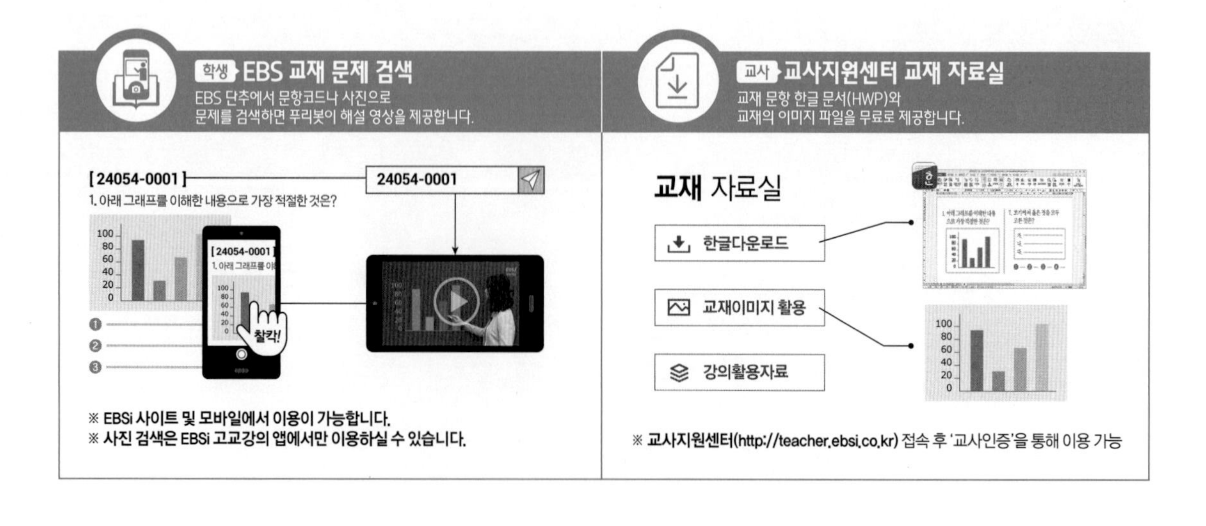

이 책의 차례 CONTENTS

유형편

01 지수함수와 로그함수

Note

1 거듭제곱근의 성질

(1) 실수 a와 2 이상의 자연수 n에 대하여 a의 n제곱근 중 실수인 것은 다음과 같다.

	$a>0$	$a=0$	$a<0$
n이 짝수	$\sqrt[n]{a}$, $-\sqrt[n]{a}$	0	없다.
n이 홀수	$\sqrt[n]{a}$	0	$\sqrt[n]{a}$

(2) $a>0$, $b>0$이고 m, n이 2 이상의 자연수일 때

① $(\sqrt[n]{a})^n=a$

② $\sqrt[n]{a}\sqrt[n]{b}=\sqrt[n]{ab}$

③ $\dfrac{\sqrt[n]{a}}{\sqrt[n]{b}}=\sqrt[n]{\dfrac{a}{b}}$

④ $(\sqrt[n]{a})^m=\sqrt[n]{a^m}$

⑤ $\sqrt[m]{\sqrt[n]{a}}=\sqrt[mn]{a}=\sqrt[n]{\sqrt[m]{a}}$

⑥ $\sqrt[np]{a^{mp}}=\sqrt[n]{a^m}$ (단, p는 자연수)

2 지수의 확장(1) – 정수

(1) $a\neq 0$이고 n이 양의 정수일 때

① $a^0=1$

② $a^{-n}=\dfrac{1}{a^n}$

(2) $a\neq 0$, $b\neq 0$이고 m, n이 정수일 때

① $a^m a^n=a^{m+n}$ ② $a^m\div a^n=a^{m-n}$ ③ $(a^m)^n=a^{mn}$ ④ $(ab)^n=a^n b^n$

3 지수의 확장(2) – 유리수와 실수

(1) $a>0$이고 m이 정수, n이 2 이상의 자연수일 때

① $a^{\frac{1}{n}}=\sqrt[n]{a}$

② $a^{\frac{m}{n}}=\sqrt[n]{a^m}$

(2) $a>0$, $b>0$이고 r, s가 유리수일 때

① $a^r a^s=a^{r+s}$ ② $a^r\div a^s=a^{r-s}$ ③ $(a^r)^s=a^{rs}$ ④ $(ab)^r=a^r b^r$

(3) $a>0$, $b>0$이고 x, y가 실수일 때

① $a^x a^y=a^{x+y}$ ② $a^x\div a^y=a^{x-y}$ ③ $(a^x)^y=a^{xy}$ ④ $(ab)^x=a^x b^x$

4 로그의 뜻과 조건

(1) 로그의 뜻 : $a>0$, $a\neq 1$, $N>0$일 때, $a^x=N \Longleftrightarrow x=\log_a N$

(2) 로그의 밑과 진수의 조건 : $\log_a N$이 정의되려면 밑 a는 $a>0$, $a\neq 1$이고 진수 N은 $N>0$이어야 한다.

5 로그의 성질

$a>0$, $a\neq 1$이고 $M>0$, $N>0$일 때

(1) $\log_a 1=0$, $\log_a a=1$

(2) $\log_a MN=\log_a M+\log_a N$

(3) $\log_a \dfrac{M}{N}=\log_a M-\log_a N$

(4) $\log_a M^k=k\log_a M$ (단, k는 실수)

6 로그의 밑의 변환

(1) $a>0$, $a\neq 1$, $b>0$, $c>0$, $c\neq 1$일 때, $\log_a b=\dfrac{\log_c b}{\log_c a}$

(2) 로그의 밑의 변환의 활용 : $a>0$, $a\neq 1$, $b>0$, $c>0$일 때

① $\log_a b=\dfrac{1}{\log_b a}$ (단, $b\neq 1$)

② $\log_a b\times\log_b c=\log_a c$ (단, $b\neq 1$)

③ $\log_{a^m} b^n=\dfrac{n}{m}\log_a b$ (단, m, n은 실수이고 $m\neq 0$)

④ $a^{\log_b c}=c^{\log_b a}$ (단, $b\neq 1$)

Note

7 지수함수의 뜻과 그래프

(1) $y=a^x$ ($a>0$, $a\neq1$)을 a를 밑으로 하는 지수함수라고 한다.

(2) 지수함수 $y=a^x$ ($a>0$, $a\neq1$)의 그래프는 다음 그림과 같다.

① $a>1$일 때

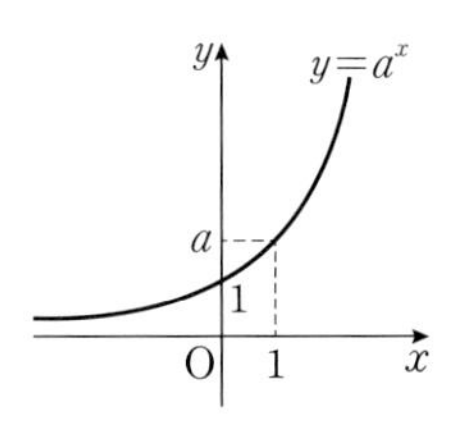

② $0<a<1$일 때

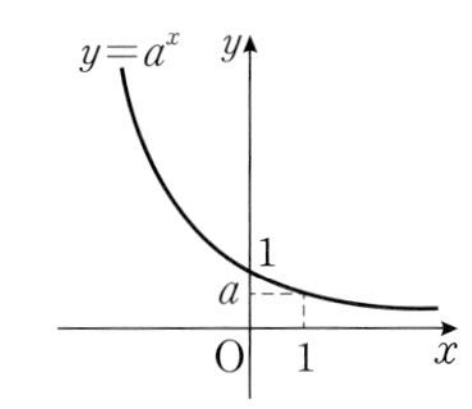

8 지수함수 $y=a^x$ ($a>0$, $a\neq1$)의 성질

(1) $a>1$일 때, x의 값이 증가하면 y의 값도 증가한다.
$0<a<1$일 때, x의 값이 증가하면 y의 값은 감소한다.

(2) a의 값에 관계없이 그래프는 점 $(0, 1)$을 지나고, 점근선은 x축(직선 $y=0$)이다.

(3) 함수 $y=a^x$의 그래프와 함수 $y=\left(\frac{1}{a}\right)^x$의 그래프는 서로 y축에 대하여 대칭이다.

(4) 함수 $y=a^{x-m}+n$의 그래프는 함수 $y=a^x$의 그래프를 x축의 방향으로 m만큼, y축의 방향으로 n만큼 평행이동한 것이다.

9 지수함수의 활용

(1) $a>0$, $a\neq1$일 때, $a^{f(x)}=a^{g(x)} \iff f(x)=g(x)$

(2) $a>1$일 때, $a^{f(x)}<a^{g(x)} \iff f(x)<g(x)$
$0<a<1$일 때, $a^{f(x)}<a^{g(x)} \iff f(x)>g(x)$

10 로그함수의 뜻과 그래프

(1) $y=\log_a x$ ($a>0$, $a\neq1$)을 a를 밑으로 하는 로그함수라고 한다.

(2) 로그함수 $y=\log_a x$ ($a>0$, $a\neq1$)의 그래프는 다음 그림과 같다.

① $a>1$일 때

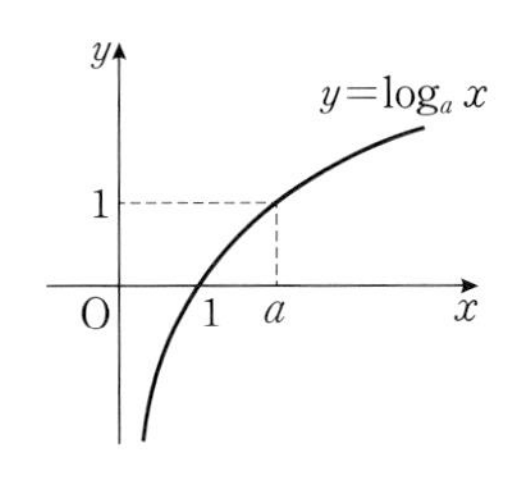

② $0<a<1$일 때

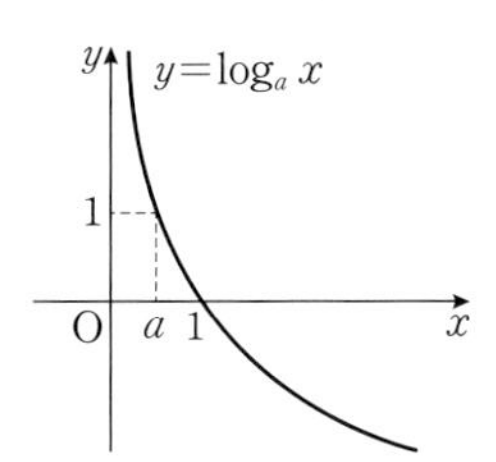

11 로그함수 $y=\log_a x$ ($a>0$, $a\neq1$)의 성질

(1) $a>1$일 때, x의 값이 증가하면 y의 값도 증가한다.
$0<a<1$일 때, x의 값이 증가하면 y의 값은 감소한다.

(2) a의 값에 관계없이 그래프는 점 $(1, 0)$을 지나고, 점근선은 y축(직선 $x=0$)이다.

(3) 함수 $y=\log_a x$의 그래프와 함수 $y=\log_{\frac{1}{a}} x$의 그래프는 서로 x축에 대하여 대칭이다.

(4) 함수 $y=\log_a (x-m)+n$의 그래프는 함수 $y=\log_a x$의 그래프를 x축의 방향으로 m만큼, y축의 방향으로 n만큼 평행이동한 것이다.

(5) 지수함수 $y=a^x$ ($a>0$, $a\neq1$)의 역함수는 로그함수 $y=\log_a x$ ($a>0$, $a\neq1$)이다.

12 로그함수의 활용

(1) $a>0$, $a\neq1$일 때, $\log_a f(x)=\log_a g(x) \iff f(x)=g(x)$, $f(x)>0$, $g(x)>0$

(2) $a>1$일 때, $\log_a f(x)<\log_a g(x) \iff 0<f(x)<g(x)$
$0<a<1$일 때, $\log_a f(x)<\log_a g(x) \iff f(x)>g(x)>0$

유형 1 거듭제곱근의 뜻과 성질

출제경향 | 거듭제곱근의 뜻과 성질을 이용하는 문제가 출제된다.

출제유형잡기 | 거듭제곱근의 뜻과 성질을 이용하여 문제를 해결한다.

(1) 실수 a와 2 이상의 자연수 n에 대하여 a의 n제곱근 중 실수인 것은 다음과 같다.

	$a>0$	$a=0$	$a<0$
n이 짝수	$\sqrt[n]{a}$, $-\sqrt[n]{a}$	0	없다.
n이 홀수	$\sqrt[n]{a}$	0	$\sqrt[n]{a}$

(2) $a>0$, $b>0$이고 m, n이 2 이상의 자연수일 때

① $(\sqrt[n]{a})^n=a$

② $\sqrt[n]{a}\sqrt[n]{b}=\sqrt[n]{ab}$

③ $\dfrac{\sqrt[n]{a}}{\sqrt[n]{b}}=\sqrt[n]{\dfrac{a}{b}}$

④ $(\sqrt[n]{a})^m=\sqrt[n]{a^m}$

⑤ $\sqrt[m]{\sqrt[n]{a}}=\sqrt[mn]{a}=\sqrt[n]{\sqrt[m]{a}}$

⑥ $\sqrt[np]{a^{mp}}=\sqrt[n]{a^m}$ (단, p는 자연수)

필수유형 1

| 2021학년도 수능 6월 모의평가 |

자연수 n이 $2\le n\le 11$일 때, $-n^2+9n-18$의 n제곱근 중에서 음의 실수가 존재하도록 하는 모든 n의 값의 합은? [3점]

① 31 ② 33 ③ 35 ④ 37 ⑤ 39

01

▸ 24054-0001

$\sqrt[8]{2}\times\sqrt[4]{2}\times\sqrt[8]{32}+\sqrt[3]{3}\times\sqrt[3]{9}$의 값은?

① 4 ② 5 ③ 6 ④ 7 ⑤ 8

02

▸ 24054-0002

양수 k에 대하여 k의 세제곱근 중 실수인 것과 $2k$의 네제곱근 중 양의 실수인 것이 서로 같을 때, k의 값은?

① 5 ② 6 ③ 7 ④ 8 ⑤ 9

03

▸ 24054-0003

모든 자연수 n에 대하여

$$\sqrt[2n+1]{a^2+3}+\sqrt[2n+1]{7(1-a)}=0$$

이 되도록 하는 모든 실수 a의 값의 합은?

① 3 ② 4 ③ 5 ④ 6 ⑤ 7

04

▸ 24054-0004

자연수 n $(n\ge 2)$와 양수 a에 대하여 $(n-a)(n-a-4)$의 n제곱근 중 실수인 것의 개수를 $f(n)$이라 하자.
$f(2)+f(3)+f(4)=4$일 때, a의 값은?

① 3 ② $\dfrac{7}{2}$ ③ 4 ④ $\dfrac{9}{2}$ ⑤ 5

유형 2 지수의 확장과 지수법칙

출제경향 | 거듭제곱근을 지수가 유리수인 꼴로 나타내는 문제, 지수법칙을 이용하여 식의 값을 구하는 문제가 출제된다.

출제유형잡기 | 지수법칙을 이용하여 문제를 해결한다.

(1) 0 또는 음의 정수인 지수

$a\neq 0$이고 n이 양의 정수일 때

① $a^0=1$ ② $a^{-n}=\dfrac{1}{a^n}$

(2) 유리수인 지수

$a>0$이고 m이 정수, n이 2 이상의 자연수일 때

① $a^{\frac{1}{n}}=\sqrt[n]{a}$ ② $a^{\frac{m}{n}}=\sqrt[n]{a^m}$

(3) 지수법칙

$a>0$, $b>0$이고 x, y가 실수일 때

① $a^xa^y=a^{x+y}$ ② $a^x\div a^y=a^{x-y}$

③ $(a^x)^y=a^{xy}$ ④ $(ab)^x=a^xb^x$

필수유형 2

| 2024학년도 수능 |

$\sqrt[3]{24}\times 3^{\frac{2}{3}}$의 값은? [2점]

① 6 ② 7 ③ 8 ④ 9 ⑤ 10

05

▸ 24054-0005

$\left(\dfrac{1}{5}\right)^{\frac{1}{3}}\times 5^{-\sqrt{3}}\times\left(5^{\frac{4}{9}+\frac{\sqrt{3}}{3}}\right)^3$의 값은?

① $\dfrac{1}{25}$ ② $\dfrac{1}{5}$ ③ 1 ④ 5 ⑤ 25

06

▸ 24054-0006

두 양수 a, b에 대하여

$$a^{b^2+\frac{a}{b}}=2^{\frac{1}{b}},\ a^{\frac{1}{b}}=4^{b^2-\frac{a}{b}}$$

일 때, b^6-a^2의 값은? (단, $a\neq 1$)

① $\dfrac{1}{2}$ ② 1 ③ $\dfrac{3}{2}$ ④ 2 ⑤ $\dfrac{5}{2}$

07

▸ 24054-0007

자연수 k에 대하여 $\sqrt[n]{(2^k)^5}$의 값이 자연수가 되도록 하는 2 이상의 자연수 n의 개수를 $f(k)$라 할 때, $f(k)=3$을 만족시키는 25 이하의 모든 k의 값의 합을 구하시오.

수학 I

유형 3 로그의 뜻과 기본 성질

출제경향 | 로그의 뜻과 로그의 성질을 이용하여 주어진 식의 값을 구하는 문제가 출제된다.

출제유형잡기 | 로그의 뜻과 로그의 성질을 이용하여 문제를 해결한다.

(1) $a>0$, $a\neq1$, $N>0$일 때, $a^x=N \Longleftrightarrow x=\log_a N$

(2) $\log_a N$이 정의되려면 밑 a는 $a>0$, $a\neq1$이고 진수 N은 $N>0$이어야 한다.

(3) 로그의 성질

$a>0$, $a\neq1$이고 $M>0$, $N>0$일 때

① $\log_a 1=0$, $\log_a a=1$

② $\log_a MN=\log_a M+\log_a N$

③ $\log_a \frac{M}{N}=\log_a M-\log_a N$

④ $\log_a M^k=k\log_a M$ (단, k는 실수)

필수유형 3

| 2024학년도 수능 |

수직선 위의 두 점 $\mathrm{P}(\log_5 3)$, $\mathrm{Q}(\log_5 12)$에 대하여 선분 PQ를 $m:(1-m)$으로 내분하는 점의 좌표가 1일 때, 4^m의 값은? (단, m은 $0<m<1$인 상수이다.) [4점]

① $\frac{7}{6}$ ② $\frac{4}{3}$ ③ $\frac{3}{2}$
④ $\frac{5}{3}$ ⑤ $\frac{11}{6}$

08

▸ 24054-0008

$\log_3 \frac{5}{8}+\log_3 \frac{36}{5}-\log_3 \frac{1}{2}$의 값은?

① 1 ② $\frac{3}{2}$ ③ 2
④ $\frac{5}{2}$ ⑤ 3

09

▸ 24054-0009

자연수 n에 대하여 집합 A_n을

$A_n=\{(a, b)\,|\,\log_2 a+\log_2 b=n,\ a,\ b$는 자연수$\}$

라 하자. 집합 A_n의 모든 원소 (a, b)에 대하여 $a+b>2\sqrt{2^n}$이 성립하도록 하는 10 이하의 모든 자연수 n의 개수는?

① 2 ② 3 ③ 4
④ 5 ⑤ 6

10

▸ 24054-0010

자연수 a에 대하여 $\log_{|x-a|}\{-|x-a^2+1|+2\}$가 정의되도록 하는 모든 정수 x의 개수를 $f(a)$라 할 때, $f(a)=3$을 만족시키는 a의 최솟값을 구하시오.

11

▸ 24054-0011

다음 조건을 만족시키는 정수 m에 대하여 2^m의 최댓값과 최솟값의 합이 k일 때, $8k$의 값을 구하시오.

> $\log_2 a-\log_2 b+\log_2 c-\log_2 d=m$을 만족시키는 2 이상 8 이하의 서로 다른 네 자연수 a, b, c, d가 존재한다.

유형 4 로그의 여러 가지 성질

출제경향 | 로그의 여러 가지 성질을 이용하여 주어진 식의 값을 구하는 문제가 출제된다.

출제유형잡기 | 로그의 여러 가지 성질을 이용하여 문제를 해결한다.

(1) 로그의 밑의 변환

$a>0$, $a\neq1$, $b>0$, $c>0$, $c\neq1$일 때

$$\log_a b=\frac{\log_c b}{\log_c a}$$

(2) 로그의 밑의 변환의 활용

$a>0$, $a\neq1$, $b>0$, $c>0$일 때

① $\log_a b=\frac{1}{\log_b a}$ (단, $b\neq1$)

② $\log_a b\times\log_b c=\log_a c$ (단, $b\neq1$)

③ $\log_{a^m} b^n=\frac{n}{m}\log_a b$ (단, m, n은 실수이고, $m\neq0$)

④ $a^{\log_b c}=c^{\log_b a}$ (단, $b\neq1$)

필수유형 4

| 2024학년도 수능 9월 모의평가 |

두 실수 a, b가

$$3a+2b=\log_3 32,\ ab=\log_9 2$$

를 만족시킬 때, $\frac{1}{3a}+\frac{1}{2b}$의 값은? [3점]

① $\frac{5}{12}$ ② $\frac{5}{6}$ ③ $\frac{5}{4}$

④ $\frac{5}{3}$ ⑤ $\frac{25}{12}$

12

▸ 24054-0012

$\log_4 27\times\log_9 8\times(2^{\log_3 5})^{\log_5 9}$의 값은?

① 9 ② 10 ③ 11

④ 12 ⑤ 13

13

▸ 24054-0013

$a>0$, $a\neq1$인 실수 a에 대하여

$$2^{\log_a 9}=3^{\log_5 8}$$

일 때, $\log_a 5$의 값은?

① 1 ② $\frac{3}{2}$ ③ 2

④ $\frac{5}{2}$ ⑤ 3

14

▸ 24054-0014

실수 a에 대하여 두 집합 A, B를

$$A=\{x\,|\,x^2+ax-9=0,\ x\text{는 양의 실수}\},$$

$$B=\{y\,|\,\log_5 y\times\log_y 7=\log_5 7,\ y\text{는 실수}\}$$

라 하자. 집합 A가 집합 B의 부분집합이 아닐 때, a의 값을 구하시오.

수학 I

유형 5 지수함수와 로그함수의 그래프

출제경향 | 지수함수와 로그함수의 성질과 그 그래프의 특징을 이해하고 있는지를 묻는 문제가 출제된다.

출제유형잡기 | 지수함수와 로그함수의 밑의 범위에 따른 증가와 감소, 그래프의 점근선, 평행이동과 대칭이동을 이해하여 문제를 해결한다.

필수유형 5 | 2024학년도 수능 6월 모의평가 |

상수 a $(a>2)$에 대하여 함수 $y=\log_2(x-a)$의 그래프의 점근선이 두 곡선 $y=\log_2\frac{x}{4}$, $y=\log_{\frac{1}{2}}x$와 만나는 점을 각각 A, B라 하자. $\overline{AB}=4$일 때, a의 값은? [3점]

① 4 ② 6 ③ 8 ④ 10 ⑤ 12

15

▸ 24054-0015

함수 $y=\log_2(kx+2k^2+1)$의 그래프가 x축과 만나는 점의 x좌표가 -6일 때, 양수 k의 값은?

① 1 ② $\frac{3}{2}$ ③ 2 ④ $\frac{5}{2}$ ⑤ 3

16

▸ 24054-0016

곡선 $y=2^{x+5}$을 x축의 방향으로 a만큼 평행이동한 곡선을 나타내는 함수를 $y=f(x)$라 하고, 곡선 $y=\left(\frac{1}{2}\right)^{x+7}$을 x축의 방향으로 a^2만큼 평행이동한 후 y축에 대하여 대칭이동한 곡선을 나타내는 함수를 $y=g(x)$라 하자. 모든 실수 x에 대하여 $f(x)=g(x)$일 때, 양수 a의 값은?

① 2 ② $\frac{5}{2}$ ③ 3 ④ $\frac{7}{2}$ ⑤ 4

17

▸ 24054-0017

두 상수 a $(a>1)$, b $(0<b<1)$에 대하여 곡선 $y=a^x-\frac{1}{2}$이 x축, y축과 만나는 점을 각각 A, B라 하고, 곡선 $y=b^x-\frac{1}{2}$이 x축과 만나는 점을 C라 하자. 삼각형 ACB가 정삼각형일 때, $a^{\frac{2\sqrt{3}}{3}}\times b^{\frac{\sqrt{3}}{3}}$의 값은?

① 2 ② $\frac{5}{2}$ ③ 3 ④ $\frac{7}{2}$ ⑤ 4

18

▸ 24054-0018

그림과 같이 $k>1$인 상수 k에 대하여 두 함수 $f(x)=\log_4 x$, $g(x)=\log_k(-x)$가 있다.
두 곡선 $y=f(x)$, $y=g(x)$가 x축과 만나는 점을 각각 A, B라 하자. 곡선 $y=f(x)$ 위의 점 P에 대하여 직선 AP의 기울기를 m_1, 직선 BP의 기울기를 m_2, 직선 AP가 곡선 $y=g(x)$와 만나는 점을 Q(a, b)라 하자.
$\frac{m_2}{m_1}=\frac{3}{5}$, $k^b=-\frac{9}{7}b$일 때, a의 값은?

(단, 점 P는 제1사분면 위의 점이고, a, b는 상수이다.)

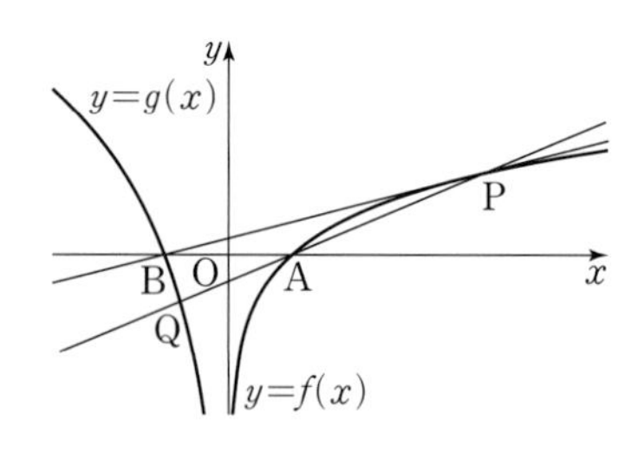

① $-\frac{7}{8}$ ② $-\frac{13}{16}$ ③ $-\frac{3}{4}$ ④ $-\frac{11}{16}$ ⑤ $-\frac{5}{8}$

유형 6 지수함수와 로그함수의 활용

출제경향 | 지수 또는 진수에 미지수가 포함된 방정식, 지수 또는 진수에 미지수가 포함된 부등식의 해를 구하는 문제가 출제된다.

출제유형잡기 | 지수 또는 진수에 미지수가 포함된 방정식, 지수 또는 진수에 미지수가 포함된 부등식의 해를 구할 때는 다음 성질을 이용하여 문제를 해결한다.

(1) $a>0$, $a\neq1$일 때, $a^{f(x)}=a^{g(x)} \Longleftrightarrow f(x)=g(x)$

(2) $a>1$일 때, $a^{f(x)}<a^{g(x)} \Longleftrightarrow f(x)<g(x)$

$0<a<1$일 때, $a^{f(x)}<a^{g(x)} \Longleftrightarrow f(x)>g(x)$

(3) $a>0$, $a\neq1$일 때, $\log_a f(x)=\log_a g(x)$

$\Longleftrightarrow f(x)=g(x)$, $f(x)>0$, $g(x)>0$

(4) $a>1$일 때, $\log_a f(x)<\log_a g(x) \Longleftrightarrow 0<f(x)<g(x)$

$0<a<1$일 때, $\log_a f(x)<\log_a g(x) \Longleftrightarrow f(x)>g(x)>0$

필수유형 6 | 2024학년도 수능 6월 모의평가 |

부등식 $2^{x-6}\le\left(\frac{1}{4}\right)^x$을 만족시키는 모든 자연수 x의 값의 합을 구하시오. [3점]

19

▸ 24054-0019

방정식

$$2^{x^2-7}=4^{x+4}$$

을 만족시키는 모든 실수 x의 값의 합은?

① -2 ② -1 ③ 0 ④ 1 ⑤ 2

20

▸ 24054-0020

부등식

$$\log_2(2x+a)\le\log_2(-x^2+4)$$

의 해가 $x=b$일 때, $a+b$의 값은?

(단, a, b는 상수이고, $a>-4$이다.)

① 1 ② 2 ③ 3 ④ 4 ⑤ 5

21

▸ 24054-0021

최고차항의 계수가 1인 이차함수 $f(x)$에 대하여 방정식 $3^{\{f(x)\}^2-5}=3^{f(x)+1}$의 서로 다른 실근의 개수는 3이고, 방정식 $\log_3[\{f(x)\}^2-5]=\log_3\{f(x)+1\}$의 서로 다른 모든 실근의 합은 6일 때, $f(5)$의 값은?

① 1 ② 2 ③ 3 ④ 4 ⑤ 5

유형 7 지수함수와 로그함수의 관계

출제경향 | 지수함수의 그래프와 로그함수의 그래프를 활용하는 문제가 출제된다.

출제유형잡기 | 지수함수의 그래프와 로그함수의 그래프, 지수의 성질과 로그의 성질을 이용하여 문제를 해결한다.

필수유형 7 | 2022학년도 수능 9월 모의평가 |

$a>1$인 실수 a에 대하여 직선 $y=-x+4$가 두 곡선 $y=a^{x-1}$, $y=\log_a(x-1)$과 만나는 점을 각각 A, B라 하고, 곡선 $y=a^{x-1}$이 y축과 만나는 점을 C라 하자. $\overline{\mathrm{AB}}=2\sqrt{2}$일 때, 삼각형 ABC의 넓이는 S이다. $50\times S$의 값을 구하시오. [4점]

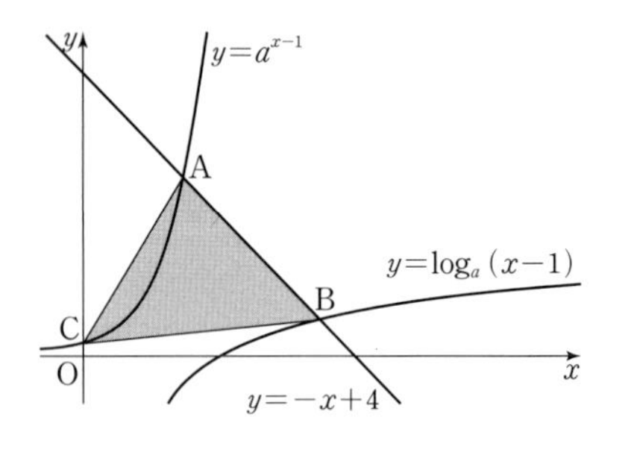

22

▶ 24054-0022

함수 $f(x)=2^{x-5}+a$의 역함수가 $g(x)=\log_2(x-7)+b$일 때, $a+b$의 값은? (단, a, b는 상수이다.)

① 10 ② 11 ③ 12 ④ 13 ⑤ 14

23

▶ 24054-0023

함수 $f(x)=\begin{cases} \left(\frac{1}{2}\right)^{x-3} & (x\le 2) \\ -\log_2 x+3 & (x>2) \end{cases}$에 대하여

$\sum_{n=1}^{6} f\left(f\left(\frac{n}{2}\right)\right)$의 값은?

① 10 ② $\frac{21}{2}$ ③ 11 ④ $\frac{23}{2}$ ⑤ 12

24

▶ 24054-0024

그림과 같이 $a>1$인 상수 a와 $k>a+1$인 상수 k에 대하여 직선 $y=-x+k$가 곡선 $y=\log_a x$와 만나는 점을 A라 하고, 직선 $y=-x+\frac{10}{3}k$가 두 곡선 $y=a^{x+1}+1$, $y=\log_a x$와 만나는 점을 각각 B, C라 하자.

직선 $y=x$가 두 직선 $y=-x+k$, $y=-x+\frac{10}{3}k$와 만나는 점을 각각 D, E라 할 때, $\overline{\mathrm{AD}}=\frac{\sqrt{2}}{6}k$, $\overline{\mathrm{CE}}=\sqrt{2}k$이다. $a\times\overline{\mathrm{BE}}$의 값은? (단, 곡선 $y=\log_a x$와 직선 $y=x$는 만나지 않는다.)

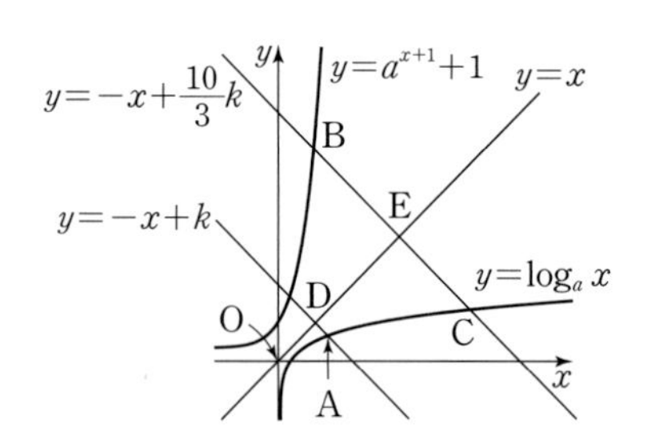

① $11\sqrt{2}$ ② $12\sqrt{2}$ ③ $13\sqrt{2}$ ④ $14\sqrt{2}$ ⑤ $15\sqrt{2}$

유형 8 지수함수와 로그함수의 최댓값과 최솟값

출제경향 | 주어진 범위에서 지수함수와 로그함수의 증가와 감소를 이용하여 최댓값과 최솟값을 구하는 문제가 출제된다.

출제유형잡기 | 밑의 범위에 따른 지수함수와 로그함수의 증가와 감소를 이해하여 주어진 구간에서 지수함수 또는 로그함수의 최댓값과 최솟값을 구하는 문제를 해결한다.

필수유형 8

| 2021학년도 수능 6월 모의평가 |

함수

$$f(x)=2\log_{\frac{1}{2}}(x+k)$$

가 닫힌구간 $[0, 12]$에서 최댓값 -4, 최솟값 m을 갖는다. $k+m$의 값은? (단, k는 상수이다.) [3점]

① -1　② -2　③ -3　④ -4　⑤ -5

25

▸ 24054-0025

$2\le x\le 4$에서 함수 $f(x)=3^x\times\log_2 x$의 최댓값과 최솟값의 합은?

① 171　② 172　③ 173　④ 174　⑤ 175

26

▸ 24054-0026

닫힌구간 $[1, 3]$에서 정의된 두 함수

$$f(x)=\left(\frac{a}{10}+\frac{3}{20}\right)^x,\ g(x)=\left(\frac{2a+4}{9}\right)^x$$

에 대하여 두 함수 $f(x)$, $g(x)$의 최솟값이 각각 $f(3)$, $g(1)$이 되도록 하는 모든 자연수 a의 개수를 구하시오.

27

▸ 24054-0027

두 실수 a, b $(a<b)$와 두 함수 $f(x)=x^2-4x+k$, $g(x)=\log_2 x$가 있다. $a\le x\le b$에서 함수 $(g\circ f)(x)$의 최댓값과 최솟값의 합이 0이 되는 a, b가 존재하도록 하는 정수 k의 최댓값은? (단, $a\le x\le b$에서 $f(x)>0$이다.)

① -4　② -2　③ 0　④ 2　⑤ 4

02 삼각함수

1 일반각과 호도법

(1) 일반각 : 시초선 OX와 동경 OP가 나타내는 ∠XOP의 크기 중에서 하나를 $\alpha°$라 할 때, 동경 OP가 나타내는 각의 크기를 $360° \times n + \alpha°$ (n은 정수)로 나타내고, 이것을 동경 OP가 나타내는 일반각이라고 한다.

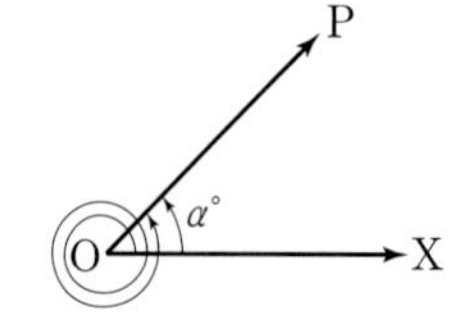

(2) 육십분법과 호도법의 관계

① 1라디안$=\dfrac{180°}{\pi}$ ② $1°=\dfrac{\pi}{180}$라디안

(3) 부채꼴의 호의 길이와 넓이

반지름의 길이가 r, 중심각의 크기가 θ(라디안)인 부채꼴에서 호의 길이를 l, 넓이를 S라 하면

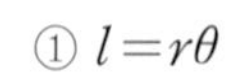

① $l=r\theta$ ② $S=\dfrac{1}{2}r^2\theta=\dfrac{1}{2}rl$

2 삼각함수의 정의와 삼각함수 사이의 관계

(1) 삼각함수의 정의

좌표평면에서 중심이 원점 O이고 반지름의 길이가 r인 원 위의 한 점을 P(x, y)라 하고, x축의 양의 방향을 시초선으로 하는 동경 OP가 나타내는 각의 크기를 θ라 할 때, θ에 대한 삼각함수를 다음과 같이 정의한다.

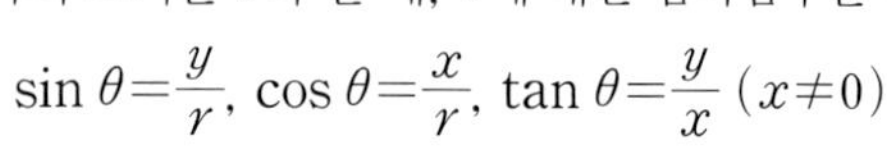

$\sin\theta=\dfrac{y}{r}$, $\cos\theta=\dfrac{x}{r}$, $\tan\theta=\dfrac{y}{x}$ $(x\neq 0)$

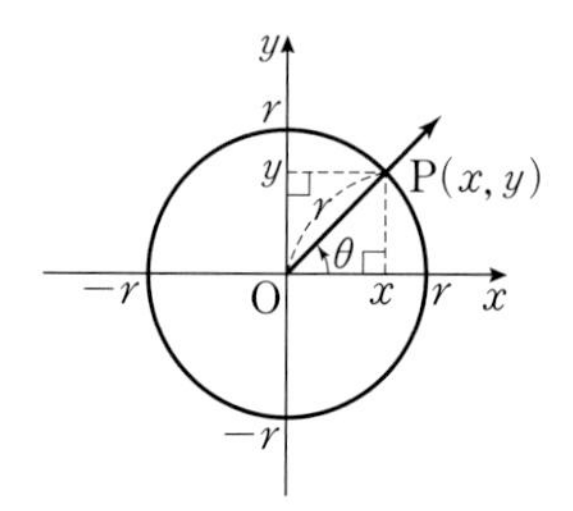

(2) 삼각함수 사이의 관계

① $\tan\theta=\dfrac{\sin\theta}{\cos\theta}$ ② $\sin^2\theta+\cos^2\theta=1$

3 삼각함수의 그래프

(1) 함수 $y=\sin x$의 그래프와 그 성질

① 정의역은 실수 전체의 집합이고, 치역은 $\{y\,|\,-1\le y\le 1\}$이다.

② 그래프는 원점에 대하여 대칭이다.

③ 주기가 2π인 주기함수이다. 즉, 모든 실수 x에 대하여 $\sin(2n\pi+x)=\sin x$ (n은 정수)이다.

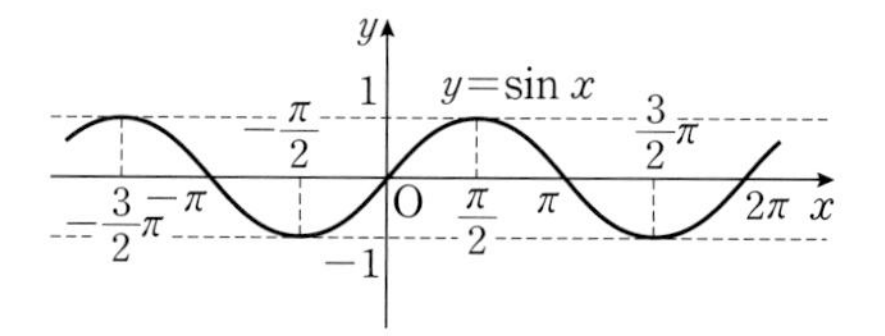

(2) 함수 $y=\cos x$의 그래프와 그 성질

① 정의역은 실수 전체의 집합이고, 치역은 $\{y\,|\,-1\le y\le 1\}$이다.

② 그래프는 y축에 대하여 대칭이다.

③ 주기가 2π인 주기함수이다. 즉, 모든 실수 x에 대하여 $\cos(2n\pi+x)=\cos x$ (n은 정수)이다.

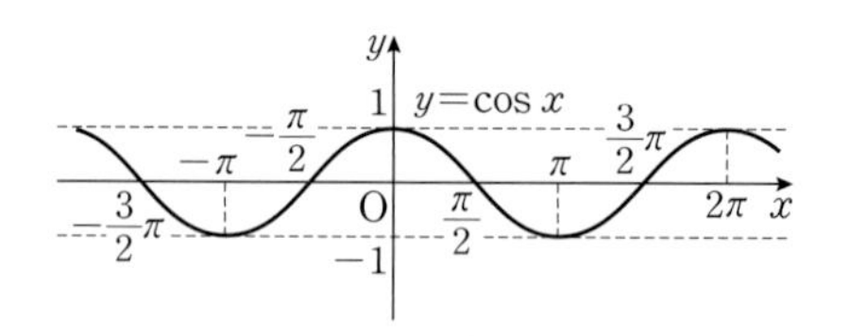

(3) 함수 $y=\tan x$의 그래프와 그 성질

① 정의역은 $x\neq n\pi+\dfrac{\pi}{2}$ (n은 정수)인 실수 전체의 집합이고, 치역은 실수 전체의 집합이다.

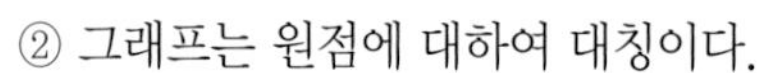

② 그래프는 원점에 대하여 대칭이다.

③ 주기가 π인 주기함수이다. 즉, 모든 실수 x에 대하여 $\tan(n\pi+x)=\tan x$ (n은 정수)이다.

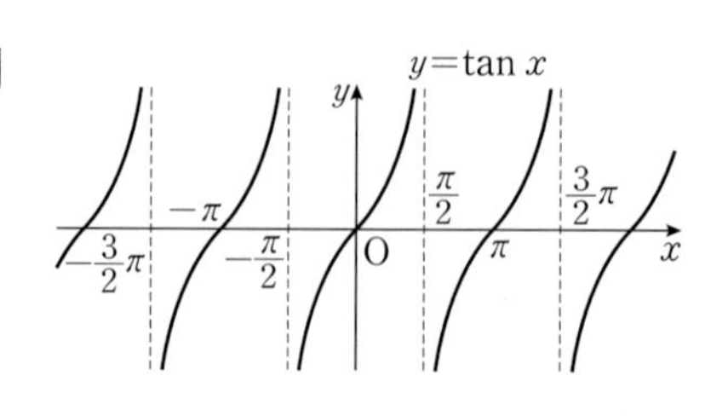

④ 그래프의 점근선은 직선 $x=n\pi+\dfrac{\pi}{2}$ (n은 정수)이다.

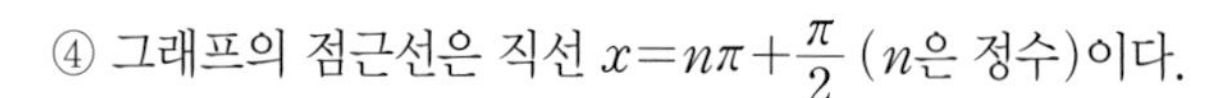

Note

Note

수학 I

④ 삼각함수의 성질

(1) $2n\pi+x$의 삼각함수 (단, n은 정수)

① $\sin(2n\pi+x)=\sin x$　② $\cos(2n\pi+x)=\cos x$　③ $\tan(2n\pi+x)=\tan x$

(2) $-x$의 삼각함수

① $\sin(-x)=-\sin x$　② $\cos(-x)=\cos x$　③ $\tan(-x)=-\tan x$

(3) $\pi+x$의 삼각함수

① $\sin(\pi+x)=-\sin x$　② $\cos(\pi+x)=-\cos x$　③ $\tan(\pi+x)=\tan x$

(4) $\frac{\pi}{2}+x$의 삼각함수

① $\sin\left(\frac{\pi}{2}+x\right)=\cos x$　② $\cos\left(\frac{\pi}{2}+x\right)=-\sin x$　③ $\tan\left(\frac{\pi}{2}+x\right)=-\frac{1}{\tan x}$

⑤ 삼각함수의 활용

(1) 방정식에의 활용 : 방정식 $2\sin x-1=0$, $\sqrt{2}\cos x+1=0$, $\tan x-\sqrt{3}=0$과 같이 각의 크기가 미지수인 삼각함수를 포함한 방정식은 삼각함수의 그래프를 이용하여 다음과 같이 풀 수 있다.

① 주어진 방정식을 $\sin x=k$ ($\cos x=k$, $\tan x=k$)의 꼴로 변형한다.

② 주어진 범위에서 함수 $y=\sin x$ ($y=\cos x$, $y=\tan x$)의 그래프와 직선 $y=k$를 그린 후 두 그래프의 교점의 x좌표를 찾아서 해를 구한다.

(2) 부등식에의 활용 : 부등식 $2\sin x+1>0$, $2\cos x-\sqrt{3}<0$, $\tan x-1<0$과 같이 각의 크기가 미지수인 삼각함수를 포함한 부등식은 삼각함수의 그래프를 이용하여 다음과 같이 풀 수 있다.

① 주어진 부등식을 $\sin x>k$ ($\cos x<k$, $\tan x<k$)의 꼴로 변형한다.

② 주어진 범위에서 함수 $y=\sin x$ ($y=\cos x$, $y=\tan x$)의 그래프와 직선 $y=k$를 그린 후 두 그래프의 교점의 x좌표를 찾는다.

③ 함수 $y=\sin x$ ($y=\cos x$, $y=\tan x$)의 그래프가 직선 $y=k$보다 위쪽(또는 아래쪽)에 있는 x의 값의 범위를 찾아서 해를 구한다.

⑥ 사인법칙

삼각형 ABC의 외접원의 반지름의 길이를 R이라 하면

$$\frac{a}{\sin A}=\frac{b}{\sin B}=\frac{c}{\sin C}=2R$$

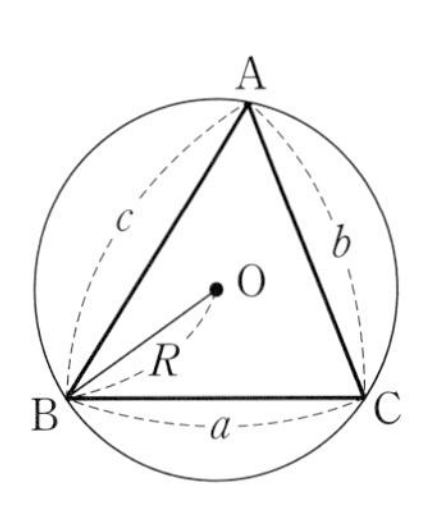

⑦ 코사인법칙

삼각형 ABC에서

(1) $a^2=b^2+c^2-2bc\cos A$　(2) $b^2=c^2+a^2-2ca\cos B$

(3) $c^2=a^2+b^2-2ab\cos C$

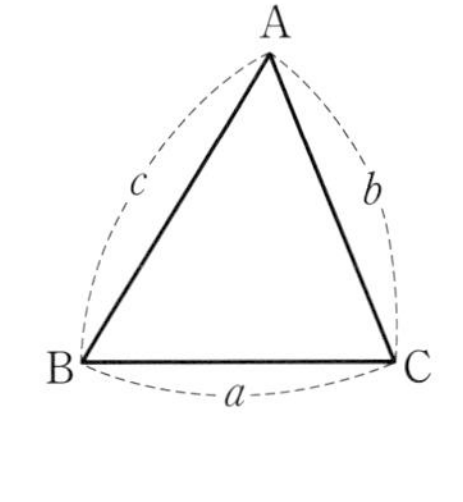

참고 코사인법칙을 변형하면 다음과 같은 식을 얻을 수 있다.

(1) $\cos A=\frac{b^2+c^2-a^2}{2bc}$　(2) $\cos B=\frac{c^2+a^2-b^2}{2ca}$

(3) $\cos C=\frac{a^2+b^2-c^2}{2ab}$

⑧ 삼각형의 넓이

삼각형 ABC의 넓이를 S라 하면

$$S=\frac{1}{2}ab\sin C=\frac{1}{2}bc\sin A=\frac{1}{2}ca\sin B$$

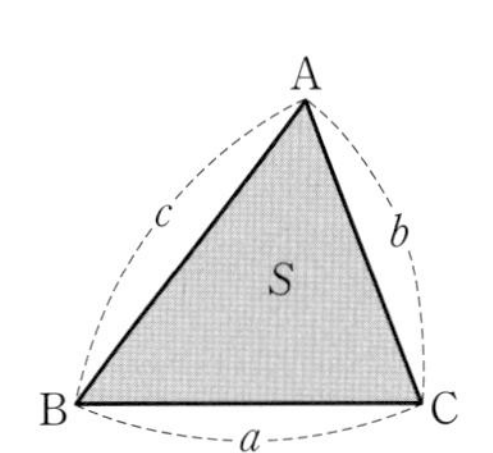

유형 1 부채꼴의 호의 길이와 넓이

출제경향 | 호도법을 이용하여 부채꼴의 호의 길이와 넓이를 구하는 문제가 출제된다.

출제유형잡기 | 부채꼴의 반지름의 길이 r과 중심각의 크기 θ가 주어질 때, 부채꼴의 호의 길이 l과 넓이 S는 다음을 이용하여 구한다.

(1) $l=r\theta$

(2) $S=\frac{1}{2}r^2\theta=\frac{1}{2}rl$

필수유형 1

중심각의 크기가 $\sqrt{3}$인 부채꼴의 넓이가 $12\sqrt{3}$일 때, 이 부채꼴의 반지름의 길이는?

① $\sqrt{22}$ ② $2\sqrt{6}$ ③ $\sqrt{26}$
④ $2\sqrt{7}$ ⑤ $\sqrt{30}$

01

▸ 24054-0028

그림과 같이 길이가 2인 선분 AB를 지름으로 하는 반원을 C_1이라 하고, 직선 AB와 점 B에서 접하고 반지름의 길이가 $\frac{1}{2}$인 원을 C_2라 할 때, 반원 C_1의 호 AB와 원 C_2가 만나는 점 중 B가 아닌 점을 P라 하자. 선분 AB의 중점을 O_1, 원 C_2의 중심을 O_2라 하자. 부채꼴 O_1BP의 호의 길이를 l_1, 부채꼴 O_2BP의 호의 길이를 l_2라 할 때, l_1+2l_2의 값은? (단, 부채꼴 O_1BP와 부채꼴 O_2BP의 중심각의 크기는 모두 π보다 작다.)

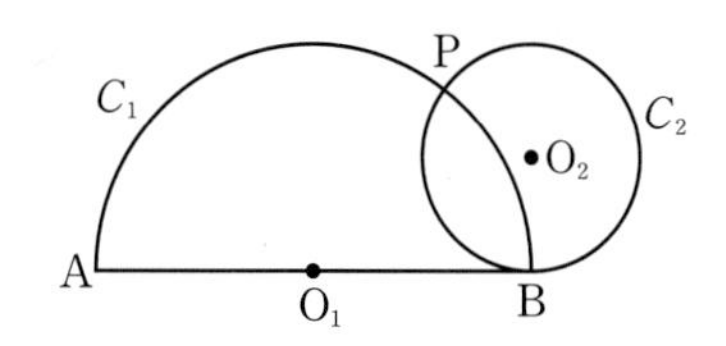

① $\frac{5}{8}\pi$ ② $\frac{3}{4}\pi$ ③ $\frac{7}{8}\pi$
④ π ⑤ $\frac{9}{8}\pi$

02

▸ 24054-0029

그림과 같이 $\overline{AB}=\overline{AD}=\overline{DC}=\frac{1}{2}\overline{BC}$이고 $\overline{AD}\,/\!/\,\overline{BC}$인 사다리꼴 ABCD의 내부와 선분 AB, CD를 각각 지름으로 하는 두 원의 외부의 공통부분의 넓이가 $15\sqrt{3}-4\pi$일 때, 사다리꼴 ABCD의 넓이는?

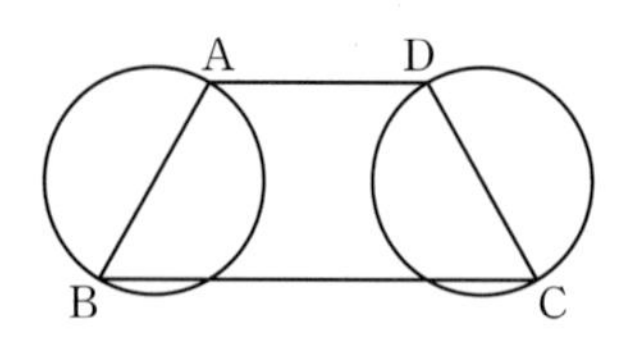

① $12\sqrt{3}$ ② $14\sqrt{3}$ ③ $16\sqrt{3}$
④ $18\sqrt{3}$ ⑤ $20\sqrt{3}$

03

▸ 24054-0030

그림과 같이 길이가 4인 선분 AB를 지름으로 하는 원 위의 점 P와 중심이 B이고 점 P를 지나는 원이 선분 AB와 만나는 점 Q에 대하여 호 AP의 길이를 l, 중심이 B인 부채꼴 BPQ의 넓이를 S라 하자. $\frac{S}{l}=\frac{2}{9}$일 때, 삼각형 ABP의 넓이는?

(단, $l<2\pi$이고, 중심이 B인 부채꼴 BPQ의 중심각의 크기는 $\frac{\pi}{2}$보다 작다.)

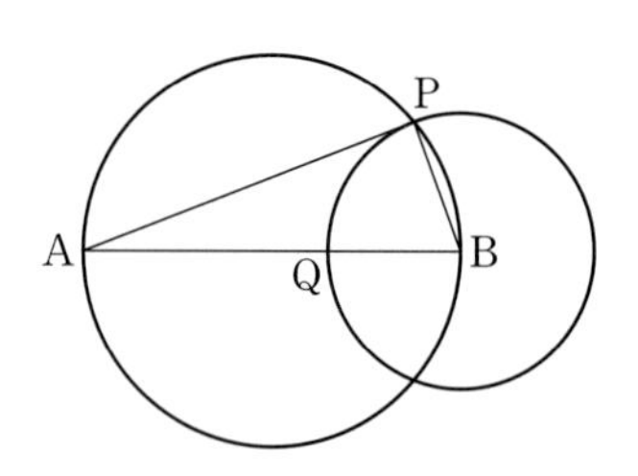

① $\frac{5\sqrt{2}}{3}$ ② $\frac{16\sqrt{2}}{9}$ ③ $\frac{17\sqrt{2}}{9}$
④ $2\sqrt{2}$ ⑤ $\frac{19\sqrt{2}}{9}$

유형 2 삼각함수의 정의와 삼각함수 사이의 관계

출제경향 | 삼각함수의 정의와 삼각함수 사이의 관계를 이용하여 식의 값을 구하는 문제가 출제된다.

출제유형잡기 | 삼각함수의 정의와 삼각함수 사이의 관계를 이용하여 문제를 해결한다.

(1) 각 θ를 나타내는 동경과 중심이 원점이고 반지름의 길이가 r인 원이 만나는 점의 좌표를 (x, y)라 하면

$$\sin\theta=\frac{y}{r},\ \cos\theta=\frac{x}{r},\ \tan\theta=\frac{y}{x}\ (x\neq 0)$$

(2) 삼각함수 사이의 관계

① $\tan\theta=\dfrac{\sin\theta}{\cos\theta}$

② $\sin^2\theta+\cos^2\theta=1$

필수유형 2

| 2023학년도 수능 6월 모의평가 |

$\dfrac{\pi}{2}<\theta<\pi$인 θ에 대하여 $\cos^2\theta=\dfrac{4}{9}$일 때, $\sin^2\theta+\cos\theta$의 값은? [3점]

① $-\dfrac{4}{9}$　② $-\dfrac{1}{3}$　③ $-\dfrac{2}{9}$　④ $-\dfrac{1}{9}$　⑤ 0

04

▸ 24054-0031

이차방정식 $x^2-4x-2=0$의 두 근을 α, β $(\alpha>\beta)$라 할 때, $\sin\theta-\cos\theta=\dfrac{\alpha-\beta}{\alpha+\beta}$를 만족시키는 θ에 대하여 $\sin\theta\cos\theta$의 값은?

① $-\dfrac{7}{12}$　② $-\dfrac{1}{2}$　③ $-\dfrac{5}{12}$　④ $-\dfrac{1}{3}$　⑤ $-\dfrac{1}{4}$

05

▸ 24054-0032

좌표평면에서 제2사분면에 있는 점 P를 y축에 대하여 대칭이동한 점을 Q라 하고, 점 P를 직선 $y=x$에 대하여 대칭이동한 점을 R이라 하자. 세 동경 OP, OQ, OR이 나타내는 각의 크기를 각각 α, β, γ라 하자.

$$\sin\alpha\cos\beta=\frac{2}{5},\ \cos(\angle\text{PQR})<0$$

일 때, $\tan\gamma$의 값은? (단, O는 원점이고, $\angle\text{PQR}<\pi$이다.)

① $-\dfrac{5}{2}$　② -2　③ $-\dfrac{3}{2}$　④ -1　⑤ $-\dfrac{1}{2}$

06

▸ 24054-0033

그림과 같이 원 C: $x^2+y^2=4$ 위의 제2사분면에 있는 점 P를 지나고 원 C에 접하는 직선이 y축과 만나는 점을 Q라 하고, 점 Q를 지나고 원 C와 P가 아닌 점에서 접하는 직선이 x축과 만나는 점을 R이라 하자. 동경 OP가 나타내는 각의 크기를 $\theta\left(\dfrac{\pi}{2}<\theta<\pi\right)$라 할 때, 사각형 ORQP의 넓이와 항상 같은 것은? (단, O는 원점이다.)

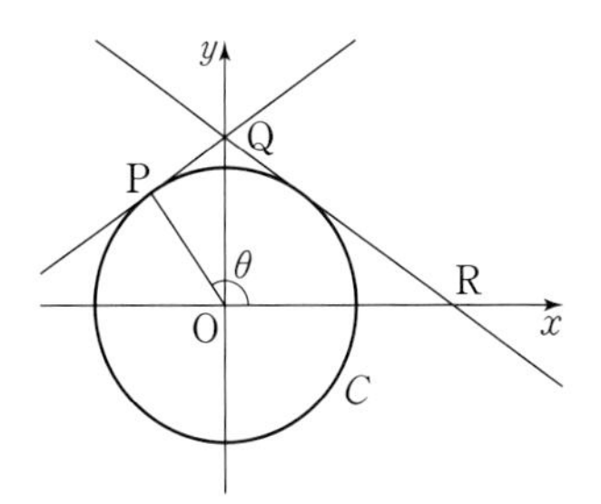

① $-\dfrac{2}{\sin\theta\cos\theta}$

② $-\dfrac{2}{\sin\theta}\left(\cos\theta+\dfrac{1}{\cos\theta}\right)$

③ $-\dfrac{1}{\sin\theta}\left(\cos\theta+\dfrac{1}{\cos\theta}\right)$

④ $-\dfrac{1}{\sin\theta\cos\theta}$

⑤ $\dfrac{1}{\sin\theta}$

유형 3 삼각함수의 그래프와 그 성질

출제경향 | 삼각함수의 성질과 그래프를 이용하여 삼각함수의 값을 구하거나 미지수의 값을 구하는 문제가 출제된다.

출제유형잡기 | 삼각함수의 그래프에서 주기, 최댓값, 최솟값 등을 이용하여 문제를 해결하거나 삼각함수의 성질을 이용하여 삼각함수의 값을 구하는 문제를 해결한다.

(1) 삼각함수의 그래프의 주기

0이 아닌 두 상수 a, b에 대하여 세 함수

$y=a\sin bx$, $y=a\cos bx$, $y=a\tan bx$

의 주기는 각각

$\frac{2\pi}{|b|}$, $\frac{2\pi}{|b|}$, $\frac{\pi}{|b|}$

이다.

(2) 여러 가지 각에 대한 삼각함수의 성질

① $\pi+\theta$의 삼각함수

㉠ $\sin(\pi+\theta)=-\sin\theta$　㉡ $\cos(\pi+\theta)=-\cos\theta$

㉢ $\tan(\pi+\theta)=\tan\theta$

② $\pi-\theta$의 삼각함수

㉠ $\sin(\pi-\theta)=\sin\theta$　㉡ $\cos(\pi-\theta)=-\cos\theta$

㉢ $\tan(\pi-\theta)=-\tan\theta$

③ $\frac{\pi}{2}+\theta$의 삼각함수

㉠ $\sin\left(\frac{\pi}{2}+\theta\right)=\cos\theta$　㉡ $\cos\left(\frac{\pi}{2}+\theta\right)=-\sin\theta$

㉢ $\tan\left(\frac{\pi}{2}+\theta\right)=-\frac{1}{\tan\theta}$

④ $\frac{\pi}{2}-\theta$의 삼각함수

㉠ $\sin\left(\frac{\pi}{2}-\theta\right)=\cos\theta$　㉡ $\cos\left(\frac{\pi}{2}-\theta\right)=\sin\theta$

㉢ $\tan\left(\frac{\pi}{2}-\theta\right)=\frac{1}{\tan\theta}$

필수유형 3

| 2024학년도 수능 6월 모의평가 |

$\cos\theta<0$이고 $\sin(-\theta)=\frac{1}{7}\cos\theta$일 때, $\sin\theta$의 값은?

[3점]

① $-\frac{3\sqrt{2}}{10}$　② $-\frac{\sqrt{2}}{10}$　③ 0

④ $\frac{\sqrt{2}}{10}$　⑤ $\frac{3\sqrt{2}}{10}$

07

▸ 24054-0034

$\sin\left(\frac{5}{2}\pi+\theta\right)=\frac{\sqrt{6}}{3}$이고 $\sin\theta<0$일 때, $\tan\theta$의 값은?

① $-\frac{\sqrt{2}}{2}$　② $-\frac{1}{2}$　③ $\frac{1}{2}$

④ $\frac{\sqrt{2}}{2}$　⑤ $\frac{\sqrt{3}}{2}$

08

▸ 24054-0035

$\frac{3}{2}\pi<\theta<2\pi$일 때,

$$\sin(\pi+\theta)+\frac{\sqrt{\cos^2\left(\frac{\pi}{2}-\theta\right)}}{|\tan\theta|}-|\sin\theta-\cos\theta|$$

를 간단히 한 것은?

① $-\cos\theta$　② $-\sin\theta$　③ 0

④ $\sin\theta$　⑤ $\cos\theta$

09

▸ 24054-0036

직선 $y=\frac{1}{(2n-1)\pi}x-1$과 함수 $y=\sin x$의 그래프의 교점의 개수가 n^2이 되도록 하는 모든 자연수 n의 값의 합은?

① 1　② 2　③ 3

④ 4　⑤ 5

10

▶ 24054-0037

그림은 함수 $f(x)=a\sin b\left(x+\frac{\pi}{3}\right)+c$의 그래프이다.

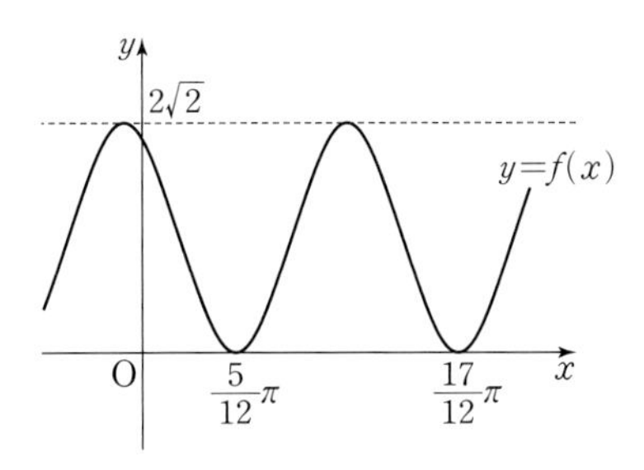

$a^2+b^2+c^2$의 값을 구하시오. (단, a, b, c는 상수이다.)

11

▶ 24054-0038

그림과 같이 양수 a에 대하여 함수

$f(x)=\left|\tan\frac{\pi x}{2a}\right|$ $(-a<x<a)$의 그래프 위의 제1사분면에 있는 점 P를 지나고 x축에 평행한 직선이 함수 $y=f(x)$의 그래프와 만나는 점 중에서 P가 아닌 점을 Q라 하자. 삼각형 OPQ가 한 변의 길이가 $\frac{4}{3}a$인 정삼각형일 때, $a\times f\left(-\frac{1}{2}\right)$의 값은?

(단, O는 원점이다.)

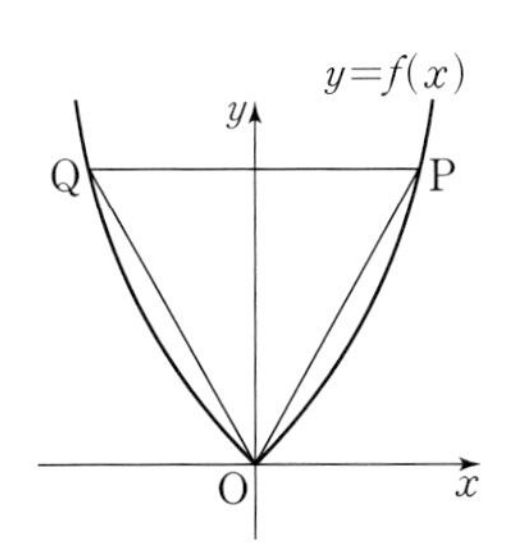

① $\frac{1}{3}$　② $\frac{\sqrt{3}}{3}$　③ $\frac{\sqrt{3}}{2}$

④ 1　⑤ $\sqrt{3}$

유형 4 삼각함수의 최댓값과 최솟값

출제경향 | 삼각함수 또는 삼각함수가 포함된 함수의 최댓값 또는 최솟값을 구하는 문제가 출제된다.

출제유형잡기 | 삼각함수 사이의 관계, 삼각함수의 성질 및 삼각함수의 그래프의 성질을 이용하여 삼각함수 또는 삼각함수가 포함된 함수의 최댓값 또는 최솟값을 구하는 문제를 해결한다.

세 상수 a $(a\neq0)$, b $(b\neq0)$, c에 대하여

(1) 함수 $y=a\sin bx+c$의 최댓값은 $|a|+c$, 최솟값은 $-|a|+c$이다.

(2) 함수 $y=a\cos bx+c$의 최댓값은 $|a|+c$, 최솟값은 $-|a|+c$이다.

필수유형 4　　| 2023학년도 수능 |

함수

$f(x)=a-\sqrt{3}\tan 2x$

가 닫힌구간 $\left[-\frac{\pi}{6}, b\right]$에서 최댓값 7, 최솟값 3을 가질 때, $a\times b$의 값은? (단, a, b는 상수이다.) [4점]

① $\frac{\pi}{2}$　② $\frac{5\pi}{12}$　③ $\frac{\pi}{3}$

④ $\frac{\pi}{4}$　⑤ $\frac{\pi}{6}$

12

▶ 24054-0039

다음은 $0<\theta<2\pi$에서 함수

$$f(\theta)=\frac{3}{4-3\sin^2\theta}-4\sin^2\theta$$

의 최솟값을 구하는 과정이다.

> $4-3\sin^2\theta=t$로 놓으면
> $f(\theta)=$ (가)
> 이때 $t>0$이므로
> (가) $\geq$ (나)　　…… ㉠
> 이때 부등식 ㉠에서 등호는 $\sin^2\theta=$ (다) 일 때 성립한다.
> 따라서 함수 $f(\theta)$는 $\sin^2\theta=$ (다) 일 때, 최솟값 (나) 를 갖는다.

위의 (가)에 알맞은 식을 $g(t)$, (나)와 (다)에 알맞은 수를 각각 p, q라 할 때, $g\left(-\frac{1}{p+q}\right)$의 값은?

① $-\frac{2}{3}$　② $-\frac{5}{6}$　③ -1

④ $-\frac{7}{6}$　⑤ $-\frac{4}{3}$

13

▶ 24054-0040

함수

$$f(x)=\sin^2\left(\frac{3}{2}\pi-x\right)+k\cos\left(x+\frac{\pi}{2}\right)+k+1$$

의 최댓값이 3이 되도록 하는 실수 k의 값은?

① $2(\sqrt{2}-1)$　② $2(\sqrt{3}-1)$　③ 2
④ $2(\sqrt{5}-1)$　⑤ $2(\sqrt{6}-1)$

14

▶ 24054-0041

$0<t<2\pi$인 실수 t에 대하여 함수

$$f(x)=\begin{cases}\cos x-\cos t & (0\le x\le t)\\ \cos t-\cos x & (t<x\le 2\pi)\end{cases}$$

의 최댓값을 $M(t)$, 최솟값을 $m(t)$라 하자. **보기**에서 옳은 것만을 있는 대로 고른 것은?

보기

ㄱ. $M\left(\frac{\pi}{2}\right)-m\left(\frac{\pi}{2}\right)=2$

ㄴ. $M(t)-m(t)=2$를 만족시키는 실수 t의 값의 범위는 $\frac{\pi}{2}\le t\le\frac{3}{2}\pi$이다.

ㄷ. $M(t)+m(t)=0$을 만족시키는 실수 t의 최댓값과 최솟값의 합은 2π이다.

① ㄱ　② ㄴ　③ ㄷ
④ ㄱ, ㄴ　⑤ ㄱ, ㄷ

유형 5 삼각함수를 포함한 방정식과 부등식

출제경향 | 삼각함수의 그래프와 삼각함수의 성질을 이용하여 삼각함수를 포함한 방정식과 부등식을 푸는 문제가 출제된다.

출제유형잡기 | 삼각함수의 그래프와 직선의 교점 또는 위치 관계를 이용하거나 삼각함수의 성질을 이용하여 각의 크기가 미지수인 삼각함수를 포함한 방정식 또는 부등식의 해를 구하는 문제를 해결한다.

필수유형 5

| 2024학년도 수능 6월 모의평가 |

두 자연수 a, b에 대하여 함수

$$f(x)=a\sin bx+8-a$$

가 다음 조건을 만족시킬 때, $a+b$의 값을 구하시오. [3점]

(가) 모든 실수 x에 대하여 $f(x)\ge 0$이다.
(나) $0\le x<2\pi$일 때, x에 대한 방정식 $f(x)=0$의 서로 다른 실근의 개수는 4이다.

15

▶ 24054-0042

두 부등식

$$0<\log_{|\sin\theta|}\tan\theta<1,\ \left(\frac{\cos\theta}{\sin\theta}\right)^{\cos\theta+1}<\left(\frac{\sin\theta}{\cos\theta}\right)^{\cos\theta}$$

을 모두 만족시키는 θ의 값의 범위는? (단, $0\le\theta\le 2\pi$)

① $0<\theta<\frac{\pi}{4}$　② $\frac{\pi}{3}<\theta<\frac{2}{3}\pi$　③ $\pi<\theta<\frac{5}{4}\pi$
④ $\frac{4}{3}\pi<\theta<\frac{3}{2}\pi$　⑤ $\frac{3}{2}\pi<\theta<\frac{7}{4}\pi$

16

▸ 24054-0043

x에 대한 이차함수

$$y=x^2-4x\sin\frac{n\pi}{6}+3-2\cos^2\frac{n\pi}{6}$$

의 그래프의 꼭짓점과 직선 $y=\frac{1}{2}x+\frac{3}{2}$ 사이의 거리가 $\frac{3\sqrt{5}}{5}$보다 작도록 하는 12 이하의 자연수 n의 개수는?

① 4　② 5　③ 6　④ 7　⑤ 8

17

▸ 24054-0044

$0\le t\le 2$인 실수 t에 대하여 x에 대한 이차방정식

$$(x-\sin\pi t)(x+\cos\pi t)=0$$

의 두 실근 중에서 작지 않은 것을 $\alpha(t)$, 크지 않은 것을 $\beta(t)$라 하자. **보기**에서 옳은 것만을 있는 대로 고른 것은?

보기

ㄱ. $\alpha\left(\frac{1}{2}\right)>\frac{1}{2}$

ㄴ. $\alpha(t)=\beta(t)$인 서로 다른 실수 t의 개수는 2이다.

ㄷ. $\alpha(s)=\beta\left(s+\frac{1}{2}\right)$을 만족시키는 실수 $s\left(0\le s\le\frac{3}{2}\right)$의 최댓값은 $\frac{5}{4}$이다.

① ㄱ　② ㄴ　③ ㄱ, ㄴ　④ ㄱ, ㄷ　⑤ ㄱ, ㄴ, ㄷ

유형 6 사인법칙과 코사인법칙의 활용

출제경향 | 삼각함수의 성질과 사인법칙, 코사인법칙을 이용하여 삼각형의 변의 길이, 각의 크기, 외접원의 반지름의 길이 등을 구하는 문제가 출제된다.

출제유형잡기 | 외접원의 반지름의 길이가 R인 삼각형 ABC에서 $\overline{AB}=c$, $\overline{BC}=a$, $\overline{CA}=b$일 때, 다음이 성립한다.

(1) 사인법칙

$$\frac{a}{\sin A}=\frac{b}{\sin B}=\frac{c}{\sin C}=2R$$

(2) 코사인법칙

① $a^2=b^2+c^2-2bc\cos A$

② $b^2=c^2+a^2-2ca\cos B$

③ $c^2=a^2+b^2-2ab\cos C$

필수유형 6

| 2023학년도 수능 |

그림과 같이 사각형 ABCD가 한 원에 내접하고

$$\overline{AB}=5,\ \overline{AC}=3\sqrt{5},\ \overline{AD}=7,\ \angle BAC=\angle CAD$$

일 때, 이 원의 반지름의 길이는? [4점]

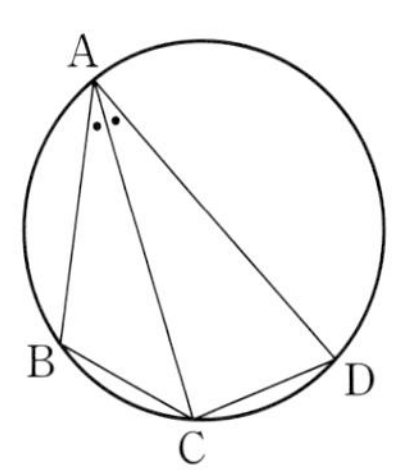

① $\frac{5\sqrt{2}}{2}$　② $\frac{8\sqrt{5}}{5}$　③ $\frac{5\sqrt{5}}{3}$　④ $\frac{8\sqrt{2}}{3}$　⑤ $\frac{9\sqrt{3}}{4}$

18

▸ 24054-0045

삼각형 ABC에서

$$\sin A=\sin C,\ \sin A:\sin B=2:3$$

일 때, $\frac{\cos A+\cos B}{\cos C}$의 값은?

① $\frac{1}{6}$　② $\frac{1}{3}$　③ $\frac{1}{2}$　④ $\frac{2}{3}$　⑤ $\frac{5}{6}$

19

▶ 24054-0046

그림과 같이 지름의 길이가 6인 원에 내접하고 $\overline{BC}=5$인 삼각형 ABC가 있다. $\overline{AB}=\overline{DE}$, $\overline{AB} /\!/ \overline{DE}$를 만족시키는 원 위의 두 점 D, E에 대하여 $\cos(\angle ACB)>0$, $\cos(\angle EBD)=\frac{1}{3}$일 때, $\overline{AC}=p+q\sqrt{22}$이다. $9pq$의 값을 구하시오. (단, 두 직선 AD, BE는 한 점에서 만나고, p와 q는 유리수이다.)

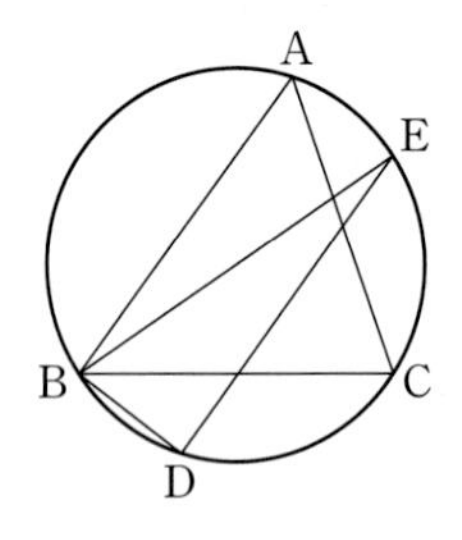

20

▶ 24054-0047

그림과 같이 반지름의 길이가 4이고, 중심각의 크기가 $\frac{\pi}{6}$인 부채꼴 OAB가 있다. 선분 OA 위의 점 P를 중심으로 하고 직선 OB와 점 H에서 접하는 원이 부채꼴 OAB의 호 AB와 만나는 점을 Q라 하고, 이 원이 직선 OA와 만나는 점 중 A에 가까운 점을 R이라 하자. 점 Q가 부채꼴 PRH의 호 RH를 이등분할 때, 부채꼴 PRH의 넓이는? $\left(\text{단, } \frac{8}{3}<\overline{OP}<4\right)$

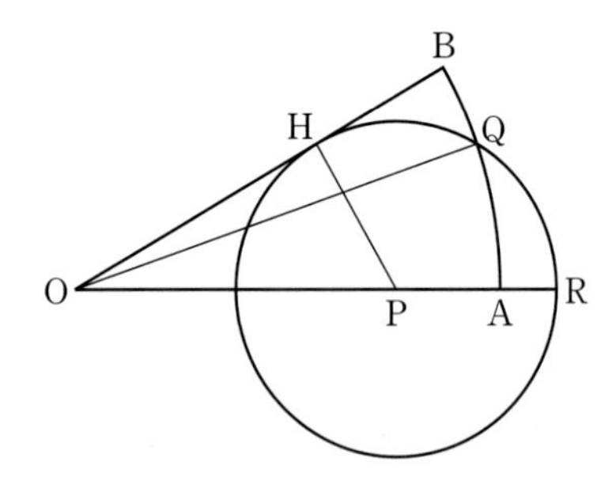

① $\frac{2}{3}\pi$　② $\frac{5}{7}\pi$　③ $\frac{16}{21}\pi$　④ $\frac{17}{21}\pi$　⑤ $\frac{6}{7}\pi$

21

▶ 24054-0048

그림과 같이 길이가 3인 선분 AB에 대하여 중심이 A이고 반지름의 길이가 2인 원 O_1과 중심이 B이고 반지름의 길이가 1인 원 O_2가 만나는 점을 C라 하자. 원 O_1 위의 점 P를 중심으로 하고 두 점 A, C를 지나는 원 O_3이 원 O_1과 만나는 점 중 C가 아닌 점을 D라 하고, 원 O_3이 원 O_2와 만나는 점 중 C가 아닌 점을 E라 할 때, 삼각형 EDC에서 $\sin(\angle EDC)$의 값은?

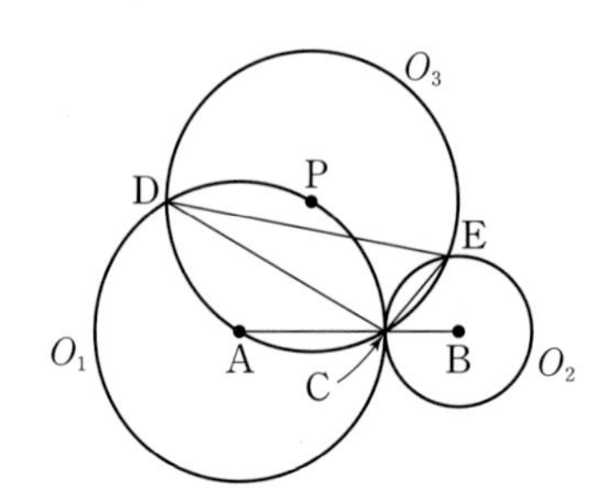

① $\frac{\sqrt{17}}{14}$　② $\frac{\sqrt{19}}{14}$　③ $\frac{\sqrt{21}}{14}$　④ $\frac{\sqrt{23}}{14}$　⑤ $\frac{5}{14}$

22

▶ 24054-0049

그림과 같이 $\overline{AB}:\overline{AC}=2:3$인 삼각형 ABC에서 선분 BC를 3 : 2로 내분하는 점을 D라 하자.
$\frac{\cos(\angle ABD)}{\cos(\angle ACD)}=\frac{1}{2}$일 때, $\frac{\overline{AD}}{\overline{AB}}$의 값은?

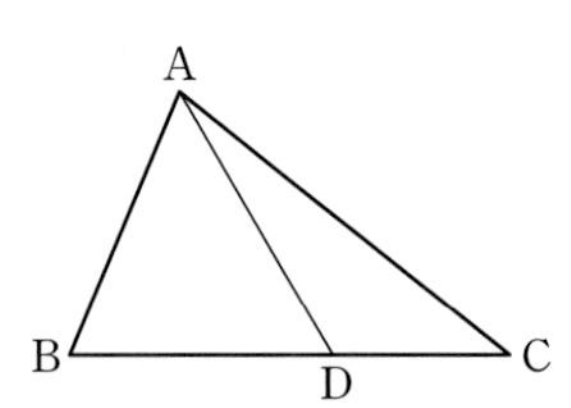

① $\frac{\sqrt{95}}{10}$　② 1　③ $\frac{\sqrt{105}}{10}$　④ $\frac{\sqrt{110}}{10}$　⑤ $\frac{\sqrt{115}}{10}$

03 수열

Note

① 등차수열

(1) 첫째항이 a, 공차가 d인 등차수열 $\{a_n\}$의 일반항 a_n은

$$a_n=a+(n-1)d \text{ (단, } n=1, 2, 3, \cdots)$$

(2) 세 수 a, b, c가 이 순서대로 등차수열을 이룰 때, b를 a와 c의 등차중항이라고 한다.

이때 $b-a=c-b$이므로 $b=\frac{a+c}{2}$이다. 역으로 $b=\frac{a+c}{2}$이면 세 수 a, b, c는 이 순서대로 등차수열을 이룬다.

참고 일반항 a_n이 n에 대한 일차식 $a_n=pn+q$ (p, q는 상수, $n=1, 2, 3, \cdots$)인 수열 $\{a_n\}$은 첫째항이 $p+q$, 공차가 p인 등차수열이다.

② 등차수열의 합

등차수열의 첫째항부터 제n항까지의 합 S_n은 다음과 같다.

(1) 첫째항이 a, 제n항이 l일 때, $S_n=\frac{n(a+l)}{2}$

(2) 첫째항이 a, 공차가 d일 때, $S_n=\frac{n\{2a+(n-1)d\}}{2}$

참고 첫째항부터 제n항까지의 합 S_n이 n에 대한 이차식 $S_n=pn^2+qn$ (p, q는 상수, $n=1, 2, 3, \cdots$)인 수열 $\{a_n\}$은 첫째항이 $p+q$이고 공차가 $2p$인 등차수열이다.

③ 등비수열

(1) 첫째항이 a, 공비가 r $(r\neq0)$인 등비수열 $\{a_n\}$의 일반항 a_n은

$$a_n=ar^{n-1} \text{ (단, } n=1, 2, 3, \cdots)$$

(2) 0이 아닌 세 수 a, b, c가 이 순서대로 등비수열을 이룰 때, b를 a와 c의 등비중항이라고 한다.

이때 $\frac{b}{a}=\frac{c}{b}$이므로 $b^2=ac$이다. 역으로 $b^2=ac$이면 세 수 a, b, c는 이 순서대로 등비수열을 이룬다.

④ 등비수열의 합

첫째항이 a, 공비가 r $(r\neq0)$인 등비수열의 첫째항부터 제n항까지의 합 S_n은 다음과 같다.

(1) $r=1$일 때, $S_n=na$

(2) $r\neq1$일 때, $S_n=\frac{a(r^n-1)}{r-1}=\frac{a(1-r^n)}{1-r}$

⑤ 수열의 합과 일반항 사이의 관계

수열 $\{a_n\}$의 첫째항부터 제n항까지의 합을 S_n이라 하면

$$a_1=S_1,\ a_n=S_n-S_{n-1} \text{ (단, } n=2, 3, 4, \cdots)$$

⑥ 합의 기호 $\sum$의 뜻

수열 $\{a_n\}$의 첫째항부터 제n항까지의 합 $a_1+a_2+a_3+\cdots+a_n$을 기호 $\sum$를 사용하여 다음과 같이 나타낸다.

$$a_1+a_2+a_3+\cdots+a_n=\sum_{k=1}^{n}a_k$$

제n항까지
일반항
첫째항부터

Note

7 합의 기호 $\sum$의 성질

두 수열 $\{a_n\}$, $\{b_n\}$에 대하여

(1) $\sum_{k=1}^{n}(a_k+b_k)=\sum_{k=1}^{n}a_k+\sum_{k=1}^{n}b_k$

(2) $\sum_{k=1}^{n}(a_k-b_k)=\sum_{k=1}^{n}a_k-\sum_{k=1}^{n}b_k$

(3) $\sum_{k=1}^{n}ca_k=c\sum_{k=1}^{n}a_k$ (단, c는 상수)

(4) $\sum_{k=1}^{n}c=cn$ (단, c는 상수)

8 자연수의 거듭제곱의 합

(1) $\sum_{k=1}^{n}k=1+2+3+\cdots+n=\frac{n(n+1)}{2}$

(2) $\sum_{k=1}^{n}k^2=1^2+2^2+3^2+\cdots+n^2=\frac{n(n+1)(2n+1)}{6}$

(3) $\sum_{k=1}^{n}k^3=1^3+2^3+3^3+\cdots+n^3=\left\{\frac{n(n+1)}{2}\right\}^2=\left(\sum_{k=1}^{n}k\right)^2$

9 여러 가지 수열의 합

(1) 일반항이 분수 꼴이고 분모가 서로 다른 두 일차식의 곱으로 나타내어져 있을 때, 두 개의 분수로 분해하는 방법, 즉

$$\frac{1}{AB}=\frac{1}{B-A}\left(\frac{1}{A}-\frac{1}{B}\right)\ (A\neq B)$$

를 이용하여 계산한다.

① $\sum_{k=1}^{n}\frac{1}{k(k+a)}=\frac{1}{a}\sum_{k=1}^{n}\left(\frac{1}{k}-\frac{1}{k+a}\right)$ (단, $a\neq 0$)

② $\sum_{k=1}^{n}\frac{1}{(k+a)(k+b)}=\frac{1}{b-a}\sum_{k=1}^{n}\left(\frac{1}{k+a}-\frac{1}{k+b}\right)$ (단, $a\neq b$)

(2) 일반항의 분모가 근호가 있는 두 식의 합으로 나타내어져 있을 때, 분모를 유리화하는 방법을 이용하여 계산한다.

① $\sum_{k=1}^{n}\frac{1}{\sqrt{k+a}+\sqrt{k}}=\frac{1}{a}\sum_{k=1}^{n}(\sqrt{k+a}-\sqrt{k})$ (단, $a\neq 0$)

② $\sum_{k=1}^{n}\frac{1}{\sqrt{k+a}+\sqrt{k+b}}=\frac{1}{a-b}\sum_{k=1}^{n}(\sqrt{k+a}-\sqrt{k+b})$ (단, $a\neq b$)

10 수열의 귀납적 정의

처음 몇 개의 항의 값과 이웃하는 항들 사이의 관계식으로 수열 $\{a_n\}$을 정의하는 것을 수열의 귀납적 정의라고 한다. 귀납적으로 정의된 수열 $\{a_n\}$의 항의 값을 구할 때에는 n에 1, 2, 3, $\cdots$을 차례로 대입한다.
예를 들면 $a_1=1$, $a_{n+1}=a_n+2$ ($n=1, 2, 3, \cdots$)과 같이 귀납적으로 정의된 수열 $\{a_n\}$에서

$$a_2=a_1+2=1+2=3,\ a_3=a_2+2=3+2=5,\ a_4=a_3+2=5+2=7,\ \cdots$$

이므로 수열 $\{a_n\}$은 1, 3, 5, 7, $\cdots$이다.

11 수학적 귀납법

자연수 n에 대한 명제 $p(n)$이 모든 자연수 n에 대하여 성립함을 증명하려면 다음 두 가지를 보이면 된다.
(i) $n=1$일 때, 명제 $p(n)$이 성립한다. 즉, $p(1)$이 성립한다.
(ii) $n=k$일 때, 명제 $p(n)$이 성립한다고 가정하면 $n=k+1$일 때도 명제 $p(n)$이 성립한다.
이와 같은 방법으로 모든 자연수 n에 대하여 명제 $p(n)$이 성립함을 증명하는 것을 수학적 귀납법이라고 한다.

유형 1 등차수열의 뜻과 일반항

출제경향 | 등차수열의 일반항을 이용하여 공차 또는 특정한 항의 값을 구하는 문제가 출제된다.

출제유형잡기 | 주어진 조건을 만족시키는 등차수열 $\{a_n\}$의 첫째항 a와 공차 d를 구한 후 등차수열의 일반항

$a_n=a+(n-1)d$ $(n=1, 2, 3, \cdots)$

을 이용하여 문제를 해결한다.

특히 서로 다른 두 항 a_m과 a_n 사이에

$a_m-a_n=(m-n)d$

가 성립함을 이용하면 편리할 수 있다.

필수유형 1 | 2023학년도 수능 9월 모의평가 |

등차수열 $\{a_n\}$에 대하여

$a_1=2a_5,\ a_8+a_{12}=-6$

일 때, a_2의 값은? [3점]

① 17 ② 19 ③ 21 ④ 23 ⑤ 25

01

▸ 24054-0050

등차수열 $\{a_n\}$에 대하여

$a_1+a_3=0,\ a_3+2a_4+3a_5=14$

일 때, a_{10}의 값은?

① 4 ② 5 ③ 6 ④ 7 ⑤ 8

02

▸ 24054-0051

다음 조건을 만족시키는 모든 등차수열 $\{a_n\}$에 대하여 a_2의 최솟값은?

(가) 수열 $\{a_n\}$의 모든 항은 정수이다.
(나) $a_{10}<0,\ |a_4|-a_3=0$

① -1 ② 0 ③ 1 ④ 2 ⑤ 3

03

▸ 24054-0052

공차가 양수인 등차수열 $\{a_n\}$에 대하여

$(a_5)^2-(a_3)^2=4,\ (a_9)^2-(a_7)^2=20$

일 때, a_4의 값은?

① $\frac{1}{2}$ ② 1 ③ 2 ④ 4 ⑤ 8

유형 2 등차수열의 합

출제경향 | 주어진 조건으로부터 등차수열의 합을 구하거나 등차수열의 합을 이용하여 첫째항, 공차, 특정한 항의 값을 구하는 문제가 출제된다.

출제유형잡기 | 주어진 조건에서 첫째항과 공차를 구하고 등차수열의 합의 공식을 이용하여 문제를 해결한다.
등차수열 $\{a_n\}$의 첫째항부터 제n항까지의 합을 S_n이라 할 때, 다음을 이용하여 S_n을 구한다.

(1) 첫째항이 a, 제n항(끝항)이 l일 때

$$S_n=\frac{n(a+l)}{2}$$

(2) 첫째항이 a, 공차가 d일 때

$$S_n=\frac{n\{2a+(n-1)d\}}{2}$$

필수유형 2 | 2021학년도 수능 6월 모의평가 |

공차가 2인 등차수열 $\{a_n\}$의 첫째항부터 제n항까지의 합을 S_n이라 하자. $S_k=-16$, $S_{k+2}=-12$를 만족시키는 자연수 k에 대하여 a_{2k}의 값을 구하시오. [4점]

04

▸ 24054-0053

등차수열 $\{a_n\}$에 대하여

$$a_1+a_2+a_3+\cdots+a_{10}=100,$$
$$a_1+a_2+a_3+a_4+a_5=2(a_6+a_7+a_8+a_9+a_{10})$$

일 때, a_4의 값을 구하시오.

05

▸ 24054-0054

공차가 0이 아닌 실수인 등차수열 $\{a_n\}$에 대하여

$$b_n=a_1-a_2+a_3-a_4+\cdots+(-1)^{n-1}a_n \ (n=1,\ 2,\ 3,\ \cdots)$$

이라 하자. $b_4=4$일 때, 수열 $\{b_{2n}\}$의 첫째항부터 제10항까지의 합은?

① 108 ② 110 ③ 112 ④ 114 ⑤ 116

06

▸ 24054-0055

자연수 n에 대하여 곡선 $y=\frac{x}{x-1}$와 직선 $y=nx$가 만나는 점 중 원점 O가 아닌 점을 P_n이라 하자. 점 $\mathrm{A}(1,\ 0)$에 대하여 선분 AP_n 위의 점 중 점 A와의 거리가 자연수인 점의 개수를 a_n이라 하자. 수열 $\{a_n\}$의 첫째항부터 제8항까지의 합은?

① 41 ② 42 ③ 43 ④ 44 ⑤ 45

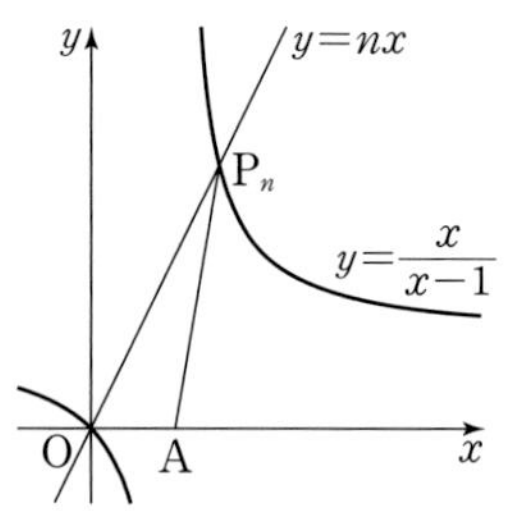

유형 3 등비수열의 뜻과 일반항

출제경향 | 등비수열의 일반항을 이용하여 공비 또는 특정한 항의 값을 구하는 문제가 출제된다.

출제유형잡기 | 주어진 조건을 만족시키는 등비수열 $\{a_n\}$의 첫째항 a와 공비 r을 구한 후 등비수열의 일반항

$a_n=ar^{n-1}$ $(n=1, 2, 3, \cdots)$

을 이용하여 문제를 해결한다.

특히 서로 다른 두 항 a_m과 a_n 사이에

$\frac{a_m}{a_n}=r^{m-n}$ $(a_1\neq 0, r\neq 0)$

이 성립함을 이용하면 편리할 수 있다.

필수유형 3 | 2023학년도 수능 |

공비가 양수인 등비수열 $\{a_n\}$이

$a_2+a_4=30, a_4+a_6=\frac{15}{2}$

를 만족시킬 때, a_1의 값은? [3점]

① 48 ② 56 ③ 64 ④ 72 ⑤ 80

07 ▸ 24054-0056

첫째항과 공비가 모두 자연수 p인 등비수열 $\{a_n\}$이

$\frac{a_6}{a_4}-\frac{a_3}{a_2}<6$

을 만족시키도록 하는 모든 p의 값의 합은?

① 1 ② 2 ③ 3 ④ 4 ⑤ 5

08 ▸ 24054-0057

모든 항이 양수인 수열 $\{a_n\}$이 다음 조건을 만족시킨다.

(가) 모든 자연수 n에 대하여
$\log_2 a_{n+1}-\log_2 a_n=1$
이다.
(나) $a_1a_3a_5a_7=2^{10}$

a_1+a_3의 값은?

① $\frac{3\sqrt{2}}{2}$ ② $2\sqrt{2}$ ③ $\frac{5\sqrt{2}}{2}$ ④ $3\sqrt{2}$ ⑤ $\frac{7\sqrt{2}}{2}$

09 ▸ 24054-0058

공차가 d인 등차수열 $\{a_n\}$과 공비가 r인 등비수열 $\{b_n\}$이 다음 조건을 만족시킨다.

(가) d와 r은 모두 0이 아닌 정수이고, $r^2<100$이다.
(나) $a_9=b_9=12$
(다) $a_5+a_6=b_{11}$

a_8+b_8의 최댓값과 최솟값의 합은?

① 56 ② 57 ③ 58 ④ 59 ⑤ 60

유형 4 등비수열의 합

출제경향 | 주어진 조건으로부터 등비수열의 합을 구하거나 등비수열의 합을 이용하여 공비 또는 특정한 항의 값을 구하는 문제가 출제된다.

출제유형잡기 | 주어진 조건에서 첫째항과 공비를 구하고 등비수열의 합의 공식을 이용하여 문제를 해결한다.
첫째항이 a, 공비가 r $(r\neq0)$인 등비수열 $\{a_n\}$의 첫째항부터 제n항까지의 합을 S_n이라 할 때, 다음을 이용하여 S_n을 구한다.
(1) $r=1$일 때, $S_n=na$
(2) $r\neq1$일 때, $S_n=\frac{a(r^n-1)}{r-1}=\frac{a(1-r^n)}{1-r}$

필수유형 4 | 2021학년도 수능 6월 모의평가 |

등비수열 $\{a_n\}$의 첫째항부터 제n항까지의 합을 S_n이라 하자.

$$a_1=1,\ \frac{S_6}{S_3}=2a_4-7$$

일 때, a_7의 값을 구하시오. [3점]

10

▸ 24054-0059

다항식 $x^{10}+x^9+\cdots+x^2+x+1$을 $2x-1$로 나눈 몫을 $Q(x)$라 할 때, $Q(x)$를 $x-1$로 나눈 나머지는?

① $9+2^{-10}$ ② $9+2^{-9}$ ③ $10+2^{-9}$
④ $11+2^{-10}$ ⑤ $11+2^{-9}$

11

▸ 24054-0060

공비가 r인 등비수열 $\{a_n\}$의 첫째항부터 제n항까지의 합을 S_n이라 하자.

$$\frac{a_8-a_6}{S_8-S_6}=4$$

일 때, r의 값은? (단, $a_1\neq0$, $r\neq0$, $r^2\neq1$)

① $-\frac{1}{3}$ ② $-\frac{1}{4}$ ③ $-\frac{1}{5}$
④ $-\frac{1}{6}$ ⑤ $-\frac{1}{7}$

12

▸ 24054-0061

첫째항이 양수이고 공비가 1이 아닌 실수인 등비수열 $\{a_n\}$의 첫째항부터 제n항까지의 합을 S_n이라 하자.

$$|2S_3|=|S_6|$$

일 때, $a_4+a_7=ka_1$이다. 상수 k의 값을 구하시오.

유형 5 등차중항과 등비중항

출제경향 | 3개 이상의 수가 등차수열 또는 등비수열을 이루는 조건이 주어지는 문제가 출제된다.

출제유형잡기 | 3개 이상의 수가 등차수열 또는 등비수열을 이루는 조건이 주어진 문제에서는 다음의 등차중항 또는 등비중항의 성질을 이용하여 문제를 해결한다.

(1) 세 수 a, b, c가 이 순서대로 등차수열을 이루면 $2b=a+c$가 성립한다.

(2) 0이 아닌 세 수 a, b, c가 이 순서대로 등비수열을 이루면 $b^2=ac$가 성립한다.

필수유형 5 | 2020학년도 수능 6월 모의평가 |

자연수 n에 대하여 x에 대한 이차방정식

$$x^2-nx+4(n-4)=0$$

이 서로 다른 두 실근 α, β $(\alpha<\beta)$를 갖고, 세 수 1, α, β가 이 순서대로 등차수열을 이룰 때, n의 값은? [3점]

① 5 ② 8 ③ 11 ④ 14 ⑤ 17

13

▸ 24054-0062

함수 $f(x)=2^x$에 대하여 세 실수 $f(\log_2 3)$, $f(\log_2 3+2)$, $f(\log_2(t^2+4t))$가 이 순서대로 등차수열을 이룰 때, 양수 t의 값은?

① 1 ② 2 ③ 3 ④ 4 ⑤ 5

14

▸ 24054-0063

세 실수 $a-1$, b, $c+1$이 이 순서대로 등차수열을 이루고, 세 실수 c, $a+c$, $4a$가 이 순서대로 등비수열을 이룰 때, $\frac{ab}{c^2}$의 값은? (단, $c\neq0$)

① $\frac{1}{2}$ ② 1 ③ $\frac{3}{2}$ ④ 2 ⑤ $\frac{5}{2}$

15

▸ 24054-0064

그림과 같이 $0<k<\frac{25}{4}$인 실수 k에 대하여 함수 $y=|x^2-6x+k|$의 그래프가 직선 $y=x$와 만나는 서로 다른 네 점의 x좌표를 작은 수부터 크기 순서대로 a_1, a_2, a_3, a_4라 하자. 네 수 0, a_1, a_2, a_3이 이 순서대로 등차수열을 이룰 때, a_4+k의 값을 구하시오.

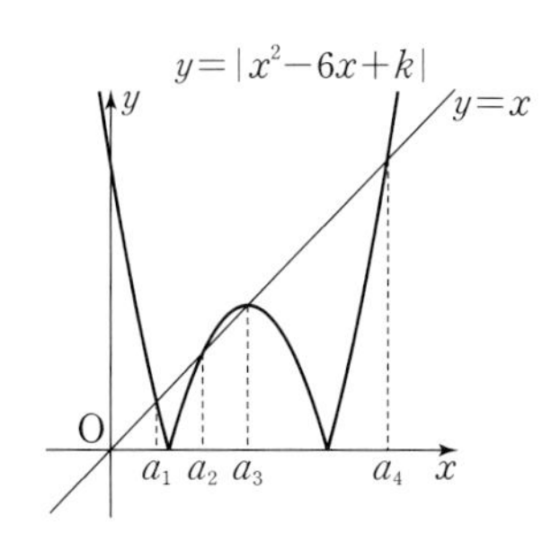

유형 6 수열의 합과 일반항 사이의 관계

출제경향 | 수열의 합과 일반항 사이의 관계를 이용하여 일반항을 구하거나 특정한 항의 값을 구하는 문제가 출제된다.

출제유형잡기 | 수열 $\{a_n\}$의 첫째항부터 제n항까지의 합을 S_n이라 할 때, 다음과 같은 수열의 합과 일반항 사이의 관계를 이용하여 문제를 해결한다.

$a_1=S_1$

$a_n=S_n-S_{n-1}$ (단, $n=2, 3, 4, \cdots$)

필수유형 6

| 2022학년도 수능 6월 모의평가 |

첫째항이 2인 등차수열 $\{a_n\}$의 첫째항부터 제n항까지의 합을 S_n이라 하자.

$a_6=2(S_3-S_2)$

일 때, S_{10}의 값은? [3점]

① 100 ② 110 ③ 120 ④ 130 ⑤ 140

16

▸ 24054-0065

수열 $\{a_n\}$의 첫째항부터 제n항까지의 합을 S_n이라 하자. 수열 $\{a_n\}$이 모든 자연수 n에 대하여

$a_n=n^2+3n$

을 만족시킬 때, S_5-S_3의 값을 구하시오.

17

▸ 24054-0066

$a_2=21$인 수열 $\{a_n\}$의 첫째항부터 제n항까지의 합을 S_n이라 하자. $b_n=S_n+4$라 할 때, 수열 $\{b_n\}$은 공비가 4인 등비수열이다. a_1+a_3의 값은?

① 87 ② 90 ③ 93 ④ 96 ⑤ 99

18

▸ 24054-0067

모든 항이 양수인 수열 $\{a_n\}$의 첫째항부터 제n항까지의 합을 S_n이라 하자. 상수 p에 대하여 두 수열 $\{a_n\}$, $\{S_n\}$이 다음 조건을 만족시킬 때, a_{20}의 값을 구하시오.

(가) $a_2=4$

(나) 모든 자연수 n에 대하여

$S_{n+1}-S_n=(a_{n+1})^2-pn\,a_{n+1}$

이다.

유형 7 합의 기호 $\sum$의 뜻과 성질

출제경향 | 합의 기호 $\sum$의 뜻과 성질을 이용하여 수열의 합을 구하거나 특정한 항의 값을 구하는 문제가 출제된다.

출제유형잡기 | 수열 $\{a_n\}$에서 합의 기호 $\sum$가 포함된 문제는 다음을 이용하여 해결한다.

(1) $\sum$의 뜻

① $a_1+a_2+a_3+\cdots+a_n=\sum_{k=1}^{n} a_k$

② $\sum_{k=m}^{n} a_k=\sum_{k=1}^{n} a_k-\sum_{k=1}^{m-1} a_k$ (단, $2\le m\le n$)

(2) $\sum$의 성질

두 수열 $\{a_n\}$, $\{b_n\}$에 대하여

① $\sum_{k=1}^{n}(a_k+b_k)=\sum_{k=1}^{n} a_k+\sum_{k=1}^{n} b_k$

② $\sum_{k=1}^{n}(a_k-b_k)=\sum_{k=1}^{n} a_k-\sum_{k=1}^{n} b_k$

③ $\sum_{k=1}^{n} ca_k=c\sum_{k=1}^{n} a_k$ (단, c는 상수)

④ $\sum_{k=1}^{n} c=cn$ (단, c는 상수)

필수유형 7 | 2024학년도 수능 9월 모의평가 |

두 수열 $\{a_n\}$, $\{b_n\}$에 대하여

$$\sum_{k=1}^{10}(2a_k-b_k)=34,\ \sum_{k=1}^{10} a_k=10$$

일 때, $\sum_{k=1}^{10}(a_k-b_k)$의 값을 구하시오. [3점]

19

▸ 24054-0068

두 수열 $\{a_n\}$, $\{b_n\}$이 모든 자연수 n에 대하여

$$a_n+\frac{5}{2}b_n=\frac{3}{2}$$

을 만족시킬 때, $4\sum_{n=1}^{5} a_n+10\sum_{n=1}^{5} b_n$의 값은?

① 26　② 27　③ 28　④ 29　⑤ 30

20

▸ 24054-0069

두 수열 $\{a_n\}$, $\{b_n\}$이 다음 조건을 만족시킨다.

(가) 모든 자연수 n에 대하여 $a_{n+4}=a_n$, $b_{n+2}=b_n$이다.
(나) $\sum_{n=1}^{4} a_n=\frac{7}{2}$, $\sum_{n=1}^{2} b_n=\frac{3}{4}$

$\sum_{n=1}^{8}(a_n+b_n)$의 값은?

① 9　② $\frac{19}{2}$　③ 10　④ $\frac{21}{2}$　⑤ 11

21

▸ 24054-0070

수열 $\{a_n\}$이 모든 자연수 m에 대하여 $\sum_{k=1}^{m} a_k=m^2$을 만족시킨다. $\sum_{k=p}^{q} a_k=27$일 때, $p\times q$의 값을 구하시오.

(단, p, q는 $2\le p<q$인 자연수이다.)

유형 8 자연수의 거듭제곱의 합

출제경향 | 자연수의 거듭제곱의 합을 나타내는 Σ의 공식을 이용하여 식의 값을 구하는 문제가 출제된다.

출제유형잡기 | 자연수의 거듭제곱의 합을 나타내는 Σ의 공식을 이용하여 문제를 해결한다.

(1) $\sum_{k=1}^{n} k=\frac{n(n+1)}{2}$

(2) $\sum_{k=1}^{n} k^2=\frac{n(n+1)(2n+1)}{6}$

(3) $\sum_{k=1}^{n} k^3=\left\{\frac{n(n+1)}{2}\right\}^2$

필수유형 8 | 2020학년도 수능 |

자연수 n에 대하여 다항식 $2x^2-3x+1$을 $x-n$으로 나누었을 때의 나머지를 a_n이라 할 때, $\sum_{n=1}^{7}(a_n-n^2+n)$의 값을 구하시오. [3점]

22

▶ 24054-0071

자연수 n에 대하여 점 $(-1, 0)$과 직선 $3x+4y-n=0$ 사이의 거리를 a_n이라 할 때, $\sum_{n=1}^{10} a_n$의 값은?

① 16 ② 17 ③ 18 ④ 19 ⑤ 20

23

▶ 24054-0072

수열 $\{a_n\}$의 일반항이 $a_n=\sum_{k=1}^{2n}|k-n|$일 때, $\sum_{n=1}^{5} a_n$의 값은?

① 49 ② 51 ③ 53 ④ 55 ⑤ 57

24

▶ 24054-0073

$\sum_{k=1}^{p}(k^3-nk)=\sum_{k=1}^{q}(k^3-nk)$인 두 자연수 p, q $(p<q)$의 모든 순서쌍 (p, q)의 개수가 2가 되도록 하는 20 이하의 자연수 n의 값을 구하시오.

유형 9 여러 가지 수열의 합

출제경향 | 수열의 일반항을 소거되는 꼴로 변형하여 수열의 합을 구하는 문제가 출제된다.

출제유형잡기 | 수열의 일반항을 소거되는 꼴로 변형할 때에는 다음을 이용하여 해결한다.

(1) 일반항이 분수 꼴이고 분모가 서로 다른 두 일차식의 곱이면 다음과 같이 변형하여 문제를 해결한다.

① $\sum_{k=1}^{n}\frac{1}{k(k+a)}=\frac{1}{a}\sum_{k=1}^{n}\left(\frac{1}{k}-\frac{1}{k+a}\right)$ (단, $a\neq0$)

② $\sum_{k=1}^{n}\frac{1}{(k+a)(k+b)}=\frac{1}{b-a}\sum_{k=1}^{n}\left(\frac{1}{k+a}-\frac{1}{k+b}\right)$ (단, $a\neq b$)

(2) 일반항의 분모가 근호가 있는 두 식의 합이면 다음과 같이 변형하여 문제를 해결한다.

① $\sum_{k=1}^{n}\frac{1}{\sqrt{k+a}+\sqrt{k}}=\frac{1}{a}\sum_{k=1}^{n}(\sqrt{k+a}-\sqrt{k})$ (단, $a\neq0$)

② $\sum_{k=1}^{n}\frac{1}{\sqrt{k+a}+\sqrt{k+b}}=\frac{1}{a-b}\sum_{k=1}^{n}(\sqrt{k+a}-\sqrt{k+b})$ (단, $a\neq b$)

필수유형 9

| 2023학년도 수능 9월 모의평가 |

수열 $\{a_n\}$의 첫째항부터 제n항까지의 합을 S_n이라 하자.

$S_n=\frac{1}{n(n+1)}$일 때, $\sum_{k=1}^{10}(S_k-a_k)$의 값은? [3점]

① $\frac{1}{2}$ ② $\frac{3}{5}$ ③ $\frac{7}{10}$ ④ $\frac{4}{5}$ ⑤ $\frac{9}{10}$

25

▸ 24054-0074

자연수 n에 대하여 x에 대한 이차방정식 $n^2x^2-nx+\frac{1}{4}=0$의 실근을 a_n이라 할 때, $\sum_{n=1}^{6}a_na_{n+1}$의 값은?

① $\frac{1}{7}$ ② $\frac{3}{14}$ ③ $\frac{2}{7}$ ④ $\frac{5}{14}$ ⑤ $\frac{3}{7}$

26

▸ 24054-0075

11 이하의 자연수 n에 대하여 x에 대한 다항식 $\sum_{k=1}^{10}\left(\frac{1}{k+1}x^k-\frac{1}{k}x^{k+1}\right)$에서 x^n의 계수를 a_n이라 할 때, $\sum_{n=1}^{11}a_n$의 값은?

① $-\frac{47}{55}$ ② $-\frac{48}{55}$ ③ $-\frac{49}{55}$ ④ $-\frac{10}{11}$ ⑤ $-\frac{51}{55}$

27

▸ 24054-0076

첫째항이 1이고 공차가 d인 등차수열 $\{a_n\}$에 대하여 $\sum_{n=1}^{12}\frac{d}{\sqrt{a_n}+\sqrt{a_{n+1}}}$의 값이 10 이하의 자연수가 되도록 하는 모든 자연수 d의 값의 합을 구하시오.

수학 I

유형 10 수열의 귀납적 정의

출제경향 | 처음 몇 개의 항의 값과 이웃하는 항들 사이의 관계식으로 정의된 수열 $\{a_n\}$에서 특정한 항의 값을 구하는 문제, 귀납적으로 정의된 등차수열 또는 등비수열에 대한 문제가 출제된다.

출제유형잡기 | 첫째항 a_1의 값과 이웃하는 항들 사이의 관계식에서 n 대신 1, 2, 3, …을 차례로 대입하거나 귀납적으로 정의된 등차수열 또는 등비수열에 대한 문제를 해결한다.

(1) 등차수열과 수열의 귀납적 정의
모든 자연수 n에 대하여
① $a_{n+1}-a_n=d$ (d는 상수)를 만족시키는 수열 $\{a_n\}$은 공차가 d인 등차수열이다.
② $2a_{n+1}=a_n+a_{n+2}$를 만족시키는 수열 $\{a_n\}$은 등차수열이다.

(2) 등비수열과 수열의 귀납적 정의
모든 자연수 n에 대하여
① $a_{n+1}=ra_n$ (r은 상수)를 만족시키는 수열 $\{a_n\}$은 공비가 r인 등비수열이다. (단, $a_n\neq0$)
② $(a_{n+1})^2=a_na_{n+2}$를 만족시키는 수열 $\{a_n\}$은 등비수열이다. (단, $a_n\neq0$)

필수유형 10 | 2021학년도 수능 9월 모의평가 |

수열 $\{a_n\}$은 $a_1=12$이고, 모든 자연수 n에 대하여

$$a_{n+1}+a_n=(-1)^{n+1}\times n$$

을 만족시킨다. $a_k>a_1$인 자연수 k의 최솟값은? [3점]

① 2 ② 4 ③ 6
④ 8 ⑤ 10

28

▸ 24054-0077

수열 $\{a_n\}$은 $a_1=2$이고, 모든 자연수 n에 대하여

$$a_{n+1}=\frac{5}{6a_n+3}$$

를 만족시킬 때, a_3의 값은?

① 1 ② $\frac{3}{2}$ ③ 2
④ $\frac{5}{2}$ ⑤ 3

29

▸ 24054-0078

모든 항이 양수인 수열 $\{a_n\}$이 모든 자연수 n에 대하여

$$a_na_{n+1}=2^n$$

을 만족시킬 때, $\sum_{n=1}^{10}\log_2 a_n$의 값을 구하시오.

30

▸ 24054-0079

다음 조건을 만족시키는 모든 수열 $\{a_n\}$에 대하여 a_7의 최댓값과 최솟값을 각각 M, m이라 할 때, $M+m$의 값은?

(가) $a_1=4$이고, 모든 자연수 n에 대하여
$(a_{n+1}-a_n-2)(a_{n+1}-2a_n)=0$이다.
(나) $2\le k\le7$인 모든 자연수 k에 대하여 a_k는 3의 배수가 아니다.
(다) a_7은 5의 배수이다.

① 200 ② 210 ③ 220
④ 230 ⑤ 240

유형 11 다양한 수열의 규칙 찾기

출제경향 | 주어진 조건을 만족시키는 몇 개의 항을 나열하여 수열의 규칙을 찾는 문제가 출제된다.

출제유형잡기 | 주어진 조건을 만족시키는 몇 개의 항을 구하여 규칙을 찾아 문제를 해결한다.

필수유형 11 | 2022학년도 수능 |

첫째항이 1인 수열 $\{a_n\}$이 모든 자연수 n에 대하여

$$a_{n+1}=\begin{cases} 2a_n & (a_n<7) \\ a_n-7 & (a_n\geq 7) \end{cases}$$

일 때, $\sum_{k=1}^{8} a_k$의 값은? [3점]

① 30　② 32　③ 34　④ 36　⑤ 38

31

▸ 24054-0080

수열 $\{a_n\}$은 모든 자연수 n에 대하여

$$a_n=\begin{cases} 1 & (n\text{이 3의 배수가 아닌 경우}) \\ -1 & (n\text{이 3의 배수인 경우}) \end{cases}$$

이다. 수열 $\{a_n\}$의 첫째항부터 제n항까지의 합을 S_n이라 할 때, $S_m=3$을 만족시키는 모든 자연수 m의 값의 합은?

① 20　② 21　③ 22　④ 23　⑤ 24

32

▸ 24054-0081

다음 조건을 만족시키는 모든 수열 $\{a_n\}$에 대하여 $\sum_{n=1}^{30} a_n$의 최솟값이 90일 때, 양수 k의 값은?

(가) $a_1>0$
(나) 모든 자연수 n에 대하여 $a_n a_{n+1}=k$이다.

① 8　② $\frac{17}{2}$　③ 9　④ $\frac{19}{2}$　⑤ 10

33

▸ 24054-0082

자연수 k에 대하여 수열 $\{a_n\}$은 $a_1=4k-2$이고, 모든 자연수 n에 대하여

$$a_{n+1}=\begin{cases} |a_n-4| & \left(n\leq \frac{a_1}{4}+1\right) \\ a_n+4 & \left(n>\frac{a_1}{4}+1\right) \end{cases}$$

을 만족시킨다. $a_1=a_{20}$일 때, k의 값은?

① 6　② 7　③ 8　④ 9　⑤ 10

수학 I

유형 12 수학적 귀납법

출제경향 | 수학적 귀납법을 이용하여 명제를 증명하는 과정에서 빈칸에 알맞은 식이나 수를 구하는 문제가 출제된다.

출제유형잡기 | 주어진 명제를 수학적 귀납법으로 증명하는 과정의 앞뒤 관계를 파악하여 빈칸에 알맞은 식이나 수를 구한다.

필수유형 12 | 2021학년도 수능 6월 모의평가 |

수열 $\{a_n\}$의 일반항은

$$a_n=(2^{2n}-1)\times 2^{n(n-1)}+(n-1)\times 2^{-n}$$

이다. 다음은 모든 자연수 n에 대하여

$$\sum_{k=1}^{n} a_k=2^{n(n+1)}-(n+1)\times 2^{-n} \quad \cdots\cdots (*)$$

임을 수학적 귀납법을 이용하여 증명한 것이다.

(i) $n=1$일 때, (좌변)$=3$, (우변)$=3$이므로 $(*)$이 성립한다.

(ii) $n=m$일 때, $(*)$이 성립한다고 가정하면

$$\sum_{k=1}^{m} a_k=2^{m(m+1)}-(m+1)\times 2^{-m}$$

이다. $n=m+1$일 때,

$$\sum_{k=1}^{m+1} a_k=2^{m(m+1)}-(m+1)\times 2^{-m}+(2^{2m+2}-1)\times \boxed{(가)}+m\times 2^{-m-1}$$

$$=\boxed{(가)}\times\boxed{(나)}-\frac{m+2}{2}\times 2^{-m}$$

$$=2^{(m+1)(m+2)}-(m+2)\times 2^{-(m+1)}$$

이다. 따라서 $n=m+1$일 때도 $(*)$이 성립한다.

(i), (ii)에 의하여 모든 자연수 n에 대하여

$$\sum_{k=1}^{n} a_k=2^{n(n+1)}-(n+1)\times 2^{-n}$$

이다.

위의 (가), (나)에 알맞은 식을 각각 $f(m)$, $g(m)$이라 할 때, $\frac{g(7)}{f(3)}$의 값은? [4점]

① 2 ② 4 ③ 8
④ 16 ⑤ 32

34

▸ 24054-0083

다음은 모든 자연수 n에 대하여

$$\sum_{k=1}^{n} k^2 2^{n-k+1}=3\times 2^{n+2}-2n^2-8n-12 \quad \cdots\cdots (*)$$

임을 수학적 귀납법을 이용하여 증명한 것이다.

(i) $n=1$일 때, (좌변)$=2$, (우변)$=2$이므로 $(*)$이 성립한다.

(ii) $n=m$일 때, $(*)$이 성립한다고 가정하면

$$\sum_{k=1}^{m} k^2 2^{m-k+1}=3\times 2^{m+2}-2m^2-8m-12$$

이다. $n=m+1$일 때,

$$\sum_{k=1}^{m+1} k^2 2^{(m+1)-k+1}$$

$$=\sum_{k=1}^{m} k^2 2^{m-k+2}+\boxed{(가)}$$

$$=\boxed{(나)}\times(3\times 2^{m+2}-2m^2-8m-12)+\boxed{(가)}$$

$$=3\times 2^{m+3}-2(m+1)^2-8(m+1)-12$$

이다. 따라서 $n=m+1$일 때도 $(*)$이 성립한다.

(i), (ii)에 의하여 모든 자연수 n에 대하여

$$\sum_{k=1}^{n} k^2 2^{n-k+1}=3\times 2^{n+2}-2n^2-8n-12$$

이다.

위의 (가)에 알맞은 식을 $f(m)$, (나)에 알맞은 수를 p라 할 때, $f(p)$의 값은?

① 18 ② 20 ③ 22
④ 24 ⑤ 26

04 함수의 극한과 연속

1 함수의 수렴과 발산

Note

(1) 함수의 수렴

① 함수 $f(x)$에서 x의 값이 a가 아니면서 a에 한없이 가까워질 때, $f(x)$의 값이 일정한 값 L에 한없이 가까워지면 함수 $f(x)$는 L에 수렴한다고 한다. 이때 L을 함수 $f(x)$의 $x=a$에서의 극한값 또는 극한이라 하고, 이것을 기호로 다음과 같이 나타낸다.

$\lim_{x\to a} f(x)=L$ 또는 $x\to a$일 때 $f(x)\to L$

② 함수 $f(x)$에서 x의 값이 한없이 커질 때, $f(x)$의 값이 일정한 값 L에 한없이 가까워지면 함수 $f(x)$는 L에 수렴한다고 하고, 이것을 기호로 다음과 같이 나타낸다.

$\lim_{x\to\infty} f(x)=L$ 또는 $x\to\infty$일 때 $f(x)\to L$

③ 함수 $f(x)$에서 x의 값이 음수이면서 그 절댓값이 한없이 커질 때, $f(x)$의 값이 일정한 값 L에 한없이 가까워지면 함수 $f(x)$는 L에 수렴한다고 하고, 이것을 기호로 다음과 같이 나타낸다.

$\lim_{x\to-\infty} f(x)=L$ 또는 $x\to-\infty$일 때 $f(x)\to L$

(2) 함수의 발산

① 함수 $f(x)$에서 x의 값이 a가 아니면서 a에 한없이 가까워질 때, $f(x)$의 값이 한없이 커지면 함수 $f(x)$는 양의 무한대로 발산한다고 하고, 이것을 기호로 다음과 같이 나타낸다.

$\lim_{x\to a} f(x)=\infty$ 또는 $x\to a$일 때 $f(x)\to\infty$

② 함수 $f(x)$에서 x의 값이 a가 아니면서 a에 한없이 가까워질 때, $f(x)$의 값이 음수이면서 그 절댓값이 한없이 커지면 함수 $f(x)$는 음의 무한대로 발산한다고 하고, 이것을 기호로 다음과 같이 나타낸다.

$\lim_{x\to a} f(x)=-\infty$ 또는 $x\to a$일 때 $f(x)\to-\infty$

③ 함수 $f(x)$에서 x의 값이 한없이 커지거나 x의 값이 음수이면서 그 절댓값이 한없이 커질 때, 함수 $f(x)$가 양의 무한대 또는 음의 무한대로 발산하면 이것을 각각 기호로 다음과 같이 나타낸다.

$\lim_{x\to\infty} f(x)=\infty$, $\lim_{x\to\infty} f(x)=-\infty$, $\lim_{x\to-\infty} f(x)=\infty$, $\lim_{x\to-\infty} f(x)=-\infty$

2 함수의 좌극한과 우극한

(1) 함수 $f(x)$에서 x의 값이 a보다 크면서 a에 한없이 가까워질 때, $f(x)$의 값이 일정한 값 L에 한없이 가까워지면 L을 함수 $f(x)$의 $x=a$에서의 우극한이라고 하며, 이것을 기호로 다음과 같이 나타낸다.

$\lim_{x\to a+} f(x)=L$ 또는 $x\to a+$일 때 $f(x)\to L$

또한 함수 $f(x)$에서 x의 값이 a보다 작으면서 a에 한없이 가까워질 때, $f(x)$의 값이 일정한 값 L에 한없이 가까워지면 L을 함수 $f(x)$의 $x=a$에서의 좌극한이라고 하며, 이것을 기호로 다음과 같이 나타낸다.

$\lim_{x\to a-} f(x)=L$ 또는 $x\to a-$일 때 $f(x)\to L$

(2) 함수 $f(x)$가 $x=a$에서의 우극한 $\lim_{x\to a+} f(x)$와 좌극한 $\lim_{x\to a-} f(x)$가 모두 존재하고 그 값이 서로 같으면 극한값 $\lim_{x\to a} f(x)$가 존재한다. 또한 그 역도 성립한다.

즉, $\lim_{x\to a+} f(x)=\lim_{x\to a-} f(x)=L \Longleftrightarrow \lim_{x\to a} f(x)=L$ (단, L은 실수)

3 함수의 극한에 대한 성질

두 함수 $f(x)$, $g(x)$에 대하여 $\lim_{x\to a} f(x)=\alpha$, $\lim_{x\to a} g(x)=\beta$ (α, β는 실수)일 때

(1) $\lim_{x\to a}\{cf(x)\}=c\lim_{x\to a} f(x)=c\alpha$ (단, c는 상수)

(2) $\lim_{x\to a}\{f(x)+g(x)\}=\lim_{x\to a} f(x)+\lim_{x\to a} g(x)=\alpha+\beta$

(3) $\lim_{x\to a}\{f(x)-g(x)\}=\lim_{x\to a} f(x)-\lim_{x\to a} g(x)=\alpha-\beta$

Note

(4) $\lim_{x \to a}\{f(x)g(x)\}=\lim_{x \to a}f(x)\times\lim_{x \to a}g(x)=\alpha\beta$

(5) $\lim_{x \to a}\frac{f(x)}{g(x)}=\frac{\lim_{x \to a}f(x)}{\lim_{x \to a}g(x)}=\frac{\alpha}{\beta}$ (단, $\beta\neq0$)

4 미정계수의 결정

두 함수 $f(x)$, $g(x)$에 대하여 다음 성질을 이용하여 미정계수를 결정할 수 있다.

(1) $\lim_{x \to a}\frac{f(x)}{g(x)}=\alpha$ (α는 실수)이고 $\lim_{x \to a}g(x)=0$이면 $\lim_{x \to a}f(x)=0$이다.

(2) $\lim_{x \to a}\frac{f(x)}{g(x)}=\alpha$ (α는 0이 아닌 실수)이고 $\lim_{x \to a}f(x)=0$이면 $\lim_{x \to a}g(x)=0$이다.

5 함수의 극한의 대소 관계

두 함수 $f(x)$, $g(x)$에 대하여 $\lim_{x \to a}f(x)=\alpha$, $\lim_{x \to a}g(x)=\beta$ (α, β는 실수)일 때, a에 가까운 모든 실수 x에 대하여

(1) $f(x)\leq g(x)$이면 $\alpha\leq\beta$이다.

(2) 함수 $h(x)$에 대하여 $f(x)\leq h(x)\leq g(x)$이고 $\alpha=\beta$이면 $\lim_{x \to a}h(x)=\alpha$이다.

6 함수의 연속

(1) 함수 $f(x)$가 실수 a에 대하여 다음 세 조건을 만족시킬 때, 함수 $f(x)$는 $x=a$에서 연속이라고 한다.
  (i) 함수 $f(x)$가 $x=a$에서 정의되어 있다.
  (ii) $\lim_{x \to a}f(x)$가 존재한다.
  (iii) $\lim_{x \to a}f(x)=f(a)$

(2) 함수 $f(x)$가 $x=a$에서 연속이 아닐 때, 함수 $f(x)$는 $x=a$에서 불연속이라고 한다.

(3) 함수 $f(x)$가 열린구간 (a, b)에 속하는 모든 실수에서 연속일 때, 함수 $f(x)$는 열린구간 (a, b)에서 연속 또는 연속함수라고 한다. 한편, 함수 $f(x)$가 다음 두 조건을 모두 만족시킬 때, 함수 $f(x)$는 닫힌구간 $[a, b]$에서 연속이라고 한다.
  (i) 함수 $f(x)$가 열린구간 (a, b)에서 연속이다.
  (ii) $\lim_{x \to a+}f(x)=f(a)$, $\lim_{x \to b-}f(x)=f(b)$

7 연속함수의 성질

두 함수 $f(x)$, $g(x)$가 $x=a$에서 연속이면 다음 함수도 $x=a$에서 연속이다.

(1) $cf(x)$ (단, c는 상수) (2) $f(x)+g(x)$, $f(x)-g(x)$ (3) $f(x)g(x)$ (4) $\frac{f(x)}{g(x)}$ (단, $g(a)\neq0$)

8 최대 · 최소 정리

함수 $f(x)$가 닫힌구간 $[a, b]$에서 연속이면 함수 $f(x)$는 이 구간에서 반드시 최댓값과 최솟값을 갖는다.

9 사잇값의 정리

함수 $f(x)$가 닫힌구간 $[a, b]$에서 연속이고 $f(a)\neq f(b)$이면 $f(a)$와 $f(b)$ 사이에 있는 임의의 값 k에 대하여

$f(c)=k$

인 c가 열린구간 (a, b)에 적어도 하나 존재한다.

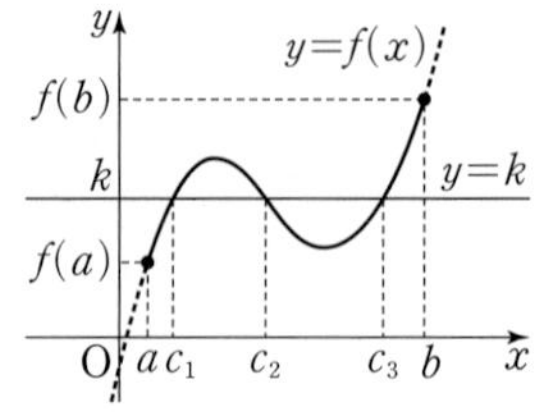

참고 사잇값의 정리에 의하여 함수 $f(x)$가 닫힌구간 $[a, b]$에서 연속이고 $f(a)$와 $f(b)$의 부호가 서로 다르면 $f(c)=0$인 c가 열린구간 (a, b)에 적어도 하나 존재한다. 즉, 방정식 $f(x)=0$은 열린구간 (a, b)에서 적어도 하나의 실근을 갖는다.

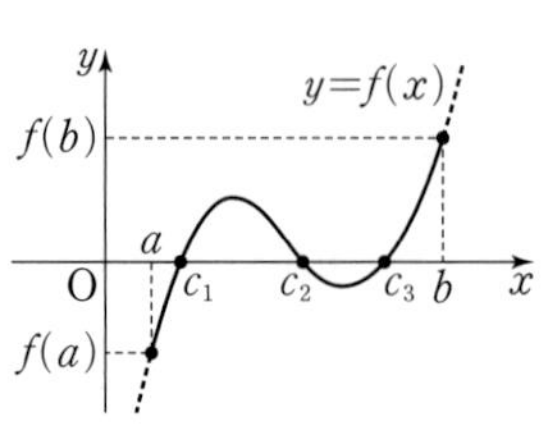

정답과 풀이 23쪽

유형 1 함수의 좌극한과 우극한

출제경향 | 함수의 식과 그래프에서 좌극한과 우극한, 극한값을 구하는 문제가 출제된다.

출제유형잡기 | 구간에 따라 다르게 정의된 함수 또는 그 그래프에서 좌극한과 우극한, 극한값을 구하는 과정을 이해하여 해결한다.

필수유형 1 | 2023학년도 수능 6월 모의평가 |

함수 $y=f(x)$의 그래프가 그림과 같다.

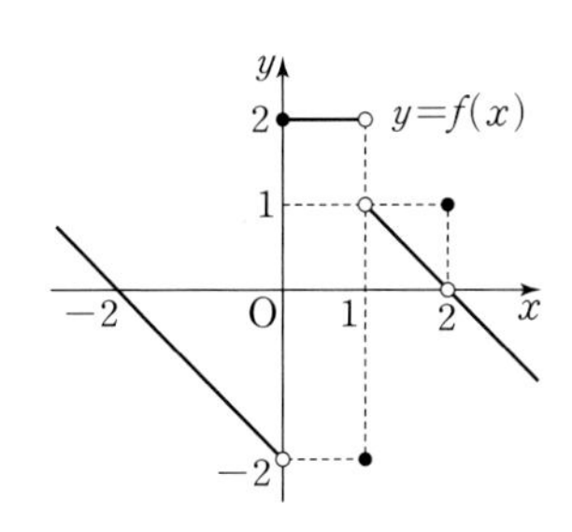

$\lim_{x\to0-}f(x)+\lim_{x\to1+}f(x)$의 값은? [3점]

① -2　② -1　③ 0
④ 1　⑤ 2

01

▸ 24054-0084

함수 $y=f(x)$의 그래프가 그림과 같다.

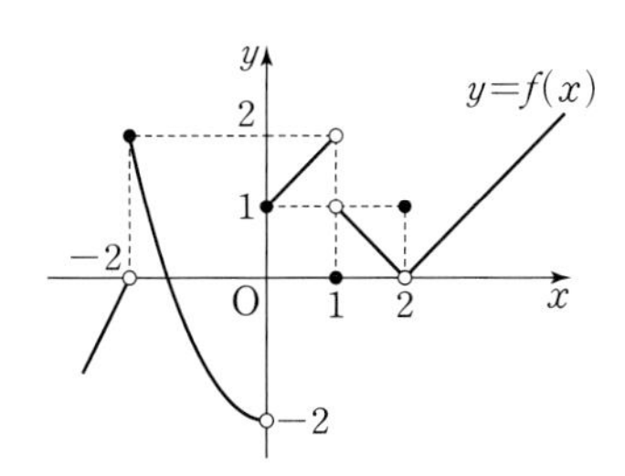

$\lim_{x\to-2+}f(x)+\lim_{x\to1-}f(x)$의 값은?

① -4　② -2　③ 0
④ 2　⑤ 4

02

▸ 24054-0085

함수

$$f(x)=\begin{cases} ax-1 & (x\le1) \\ x^2+ax+4 & (x>1) \end{cases}$$

에 대하여 $\left\{\lim_{x\to1-}f(x)\right\}^2=\lim_{x\to1+}f(x)$를 만족시키는 양수 a의 값은?

① 1　② 2　③ 3
④ 4　⑤ 5

03

▸ 24054-0086

함수 $y=f(x)$의 그래프가 그림과 같다.

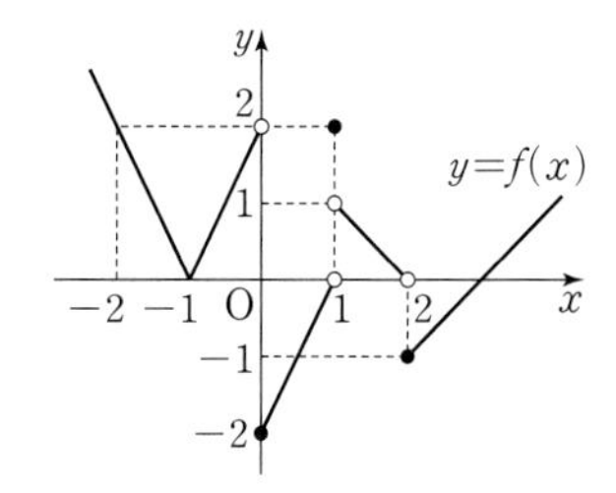

$\lim_{x\to1-}f(x-1)+\lim_{x\to1+}f(x+1)=\lim_{x\to k+}f(x)$를 만족시키는 정수 k의 값은? (단, $-2\le k\le2$)

① -2　② -1　③ 0
④ 1　⑤ 2

유형 2 함수의 극한값의 계산

출제경향 | $\frac{0}{0}$ 꼴, $\frac{\infty}{\infty}$ 꼴, $\infty-\infty$ 꼴의 함수의 극한값을 구하는 문제가 출제된다.

출제유형잡기 | (1) $\frac{0}{0}$ 꼴의 유리식은 분모, 분자를 각각 인수분해하고 약분한 다음 극한값을 구한다.

(2) $\frac{\infty}{\infty}$ 꼴은 분모의 최고차항으로 분모, 분자를 각각 나눈 다음 극한값을 구한다.

(3) $\infty-\infty$ 꼴의 무리식은 분모 또는 분자의 무리식을 유리화한 다음 극한값을 구한다.

필수유형 2 | 2023학년도 수능 |

$\lim_{x\to\infty}\frac{\sqrt{x^2-2}+3x}{x+5}$의 값은? [2점]

① 1 ② 2 ③ 3 ④ 4 ⑤ 5

04

▸ 24054-0087

$\lim_{x\to\infty}\frac{(1-2x)(1+2x)}{(x+2)^2}$의 값은?

① -4 ② -2 ③ 0 ④ 2 ⑤ 4

05

▸ 24054-0088

$\lim_{x\to1}\frac{x^2-1}{\sqrt{x^2+3}-\sqrt{x+3}}$의 값은?

① 2 ② 4 ③ 6 ④ 8 ⑤ 10

06

▸ 24054-0089

두 양수 a, b에 대하여

$$\lim_{x\to\infty}\{\sqrt{x^2+ax+b}-(ax+b)\}=-2$$

일 때, $a+b$의 값은?

① 3 ② $\frac{7}{2}$ ③ 4 ④ $\frac{9}{2}$ ⑤ 5

유형 3 함수의 극한에 대한 성질

출제경향 | 함수의 극한에 대한 성질을 이용하여 함수의 극한값을 구하는 문제가 출제된다.

출제유형잡기 | 함수의 극한에 대한 성질을 이용하여 문제를 해결한다.
두 함수 $f(x)$, $g(x)$에 대하여
$\lim_{x\to a} f(x)=\alpha$, $\lim_{x\to a} g(x)=\beta$ (α, β는 실수)일 때

(1) $\lim_{x\to a}\{cf(x)\}=c\lim_{x\to a} f(x)=c\alpha$ (단, c는 상수)

(2) $\lim_{x\to a}\{f(x)+g(x)\}=\lim_{x\to a} f(x)+\lim_{x\to a} g(x)=\alpha+\beta$

(3) $\lim_{x\to a}\{f(x)-g(x)\}=\lim_{x\to a} f(x)-\lim_{x\to a} g(x)=\alpha-\beta$

(4) $\lim_{x\to a}\{f(x)g(x)\}=\lim_{x\to a} f(x)\times\lim_{x\to a} g(x)=\alpha\beta$

(5) $\lim_{x\to a}\frac{f(x)}{g(x)}=\frac{\lim_{x\to a} f(x)}{\lim_{x\to a} g(x)}=\frac{\alpha}{\beta}$ (단, $\beta\neq0$)

필수유형 3

| 2018학년도 수능 |

함수 $f(x)$가 $\lim_{x\to 1}(x+1)f(x)=1$을 만족시킬 때, $\lim_{x\to 1}(2x^2+1)f(x)=a$이다. $20a$의 값을 구하시오. [3점]

07

▸ 24054-0090

함수 $f(x)$가

$$\lim_{x\to 1}\frac{f(x)}{x+1}=3$$

을 만족시킬 때, $\lim_{x\to 1}\frac{x^2+3}{(x+1)f(x)}$의 값은?

① $\frac{1}{12}$ ② $\frac{1}{6}$ ③ $\frac{1}{4}$
④ $\frac{1}{3}$ ⑤ $\frac{5}{12}$

08

▸ 24054-0091

다항함수 $f(x)$가

$$\lim_{x\to 0}\frac{f(x)-3}{x}=4$$

를 만족시킬 때, $\lim_{x\to 0}\frac{\{f(x)\}^2-4f(x)+3}{x}$의 값은?

① 6 ② 7 ③ 8
④ 9 ⑤ 10

09

▸ 24054-0092

두 다항함수 $f(x)$, $g(x)$가 모든 실수 x에 대하여

$$-2x^2+5\leq f(x)+g(x)\leq -4x+7$$

을 만족시키고, $\lim_{x\to 1}\frac{2f(x)+g(x)}{f(x)+2g(x)}=8$일 때, $\lim_{x\to 1}\{f(x)-g(x)\}$의 값은?

① 6 ② 7 ③ 8
④ 9 ⑤ 10

10

▸ 24054-0093

두 다항함수 $f(x)$, $g(x)$가 다음 조건을 만족시킨다.

(가) $\lim_{x\to 0}\frac{f(x)+g(x)-2}{x}=5$
(나) 모든 실수 x에 대하여
$\{f(x)+x\}\{g(x)-2\}=x^2\{f(x)+9\}$이다.

$\lim_{x\to 0}\frac{f(x)g(x)\{g(x)-2\}}{x^2}$의 값은?

① 4 ② 6 ③ 8
④ 10 ⑤ 12

수학 II

유형 4 극한을 이용한 미정계수 또는 함수의 결정

출제경향 | 함수의 극한에 대한 조건이 주어졌을 때, 미정계수를 구하거나 다항함수 또는 함숫값을 구하는 문제가 출제된다.

출제유형잡기 | 두 함수 $f(x)$, $g(x)$에 대하여

$\lim_{x \to a} \frac{f(x)}{g(x)} = \alpha$ (α는 실수)일 때

(1) $\lim_{x \to a} g(x) = 0$이면 $\lim_{x \to a} f(x) = 0$

(2) $\alpha \neq 0$이고 $\lim_{x \to a} f(x) = 0$이면 $\lim_{x \to a} g(x) = 0$

필수유형 4 | 2022학년도 수능 9월 모의평가 |

삼차함수 $f(x)$가

$$\lim_{x \to 0} \frac{f(x)}{x} = \lim_{x \to 1} \frac{f(x)}{x-1} = 1$$

을 만족시킬 때, $f(2)$의 값은? [3점]

① 4 ② 6 ③ 8 ④ 10 ⑤ 12

11

▸ 24054-0094

두 상수 a, b에 대하여

$$\lim_{x \to 2} \frac{2 - \sqrt{ax+b}}{x^2 - 2x} = 1$$

일 때, $a+b$의 값은?

① 12 ② 14 ③ 16 ④ 18 ⑤ 20

12

▸ 24054-0095

이차함수 $f(x)$에 대하여

$$\lim_{x \to 2} \frac{f(x)+x^2}{x-2} = 10$$

이고 $f(3)=3$일 때, $f(4)$의 값은?

① 8 ② 10 ③ 12 ④ 14 ⑤ 16

13

▸ 24054-0096

삼차함수 $f(x)$가

$$\lim_{x \to 1} \frac{f(x)-f(-1)}{x-1} = 3, \quad \lim_{x \to 0} \frac{f(x+1)}{f(x-1)} = -3$$

을 만족시킬 때, $f(3)$의 값은?

① 4 ② 8 ③ 12 ④ 16 ⑤ 20

14

▸ 24054-0097

최고차항의 계수가 1인 두 이차함수 $f(x)$, $g(x)$가 다음 조건을 만족시킨다.

(가) $\lim_{x \to 1} \frac{f(x)g(x)}{x-1} = 0$

(나) $\lim_{x \to 1} \frac{f(x)-g(x)}{x-1} = 5$

$f(2)=g(3)$일 때, $f(0)+g(0)$의 값은?

① -9 ② -7 ③ -5 ④ -3 ⑤ -1

유형 5 함수의 극한의 활용

출제경향 | 주어진 조건을 활용하여 좌표평면에서 선분의 길이, 도형의 넓이, 교점의 개수 등을 함수로 나타내고 그 극한값을 구하는 문제가 출제된다.

출제유형잡기 | 함수의 그래프의 개형이나 도형의 성질 등을 활용하여 교점의 개수, 선분의 길이, 도형의 넓이 등을 한 문자에 대한 함수로 나타내고, 함수의 극한의 뜻, 좌극한과 우극한의 뜻, 함수의 극한에 대한 기본 성질을 이용하여 극한값을 구한다.

필수유형 5

| 2024학년도 수능 6월 모의평가 |

그림과 같이 실수 t $(0<t<1)$에 대하여 곡선 $y=x^2$ 위의 점 중에서 직선 $y=2tx-1$과의 거리가 최소인 점을 P라 하고, 직선 OP가 직선 $y=2tx-1$과 만나는 점을 Q라 할 때,

$\lim\limits_{t \to 1-} \dfrac{\overline{\mathrm{PQ}}}{1-t}$의 값은? (단, O는 원점이다.) [4점]

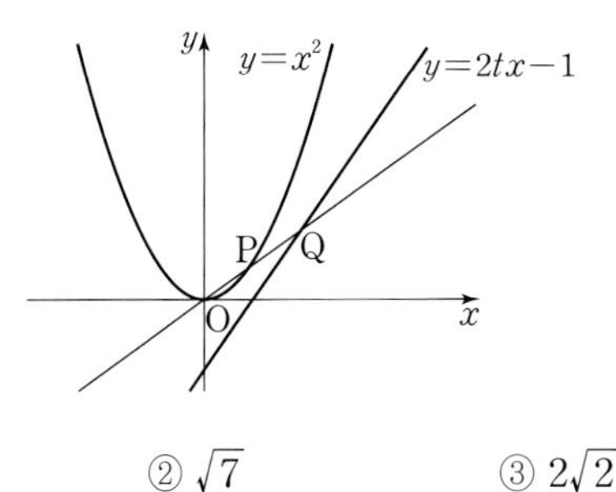

① $\sqrt{6}$ ② $\sqrt{7}$ ③ $2\sqrt{2}$
④ 3 ⑤ $\sqrt{10}$

15

▸ 24054-0098

그림과 같이 양의 실수 t에 대하여 직선 $x=t$가 두 함수 $y=3x$, $y=\sqrt{x^2+3x+4}-2$의 그래프와 만나는 점을 각각 P, Q라 하자. 삼각형 OPQ의 넓이를 $S(t)$라 할 때, $\lim\limits_{t \to 0+} \dfrac{S(t)}{t^2}$의 값은?

(단, O는 원점이다.)

① $\dfrac{3}{4}$ ② $\dfrac{7}{8}$ ③ 1
④ $\dfrac{9}{8}$ ⑤ $\dfrac{5}{4}$

16

▸ 24054-0099

그림과 같이 양의 실수 t에 대하여 점 P$(t,\ 0)$을 꼭짓점으로 하고 점 A$(0,\ 1)$을 지나는 이차함수 $y=f(x)$의 그래프가 직선 $y=3x+1$과 만나는 점 중 A가 아닌 점을 Q라 하고, 점 Q를 지나고 x축과 평행한 직선이 이차함수 $y=f(x)$의 그래프와 만나는 점 중 Q가 아닌 점을 R이라 하자. 삼각형 AQR의 넓이를 $S(t)$라 할 때, $\lim\limits_{t \to 0+} \dfrac{S(t)}{t^2}$의 값을 구하시오.

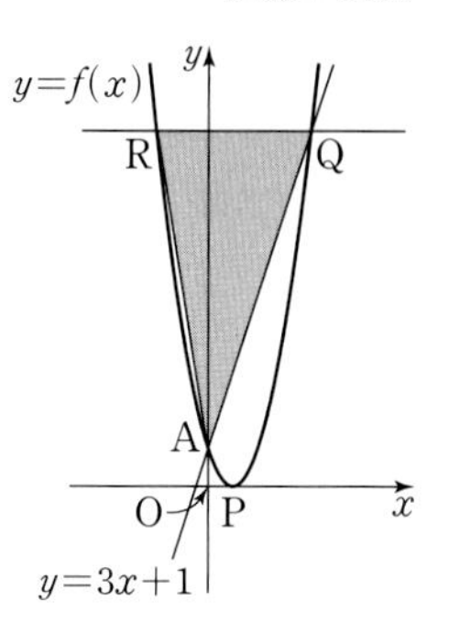

17

▸ 24054-0100

함수

$$f(x)=\begin{cases} \dfrac{-2x-1}{x} & (x<0) \\ x^2-8x+a & (x \geq 0) \end{cases}$$

에 대하여 함수 $y=|f(x)|$의 그래프와 직선 $y=t$가 만나는 서로 다른 점의 개수를 $g(t)$라 하자.

$$\lim_{t \to k-} g(t)-\lim_{t \to k+} g(t)>2$$

를 만족시키는 상수 k가 존재하도록 하는 모든 양수 a의 값의 합을 구하시오.

유형 6 함수의 연속

출제경향 | 함수 $f(x)$가 연속이기 위한 조건을 이용하여 함수 또는 미정계수를 구하는 문제가 출제된다.

출제유형잡기 | 함수 $f(x)$가 실수 a에 대하여 다음 세 조건을 만족시키면 함수 $f(x)$는 $x=a$에서 연속임을 활용하여 문제를 해결한다.

(i) 함수 $f(x)$가 $x=a$에서 정의되어 있다. 즉, $f(a)$의 값이 존재한다.

(ii) $\lim_{x \to a} f(x)$의 값이 존재한다.

즉, $\lim_{x \to a-} f(x) = \lim_{x \to a+} f(x)$이다.

(iii) $\lim_{x \to a} f(x) = f(a)$

필수유형 6 | 2023학년도 수능 6월 모의평가 |

두 양수 a, b에 대하여 함수 $f(x)$가

$$f(x)=\begin{cases} x+a & (x<-1) \\ x & (-1 \le x < 3) \\ bx-2 & (x \ge 3) \end{cases}$$

이다. 함수 $|f(x)|$가 실수 전체의 집합에서 연속일 때, $a+b$의 값은? [3점]

① $\frac{7}{3}$ ② $\frac{8}{3}$ ③ 3 ④ $\frac{10}{3}$ ⑤ $\frac{11}{3}$

18

▸ 24054-0101

함수

$$f(x)=\begin{cases} \dfrac{x-a}{\sqrt{x+2}-\sqrt{a+2}} & (x \ne a) \\ 6 & (x=a) \end{cases}$$

가 구간 $[-2, \infty)$에서 연속일 때, 상수 a의 값은? (단, $a>-2$)

① 3 ② 4 ③ 5 ④ 6 ⑤ 7

19

▸ 24054-0102

최고차항의 계수가 1인 이차함수 $f(x)$에 대하여 두 함수 $g(x)$, $h(x)$를

$$g(x)=\begin{cases} f(x) & (x<1) \\ 4 & (x \ge 1) \end{cases}, \quad h(x)=\begin{cases} f(x-2) & (x<1) \\ 4 & (x \ge 1) \end{cases}$$

이라 하자. 함수 $g(x)$는 $x=1$에서 불연속이고, 함수 $|g(x)|$와 함수 $h(x)$는 실수 전체의 집합에서 연속일 때, $f(-2)$의 값은?

① 11 ② 12 ③ 13 ④ 14 ⑤ 15

20

▸ 24054-0103

좌표평면 위의 점 P(3, 4)를 중심으로 하고 반지름의 길이가 r $(r>0)$인 원 C와 실수 m에 대하여 원 C와 직선 $y=mx$가 만나는 점의 개수를 $f(m)$이라 하자. **보기**에서 옳은 것만을 있는 대로 고른 것은?

보기

ㄱ. $f(1)=1$이면 $r=\frac{\sqrt{2}}{2}$이다.

ㄴ. $r>5$이면 모든 실수 m에 대하여 $f(m)=2$이다.

ㄷ. 함수 $f(m)$이 $m=k$에서 불연속인 실수 k의 개수가 1이 되도록 하는 모든 r의 값의 합은 8이다.

① ㄱ ② ㄷ ③ ㄱ, ㄴ ④ ㄴ, ㄷ ⑤ ㄱ, ㄴ, ㄷ

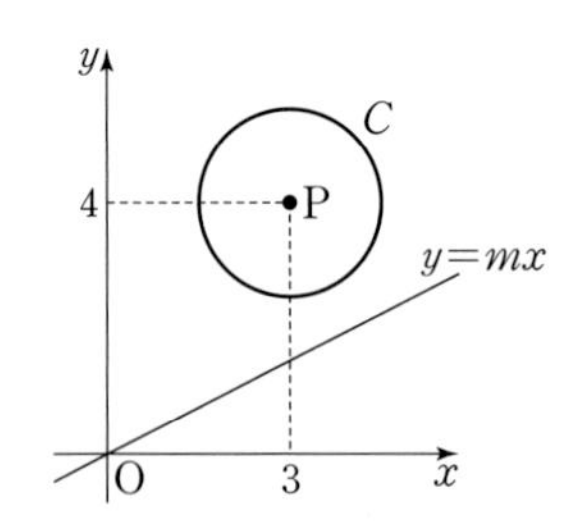

유형 7 연속함수의 성질과 사잇값의 정리

출제경향 | 연속 또는 불연속인 함수들의 합, 차, 곱, 몫으로 만들어진 함수의 연속성을 묻는 문제와 연속함수에서 사잇값의 정리를 이용하는 문제가 출제된다.

출제유형잡기 | (1) 두 함수 $f(x)$, $g(x)$가 $x=a$에서 연속이면 함수 $cf(x)$, $f(x)+g(x)$, $f(x)-g(x)$, $f(x)g(x)$, $\frac{f(x)}{g(x)}$ $(g(a)\neq 0)$도 $x=a$에서 연속임을 이용한다. (단, c는 상수)

(2) 사잇값의 정리에 의하여 함수 $f(x)$가 닫힌구간 $[a, b]$에서 연속이고 $f(a)f(b)<0$이면 방정식 $f(x)=0$은 열린구간 (a, b)에서 적어도 하나의 실근을 갖는다는 것을 이용한다.

필수유형 7 | 2022학년도 수능 6월 모의평가 |

함수

$$f(x)=\begin{cases}-2x+6 & (x<a)\\ 2x-a & (x\geq a)\end{cases}$$

에 대하여 함수 $\{f(x)\}^2$이 실수 전체의 집합에서 연속이 되도록 하는 모든 상수 a의 값의 합은? [3점]

① 2 ② 4 ③ 6
④ 8 ⑤ 10

21

▸ 24054-0104

두 함수

$$f(x)=\begin{cases}x+3 & (x<a)\\ 3x-4 & (x\geq a)\end{cases},\ g(x)=x^2+ax+a-1$$

에 대하여 함수 $f(x)g(x)$가 실수 전체의 집합에서 연속이 되도록 하는 모든 실수 a의 값의 합은?

① 3 ② $\frac{7}{2}$ ③ 4
④ $\frac{9}{2}$ ⑤ 5

22

▸ 24054-0105

두 함수 $f(x)=x^3+x^2$, $g(x)=x-2$와 10 이하의 자연수 n에 대하여 x에 대한 방정식 $f(x)=ng(x)$가 n의 값에 관계없이 오직 하나의 실근을 갖는다. 이 실근이 열린구간 $(-3, -2)$에 속하도록 하는 10 이하의 모든 자연수 n의 값의 합을 구하시오.

23

▸ 24054-0106

최고차항의 계수가 1인 이차함수 $f(x)$와 세 실수 a, b, c가 다음 조건을 만족시킨다.

(가) 함수 $g(x)=\frac{x}{f(x^2+4)}$는 $x=a$에서만 불연속이다.

(나) 함수 $h(x)=\frac{f(x-4)}{f(x^2)}$는 $x=b$, $x=c$ $(b<c)$에서만 불연속이다.

$\lim_{x\to b}h(x)$의 값이 존재할 때, $f(c)\times\lim_{x\to b}h(x)$의 값은?

① -5 ② -4 ③ -3
④ -2 ⑤ -1

05 다항함수의 미분법

① 평균변화율

(1) 함수 $y=f(x)$에서 x의 값이 a에서 b까지 변할 때, 함수 $y=f(x)$의 평균변화율은

$$\frac{\Delta y}{\Delta x}=\frac{f(b)-f(a)}{b-a}=\frac{f(a+\Delta x)-f(a)}{\Delta x} \text{ (단, } \Delta x=b-a\text{)}$$

(2) 함수 $y=f(x)$에서 x의 값이 a에서 b까지 변할 때의 함수 $y=f(x)$의 평균변화율은 곡선 $y=f(x)$ 위의 두 점 $\mathrm{P}(a,\ f(a))$, $\mathrm{Q}(b,\ f(b))$를 지나는 직선 PQ의 기울기를 나타낸다.

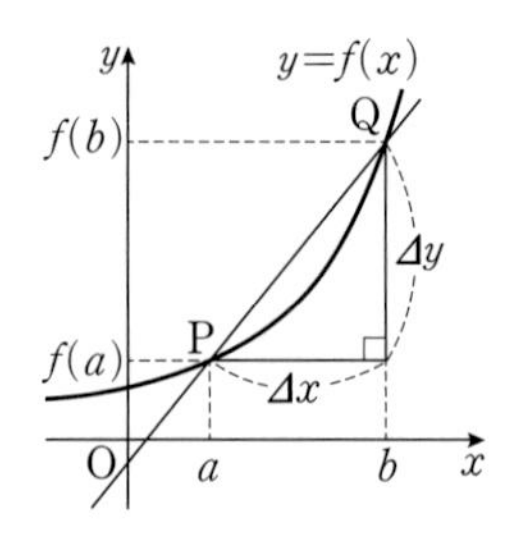

② 미분계수

(1) 함수 $y=f(x)$의 $x=a$에서의 미분계수 $f'(a)$는

$$f'(a)=\lim_{\Delta x\to 0}\frac{\Delta y}{\Delta x}=\lim_{\Delta x\to 0}\frac{f(a+\Delta x)-f(a)}{\Delta x}=\lim_{x\to a}\frac{f(x)-f(a)}{x-a}$$

(2) 함수 $y=f(x)$의 $x=a$에서의 미분계수 $f'(a)$는 곡선 $y=f(x)$ 위의 점 $\mathrm{P}(a,\ f(a))$에서의 접선의 기울기를 나타낸다.

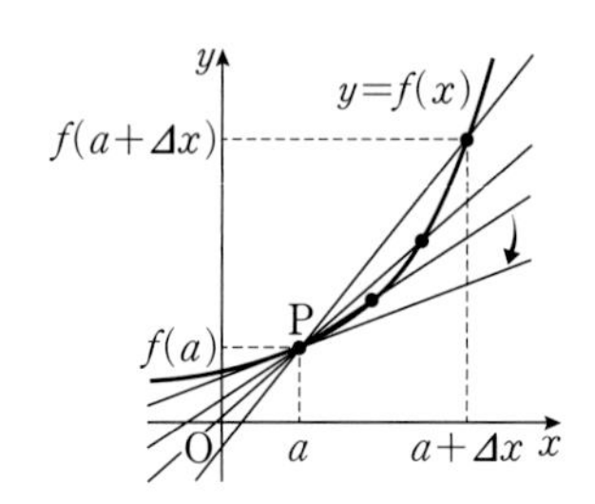

③ 미분가능과 연속

(1) 함수 $f(x)$에 대하여 $x=a$에서 미분계수 $f'(a)$가 존재할 때, 함수 $f(x)$는 $x=a$에서 미분가능하다고 한다.

(2) 함수 $f(x)$가 어떤 열린구간에 속하는 모든 x에서 미분가능할 때, 함수 $f(x)$는 그 구간에서 미분가능하다고 한다. 또한 함수 $f(x)$를 그 구간에서 미분가능한 함수라고 한다.

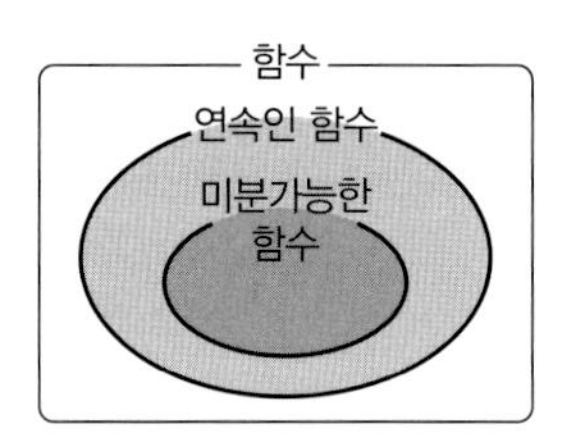

(3) 함수 $f(x)$가 $x=a$에서 미분가능하면 함수 $f(x)$는 $x=a$에서 연속이다. 그러나 일반적으로 그 역은 성립하지 않는다.

④ 도함수

(1) 미분가능한 함수 $y=f(x)$의 정의역에 속하는 모든 x에 대하여 각각의 미분계수 $f'(x)$를 대응시키는 함수를 함수 $y=f(x)$의 도함수라 하고, 이것을 기호로 $f'(x)$, y', $\frac{dy}{dx}$, $\frac{d}{dx}f(x)$와 같이 나타낸다.

$$f'(x)=\lim_{\Delta x\to 0}\frac{f(x+\Delta x)-f(x)}{\Delta x}=\lim_{h\to 0}\frac{f(x+h)-f(x)}{h}$$

(2) 함수 $f(x)$의 도함수 $f'(x)$를 구하는 것을 함수 $f(x)$를 x에 대하여 미분한다고 하고, 그 계산법을 미분법이라고 한다.

⑤ 미분법의 공식

(1) 함수 $y=x^n$ (n은 양의 정수)와 상수함수의 도함수

① $y=x^n$ (n은 양의 정수)이면 $y'=nx^{n-1}$　　② $y=c$ (c는 상수)이면 $y'=0$

(2) 두 함수 $f(x)$, $g(x)$가 미분가능할 때

① $\{cf(x)\}'=cf'(x)$ (단, c는 상수)　　② $\{f(x)+g(x)\}'=f'(x)+g'(x)$

③ $\{f(x)-g(x)\}'=f'(x)-g'(x)$　　④ $\{f(x)g(x)\}'=f'(x)g(x)+f(x)g'(x)$

⑥ 접선의 방정식

함수 $f(x)$가 $x=a$에서 미분가능할 때, 곡선 $y=f(x)$ 위의 점 $\mathrm{P}(a,\ f(a))$에서의 접선의 방정식은

$$y-f(a)=f'(a)(x-a)$$

Note

Note

7 평균값 정리

(1) 롤의 정리

함수 $f(x)$가 닫힌구간 $[a, b]$에서 연속이고 열린구간 (a, b)에서 미분가능할 때, $f(a)=f(b)$이면 $f'(c)=0$인 c가 a와 b 사이에 적어도 하나 존재한다.

(2) 평균값 정리

함수 $f(x)$가 닫힌구간 $[a, b]$에서 연속이고 열린구간 (a, b)에서 미분가능하면 $\dfrac{f(b)-f(a)}{b-a}=f'(c)$인 c가 a와 b 사이에 적어도 하나 존재한다.

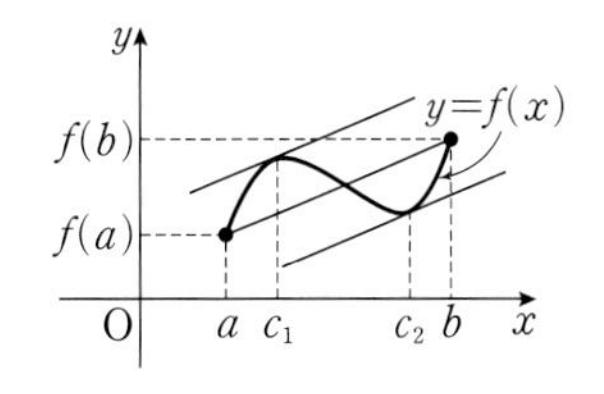

8 함수의 증가와 감소

(1) 함수 $f(x)$가 어떤 구간에 속하는 임의의 두 실수 x_1, x_2에 대하여

① $x_1<x_2$일 때 $f(x_1)<f(x_2)$이면 함수 $f(x)$는 그 구간에서 증가한다고 한다.

② $x_1<x_2$일 때 $f(x_1)>f(x_2)$이면 함수 $f(x)$는 그 구간에서 감소한다고 한다.

(2) 함수 $f(x)$가 어떤 열린구간에서 미분가능할 때, 그 구간에 속하는 모든 x에 대하여

① $f'(x)>0$이면 함수 $f(x)$는 그 구간에서 증가한다.

② $f'(x)<0$이면 함수 $f(x)$는 그 구간에서 감소한다.

9 함수의 극대와 극소

(1) 함수의 극대와 극소

① 함수 $f(x)$가 $x=a$를 포함하는 어떤 열린구간에 속하는 모든 x에 대하여 $f(x)\le f(a)$를 만족시키면 함수 $f(x)$는 $x=a$에서 극대라고 하며, 함숫값 $f(a)$를 극댓값이라고 한다.

② 함수 $f(x)$가 $x=b$를 포함하는 어떤 열린구간에 속하는 모든 x에 대하여 $f(x)\ge f(b)$를 만족시키면 함수 $f(x)$는 $x=b$에서 극소라고 하며, 함숫값 $f(b)$를 극솟값이라고 한다.

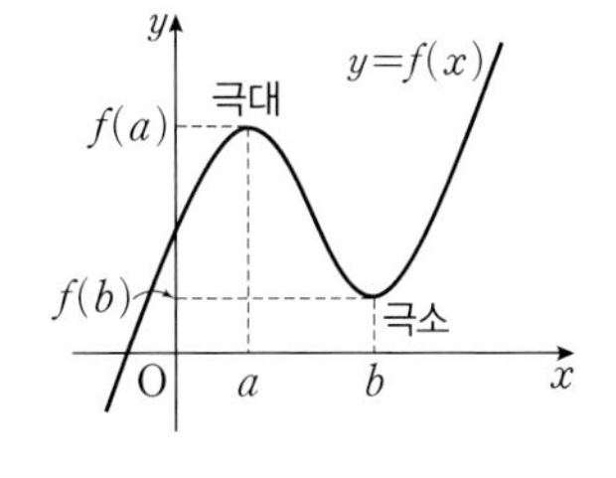

(2) 미분가능한 함수 $f(x)$에 대하여 $f'(a)=0$일 때, $x=a$의 좌우에서 $f'(x)$의 부호가

① 양에서 음으로 바뀌면 함수 $f(x)$는 $x=a$에서 극대이다.

② 음에서 양으로 바뀌면 함수 $f(x)$는 $x=a$에서 극소이다.

10 함수의 최대와 최소

함수 $f(x)$가 닫힌구간 $[a, b]$에서 연속이고 이 구간에서 극값을 가지면 함수 $f(x)$의 극댓값과 극솟값, $f(a)$, $f(b)$ 중에서 가장 큰 값이 함수 $f(x)$의 최댓값이고, 가장 작은 값이 함수 $f(x)$의 최솟값이다.

11 방정식에의 활용

방정식 $f(x)=0$의 실근은 함수 $y=f(x)$의 그래프와 x축이 만나는 점의 x좌표와 같다. 따라서 방정식 $f(x)=0$의 서로 다른 실근의 개수는 함수 $y=f(x)$의 그래프와 x축이 만나는 점의 개수와 같다.

12 부등식에의 활용

어떤 구간에서 부등식 $f(x)\ge 0$이 성립함을 보이려면 주어진 구간에서 함수 $f(x)$의 최솟값을 구하여 ($f(x)$의 최솟값)≥ 0임을 보인다.

13 속도와 가속도

수직선 위를 움직이는 점 P의 시각 t에서의 위치가 $x=f(t)$일 때, 점 P의 시각 t에서의 속도 v와 가속도 a는

(1) $v=\lim_{\Delta t\to 0}\dfrac{\Delta x}{\Delta t}=\dfrac{dx}{dt}=f'(t)$

(2) $a=\lim_{\Delta t\to 0}\dfrac{\Delta v}{\Delta t}=\dfrac{dv}{dt}$

수학 Ⅱ

유형 1 평균변화율과 미분계수

출제경향 | 평균변화율과 미분계수의 뜻을 이해하고 이를 이용하여 해결하는 문제가 출제된다.

출제유형잡기 | (1) 함수 $y=f(x)$에서 x의 값이 a에서 b까지 변할 때, 함수 $y=f(x)$의 평균변화율은

$$\frac{\Delta y}{\Delta x}=\frac{f(b)-f(a)}{b-a}=\frac{f(a+\Delta x)-f(a)}{\Delta x}$$

(단, $\Delta x=b-a$)

(2) 함수 $y=f(x)$의 $x=a$에서의 미분계수는

$$f'(a)=\lim_{h\to 0}\frac{f(a+h)-f(a)}{h}=\lim_{x\to a}\frac{f(x)-f(a)}{x-a}$$

필수유형 1 | 2022학년도 수능 9월 모의평가 |

함수 $f(x)=x^3-6x^2+5x$에서 x의 값이 0에서 4까지 변할 때의 평균변화율과 $f'(a)$의 값이 같게 되도록 하는 $0<a<4$인 모든 실수 a의 값의 곱은 $\frac{q}{p}$이다. $p+q$의 값을 구하시오.

(단, p와 q는 서로소인 자연수이다.) [3점]

01

▸ 24054-0107

다항함수 $f(x)$에 대하여

$$\lim_{h\to 0}\frac{f(1+2h)-f(1)}{h}=4$$

일 때, $\lim_{h\to 0}\frac{f\left(1+\frac{h}{2}\right)-f\left(1-\frac{h}{3}\right)}{h}$의 값은?

① 1 ② $\frac{7}{6}$ ③ $\frac{4}{3}$

④ $\frac{3}{2}$ ⑤ $\frac{5}{3}$

02

▸ 24054-0108

$f(2)\neq 0$인 이차함수 $f(x)$가 다음 조건을 만족시킨다.

(가) 함수 $y=f(x)$의 그래프는 y축에 대하여 대칭이다.

(나) $\lim_{x\to 2}\frac{f(x)+af(-2)}{x-2}$의 값이 존재한다.

함수 $f(x)$에서 x의 값이 -2에서 a까지 변할 때의 평균변화율을 p, a에서 2까지 변할 때의 평균변화율을 q라 할 때, $\frac{q}{p}$의 값은? (단, a는 상수이다.)

① $-\frac{1}{3}$ ② $-\frac{2}{3}$ ③ -1

④ $-\frac{4}{3}$ ⑤ $-\frac{5}{3}$

03

▸ 24054-0109

두 다항함수 $f(x)$, $g(x)$에 대하여 곡선 $y=f(x)$ 위의 점 $(1,\ f(1))$에서의 접선과 곡선 $y=g(x)$ 위의 점 $(1,\ g(1))$에서의 접선이 서로 수직이다.

$$\lim_{x\to 1}\frac{f(x)-2}{g(1)-g(x)}=4,\ f'(1)+g'(1)>0$$

일 때, $f(1)\times\{f'(1)+g'(1)\}$의 값은?

① 1 ② 2 ③ 3

④ 4 ⑤ 5

유형 2 미분가능과 연속

출제경향 | 함수 $f(x)$의 $x=a$에서의 미분가능성과 연속의 관계를 이용하여 해결하는 문제가 출제된다.

출제유형잡기 | 함수 $f(x)$가 $x=a$에서 미분가능할 때,

$$\lim_{x\to a-}f(x)=\lim_{x\to a+}f(x)=f(a)$$

$$\lim_{h\to 0-}\frac{f(a+h)-f(a)}{h}=\lim_{h\to 0+}\frac{f(a+h)-f(a)}{h}$$

가 성립함을 이용한다.

필수유형 2 | 2021학년도 수능 9월 모의평가 |

함수

$$f(x)=\begin{cases} x^3+ax+b & (x<1) \\ bx+4 & (x\geq 1) \end{cases}$$

이 실수 전체의 집합에서 미분가능할 때, $a+b$의 값은?

(단, a, b는 상수이다.) [3점]

① 6　② 7　③ 8　④ 9　⑤ 10

04

▸ 24054-0110

함수

$$f(x)=\begin{cases} 2x-4 & (x<a) \\ x^2-4x+b & (x\geq a) \end{cases}$$

가 실수 전체의 집합에서 미분가능할 때, $f(b-a)$의 값은?

(단, a, b는 상수이다.)

① -2　② -1　③ 0　④ 1　⑤ 2

05

▸ 24054-0111

함수 $f(x)=(x-2)|(x-a)(x-b)^2|$이 실수 전체의 집합에서 미분가능하도록 하는 한 자리의 자연수 a, b의 모든 순서쌍 (a, b)의 개수는?

① 11　② 13　③ 15　④ 17　⑤ 19

06

▸ 24054-0112

실수 전체의 집합에서 연속이고 다음 조건을 만족시키는 모든 함수 $f(x)$에 대하여 $f(0)+f(2)$의 최댓값과 최솟값을 각각 M, m이라 할 때, $M+m$의 값을 구하시오.

(가) 모든 실수 x에 대하여

$$\{f(x)-x^2+3x-4\}\{f(x)+x^2-5x+2\}=0$$

이다.

(나) $\lim_{x\to a-}\frac{f(x)-f(a)}{x-a}\neq\lim_{x\to a+}\frac{f(x)-f(a)}{x-a}$를 만족시키는 실수 a의 값이 오직 1개뿐이다.

수학 II

유형 3 미분법의 공식

출제경향 | 미분법을 이용하여 미분계수 또는 함수의 미정계수를 구하거나 함수를 추론하는 문제가 출제된다.

출제유형잡기 | 두 함수 $f(x)$, $g(x)$가 미분가능할 때
(1) $y=x^n$ (n은 양의 정수)이면 $y'=nx^{n-1}$
(2) $y=c$ (c는 상수)이면 $y'=0$
(3) $\{cf(x)\}'=cf'(x)$ (단, c는 상수)
(4) $\{f(x)+g(x)\}'=f'(x)+g'(x)$
(5) $\{f(x)-g(x)\}'=f'(x)-g'(x)$
(6) $\{f(x)g(x)\}'=f'(x)g(x)+f(x)g'(x)$

필수유형 3 | 2023학년도 수능 |

다항함수 $f(x)$에 대하여 함수 $g(x)$를

$$g(x)=x^2f(x)$$

라 하자. $f(2)=1$, $f'(2)=3$일 때, $g'(2)$의 값은? [3점]

① 12 ② 14 ③ 16
④ 18 ⑤ 20

07

▸ 24054-0113

다항함수 $f(x)$와 양수 a에 대하여 함수 $g(x)$를

$$g(x)=(x^2+a)f(x)$$

라 하자. $f'(1)=g(1)$, $g'(1)=11f(1)$일 때, $\dfrac{f'(1)}{f(1)}$의 값은? (단, $f(1)\neq0$)

① 2 ② 3 ③ 4
④ 5 ⑤ 6

08

▸ 24054-0114

최고차항의 계수가 1인 이차함수 $f(x)$에 대하여 함수 $y=f(x)$의 그래프와 직선 $y=f(2)$가 서로 다른 두 점 A, B에서 만난다. 두 점 A, B의 x좌표의 합이 6일 때, $\sum_{n=1}^{10} f'(n)$의 값은?

① 50 ② 60 ③ 70
④ 80 ⑤ 90

09

▸ 24054-0115

최고차항의 계수가 양수인 다항함수 $f(x)$가 다음 조건을 만족시킬 때, $\lim_{x\to\infty} x\left\{f\left(2+\dfrac{2}{x}\right)-f(2)\right\}$의 값은?

(가) $\lim_{x\to\infty}\dfrac{\{f(x)\}^2+x^2f(x)}{x^4}=6$
(나) $\lim_{x\to1}\dfrac{f(x^2)-f(1)}{x-1}=2$

① 2 ② 4 ③ 6
④ 8 ⑤ 10

유형 4 접선의 방정식

출제경향 | 곡선 위의 점에서의 접선의 방정식, 기울기가 주어진 접선의 방정식, 곡선 밖의 점에서 곡선에 그은 접선의 방정식을 구하는 문제가 출제된다.

출제유형잡기 | 함수 $f(x)$가 $x=a$에서 미분가능할 때, 곡선 $y=f(x)$ 위의 점 $\mathrm{P}(a,\ f(a))$에서의 접선의 방정식은

$$y-f(a)=f'(a)(x-a)$$

필수유형 4

| 2022학년도 수능 |

삼차함수 $f(x)$에 대하여 곡선 $y=f(x)$ 위의 점 $(0,\ 0)$에서의 접선과 곡선 $y=xf(x)$ 위의 점 $(1,\ 2)$에서의 접선이 일치할 때, $f'(2)$의 값은? [4점]

① -18 ② -17 ③ -16
④ -15 ⑤ -14

10

▸ 24054-0116

두 함수 $f(x)=x^3-3x^2+2x+a$, $g(x)=x^2+bx+c$가 다음 조건을 만족시킬 때, $|abc|$의 값은? (단, a, b, c는 상수이다.)

(가) 두 곡선 $y=f(x)$, $y=g(x)$가 점 $\mathrm{A}(1,\ 2)$에서 만난다.
(나) 곡선 $y=f(x)$ 위의 점 A에서의 접선과 곡선 $y=g(x)$ 위의 점 A에서의 접선이 서로 수직이다.

① $\frac{5}{2}$ ② 3 ③ $\frac{7}{2}$
④ 4 ⑤ $\frac{9}{2}$

11

▸ 24054-0117

곡선 $y=x^3-3x^2-8x+5$에 접하고 기울기가 1인 서로 다른 두 직선을 l_1, l_2라 할 때, 두 직선 l_1, l_2 사이의 거리는?

① $10\sqrt{2}$ ② $12\sqrt{2}$ ③ $14\sqrt{2}$
④ $16\sqrt{2}$ ⑤ $18\sqrt{2}$

12

▸ 24054-0118

두 함수

$$f(x)=(x-3)^2+1$$
$$g(x)=(x-3)^3+a(x-3)^2+b(x-3)+1$$

에 대하여 기울기가 2인 직선 l이 두 곡선 $y=f(x)$, $y=g(x)$와 모두 점 A에서 접한다. 직선 l이 곡선 $y=g(x)$와 만나는 점 중 A가 아닌 점을 B라 할 때, 선분 AB의 길이는?

(단, a, b는 상수이다.)

① $\sqrt{5}$ ② $\frac{5\sqrt{5}}{4}$ ③ $\frac{3\sqrt{5}}{2}$
④ $\frac{7\sqrt{5}}{4}$ ⑤ $2\sqrt{5}$

유형 5 함수의 증가와 감소

출제경향 | 도함수를 이용하여 함수가 증가 또는 감소하는 구간을 찾거나, 증가 또는 감소할 조건을 이용하여 미정계수를 구하는 문제가 출제된다.

출제유형잡기 | (1) 함수 $f(x)$가 어떤 구간에 속하는 임의의 두 실수 x_1, x_2에 대하여

① $x_1<x_2$일 때 $f(x_1)<f(x_2)$이면 함수 $f(x)$는 그 구간에서 증가한다고 한다.

② $x_1<x_2$일 때 $f(x_1)>f(x_2)$이면 함수 $f(x)$는 그 구간에서 감소한다고 한다.

(2) 함수 $f(x)$가 어떤 열린구간에서 미분가능할 때, 그 구간에 속하는 모든 x에 대하여

① $f'(x)>0$이면 함수 $f(x)$는 그 구간에서 증가한다.

② $f'(x)<0$이면 함수 $f(x)$는 그 구간에서 감소한다.

필수유형 5 | 2022학년도 수능 |

함수 $f(x)=x^3+ax^2-(a^2-8a)x+3$이 실수 전체의 집합에서 증가하도록 하는 실수 a의 최댓값을 구하시오. [3점]

13

▸ 24054-0119

함수 $f(x)=-x^3+6x^2+ax+5$가 역함수를 갖도록 하는 실수 a의 최댓값은?

① -10　② -11　③ -12
④ -13　⑤ -14

14

▸ 24054-0120

다음 조건을 만족시키는 모든 함수 $f(x)$에 대하여 $f(3)-f(2)$의 최솟값은?

(가) 함수 $f(x)$는 최고차항의 계수가 1이고, 모든 항의 계수가 정수인 삼차함수이다.
(나) 함수 $f(x)$는 열린구간 $(-2, 1)$에서 감소한다.
(다) 함수 $f(x)$는 열린구간 $(1, 2)$에서 증가한다.

① 22　② 24　③ 26
④ 28　⑤ 30

15

▸ 24054-0121

삼차함수 $f(x)$의 도함수 $f'(x)$가 다음 조건을 만족시킬 때, **보기**에서 옳은 것만을 있는 대로 고른 것은?

(가) 함수 $f'(x)$는 최댓값을 갖는다.
(나) $f'(a)=f'(a+2)=0$을 만족시키는 실수 a가 존재한다.

보기

ㄱ. 함수 $f(x)$는 열린구간 $(a, a+2)$에서 증가한다.
ㄴ. 함수 $f(x)-f'(a+1)x$는 열린구간 $(a, a+1)$에서 감소한다.
ㄷ. 다항함수 $g(x)$의 도함수가 $f'(x)+f'(x+1)$이면 함수 $g(x)$는 열린구간 $\left(a-\frac{1}{4}, a+\frac{5}{4}\right)$에서 증가한다.

① ㄱ　② ㄷ　③ ㄱ, ㄴ
④ ㄴ, ㄷ　⑤ ㄱ, ㄴ, ㄷ

유형 6 함수의 극대와 극소

출제경향 | 주어진 조건을 이용하여 함수의 극값을 구하거나 극값을 가질 조건을 이용하는 등 극대, 극소에 관련된 다양한 문제가 출제된다.

출제유형잡기 | 미분가능한 함수 $f(x)$에 대하여 $f'(a)=0$일 때, $x=a$의 좌우에서 $f'(x)$의 부호가

① 양에서 음으로 바뀌면 함수 $f(x)$는 $x=a$에서 극대이다.

② 음에서 양으로 바뀌면 함수 $f(x)$는 $x=a$에서 극소이다.

필수유형 6

| 2024학년도 수능 6월 모의평가 |

두 상수 a, b에 대하여 삼차함수 $f(x)=ax^3+bx+a$는 $x=1$에서 극소이다. 함수 $f(x)$의 극솟값이 -2일 때, 함수 $f(x)$의 극댓값을 구하시오. [3점]

16

▸ 24054-0122

최고차항의 계수가 1인 사차함수 $f(x)$가 모든 실수 x에 대하여 $f(-x)=f(x)$를 만족시키고, 함수 $f(x)$가 $x=1$에서 극솟값 3을 가질 때, 함수 $f(x)$의 극댓값은?

① $\frac{7}{2}$　② 4　③ $\frac{9}{2}$

④ 5　⑤ $\frac{11}{2}$

17

▸ 24054-0123

100보다 작은 두 자연수 a, b에 대하여 함수 $f(x)=\frac{1}{a}(x^3-2bx^2+b^2x+1)$의 극댓값과 극솟값의 차가 4일 때, $a+b$의 최댓값과 최솟값을 각각 M, m이라 하자. $M+m$의 값을 구하시오.

18

▸ 24054-0124

실수 전체의 집합에서 연속인 함수

$$f(x)=\begin{cases} a(x^3-3x+1) & (x<0) \\ x^2+2ax+b & (x\geq 0) \end{cases}$$

이 다음 조건을 만족시킬 때, $ab+f(c)$의 값은?

(단, $a\neq 0$이고, a, b, c는 상수이다.)

(가) 함수 $f(x)$의 극댓값은 -1이다.

(나) 함수 $f(x)$는 $x=c$에서 극솟값을 갖는 양수 c가 존재한다.

① -2　② -1　③ 0

④ 1　⑤ 2

유형 7 함수의 그래프

출제경향 | 함수의 그래프를 그려서 주어진 조건을 만족시키는 상수를 구하거나 함수 $y=f'(x)$의 그래프 또는 도함수 $f'(x)$의 여러 가지 성질을 이용하여 함수 $y=f(x)$의 그래프의 개형을 추론하는 문제가 출제된다.

출제유형잡기 | 함수 $f(x)$의 도함수 $f'(x)$의 부호를 조사하여 함수 $f(x)$의 증가와 감소를 파악하고, 극대와 극소를 찾아 함수 $y=f(x)$의 그래프의 개형을 그려서 문제를 해결한다.

필수유형 7

| 2022학년도 수능 6월 모의평가 |

두 양수 p, q와 함수 $f(x)=x^3-3x^2-9x-12$에 대하여 실수 전체의 집합에서 연속인 함수 $g(x)$가 다음 조건을 만족시킬 때, $p+q$의 값은? [4점]

> (가) 모든 실수 x에 대하여 $xg(x)=|xf(x-p)+qx|$이다.
> (나) 함수 $g(x)$가 $x=a$에서 미분가능하지 않은 실수 a의 개수는 1이다.

① 6 ② 7 ③ 8
④ 9 ⑤ 10

19

▸ 24054-0125

양수 a와 함수 $f(x)=a(x+2)^2(x-2)^2$에 대하여 함수 $y=f(x)$의 그래프와 직선 $y=4$가 만나는 서로 다른 점의 개수가 3일 때, $f(4a)$의 값은?

① 2 ② $\frac{9}{4}$ ③ $\frac{5}{2}$
④ $\frac{11}{4}$ ⑤ 3

20

▸ 24054-0126

최고차항의 계수가 1인 삼차함수 $f(x)$가 다음 조건을 만족시킨다.

> (가) 함수 $|f(x)+kx|$는 실수 전체의 집합에서 미분가능하다.
> (나) $\lim_{x\to1}\frac{f(x)+kx}{x-1}$의 값이 존재한다.

$f(2)+f'(2)=0$일 때, 상수 k의 값은?

① 1 ② $\frac{4}{3}$ ③ $\frac{5}{3}$
④ 2 ⑤ $\frac{7}{3}$

21

▸ 24054-0127

함수 $f(x)=3x^4-4x^3-12x^2+k$에 대하여 함수 $y=f(x)$의 그래프와 x축이 서로 다른 세 점 $A(a, 0)$, $B(b, 0)$, $C(c, 0)$ $(a<b<c)$에서만 만난다. $abc<0$일 때, $f\left(\frac{k}{abc}\right)$의 값은?

(단, k는 상수이다.)

① 242 ② 244 ③ 246
④ 248 ⑤ 250

유형 8 함수의 최대와 최소

출제경향 | 주어진 구간에서 연속함수의 최댓값과 최솟값을 구하는 문제, 도형의 길이, 넓이, 부피의 최댓값과 최솟값을 구하는 문제가 출제된다.

출제유형잡기 | 함수 $f(x)$가 닫힌구간 $[a, b]$에서 연속이고 이 구간에서 극값을 가지면 함수 $f(x)$의 극댓값과 극솟값, $f(a)$, $f(b)$ 중에서 가장 큰 값이 함수 $f(x)$의 최댓값이고, 가장 작은 값이 함수 $f(x)$의 최솟값이다.

필수유형 8　| 2020학년도 수능 6월 모의평가 |

최고차항의 계수가 1인 삼차함수 $f(x)$에 대하여 함수 $g(x)$는

$$g(x)=\begin{cases} \frac{1}{2} & (x<0) \\ f(x) & (x\ge 0) \end{cases}$$

이다. $g(x)$가 실수 전체의 집합에서 미분가능하고 $g(x)$의 최솟값이 $\frac{1}{2}$보다 작을 때, **보기**에서 옳은 것만을 있는 대로 고른 것은? [4점]

보기

ㄱ. $g(0)+g'(0)=\frac{1}{2}$

ㄴ. $g(1)<\frac{3}{2}$

ㄷ. 함수 $g(x)$의 최솟값이 0일 때, $g(2)=\frac{5}{2}$이다.

① ㄱ　② ㄱ, ㄴ　③ ㄱ, ㄷ
④ ㄴ, ㄷ　⑤ ㄱ, ㄴ, ㄷ

22

▸ 24054-0128

닫힌구간 $[-2, 2]$에서 함수 $f(x)=\frac{1}{3}x^3+x^2-3x+1$의 최댓값과 최솟값을 각각 M, m이라 할 때, $M-m$의 값은?

① 6　② 7　③ 8
④ 9　⑤ 10

23

▸ 24054-0129

닫힌구간 $[a, -1]$에서 함수 $f(x)=x^4-14x^2-24x$의 최댓값이 11, 최솟값이 8이 되도록 하는 실수 a의 최댓값과 최솟값을 각각 M, m이라 하자. $M+m$의 값은? (단, $a<-1$)

① $-2\sqrt{3}$　② $-1-2\sqrt{3}$　③ $-2-2\sqrt{3}$
④ $-3-2\sqrt{3}$　⑤ $-4-2\sqrt{3}$

24

▸ 24054-0130

최고차항의 계수가 1인 삼차함수 $f(x)$가 다음 조건을 만족시킨다.

(가) $f(0)>0$
(나) 곡선 $y=f(x)$가 x축과 두 점 $(-2, 0)$, $(1, 0)$에서만 만난다.

$-2<a<-\frac{1}{2}$인 실수 a에 대하여 곡선 $y=f(x)$ 위의 점 $\mathrm{A}(a, f(a))$에서의 접선이 곡선 $y=f(x)$와 만나는 점 중 A가 아닌 점을 B라 하자. 두 점 A, B에서 x축에 내린 수선의 발을 각각 C, D라 할 때, $\overline{\mathrm{AC}}-\overline{\mathrm{BD}}$는 $a=a_1$일 때 최댓값을 갖는다. 상수 a_1의 값은?

① $-\frac{\sqrt{3}}{3}$　② $-\frac{\sqrt{2}}{2}$　③ -1
④ $-\sqrt{2}$　⑤ $-\sqrt{3}$

정답과 풀이 39쪽

유형 9 방정식의 실근의 개수

출제경향 | 함수의 그래프의 개형을 이용하여 방정식의 실근의 개수를 구하거나 실근의 개수가 주어졌을 때 미정계수의 값 또는 범위를 구하는 문제가 출제된다.

출제유형잡기 | 방정식 $f(x)=g(x)$의 서로 다른 실근의 개수는 함수 $y=f(x)$의 그래프와 함수 $y=g(x)$의 그래프의 교점의 개수와 같음을 이용하거나 함수 $y=f(x)-g(x)$의 그래프와 x축의 교점의 개수와 같음을 이용한다.

필수유형 9 | 2023학년도 수능 |

방정식 $2x^3-6x^2+k=0$의 서로 다른 양의 실근의 개수가 2가 되도록 하는 정수 k의 개수를 구하시오. [3점]

25

▸ 24054-0131

두 함수 $f(x)=x^3-8x$, $g(x)=-3x^2+x+a$에 대하여 방정식 $f(x)=g(x)$의 서로 다른 실근의 개수가 3이 되도록 하는 정수 a의 최댓값은?

① 22　② 24　③ 26　④ 28　⑤ 30

26

▸ 24054-0132

방정식 $2x^3+3x^2-12x-k=0$의 서로 다른 양의 실근의 개수를 a, 서로 다른 음의 실근의 개수를 b라 할 때, $ab=2$가 되도록 하는 정수 k의 개수는?

① 21　② 22　③ 23　④ 24　⑤ 25

27

▸ 24054-0133

최고차항의 계수가 1인 삼차함수 $f(x)$가 두 실수 α, β $(\alpha<\beta)$에 대하여 다음 조건을 만족시킨다.

> (가) $f'(\alpha)=f'(\beta)=0$
> (나) $f(\alpha)f(\beta)<0$, $f(\alpha)+f(\beta)>0$

방정식 $|f(x)|=|f(k)|$의 서로 다른 실근의 개수가 3이 되도록 하는 모든 실수 k의 개수는 m이고, 이러한 m개의 실수 k의 값을 작은 수부터 차례로 k_1, k_2, k_3, $\cdots$, k_m이라 하자.
$\sum_{i=1}^{m} f(k_i)=nf(\alpha)$일 때, $m+n$의 값을 구하시오.

(단, m, n은 자연수이다.)

유형 10 부등식에의 활용

출제경향 | 주어진 범위에서 부등식이 항상 성립하기 위한 조건을 구하는 문제가 출제된다.

출제유형잡기 | 어떤 구간에서 부등식 $f(x)\geq 0$이 성립함을 보이려면 주어진 구간에서 함수 $f(x)$의 최솟값을 구하여 ($f(x)$의 최솟값)≥ 0임을 보이면 된다.

필수유형 10 | 2023학년도 수능 6월 모의평가 |

두 함수

$$f(x)=x^3-x+6,\ g(x)=x^2+a$$

가 있다. $x\geq 0$인 모든 실수 x에 대하여 부등식

$$f(x)\geq g(x)$$

가 성립할 때, 실수 a의 최댓값은? [4점]

① 1 ② 2 ③ 3
④ 4 ⑤ 5

28

▸ 24054-0134

모든 자연수 x에 대하여 부등식

$$\frac{1}{3}x^3+\frac{1}{4}x^2-3x+a\geq 0$$

이 성립하도록 하는 실수 a의 최솟값이 $\frac{q}{p}$일 때, $p+q$의 값을 구하시오. (단, p와 q는 서로소인 자연수이다.)

29

▸ 24054-0135

함수 $f(x)=x^4-3x^3+x^2$에 대하여 함수 $y=f(x)$의 그래프를 x축에 대하여 대칭이동한 후, y축의 방향으로 k만큼 평행이동한 그래프를 나타내는 함수를 $y=g(x)$라 하자. 모든 실수 x에 대하여 부등식

$$f(x)\geq g(x)$$

가 성립할 때, 실수 k의 최댓값은?

① -10 ② -8 ③ -6
④ -4 ⑤ -2

30

▸ 24054-0136

$x\geq 0$인 모든 실수 x에 대하여 부등식

$$x^3+ax^2-a^2x+5\geq 0$$

이 성립하도록 하는 모든 정수 a의 개수는?

① 1 ② 3 ③ 5
④ 7 ⑤ 9

유형 11 속도와 가속도

출제경향 | 수직선 위를 움직이는 점의 시각 t에서의 위치가 주어졌을 때, 속도나 가속도를 구하는 문제가 출제된다.

출제유형잡기 | 수직선 위를 움직이는 점 P의 시각 t에서의 위치가 $x=f(t)$일 때

(1) 점 P의 시각 t에서의 속도 v는 $v=\dfrac{dx}{dt}=f'(t)$

(2) 점 P의 시각 t에서의 가속도 a는 $a=\dfrac{dv}{dt}$

필수유형 11 | 2019학년도 수능 6월 모의평가 |

수직선 위를 움직이는 점 P의 시각 $t\ (t\geq 0)$에서의 위치 x가

$$x=t^3+at^2+bt\ (a,\ b\text{는 상수})$$

이다. 시각 $t=1$에서 점 P가 운동 방향을 바꾸고, 시각 $t=2$에서 점 P의 가속도는 0이다. $a+b$의 값은? [4점]

① 3 ② 4 ③ 5 ④ 6 ⑤ 7

31

▸ 24054-0137

수직선 위를 움직이는 점 P의 시각 $t\ (t\geq 0)$에서의 위치 x가

$$x=t^3-4t^2+kt+1$$

이다. 시각 $t=1$에서의 점 P의 속도와 시각 $t=\alpha\ (\alpha>1)$에서의 점 P의 속도가 모두 5일 때, 시각 $t=\dfrac{k}{\alpha}$에서의 점 P의 가속도는? (단, α, k는 상수이다.)

① 28 ② 29 ③ 30 ④ 31 ⑤ 32

32

▸ 24054-0138

수직선 위를 움직이는 두 점 P, Q의 시각 $t\ (t\geq 0)$에서의 위치 x_1, x_2가

$$x_1=t^3-6t^2+9t-1$$

$$x_2=-\frac{1}{4}t^4+mt^2+nt+2$$

이다. $t\geq 0$인 모든 시각 t에 대하여 점 P가 양의 방향으로 움직이면 점 Q는 음의 방향으로 움직이고, 점 P가 음의 방향으로 움직이면 점 Q는 양의 방향으로 움직일 때, 시각 $t=|m+n|$에서의 점 P의 가속도는? (단, m, n은 상수이다.)

① 21 ② 22 ③ 23 ④ 24 ⑤ 25

33

▸ 24054-0139

수직선 위를 움직이는 점 P의 시각 $t\ (t\geq 0)$에서의 위치 x가

$$x=-\frac{1}{3}t^3+kt^2+(28-11k)t+3$$

이고, 점 P가 다음 조건을 만족시킨다.

(가) 점 P는 시각 $t=\alpha$와 시각 $t=\beta$에서 움직이는 방향이 바뀐다. (단, $\alpha\neq\beta$)
(나) 시각 $t=4$일 때 점 P는 양의 방향으로 움직인다.

$\beta-\alpha=4$일 때, 시각 $t=k$에서의 점 P의 속도는? (단, α, β, k는 상수이다.)

① 1 ② 2 ③ 3 ④ 4 ⑤ 5

06 다항함수의 적분법

Note

수학 II

1 부정적분

(1) 함수 $f(x)$에 대하여 $F'(x)=f(x)$를 만족시키는 함수 $F(x)$를 $f(x)$의 부정적분이라 하고, $f(x)$의 부정적분을 구하는 것을 $f(x)$를 적분한다고 한다.

(2) 함수 $f(x)$의 한 부정적분을 $F(x)$라 하면

$$\int f(x)dx=F(x)+C \text{ (}C\text{는 상수)}$$

로 나타내며, C를 적분상수라고 한다.

설명 두 함수 $F(x)$, $G(x)$가 모두 함수 $f(x)$의 부정적분이면 $F'(x)=G'(x)=f(x)$이므로

$$\{G(x)-F(x)\}'=f(x)-f(x)=0$$

이다. 그런데 평균값 정리에 의하여 도함수가 0인 함수는 상수함수이므로 그 상수를 C라 하면

$$G(x)-F(x)=C, \text{ 즉 } G(x)=F(x)+C$$

따라서 함수 $f(x)$의 임의의 부정적분은 $F(x)+C$의 꼴로 나타낼 수 있다.

참고 미분가능한 함수 $f(x)$에 대하여

① $\dfrac{d}{dx}\left\{\int f(x)\,dx\right\}=f(x)$ ② $\int\left\{\dfrac{d}{dx}f(x)\right\}dx=f(x)+C$ (단, C는 적분상수)

2 함수 $y=x^n$ (n은 양의 정수)와 함수 $y=1$의 부정적분

(1) n이 양의 정수일 때,

$$\int x^n\,dx=\frac{1}{n+1}x^{n+1}+C \text{ (단, }C\text{는 적분상수)}$$

(2) $\int 1\,dx=x+C$ (단, C는 적분상수)

3 함수의 실수배, 합, 차의 부정적분

두 함수 $f(x)$, $g(x)$의 부정적분이 각각 존재할 때

(1) $\int kf(x)dx=k\int f(x)dx$ (단, k는 0이 아닌 상수)

(2) $\int\{f(x)+g(x)\}dx=\int f(x)dx+\int g(x)dx$

(3) $\int\{f(x)-g(x)\}dx=\int f(x)dx-\int g(x)dx$

4 정적분

함수 $f(x)$가 두 실수 a, b를 포함하는 구간에서 연속일 때, $f(x)$의 한 부정적분을 $F(x)$라 하면 $f(x)$의 a에서 b까지의 정적분은

$$\int_a^b f(x)dx=\Big[F(x)\Big]_a^b=F(b)-F(a)$$

이때 정적분 $\int_a^b f(x)dx$의 값을 구하는 것을 함수 $f(x)$를 a에서 b까지 적분한다고 한다.

참고 함수 $f(x)$가 닫힌구간 $[a, b]$에서 연속일 때

① $\int_a^a f(x)dx=0$ ② $\int_a^b f(x)dx=-\int_b^a f(x)dx$

5 정적분과 미분의 관계

함수 $f(t)$가 닫힌구간 $[a, b]$에서 연속일 때,

$$\frac{d}{dx}\int_a^x f(t)dt=f(x) \text{ (단, } a<x<b\text{)}$$

Note

⑥ 정적분의 성질

(1) 두 함수 $f(x)$, $g(x)$가 닫힌구간 $[a, b]$에서 연속일 때

① $\int_a^b kf(x)dx=k\int_a^b f(x)dx$ (단, k는 상수)

② $\int_a^b \{f(x)+g(x)\}dx=\int_a^b f(x)dx+\int_a^b g(x)dx$

③ $\int_a^b \{f(x)-g(x)\}dx=\int_a^b f(x)dx-\int_a^b g(x)dx$

(2) 함수 $f(x)$가 임의의 세 실수 a, b, c를 포함하는 닫힌구간에서 연속일 때,

$$\int_a^c f(x)dx+\int_c^b f(x)dx=\int_a^b f(x)dx$$

설명 $\int_a^c f(x)dx+\int_c^b f(x)dx=\Big[F(x)\Big]_a^c+\Big[F(x)\Big]_c^b$

$=\{F(c)-F(a)\}+\{F(b)-F(c)\}=F(b)-F(a)$

$=\int_a^b f(x)dx$

참고 함수의 성질을 이용한 정적분

① 연속함수 $f(x)$가 모든 실수 x에 대하여 $f(-x)=f(x)$를 만족시킬 때,

$$\int_{-a}^a f(x)dx=2\int_0^a f(x)dx$$

② 연속함수 $f(x)$가 모든 실수 x에 대하여 $f(-x)=-f(x)$를 만족시킬 때,

$$\int_{-a}^a f(x)dx=0$$

⑦ 정적분으로 나타내어진 함수의 극한

함수 $f(x)$가 실수 a를 포함하는 구간에서 연속일 때

(1) $\lim_{h\to 0}\frac{1}{h}\int_a^{a+h} f(t)dt=f(a)$

(2) $\lim_{x\to a}\frac{1}{x-a}\int_a^x f(t)dt=f(a)$

⑧ 곡선과 x축 사이의 넓이

함수 $f(x)$가 닫힌구간 $[a, b]$에서 연속일 때, 곡선 $y=f(x)$와 x축 및 두 직선 $x=a$, $x=b$로 둘러싸인 부분의 넓이 S는

$$S=\int_a^b |f(x)|dx$$

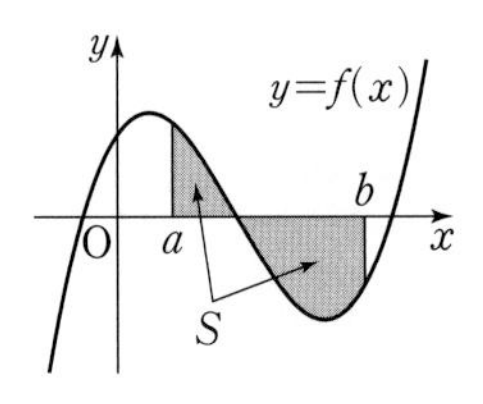

⑨ 두 곡선 사이의 넓이

두 함수 $f(x)$, $g(x)$가 닫힌구간 $[a, b]$에서 연속일 때, 두 곡선 $y=f(x)$, $y=g(x)$와 두 직선 $x=a$, $x=b$로 둘러싸인 부분의 넓이 S는

$$S=\int_a^b |f(x)-g(x)|dx$$

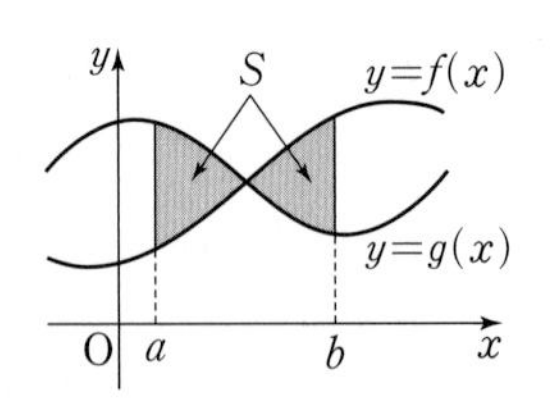

⑩ 수직선 위를 움직이는 점의 위치와 거리

수직선 위를 움직이는 점 P의 시각 t에서의 속도를 $v(t)$, 시각 $t=a$에서의 위치를 $x(a)$라 하자.

(1) 시각 t에서의 점 P의 위치를 $x=x(t)$라 하면 $x(t)=x(a)+\int_a^t v(t)dt$

(2) 시각 $t=a$에서 $t=b$까지 점 P의 위치의 변화량은 $\int_a^b v(t)dt$

(3) 시각 $t=a$에서 $t=b$까지 점 P가 움직인 거리 s는 $s=\int_a^b |v(t)|dt$

06 다항함수의 적분법

유형 1 부정적분의 뜻과 성질

출제경향 | 부정적분의 뜻과 성질 및 함수 $y=x^n$ (n은 양의 정수)의 부정적분을 이용하여 부정적분을 구하거나 함숫값을 구하는 문제가 출제된다.

출제유형잡기 | (1) n이 양의 정수일 때,

$$\int x^n\,dx=\frac{1}{n+1}x^{n+1}+C \text{ (단, } C\text{는 적분상수)}$$

(2) 두 함수 $f(x)$, $g(x)$의 부정적분이 각각 존재할 때

① $\int kf(x)dx=k\int f(x)dx$ (단, k는 0이 아닌 상수)

② $\int \{f(x)+g(x)\}dx=\int f(x)dx+\int g(x)dx$

③ $\int \{f(x)-g(x)\}dx=\int f(x)dx-\int g(x)dx$

[참고]

(1) $\frac{d}{dx}\left\{\int f(x)dx\right\}=f(x)$

(2) $\int\left\{\frac{d}{dx}f(x)\right\}dx=f(x)+C$ (단, C는 적분상수)

필수유형 1 | 2023학년도 수능 |

함수 $f(x)$에 대하여 $f'(x)=4x^3-2x$이고 $f(0)=3$일 때, $f(2)$의 값을 구하시오. [3점]

01

▶ 24054-0140

함수 $f(x)$에 대하여 $f'(x)=4x^3-8x+7$이고, 곡선 $y=f(x)$ 위의 점 $(1, f(1))$에서의 접선의 y절편이 3일 때, $f(2)$의 값은?

① 10 ② 12 ③ 14 ④ 16 ⑤ 18

02

▶ 24054-0141

다항함수 $f(x)$가

$$\int\{f(x)-3\}\,dx+\int xf'(x)\,dx=x^3-2x^2$$

을 만족시킨다. 함수 $f(x)$가 $x=a$에서 극값을 가질 때, $f(a)$의 값은? (단, a는 상수이다.)

① 1 ② $\frac{3}{2}$ ③ 2 ④ $\frac{5}{2}$ ⑤ 3

03

▶ 24054-0142

실수 전체의 집합에서 미분가능한 함수 $f(x)$의 도함수 $f'(x)$가

$$f'(x)=\begin{cases} x^2-4x & (|x|<1) \\ -4x^3+x^2 & (|x|\geq 1)\end{cases}$$

일 때, $\frac{f(0)-f(-2)}{f(0)-f(2)}$의 값은?

① $\frac{7}{5}$ ② $\frac{57}{41}$ ③ $\frac{29}{21}$ ④ $\frac{59}{43}$ ⑤ $\frac{15}{11}$

수학 II

유형 2 정적분의 뜻과 성질

출제경향 | 정적분의 뜻과 성질을 이용하여 정적분의 값을 구하거나 정적분을 활용하는 문제가 출제된다.

출제유형잡기 | (1) 두 함수 $f(x)$, $g(x)$가 닫힌구간 $[a, b]$에서 연속일 때

① $\int_a^b kf(x)dx=k\int_a^b f(x)dx$ (단, k는 상수)

② $\int_a^b \{f(x)+g(x)\}dx=\int_a^b f(x)dx+\int_a^b g(x)dx$

③ $\int_a^b \{f(x)-g(x)\}dx=\int_a^b f(x)dx-\int_a^b g(x)dx$

(2) 함수 $f(x)$가 임의의 세 실수 a, b, c를 포함하는 닫힌구간에서 연속일 때,

$$\int_a^c f(x)dx+\int_c^b f(x)dx=\int_a^b f(x)dx$$

필수유형 2

| 2022학년도 수능 6월 모의평가 |

닫힌구간 $[0, 1]$에서 연속인 함수 $f(x)$가

$$f(0)=0,\ f(1)=1,\ \int_0^1 f(x)\,dx=\frac{1}{6}$$

을 만족시킨다. 실수 전체의 집합에서 정의된 함수 $g(x)$가 다음 조건을 만족시킬 때, $\int_{-3}^{2} g(x)\,dx$의 값은? [4점]

(가) $g(x)=\begin{cases} -f(x+1)+1 & (-1<x<0) \\ f(x) & (0\le x\le 1) \end{cases}$

(나) 모든 실수 x에 대하여 $g(x+2)=g(x)$이다.

① $\frac{5}{2}$　② $\frac{17}{6}$　③ $\frac{19}{6}$　④ $\frac{7}{2}$　⑤ $\frac{23}{6}$

04

▸ 24054-0143

$\int_{-1}^{k} (4x-k)\,dx=-\frac{9}{4}$일 때, 상수 k의 값은?

① $\frac{1}{4}$　② $\frac{1}{2}$　③ $\frac{3}{4}$　④ 1　⑤ $\frac{5}{4}$

05

▸ 24054-0144

함수 $f(x)=6x^2-6x-5$에 대하여

$$\int_{-1}^{0} f(x)\,dx=\int_{-1}^{a} f(x)\,dx$$

를 만족시키는 양수 a의 값은?

① 2　② $\frac{5}{2}$　③ 3　④ $\frac{7}{2}$　⑤ 4

06

▸ 24054-0145

$0<a<3$인 실수 a에 대하여 함수 $f(x)$를 $f(x)=x(x-a)$라 하자.

$$\int_0^3 |f(x)|\,dx=\int_0^3 f(x)\,dx+2$$

일 때, $af(-a)$의 값은?

① 4　② 6　③ 8　④ 10　⑤ 12

유형 3 함수의 성질을 이용한 정적분

출제경향 | 함수의 그래프가 원점 또는 y축에 대하여 대칭임을 이용하거나 함수의 그래프를 평행이동하여 정적분의 값을 구하는 문제가 출제된다.

출제유형잡기 | (1) 연속함수 $y=f(x)$의 그래프가 원점에 대하여 대칭일 때, 즉 모든 실수 x에 대하여 $f(-x)=-f(x)$이면

$$\int_{-a}^{a} f(x)dx=0$$

(2) 연속함수 $y=f(x)$의 그래프가 y축에 대하여 대칭일 때, 즉 모든 실수 x에 대하여 $f(-x)=f(x)$이면

$$\int_{-a}^{a} f(x)dx=2\int_{0}^{a} f(x)dx$$

필수유형 3

두 실수 $a\ (a\neq0)$, b에 대하여 $f(x)=x^2+ax+b$라 하자.

$$\int_{-1}^{1} f(x)f'(x)\,dx=0,\ \int_{-3}^{3}\{f(x)+f'(x)\}\,dx=0$$

일 때, $f(3)$의 값은?

① 1 ② 2 ③ 3 ④ 4 ⑤ 5

07

▸ 24054-0146

$\int_{-a}^{a}(3x^2+2ax-a)\,dx=2a+4$를 만족시키는 실수 a의 값은?

① 1 ② 2 ③ 3 ④ 4 ⑤ 5

08

▸ 24054-0147

최고차항의 계수가 1인 삼차함수 $f(x)$가 $x=-1$, $x=2$에서 극값을 갖고, $\int_{-2}^{2} f(x)\,dx=0$일 때, $f(4)$의 값은?

① 15 ② 16 ③ 17 ④ 18 ⑤ 19

09

▸ 24054-0148

실수 전체의 집합에서 정의된 함수 $f(x)$와 양수 a가 다음 조건을 만족시킬 때, **보기**에서 옳은 것만을 있는 대로 고른 것은?

(가) $-2\leq x<2$일 때, $f(x)=a(x+2)(x-2)$이다.
(나) 모든 실수 x에 대하여 $f(x+4)=-2f(x)$이다.

보기

ㄱ. $f(4)=8a$
ㄴ. $\int_{2}^{8} f(x)\,dx=a$
ㄷ. $\int_{-2}^{12} f(x)\,dx=4$이면 $a=\frac{3}{8}$이다.

① ㄱ ② ㄱ, ㄴ ③ ㄱ, ㄷ ④ ㄴ, ㄷ ⑤ ㄱ, ㄴ, ㄷ

수학 II

유형 4 정적분으로 나타내어진 함수

출제경향 | 정적분으로 나타내어진 함수를 이용하여 함수 또는 함숫값을 구하는 문제가 출제된다.

출제유형잡기 | (1) 함수 $f(x)$가 두 상수 a, b에 대하여

$f(x)=g(x)+\int_a^b f(t)\,dt$로 주어지면

$\int_a^b f(t)\,dt=k$ (k는 상수)라 하고, $\int_a^b \{g(t)+k\}\,dt=k$로부터 구한 k의 값을 이용하여 $f(x)$를 구한다.

(2) 함수 $f(x)$에 대하여 함수 $g(x)$가 $g(x)=\int_a^x f(t)\,dt$ (a는 상수)로 주어질 때

(i) 양변에 $x=a$를 대입하면 $g(a)=0$

(ii) 양변을 x에 대하여 미분하면 $g'(x)=f(x)$

임을 이용하여 문제를 해결한다.

필수유형 4 | 2022학년도 수능 9월 모의평가 |

다항함수 $f(x)$가 모든 실수 x에 대하여

$$xf(x)=2x^3+ax^2+3a+\int_1^x f(t)dt$$

를 만족시킨다. $f(1)=\int_0^1 f(t)\,dt$일 때, $a+f(3)$의 값은?

(단, a는 상수이다.) [4점]

① 5 ② 6 ③ 7
④ 8 ⑤ 9

10

▸ 24054-0149

다항함수 $f(x)$가 모든 실수 x에 대하여

$$f(x)=x^2+x\int_0^2 f(t)\,dt+\int_{-1}^1 f(t)\,dt$$

를 만족시킬 때, $f(4)$의 값은?

① 6 ② 7 ③ 8
④ 9 ⑤ 10

11

▸ 24054-0150

다항함수 $f(x)$가 모든 실수 x에 대하여

$$(1-x)f(x)=x^3-6x^2+9x-\int_{-1}^x f(t)\,dt$$

를 만족시킬 때, $f(1)$의 값은?

① 6 ② 7 ③ 8
④ 9 ⑤ 10

12

▸ 24054-0151

다항함수 $f(x)$가 모든 실수 x에 대하여

$$f'(x)=3x^2+x\int_0^2 f(t)\,dt$$

를 만족시키고 $f(2)=f'(2)$일 때, $f(1)$의 값은?

① -22 ② -19 ③ -16
④ -13 ⑤ -10

13

▸ 24054-0152

다음 조건을 만족시키는 모든 다항함수 $f(x)$에 대하여 모든 $f(0)$의 값의 합은?

> 모든 실수 x에 대하여 $f(x)=-2x+3\left|\int_0^1 f(t)\,dt\right|$이다.

① 2 ② $\frac{9}{4}$ ③ $\frac{5}{2}$
④ $\frac{11}{4}$ ⑤ 3

유형 5 정적분으로 나타내어진 함수의 활용

출제경향 | 정적분으로 나타내어진 함수를 이용하여 함수의 극값을 구하거나 함수의 그래프의 개형을 파악하는 등 미분법을 활용하는 문제가 출제된다.

출제유형잡기 | 함수 $f(x)$에 대하여 함수 $g(x)$가

$g(x)=\int_a^x f(t)\,dt$ (a는 상수)로 주어지면 양변을 x에 대하여 미분하여 방정식 $g'(x)=0$, 즉 $f(x)=0$을 만족시키는 x의 값을 구한 후 함수 $y=g(x)$의 그래프의 개형을 파악한다.

필수유형 5 | 2024학년도 수능 6월 모의평가 |

최고차항의 계수가 1인 이차함수 $f(x)$에 대하여 함수

$$g(x)=\int_0^x f(t)\,dt$$

가 다음 조건을 만족시킬 때, $f(9)$의 값을 구하시오. [4점]

> $x\geq1$인 모든 실수 x에 대하여
> $g(x)\geq g(4)$이고 $|g(x)|\geq|g(3)|$이다.

14

▸ 24054-0153

실수 t에 대하여 함수 $f(t)$를

$$f(t)=\int_{-t}^{t}(x^2+tx-2t)\,dx$$

라 하자. 함수 $f(t)$의 극솟값은?

① $-\frac{64}{3}$　② $-\frac{56}{3}$　③ -16
④ $-\frac{40}{3}$　⑤ $-\frac{32}{3}$

15

▸ 24054-0154

모든 실수 x에 대하여 $f(-x)=-f(x)$이고 최고차항의 계수가 양수인 삼차함수 $f(x)$에 대하여 함수 $g(x)$를

$$g(x)=\int_{-4}^{x} f(t)\,dt$$

라 하자. $g(2)=0$이고 함수 $g(x)$의 극댓값이 8일 때, $f(4)$의 값을 구하시오.

16

▸ 24054-0155

다항함수 $f(x)$가 다음 조건을 만족시킬 때, $f(2)$의 값은?

> (가) 모든 실수 x에 대하여
> $$f(x)=x^3+4x\int_0^2 f(t)\,dt-\left\{\int_0^2 f(t)\,dt\right\}^2$$
> 을 만족시킨다.
> (나) 임의의 두 실수 x_1, x_2에 대하여 $x_1<x_2$이면 $f(x_1)<f(x_2)$이다.

① 22　② 24　③ 26
④ 28　⑤ 30

수학 II

유형 6 정적분과 넓이

출제경향 | 곡선과 x축 사이의 넓이, 두 곡선으로 둘러싸인 부분의 넓이를 정적분을 이용하여 구하는 문제가 출제된다.

출제유형잡기 | (1) 함수 $f(x)$가 닫힌구간 $[a, b]$에서 연속일 때, 곡선 $y=f(x)$와 x축 및 두 직선 $x=a$, $x=b$로 둘러싸인 부분의 넓이 S는

$$S=\int_{a}^{b}|f(x)|\,dx$$

(2) 두 함수 $f(x)$, $g(x)$가 닫힌구간 $[a, b]$에서 연속일 때, 두 곡선 $y=f(x)$, $y=g(x)$와 두 직선 $x=a$, $x=b$로 둘러싸인 부분의 넓이 S는

$$S=\int_{a}^{b}|f(x)-g(x)|\,dx$$

필수유형 6

| 2024학년도 수능 6월 모의평가 |

양수 k에 대하여 함수 $f(x)$는

$$f(x)=kx(x-2)(x-3)$$

이다. 곡선 $y=f(x)$와 x축이 원점 O와 두 점 P, Q $(\overline{\mathrm{OP}}<\overline{\mathrm{OQ}})$에서 만난다. 곡선 $y=f(x)$와 선분 OP로 둘러싸인 영역을 A, 곡선 $y=f(x)$와 선분 PQ로 둘러싸인 영역을 B라 하자.

$$(A\text{의 넓이})-(B\text{의 넓이})=3$$

일 때, k의 값은? [4점]

① $\frac{7}{6}$　② $\frac{4}{3}$　③ $\frac{3}{2}$　④ $\frac{5}{3}$　⑤ $\frac{11}{6}$

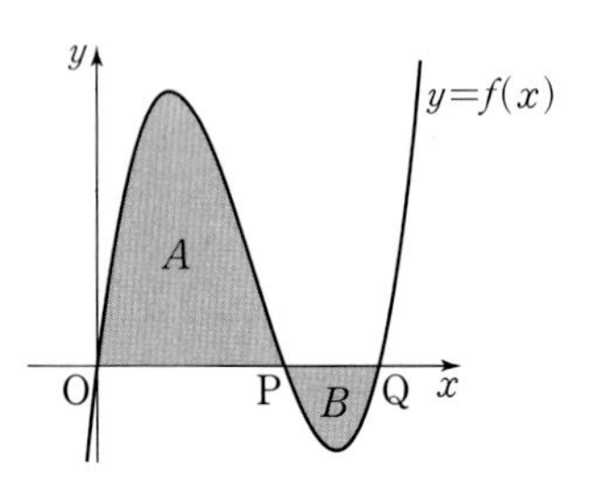

17

▸ 24054-0156

양수 a에 대하여 곡선 $y=x^2-ax$와 x축으로 둘러싸인 부분의 넓이를 A, 곡선 $y=-x^3+ax^2$과 x축으로 둘러싸인 부분의 넓이를 B라 하자. $A=B$일 때, a의 값은?

① 2　② $\frac{9}{4}$　③ $\frac{5}{2}$　④ $\frac{11}{4}$　⑤ 3

18

▸ 24054-0157

직선 $y=x+2$가 곡선 $y=x^2-3x+k$에 접할 때, 곡선 $y=x^2-3x+k$와 두 직선 $y=x+2$, $x=k$로 둘러싸인 부분의 넓이는? (단, k는 상수이다.)

① 16　② $\frac{52}{3}$　③ $\frac{56}{3}$　④ 20　⑤ $\frac{64}{3}$

19

▸ 24054-0158

양수 k에 대하여 함수 $f(x)$를

$$f(x)=x(x+2)(x-k)$$

라 하고, 함수 $g(x)$를

$$g(x)=f(x)+|f(x)|$$

라 하자. 함수 $y=g(x)$의 그래프와 x축으로 둘러싸인 부분의 넓이가 6이 되도록 하는 k의 값은?

① 1　② $\frac{5}{4}$　③ $\frac{3}{2}$　④ $\frac{7}{4}$　⑤ 2

20

▶ 24054-0159

그림과 같이 $a>3$인 상수 a에 대하여 직선 $y=ax$, 곡선 $y=\frac{1}{a}x^2$과 세 점 A(3, 0), B(3, 3), C(0, 3)이 있다. 직선 $y=ax$와 y축 및 선분 BC로 둘러싸인 부분의 넓이를 S_1, 곡선 $y=\frac{1}{a}x^2$과 x축 및 선분 AB로 둘러싸인 부분의 넓이를 S_2, 직선 $y=ax$, 곡선 $y=\frac{1}{a}x^2$ 및 두 선분 AB, BC로 둘러싸인 부분의 넓이를 S_3이라 하자. S_1, S_2, S_3이 이 순서대로 등비수열을 이룰 때, $12a$의 값을 구하시오.

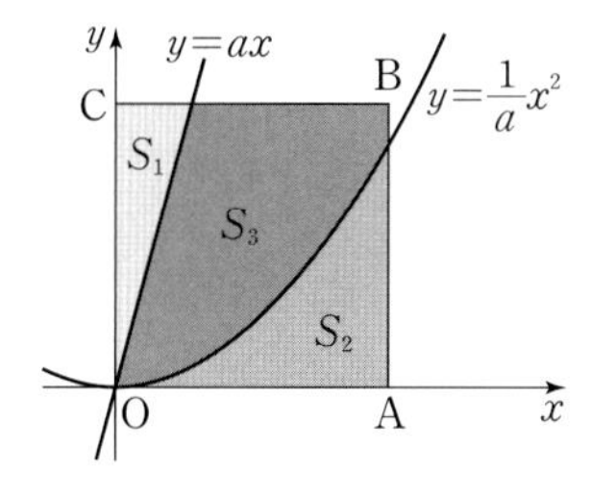

유형 7 정적분과 넓이의 활용

출제경향 | 주기를 갖는 함수의 성질, 대칭인 함수의 성질, 함수의 그래프의 개형 등의 여러 가지 조건이 포함된 정적분과 넓이를 활용하는 문제가 출제된다.

출제유형잡기 | 함수의 여러 가지 성질을 이해하거나 함수의 그래프의 개형을 이해하고 정적분의 뜻과 넓이의 관계로부터 정적분의 값 또는 넓이를 구한다.

필수유형 7

| 2019학년도 수능 |

실수 전체의 집합에서 증가하는 연속함수 $f(x)$가 다음 조건을 만족시킨다.

(가) 모든 실수 x에 대하여 $f(x)=f(x-3)+4$이다.

(나) $\int_0^6 f(x)\,dx=0$

함수 $y=f(x)$의 그래프와 x축 및 두 직선 $x=6$, $x=9$로 둘러싸인 부분의 넓이는? [4점]

① 9 ② 12 ③ 15 ④ 18 ⑤ 21

21

▶ 24054-0160

최고차항의 계수가 음수인 이차함수 $f(x)$에 대하여 함수

$$g(x)=\begin{cases} x & (x<1 \text{ 또는 } x>3) \\ f(x) & (1\le x\le 3) \end{cases}$$

이 실수 전체의 집합에서 연속이고, 함수 $y=g(x)$의 그래프와 x축 및 직선 $x=4$로 둘러싸인 부분의 넓이가 $\frac{34}{3}$이다. 함수 $f(x)$의 최댓값이 $\frac{q}{p}$일 때, $p+q$의 값을 구하시오.

(단, p와 q는 서로소인 자연수이다.)

22

▶ 24054-0161

실수 전체의 집합에서 연속이고 역함수가 존재하는 함수 $f(x)$에 대하여 $f(2)=2$, $f(4)=8$이다. 곡선 $y=f(x)$와 두 직선 $y=2$, $y=8$ 및 y축으로 둘러싸인 부분의 넓이가 16일 때, $\int_2^4 f(x)\,dx$의 값은?

① 10 ② 11 ③ 12 ④ 13 ⑤ 14

23

▶ 24054-0162

최고차항의 계수가 1인 삼차함수 $f(x)$가 다음 조건을 만족시킬 때, $f(6)$의 값은?

(가) 방정식 $f(x)=0$은 서로 다른 세 실근 a, 1, b $(a<1<b)$를 갖고, a, 1, b는 이 순서대로 등차수열을 이룬다.
(나) 곡선 $y=f(x)$와 x축으로 둘러싸인 부분의 넓이는 128이다.

① 42 ② 45 ③ 48
④ 51 ⑤ 54

24

▶ 24054-0163

$0\leq x\leq 8$에서 연속인 두 함수 $f(x)$, $g(x)$가 다음 조건을 만족시킨다.

(가) $f(0)=0$, $f(6)=6$, $f(8)=8$이고, 열린구간 $(0, 8)$에서 함수 $f(x)$는 증가한다.
(나) $0<x<6$인 모든 실수 x에 대하여 $f(x)<x$이고, $6<x<8$인 모든 실수 x에 대하여 $f(x)>x$이다.
(다) $g(0)=8$, $g(6)=6$, $g(8)=0$이고, 곡선 $y=g(x)$는 직선 $y=x$에 대하여 대칭이다.

$\int_0^6 f(x)\,dx=\int_6^8 f(x)\,dx$일 때, $\int_0^8 |f(x)-g(x)|\,dx$의 값을 구하시오.

유형 8 수직선 위를 움직이는 점의 속도와 거리

출제경향 | 수직선 위를 움직이는 점의 시각 t에서의 속도에 대한 식이나 그래프로부터 점의 위치, 위치의 변화량, 움직인 거리를 구하는 문제가 출제된다.

출제유형잡기 | 수직선 위를 움직이는 점 P의 시각 t에서의 속도가 $v(t)$이고, 시각 $t=t_0$에서 점 P의 위치가 x_0일 때
(1) 시각 t에서의 점 P의 위치는

$$x_0+\int_{t_0}^{t} v(t)dt$$

(2) 시각 $t=a$에서 $t=b$까지 점 P의 위치의 변화량은

$$\int_a^b v(t)dt$$

(3) 시각 $t=a$에서 $t=b$까지 점 P가 움직인 거리는

$$\int_a^b |v(t)|dt$$

필수유형 8

| 2023학년도 수능 |

수직선 위를 움직이는 점 P의 시각 t $(t\geq 0)$에서의 속도 $v(t)$와 가속도 $a(t)$가 다음 조건을 만족시킨다.

(가) $0\leq t\leq 2$일 때, $v(t)=2t^3-8t$이다.
(나) $t\geq 2$일 때, $a(t)=6t+4$이다.

시각 $t=0$에서 $t=3$까지 점 P가 움직인 거리를 구하시오.

[4점]

25

▶ 24054-0164

수직선 위를 움직이는 점 P의 시각 t $(t\geq 0)$에서의 속도 $v(t)$가

$$v(t)=3t^2-4t+5$$

이다. 시각 $t=k$에서의 점 P의 가속도가 8일 때, 시각 $t=0$에서 $t=k$까지 점 P의 위치의 변화량은? (단, k는 상수이다.)

① 6 ② 7 ③ 8
④ 9 ⑤ 10

26

▸ 24054-0165

수직선 위를 움직이는 점 P의 시각 t $(t\geq 0)$에서의 속도 $v(t)$가

$$v(t)=t^2-kt$$

이다. 시각 $t=0$에서의 점 P의 위치와 시각 $t=3$에서의 점 P의 위치가 서로 같을 때, 점 P가 시각 $t=0$에서 $t=3$까지 움직인 거리는? (단, k는 상수이다.)

① 2　② $\frac{8}{3}$　③ $\frac{10}{3}$　④ 4　⑤ $\frac{14}{3}$

27

▸ 24054-0166

수직선 위를 움직이는 점 P의 시각 t $(t>0)$에서의 속도 $v(t)$가

$$v(t)=t^2-5t+4$$

이다. 점 P가 시각 $t=t_1$, $t=t_2$ $(t_1<t_2)$일 때 움직이는 방향이 바뀌고, 시각 $t=t_1$에서의 점 P의 위치가 10일 때, 시각 $t=t_2$에서의 점 P의 위치는? (단, t_1, t_2는 상수이다.)

① $\frac{11}{2}$　② 6　③ $\frac{13}{2}$　④ 7　⑤ $\frac{15}{2}$

28

▸ 24054-0167

자연수 k에 대하여 두 점 P와 Q는 시각 $t=0$일 때 각각 점 A(k)와 점 B$(2k)$에서 출발하여 수직선 위를 움직인다. 두 점 P, Q의 시각 t $(t\geq 0)$에서의 속도가 각각

$$v_1(t)=3t^2-12t+k,\ v_2(t)=-2t-4$$

이다. 두 점 P, Q가 출발한 후 한 번만 만나도록 하는 k의 최솟값을 구하시오.

29

▸ 24054-0168

수직선 위를 움직이는 점 P의 시각 t $(t\geq 0)$에서의 속도 $v(t)$가 다음 조건을 만족시킨다.

(가) $0\leq t\leq 5$인 모든 실수 t에 대하여 $v(5-t)=v(5+t)$이다.
(나) $0<t<3$인 모든 실수 t에 대하여 $v(t)<0$이다.

시각 $t=0$에서 $t=5$까지 점 P가 움직인 거리가 12이고, 시각 $t=0$에서 $t=3$까지 점 P의 위치의 변화량이 -7이다. 시각 $t=3$에서 $t=10$까지 점 P가 움직인 거리와 시각 $t=7$에서의 점 P의 위치가 서로 같을 때, 시각 $t=10$에서의 점 P의 위치를 구하시오.

07 경우의 수

① 원순열

(1) 원순열의 뜻

서로 다른 대상을 원형으로 배열하는 순열을 원순열이라 하고, 원순열에서는 회전하여 일치하는 것은 모두 같은 것으로 본다.

(2) 원순열의 수

서로 다른 n개를 원형으로 배열하는 원순열의 수는 $\frac{n!}{n}=(n-1)!$이다.

설명 네 개의 문자 A, B, C, D를 일렬로 나열하는 순열의 수는 $4!$이지만 이를 원형으로 배열하면 그림과 같이 회전하여 일치하는 것이 4가지씩 있다.

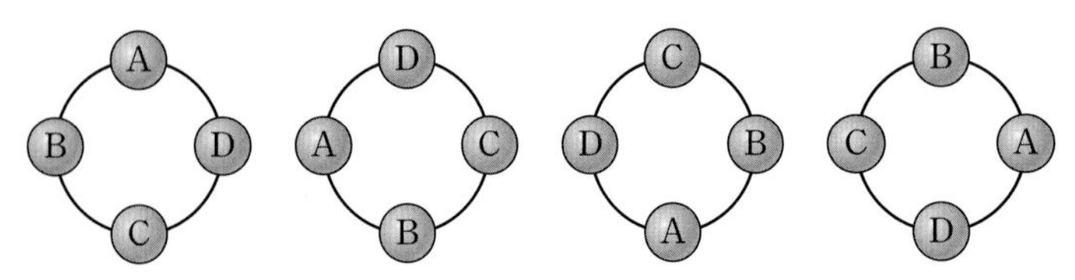

이와 같이 서로 다른 n개를 일렬로 나열하는 순열의 수는 $n!$이지만 이 각각을 원형으로 배열하면 $n!$ 중에서 회전하여 일치하는 것이 n가지씩 있다.

따라서 서로 다른 n개를 원형으로 배열하는 원순열의 수는 $\frac{n!}{n}=(n-1)!$이다.

참고 서로 다른 n개의 대상에 대한 원순열의 수는 어느 1개를 고정시키고 나머지 $(n-1)$개를 일렬로 나열하는 순열의 수 $(n-1)!$로도 생각할 수 있다.

② 중복순열

(1) 중복순열의 뜻

서로 다른 n개에서 중복을 허락하여 r개를 택하여 일렬로 배열하는 것을 서로 다른 n개에서 r개를 택하는 중복순열이라 하고, 이 중복순열의 수를 기호로 ${}_{n}\Pi_{r}$과 같이 나타낸다.

참고 순열의 수 ${}_{n}\mathrm{P}_{r}$에서는 $n \geq r$이지만 중복순열의 수 ${}_{n}\Pi_{r}$에서는 중복을 허락하기 때문에 $n<r$일 수도 있다.

(2) 중복순열의 수

서로 다른 n개에서 r개를 택하는 중복순열의 수는 ${}_{n}\Pi_{r}=n^{r}$이다.

설명 서로 다른 n개에서 중복을 허락하여 r개를 택하여 일렬로 나열할 때, 각 자리에 올 수 있는 것은 n가지씩이므로 곱의 법칙에 의하여 ${}_{n}\Pi_{r}=\underbrace{n\times n\times n\times\cdots\times n}_{r\text{개}}=n^{r}$

참고 ${}_{n}\Pi_{r}$의 Π는 Product(곱)의 첫 글자인 P에 해당하는 그리스 문자로 '파이(pi)'로 읽는다.

③ 같은 것이 있는 순열

(1) 같은 것이 있는 순열의 뜻

같은 것이 포함되어 있는 n개를 일렬로 나열하는 순열을 같은 것이 있는 순열이라고 한다.

(2) 같은 것이 있는 순열의 수

n개 중에서 서로 같은 것이 각각 p개, q개, $\cdots$, r개씩 있을 때, 이들 모두를 일렬로 나열하는 순열의 수는

$$\frac{n!}{p!\times q!\times\cdots\times r!}\ (\text{단, } p+q+\cdots+r=n)$$

Note

Note

④ 중복조합

(1) 중복조합의 뜻

서로 다른 n개에서 중복을 허락하여 r개를 택하는 조합을 서로 다른 n개에서 r개를 택하는 중복조합이라 하고, 이 중복조합의 수를 기호로 ${}_n\mathrm{H}_r$과 같이 나타낸다.

참고 ${}_n\mathrm{H}_r$의 H는 homogeneous의 첫 글자이다.

(2) 중복조합의 수

서로 다른 n개에서 r개를 택하는 중복조합의 수는 ${}_n\mathrm{H}_r={}_{n+r-1}\mathrm{C}_r$이다.

설명 두 개의 문자 A, B에서 중복을 허락하여 3개를 택하는 중복조합은 AAA, AAB, ABB, BBB의 4가지이다. 이 4가지는 모두 그림과 같이 두 문자의 경계를 나타내는 $(2-1)$개의 '❙'와 문자를 놓을 수 있는 공간을 나타내는 3개의 '○'를 일렬로 나열하여 '❙' 앞의 '○'에는 A를, 뒤의 '○'에는 B를 놓는 것에 대응시킬 수 있다.('○'가 없으면 해당 문자를 놓지 않는다.) 따라서 이렇게 배열하는 경우의 수는 $\{(2-1)+3\}$개의 자리 중에서 '○'를 놓을 자리 3개를 택하는 조합의 수 ${}_{(2-1)+3}\mathrm{C}_3$과 같다. 즉, ${}_2\mathrm{H}_3={}_{(2-1)+3}\mathrm{C}_3={}_4\mathrm{C}_3=4$이다.

AAA ⇔ ○○○❙
AAB ⇔ ○○❙○
ABB ⇔ ○❙○○
BBB ⇔ ❙○○○
⇓ ⇓
${}_2\mathrm{H}_3 = {}_{(2-1)+3}\mathrm{C}_3={}_4\mathrm{C}_3$

⑤ 이항정리

(1) 이항정리의 뜻

자연수 n에 대하여 $(a+b)^n$을 전개하면 다음과 같다.

$$(a+b)^n={}_n\mathrm{C}_0a^n+{}_n\mathrm{C}_1a^{n-1}b+{}_n\mathrm{C}_2a^{n-2}b^2+\cdots+{}_n\mathrm{C}_ra^{n-r}b^r+\cdots+{}_n\mathrm{C}_nb^n=\sum_{r=0}^{n}{}_n\mathrm{C}_ra^{n-r}b^r$$

이를 $(a+b)^n$에 대한 이항정리라고 한다. 이 전개식에서 각 항의 계수 ${}_n\mathrm{C}_0$, ${}_n\mathrm{C}_1$, ${}_n\mathrm{C}_2$, $\cdots$, ${}_n\mathrm{C}_r$, $\cdots$, ${}_n\mathrm{C}_n$을 이항계수라고 하며, ${}_n\mathrm{C}_ra^{n-r}b^r$을 $(a+b)^n$의 전개식의 일반항이라고 한다.

(2) 이항계수의 성질

자연수 n에 대하여 다음이 성립한다.

① ${}_n\mathrm{C}_0+{}_n\mathrm{C}_1+{}_n\mathrm{C}_2+\cdots+{}_n\mathrm{C}_n=2^n$

② ${}_n\mathrm{C}_0-{}_n\mathrm{C}_1+{}_n\mathrm{C}_2-{}_n\mathrm{C}_3+\cdots+(-1)^n{}_n\mathrm{C}_n=0$

③ ${}_n\mathrm{C}_0+{}_n\mathrm{C}_2+{}_n\mathrm{C}_4+\cdots+{}_n\mathrm{C}_{n-1}={}_n\mathrm{C}_1+{}_n\mathrm{C}_3+{}_n\mathrm{C}_5+\cdots+{}_n\mathrm{C}_n=2^{n-1}$ (단, n은 홀수)

${}_n\mathrm{C}_0+{}_n\mathrm{C}_2+{}_n\mathrm{C}_4+\cdots+{}_n\mathrm{C}_n={}_n\mathrm{C}_1+{}_n\mathrm{C}_3+{}_n\mathrm{C}_5+\cdots+{}_n\mathrm{C}_{n-1}=2^{n-1}$ (단, n은 짝수)

⑥ 파스칼의 삼각형

(1) 파스칼의 삼각형의 뜻

$n=0$, 1, 2, 3, $\cdots$일 때, $(a+b)^n$의 전개식에서 각 항의 이항계수 ${}_n\mathrm{C}_r$의 값을 그림과 같이 삼각형 모양으로 차례로 배열한 것을 파스칼의 삼각형이라고 한다.

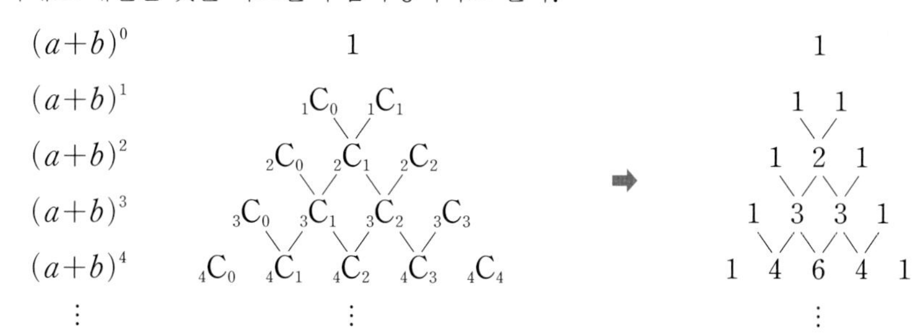

(2) 파스칼의 삼각형의 성질

① ${}_{n-1}\mathrm{C}_{r-1}+{}_{n-1}\mathrm{C}_r={}_n\mathrm{C}_r$ $(1\le r<n)$이므로 파스칼의 삼각형의 각 단계에서 이웃하는 두 수의 합은 아래쪽 중앙에 있는 수와 같다.

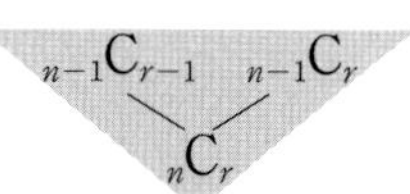

② ${}_n\mathrm{C}_r={}_n\mathrm{C}_{n-r}$이므로 각 단계의 배열은 좌우 대칭이다.

확률과 통계

유형 1 원순열

출제경향 | 원형으로 물건이나 사람을 배열하거나 원형으로 배열된 자리에 색칠하는 경우의 수를 구하는 문제가 출제된다.

출제유형잡기 | 원순열의 뜻을 알고, 회전하여 일치하는 것은 같은 것으로 생각하므로 원형으로 배열하여 같은 것이 나타나는 경우의 수를 파악할 수 있도록 한다.

필수유형 1 | 2021학년도 수능 9월 모의평가 |

다섯 명이 둘러앉을 수 있는 원 모양의 탁자와 두 학생 A, B를 포함한 8명의 학생이 있다. 이 8명의 학생 중에서 A, B를 포함하여 5명을 선택하고 이 5명의 학생 모두를 일정한 간격으로 탁자에 둘러앉게 할 때, A와 B가 이웃하게 되는 경우의 수는? (단, 회전하여 일치하는 것은 같은 것으로 본다.) [3점]

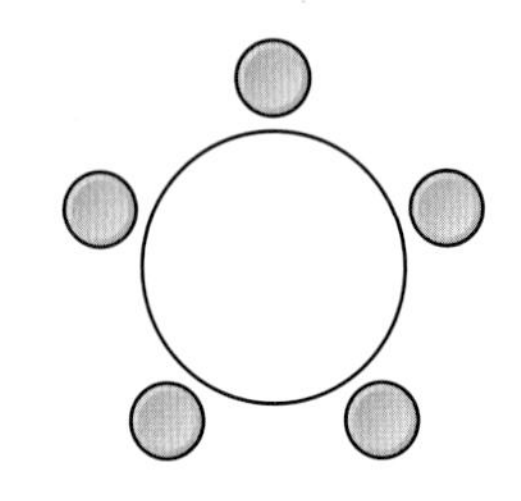

① 180　② 200　③ 220　④ 240　⑤ 260

01 ▸ 24054-0169

남학생 3명과 여학생 3명이 모두 일정한 간격을 두고 원형의 탁자에 둘러앉을 때, 여학생 3명이 모두 이웃하게 앉는 경우의 수는? (단, 회전하여 일치하는 것은 같은 것으로 본다.)

① 32　② 36　③ 40　④ 44　⑤ 48

02 ▸ 24054-0170

교사 2명, 1학년 학생 2명, 2학년 학생 3명, 3학년 학생 2명으로 이루어진 어느 동아리가 있다. 이 9명이 일정한 간격을 두고 원 모양의 탁자에 다음 조건을 만족시키도록 모두 둘러앉는 경우의 수는? (단, 회전하여 일치하는 것은 같은 것으로 본다.)

(가) 1학년 학생 2명은 서로 이웃한다.
(나) 교사 2명은 서로 이웃하지 않는다.

① 4000　② 4800　③ 5600　④ 6400　⑤ 7200

03 ▸ 24054-0171

그림과 같이 원에 내접하는 합동인 두 정삼각형을 포개서 서로 합동인 6개의 정삼각형에 ★ 모양의 스티커를 각각 1개씩 붙이고, 가운데 정육각형에 ⬢ 모양의 스티커를 1개 붙인다. 다음 조건을 만족시키도록 색을 칠하는 경우의 수는? (단, 각 영역에 1가지 색만 칠하고, 회전하여 일치하는 것은 같은 것으로 본다.)

(가) 빨간색, 주황색, 노란색, 초록색, 파란색, 남색, 보라색의 7가지 색 중에서 6가지 색을 택하여 ★ 모양의 스티커가 1개 붙어 있는 6개의 정삼각형에 각각 한 가지 색으로만 칠하고, 7가지 색 중 택하지 않은 1가지 색으로 ⬢ 모양의 스티커가 붙어 있는 정육각형을 칠한다.
(나) 흰색, 검은색, 금색 중 2가지 이상의 색을 택하여 ● 모양의 스티커가 각각 1개씩 붙어 있는 6개의 영역을 칠할 때, 원의 중심을 기준으로 서로 마주 보는 두 영역은 같은 색으로 칠한다.

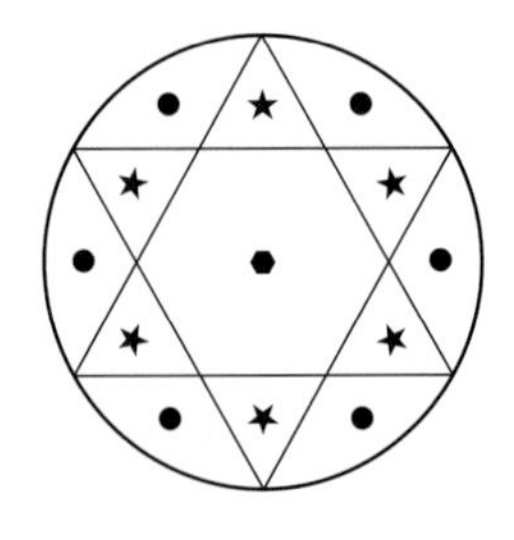

① $120\times6!$　② $144\times5!$　③ $144\times6!$　④ $168\times5!$　⑤ $168\times6!$

유형 2 중복순열

출제경향 | 서로 다른 n개에서 중복을 허락하여 r개를 택하여 나열하는 중복순열의 수를 구하는 문제가 출제된다.

출제유형잡기 | 중복순열의 뜻을 알고, 나열하는 경우 중에서 순열, 중복순열, 같은 것이 있는 순열을 구별할 수 있어야 한다.

필수유형 2 | 2023학년도 수능 |

숫자 1, 2, 3, 4, 5 중에서 중복을 허락하여 4개를 택해 일렬로 나열하여 만들 수 있는 네 자리의 자연수 중 4000 이상인 홀수의 개수는? [3점]

① 125 ② 150 ③ 175
④ 200 ⑤ 225

04

▸ 24054-0172

서로 다른 5개의 인형을 2명의 어린이에게 남김없이 나누어 주는 경우의 수는?

(단, 인형을 한 개도 받지 못하는 어린이는 없다.)

① 22 ② 24 ③ 26
④ 28 ⑤ 30

05

▸ 24054-0173

두 집합 $X=\{1, 2, 3, 4, 5, 6\}$, $Y=\{1, 2, 3, 4\}$에 대하여 다음 조건을 만족시키는 X에서 Y로의 함수 f의 개수는?

(가) 집합 X의 원소 x가 3의 배수일 때, $f(x)$는 짝수이다.
(나) 집합 X의 원소 x가 3의 배수가 아닐 때, $f(x)$는 홀수이다.

① 8 ② 16 ③ 32
④ 64 ⑤ 128

06

▸ 24054-0174

그림과 같이 회전할 수 있는 5등분한 원판 위에 5개의 숫자 1, 2, 3, 4, 5가 하나씩 적혀 있고, 원판 위에 화살표가 고정되어 있다. 이 원판을 돌려 멈추었을 때 화살표가 가리키는 부채꼴 위에 적혀 있는 수를 확인하는 과정을 3번 반복할 때, 화살표가 가리키는 부채꼴 위에 적혀 있는 수를 차례로 a, b, c라 하자. $\frac{a+b}{c}$가 자연수가 되도록 하는 모든 순서쌍 (a, b, c)의 개수는? (단, 화살표가 두 부채꼴의 경계를 가리키는 경우 오른쪽 수를 선택한다.)

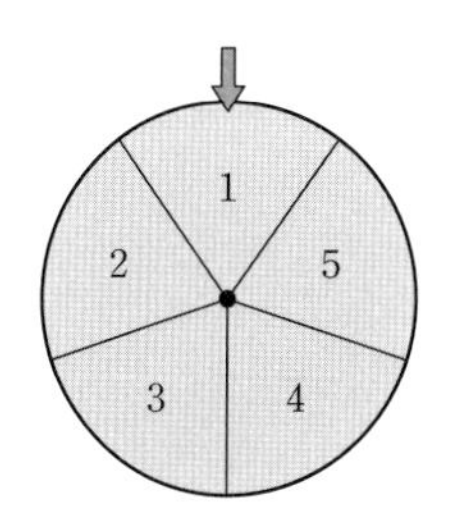

① 52 ② 55 ③ 58
④ 61 ⑤ 64

정답과 풀이 52쪽

유형 3 같은 것이 있는 순열

출제경향 | 같은 것이 있는 숫자 또는 문자들을 일렬로 나열하는 순열의 수를 구하는 문제가 출제된다.

출제유형잡기 | 같은 것이 있는 순열의 수를 이해하고 중복순열과 구분하여 경우의 수를 구할 수 있도록 한다. 특히 특정한 대상들의 순서가 이미 정해진 경우에도 그 대상들을 같은 것으로 생각하여 같은 것이 있는 순열의 수를 이용하여 경우의 수를 구한다.

필수유형 3 | 2021학년도 수능 6월 모의평가 |

6개의 문자 a, a, a, b, b, c를 모두 일렬로 나열하는 경우의 수는? [3점]

① 52 ② 56 ③ 60
④ 64 ⑤ 68

07

▸ 24054-0175

6개의 숫자 0, 1, 1, 2, 2, 3을 모두 일렬로 나열하여 만든 여섯 자리의 자연수 중에서 4의 배수의 개수는?

① 39 ② 43 ③ 47
④ 51 ⑤ 55

08

▸ 24054-0176

11개의 문자 M, I, S, S, I, S, S, I, P, P, I를 모두 일렬로 나열할 때, 양 끝에 같은 문자가 나오게 나열하는 경우의 수는 $k\times\frac{9!}{24^2}$이다. 자연수 k의 값은?

① 7 ② 9 ③ 11
④ 13 ⑤ 15

09

▸ 24054-0177

8개의 숫자 1, 1, 2, 3, 3, 3, 4, 6을 다음 조건을 만족시키도록 모두 일렬로 나열하는 경우의 수는?

(가) 양 끝에 놓인 수 중 적어도 한 개가 짝수이다.
(나) 양 끝에 놓인 두 수를 제외한 나머지 6개의 수의 합은 짝수이다.

① 1600 ② 1800 ③ 2000
④ 2200 ⑤ 2400

유형 4 같은 것이 있는 순열의 활용 – 최단거리

출제경향 | 같은 것이 있는 순열의 수를 이용하여 제시된 도로망에서 최단거리로 이동하는 경우의 수를 구하는 문제가 출제된다.

출제유형잡기 | 조건에 맞게 최단거리로 가는 경로를 직사각형으로 나타낸 후 가로로 이동하는 횟수와 세로로 이동하는 횟수를 파악한 후 같은 것이 있는 순열의 수를 이용하여 최단거리로 이동하는 경우의 수를 구한다. 필요한 경우 반드시 지나는 점을 파악하여 경우의 수를 구하도록 한다.

필수유형 4 | 2018학년도 수능 6월 모의평가 |

그림과 같이 직사각형 모양으로 연결된 도로망이 있다. 이 도로망을 따라 A지점에서 출발하여 P지점을 지나 B지점까지 최단거리로 가는 경우의 수는? [3점]

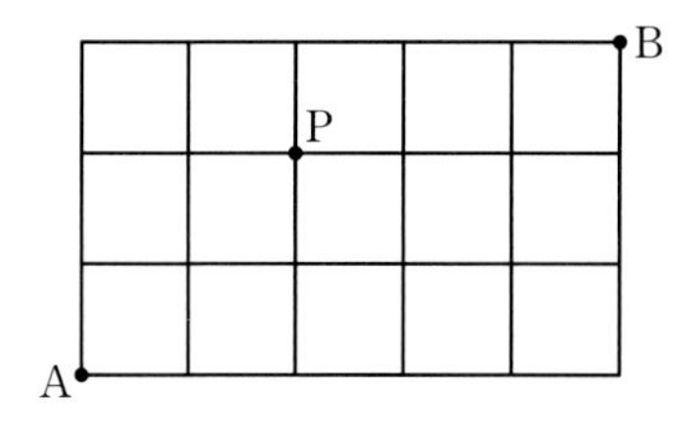

① 16 ② 18 ③ 20 ④ 22 ⑤ 24

10

▸ 24054-0178

그림과 같이 직사각형 모양으로 연결된 도로망이 있다. 도로공사로 인하여 P지점을 지나갈 수 없을 때, 이 도로망을 따라 A지점에서 출발하여 B지점까지 최단거리로 가는 경우의 수는?

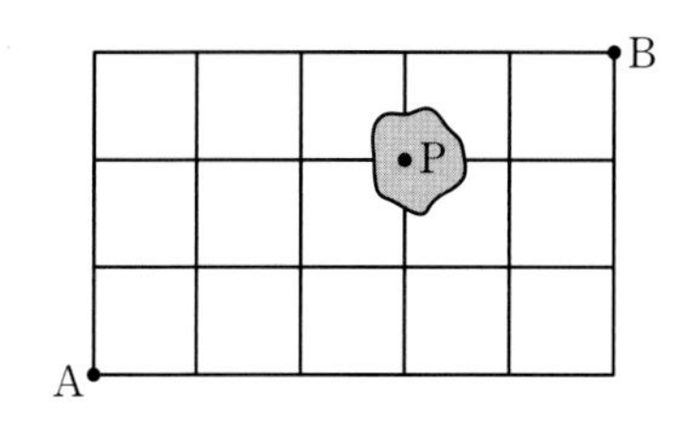

① 26 ② 28 ③ 30 ④ 32 ⑤ 34

11

▸ 24054-0179

그림과 같이 직사각형 모양으로 연결된 도로망이 있다. 이 도로망을 따라 A지점에서 출발하여 B지점까지 최단거리로 갈 때, P지점, Q지점, R지점 중 한 지점을 지나는 경우의 수는?

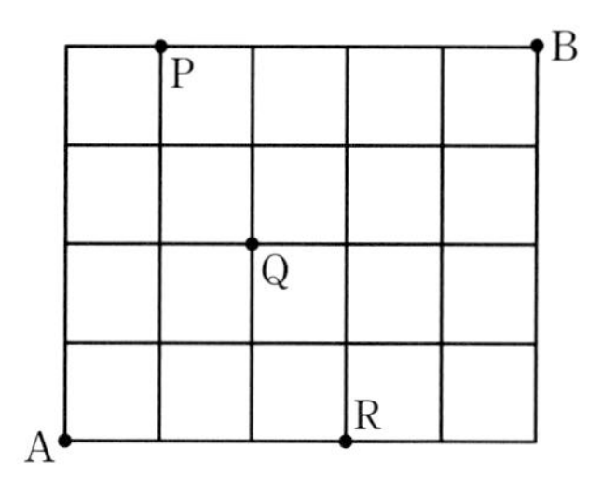

① 20 ② 40 ③ 60 ④ 80 ⑤ 100

12

▸ 24054-0180

그림과 같이 직사각형 모양으로 연결된 도로망에서 A지점을 출발하여 B지점까지 최단거리로 갈 때, C지점을 지나는 경우의 수를 m, D지점을 지나는 경우의 수를 n이라 하자. $m-n$의 값은?

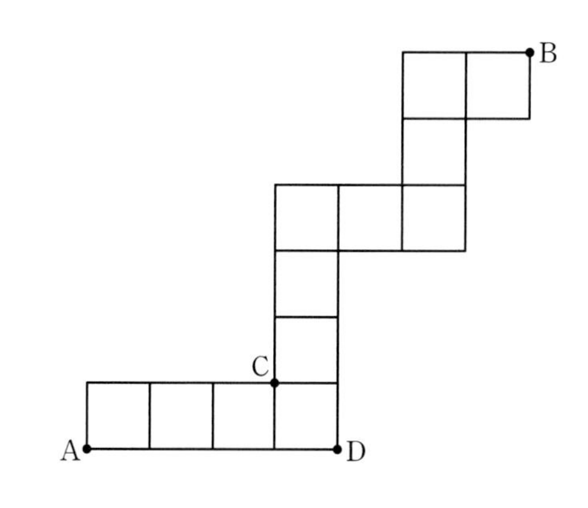

① 132 ② 137 ③ 142 ④ 147 ⑤ 152

확률과 통계

유형 5 중복조합

출제경향 | 서로 다른 n개에서 중복을 허락하여 r개를 택하는 중복조합의 수를 구하는 문제가 출제된다.

출제유형잡기 | 중복조합의 뜻을 이해하고 택하는 대상과 중복하여 택하는 횟수를 파악하여 중복조합의 수를 구한다.

필수유형 5 | 2019학년도 수능 |

네 명의 학생 A, B, C, D에게 같은 종류의 초콜릿 8개를 다음 규칙에 따라 남김없이 나누어 주는 경우의 수는? [3점]

> (가) 각 학생은 적어도 1개의 초콜릿을 받는다.
> (나) 학생 A는 학생 B보다 더 많은 초콜릿을 받는다.

① 11 ② 13 ③ 15
④ 17 ⑤ 19

13

▸ 24054-0181

같은 종류의 사탕 7개를 3명의 학생에게 남김없이 나누어 줄 때, 각 학생이 1개 이상의 사탕을 받는 경우의 수는?

① 9 ② 11 ③ 13
④ 15 ⑤ 17

14

▸ 24054-0182

사과, 오렌지, 배 세 종류의 과일 중에서 12개를 선택하여 과일바구니를 만들려고 한다. 사과, 오렌지는 각각 2개 이상씩 담고, 배는 홀수개를 담아 과일바구니를 만드는 경우의 수는?

(단, 사과, 오렌지, 배는 충분히 많이 있다.)

① 16 ② 18 ③ 20
④ 22 ⑤ 24

15

▸ 24054-0183

검은 공 1개와 흰 공 1개가 들어 있는 주머니가 있다. 이 주머니에서 1개의 공을 꺼내어 색을 확인한 후 다시 넣는 과정을 10회 반복하여 다음 규칙에 따라 점수를 얻는 시행을 한다.

> 1회부터 3회까지 흰 공이 나온 횟수에 1을 더하고,
> 4회부터 7회까지 흰 공이 나온 횟수에 2를 더하고,
> 8회부터 10회까지 흰 공이 나온 횟수에 3을 더해서 점수를 얻는다.

예를 들어 표와 같이 1회에서 3회까지 흰 공이 0번, 4회에서 7회까지 흰 공이 3번, 8회에서 10회까지 흰 공이 1번 나왔다면 얻은 점수는 $(0+1)+(3+2)+(1+3)=10$이다.

횟수	1회	2회	3회	4회	5회	6회	7회	8회	9회	10회
검은 공	●	●	●		●			●	●	
흰 공				○		○	○			○
점수	0+1			3+2				1+3		

1회에서 3회까지 흰 공이 나온 횟수를 a, 4회에서 7회까지 흰 공이 나온 횟수를 b, 8회에서 10회까지 흰 공이 나온 횟수를 c라 할 때, 10회의 과정이 끝난 후 얻은 점수가 10이 되는 모든 순서쌍 (a, b, c)의 개수를 구하시오.

유형 6 중복조합의 활용

출제경향 | 방정식을 만족시키는 정수해의 순서쌍의 개수를 구하거나 대소 관계로 정의된 정수해의 순서쌍의 개수를 구하는 문제가 출제된다.

출제유형잡기 | 주어진 문제를 방정식을 만족시키는 음이 아닌 정수의 순서쌍의 개수를 구하는 문제로 변형한다.
즉, 방정식 $x_1+x_2+x_3+\cdots+x_n=r$을 만족시키는 음이 아닌 정수 $x_1, x_2, x_3, \cdots, x_n$의 순서쌍 $(x_1, x_2, x_3, \cdots, x_n)$의 개수는 ${}_n\mathrm{H}_r$이다.

필수유형 6 | 2020학년도 수능 6월 모의평가 |

다음 조건을 만족시키는 음이 아닌 정수 x_1, x_2, x_3, x_4의 모든 순서쌍 (x_1, x_2, x_3, x_4)의 개수는? [4점]

(가) $n=1, 2, 3$일 때, $x_{n+1}-x_n\geq 2$이다.
(나) $x_4\leq 12$

① 210 ② 220 ③ 230
④ 240 ⑤ 250

16

▸ 24054-0184

방정식 $x+y+z+w^2=12$를 만족시키는 자연수 x, y, z, w의 모든 순서쌍 (x, y, z, w)의 개수는?

① 64 ② 67 ③ 70
④ 73 ⑤ 76

17

▸ 24054-0185

다음 조건을 만족시키는 음이 아닌 정수 x, y, z의 모든 순서쌍 (x, y, z)의 개수는?

(가) $x+y+3z=22$
(나) $x+y<10$
(다) z는 짝수가 아닌 소수이다.

① 10 ② 12 ③ 14
④ 16 ⑤ 18

18

▸ 24054-0186

다음 조건을 만족시키는 자연수 a, b, c, d의 모든 순서쌍 (a, b, c, d)의 개수는?

(가) $a+b+c+d=12$
(나) 서로 다른 세 점 $\mathrm{A}(a, b)$, $\mathrm{B}(b, c)$, $\mathrm{C}(c, d)$는 모두 직선 $y=x$ 위에 있지 않다.
(다) 서로 다른 세 점 $\mathrm{A}(a, b)$, $\mathrm{B}(b, c)$, $\mathrm{C}(c, d)$를 꼭짓점으로 하는 삼각형 ABC의 무게중심은 직선 $y=x$ 위에 있다.

① 10 ② 12 ③ 14
④ 16 ⑤ 18

유형 7 이항정리

출제경향 | 이항정리를 이용한 다항식의 전개식에서 특정한 항의 계수를 구하거나 특정한 항의 계수 사이에 성립하는 관계식에서 미지수를 구하는 문제가 출제된다.

출제유형잡기 | n이 자연수일 때, $(a+b)^n$의 전개식의 일반항 ${}_nC_r a^{n-r}b^r$에서 조건을 만족시키는 r의 값을 구한 후 구하고자 하는 항의 계수를 구한다.

필수유형 7 | 2021학년도 수능 9월 모의평가 |

$\left(x+\frac{4}{x^2}\right)^6$의 전개식에서 x^3의 계수를 구하시오. [3점]

19

▸ 24054-0187

다항식 $(3+x)^3(1-x)^4$의 전개식에서 x^2의 계수는?

① 63 ② 66 ③ 69
④ 72 ⑤ 75

20

▸ 24054-0188

12 이하의 자연수 n에 대하여 $\left(2x+\frac{1}{x^2}\right)^n$의 전개식에서 상수항을 a_n이라 할 때, $\sum_{n=1}^{6} a_n+\frac{1}{2^8}\times\sum_{n=7}^{12} a_n$의 값은?

① 764 ② 768 ③ 772
④ 776 ⑤ 780

21

▸ 24054-0189

5보다 작은 자연수 n에 대하여 $(1+x^2)^n\left(1+\frac{1}{x}\right)^{5-n}$의 전개식에서 x^2의 계수를 $f(n)$이라 할 때, $\sum_{n=1}^{4} f(n)$의 값은?

① 12 ② 16 ③ 20
④ 24 ⑤ 28

유형 8 이항정리의 활용

출제경향 | 다항식 $(1+x)^n$의 전개식에서 얻어지는 이항계수의 성질을 이용하는 문제가 출제된다.

출제유형잡기 | 다항식 $(1+x)^n$의 전개식으로부터 유도되는 다음 등식을 활용한다.

(1) ${}_nC_0+{}_nC_1+{}_nC_2+\cdots+{}_nC_n=2^n$

(2) ${}_nC_0-{}_nC_1+{}_nC_2-{}_nC_3+\cdots+(-1)^n{}_nC_n=0$

(3) ${}_nC_0+{}_nC_2+\cdots+{}_nC_{n-1}={}_nC_1+{}_nC_3+\cdots+{}_nC_n=2^{n-1}$ (단, n은 홀수)

${}_nC_0+{}_nC_2+\cdots+{}_nC_n={}_nC_1+{}_nC_3+\cdots+{}_nC_{n-1}=2^{n-1}$ (단, n은 짝수)

필수유형 8

| 2018학년도 수능 6월 모의평가 |

다음은 x에 대한 다항식 $(x+a^2)^n$과 $(x^2-2a)(x+a)^n$의 전개식에서 x^{n-1}의 계수가 같게 되는 두 자연수 a와 $n\ (n\geq4)$의 값을 구하는 과정의 일부이다.

$(x+a^2)^n$의 전개식에서 x^{n-1}의 계수는 a^2n이다.
$(x^2-2a)(x+a)^n=x^2(x+a)^n-2a(x+a)^n$에서
$x^2(x+a)^n$을 전개하면 x^{n-1}의 계수는 (가) $\times a^3$이고,
$2a(x+a)^n$을 전개하면 x^{n-1}의 계수는 $2a^2n$이다.
따라서 $(x^2-2a)(x+a)^n$의 전개식에서 x^{n-1}의 계수는
(가) $\times a^3-2a^2n$
이다. 그러므로
$a^2n=$ (가) $\times a^3-2a^2n$
이고, 이 식을 정리하여 a를 n에 관한 식으로 나타내면
$a=\dfrac{18}{\text{(나)}}$
이다. 여기서 a는 자연수이고 n은 4 이상의 자연수이므로
$n=$ (다)
이다.

위의 (가), (나)에 알맞은 식을 각각 $f(n)$, $g(n)$이라 하고, (다)에 알맞은 수를 k라 할 때, $f(k)+g(k)$의 값은? [4점]

① 10 ② 16 ③ 22 ④ 28 ⑤ 34

22

▶ 24054-0190

서로 다른 캐릭터 카드 7장 중에서 3장 이상의 캐릭터 카드를 택하는 경우의 수는?

① 96 ② 99 ③ 102 ④ 105 ⑤ 108

23

▶ 24054-0191

자연수 n에 대하여

$$f(n)={}_{2n}C_2+{}_{2n}C_4+{}_{2n}C_6+\cdots+{}_{2n}C_{2n}$$

일 때, $\sum_{n=1}^{5}f(n)$의 값은?

① 671 ② 674 ③ 677 ④ 680 ⑤ 683

24

▶ 24054-0192

서로 다른 n개의 음료수 중에서 2개를 택하는 경우의 수를 a_n이라 할 때, $\sum_{n=2}^{8}a_n$의 값은? (단, n은 2 이상의 자연수이다.)

① 68 ② 72 ③ 76 ④ 80 ⑤ 84

08 확률

Note

① 시행과 사건

(1) **시행** : 동일한 조건에서 여러 번 반복할 수 있고, 그 결과가 우연에 의하여 결정되는 실험이나 관찰

(2) **표본공간** : 어떤 시행에서 일어날 수 있는 모든 결과들의 집합

참고 표본공간(sample space)은 보통 S로 나타내고, 공집합이 아닌 경우만 다룬다.

(3) **사건** : 표본공간의 부분집합

(4) **근원사건** : 한 개의 원소로 이루어진 사건

② 여러 가지 사건

표본공간이 S인 두 사건 A, B에 대하여

(1) 사건 A 또는 사건 B가 일어나는 사건을 $A \cup B$로 나타낸다.

(2) 사건 A와 사건 B가 동시에 일어나는 사건을 $A \cap B$로 나타낸다.

(3) **배반사건** : 두 사건 A와 B가 동시에 일어나지 않을 때, 즉 $A \cap B = \varnothing$일 때, 두 사건 A와 B는 서로 배반사건이라고 한다.

(4) **여사건** : 사건 A에 대하여 사건 A가 일어나지 않는 사건을 A의 여사건이라 하고, 기호로 A^C과 같이 나타낸다.

참고 $A \cap A^C = \varnothing$이므로 두 사건 A와 A^C은 서로 배반사건이다.

③ 확률

(1) **확률** : 어떤 시행에서 사건 A가 일어날 가능성을 수로 나타낸 것을 사건 A가 일어날 확률이라 하고, 기호로 $\mathrm{P}(A)$와 같이 나타낸다.

(2) **수학적 확률** : 어떤 시행의 표본공간 S가 유한개의 근원사건으로 이루어져 있고 각각의 근원사건이 일어날 가능성이 모두 같을 때, $\mathrm{P}(A) = \dfrac{n(A)}{n(S)}$로 정의하는 확률을 사건 A가 일어날 수학적 확률이라고 한다.

(3) **통계적 확률** : 같은 조건에서 동일한 시행을 n회 반복하였을 때, 사건 A가 일어난 횟수를 r_n이라 하자. n이 한없이 커짐에 따라 상대도수 $\dfrac{r_n}{n}$이 일정한 값 p에 가까워질 때, 이 값 p를 사건 A가 일어날 통계적 확률이라고 한다.

참고 통계적 확률을 구할 때 실제로는 시행 횟수 n을 한없이 크게 할 수 없으므로 n이 충분히 클 때의 상대도수 $\dfrac{r_n}{n}$을 통계적 확률로 생각한다. 또한 어떤 사건 A가 일어날 수학적 확률이 p일 때, 시행 횟수 n을 충분히 크게 하면 상대도수 $\dfrac{r_n}{n}$은 수학적 확률 p에 가까워진다는 것이 알려져 있다.

④ 확률의 기본 성질

(1) 임의의 사건 A에 대하여 $0 \le \mathrm{P}(A) \le 1$이다.

(2) 표본공간 S에 대하여 $\mathrm{P}(S) = 1$이다.

(3) 절대로 일어날 수 없는 사건 $\varnothing$에 대하여 $\mathrm{P}(\varnothing) = 0$이다.

⑤ 확률의 덧셈정리

(1) 표본공간이 S인 두 사건 A, B에 대하여

$$\mathrm{P}(A \cup B) = \mathrm{P}(A) + \mathrm{P}(B) - \mathrm{P}(A \cap B)$$

(2) 두 사건 A와 B가 서로 배반사건이면 $\mathrm{P}(A \cap B) = 0$이므로

$$\mathrm{P}(A \cup B) = \mathrm{P}(A) + \mathrm{P}(B)$$

6 여사건의 확률

사건 A와 그 여사건 A^C에 대하여

$$\mathrm{P}(A^C)=1-\mathrm{P}(A)$$

참고 두 사건 A, B와 그 각각의 여사건 A^C, B^C에 대하여

① $\mathrm{P}(A^C\cap B^C)=1-\mathrm{P}(A\cup B)$ ② $\mathrm{P}(A^C\cup B^C)=1-\mathrm{P}(A\cap B)$

7 조건부확률

표본공간이 S인 두 사건 A, B에 대하여 확률이 0이 아닌 사건 A가 일어났다고 가정할 때 사건 B가 일어날 확률을 사건 A가 일어났을 때의 사건 B의 조건부확률이라 하고, 기호로 $\mathrm{P}(B|A)$와 같이 나타내며 다음과 같이 정의한다.

$$\mathrm{P}(B|A)=\frac{\mathrm{P}(A\cap B)}{\mathrm{P}(A)} \text{ (단, } \mathrm{P}(A)>0)$$

참고 표본공간 S의 모든 근원사건이 일어날 가능성이 모두 같을 때, $\mathrm{P}(B|A)=\dfrac{n(A\cap B)}{n(A)}$

8 확률의 곱셈정리

두 사건 A, B에 대하여 $\mathrm{P}(A)>0$, $\mathrm{P}(B)>0$일 때, 두 사건 A, B가 동시에 일어날 확률은

$$\mathrm{P}(A\cap B)=\mathrm{P}(A)\mathrm{P}(B|A)=\mathrm{P}(B)\mathrm{P}(A|B)$$

참고 $\mathrm{P}(A)=\mathrm{P}(A\cap B)+\mathrm{P}(A\cap B^C)$이므로 확률의 곱셈정리를 이용하여 다음과 같이 나타낼 수 있다.

$$\mathrm{P}(A)=\mathrm{P}(A\cap B)+\mathrm{P}(A\cap B^C)=\mathrm{P}(B)\mathrm{P}(A|B)+\mathrm{P}(B^C)\mathrm{P}(A|B^C) \text{ (단, } 0<\mathrm{P}(B)<1)$$

9 사건의 독립과 종속

(1) 두 사건 A, B에 대하여 $\mathrm{P}(A)>0$, $\mathrm{P}(B)>0$이고 사건 A가 일어났을 때의 사건 B의 조건부확률이 사건 B가 일어날 확률과 같을 때, 즉

$$\mathrm{P}(B|A)=\mathrm{P}(B)$$

일 때, 두 사건 A와 B는 서로 독립이라고 한다.

참고 ① 두 사건 A와 B가 서로 독립이면 사건 A가 일어나는 것이 사건 B가 일어날 확률에 영향을 주지 않는다.

② $0<\mathrm{P}(A)<1$, $0<\mathrm{P}(B)<1$인 두 사건 A와 B가 서로 독립이면 다음 두 사건도 서로 독립이다.

(i) 두 사건 A^C과 B (ii) 두 사건 A와 B^C (iii) 두 사건 A^C과 B^C

(2) 두 사건 A와 B가 서로 독립이 아닐 때, 두 사건 A와 B는 서로 종속이라고 한다.

(3) 두 사건 A와 B가 서로 독립이기 위한 필요충분조건은

$$\mathrm{P}(A\cap B)=\mathrm{P}(A)\mathrm{P}(B) \text{ (단, } \mathrm{P}(A)>0,\ \mathrm{P}(B)>0)$$

10 독립시행의 확률

(1) **독립시행** : 동전이나 주사위를 여러 번 던지는 경우와 같이 동일한 시행을 반복할 때 각 시행에서 일어나는 사건이 서로 독립인 경우, 이러한 시행을 독립시행이라고 한다.

(2) **독립시행의 확률** : 한 번의 시행에서 사건 A가 일어날 확률이 p일 때, 이 시행을 n번 반복하는 독립시행에서 사건 A가 r번 일어날 확률은

$${}_{n}\mathrm{C}_{r}p^{r}(1-p)^{n-r} \text{ (단, } r=0, 1, 2, \cdots, n)$$

Note

확률과 통계

유형 1 수학적 확률

출제경향 | 어떤 시행에서 사건이 일어날 수학적 확률을 구하는 문제가 출제된다.

출제유형잡기 | 표본공간 S의 각각의 근원사건이 일어날 가능성이 모두 같을 때, 표본공간 S의 원소의 개수와 사건 A의 원소의 개수를 모두 구한 후 $\mathrm{P}(A)=\frac{n(A)}{n(S)}$임을 이용하여 사건 A의 수학적 확률을 구한다.

필수유형 1 | 2023학년도 수능 6월 모의평가 |

주머니 A에는 1부터 3까지의 자연수가 하나씩 적혀 있는 3장의 카드가 들어 있고, 주머니 B에는 1부터 5까지의 자연수가 하나씩 적혀 있는 5장의 카드가 들어 있다. 두 주머니 A, B에서 각각 카드를 임의로 한 장씩 꺼낼 때, 꺼낸 두 장의 카드에 적힌 수의 차가 1일 확률은? [3점]

① $\frac{1}{3}$　② $\frac{2}{5}$　③ $\frac{7}{15}$　④ $\frac{8}{15}$　⑤ $\frac{3}{5}$

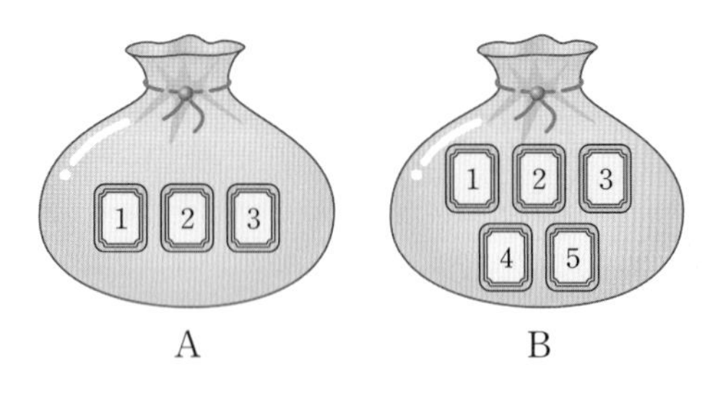

01

▸ 24054-0193

두 개의 주사위 A, B를 한 번씩 던져서 나오는 눈의 수를 각각 a, b라 하자. ab가 6의 배수일 확률은?

① $\frac{1}{4}$　② $\frac{1}{3}$　③ $\frac{5}{12}$　④ $\frac{1}{2}$　⑤ $\frac{7}{12}$

02

▸ 24054-0194

상자 A에는 숫자 2, 3, 4가 하나씩 적혀 있는 3개의 공이 들어 있고, 상자 B에는 숫자 4, 5, 6, 7, 8이 하나씩 적혀 있는 5개의 공이 들어 있다. 두 상자 A, B에서 각각 공을 임의로 한 개씩 꺼낼 때, 꺼낸 두 공에 적힌 수를 차례로 a, b라 하자. 세 수 a, b, $a+b$가 이 순서대로 등차수열을 이룰 확률은?

① $\frac{1}{15}$　② $\frac{2}{15}$　③ $\frac{1}{5}$　④ $\frac{4}{15}$　⑤ $\frac{1}{3}$

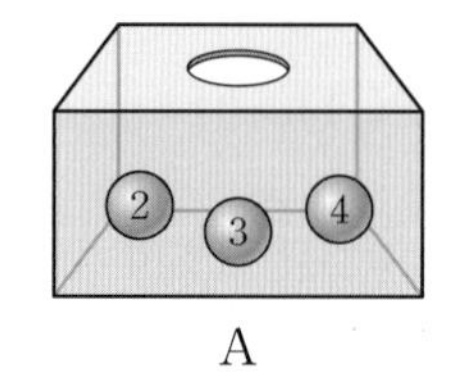

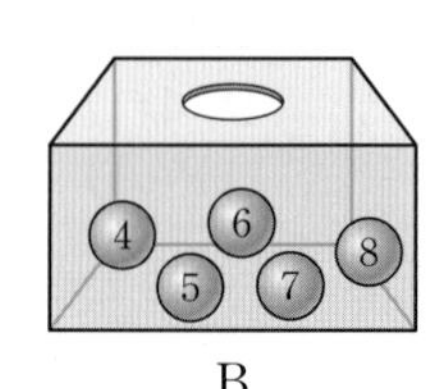

03

▸ 24054-0195

한 개의 주사위를 세 번 던져서 나오는 눈의 수를 차례로 a, b, c라 할 때, 좌표평면에서 세 점 $\mathrm{O}(0, 0)$, $\mathrm{A}(a, b)$, $\mathrm{B}(b, c)$가 한 직선 위에 있을 확률은 $\frac{q}{p}$이다. $p+q$의 값을 구하시오.

(단, p와 q는 서로소인 자연수이다.)

유형 2 순열과 조합의 수를 이용한 확률

출제경향 | 순열의 수와 조합의 수를 이용하여 경우의 수를 구한 후 확률을 구하는 문제가 출제된다.

출제유형잡기 | 순열, 원순열, 같은 것이 있는 순열, 중복순열 등 다양한 순열의 수와 조합, 중복조합 등 다양한 조합의 수를 이용하여 시행에서 일어날 수 있는 모든 경우의 수와 사건이 일어나는 경우의 수를 구한 후 확률을 구한다.

필수유형 2 | 2022학년도 수능 6월 모의평가 |

숫자 1, 2, 3, 4, 5 중에서 중복을 허락하여 4개를 택해 일렬로 나열하여 만들 수 있는 모든 네 자리의 자연수 중에서 임의로 하나의 수를 선택할 때, 선택한 수가 3500보다 클 확률은? [3점]

① $\frac{9}{25}$ ② $\frac{2}{5}$ ③ $\frac{11}{25}$ ④ $\frac{12}{25}$ ⑤ $\frac{13}{25}$

04

▸ 24054-0196

흰 공 3개, 검은 공 n개가 들어 있는 주머니에서 임의로 2개의 공을 동시에 꺼낼 때, 꺼낸 2개의 공이 모두 검은 공일 확률은 $\frac{1}{5}$이다. 이 주머니에서 임의로 2개의 공을 동시에 꺼낼 때, 꺼낸 2개의 공의 색이 서로 다를 확률은? (단, $n \geq 2$인 자연수이다.)

① $\frac{2}{5}$ ② $\frac{7}{15}$ ③ $\frac{8}{15}$ ④ $\frac{3}{5}$ ⑤ $\frac{2}{3}$

05

▸ 24054-0197

숫자 0, 2, 2, 3, 3, 3을 모두 일렬로 나열하여 만들 수 있는 여섯 자리의 자연수 중에서 임의로 하나를 택할 때, 이 자연수가 홀수일 확률은?

① $\frac{2}{5}$ ② $\frac{21}{50}$ ③ $\frac{11}{25}$ ④ $\frac{23}{50}$ ⑤ $\frac{12}{25}$

06

▸ 24054-0198

7개의 정사각형으로 이루어진 다음 도형의 내부의 각 영역을 빨간색, 주황색, 노란색, 초록색, 파란색, 남색, 보라색의 7가지 색을 모두 사용하여 칠하는 경우 중에서 임의로 한 가지를 선택할 때, 빨간색과 보라색이 칠해진 두 정사각형이 이웃할 확률은?

(단, 한 영역에는 한 가지 색만 칠한다.)

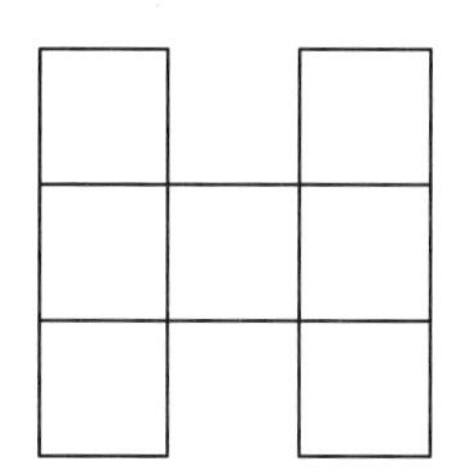

① $\frac{3}{14}$ ② $\frac{5}{21}$ ③ $\frac{11}{42}$ ④ $\frac{2}{7}$ ⑤ $\frac{13}{42}$

07

▸ 24054-0199

집합 $X=\{1, 2, 3, 4, 5\}$에 대하여 X에서 X로의 모든 함수 f 중에서 임의로 하나를 택할 때, 3 이하의 모든 자연수 n에 대하여 $f(n)\le f(n+2)$를 만족시킬 확률은?

① $\frac{14}{125}$ ② $\frac{21}{125}$ ③ $\frac{28}{125}$
④ $\frac{7}{25}$ ⑤ $\frac{42}{125}$

08

▸ 24054-0200

라디오 방송 진행자가 방송시간에 틀어줄 음악을 고르고 있는데, 준비된 음악은 장르별로 댄스곡 4개, 발라드곡 3개, 힙합곡 2개이다. 준비된 9개의 곡 중에서 곡의 순서를 생각하지 않고 총 5개의 서로 다른 곡을 고를 때, 3개의 장르가 모두 포함될 확률은 $\frac{q}{p}$이다. $p+q$의 값을 구하시오.

(단, p와 q는 서로소인 자연수이다.)

유형 3 확률의 덧셈정리

출제경향 | 확률의 덧셈정리를 이용하여 확률을 구하는 문제가 출제된다.

출제유형잡기 | 주어진 사건의 확률 또는 경우의 수를 한 번에 구하기 어려운 경우, 사건이 일어날 경우를 몇 가지로 나누고 확률의 덧셈정리를 이용하여 확률을 구한다.

필수유형 3 | 2023학년도 수능 6월 모의평가 |

숫자 1, 2, 3, 4, 5 중에서 서로 다른 4개를 택해 일렬로 나열하여 만들 수 있는 모든 네 자리의 자연수 중에서 임의로 하나의 수를 택할 때, 택한 수가 5의 배수 또는 3500 이상일 확률은? [4점]

① $\frac{9}{20}$ ② $\frac{1}{2}$ ③ $\frac{11}{20}$
④ $\frac{3}{5}$ ⑤ $\frac{13}{20}$

09

▸ 24054-0201

주머니 A에는 흰 공 1개와 검은 공 2개가 들어 있고, 주머니 B에는 흰 공 2개와 검은 공 3개가 들어 있다. 두 주머니 A, B에서 각각 공을 임의로 한 개씩 꺼낼 때, 같은 색의 공이 나올 확률은?

① $\frac{1}{3}$ ② $\frac{2}{5}$ ③ $\frac{7}{15}$
④ $\frac{8}{15}$ ⑤ $\frac{3}{5}$

10

▸ 24054-0202

숫자 1, 2, 2, 3, 3, 3이 하나씩 적혀 있는 6개의 공이 들어 있는 주머니에서 한 개의 공을 꺼내어 적힌 수를 확인하고 다시 주머니에 넣는 시행을 한다. 이 시행을 3회 반복할 때, 공에 적힌 세 수의 합이 3의 배수일 확률은?

① $\frac{1}{4}$ ② $\frac{1}{3}$ ③ $\frac{1}{2}$
④ $\frac{2}{3}$ ⑤ $\frac{3}{4}$

유형 4 여사건의 확률

출제경향 | 여사건을 이용하여 확률을 구하는 문제가 출제된다.

출제유형잡기 | 사건 A의 확률보다 그 여사건 A^C의 확률을 구하는 것이 더 쉬울 때, $\mathrm{P}(A)=1-\mathrm{P}(A^C)$임을 이용하여 문제를 해결한다.

필수유형 4 | 2022학년도 수능 |

1부터 10까지 자연수가 하나씩 적혀 있는 10장의 카드가 들어 있는 주머니가 있다. 이 주머니에서 임의로 카드 3장을 동시에 꺼낼 때, 꺼낸 카드에 적혀 있는 세 자연수 중에서 가장 작은 수가 4 이하이거나 7 이상일 확률은? [3점]

① $\frac{4}{5}$ ② $\frac{5}{6}$ ③ $\frac{13}{15}$
④ $\frac{9}{10}$ ⑤ $\frac{14}{15}$

11

▸ 24054-0203

집합 $X=\{1, 2, 3, 4, 5, 6\}$의 부분집합 중에서 중복을 허락하여 임의로 택한 두 집합을 A, B라 할 때, $n(A\cap B)=2$ 또는 $n(A\cup B)=4$일 확률은 $\frac{15}{2^{12}}\times k$이다. 자연수 k의 값을 구하시오.

12

▸ 24054-0204

한 개의 주사위를 두 번 던질 때 나오는 눈의 수가 서로소일 확률은 $\frac{q}{p}$이다. $p+q$의 값을 구하시오.

(단, p와 q는 서로소인 자연수이다.)

확률과 통계

13
▸ 24054-0205

수학시험을 치르기 전에 5명의 학생이 각자 자신의 휴대폰을 하나씩 교탁에 있는 보관함에 제출하였다. 시험이 끝난 후 5명의 학생에게 임의로 휴대폰을 1개씩 나누어 줄 때, 자신의 휴대폰을 받은 학생이 한 명 이하일 확률은?

① $\frac{27}{40}$ ② $\frac{83}{120}$ ③ $\frac{17}{24}$
④ $\frac{29}{40}$ ⑤ $\frac{89}{120}$

14
▸ 24054-0206

그림과 같이 정사각형 모양으로 연결된 도로망이 있다.

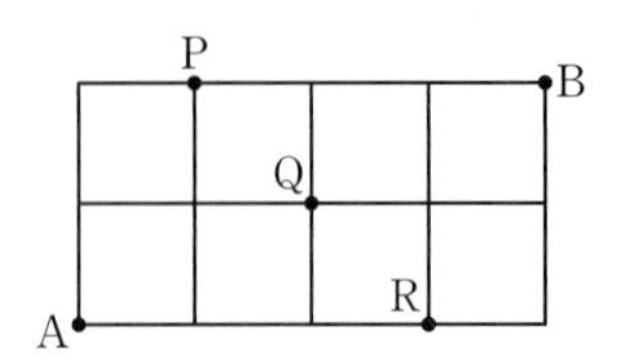

이 도로망을 따라 갑은 A지점에서 출발하여 세 지점 P, Q, R 중의 한 지점까지 최단거리로 가고, 을은 B지점에서 출발하여 세 지점 P, Q, R 중의 한 지점까지 최단거리로 간다. 두 사람은 동시에 출발하여 같은 속력으로 가고, 갈림길에서 방향을 선택할 확률은 $\frac{1}{2}$로 같다고 할 때, 두 사람이 만나지 못할 확률은 $\frac{q}{p}$이다. $p+q$의 값을 구하시오.

(단, p와 q는 서로소인 자연수이다.)

유형 5 조건부확률

출제경향 | 조건부확률의 정의를 이용하여 확률의 값을 구하는 계산 문제나 다양한 상황에서 조건부확률을 구하는 문제가 출제된다.

출제유형잡기 | 조건부확률의 정의를 이해하고, 확률의 덧셈정리와 여사건의 확률 등을 이용하여 문제를 해결한다. 특히 '사건 A가 일어났을 때, 사건 B가 일어날 확률'을 구하는 문제는 $\mathrm{P}(A)$와 $\mathrm{P}(A\cap B)$를 각각 구한 다음

$$\mathrm{P}(B|A)=\frac{\mathrm{P}(A\cap B)}{\mathrm{P}(A)}$$

임을 이용하여 해결한다. 또 상황이 표로 제시된 경우 사건 A와 사건 $A\cap B$의 원소의 개수를 이용하여

$$\mathrm{P}(B|A)=\frac{n(A\cap B)}{n(A)}$$

와 같이 간단하게 구할 수 있다.

필수유형 5 | 2024학년도 수능 6월 모의평가 |

한 개의 주사위를 두 번 던질 때 나오는 눈의 수를 차례로 a, b라 하자. $a\times b$가 4의 배수일 때, $a+b\le 7$일 확률은? [3점]

① $\frac{2}{5}$ ② $\frac{7}{15}$ ③ $\frac{8}{15}$
④ $\frac{3}{5}$ ⑤ $\frac{2}{3}$

15
▸ 24054-0207

K기업은 A전형과 B전형을 통해 신입사원을 채용하고 있다. 통계자료에 따르면 작년 이 기업의 신입사원 채용에서 A전형으로 입사한 사원은 전체의 30 %라 한다. 또한 A전형으로 입사한 사원 중 20 %가 남성이었고, B전형으로 입사한 사원 중 60 %가 남성이었다고 한다. 작년 신입사원 중에서 임의로 선택한 사원이 남성일 때, 이 사원이 A전형으로 입사한 사원일 확률은?

① $\frac{1}{10}$ ② $\frac{1}{8}$ ③ $\frac{1}{6}$
④ $\frac{1}{4}$ ⑤ $\frac{1}{3}$

16

▸ 24054-0208

주머니에 1부터 13까지의 자연수가 하나씩 적혀 있는 13장의 카드가 들어 있다. 이 주머니에서 임의로 3장의 카드를 동시에 꺼내어 나온 세 수의 합이 3의 배수일 때, 이 세 수의 곱이 3의 배수일 확률은?

① $\frac{4}{7}$ ② $\frac{9}{14}$ ③ $\frac{5}{7}$
④ $\frac{11}{14}$ ⑤ $\frac{6}{7}$

17

▸ 24054-0209

1부터 20까지의 자연수가 하나씩 적혀 있는 20장의 카드가 들어 있는 상자에서 임의로 한 장의 카드를 꺼낼 때, 카드에 적혀 있는 수가 홀수인 사건을 A라 하고, 10 이상이고 20 이하인 자연수 n에 대하여 n의 약수인 사건을 B_n이라 하자.
$\mathrm{P}(B_n|A)=\mathrm{P}(B_n|A^C)$을 만족시키는 모든 n의 값의 합을 구하시오. (단, A^C은 A의 여사건이다.)

유형 6 확률의 곱셈정리

출제경향 | 확률의 곱셈정리를 이용하여 확률을 구하는 문제가 출제된다.

출제유형잡기 | 두 사건 A, B에 대하여

$$\mathrm{P}(A\cap B)=\mathrm{P}(A)\mathrm{P}(B|A)$$
$$=\mathrm{P}(B)\mathrm{P}(A|B) \text{ (단, } \mathrm{P}(A)>0,\ \mathrm{P}(B)>0)$$

필수유형 6

| 2014학년도 수능 |

주머니 A에는 흰 공 2개와 검은 공 3개가 들어 있고, 주머니 B에는 흰 공 1개와 검은 공 3개가 들어 있다. 주머니 A에서 임의로 1개의 공을 꺼내어 흰 공이면 흰 공 2개를 주머니 B에 넣고 검은 공이면 검은 공 2개를 주머니 B에 넣은 후, 주머니 B에서 임의로 1개의 공을 꺼낼 때 꺼낸 공이 흰 공일 확률은? [4점]

① $\frac{1}{6}$ ② $\frac{1}{5}$ ③ $\frac{7}{30}$
④ $\frac{4}{15}$ ⑤ $\frac{3}{10}$

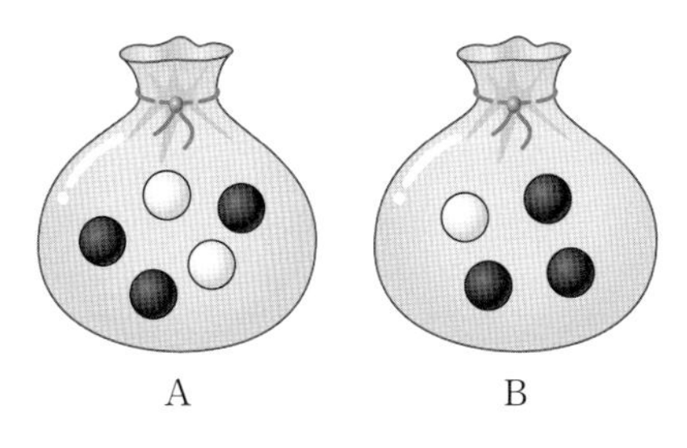

18

▸ 24054-0210

주머니에 들어 있는 10개의 행운권 중에 n개의 당첨행운권이 있다. 이 주머니에서 행운권을 한 개씩 꺼내는 시행을 할 때, 처음 꺼낸 행운권은 당첨행운권이 아니고 두 번째 꺼낸 행운권이 당첨행운권일 확률은 $\frac{4}{15}$이다. 가능한 모든 자연수 n의 값의 합을 구하시오. (단, 꺼낸 행운권은 주머니에 다시 넣지 않는다.)

19

▸ 24054-0211

1부터 7까지의 자연수가 하나씩 적혀 있는 7장의 카드가 들어 있는 주머니에서 임의로 카드를 한 장씩 두 번 꺼낸다. 첫 번째 꺼낸 카드에 적혀 있는 수가 홀수이고, 두 번째 꺼낸 카드에 적혀 있는 수가 소수일 확률은?

(단, 꺼낸 카드는 주머니에 다시 넣지 않는다.)

① $\frac{5}{21}$ ② $\frac{11}{42}$ ③ $\frac{2}{7}$
④ $\frac{13}{42}$ ⑤ $\frac{1}{3}$

유형 7 서로 독립인 두 사건의 확률

출제경향 | 두 사건이 서로 독립인지를 판단하는 문제, 두 사건이 서로 독립임을 이용하여 확률을 구하는 문제가 출제된다.

출제유형잡기 | 두 사건 A, B가 서로 독립일 때

$\mathrm{P}(A\cap B)=\mathrm{P}(A)\mathrm{P}(B)$ (단, $\mathrm{P}(A)>0$, $\mathrm{P}(B)>0$)

필수유형 7 | 2016학년도 수능 9월 모의평가 |

두 사건 A, B가 서로 독립이고

$$\mathrm{P}(A)=\frac{1}{6},\ \mathrm{P}(A\cap B^{C})+\mathrm{P}(A^{C}\cap B)=\frac{1}{3}$$

일 때, $\mathrm{P}(B)$의 값은? (단, A^{C}은 A의 여사건이다.) [3점]

① $\frac{1}{8}$ ② $\frac{1}{4}$ ③ $\frac{3}{8}$
④ $\frac{1}{2}$ ⑤ $\frac{5}{8}$

20

▸ 24054-0212

어느 농구 선수가 자유투를 성공할 확률은 다음과 같다.

(가) 자유투를 성공한 후 다음 시도에서 자유투를 성공할 확률이 p이다.
(나) 자유투를 실패한 후 다음 시도에서 자유투를 성공할 확률이 $p+\frac{1}{6}$이다.

이 선수가 첫 번째 자유투를 성공하였을 때, 세 번째 자유투를 성공할 확률이 $\frac{1}{2}$이 되도록 하는 상수 p의 값은?

$\left(\text{단, } 0<p<\frac{5}{6}\right)$

① $\frac{1}{3}$ ② $\frac{2}{5}$ ③ $\frac{7}{15}$
④ $\frac{8}{15}$ ⑤ $\frac{3}{5}$

21

▸ 24054-0213

1부터 10까지의 자연수가 하나씩 적혀 있는 10장의 카드가 들어 있는 상자에서 임의로 한 장의 카드를 꺼낼 때, 카드에 적혀 있는 수가 짝수인 사건을 A, 6의 약수인 사건을 B, 3의 배수인 사건을 C라 하자. **보기**에서 서로 독립인 것만을 있는 대로 고른 것은?

보기

ㄱ. A와 B ㄴ. B와 C ㄷ. A와 C

① ㄱ ② ㄱ, ㄴ ③ ㄱ, ㄷ
④ ㄴ, ㄷ ⑤ ㄱ, ㄴ, ㄷ

22

▸ 24054-0214

두 사건 A, B가 서로 독립이고

$$\mathrm{P}(A|B)=\frac{1}{3},\ \mathrm{P}(A\cup B)=\frac{5}{6}$$

일 때, $\mathrm{P}(B)$의 값은?

① $\frac{5}{12}$ ② $\frac{1}{2}$ ③ $\frac{7}{12}$
④ $\frac{2}{3}$ ⑤ $\frac{3}{4}$

23

▸ 24054-0215

두 사건 A, B가 서로 독립이고

$$\mathrm{P}(A)-\mathrm{P}(B)=\frac{1}{2},\ \mathrm{P}(A\cap B^{C})=\frac{9}{16}$$

일 때, $\mathrm{P}(B)$의 값은? (단, B^{C}은 B의 여사건이다.)

① $\frac{1}{16}$ ② $\frac{1}{8}$ ③ $\frac{3}{16}$
④ $\frac{1}{4}$ ⑤ $\frac{5}{16}$

24

▸ 24054-0216

다음은 어느 동아리에서 전체 회원 30명을 대상으로 봉사활동 실시안에 대한 찬반 여부를 조사한 표이다.

(단위: 명)

성별 \ 찬반 여부	찬성	반대	합계
남학생	a	b	12
여학생	c	d	18
합계	20	10	30

30명 중에서 임의로 택한 한 명이 남학생일 사건과 봉사활동 실시안에 찬성한 학생일 사건이 서로 독립일 때, $ac+bd$의 값을 구하시오.

25

▸ 24054-0217

1부터 10까지의 자연수가 하나씩 적혀 있는 10개의 공이 들어 있는 주머니에서 임의로 한 개의 공을 꺼내는 시행을 한다. 이 시행에서 10의 약수가 적혀 있는 공을 꺼내는 사건을 A라 하자. 이 시행에서 사건 B가 다음 조건을 만족시킬 때, 사건 B의 개수를 구하시오. (단, A^{C}은 A의 여사건이다.)

(가) $n(B\cap A^{C})=3$
(나) 두 사건 A와 B는 서로 독립이다.

정답과 풀이 67쪽

유형 8 독립시행의 확률

출제경향 | 독립시행의 확률을 구하는 문제가 출제된다.

출제유형잡기 | 한 번의 시행에서 사건 A가 일어날 확률이 p일 때, 이 시행을 n번 반복하는 독립시행에서 사건 A가 r번 일어날 확률은

$_{n}\mathrm{C}_{r}p^{r}(1-p)^{n-r}$ $(r=0, 1, 2, \cdots, n)$

필수유형 8 | 2020학년도 수능 |

한 개의 동전을 7번 던질 때, 다음 조건을 만족시킬 확률은? [4점]

(가) 앞면이 3번 이상 나온다.
(나) 앞면이 연속해서 나오는 경우가 있다.

① $\frac{11}{16}$ ② $\frac{23}{32}$ ③ $\frac{3}{4}$ ④ $\frac{25}{32}$ ⑤ $\frac{13}{16}$

26

▸ 24054-0218

한 개의 주사위를 한 번 던져서 나온 눈의 수가 3의 배수이면 한 개의 동전을 3번 던지고, 나온 눈의 수가 3의 배수가 아니면 한 개의 동전을 4번 던지는 시행을 한다. 이 시행에서 동전의 앞면이 나온 횟수가 2일 확률은?

① $\frac{1}{4}$ ② $\frac{5}{16}$ ③ $\frac{3}{8}$ ④ $\frac{7}{16}$ ⑤ $\frac{1}{2}$

27

▸ 24054-0219

한 개의 주사위를 세 번 던져서 나온 눈의 수를 차례대로 a, b, c라 하자. 세 수 a, b, c 중 최솟값이 3일 확률은?

(단, $a=3$, $b=3$, $c=3$인 경우 최솟값은 3이다.)

① $\frac{31}{216}$ ② $\frac{11}{72}$ ③ $\frac{35}{216}$ ④ $\frac{37}{216}$ ⑤ $\frac{13}{72}$

28

▸ 24054-0220

수직선의 원점에 점 P가 있다. 한 개의 주사위를 한 번 던져서 3의 배수의 눈이 나오면 점 P를 양의 방향으로 2만큼, 3의 배수의 눈이 나오지 않으면 점 P를 음의 방향으로 1만큼 이동시키는 시행을 한다. 이 시행을 6번 반복할 때, 6 이하의 자연수 n에 대하여 n번째 시행 후 점 P의 좌표를 $f(n)$이라 하자. $f(3)\neq0$이고 $f(6)=0$일 확률은?

① $\frac{10}{81}$ ② $\frac{32}{243}$ ③ $\frac{34}{243}$ ④ $\frac{4}{27}$ ⑤ $\frac{38}{243}$

09 통계

① 이산확률변수와 확률분포

(1) 이산확률변수

표본공간이 S일 때 S의 각 원소에 단 하나의 실수를 대응시키는 함수를 확률변수라 하고, 기호로 X, Y, …와 같이 나타낸다. 특히 확률변수 X가 가질 수 있는 값이 유한개이거나 자연수와 같이 셀 수 있을 때, 이 확률변수를 이산확률변수라고 한다.

(2) 이산확률변수의 확률분포

이산확률변수 X가 가질 수 있는 값이 x_1, x_2, …, x_n이고, X가 이들 값을 가질 확률이 각각 p_1, p_2, …, p_n일 때, 이 대응 관계를 이산확률변수 X의 확률분포라고 한다. 이때 이 대응 관계를 나타내는 다음 함수를 이산확률변수 X의 확률질량함수라고 한다.

$$\mathrm{P}(X=x_i)=p_i\ (i=1,\ 2,\ 3,\ \cdots,\ n)$$

참고 이산확률변수 X의 확률분포를 표로 나타내면 다음과 같다.

X	x_1	x_2	x_3	$\cdots$	x_n	합계
$\mathrm{P}(X=x_i)$	p_1	p_2	p_3	$\cdots$	p_n	1

참고 (1) $0\le p_i\le 1$ (2) $\sum_{i=1}^{n}p_i=1$ (3) $\mathrm{P}(x_i\le X\le x_j)=\sum_{k=i}^{j}p_k$ (단, i, $j=1$, 2, 3, …, n이고 $i\le j$)

(3) 이산확률변수의 기댓값(평균), 분산, 표준편차

이산확률변수 X의 확률질량함수가 $\mathrm{P}(X=x_i)=p_i\ (i=1,\ 2,\ 3,\ \cdots,\ n)$일 때

① 기댓값(평균) : $\mathrm{E}(X)=m=x_1p_1+x_2p_2+x_3p_3+\cdots+x_np_n=\sum_{i=1}^{n}x_ip_i$

② 분산 : $\mathrm{V}(X)=\mathrm{E}((X-m)^2)=\mathrm{E}(X^2)-\{\mathrm{E}(X)\}^2$

③ 표준편차 : $\sigma(X)=\sqrt{\mathrm{V}(X)}$

참고 $\mathrm{E}((X-m)^2)=\sum_{i=1}^{n}(x_i-m)^2p_i$, $\mathrm{E}(X^2)=\sum_{i=1}^{n}x_i^2p_i$

② 평균, 분산, 표준편차의 성질

확률변수 X와 두 상수 a, b $(a\ne 0)$에 대하여

(1) $\mathrm{E}(aX+b)=a\mathrm{E}(X)+b$

(2) $\mathrm{V}(aX+b)=a^2\mathrm{V}(X)$

(3) $\sigma(aX+b)=|a|\sigma(X)$

③ 이항분포

(1) 이항분포의 뜻

한 번의 시행에서 사건 A가 일어날 확률이 p일 때, n번의 독립시행에서 사건 A가 일어나는 횟수를 확률변수 X라 하면 X의 확률질량함수는

$$\mathrm{P}(X=k)={}_n\mathrm{C}_k\,p^kq^{n-k}\ (k=0,\ 1,\ 2,\ \cdots,\ n\text{이고 } q=1-p)$$

이다. 이와 같은 확률변수 X의 확률분포를 이항분포라 하고, 기호로 $\mathrm{B}(n,\ p)$와 같이 나타낸다.

(2) 이항분포의 평균, 분산, 표준편차

확률변수 X가 이항분포 $\mathrm{B}(n,\ p)$를 따를 때

① $\mathrm{E}(X)=np$

② $\mathrm{V}(X)=npq$ (단, $q=1-p$)

③ $\sigma(X)=\sqrt{npq}$ (단, $q=1-p$)

Note

확률과 통계

Note

④ 연속확률변수와 확률분포

(1) **연속확률변수** : 확률변수 X가 어떤 구간에 속하는 모든 실숫값을 가질 때, 확률변수 X를 연속확률변수라고 한다.

(2) **연속확률변수의 확률분포** : 연속확률변수 X가 $a \le X \le b$의 모든 실숫값을 가질 때, 다음 조건을 만족시키는 함수 $f(x)$를 연속확률변수 X의 확률밀도함수라고 한다.

① $f(x) \ge 0$

② 함수 $y=f(x)$의 그래프와 x축 및 두 직선 $x=a$, $x=b$로 둘러싸인 부분의 넓이는 1이다.

③ 확률 $\mathrm{P}(\alpha \le X \le \beta)$는 함수 $y=f(x)$의 그래프와 x축 및 두 직선 $x=\alpha$, $x=\beta$로 둘러싸인 부분의 넓이와 같다. (단, $a \le \alpha \le \beta \le b$)

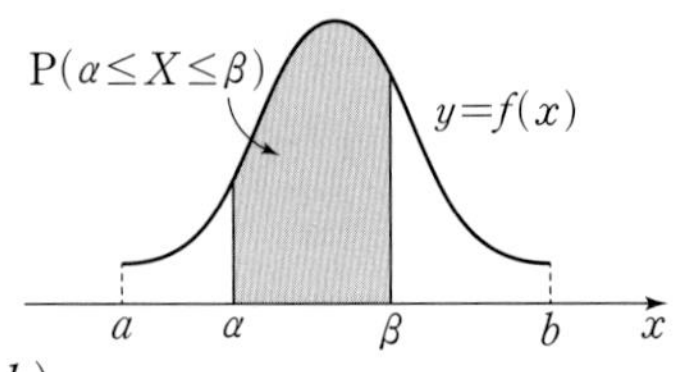

⑤ 정규분포

(1) **정규분포**

연속확률변수 X가 모든 실숫값을 가지고 X의 확률밀도함수 $f(x)$가 두 상수 m, σ $(\sigma>0)$에 대하여

$$f(x)=\frac{1}{\sqrt{2\pi}\sigma}e^{-\frac{(x-m)^2}{2\sigma^2}}$$ (x는 모든 실수, e는 2.718…인 무리수)

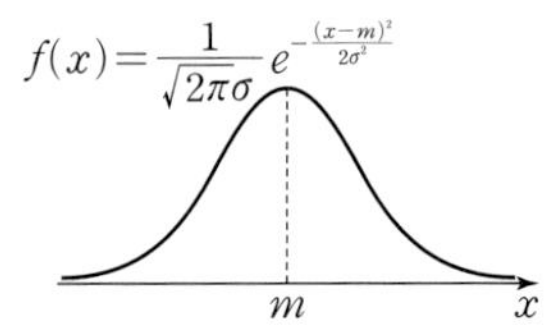

일 때, 연속확률변수 X의 확률분포를 정규분포라고 한다. 이때 연속확률변수 X의 평균과 표준편차는 각각 m, σ임이 알려져 있는데 평균이 m, 표준편차가 σ인 정규분포를 기호로 $\mathrm{N}(m, \sigma^2)$과 같이 나타낸다.

(2) **표준정규분포** : 평균이 0, 표준편차가 1인 정규분포 $\mathrm{N}(0, 1)$을 표준정규분포라고 한다.

(3) **정규분포와 표준정규분포의 관계**

확률변수 X가 정규분포 $\mathrm{N}(m, \sigma^2)$을 따를 때, 확률변수 $Z=\frac{X-m}{\sigma}$은 표준정규분포 $\mathrm{N}(0, 1)$을 따른다. 이때 확률변수 X를 확률변수 Z로 바꾸는 것을 표준화한다고 하며 이를 이용하여 확률변수 X의 확률을 구한다.

⑥ 이항분포와 정규분포의 관계

확률변수 X가 이항분포 $\mathrm{B}(n, p)$를 따를 때, n이 충분히 크면 X는 근사적으로 정규분포 $\mathrm{N}(np, npq)$를 따른다. (단, $q=1-p$)

⑦ 모평균의 추정

(1) **표본평균의 분포**

모평균이 m, 모표준편차가 σ인 모집단에서 크기가 n인 표본을 임의추출할 때, 표본평균을 $\overline{X}$라 하면

① $\mathrm{E}(\overline{X})=m$, $\mathrm{V}(\overline{X})=\frac{\sigma^2}{n}$, $\sigma(\overline{X})=\frac{\sigma}{\sqrt{n}}$

② 모집단이 정규분포 $\mathrm{N}(m, \sigma^2)$을 따르면 표본평균 $\overline{X}$는 정규분포 $\mathrm{N}\left(m, \frac{\sigma^2}{n}\right)$을 따른다.

(2) **모평균의 추정**

정규분포 $\mathrm{N}(m, \sigma^2)$을 따르는 모집단에서 임의추출한 크기가 n인 표본의 표본평균 $\overline{X}$의 값이 $\overline{x}$일 때, 모평균 m에 대한 신뢰구간은 다음과 같다.

① 신뢰도 95 %의 신뢰구간 : $\overline{x}-1.96\frac{\sigma}{\sqrt{n}} \le m \le \overline{x}+1.96\frac{\sigma}{\sqrt{n}}$

② 신뢰도 99 %의 신뢰구간 : $\overline{x}-2.58\frac{\sigma}{\sqrt{n}} \le m \le \overline{x}+2.58\frac{\sigma}{\sqrt{n}}$

참고 모표준편차 σ를 모르는 경우 n이 충분히 클 때에는 σ 대신 표본표준편차 s를 사용할 수 있다는 것이 알려져 있다.

유형 1 이산확률변수의 확률분포

출제경향 | 이산확률변수의 뜻을 알고 확률을 구하거나 확률분포의 성질을 이해하여 해결하는 문제가 출제된다.

출제유형잡기 | 이산확률변수 X의 확률질량함수가
$P(X=x_i)=p_i$ $(i=1, 2, 3, \cdots, n)$일 때

(1) $0\le p_i\le 1$

(2) $p_1+p_2+p_3+\cdots+p_n=1$

필수유형 1

이산확률변수 X가 갖는 값은 1, 2, 3, 4이고, 상수 k에 대하여

$$P(X=x)=\frac{k}{x(x+1)}$$

가 성립한다. $P(X^2-5X+6>0)$의 값은? (단, $k>0$)

① $\frac{5}{8}$ ② $\frac{11}{16}$ ③ $\frac{3}{4}$ ④ $\frac{13}{16}$ ⑤ $\frac{7}{8}$

01

▸ 24054-0221

이산확률변수 X의 확률분포를 표로 나타내면 다음과 같다.

X	1	2	3	4	합계
$P(X=x)$	a	$2a$	$3a$	$2a$	1

$P(2\le X\le 3)$의 값은? (단, $a>0$)

① $\frac{1}{8}$ ② $\frac{1}{4}$ ③ $\frac{3}{8}$ ④ $\frac{1}{2}$ ⑤ $\frac{5}{8}$

02

▸ 24054-0222

흰 공 2개와 검은 공 3개가 들어 있는 주머니가 있다. 이 주머니에서 임의로 3개의 공을 동시에 꺼낼 때, 꺼낸 검은 공의 개수를 확률변수 X라 하자. $P(X\le 2)$의 값은?

① $\frac{1}{2}$ ② $\frac{3}{5}$ ③ $\frac{7}{10}$ ④ $\frac{4}{5}$ ⑤ $\frac{9}{10}$

03

▸ 24054-0223

그림과 같이 숫자 1, 3, 4, 6, 7이 각각 하나씩 적혀 있는 5장의 카드가 있다.

[1] [3] [4] [6] [7]

이 5장의 카드 중에서 임의로 3장의 카드를 동시에 뽑을 때, 뽑은 카드에 적힌 수 중에서 가장 큰 수와 가장 작은 수의 차를 확률변수 X라 하자. $P(3\le X\le 5)$의 값은?

① $\frac{1}{2}$ ② $\frac{3}{5}$ ③ $\frac{7}{10}$ ④ $\frac{4}{5}$ ⑤ $\frac{9}{10}$

유형 2 이산확률변수의 기댓값(평균), 분산, 표준편차

출제경향 | 이산확률변수의 확률분포를 이용하여 평균, 분산, 표준편차를 구하는 문제가 출제된다.

출제유형잡기 | 이산확률변수 X의 확률질량함수가 $\mathrm{P}(X=x_i)=p_i$ $(i=1, 2, 3, \cdots, n)$일 때

(1) 기댓값(평균) : $\mathrm{E}(X)=m=\sum_{i=1}^{n} x_i p_i$

(2) 분산 : $\mathrm{V}(X)=\mathrm{E}((X-m)^2)=\mathrm{E}(X^2)-\{\mathrm{E}(X)\}^2$

(3) 표준편차 : $\sigma(X)=\sqrt{\mathrm{V}(X)}$

필수유형 2

| 2023학년도 수능 9월 모의평가 |

이산확률변수 X의 확률분포를 표로 나타내면 다음과 같다.

X	0	1	a	합계
$\mathrm{P}(X=x)$	$\frac{1}{10}$	$\frac{1}{2}$	$\frac{2}{5}$	1

$\sigma(X)=\mathrm{E}(X)$일 때, $\mathrm{E}(X^2)+\mathrm{E}(X)$의 값은? (단, $a>1$)

[3점]

① 29 ② 33 ③ 37
④ 41 ⑤ 45

04

▸ 24054-0224

이산확률변수 X의 확률분포를 표로 나타내면 다음과 같다.

X	0	1	2	3	합계
$\mathrm{P}(X=x)$	$\frac{1}{4}$	a	a^2	b	1

$\mathrm{P}(X=2)+\mathrm{P}(X=3)=2\mathrm{P}(X=1)$이 성립할 때, $\mathrm{E}(X)$의 값은?

① $\frac{27}{16}$ ② $\frac{15}{8}$ ③ $\frac{33}{16}$
④ $\frac{9}{4}$ ⑤ $\frac{39}{16}$

05

▸ 24054-0225

이산확률변수 X가 갖는 값이 0, 1, 2, 3이고 X의 확률질량함수가

$$\mathrm{P}(X=x)=k|x-2|+\frac{1}{16}\ (x=0, 1, 2, 3)$$

일 때, $\mathrm{V}(X)$의 값은? (단, k는 상수이다.)

① $\frac{5}{4}$ ② $\frac{85}{64}$ ③ $\frac{45}{32}$
④ $\frac{95}{64}$ ⑤ $\frac{25}{16}$

06

▸ 24054-0226

숫자 1, 2, 3, 4가 하나씩 적혀 있는 4장의 카드가 들어 있는 주머니에서 임의로 한 장의 카드를 꺼내 숫자를 확인하고 다시 넣은 후 임의로 한 장의 카드를 꺼내 숫자를 확인한다. 첫 번째 꺼낸 카드에 적혀 있는 숫자와 두 번째 꺼낸 카드에 적혀 있는 숫자의 합을 확률변수 X라 할 때, $\sigma(X)$의 값은?

① $\frac{\sqrt{6}}{2}$ ② $\sqrt{2}$ ③ $\frac{\sqrt{10}}{2}$
④ $\sqrt{3}$ ⑤ $\frac{\sqrt{14}}{2}$

07

▸ 24054-0227

숫자 1, 2, 3이 하나씩 적혀 있는 3개의 공이 들어 있는 주머니 A와 숫자 1, 3, 5가 하나씩 적혀 있는 3개의 공이 들어 있는 주머니 B가 있다. 주머니 A에서 임의로 한 개의 공을 꺼내어 주머니 B에 넣은 후 주머니 B에서 임의로 한 개의 공을 꺼낼 때, 꺼낸 공에 적혀 있는 숫자를 확률변수 X라 하자. $\mathrm{E}(X)$의 값은?

① 2　② $\frac{9}{4}$　③ $\frac{5}{2}$
④ $\frac{11}{4}$　⑤ 3

08

▸ 24054-0228

그림과 같이 직사각형 모양으로 연결된 도로망이 있다. 이 도로망을 따라 A지점에서 출발하여 B지점까지 최단거리로 가는 경우 중 하나를 임의로 선택할 때, 네 지점 P, Q, R, S 중 지나는 지점의 개수를 확률변수 X라 하자. $\mathrm{V}(X)+\{\mathrm{E}(X)\}^2$의 값은? (단, 최단거리로 가는 경우를 택할 가능성은 같은 정도로 기대된다.)

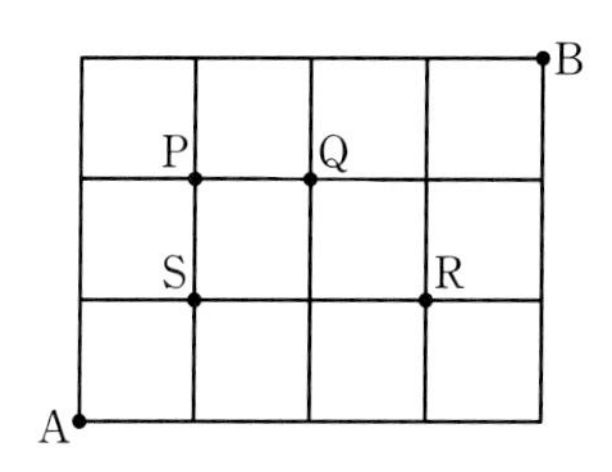

① $\frac{129}{35}$　② $\frac{132}{35}$　③ $\frac{27}{7}$
④ $\frac{138}{35}$　⑤ $\frac{141}{35}$

유형 3 평균, 분산, 표준편차의 성질

출제경향 | 이산확률변수 $aX+b$의 평균, 분산, 표준편차를 구하는 문제가 출제된다.

출제유형잡기 | 이산확률변수 X와 두 상수 a, b $(a\neq0)$에 대하여
(1) $\mathrm{E}(aX+b)=a\mathrm{E}(X)+b$
(2) $\mathrm{V}(aX+b)=a^2\mathrm{V}(X)$
(3) $\sigma(aX+b)=|a|\sigma(X)$

필수유형 3　| 2021학년도 수능 9월 모의평가 |

두 이산확률변수 X, Y의 확률분포를 표로 나타내면 각각 다음과 같다.

X	1	2	3	4	합계
$\mathrm{P}(X=x)$	a	b	c	d	1

Y	11	21	31	41	합계
$\mathrm{P}(Y=y)$	a	b	c	d	1

$\mathrm{E}(X)=2$, $\mathrm{E}(X^2)=5$일 때, $\mathrm{E}(Y)+\mathrm{V}(Y)$의 값을 구하시오. [4점]

09

▸ 24054-0229

이산확률변수 X에 대하여 $\mathrm{E}(X)=3$, $\mathrm{V}(X)=1$이고, 확률변수 $aX+b$의 평균과 분산이 각각 9, 4이다. 두 상수 a, b에 대하여 $a+b$의 값은? (단, $a>0$)

① 1　② 2　③ 3
④ 4　⑤ 5

10

▸ 24054-0230

확률변수 X의 평균이 2이고 확률변수 X^2의 평균이 6일 때, $\mathrm{E}(aX+b)=6$, $\mathrm{V}(aX+b)=8$이다. $a+b$의 값은?

(단, a, b는 상수이고, $a>0$이다.)

① 1 ② 2 ③ 3
④ 4 ⑤ 5

11

▸ 24054-0231

숫자 1이 적혀 있는 공이 1개, 숫자 2가 적혀 있는 공이 2개, 숫자 3이 적혀 있는 공이 3개, …, 숫자 n이 적혀 있는 공이 n개 들어 있는 주머니에서 임의로 한 개의 공을 꺼내어 그 공에 적혀 있는 수를 확률변수 X_n이라 하자. $\sum_{n=1}^{10} \mathrm{E}(9X_n+1)$의 값은?

(단, n은 자연수이다.)

① 280 ② 310 ③ 340
④ 370 ⑤ 400

유형 4 이항분포

출제경향 | 이항분포를 따르는 확률변수의 평균, 분산, 표준편차를 구하는 문제가 출제된다.

출제유형잡기 | 이산확률변수 X가 이항분포 $\mathrm{B}(n, p)$를 따를 때
(1) $\mathrm{E}(X)=np$
(2) $\mathrm{V}(X)=npq$ (단, $q=1-p$)
(3) $\sigma(X)=\sqrt{npq}$ (단, $q=1-p$)

필수유형 4 | 2019학년도 수능 9월 모의평가 |

이항분포 $\mathrm{B}\left(n, \frac{1}{2}\right)$을 따르는 확률변수 X에 대하여 $\mathrm{V}\left(\frac{1}{2}X+1\right)=5$일 때, n의 값을 구하시오. [4점]

12

▸ 24054-0232

확률변수 X가 이항분포 $\mathrm{B}\left(n, \frac{1}{5}\right)$을 따르고 $\sigma(X)=4$일 때, $\mathrm{E}(X)$의 값은?

① 10 ② 15 ③ 20
④ 25 ⑤ 30

13
▶ 24054-0233

이항분포 B$(60, p)$를 따르는 확률변수 X에 대하여 E$(3X+2)=32$일 때, $\frac{\mathrm{P}(X=2)}{\mathrm{P}(X=1)}$의 값은?

① $\frac{28}{5}$ ② $\frac{57}{10}$ ③ $\frac{29}{5}$
④ $\frac{59}{10}$ ⑤ 6

14
▶ 24054-0234

수직선의 원점에 점 P가 있다. 한 개의 주사위를 2번 던지는 시행에서 나오는 눈의 수의 차가 4의 약수이면 점 P를 양의 방향으로 3만큼 이동시키고 4의 약수가 아니면 점 P를 음의 방향으로 2만큼 이동시킨다. 이 시행을 36회 반복한 후 점 P의 좌표를 확률변수 X라 할 때, E(X)의 값은?

① 30 ② 34 ③ 38
④ 42 ⑤ 46

유형 5 연속확률변수

출제경향 | 연속확률변수의 뜻을 알고 확률밀도함수의 성질을 이용하여 미지수나 확률을 구하는 문제가 출제된다.

출제유형잡기 | 연속확률변수 X가 $a\le X\le b$의 모든 실숫값을 가지고, X의 확률밀도함수가 $f(x)$일 때
(1) $f(x)\ge0$
(2) 함수 $y=f(x)$의 그래프와 x축 및 두 직선 $x=a$, $x=b$로 둘러싸인 부분의 넓이는 1이다.
(3) 확률 P$(\alpha\le X\le\beta)$는 함수 $y=f(x)$의 그래프와 x축 및 두 직선 $x=\alpha$, $x=\beta$로 둘러싸인 부분의 넓이와 같다. (단, $a\le\alpha\le\beta\le b$)

필수유형 5
| 2023학년도 수능 |

연속확률변수 X가 갖는 값의 범위는 $0\le X\le a$이고, X의 확률밀도함수의 그래프가 그림과 같다.

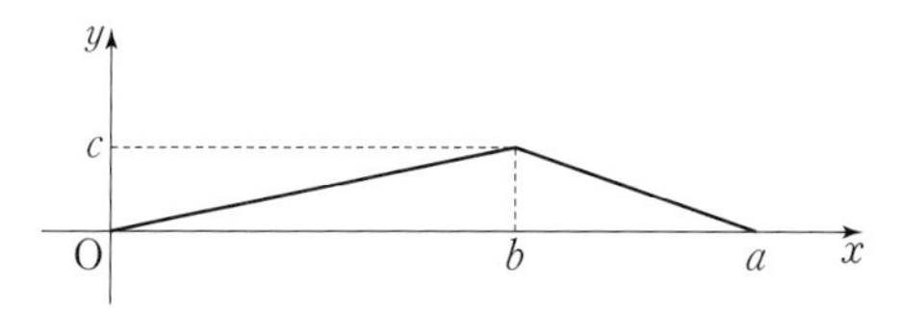

P$(X\le b)-$P$(X\ge b)=\frac{1}{4}$, P$(X\le\sqrt{5})=\frac{1}{2}$일 때, $a+b+c$의 값은? (단, a, b, c는 상수이다.) [4점]

① $\frac{11}{2}$ ② 6 ③ $\frac{13}{2}$
④ 7 ⑤ $\frac{15}{2}$

15
▶ 24054-0235

연속확률변수 X가 갖는 값의 범위는 $0\le X\le3$이고, X의 확률밀도함수의 그래프가 그림과 같다.

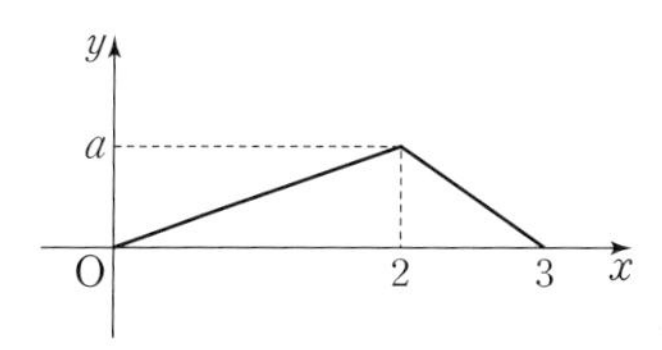

$a+$P$(0\le X\le1)$의 값은? (단, a는 상수이다.)

① $\frac{2}{3}$ ② $\frac{5}{6}$ ③ 1
④ $\frac{7}{6}$ ⑤ $\frac{4}{3}$

16
▸ 24054-0236

연속확률변수 X가 갖는 값의 범위는 $0\le X\le 4$이고, 양수 a에 대하여 X의 확률밀도함수 $f(x)$가

$$f(x)=\begin{cases} a\left(1-\frac{1}{2}x\right) & (0\le x<2) \\ \frac{a}{2}(x-2) & (2\le x\le 4) \end{cases}$$

이다. $0\le t\le 3$인 실수 t에 대하여 $g(t)=\mathrm{P}(t\le X\le t+1)$이라 할 때, 함수 $g(t)$의 최솟값은?

① $\frac{1}{32}$ ② $\frac{1}{16}$ ③ $\frac{1}{8}$
④ $\frac{1}{4}$ ⑤ $\frac{1}{2}$

17
▸ 24054-0237

$0\le x\le 6$에서 정의된 함수

$$f(x)=\begin{cases} x & (0\le x<2) \\ x-2 & (2\le x<4) \\ x-4 & (4\le x\le 6) \end{cases}$$

에 대하여 연속확률변수 X가 갖는 값의 범위는 $0\le X\le 6$이고 X의 확률밀도함수 $g(x)$가

$$g(x)=k\times|f(x)-1|\ (k>0)$$

이다. $\mathrm{P}\left(\frac{1}{2}\le X\le a\right)=\frac{5}{12}$일 때, $k+a$의 값은?

(단, k, a는 상수이다.)

① $\frac{10}{3}$ ② $\frac{7}{2}$ ③ $\frac{11}{3}$
④ $\frac{23}{6}$ ⑤ 4

유형 6 정규분포

출제경향 | 정규분포를 따르는 확률변수의 확률을 표준정규분포를 이용하여 구하는 문제가 출제된다.

출제유형잡기 | 확률변수 X가 정규분포 $\mathrm{N}(m, \sigma^2)$을 따를 때, 확률변수 $Z=\frac{X-m}{\sigma}$은 표준정규분포 $\mathrm{N}(0, 1)$을 따른다.

필수유형 6
| 2020학년도 수능 9월 모의평가 |

확률변수 X가 평균이 m, 표준편차가 $\frac{m}{3}$인 정규분포를 따르고

$$\mathrm{P}\left(X\le\frac{9}{2}\right)=0.9987$$

일 때, 오른쪽 표준정규분포표를 이용하여 m의 값을 구한 것은? [3점]

z	$\mathrm{P}(0\le Z\le z)$
1.5	0.4332
2.0	0.4772
2.5	0.4938
3.0	0.4987

① $\frac{3}{2}$ ② $\frac{7}{4}$ ③ 2
④ $\frac{9}{4}$ ⑤ $\frac{5}{2}$

18
▸ 24054-0238

확률변수 X가 정규분포 $\mathrm{N}(m, 4^2)$을 따를 때, $\mathrm{P}(m-4\le X\le m+8)$의 값을 오른쪽 표준정규분포표를 이용하여 구한 것은?

z	$\mathrm{P}(0\le Z\le z)$
1.0	0.3413
1.5	0.4332
2.0	0.4772
2.5	0.4938

① 0.5328 ② 0.6247
③ 0.7745 ④ 0.8185
⑤ 0.9104

19

▸ 24054-0239

확률변수 X가 정규분포 $N(m, 2^2)$을 따르고
$P(X \le 4)+P(m \le X \le 10)=0.5$
일 때, $P(5 \le X \le 9)$의 값을 오른쪽 표준정규분포표를 이용하여 구한 것은?

z	$P(0 \le Z \le z)$
0.5	0.1915
1.0	0.3413
1.5	0.4332
2.0	0.4772

① 0.5328　② 0.6247　③ 0.6826
④ 0.8185　⑤ 0.8664

20

▸ 24054-0240

확률변수 X가 평균이 5, 표준편차가 σ인 정규분포를 따르고
$P(X \le 8)=0.8413$일 때,
$P(X \ge 3\sigma+2)$의 값을 오른쪽 표준정규분포표를 이용하여 구한 것은?

z	$P(0 \le Z \le z)$
1.0	0.3413
1.5	0.4332
2.0	0.4772
2.5	0.4938

① 0.0228　② 0.0440
③ 0.0919　④ 0.1359
⑤ 0.1587

21

▸ 24054-0241

확률변수 X가 정규분포 $N(m, \sigma^2)$을 따를 때,
함수 $f(x)=P(|X-m| \le x)$가 두 양수 a, b에 대하여 다음 조건을 만족시킨다.

(가) $f(a)-f(b)=0.0880$
(나) $\dfrac{f(a)+f(b)}{2}=0.9104$

$\dfrac{a-b}{\sigma}$의 값을 오른쪽 표준정규분포표를 이용하여 구한 것은?

z	$P(0 \le Z \le z)$
1.0	0.3413
1.5	0.4332
2.0	0.4772
2.5	0.4938

① 0.1　② 0.2
③ 0.3　④ 0.4
⑤ 0.5

22

▸ 24054-0242

확률변수 X가 평균이 m, 표준편차가 σ인 정규분포를 따를 때, 확률변수 X의 확률밀도함수 $f(x)$가 모든 실수 x에 대하여
$f(8-x)=f(8+x)$이고,
$P\left(|X-m| \ge \dfrac{m}{2}\right)=0.3174$이다.
$m+\sigma$의 값을 오른쪽 표준정규분포표를 이용하여 구한 것은?

z	$P(0 \le Z \le z)$
0.5	0.1915
1.0	0.3413
1.5	0.4332
2.0	0.4772

① 12　② 14　③ 16
④ 18　⑤ 20

유형 7 정규분포의 활용

출제경향 | 정규분포에 관련된 외적문제해결 능력을 묻는 문제가 출제된다.

출제유형잡기 | 다음과 같은 순서로 문제를 해결한다.

(1) 확률변수를 X로 놓는다.

(2) 정규분포에 관련된 문장을 정규분포 $\mathrm{N}(m, \sigma^2)$으로 나타낸다.

(3) 구하는 확률을 $\mathrm{P}(a \le X \le b)$, $\mathrm{P}(X \le a)$ 등으로 나타낸 후 표준정규분포를 이용하여 확률을 구한다.

필수유형 7 | 2020학년도 수능 |

어느 농장에서 수확하는 파프리카 1개의 무게는 평균이 180 g, 표준편차가 20 g인 정규분포를 따른다고 한다. 이 농장에서 수확한 파프리카 중에서 임의로 선택한 파프리카 1개의 무게가 190 g 이상이고 210 g 이하일 확률을 오른쪽 표준정규분포표를 이용하여 구한 것은? [3점]

z	$\mathrm{P}(0 \le Z \le z)$
0.5	0.1915
1.0	0.3413
1.5	0.4332
2.0	0.4772

① 0.0440 ② 0.0919 ③ 0.1359 ④ 0.1498 ⑤ 0.2417

23

▸ 24054-0243

어느 컨텐츠 회사에서 업로드하는 영상 1개의 용량은 평균이 10, 표준편차가 2인 정규분포를 따른다고 한다. 이 컨텐츠 회사에서 업로드하는 영상 중에서 임의로 선택한 영상 1개의 용량이 8 이상일 확률을 오른쪽 표준정규분포표를 이용하여 구한 것은?

(단, 용량의 단위는 기가바이트이다.)

z	$\mathrm{P}(0 \le Z \le z)$
0.5	0.1915
1.0	0.3413
1.5	0.4332
2.0	0.4772

① 0.6915 ② 0.7745 ③ 0.8413 ④ 0.9332 ⑤ 0.9772

24

▸ 24054-0244

어느 공장에서 생산하는 전기자동차는 완전 충전 후 주행 가능 거리가 평균이 440 km, 표준편차가 40 km인 정규분포를 따른다고 한다. 이 공장에서 생산한 전기자동차 중에서 임의로 선택한 전기자동차 1대의 완전 충전 후 주행 가능 거리가 400 km 이상이고 500 km 이하일 확률을 오른쪽 표준정규분포표를 이용하여 구한 것은?

z	$\mathrm{P}(0 \le Z \le z)$
0.5	0.1915
1.0	0.3413
1.5	0.4332
2.0	0.4772

① 0.6247 ② 0.6826 ③ 0.7745 ④ 0.8185 ⑤ 0.9104

25

▸ 24054-0245

어느 두 지역 A, B의 주민들의 도서관 이용시간은 각각 다음과 같은 정규분포를 따른다고 한다.

(단위 : 분)

지역	평균	표준편차
A	100	20
B	m	30

A지역의 주민 중에서 임의로 선택한 한 명의 도서관 이용시간이 110분 이상일 확률을 p_1, B지역의 주민 중에서 임의로 선택한 한 명의 도서관 이용시간이 110분 이상일 확률을 p_2라 하자. $p_1+p_2=1$일 때, 상수 m의 값을 구하시오.

유형 8 이항분포와 정규분포의 관계

출제경향 | 이항분포에서의 확률을 이항분포와 정규분포의 관계를 이용하여 구하는 문제가 출제된다.

출제유형잡기 | 확률변수 X가 이항분포 $\mathrm{B}(n, p)$를 따를 때, n이 충분히 크면 X는 근사적으로 정규분포 $\mathrm{N}(np, npq)$ $(q=1-p)$를 따른다는 사실을 이용하여 문제를 해결한다.

필수유형 8

| 2007학년도 수능 |

어느 문구점에 진열되어 있는 공책 중 10 %는 A회사의 제품이라고 한다. 한 고객이 이 문구점에서 임의로 100권의 공책을 구입했을 때, A회사 제품이 13권 이상 포함될 확률을 오른쪽 표준정규분포표를 이용하여 구한 것은? [3점]

z	$\mathrm{P}(0\le Z\le z)$
0.75	0.2734
1.00	0.3413
1.25	0.3944
1.50	0.4332

① 0.0668 ② 0.1056 ③ 0.1587
④ 0.2266 ⑤ 0.2734

26

▸ 24054-0246

이산확률변수 X에 대한 확률질량함수가

$$\mathrm{P}(X=x)=\frac{{}_{64}\mathrm{C}_x}{2^{64}}\quad(x=0,\ 1,\ 2,\ \cdots,\ 64)$$

일 때, $\mathrm{P}(X\ge 30)$의 값을 오른쪽 표준정규분포표를 이용하여 구한 것은?

z	$\mathrm{P}(0\le Z\le z)$
0.5	0.1915
1.0	0.3413
1.5	0.4332
2.0	0.4772

① 0.6826 ② 0.6915 ③ 0.7745
④ 0.8413 ⑤ 0.9332

27

▸ 24054-0247

어느 음악 스트리밍 사이트에 저장된 음악 중 25 %는 힙합 음악이라고 한다. 이 음악 스트리밍 사이트에 저장된 음악 중에서 임의로 192곡을 선택하였을 때, 힙합 음악이 60곡 이하로 포함될 확률을 오른쪽 표준정규분포표를 이용하여 구한 것은?

z	$\mathrm{P}(0\le Z\le z)$
0.5	0.1915
1.0	0.3413
1.5	0.4332
2.0	0.4772

① 0.6915 ② 0.7745 ③ 0.8413
④ 0.9332 ⑤ 0.9772

28

▸ 24054-0248

주사위를 288번 던져서 3의 배수의 눈이 나오면 2점을 얻고, 3의 배수의 눈이 나오지 않으면 1점을 얻는다. 얻은 점수의 합이 k점 이하일 확률이 0.9772일 때, 자연수 k의 값을 오른쪽 표준정규분포표를 이용하여 구한 것은?

z	$\mathrm{P}(0\le Z\le z)$
0.5	0.1915
1.0	0.3413
1.5	0.4332
2.0	0.4772

① 392 ② 396 ③ 400
④ 404 ⑤ 408

유형 9 표본평균의 분포 (1)

출제경향 | 모집단의 확률분포와 표본평균의 확률분포 사이의 관계를 이해하고 표본평균의 확률, 분산, 표준편차를 구하는 문제가 출제된다.

출제유형잡기 | 모평균이 m, 모표준편차가 σ인 모집단에서 크기가 n인 표본을 임의추출할 때, 표본평균 $\overline{X}$에 대하여

$$E(\overline{X})=m,\ V(\overline{X})=\frac{\sigma^2}{n},\ \sigma(\overline{X})=\frac{\sigma}{\sqrt{n}}$$

임을 이용하여 문제를 해결한다.

필수유형 9 | 2021학년도 수능 |

정규분포 $N(20,\ 5^2)$을 따르는 모집단에서 크기가 16인 표본을 임의추출하여 구한 표본평균을 $\overline{X}$라 할 때, $E(\overline{X})+\sigma(\overline{X})$의 값은? [3점]

① $\frac{83}{4}$　② $\frac{85}{4}$　③ $\frac{87}{4}$　④ $\frac{89}{4}$　⑤ $\frac{91}{4}$

29

▸ 24054-0249

정규분포 $N(6m,\ m^2)$을 따르는 모집단에서 크기가 36인 표본을 임의추출하여 구한 표본평균을 $\overline{X}$라 하자. $E(\overline{X})+\sigma(\overline{X})=74$일 때, 양수 m의 값을 구하시오.

30

▸ 24054-0250

어느 농장에서 생산되는 샤인머스캣 1송이의 무게는 평균이 1000 g, 표준편차가 100 g인 정규분포를 따른다고 한다. 이 농장에서 생산되는 샤인머스캣 중에서 400송이를 임의추출하여 구한 표본평균을 $\overline{X}$라 할 때, $\frac{E(\overline{X})}{\sigma(\overline{X})}$의 값은?

① 200　② 210　③ 220　④ 230　⑤ 240

31

▸ 24054-0251

숫자 2, 4, 6, 8이 하나씩 적혀 있는 4장의 카드가 들어 있는 주머니가 있다. 이 주머니에서 임의로 1장의 카드를 꺼내어 카드에 적혀 있는 수를 확인한 후 다시 넣는다. 이 시행을 2번 반복할 때, 꺼낸 카드에 적혀 있는 숫자의 평균을 $\overline{X}$라 하자. $V(\overline{X})$의 값은?

① $\frac{1}{2}$　② $\frac{3}{2}$　③ $\frac{5}{2}$　④ $\frac{7}{2}$　⑤ $\frac{9}{2}$

유형 10 표본평균의 분포 (2)

출제경향 | 모집단이 정규분포를 따를 때, 표본평균에 대한 확률을 구하는 문제가 출제된다.

출제유형잡기 | 정규분포 $N(m, \sigma^2)$을 따르는 모집단에서 크기가 n인 표본을 임의추출할 때, 표본평균 $\overline{X}$는 정규분포 $N\left(m, \frac{\sigma^2}{n}\right)$을 따른다는 사실을 이용하여 문제를 해결한다.

필수유형 10

| 2022학년도 수능 9월 모의평가 |

지역 A에 살고 있는 성인들의 1인 하루 물 사용량을 확률변수 X, 지역 B에 살고 있는 성인들의 1인 하루 물 사용량을 확률변수 Y라 하자. 두 확률변수 X, Y는 정규분포를 따르고 다음 조건을 만족시킨다.

> (가) 두 확률변수 X, Y의 평균은 각각 220과 240이다.
> (나) 확률변수 Y의 표준편차는 확률변수 X의 표준편차의 1.5배이다.

지역 A에 살고 있는 성인 중 임의추출한 n명의 1인 하루 물 사용량의 표본평균을 $\overline{X}$, 지역 B에 살고 있는 성인 중 임의추출한 $9n$명의 1인 하루 물 사용량의 표본평균을 $\overline{Y}$라 하자. $P(\overline{X} \le 215) = 0.1587$일 때, $P(\overline{Y} \ge 235)$의 값을 오른쪽 표준정규분포표를 이용하여 구한 것은? (단, 물 사용량의 단위는 L이다.) [3점]

z	$P(0 \le Z \le z)$
0.5	0.1915
1.0	0.3413
1.5	0.4332
2.0	0.4772

① 0.6915　② 0.7745　③ 0.8185
④ 0.8413　⑤ 0.9772

32

▸ 24054-0252

평균이 50, 표준편차가 10인 정규분포를 따르는 모집단에서 임의추출한 크기가 25인 표본의 표본평균을 $\overline{X}$라 할 때, $P(48 \le \overline{X} \le 52)$의 값을 오른쪽 표준정규분포표를 이용하여 구한 것은?

z	$P(0 \le Z \le z)$
0.5	0.1915
1.0	0.3413
1.5	0.4332
2.0	0.4772

① 0.5328　② 0.6826　③ 0.7745
④ 0.8664　⑤ 0.9544

33

▸ 24054-0253

어느 음료회사에서 생산되는 이온음료의 1개의 용량은 평균이 200 mL, 표준편차가 20 mL인 정규분포를 따른다고 한다. 이 회사에서 생산된 이온음료 중에서 임의추출한 100개의 이온음료의 용량의 표본평균이 196 mL 이상이고, 203 mL 이하일 확률을 오른쪽 표준정규분포표를 이용하여 구한 것은?

z	$P(0 \le Z \le z)$
0.5	0.1915
1.0	0.3413
1.5	0.4332
2.0	0.4772

① 0.5228　② 0.5668　③ 0.8664
④ 0.9104　⑤ 0.9544

34

▸ 24054-0254

다음은 어느 학교 전체 학생들의 성별에 따른 몸무게의 평균과 표준편차를 조사한 표이고, 남학생과 여학생의 몸무게는 각각 정규분포를 따른다고 한다.

(단위 : kg)

성별	평균	표준편차
남학생	65	6
여학생	55	6

이 학교 학생 중 남학생 9명, 여학생 36명을 임의추출하여 구한 몸무게의 표본평균을 각각 $\overline{X}$, $\overline{Y}$라 하자. 두 상수 a, b에 대하여 $P(\overline{X} \ge a) = P(\overline{Y} \le b)$일 때, $a+2b$의 값을 구하시오.

유형 11 모평균의 추정

출제경향 | 표본평균의 분포를 이용하여 모평균을 추정하는 문제가 출제된다.

출제유형잡기 | 정규분포 $\mathrm{N}(m, \sigma^2)$을 따르는 모집단에서 크기가 n인 표본을 임의추출하여 구한 표본평균 $\overline{X}$의 값이 $\overline{x}$일 때, 모평균 m에 대한 신뢰구간은 다음과 같음을 이용하여 문제를 해결한다.

(1) 신뢰도 95 %의 신뢰구간

$$\overline{x}-1.96\frac{\sigma}{\sqrt{n}} \le m \le \overline{x}+1.96\frac{\sigma}{\sqrt{n}}$$

(2) 신뢰도 99 %의 신뢰구간

$$\overline{x}-2.58\frac{\sigma}{\sqrt{n}} \le m \le \overline{x}+2.58\frac{\sigma}{\sqrt{n}}$$

필수유형 11

| 2024학년도 수능 |

정규분포 $\mathrm{N}(m, 5^2)$을 따르는 모집단에서 크기가 49인 표본을 임의추출하여 얻은 표본평균이 $\overline{x}$일 때, 모평균 m에 대한 신뢰도 95 %의 신뢰구간이 $a \le m \le \frac{6}{5}a$이다. $\overline{x}$의 값은?
(단, Z가 표준정규분포를 따르는 확률변수일 때, $\mathrm{P}(|Z| \le 1.96)=0.95$로 계산한다.) [3점]

① 15.2 ② 15.4 ③ 15.6 ④ 15.8 ⑤ 16.0

35

▸ 24054-0255

정규분포 $\mathrm{N}(m, \sigma^2)$을 따르는 모집단에서 크기가 100인 표본을 임의추출하여 구한 표본평균을 이용하여, 모평균 m에 대한 신뢰도 99 %의 신뢰구간을 구하면 $a \le m \le b$이고, 같은 모집단에서 크기가 n인 표본을 임의추출하여 구한 표본평균을 이용하여, 모평균 m에 대한 신뢰도 99 %의 신뢰구간을 구하면 $c \le m \le d$이다. $d-c=\frac{2}{3}(b-a)$일 때, n의 값을 구하시오. (단, Z가 표준정규분포를 따르는 확률변수일 때, $\mathrm{P}(|Z| \le 2.58)=0.99$로 계산한다.)

36

▸ 24054-0256

어느 학교 3학년 학생들의 기말고사 수학 점수는 정규분포를 따른다고 한다. 이 학교 3학년 학생 중 36명의 학생을 임의추출하여 기말고사 수학 점수를 조사한 결과 평균이 70점, 표준편차가 12점이었다. 이를 이용하여 이 학교 3학년 학생들의 기말고사 수학 점수의 평균 m에 대한 신뢰도 95 %의 신뢰구간을 구하면 $a \le m \le b$이다. $b-a$의 값은? (단, Z가 표준정규분포를 따르는 확률변수일 때, $\mathrm{P}(|Z| \le 1.96)=0.95$로 계산한다.)

① 1.96 ② 3.92 ③ 5.88 ④ 7.84 ⑤ 9.8

37

▸ 24054-0257

어느 도시에서 지난해 태어난 신생아들의 체중은 평균이 m kg, 표준편차가 0.2 kg인 정규분포를 따른다고 한다. 이 도시에서 지난해 태어난 신생아 중에서 n명을 임의추출하여 얻은 표본평균을 이용하여 평균 m에 대한 신뢰도 95 %의 신뢰구간을 구하면 $a \le m \le b$이다. $b-a \le 0.0392$를 만족시키는 n의 최솟값은? (단, Z가 표준정규분포를 따르는 확률변수일 때, $\mathrm{P}(|Z| \le 1.96)=0.95$로 계산한다.)

① 144 ② 196 ③ 256 ④ 324 ⑤ 400

Spec up은 해야 하는데 **방법을 모르겠다면?**

EBS컴퓨터활용능력

한.번.만 패키지로 한 번에 합격!

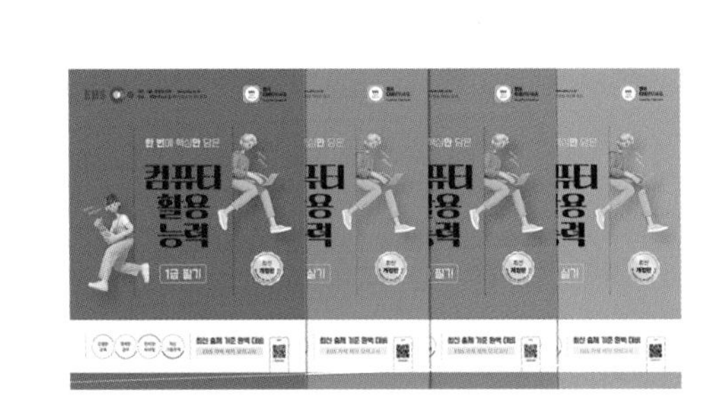

믿고 보는 공신력 있는
EBS에서 만든 강의

EBS가 직접 만들고
검수한 교재

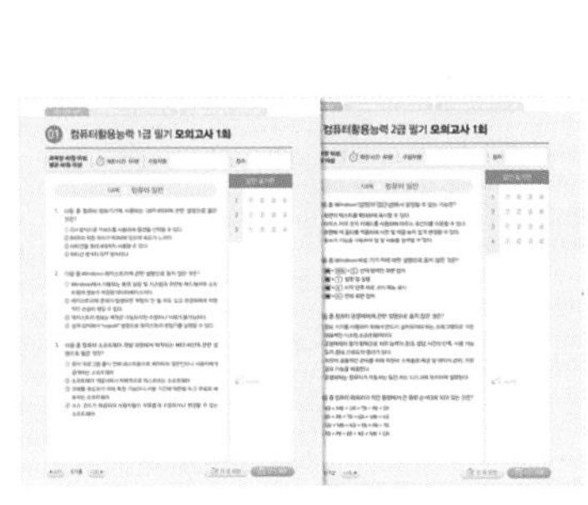

꼼꼼한 공모절차로
선발된 최고의 선생님

수시로 업로드 되는
모의고사

이 책의 차례 CONTENTS

실전편

실전 모의고사 1회

제한시간 100분 | 배 점 100점

5지선다형

01

▸ 24054-1001

$\left(\frac{1}{2}\right)^{\sqrt{3}} \times 4^{\frac{\sqrt{3}}{2}}$의 값은? [2점]

① $\frac{1}{4}$　② $\frac{1}{2}$　③ 1　④ 2　⑤ 4

02

▸ 24054-1002

$\lim_{x \to 1} \frac{\sqrt{x^2+x}-\sqrt{2}}{x-1}$의 값은? [2점]

① $\frac{\sqrt{2}}{4}$　② $\frac{\sqrt{2}}{2}$　③ $\frac{3\sqrt{2}}{4}$　④ $\sqrt{2}$　⑤ $\frac{5\sqrt{2}}{4}$

03

▸ 24054-1003

등차수열 $\{a_n\}$에 대하여

$$a_2+a_4=10,\ a_6-a_3=6$$

일 때, a_8의 값은? [3점]

① 11　② 12　③ 13　④ 14　⑤ 15

04

▸ 24054-1004

함수 $f(x)=x^3+ax$에 대하여

$$\lim_{h \to 0} \frac{f(1+h)-f(1-h)}{h}=10$$

일 때, 상수 a의 값은? [3점]

① -1　② 0　③ 1　④ 2　⑤ 3

05

▸ 24054-1005

$\sum_{k=1}^{n} \frac{1}{(k+1)(k+2)} > \frac{2}{5}$를 만족시키는 자연수 n의 최솟값은? [3점]

① 8 ② 9 ③ 10 ④ 11 ⑤ 12

06

▸ 24054-1006

1보다 큰 양수 p에 대하여 함수 $y=x^2$의 그래프와 x축 및 직선 $x=p$로 둘러싸인 부분의 넓이를 A라 하고, 함수 $y=\frac{x^2}{p}$의 그래프와 함수 $y=x^2$의 그래프 및 직선 $x=p$로 둘러싸인 부분의 넓이를 B라 하자. $A : B=3 : 1$을 만족시키는 p의 값은? [3점]

① $\frac{9}{8}$ ② $\frac{5}{4}$ ③ $\frac{11}{8}$ ④ $\frac{3}{2}$ ⑤ $\frac{13}{8}$

07

▸ 24054-1007

$\pi<\theta<\frac{3}{2}\pi$인 θ에 대하여 $\tan^2\theta-\tan^2\theta\sin^2\theta=\frac{4}{5}$일 때, $\cos^2\theta+\tan\theta$의 값은? [3점]

① $\frac{8}{5}$ ② $\frac{9}{5}$ ③ 2 ④ $\frac{11}{5}$ ⑤ $\frac{12}{5}$

08

▸ 24054-1008

다항함수 $f(x)$가 모든 실수 x에 대하여

$$f(x)+(x-1)f'(x)=4x^3+4x$$

를 만족시킬 때, $f'(1)$의 값은? [3점]

① 2　② 4　③ 6
④ 8　⑤ 10

09

▸ 24054-1009

그림과 같이 $0<x<\frac{\pi}{2}$에서 두 곡선 $y=3\cos x$, $y=8\tan x$가 만나는 점을 A, 두 곡선 $y=6\cos x$, $y=16\tan x$가 만나는 점을 B라 할 때, 선분 AB의 길이는? [4점]

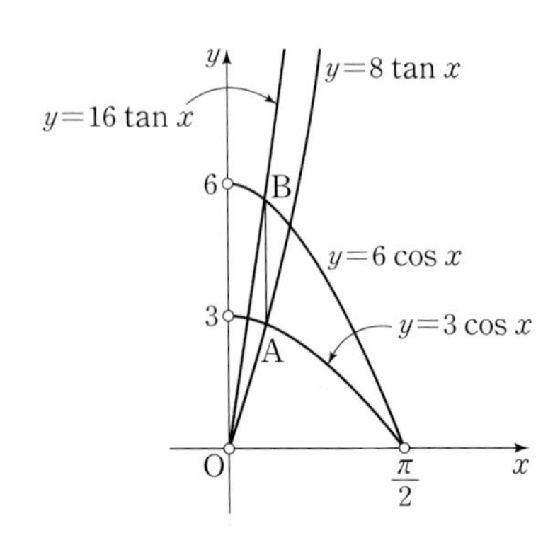

① 2　② $\sqrt{5}$　③ $\sqrt{6}$
④ $\sqrt{7}$　⑤ $2\sqrt{2}$

10

▸ 24054-1010

그림은 원점을 출발하여 수직선 위를 움직이는 점 P의 시각 t $(0\le t\le c)$에서의 속도 $v(t)$의 그래프이다.

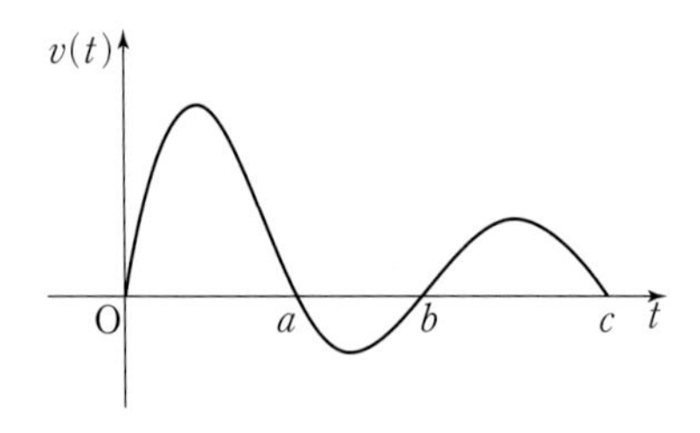

점 P가 다음 조건을 만족시킬 때, 점 P가 시각 $t=a$에서 $t=c$까지 움직인 거리는?

(단, $0<a<b<c$이고, $v(a)=v(b)=v(c)=0$이다.) [4점]

(가) 점 P가 시각 $t=0$에서 $t=b$까지 움직인 거리는 12이다.
(나) $0\le t\le c$에서 점 P가 출발할 때의 방향과 반대 방향으로 움직인 거리는 5이다.
(다) 점 P의 시각 $t=c$에서의 위치는 8이다.

① 11　② 12　③ 13
④ 14　⑤ 15

11

▸ 24054-1011

그림과 같이 반지름의 길이가 4인 원 위에 5개의 점 A, B, C, D, E가 있다.

$$\sin(\angle\mathrm{BAD})=\frac{3}{4},\ \sin(\angle\mathrm{CED})=\frac{\sqrt{7}}{4}$$

일 때, 삼각형 BCD의 넓이는? (단, 점 C는 호 BD 중 길이가 짧은 호 위에 있고, $0<\angle\mathrm{BAD}<\frac{\pi}{2}$, $0<\angle\mathrm{CED}<\frac{\pi}{2}$이다.) [4점]

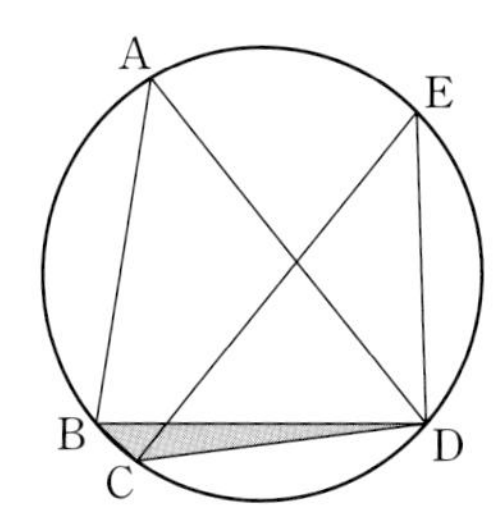

① $\frac{3\sqrt{7}}{8}$　② $\frac{\sqrt{7}}{2}$　③ $\frac{5\sqrt{7}}{8}$　④ $\frac{3\sqrt{7}}{4}$　⑤ $\frac{7\sqrt{7}}{8}$

12

▸ 24054-1012

최고차항의 계수가 1인 사차함수 $f(x)$에 대하여 곡선 $y=f(x)$ 위의 점 $(0,\ 4)$에서의 접선이 곡선 위의 점 $(-1,\ 1)$에서 이 곡선에 접할 때, $f'(1)$의 값은? [4점]

① 11　② 12　③ 13　④ 14　⑤ 15

13

▸ 24054-1013

그림과 같이 자연수 n $(n\geq 2)$에 대하여 두 곡선 $y=\log_2 x$, $y=\log_{2^n} x$ 및 x축이 직선 $x=\frac{1}{2}$과 만나는 점을 각각 A, B, C라 하고 직선 $x=2$와 만나는 점을 각각 D, E, F라 하자. 두 사각형 AEDB, BFEC의 겹치는 부분의 넓이가 $\frac{1}{3}$이 되도록 하는 n의 값은? [4점]

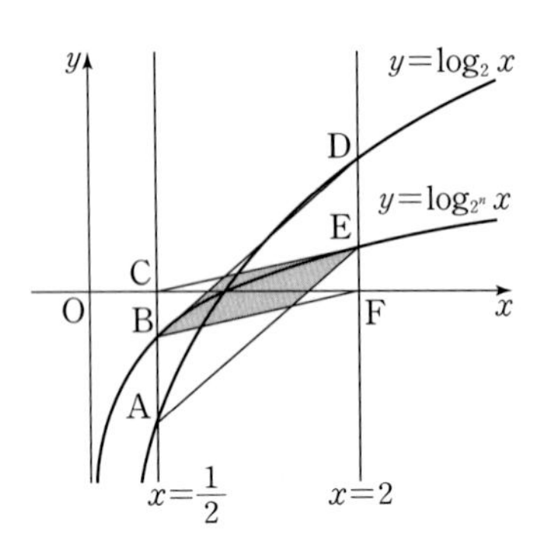

① 2 ② 3 ③ 4
④ 5 ⑤ 6

14

▸ 24054-1014

실수 a와 함수

$$f(x)=\int_0^x (t-1)(2t^3+t^2-4t-a)\,dt$$

에 대하여 **보기**에서 옳은 것만을 있는 대로 고른 것은? [4점]

보기

ㄱ. 실수 a의 값에 관계없이 곡선 $y=f(x)$는 원점을 지난다.
ㄴ. $a=-1$일 때, 함수 $f(x)$는 $x=1$에서 극대이다.
ㄷ. 함수 $f(x)$가 $x=p$에서 극대 또는 극소인 서로 다른 실수 p의 개수가 2가 되도록 하는 10 이하의 자연수 a의 개수는 7이다.

① ㄱ ② ㄷ ③ ㄱ, ㄴ
④ ㄱ, ㄷ ⑤ ㄴ, ㄷ

15

▶ 24054-1015

수열 $\{a_n\}$의 첫째항부터 제n항까지의 합을 S_n이라 하자. 수열 $\{a_n\}$이 다음 조건을 만족시킬 때, $\sum_{k=1}^{10} S_{4k}$의 값은?

(단, 모든 자연수 n에 대하여 $a_n \neq 0$이다.) [4점]

> $a_1=1$이고, 모든 자연수 n에 대하여
> $$a_{n+1}=\begin{cases} a_n+1 & \left(\dfrac{S_n}{a_n}\text{이 자연수인 경우}\right) \\ a_n-1 & \left(\dfrac{S_n}{a_n}\text{이 자연수가 아닌 경우}\right) \end{cases}$$
> 이다.

① 600 ② 610 ③ 620
④ 630 ⑤ 640

단답형

16

▶ 24054-1016

방정식

$$\log_4 4(x-2)=\log_2(x-4)$$

를 만족시키는 실수 x의 값을 p라 하자. $p \geq n$을 만족시키는 자연수 n의 최댓값을 구하시오. [3점]

17

▶ 24054-1017

함수 $f(x)$에 대하여 $f'(x)=3x^2+8x-1$이고 $f(0)=2$일 때, $f(-1)$의 값을 구하시오. [3점]

18

▶ 24054-1018

모든 항이 양수인 수열 $\{a_n\}$에 대하여

$$a_1=1,\ \sum_{k=1}^{9}\frac{ka_{k+1}-(k+1)a_k}{a_{k+1}a_k}=\frac{2}{3}$$

일 때, a_{10}의 값을 구하시오. [3점]

19

▶ 24054-1019

자연수 k에 대하여 $\int_{-a}^{a}(x^2-k)\,dx=0$이 되도록 하는 양의 실수 a의 값을 $f(k)$라 할 때, $\sum_{k=1}^{10}\{f(k)\}^2$의 값을 구하시오. [3점]

20

▶ 24054-1020

다항함수 $f(x)$와 함수 $g(x)=\begin{cases}\dfrac{px+2}{x-2} & (x\neq 2)\\ 2 & (x=2)\end{cases}$가 다음 조건을 만족시킨다.

(가) $\lim_{x\to\infty}\dfrac{f(x^2)+1}{x^2+1}=2$

(나) 함수 $f(x)g(x)$가 실수 전체의 집합에서 연속이다.

$f(10)+g(10)$의 값을 구하시오. (단, p는 상수이다.) [4점]

21

▸ 24054-1021

양의 실수 $a\left(a\neq\frac{2}{3},\ a\neq1\right)$과 상수 b에 대하여 세 집합 A, B, C를

$A=\{x\,|\,a^{x^2+bx}\geq a^{x+2},\ x$는 실수$\}$,

$B=\left\{x\,\middle|\,\left(a+\frac{1}{3}\right)^{x^2+bx}\geq\left(a+\frac{1}{3}\right)^{x+2},\ x\text{는 실수}\right\}$,

$C=\{x\,|\,x\in A$이고 $x\in B,\ x$는 실수$\}$

라 하자. 집합 C는 유한집합이고 $1\in C$가 되도록 하는 모든 a와 b에 대하여 $p<a$를 만족시키는 실수 p의 최댓값을 M, 집합 C의 모든 원소의 곱을 c라 할 때, $|3\times M\times b\times c|$의 값을 구하시오. [4점]

22

▸ 24054-1022

삼차함수 $f(x)=(x+2)(x-1)^2$에 대하여 0이 아닌 실수 전체의 집합에서 정의된 함수

$$g(x)=\begin{cases} f(x) & (x<0) \\ k-f(-x) & (x>0) \end{cases}$$

이 있다. 곡선 $y=g(x)$ 위의 점 $(t,\ g(t))\ (t\neq0)$에서의 접선 $y=h(x)$가 다음 조건을 만족시킨다.

> 직선 $y=h(x)$가 곡선 $y=g(x)$와 만나는 점의 개수가 2 이상일 때, 방정식 $g(x)=h(x)$의 서로 다른 모든 실근의 곱이 음수가 되도록 하는 모든 실수 t의 값의 집합은
> $\{t\,|\,t\leq-p$ 또는 $t=p$ 또는 $t\geq1\}\ (0<p<1)$
> 이다.

$(k\times p)^3$의 값을 구하시오. (단, k는 상수이다.) [4점]

5지선다형

확률과 통계

23

▸ 24054-1023

다항식 $(3x^2+1)^4$의 전개식에서 x^4의 계수는? [2점]

① 36 ② 45 ③ 54 ④ 63 ⑤ 72

24

▸ 24054-1024

두 사건 A, B에 대하여

$$\mathrm{P}(A^C)=\frac{1}{4},\ \mathrm{P}(A\cap B^C)=\frac{2}{5}$$

일 때, $\mathrm{P}(A\cap B)$의 값은? (단, A^C은 A의 여사건이다.) [3점]

① $\frac{1}{5}$ ② $\frac{1}{4}$ ③ $\frac{3}{10}$ ④ $\frac{7}{20}$ ⑤ $\frac{2}{5}$

25

▸ 24054-1025

5개의 수 1, 2, 3, 4, 5를 모두 일렬로 나열할 때, 이웃한 두 수의 곱이 항상 짝수일 확률은? [3점]

① $\frac{1}{10}$ ② $\frac{3}{20}$ ③ $\frac{1}{5}$
④ $\frac{1}{4}$ ⑤ $\frac{3}{10}$

26

▸ 24054-1026

어느 모집단에서 확률변수 X는 정규분포 $\mathrm{N}(m,\ 2^2)$을 따른다. 이 모집단에서 크기가 16인 표본을 임의추출하여 구한 표본평균을 $\overline{X}$라 하자.

$$\mathrm{P}(X \le a) = \mathrm{P}(Z \le a-b),\ \mathrm{P}(\overline{X} \ge a) = \mathrm{P}(Z \le b)$$

일 때, $\frac{b}{a}$의 값은? (단, m, a, b는 모두 0이 아닌 실수이고, Z는 표준정규분포를 따르는 확률변수이다.) [3점]

① 1 ② $\frac{10}{9}$ ③ $\frac{11}{9}$
④ $\frac{4}{3}$ ⑤ $\frac{13}{9}$

27

▸ 24054-1027

어느 회사에서 생산하는 제품 1개의 무게는 정규분포 $\mathrm{N}(m, \sigma^2)$을 따른다고 한다. 이 회사에서 생산하는 제품 중에서 n_1개를 임의추출하여 얻은 표본평균을 이용하여 구한 모평균 m에 대한 신뢰도 95 %의 신뢰구간이 $a \le m \le b$이다. 이 회사에서 생산하는 제품 중에서 n_2개를 임의추출하여 얻은 표본평균을 이용하여 구한 모평균 m에 대한 신뢰도 99 %의 신뢰구간이 $c \le m \le d$이다. $43(b-a)=49(d-c)$일 때, $\frac{n_2}{n_1}$의 값은?

(단, 무게의 단위는 g이고, Z가 표준정규분포를 따르는 확률변수일 때 $\mathrm{P}(|Z| \le 1.96)=0.95$, $\mathrm{P}(|Z| \le 2.58)=0.99$로 계산하며, n_1, n_2는 모두 자연수이다.) [3점]

① $\frac{36}{25}$　　② $\frac{25}{16}$　　③ $\frac{16}{9}$　　④ $\frac{9}{4}$　　⑤ 4

28

▸ 24054-1028

다음 조건을 만족시키는 자연수 a, b, c의 모든 순서쌍 (a, b, c)의 개수는? [4점]

(가) $a+2b+3c$의 값은 홀수이다.
(나) $a+b+c=20$

① 88　　② 90　　③ 92　　④ 94　　⑤ 96

단답형

29

▸ 24054-1029

한 개의 주사위를 다섯 번 던져서 나오는 눈의 수를 차례로 a, b, c, d, e라 하자. $a<b<c$이고 $c>d>e$일 때,

집합 $\{a, b\} \cup \{d, e\}$의 원소의 개수가 3일 확률은 $\frac{q}{p}$이다.

$p+q$의 값을 구하시오. (단, p와 q는 서로소인 자연수이다.) [4점]

30

▸ 24054-1030

집합 $A=\{1, 2, 3, 4, 5, 6\}$에 대하여 A에서 A로의 모든 함수 f 중에서 다음 조건을 만족시키는 함수 f의 개수를 구하시오. [4점]

(가) $f(1) \times f(2) \times f(3) \times f(4) \times f(5) \times f(6)=240$
(나) $f(1)$의 값이 짝수이면 $f(5)$의 값은 홀수이다.

실전 모의고사 2회

제한시간 100분 | 배 점 100점

5지선다형

01

▸ 24054-1031

$\dfrac{\sqrt[3]{16}\times\sqrt[6]{4}}{\sqrt{8}}$의 값은? [2점]

① $\sqrt[3]{2}$　② $\sqrt[4]{2}$　③ $\sqrt[5]{2}$　④ $\sqrt[6]{2}$　⑤ $\sqrt[7]{2}$

02

▸ 24054-1032

$\lim_{x\to 2}\dfrac{3x}{x^2-x-2}\left(\dfrac{1}{2}-\dfrac{1}{x}\right)$의 값은? [2점]

① $\dfrac{1}{2}$　② 1　③ $\dfrac{3}{2}$　④ 2　⑤ $\dfrac{5}{2}$

03

▸ 24054-1033

모든 항이 양수인 등비수열 $\{a_n\}$에 대하여

$$a_2a_4=1,\ \frac{a_{10}}{a_5}=1024$$

일 때, $\log_2 a_1$의 값은? [3점]

① -1　② -2　③ -3　④ -4　⑤ -5

04

▸ 24054-1034

다항함수 $f(x)$에 대하여 함수 $(x^2+x)f(x)$가 $x=1$에서 극소이고, 이때의 극솟값이 -4일 때, $f'(1)$의 값은? [3점]

① 1　② 2　③ 3　④ 4　⑤ 5

05

▸ 24054-1035

$\frac{\pi}{2}<\theta<\frac{3}{2}\pi$이고 $\tan^2\theta+4\tan\theta+1=0$일 때, $\sin\theta-\cos\theta$의 값은? [3점]

① $-\frac{\sqrt{6}}{2}$　② $-\frac{\sqrt{3}}{2}$　③ 0
④ $\frac{\sqrt{3}}{2}$　⑤ $\frac{\sqrt{6}}{2}$

06

▸ 24054-1036

$a_2=5$, $a_4=11$인 등차수열 $\{a_n\}$에 대하여 부등식

$$\sum_{k=1}^{m}\frac{1}{a_k a_{k+1}}>\frac{4}{25}$$

를 만족시키는 자연수 m의 최솟값은? [3점]

① 11　② 13　③ 15
④ 17　⑤ 19

07

▸ 24054-1037

좌표평면에서 다음 조건을 만족시키는 직선 l과 원점 사이의 거리는? [3점]

(가) 직선 l은 제2사분면을 지나고, 직선 $x-y+1=0$과 평행하다.
(나) 직선 l이 곡선 $y=x^3-2x+2$와 만나는 서로 다른 점의 개수는 2이다.

① $2\sqrt{2}$　② 3　③ $\sqrt{10}$
④ $\sqrt{11}$　⑤ $2\sqrt{3}$

08

▸ 24054-1038

삼차함수 $f(x)=ax^3+3ax^2+bx+2$가 다음 조건을 만족시키도록 하는 두 정수 a, b에 대하여 ab의 최솟값은? [3점]

> $x_1<x_2$인 모든 실수 x_1, x_2에 대하여 $f(x_1)>f(x_2)$이다.

① -6　② -3　③ 0　④ 3　⑤ 6

09

▸ 24054-1039

최고차항의 계수가 3인 이차함수 $f(x)$가

$$\int_{-1}^{3} f(x)\,dx=\int_{2}^{3} f(x)\,dx=\int_{3}^{4} f(x)\,dx$$

를 만족시킬 때, $f(0)$의 값은? [4점]

① 6　② 7　③ 8　④ 9　⑤ 10

10

▸ 24054-1040

양수 a에 대하여 함수 $y=a\sin 2ax+2$의 그래프와 직선 $y=3$이 만난다. 이때 만나는 모든 점의 x좌표 중 양수인 것을 작은 수부터 차례로 k_1, k_2, k_3, $\cdots$이라 하자. $k_3+k_4=a\pi$일 때, a의 값은? [4점]

① $\sqrt{2}$　② $\frac{3}{2}$　③ $\frac{\sqrt{10}}{2}$　④ $\frac{\sqrt{11}}{2}$　⑤ $\sqrt{3}$

11

▸ 24054-1041

$|a| \neq 3$, $a \neq 0$인 정수 a에 대하여 곡선 $y=\left(\frac{a^2}{9}\right)^{|x|}-3$과 직선 $y=ax$가 서로 다른 두 점에서 만날 때, 부등식

$$(a^4)^{a^2-2a+9} \geq (a^6)^{a^2-a-4}$$

을 만족시키는 모든 정수 a의 값의 합은? [4점]

① -6　② -3　③ 0　④ 3　⑤ 6

12

▸ 24054-1042

1보다 큰 두 자연수 m, n에 대하여 두 수 $a=\sqrt[m]{2^{10}}\times\sqrt[n]{2^{24}}$, $b=\sqrt[n]{3^{24}}$이 다음 조건을 만족시킨다.

(가) 두 수 a, b는 모두 자연수이다.
(나) a는 16의 배수이다.

두 수 m, n의 모든 순서쌍 (m, n)의 개수는? [4점]

① 16　② 18　③ 20　④ 22　⑤ 24

13

▶ 24054-1043

두 실수 a, k에 대하여 함수 $f(x)$를

$$f(x)=\begin{cases} k(x-a)(x-a+2) & (x<a) \\ |x-a-1|-1 & (a\le x\le a+2) \\ k(x-a-4)(x-a-2) & (x>a+2) \end{cases}$$

라 할 때, **보기**에서 옳은 것만을 있는 대로 고른 것은? [4점]

보기

ㄱ. $a=-1$이면 함수 $y=f(x)$의 그래프는 y축에 대하여 대칭이다.

ㄴ. $0\le k\le 1$이면 함수 $f(x)$의 최솟값은 -1이다.

ㄷ. 함수 $f(x)$가 $x=2$에서만 미분가능하지 않으면 $a+k=\frac{1}{2}$이다.

① ㄱ ② ㄷ ③ ㄱ, ㄴ
④ ㄴ, ㄷ ⑤ ㄱ, ㄴ, ㄷ

14

▶ 24054-1044

최고차항의 계수가 1인 사차함수 $f(x)$가 다음 조건을 만족시킨다.

(가) 모든 실수 x에 대하여 $f(-x)=f(x)$이다.
(나) 함수 $f(x)$는 $x=2$에서 극값을 갖는다.

두 실수 m, n과 함수 $f(x)$에 대하여 함수 $g(x)$는

$$g(x)=\begin{cases} f(x) & (x\ge 0) \\ f(x-m)+n & (x<0) \end{cases}$$

이다. 함수 $g(x)$가 실수 전체의 집합에서 미분가능하도록 하는 m, n의 모든 순서쌍 (m, n)에 대하여 $m+n$의 최댓값은? [4점]

① 14 ② 16 ③ 18
④ 20 ⑤ 22

15

▸ 24054-1045

그림과 같이 중심이 O이고 반지름의 길이가 2, 중심각의 크기가 $\frac{2}{3}\pi$인 부채꼴 OAB가 있다. 선분 OB의 중점 M과 호 AB 위의 점 중에서 A가 아닌 점 P에 대하여 $\angle OAM = \angle OPM$일 때, 삼각형 PMA의 둘레의 길이는? [4점]

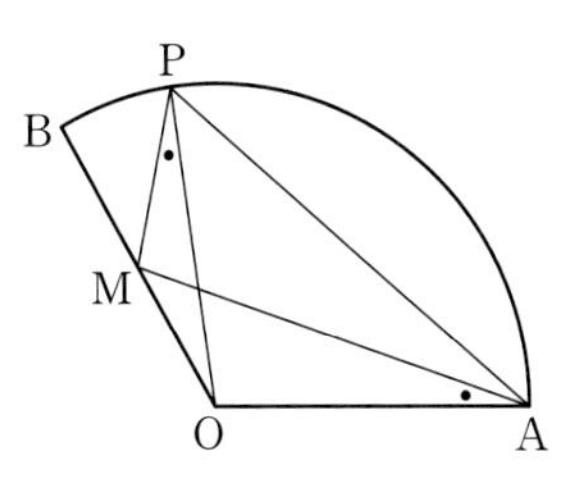

① $\frac{17\sqrt{7}}{7}$ ② $\frac{18\sqrt{7}}{7}$ ③ $\frac{19\sqrt{7}}{7}$
④ $\frac{20\sqrt{7}}{7}$ ⑤ $3\sqrt{7}$

단답형

16

▸ 24054-1046

부등식 $\log_2(x^2-x-6) \le \log_{\sqrt{2}} 6$을 만족시키는 모든 정수 x의 값의 합을 구하시오. [3점]

17

▸ 24054-1047

수열 $\{a_n\}$이 모든 자연수 n에 대하여

$$\sum_{k=1}^{n} a_k = 2^n - 5n$$

을 만족시킬 때, $\sum_{n=1}^{4} a_{2n-1}$의 값을 구하시오. [3점]

18

▸ 24054-1048

시각 $t=0$일 때 동시에 원점을 출발하여 수직선 위를 움직이는 두 점 P, Q의 시각 t $(t\geq 0)$에서의 속도가 각각

$v_1(t)=3t-5$, $v_2(t)=7-t$

이다. 시각 $t=k$에서 두 점 P, Q가 만날 때, 양수 k의 값을 구하시오. [3점]

19

▸ 24054-1049

최고차항의 계수가 1인 삼차함수 $f(x)$의 도함수 $f'(x)$에 대하여 $f'(-1)=f'(3)=0$이다. 함수 $f(x)$가 다음 조건을 만족시킬 때, $f(1)$의 값을 구하시오. [3점]

(가) $f(0)>0$
(나) 함수 $f(x)$의 극댓값과 극솟값의 곱이 0이다.

20

▸ 24054-1050

모든 항이 정수이고 다음 조건을 만족시키는 모든 수열 $\{a_n\}$에 대하여 a_5의 값의 합을 구하시오. [4점]

(가) $a_1=100$이고, 모든 자연수 n에 대하여

$$a_{n+2}=\begin{cases} a_n-a_{n+1} & (n\text{이 홀수인 경우}) \\ 2a_{n+1}-a_n & (n\text{이 짝수인 경우}) \end{cases}$$

이다.
(나) 6 이하의 모든 자연수 m에 대하여 $a_m a_{m+1}>0$이다.

21

▸ 24054-1051

함수 $f(x)=\int_0^x (2x-t)(3t^2+at+b)\,dt$와 도함수 $f'(x)$가 다음 조건을 만족시키도록 하는 정수 a와 실수 b에 대하여 $\left|\frac{a}{b}\right|$의 값을 구하시오. [4점]

> (가) $f'(1)=0$
> (나) 열린구간 $(0,\ 1)$에 속하는 모든 실수 k에 대하여 x에 대한 방정식 $f(x)=f(k)$의 서로 다른 실근의 개수는 2이다.

22

▸ 24054-1052

함수 $f(x)=x^4-\frac{8}{3}x^3-2x^2+8x+2$와 상수 k에 대하여 함수 $g(x)$는

$g(x)=|f(x)-k|$

이고 두 집합 A, B를

$A=\left\{x \,\middle|\, \lim_{h\to 0-}\frac{g(x+h)-g(x)}{h}+\lim_{h\to 0+}\frac{g(x+h)-g(x)}{h}=0\right\}$,

$B=\{g(x)\,|\,x\in A\}$

라 할 때, $n(A)=7$, $n(B)=3$이다. 집합 B의 모든 원소의 합이 $\frac{q}{p}$일 때, $p+q$의 값을 구하시오.

(단, p와 q는 서로소인 자연수이다.) [4점]

5지선다형

확률과 통계

23

▸ 24054-1053

다항식 $(x^2+\sqrt{2})^6$의 전개식에서 x^4의 계수는? [2점]

① 30　② 40　③ 50　④ 60　⑤ 70

24

▸ 24054-1054

두 사건 A, B에 대하여

$$\mathrm{P}(A)=2\mathrm{P}(B)=\frac{5}{7}\mathrm{P}(A\cup B)$$

일 때, $\mathrm{P}(B|A)$의 값은? (단, $\mathrm{P}(A)\neq 0$) [3점]

① $\frac{1}{10}$　② $\frac{3}{20}$　③ $\frac{1}{5}$　④ $\frac{1}{4}$　⑤ $\frac{3}{10}$

25

▸ 24054-1055

어느 학교의 학생 한 명의 일주일 독서 시간은 평균이 12시간, 표준편차가 2.4시간인 정규분포를 따른다고 한다. 이 학교의 학생 중에서 임의추출한 36명의 일주일 독서 시간의 표본평균이 11.4시간 이상이고 13시간 이하일 확률을 오른쪽 표준정규분포표를 이용하여 구한 것은? [3점]

z	$\mathrm{P}(0 \le Z \le z)$
1.0	0.3413
1.5	0.4332
2.0	0.4772
2.5	0.4938

① 0.8351 ② 0.9104
③ 0.9270 ④ 0.9544
⑤ 0.9710

26

▸ 24054-1056

1부터 8까지의 자연수가 하나씩 적혀 있는 8장의 카드가 들어 있는 주머니가 있다. 이 주머니에서 임의로 3장의 카드를 동시에 꺼낼 때, 꺼낸 카드에 적혀 있는 수를 a, b, c $(a<b<c)$라 하자. $2a+b=2c$일 확률은? [3점]

① $\frac{3}{56}$ ② $\frac{1}{14}$ ③ $\frac{5}{56}$
④ $\frac{3}{28}$ ⑤ $\frac{1}{8}$

27

▸ 24054-1057

상자 A에는 흰 공 4개와 검은 공 6개가 들어 있고, 상자 B는 비어 있다. 상자 A에 들어 있는 공을 이용하여 다음 시행을 한다.

> 상자 A에서 임의로 3개의 공을 꺼내어
> 흰 공이 나오면 꺼낸 공 3개를 상자 B에 넣은 후
> 상자 A에서 임의로 2개의 공을 더 꺼내어 상자 B에 넣고,
> 흰 공이 나오지 않으면 꺼낸 공 3개만 상자 B에 넣는다.

이 시행 후 두 상자 A와 B에 들어 있는 검은 공의 개수가 서로 같을 확률은? [3점]

① $\frac{4}{7}$ ② $\frac{25}{42}$ ③ $\frac{13}{21}$
④ $\frac{9}{14}$ ⑤ $\frac{2}{3}$

28

▸ 24054-1058

집합 $X=\{1, 2, 3, 4, 5, 6\}$에서 집합 $Y=\{1, 2, 3, 4\}$로의 함수 중에서 다음 조건을 만족시키는 함수 f의 개수는? [4점]

> 4 이하의 자연수 n에 대하여 집합 $\{x|f(x)=n, x\in X\}$의 원소의 개수를 a_n이라 하면 3 이하의 모든 자연수 k에 대하여 $a_k+a_{k+1}=3$이다.

① 320 ② 340 ③ 360
④ 380 ⑤ 400

단답형

29

▸ 24054-1059

연속확률변수 X가 갖는 값의 범위는 $0 \le X \le a$이고, X의 확률밀도함수의 그래프가 그림과 같다.

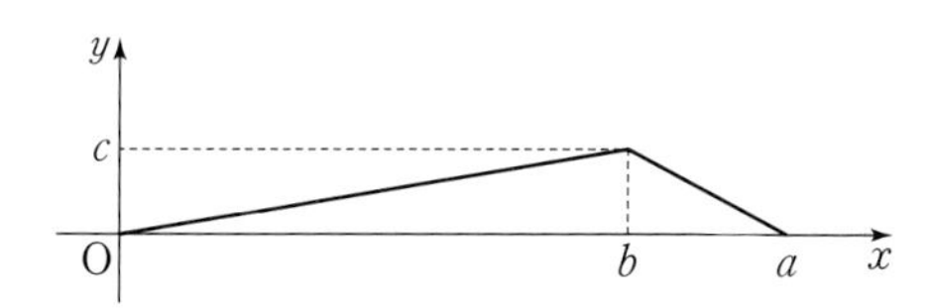

$4\mathrm{P}\left(0 \le X \le \frac{b}{2}\right) = 3\mathrm{P}(b \le X \le a)$일 때, $\mathrm{P}\left(\frac{b}{2} \le X \le \frac{a}{2}\right) = \frac{q}{p}$이다. $p+q$의 값을 구하시오.
(단, a, b, c는 상수이고, p와 q는 서로소인 자연수이다.) [4점]

30

▸ 24054-1060

다음 조건을 만족시키는 자연수 a, b, c, d의 모든 순서쌍 (a, b, c, d)의 개수를 구하시오. [4점]

(가) $a \times b \times c \times d = 192$
(나) $a+b+c+d$는 홀수이다.

실전 모의고사 3회

제한시간 100분 | 배 점 100점

5지선다형

01
▸ 24054-1061

$4^{2-\sqrt{3}} \times 2^{2\sqrt{3}}$의 값은? [2점]

① 2 ② 4 ③ 8
④ 16 ⑤ 32

02
▸ 24054-1062

$\lim_{x \to 1} \frac{1}{x^2-1}\left(\frac{1}{x+1}-\frac{1}{2}\right)$의 값은? [2점]

① $-\frac{1}{8}$ ② $-\frac{1}{4}$ ③ $-\frac{3}{8}$
④ $-\frac{1}{2}$ ⑤ $-\frac{5}{8}$

03
▸ 24054-1063

등차수열 $\{a_n\}$에 대하여

$$2a_1=a_4,\ a_2+a_3=9$$

일 때, a_6의 값은? [3점]

① 6 ② 8 ③ 10
④ 12 ⑤ 14

04
▸ 24054-1064

다항함수 $f(x)$에 대하여 함수 $g(x)$를

$$g(x)=(3x-4)f(x)$$

라 하자. $\lim_{h \to 0} \frac{f(2+2h)-2}{h}=5$일 때, $g'(2)$의 값은? [3점]

① 11 ② 12 ③ 13
④ 14 ⑤ 15

05

▸ 24054-1065

두 상수 a, b에 대하여

$$\lim_{x \to 1} \frac{x^3-1}{x^2+ax+b} = \frac{1}{2}$$

일 때, $a-b$의 값은? [3점]

① 9 ② 11 ③ 13
④ 15 ⑤ 17

06

▸ 24054-1066

함수 $f(x)=x^3-ax^2+(a-2)x+a$는 $x=a$에서 극소이다. 함수 $f(x)$의 극댓값은? (단, a는 상수이다.) [3점]

① $\frac{10}{9}$ ② $\frac{32}{27}$ ③ $\frac{34}{27}$
④ $\frac{4}{3}$ ⑤ $\frac{38}{27}$

07

▸ 24054-1067

중심이 원점 O이고 반지름의 길이가 1인 원 C 위의 점 중 제1사분면에 있는 점 P에서의 접선 l이 x축, y축과 만나는 점을 각각 Q, R이라 하고 $\angle RQO=\theta$라 하자. 삼각형 ROQ의 넓이가 $\frac{2\sqrt{3}}{3}$일 때, $\sin\theta \times \cos\theta$의 값은? [3점]

① $\frac{\sqrt{2}}{8}$ ② $\frac{\sqrt{3}}{8}$ ③ $\frac{\sqrt{2}}{4}$
④ $\frac{\sqrt{3}}{4}$ ⑤ $\frac{1}{2}$

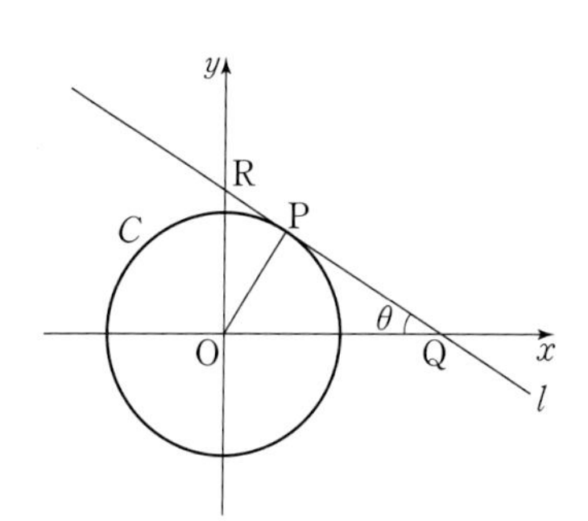

08

▸ 24054-1068

점 $(0,\ 1)$에서 곡선 $y=x^3-3x^2$에 그은 두 접선의 기울기를 각각 m_1, m_2라 하자. m_1+m_2의 값은? [3점]

① $\frac{3}{8}$　② $\frac{1}{2}$　③ $\frac{5}{8}$
④ $\frac{3}{4}$　⑤ $\frac{7}{8}$

09

▸ 24054-1069

수열 $\{a_n\}$이 $a_1=1$이고 모든 자연수 n에 대하여

$$a_{n+1}=\begin{cases} \sqrt[3]{2}a_n & (a_n<2) \\ \frac{1}{2}a_n & (a_n\geq 2) \end{cases}$$

를 만족시킨다. 수열 $\{a_n\}$의 첫째항부터 제n항까지의 곱을 T_n이라 할 때, $\log_2 T_{100}$의 값은? [4점]

① 10　② 20　③ 30
④ 40　⑤ 50

10

▸ 24054-1070

그림과 같이 $x\geq 0$에서 곡선 $y=x^3-x$와 직선 $y=3x$로 둘러싸인 부분의 넓이를 직선 $y=mx$가 이등분할 때, 상수 m의 값은? (단, $0<m<3$) [4점]

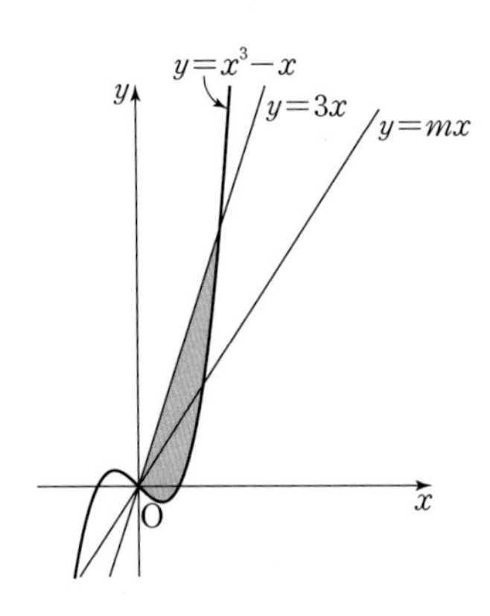

① $2(\sqrt{2}-1)$　② $3-\sqrt{2}$　③ $2\sqrt{2}-1$
④ $\frac{3\sqrt{2}}{2}$　⑤ $\sqrt{2}+1$

11

▸ 24054-1071

다항함수 $f(x)$가 모든 실수 x에 대하여

$$xf(x)=\frac{2}{3}x^3+ax^2+b+\int_1^x f(t)\,dt$$

를 만족시킨다. $f(0)=f(1)=1$일 때, $f(b-a)$의 값은?

(단, a, b는 상수이다.) [4점]

① 1 ② $\frac{11}{9}$ ③ $\frac{13}{9}$

④ $\frac{5}{3}$ ⑤ $\frac{17}{9}$

12

▸ 24054-1072

그림과 같이 곡선 $y=x^3+6x^2+9x$ 위의 점 $\mathrm{P}(t,\ t^3+6t^2+9t)$ $(-1<t<0)$에서의 접선을 l이라 하고, 점 P를 지나고 직선 l에 수직인 직선을 m이라 하자. 두 직선 l, m이 y축과 만나는 점을 각각 Q, R이라 하고, 삼각형 PRQ의 넓이를 $S(t)$라 할 때, $\lim_{t\to 0-}\frac{S(t)}{t^2}$의 값은? [4점]

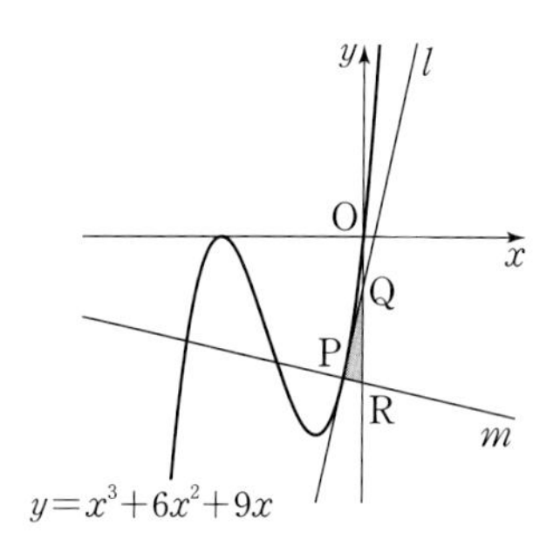

① $\frac{41}{9}$ ② $\frac{43}{9}$ ③ 5

④ $\frac{47}{9}$ ⑤ $\frac{49}{9}$

13

▸ 24054-1073

함수 $f(x)=\log_2 x$가 있다. 그림과 같이 자연수 n에 대하여 함수 $y=f(x)$의 그래프 위의 점 $P_n(2^n,\ f(2^n))$에서 x축에 내린 수선의 발을 H_n이라 하고, 선분 OH_n의 중점을 Q_n이라 하자. 삼각형 $P_nQ_nH_n$의 외접원 C_n의 넓이를 S_n이라 할 때, $\dfrac{S_{10}-50S_1}{S_4-2S_2}$의 값은 k이다. $f(k)$의 값은? (단, O는 원점이다.)

[4점]

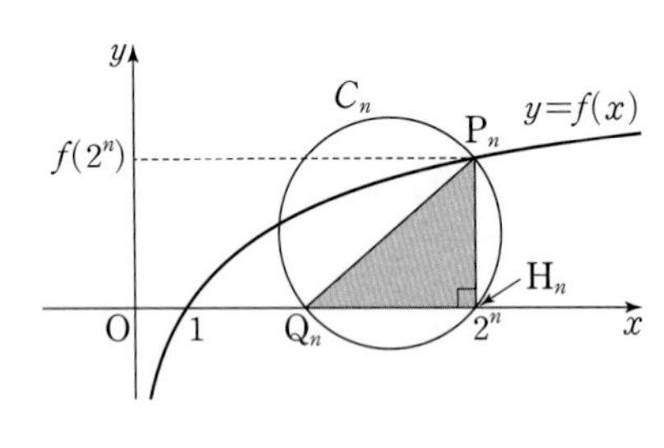

① 6 ② 8 ③ 10 ④ 12 ⑤ 14

14

▸ 24054-1074

실수 전체의 집합에서 정의된 함수

$$f(x)=\int_0^x 12t(t-1)(t-3)\,dt$$

에 대하여 **보기**에서 옳은 것만을 있는 대로 고른 것은? [4점]

보기

ㄱ. $f'(2)=-24$

ㄴ. 함수 $f(x)$의 극댓값은 5이다.

ㄷ. 함수 $f(x+1)-f(x)$는 $x=\dfrac{5}{3}$에서 극솟값을 갖는다.

① ㄱ ② ㄴ ③ ㄱ, ㄷ ④ ㄴ, ㄷ ⑤ ㄱ, ㄴ, ㄷ

15

▸ 24054-1075

실수 전체의 집합에서 정의된 함수 $f(x)$가 닫힌구간 $[-1, 1]$에서

$$f(x)=\begin{cases} -x^2 & (-1\le x<0) \\ x^2 & (0\le x\le 1) \end{cases}$$

이고, 모든 실수 x에 대하여 $f(x)=f(x-2)+2$를 만족시킨다. 자연수 n에 대하여 곡선 $y=f(x)$와 x축 및 두 직선 $x=-3$, $x=n$으로 둘러싸인 부분의 넓이가 $\frac{194}{3}$일 때, n의 값은? [4점]

① 7　② 8　③ 9　④ 10　⑤ 11

단답형

16

▸ 24054-1076

방정식

$$\log_4(4x-x^2)=1+\log_2(x-1)$$

을 만족시키는 실수 x의 값을 구하시오. [3점]

17

▸ 24054-1077

두 수열 $\{a_n\}$, $\{b_n\}$에 대하여

$$\sum_{k=1}^{10}(2a_k+3)=100,\ \sum_{k=1}^{10}(3b_k+2k)=500$$

일 때, $\sum_{k=1}^{10}(a_k+b_k)$의 값을 구하시오. [3점]

18

▸ 24054-1078

그림과 같이 자연수 n에 대하여 원 C_n : $x^2+y^2=n^2$이 원점 O를 지나고 x축의 양의 방향과 이루는 각의 크기가 $30°$인 직선 l과 만나는 제1사분면 위의 점을 P_n이라 하자. 원 C_n이 x축과 만나는 점 중 x좌표가 양수인 점을 H_n이라 하고, 점 H_n을 지나고 x축에 수직인 직선과 직선 l이 만나는 점을 Q_n이라 할 때, 삼각형 $\mathrm{P}_n\mathrm{H}_n\mathrm{Q}_n$의 넓이를 S_n이라 하자. $\sum_{k=1}^{8} S_k=a+b\sqrt{3}$일 때, $b-a$의 값을 구하시오. (단, a, b는 유리수이다.) [3점]

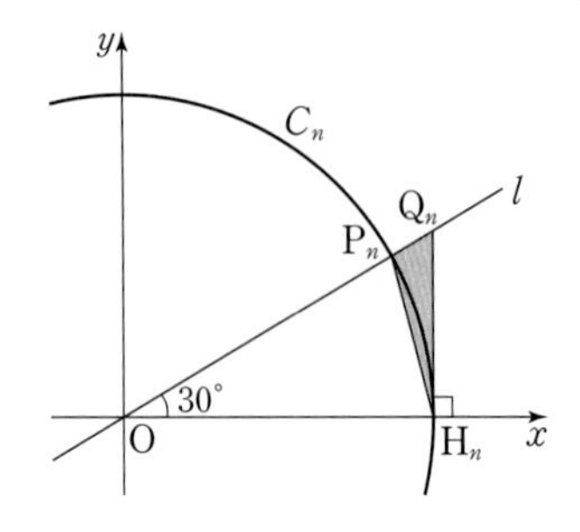

19

▸ 24054-1079

실수 전체의 집합에서 정의된 함수 $f(x)$가 구간 $[-2, 6)$에서

$$f(x)=\begin{cases} x^2+2x+2 & (-2\le x<2) \\ \frac{1}{2}x^2-4x & (2\le x<6) \end{cases}$$

이고, 모든 실수 x에 대하여 $f(x)=f(x+8)$을 만족시킨다. 열린구간 $(-20, 20)$에서 함수 $f(x)$가 $x=a$에서 극소인 모든 실수 a를 작은 수부터 크기순으로 나열한 것을 a_1, a_2, a_3, $\cdots$, a_m (m은 자연수)라 하고, $x=b$에서 극대인 모든 실수 b를 작은 수부터 크기순으로 나열한 것을 b_1, b_2, b_3, $\cdots$, b_n (n은 자연수)라 하자. $\sum_{k=1}^{m} a_k+\sum_{k=1}^{n} |b_k|$의 값을 구하시오. [3점]

20

▸ 24054-1080

수직선 위를 움직이는 점 P의 시각 t $(t\ge 0)$에서의 속도 $v(t)$와 가속도 $a(t)$가 다음 조건을 만족시킨다.

(가) $v(t)$는 t에 대한 삼차함수이다.
(나) 0 이상의 모든 실수 t에 대하여
$v(t)+ta(t)=4t^3-3t^2-4t$이다.

시각 $t=0$에서 $t=3$까지 점 P가 움직인 거리를 l이라 할 때, $12\times l$의 값을 구하시오. [4점]

21

▸ 24054-1081

그림과 같이 중심이 각각 A$(-1,\ 0)$, B$(2,\ 0)$이고 원점 O를 지나는 두 원을 각각 C_1, C_2라 하자. 원점을 출발하여 시계 반대 방향으로 원 C_1 위를 움직이는 점 P와 점 $(4,\ 0)$을 출발하여 시계 반대 방향으로 원 C_2 위를 움직이는 점 Q에 대하여 두 선분 AP, BQ가 x축의 양의 방향과 이루는 각의 크기를 모두 θ라 하자. 삼각형 POQ의 넓이를 $S(\theta)$라 할 때, $S(\theta)=1$이 되도록 하는 θ의 값을 작은 수부터 크기순으로 나열한 것을 α_1, α_2, α_3, $\cdots$, α_n (n은 자연수)라 하자. $\frac{12}{\pi}\times(\alpha_2-\alpha_1+\alpha_4-\alpha_3)$의 값을 구하시오. (단, $0<\theta<2\pi$이고 $\theta\neq\pi$이다.) [4점]

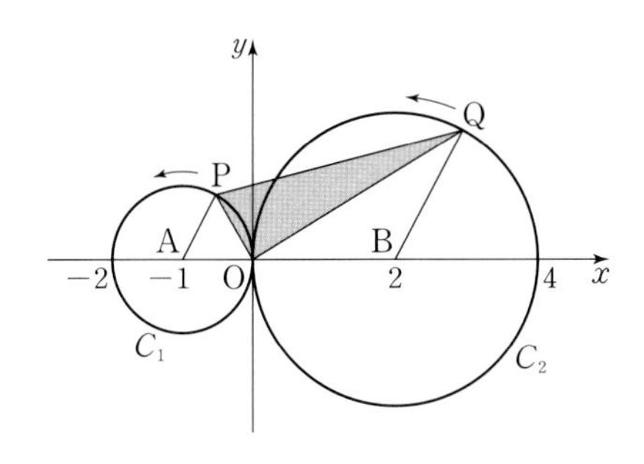

22

▸ 24054-1082

최고차항의 계수가 1인 삼차함수 $f(x)$에 대하여 함수 $g(x)$를

$$g(x)=\begin{cases} f(x)+2x & (x<-1) \\ -f(x)-2x+a & (-1\leq x<2) \\ f(x)+2x+b & (x\geq 2) \end{cases}$$

라 하면 함수 $g(x)$는 실수 전체의 집합에서 미분가능하다. $g(-2)=6$일 때, $g(1)+g(3)$의 값을 구하시오.

(단, a, b는 상수이다.) [4점]

5지선다형

확률과 통계

23

▸ 24054-1083

두 사건 A, B에 대하여

$$\mathrm{P}(A\cup B)=1,\ \mathrm{P}(A)=1-\mathrm{P}(A\cap B),\ \mathrm{P}(B|A)=\frac{1}{3}$$

일 때, $\mathrm{P}(B)$의 값은? [2점]

① $\frac{1}{6}$　② $\frac{1}{4}$　③ $\frac{1}{3}$　④ $\frac{5}{12}$　⑤ $\frac{1}{2}$

24

▸ 24054-1084

숫자 0, 1, 2, 3, 4 중에서 중복을 허락하여 4개를 택해 일렬로 나열하여 만들 수 있는 네 자리의 자연수는 a개이고, 이 a개의 자연수를 작은 수부터 크기순으로 나열할 때 1234는 b번째의 수이다. $a+b$의 값은? [3점]

① 550　② 560　③ 570　④ 580　⑤ 590

25

▸ 24054-1085

어느 농장에서 수확한 애호박 1개의 무게는 평균이 310 g, 표준편차가 20 g인 정규분포를 따른다고 한다. 이 농장에서 수확한 애호박 1개의 무게가 305 g 이상이고 330 g 이하이면 마트에 공급된다. 이 농장에서 임의로 선택한 애호박 1개가 마트에 공급되는 상품일 확률을 오른쪽 표준정규분포표를 이용하여 구한 것은? [3점]

z	$\mathrm{P}(0 \le Z \le z)$
0.25	0.0987
0.50	0.1915
0.75	0.2734
1.00	0.3413

① 0.2902 ② 0.3830 ③ 0.4400
④ 0.4649 ⑤ 0.5328

26

▸ 24054-1086

어느 공장에서 생산되는 향수 한 병의 내용물 용량을 확률변수 X라 하면 X는 평균이 100, 표준편차가 σ인 정규분포를 따른다고 한다. 이 공장에서 생산되는 향수 중에서 임의추출한 16병의 내용물 용량의 표본평균을 $\overline{X}$라 하자.

$\mathrm{P}(X \ge 92) + \mathrm{P}(\overline{X} \ge k) = 1$을 만족시키는 자연수 k의 값은?

(단, 용량의 단위는 mL이다.) [3점]

① 101 ② 102 ③ 103
④ 104 ⑤ 105

27

▸ 24054-1087

주머니 A에는 흰 공 2개와 검은 공 3개가 들어 있고, 주머니 B에는 흰 공 2개와 검은 공 4개가 들어 있다. 두 주머니 A, B와 한 개의 주사위를 사용하여 다음 시행을 한다.

> 주사위를 한 번 던져
> 나오는 눈의 수가 홀수이면
> 주머니 A에서 임의로 한 개의 공을 꺼내어 주머니 B에 넣은 후 주머니 B에서 임의로 한 개의 공을 꺼내고,
> 나오는 눈의 수가 짝수이면
> 주머니 A에서 임의로 두 개의 공을 동시에 꺼내어 주머니 B에 넣은 후 주머니 B에서 임의로 한 개의 공을 꺼낸다.

이 시행을 한 번 할 때, 주머니 B에서 꺼낸 공이 흰 공일 확률은? [3점]

① $\frac{17}{56}$　② $\frac{11}{35}$　③ $\frac{13}{40}$　④ $\frac{47}{140}$　⑤ $\frac{97}{280}$

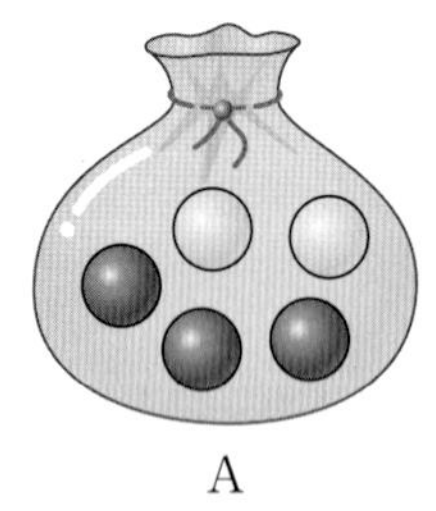
A

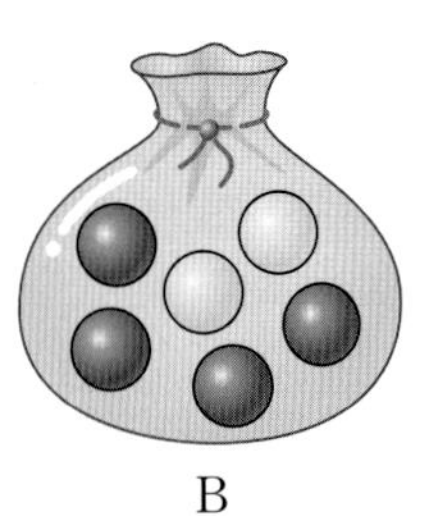
B

28

▸ 24054-1088

양수 a에 대하여 연속확률변수 X가 갖는 값의 범위는 $-a \leq X \leq a+1$이고, X의 확률밀도함수 $f(x)$는 다음과 같다.

$$f(x)=\begin{cases} x+a & (-a \leq x < 0) \\ a & (0 \leq x < a) \\ -a(x-a-1) & (a \leq x \leq a+1) \end{cases}$$

$\mathrm{P}(k \leq X \leq a)=\frac{1}{2}$을 만족시키는 상수 k의 값은? [4점]

① $\frac{-2+\sqrt{3}}{6}$　② $\frac{-2+\sqrt{3}}{5}$　③ $\frac{-2+\sqrt{3}}{4}$　④ $\frac{-2+\sqrt{3}}{3}$　⑤ $\frac{-2+\sqrt{3}}{2}$

단답형

29

▸ 24054-1089

어느 장난감 매장에서 오픈기념으로 장난감 2개를 넣어 포장한 럭키박스를 판매하려고 한다. 같은 종류의 인형 3개, 같은 종류의 피규어 3개, 같은 종류의 자석블록 2개 중에서 임의로 2개의 장난감을 택하여 럭키박스에 넣을 때, 넣은 2개의 장난감이 서로 다른 종류일 확률은 $\frac{q}{p}$이다. $p+q$의 값을 구하시오.
(단, 럭키박스에 넣은 2개의 장난감의 순서는 구분하지 않고, p와 q는 서로소인 자연수이다.) [4점]

30

▸ 24054-1090

집합 $X=\{1, 2, 3, 4, 5\}$에서 X로의 함수 $f: X \rightarrow X$ 중에서 다음 조건을 만족시키는 함수 f의 개수를 구하시오. [4점]

> 3 이하의 자연수 n에 대하여 $f(n)>f(n+2)$인 n의 개수는 2이다.

실전 모의고사 4회

제한시간 100분 | 배 점 100점

5지선다형

01

▸ 24054-1091

$\log_3 \sqrt{3}+\log_3 9$의 값은? [2점]

① $\frac{1}{2}$ ② $\frac{3}{2}$ ③ $\frac{5}{2}$

④ $\frac{7}{2}$ ⑤ $\frac{9}{2}$

02

▸ 24054-1092

$\lim_{x \to 2} \frac{x^2+6x-16}{x^2-x-2}$의 값은? [2점]

① 2 ② $\frac{7}{3}$ ③ $\frac{8}{3}$

④ 3 ⑤ $\frac{10}{3}$

03

▸ 24054-1093

등차수열 $\{a_n\}$에 대하여

$a_4=4,\ a_2+a_5=11$

일 때, a_3+a_{11}의 값은? [3점]

① -9 ② -10 ③ -11

④ -12 ⑤ -13

04

▸ 24054-1094

두 다항함수 $f(x)=2x^3+5$, $g(x)=x^2+3x+1$에 대하여 함수 $h(x)$를 $h(x)=f(x)g(x)$라 할 때, $h'(1)$의 값은? [3점]

① 60 ② 65 ③ 70

④ 75 ⑤ 80

05

▸ 24054-1095

$1 \le x \le 4$에서 함수 $f(x)=2^{x-k}+m$의 최댓값이 10, 최솟값이 3일 때, $k+m$의 값은? (단, k, m은 상수이다.) [3점]

① 1 ② 2 ③ 3
④ 4 ⑤ 5

06

▸ 24054-1096

함수 $f(x)=\frac{1}{3}x^3+x^2-3x+a$가 $x=b$에서 극솟값 $\frac{10}{3}$을 가질 때, $a+b$의 값은? (단, a, b는 상수이다.) [3점]

① 6 ② 7 ③ 8
④ 9 ⑤ 10

07

▸ 24054-1097

모든 항이 양수인 수열 $\{a_n\}$이 모든 자연수 n에 대하여

$$\log_2 a_{n+1}-\log_2 a_n=-\frac{1}{2}$$

을 만족시킨다. 수열 $\{a_n\}$의 첫째항부터 제n항까지의 합을 S_n이라 할 때, $\frac{S_{2m}}{S_m}=\frac{9}{8}$이다. $m\times\frac{a_{2m}}{a_m}$의 값은? [3점]

① $\frac{1}{4}$ ② $\frac{1}{2}$ ③ $\frac{3}{4}$
④ 1 ⑤ $\frac{5}{4}$

08

▸ 24054-1098

함수 $f(x)=-x^3+ax+4$에 대하여 곡선 $y=f(x)$ 위의 점 $(1,\ f(1))$에서의 접선의 방정식이 $y=x+b$이다. $a+b$의 값은? (단, a, b는 상수이다.) [3점]

① 4 ② 6 ③ 8 ④ 10 ⑤ 12

09

▸ 24054-1099

그림과 같이 $x>0$에서 두 함수 $y=3\tan \pi x$, $y=2\cos \pi x$의 그래프가 만나는 점 중 x좌표가 가장 작은 점을 P라 하고, 함수 $y=2\cos \pi x$의 그래프가 x축과 만나는 점 중 x좌표가 가장 작은 점을 Q, 두 번째로 작은 점을 R이라 하자. 삼각형 PQR의 넓이는? [4점]

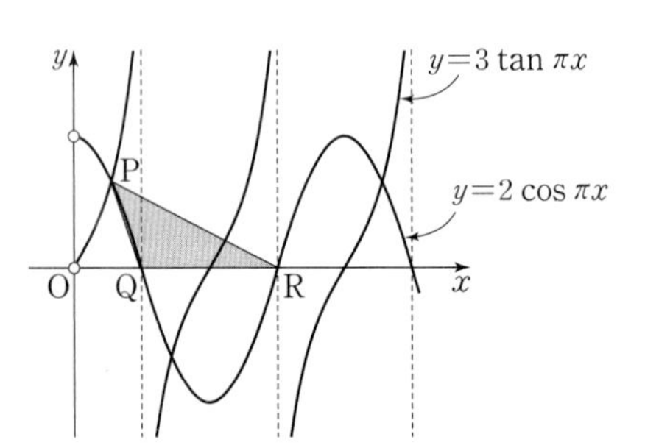

① $\frac{\sqrt{3}}{6}$ ② $\frac{\sqrt{3}}{3}$ ③ $\frac{\sqrt{3}}{2}$ ④ $\frac{2\sqrt{3}}{3}$ ⑤ $\frac{5\sqrt{3}}{6}$

10

▸ 24054-1100

그림과 같이 양수 a에 대하여 직선 $y=-ax+4$와 곡선 $y=\frac{a^2}{2}x^2$ 및 x축으로 둘러싸인 부분의 넓이를 S_1, 직선 $y=-ax+4$와 곡선 $y=\frac{a^2}{2}x^2\ (x\geq 0)$ 및 y축으로 둘러싸인 부분의 넓이를 S_2라 하자. $S_2-S_1=\frac{14}{3}$일 때, a의 값은? [4점]

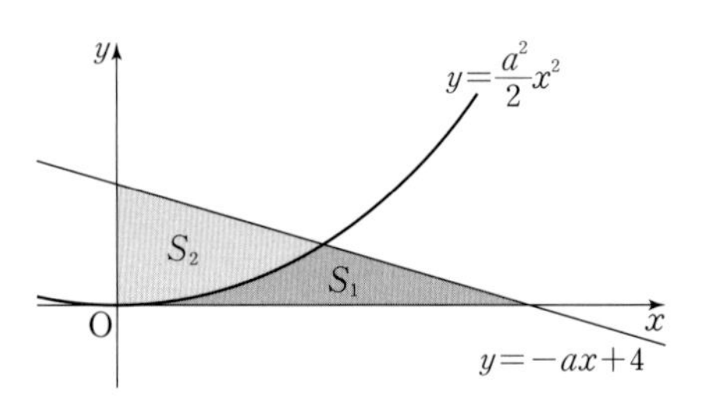

① $\frac{1}{7}$ ② $\frac{2}{7}$ ③ $\frac{3}{7}$ ④ $\frac{4}{7}$ ⑤ $\frac{5}{7}$

11

▸ 24054-1101

그림과 같이 선분 AB를 지름으로 하는 원에 내접하는 사각형 ACBD가 있다.

$\overline{AB}=4$, $\overline{AC}=\overline{BC}$, $\overline{CD}=3$

일 때, 선분 BD의 길이는? (단, $\overline{AD}>\overline{BD}$) [4점]

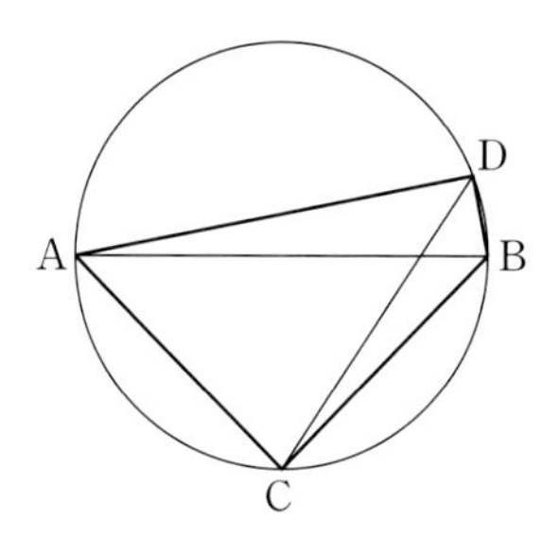

① $\frac{3\sqrt{2}-\sqrt{14}}{2}$ ② $\frac{2\sqrt{5}-\sqrt{14}}{2}$ ③ $\frac{3\sqrt{2}-2\sqrt{3}}{2}$

④ $\frac{2\sqrt{5}-2\sqrt{3}}{2}$ ⑤ $\frac{2\sqrt{5}-\sqrt{3}}{2}$

12

▸ 24054-1102

함수 $f(x)=\left|4\cos\left(\frac{\pi}{2}-\frac{x}{3}\right)+k\right|-5$의 최댓값을 M, 최솟값을 m이라 할 때, $M-m=7$이 되도록 하는 모든 실수 k의 값의 곱은? [4점]

① -3 ② -6 ③ -9

④ -12 ⑤ -15

13

▸ 24054-1103

최고차항의 계수가 3인 이차함수 $f(x)$가 다음 조건을 만족시킨다.

> (가) 모든 실수 x에 대하여 $f(2-x)=f(2+x)$이다.
> (나) x에 대한 방정식 $|f(x)|=k$가 서로 다른 네 개의 실근을 갖도록 하는 자연수 k의 개수는 6이다.

함수 $g(x)$를 $g(x)=\int_0^x f(t)\,dt$라 할 때, $\int_0^4 g(x)\,dx$의 최솟값은? [4점]

① -32 ② -28 ③ -24
④ -20 ⑤ -16

14

▸ 24054-1104

실수 k에 대하여 함수 $f(x)$를

$$f(x)=\begin{cases} x^2-4x+k & (x<0) \\ -x^2+4x+k & (x\geq 0) \end{cases}$$

이라 하자. 실수 t에 대하여 함수 $y=|f(x)|$의 그래프와 직선 $y=t$의 교점의 개수를 $g(t)$라 할 때, **보기**에서 옳은 것만을 있는 대로 고른 것은? [4점]

보기

ㄱ. 함수 $f(x)$가 $x\geq a$에서 감소할 때, 양수 a의 최솟값은 2이다.
ㄴ. $k=-2$일 때, $g(1)=6$이다.
ㄷ. $-4<k<0$인 모든 실수 k와 실수 b에 대하여 $\lim_{t\to b-} g(t) > \lim_{t\to b+} g(t)$를 만족시키는 서로 다른 모든 $g(b)$의 값의 합은 8이다.

① ㄱ ② ㄱ, ㄴ ③ ㄱ, ㄷ
④ ㄴ, ㄷ ⑤ ㄱ, ㄴ, ㄷ

15

▸ 24054-1105

첫째항이 2인 두 수열 $\{a_n\}$, $\{b_n\}$이 모든 자연수 n에 대하여 다음 조건을 만족시킨다.

(가) $\frac{a_{n+1}}{a_n}=\frac{a_{n+2}}{a_{n+1}}$

(나) $\sum_{k=1}^{n} \frac{a_{k+1}b_k}{4^k}=2^n+n(n+1)$

a_5+b_{10}의 값은? [4점]

① 772 ② 774 ③ 776 ④ 778 ⑤ 780

단답형

16

▸ 24054-1106

방정식

$$2^{x+2}-24=2^x$$

을 만족시키는 실수 x의 값을 구하시오. [3점]

17

▸ 24054-1107

다항함수 $f(x)$에 대하여

$$f'(x)=3x^2+4x+1,\ f(0)=1$$

일 때, $\int_{-3}^{3} f(x)\,dx$의 값을 구하시오. [3점]

18

▸ 24054-1108

두 수열 $\{a_n\}$, $\{b_n\}$에 대하여

$$\sum_{n=1}^{4}(a_n+b_n)=36,\ \sum_{n=1}^{4}(a_n-b_n)=14$$

일 때, $\sum_{n=1}^{4}(2a_n+b_n)$의 값을 구하시오. [3점]

19

▸ 24054-1109

자연수 k에 대하여 점 $(-2,\ k)$에서 곡선 $y=x^3-3x^2$에 그을 수 있는 접선의 개수를 $f(k)$라 할 때, $\sum_{k=1}^{20}f(k)$의 값을 구하시오. [3점]

20

▸ 24054-1110

시각 $t=0$일 때 동시에 원점을 출발하여 수직선 위를 움직이는 두 점 P, Q의 시각 $t\ (t\geq 0)$에서의 속도가 각각

$$v_1(t)=2t^2+2t,\ v_2(t)=t^2-2t$$

이다. 시각 $t=k$일 때 점 P의 가속도가 점 Q의 가속도의 3배이고 시각 $t=0$에서 $t=k$까지 두 점 P, Q가 움직인 거리의 차가 a일 때, $3a$의 값을 구하시오. (단, a, k는 상수이다.) [4점]

21

▸ 24054-1111

10보다 작은 두 자연수 k, m에 대하여 두 함수

$$f(x)=|2^x-k|+m,$$

$$g(x)=\left(\log_2 \frac{x}{4}\right)^2+2\log_4 x-2$$

가 있다. x에 대한 방정식 $(g \circ f)(x)=0$이 n개의 실근을 갖도록 하는 k, m의 모든 순서쌍 (k, m)의 개수를 a_n이라 하자. a_1+a_3의 값을 구하시오. [4점]

22

▸ 24054-1112

사차함수 $f(x)$가 다음 조건을 만족시킨다.

(가) $\lim_{x \to \infty} \frac{f(x)}{x^4}=\lim_{x \to 0} \frac{f(x)}{2x^2}=\frac{1}{2}$

(나) $0<x_1<x_2$인 임의의 두 실수 x_1, x_2에 대하여 $f(x_2)-f(x_1)+x_2^2-x_1^2>0$이다.

$f(\sqrt{2})$의 최솟값을 m이라 할 때, $9m^2$의 값을 구하시오. [4점]

5지선다형 확률과 통계

23

▸ 24054-1113

다항식 $(x+1)(2x+1)^7$의 전개식에서 x^3의 계수는? [2점]

① 360 ② 362 ③ 364
④ 366 ⑤ 368

24

▸ 24054-1114

숫자 1, 2, 3, 4, 5, 6 중에서 중복을 허락하여 4개를 택해 일렬로 나열하여 만들 수 있는 네 자리의 자연수 중 백의 자리의 숫자와 일의 자리의 숫자가 모두 짝수인 자연수의 개수는? [3점]

① 288 ② 306 ③ 324
④ 342 ⑤ 360

25

▸ 24054-1115

1부터 10까지의 자연수가 하나씩 적혀 있는 10장의 카드가 들어 있는 주머니에서 임의로 4장의 카드를 동시에 꺼낼 때, 꺼낸 카드에 적혀 있는 수의 최댓값이 8 이상일 확률은? [3점]

① $\frac{1}{2}$ ② $\frac{7}{12}$ ③ $\frac{2}{3}$
④ $\frac{3}{4}$ ⑤ $\frac{5}{6}$

26

▸ 24054-1116

어느 자동차 동호회 회원 25명을 대상으로 차량의 색상과 선호하는 제조사에 대하여 조사하였다. 이 조사에 참여한 동호회 회원은 모두 차량의 색상과 선호하는 제조사를 하나씩 선택하였고, 각 회원들이 선택한 차량의 색상과 선호하는 제조사를 조사한 결과는 다음과 같다.

구분	검은색	흰색	합계
A 회사	10	3	13
B 회사	4	8	12
합계	14	11	25

이 조사에 참여한 동호회 회원 중 임의로 1명을 선택했을 때, A 회사를 선호하거나 흰색을 선호하는 회원일 확률은? [3점]

① $\frac{17}{25}$ ② $\frac{18}{25}$ ③ $\frac{19}{25}$
④ $\frac{4}{5}$ ⑤ $\frac{21}{25}$

27

▸ 24054-1117

모평균이 m, 모표준편차가 σ인 정규분포를 따르는 모집단에서 크기가 9인 표본을 임의추출하여 구한 m에 대한 신뢰도 99 %의 신뢰구간이 $a \le m \le b$이다. 또 이 모집단에서 크기가 n인 표본을 임의추출하여 구한 m에 대한 신뢰도 95 %의 신뢰구간이 $c \le m \le d$이다. $\dfrac{b-a}{d-c} \ge 4.3$을 만족시키는 자연수 n의 최솟값은? (단, Z가 표준정규분포를 따르는 확률변수일 때, $\mathrm{P}(|Z| \le 1.96)=0.95$, $\mathrm{P}(|Z| \le 2.58)=0.99$로 계산한다.)

[3점]

① 91 ② 93 ③ 95
④ 97 ⑤ 99

28

▸ 24054-1118

확률변수 X는 평균이 m_1, 표준편차가 4인 정규분포를 따르고, 확률변수 Y는 평균이 m_2, 표준편차가 4인 정규분포를 따른다고 한다. 두 확률변수 X, Y의 확률밀도함수를 각각 $f(x)$, $g(x)$라 할 때, 두 함수 $f(x)$, $g(x)$는 다음 조건을 만족시킨다.

(가) 모든 실수 x에 대하여 $f(x) \le g(20)$이다.
(나) $f(16)=g(16)$

$\mathrm{P}(X \le 10)+\mathrm{P}(Y \ge 22)$의 값을 오른쪽 표준정규분포표를 이용하여 구한 것은? (단, $m_1 \ne m_2$이고, Z는 표준정규분포를 따르는 확률변수이다.)

[4점]

z	$\mathrm{P}(0 \le Z \le z)$
0.5	0.1915
1.0	0.3413
1.5	0.4332
2.0	0.4772

① 0.1915 ② 0.3085
③ 0.4328 ④ 0.5328
⑤ 0.6170

단답형

29

▸ 24054-1119

주머니 A에는 흰 공 2개와 검은 공 4개가 들어 있고, 주머니 B에는 흰 공 3개와 검은 공 3개가 들어 있다. 한 개의 주사위를 사용하여 다음 시행을 한다.

> 두 주머니 A, B에서 임의로 각각 한 개의 공을 동시에 꺼내어
> 두 공의 색이 같으면 주사위를 2번 던져 나온 두 눈의 수를 곱한 값을 점수로 받고,
> 두 공의 색이 다르면 주사위를 1번 던져 나온 눈의 수에 3을 곱한 값을 점수로 받는다.

이 시행을 한 번 하여 받은 점수가 6의 배수일 때, 주머니에서 꺼낸 두 공의 색이 서로 다를 확률은 $\frac{q}{p}$이다. $p+q$의 값을 구하시오. (단, p와 q는 서로소인 자연수이다.) [4점]

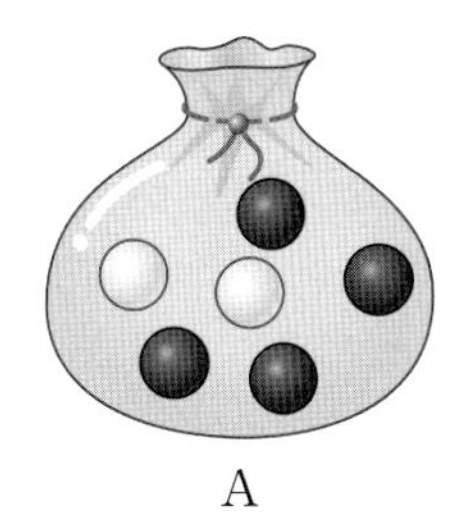
A

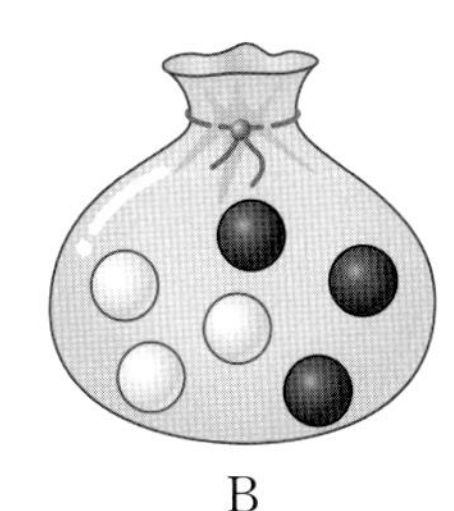
B

30

▸ 24054-1120

네 명의 학생 A, B, C, D에게 같은 종류의 사과 2개와 같은 종류의 배 10개를 남김없이 나누어주려고 한다. 받은 사과의 개수와 배의 개수가 같은 학생이 단 한 명이 되도록 나누어주는 경우의 수를 구하시오. (단, 같은 종류의 과일은 구별하지 않고, 모든 학생은 한 개 이상의 과일을 받는다.) [4점]

실전 모의고사 5회

제한시간 100분 | 배 점 100점

5지선다형

01

▸ 24054-1121

$\sqrt[4]{27}\times\left(\frac{1}{3}\right)^{-\frac{1}{4}}$의 값은? [2점]

① $\frac{1}{9}$ ② $\frac{1}{3}$ ③ 1
④ 3 ⑤ 9

02

▸ 24054-1122

$\lim_{x\to\infty}\frac{\sqrt{4x^2+x}-\sqrt{x^2+2x}}{3x}$의 값은? [2점]

① $\frac{1}{3}$ ② $\frac{2}{3}$ ③ 1
④ $\frac{4}{3}$ ⑤ $\frac{5}{3}$

03

▸ 24054-1123

첫째항이 3인 등차수열 $\{a_n\}$에 대하여

$$a_3+a_7=a_5+a_6-2$$

일 때, a_{20}의 값은? [3점]

① 33 ② 35 ③ 37
④ 39 ⑤ 41

04

▸ 24054-1124

함수 $f(x)=|x^2-2x|$에 대하여 $\lim_{x\to0+}\frac{f(x)}{x}\times\lim_{x\to2+}\frac{f(x)}{x-2}$의 값은? [3점]

① 2 ② 4 ③ 6
④ 8 ⑤ 10

05

▸ 24054-1125

$\frac{3}{2}\pi<\theta<2\pi$인 θ에 대하여

$$\sin(\pi+\theta)\tan\left(\frac{\pi}{2}+\theta\right)=\frac{5}{13}$$

일 때, $\sin\theta$의 값은? [3점]

① $-\frac{12}{13}$　② $-\frac{5}{12}$　③ 0
④ $\frac{5}{12}$　⑤ $\frac{12}{13}$

06

▸ 24054-1126

함수 $f(x)=-\frac{1}{3}x^3+x^2+ax+2$가 $x=-1$에서 극소일 때, 함수 $f(x)$의 극댓값은? (단, a는 상수이다.) [3점]

① 7　② 9　③ 11
④ 13　⑤ 15

07

▸ 24054-1127

등비수열 $\{a_n\}$에 대하여

$$\sum_{k=1}^{3}a_k=\frac{7}{2},\ \sum_{k=1}^{3}(2a_{k+1}-a_k)=\frac{21}{2}$$

일 때, a_6의 값은? [3점]

① 10　② 12　③ 14
④ 16　⑤ 18

08

▸ 24054-1128

함수 $f(x)=x^4+ax^2-x+4$에 대하여 곡선 $y=f(x)$ 위의 점 $(-1,\ 4)$에서의 접선을 l이라 하자. 곡선 $y=f(x)$와 직선 l로 둘러싸인 부분의 넓이는? (단, a는 상수이다.) [3점]

① $\frac{4}{5}$ ② $\frac{14}{15}$ ③ $\frac{16}{15}$
④ $\frac{6}{5}$ ⑤ $\frac{4}{3}$

09

▸ 24054-1129

두 실수 a, b에 대하여 함수 $f(x)=a\sin \pi x+b$가 다음 조건을 만족시킬 때, $f\left(\frac{b^4}{a^2}\right)$의 값은? (단, $a\neq 0$) [4점]

(가) 닫힌구간 $[1,\ 2]$에서 함수 $f(x)$의 최솟값과 닫힌구간 $[4,\ 5]$에서 함수 $f(x)$의 최댓값이 모두 2이다.
(나) 닫힌구간 $\left[\frac{1}{3},\ \frac{1}{2}\right]$에서 함수 $f(x)$의 최댓값이 -1이다.

① 1 ② 2 ③ 3
④ 4 ⑤ 5

10

▸ 24054-1130

다항함수 $f(x)$가 모든 실수 x에 대하여

$$f(x)=x^3-3x^2+a\int_{-1}^{2}|f'(t)|\,dt$$

를 만족시킨다. $x\geq 0$인 모든 실수 x에 대하여 $f(x)\geq 0$이 성립하도록 하는 실수 a의 최솟값은? [4점]

① $\frac{1}{6}$ ② $\frac{1}{5}$ ③ $\frac{1}{4}$
④ $\frac{1}{3}$ ⑤ $\frac{1}{2}$

11

▸ 24054-1131

1보다 큰 실수 m에 대하여 함수 $y=|x+2|-1$의 그래프와 직선 $y=m$이 만나는 두 점의 x좌표 중 큰 값을 $f(m)$, 작은 값을 $g(m)$이라 하자. $f(m)$의 제곱근 중 음수인 것의 값과 $g(m)$의 세제곱근 중 실수인 것의 값이 같을 때, $f(m)\times g(m)$의 값은? [4점]

① -32 ② -28 ③ -24
④ -20 ⑤ -16

12

▸ 24054-1132

최고차항의 계수가 양수이고 $f(0)=f(1)=0$인 삼차함수 $f(x)$에 대하여 실수 전체의 집합에서 정의된 함수

$$g(x)=\int_{-x}^{x} f(|t|)\,dt$$

가 다음 조건을 만족시킨다.

(가) $g(2)=0$
(나) 함수 $g(x)$의 모든 극솟값의 합은 -1이다.

$f(3)$의 값은? [4점]

① 8 ② 9 ③ 10
④ 11 ⑤ 12

13

▸ 24054-1133

그림과 같이 $\overline{AB}=3$, $\overline{BC}=\sqrt{5}$, $\cos(\angle ABC)=-\frac{\sqrt{5}}{5}$인 사각형 ABCD에 대하여 삼각형 ABC의 외접원의 중심을 O라 하고, 직선 AO와 이 외접원이 만나는 점 중 점 A가 아닌 점을 E라 하자. 삼각형 ACD의 내접원의 중심이 점 O와 일치할 때, 선분 DE의 길이는? [4점]

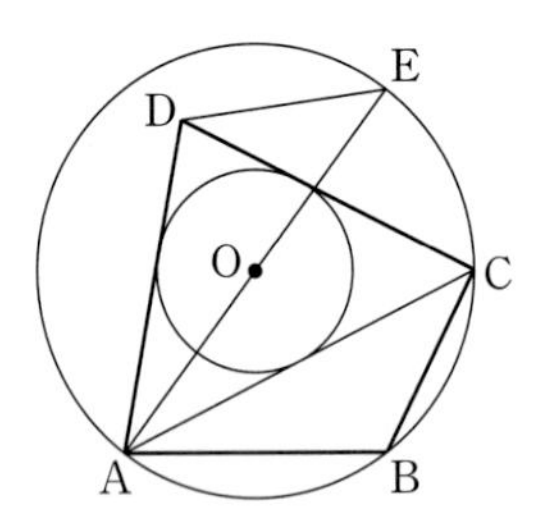

① $\frac{4\sqrt{2}}{3}$ ② $\frac{5\sqrt{2}}{3}$ ③ $\frac{4\sqrt{5}}{3}$
④ $\frac{5\sqrt{5}}{3}$ ⑤ $2\sqrt{5}$

14

▸ 24054-1134

최고차항의 계수가 1이고 $f'(-1)=f'(1)=0$인 삼차함수 $f(x)$가 있다. 실수 t에 대하여 함수 $g(x)$를

$$g(x)=\begin{cases} f(x) & (x\le t) \\ -f(x)+2f(t) & (x>t) \end{cases}$$

라 할 때, 함수 $g(x)$의 최댓값을 $h(t)$라 하자. **보기**에서 옳은 것만을 있는 대로 고른 것은? [4점]

보기

ㄱ. $h(0)=h(2)$

ㄴ. $h(0)=0$일 때, 함수 $g(x)$가 실수 전체의 집합에서 미분가능하도록 하는 모든 실수 t에 대하여 $h(t)$의 값의 합은 0이다.

ㄷ. t에 대한 방정식 $h(t)=0$의 서로 다른 실근의 개수가 2일 때, $h(0)=-4$이다.

① ㄱ ② ㄱ, ㄴ ③ ㄱ, ㄷ
④ ㄴ, ㄷ ⑤ ㄱ, ㄴ, ㄷ

15

▸ 24054-1135

모든 항이 2 이상인 수열 $\{a_n\}$이 다음 조건을 만족시킨다.

> (가) $a_1=2$
> (나) 모든 자연수 n에 대하여
> $$a_{n+2}=\begin{cases} \dfrac{a_{n+1}}{2} & (a_{n+1}\geq a_n) \\ 4a_{n+1}-4 & (a_{n+1}<a_n) \end{cases}$$
> 이다.

자연수 k와 5 이하의 자연수 m이

$a_k=k$, $a_{k+m}=k+m$

을 만족시킬 때, $2k+m$의 값은? [4점]

① 10　② 14　③ 18　④ 22　⑤ 26

단답형

16

▸ 24054-1136

부등식

$\log_3(x^2-1)<1+\log_3(x+1)$

을 만족시키는 정수 x의 개수를 구하시오. [3점]

17

▸ 24054-1137

함수 $f(x)$에 대하여 $f'(x)=3x^2+6x$이고 $f(1)=f'(1)$일 때, $f(2)$의 값을 구하시오. [3점]

18

▶ 24054-1138

수열 $\{a_n\}$이 모든 자연수 n에 대하여

$$\sum_{k=1}^{n} \frac{a_k}{k^2+k} = \frac{2^n}{n+1}$$

을 만족시킬 때, $\sum_{k=1}^{5} a_k$의 값을 구하시오. [3점]

19

▶ 24054-1139

실수 전체의 집합에서 정의된 함수 $f(x)=x^3+ax^2-a^2x+4$의 극솟값과 닫힌구간 $[b, 0]$에서 함수 $f(x)$의 최솟값이 모두 -1이다. 양수 a와 음수 b에 대하여 $a-b$의 값을 구하시오. [3점]

20

▶ 24054-1140

시각 $t=0$일 때 원점을 출발하여 수직선 위를 움직이는 점 P가 있다. 시각 t $(t \geq 0)$에서의 점 P의 속도 $v(t)$를

$$v(t)=a(t^2-2t) \ (a>0)$$

이라 하자. 점 $\mathrm{A}(-10)$에 대하여 점 P와 점 A 사이의 거리의 최솟값이 2일 때, 점 P가 출발한 후 처음으로 원점을 지나는 시각에서의 점 P의 가속도를 구하시오. (단, a는 상수이다.) [4점]

21

▸ 24054-1141

두 양수 a, b에 대하여 두 함수 $f(x)$, $g(x)$는

$$f(x)=2^{x-a},\ g(x)=\log_2(x+b)+a-b$$

이다. 곡선 $y=f(x)$와 직선 $y=x$는 서로 다른 두 점에서 만나고, 이 두 점 중 x좌표가 작은 점을 $\mathrm{A}(k,\ k)$라 하면 곡선 $y=g(x)$가 점 A를 지난다. 직선 $y=-x-4k$가 곡선 $y=g(x)$와 제3사분면에서 만나는 점을 B, 직선 $y=-x-4k$가 y축과 만나는 점을 C라 하면 삼각형 ABC의 넓이는 $6k^2$이다. 2^{2a+b+k}의 값을 구하시오. [4점]

22

▸ 24054-1142

최고차항의 계수가 양수이고 $f(-1)=0$인 삼차함수 $f(x)$에 대하여 함수

$$g(x)=\int_{-1}^{1} f(t)\,dt \times \int_{-1}^{x} f(t)\,dt$$

가 다음 조건을 만족시킨다.

(가) 모든 실수 x에 대하여 $g(x)\le g(2)$이다.
(나) 실수 k에 대하여 x에 대한 방정식 $g(x)=k$의 서로 다른 실근의 개수를 $h(k)$라 할 때, $\left|\lim_{k\to a+} h(k)-\lim_{k\to a-} h(k)\right|=2$를 만족시키는 실수 a의 값은 3뿐이다.

$30\times g(0)$의 값을 구하시오. [4점]

5지선다형

확률과 통계

23

▸ 24054-1143

다항식 $(x+2)^6$의 전개식에서 x^4의 계수는? [2점]

① 56 ② 60 ③ 64
④ 68 ⑤ 72

24

▸ 24054-1144

숫자 1, 2, 3 중에서 중복을 허락하여 4개를 택해 일렬로 나열하여 만들 수 있는 네 자리의 자연수 중 각 자리의 수의 합이 9 이상인 짝수의 개수는? [3점]

① 7 ② 8 ③ 9
④ 10 ⑤ 11

25

▸ 24054-1145

한 개의 주사위를 두 번 던져서 나오는 눈의 수를 차례로 a, b라 할 때, $|ab-15|<12$일 확률은? [3점]

① $\frac{25}{36}$ ② $\frac{13}{18}$ ③ $\frac{3}{4}$
④ $\frac{7}{9}$ ⑤ $\frac{29}{36}$

26

▸ 24054-1146

주머니 A에는 1이 적힌 공 2개, 2가 적힌 공 1개가 들어 있고, 주머니 B에는 1이 적힌 공 1개, 2가 적힌 공 2개가 들어 있고, 주머니 C에는 1이 적힌 공 1개, 2가 적힌 공 2개, 4가 적힌 공 1개가 들어 있다. 세 주머니 A, B, C에서 각각 임의로 1개의 공을 꺼내는 시행을 한다. 이 시행에서 꺼낸 3개의 공에 적힌 수의 최댓값과 최솟값의 차가 3이거나 꺼낸 3개의 공에 적힌 수를 모두 곱한 값이 8일 확률은? [3점]

① $\frac{11}{36}$ ② $\frac{1}{3}$ ③ $\frac{13}{36}$
④ $\frac{7}{18}$ ⑤ $\frac{5}{12}$

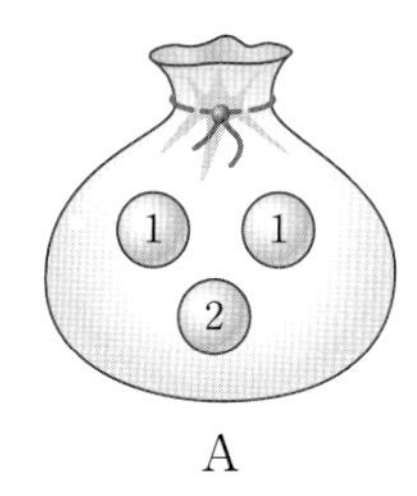

A

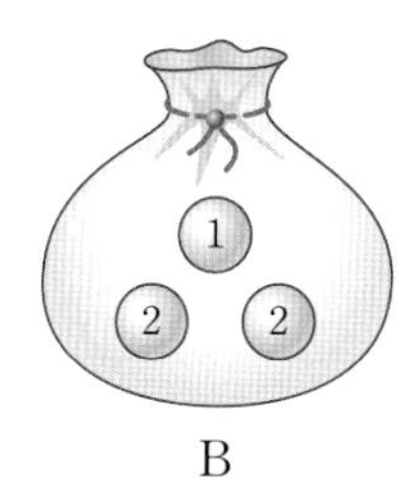

B

C

27

▸ 24054-1147

어느 지역에 살고 있는 회사원의 1일 출퇴근 시간을 확률변수 X라 하면 X는 평균이 m, 표준편차가 σ인 정규분포를 따르고

$$P(m\le X\le 120)+P(X\le 80)=0.5$$

이다. 이 지역에 살고 있는 회사원 중에서 임의추출한 4명의 1일 출퇴근 시간의 표본평균을 $\overline{X}$라 하면

$$P(\overline{X}\le 90)=P(\overline{X}\ge m+\sigma)$$

일 때, $P(\overline{X}\le 95)$의 값을 오른쪽 표준정규분포표를 이용하여 구한 것은? (단, 출퇴근 시간의 단위는 분이다.) [3점]

z	$P(0\le Z\le z)$
0.5	0.1915
1.0	0.3413
1.5	0.4332
2.0	0.4772

① 0.0228 ② 0.0668 ③ 0.1587 ④ 0.3085 ⑤ 0.3413

28

▸ 24054-1148

3보다 큰 상수 k에 대하여 연속확률변수 X가 갖는 값의 범위는 $0\le X\le k$이고 X의 확률밀도함수 $f(x)$는 다음과 같다.

$$f(x)=\begin{cases} ax & (0\le x\le 2) \\ 2a & (2\le x\le k) \end{cases}$$

연속확률변수 Y가 갖는 값의 범위는 $0\le Y\le 6$이고 Y의 확률밀도함수 $g(x)$가

$$g(x)=\begin{cases} f(x) & (0\le x\le 3) \\ f(6-x) & (3\le x\le 6) \end{cases}$$

일 때, $P\left(1\le X\le \frac{2}{3}k\right)$의 값은? (단, a는 상수이다.) [4점]

① $\frac{7}{16}$ ② $\frac{11}{24}$ ③ $\frac{23}{48}$ ④ $\frac{1}{2}$ ⑤ $\frac{25}{48}$

단답형

29

▸ 24054-1149

주머니 A에는 숫자 1, 2, 6, 8이 하나씩 적혀 있는 4장의 카드가 들어 있고, 주머니 B에는 숫자 3, 4, 5, 7이 하나씩 적혀 있는 4장의 카드가 들어 있다. 두 주머니 A, B와 한 개의 주사위를 사용하여 다음 시행을 한다.

> 주사위를 한 번 던져
> 나온 눈의 수가 6의 약수이면
> 주머니 A에서 임의로 한 장의 카드를 꺼내어 주머니 B에 넣고,
> 나온 눈의 수가 6의 약수가 아니면
> 주머니 B에서 임의로 한 장의 카드를 꺼내어 주머니 A에 넣는다.

이 시행을 두 번 반복한 후 주머니 A에 들어 있는 카드에 적혀 있는 수의 합이 주머니 B에 들어 있는 카드에 적혀 있는 수의 합보다 클 때, 두 주머니 A, B에 들어 있는 카드의 개수가 같을 확률은 $\frac{q}{p}$이다. $p+q$의 값을 구하시오.

(단, p와 q는 서로소인 자연수이다.) [4점]

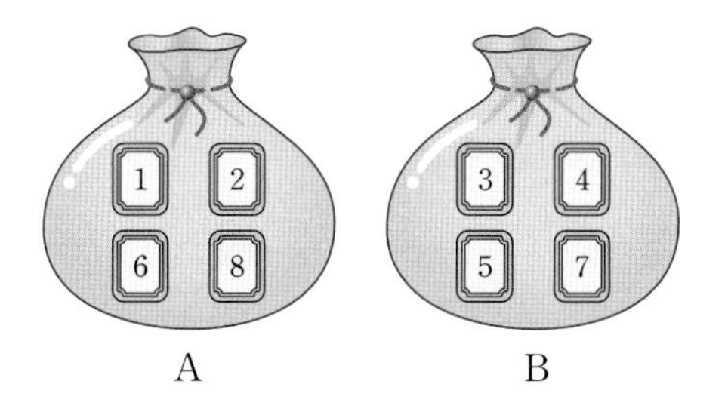

30

▸ 24054-1150

집합 $X=\{1, 2, 3, 4, 5, 6\}$에 대하여 다음 조건을 만족시키는 함수 $f: X \to X$의 개수를 구하시오. [4점]

> (가) 5 이하의 모든 자연수 x에 대하여 $f(x) \le f(x+1)$이다.
> (나) $3 \le x \le 4$일 때, $f(x)f(x+1)f(x+2)$의 값은 3의 배수이다.

한눈에 보는 정답

유형편

01 지수함수와 로그함수
본문 6~13쪽

필수유형 1 ①	01 ②	02 ④	03 ⑤
	04 ③		
필수유형 2 ①	05 ④	06 ①	07 120
필수유형 3 ④	08 ③	09 ④	10 3
	11 65		
필수유형 4 ④	12 ①	13 ②	14 8
필수유형 5 ③	15 ⑤	16 ③	17 ⑤
	18 ③		
필수유형 6 3	19 ⑤	20 ④	21 ②
필수유형 7 192	22 ③	23 ②	24 ④
필수유형 8 ④	25 ①	26 6	27 ⑤

02 삼각함수
본문 16~22쪽

필수유형 1 ②	01 ④	02 ④	03 ②
필수유형 2 ④	04 ⑤	05 ⑤	06 ②
필수유형 3 ④	07 ①	08 ③	09 ④
	10 8	11 ③	
필수유형 4 ③	12 ④	13 ①	14 ⑤
필수유형 5 8	15 ③	16 ③	17 ③
필수유형 6 ①	18 ⑤	19 10	20 ③
	21 ③	22 ⑤	

03 수열
본문 25~36쪽

필수유형 1 ③	01 ⑤	02 ⑤	03 ②
필수유형 2 7	04 12	05 ②	06 ④
필수유형 3 ①	07 ③	08 ③	09 ④
필수유형 4 64	10 ①	11 ①	12 6
필수유형 5 ③	13 ③	14 ②	15 12
필수유형 6 ②	16 68	17 ①	18 58
필수유형 7 24	19 ⑤	20 ③	21 24
필수유형 8 91	22 ②	23 ④	24 16
필수유형 9 ⑤	25 ②	26 ④	27 16
필수유형 10 ④	28 ①	29 25	30 ④
필수유형 11 ①	31 ②	32 ③	33 ⑤
필수유형 12 ④	34 ①		

04 함수의 극한과 연속
본문 39~45쪽

필수유형 1 ②	01 ⑤	02 ④	03 ④
필수유형 2 ④	04 ①	05 ④	06 ②
필수유형 3 30	07 ④	08 ③	09 ②
	10 ⑤		
필수유형 4 ②	11 ①	12 ③	13 ⑤
	14 ②		
필수유형 5 ③	15 ④	16 6	17 22
필수유형 6 ⑤	18 ⑤	19 ①	20 ⑤
필수유형 7 ④	21 ①	22 5	23 ②

05 다항함수의 미분법

본문 48~58쪽

필수유형 1 11	01 ⑤	02 ①	03 ③
필수유형 2 ④	04 ③	05 ④	06 8
필수유형 3 ③	07 ②	08 ①	09 ⑤
필수유형 4 ⑤	10 ④	11 ④	12 ⑤
필수유형 5 6	13 ③	14 ①	15 ⑤
필수유형 6 6	16 ②	17 80	18 ②
필수유형 7 ③	19 ②	20 ②	21 ④
필수유형 8 ⑤	22 ④	23 ②	24 ①
필수유형 9 7	25 ③	26 ⑤	27 7
필수유형 10 ⑤	28 41	29 ②	30 ③
필수유형 11 ①	31 ①	32 ①	33 ④

06 다항함수의 적분법

본문 61~69쪽

필수유형 1 15	01 ④	02 ③	03 ④
필수유형 2 ②	04 ②	05 ②	06 ⑤
필수유형 3 ②	07 ②	08 ④	09 ③
필수유형 4 ④	10 ⑤	11 ⑤	12 ④
	13 ②		
필수유형 5 39	14 ①	15 12	16 ②
필수유형 6 ②	17 ①	18 ⑤	19 ②
	20 42	21 28	
필수유형 7 ④	22 ③	23 ②	24 36
필수유형 8 17	25 ⑤	26 ②	27 ①
	28 5	29 10	

07 경우의 수

본문 72~79쪽

필수유형 1 ④	01 ②	02 ⑤	03 ④
필수유형 2 ②	04 ⑤	05 ④	06 ③
필수유형 3 ③	07 ①	08 ④	09 ②
필수유형 4 ⑤	10 ①	11 ④	12 ⑤
필수유형 5 ②	13 ④	14 ③	15 13
필수유형 6 ①	16 ②	17 ①	18 ④
필수유형 7 24	19 ①	20 ②	21 ②
필수유형 8 ①	22 ②	23 ③	24 ⑤

08 확률

본문 82~90쪽

필수유형 1 ①	01 ③	02 ③	03 28
필수유형 2 ③	04 ④	05 ⑤	06 ④
	07 ②	08 16	
필수유형 3 ④	09 ④	10 ②	11 138
필수유형 4 ③	12 59	13 ⑤	14 111
필수유형 5 ②	15 ②	16 ⑤	17 42
필수유형 6 ⑤	18 10	19 ④	20 ②
필수유형 7 ②	21 ①	22 ⑤	23 ④
	24 120	25 120	
필수유형 8 ①	26 ③	27 ④	28 ②

09 통계

본문 93~104쪽

필수유형 1 ②	01 ⑤	02 ⑤	03 ③
필수유형 2 ⑤	04 ①	05 ④	06 ③
	07 ④	08 ②	
필수유형 3 121	09 ⑤	10 ④	11 ④
필수유형 4 80	12 ③	13 ④	14 ③
필수유형 5 ④	15 ②	16 ②	17 ④
필수유형 6 ④	18 ④	19 ③	20 ①
	21 ⑤	22 ①	
필수유형 7 ⑤	23 ③	24 ③	25 125
필수유형 8 ③	26 ②	27 ⑤	28 ③
필수유형 9 ②	29 12	30 ①	31 ③
필수유형 10 ⑤	32 ②	33 ④	34 175
필수유형 11 ②	35 225	36 ④	37 ⑤

실전편

실전 모의고사 1회

본문 106~117쪽

01 ③	02 ③	03 ⑤	04 ④	05 ②
06 ④	07 ④	08 ④	09 ⑤	10 ①
11 ④	12 ⑤	13 ②	14 ①	15 ①
16 9	17 6	18 30	19 165	20 15
21 8	22 108	23 ③	24 ④	25 ①
26 ④	27 ④	28 ②	29 118	30 834

실전 모의고사 2회

본문 118~129쪽

01 ④	02 ①	03 ④	04 ③	05 ⑤
06 ④	07 ①	08 ④	09 ①	10 ③
11 ①	12 ②	13 ⑤	14 ③	15 ②
16 4	17 66	18 6	19 16	20 34
21 3	22 35	23 ④	24 ①	25 ③
26 ①	27 ②	28 ⑤	29 55	30 176

실전 모의고사 3회

본문 130~141쪽

01 ④	02 ①	03 ②	04 ①	05 ①
06 ②	07 ④	08 ④	09 ⑤	10 ③
11 ③	12 ①	13 ④	14 ⑤	15 ⑤
16 2	17 165	18 85	19 45	20 91
21 16	22 52	23 ⑤	24 ③	25 ③
26 ②	27 ⑤	28 ④	29 7	30 950

실전 모의고사 4회

본문 142~153쪽

01 ③	02 ⑤	03 ②	04 ②	05 ③
06 ①	07 ③	08 ④	09 ③	10 ②
11 ①	12 ③	13 ③	14 ②	15 ④
16 3	17 42	18 61	19 33	20 152
21 19	22 16	23 ③	24 ③	25 ⑤
26 ⑤	27 ④	28 ⑤	29 17	30 432

실전 모의고사 5회

본문 154~165쪽

01 ④	02 ①	03 ⑤	04 ②	05 ①
06 ③	07 ④	08 ③	09 ⑤	10 ⑤
11 ①	12 ⑤	13 ②	14 ③	15 ②
16 2	17 25	18 100	19 8	20 24
21 36	22 10	23 ②	24 ④	25 ④
26 ①	27 ③	28 ⑤	29 19	30 254

2025학년도

수능 연계교재

수능완성

수학영역

수학 Ⅰ · 수학 Ⅱ · 확률과 통계

정답과 풀이

01 지수함수와 로그함수

본문 6~13쪽

필수유형 1 ①	01 ②	02 ④	03 ⑤
	04 ③		
필수유형 2 ①	05 ④	06 ①	07 120
필수유형 3 ④	08 ③	09 ④	10 3
	11 65		
필수유형 4 ④	12 ①	13 ②	14 8
필수유형 5 ③	15 ⑤	16 ③	17 ⑤
	18 ③		
필수유형 6 3	19 ⑤	20 ④	21 ②
필수유형 7 192	22 ③	23 ②	24 ④
필수유형 8 ④	25 ①	26 6	27 ⑤

필수유형 1

$-n^2+9n-18$의 n제곱근 중에서 음의 실수가 존재하기 위해서는

n이 홀수일 때, $-n^2+9n-18<0$

n이 짝수일 때, $-n^2+9n-18>0$

이어야 한다.

(i) n이 홀수일 때

$-n^2+9n-18<0$에서 $(n-3)(n-6)>0$

즉, $n<3$ 또는 $n>6$

$2\le n\le 11$이므로 $2\le n<3$ 또는 $6<n\le 11$

이를 만족시키는 홀수는 7, 9, 11이다.

(ii) n이 짝수일 때

$-n^2+9n-18>0$에서 $(n-3)(n-6)<0$

즉, $3<n<6$

$2\le n\le 11$이므로 $3<n<6$

이를 만족시키는 짝수는 4이다.

(i), (ii)에 의하여 조건을 만족시키는 모든 n의 값의 합은

$4+7+9+11=31$

답 ①

01

$$\sqrt[8]{2}\times\sqrt[4]{2}\times\sqrt[8]{32}+\sqrt[3]{3}\times\sqrt[3]{9}=(\sqrt[8]{2}\times\sqrt[8]{4})\times\sqrt[8]{32}+\sqrt[3]{3}\times\sqrt[3]{9}$$
$$=\sqrt[8]{2\times4}\times\sqrt[8]{32}+\sqrt[3]{3\times9}$$
$$=\sqrt[8]{8}\times\sqrt[8]{32}+\sqrt[3]{27}=\sqrt[8]{8\times32}+\sqrt[3]{27}$$
$$=\sqrt[8]{2^8}+\sqrt[3]{3^3}=2+3=5$$

답 ②

02

$\sqrt[3]{k}=\sqrt[4]{2k}$에서 $(\sqrt[3]{k})^{12}=(\sqrt[4]{2k})^{12}$

이때 $(\sqrt[3]{k})^{12}=\{(\sqrt[3]{k})^3\}^4=k^4$, $(\sqrt[4]{2k})^{12}=\{(\sqrt[4]{2k})^4\}^3=(2k)^3=8k^3$

이므로 $k^4=8k^3$, $k^3(k-8)=0$

$k>0$이므로 $k=8$

답 ④

03

$\sqrt[2n+1]{a^2+3}+\sqrt[2n+1]{7(1-a)}=0$에서

$\sqrt[2n+1]{a^2+3}=-\sqrt[2n+1]{7(1-a)}$ …… ㉠

이때 $2n+1$이 홀수이므로

$-\sqrt[2n+1]{7(1-a)}=\sqrt[2n+1]{-7(1-a)}=\sqrt[2n+1]{7(a-1)}$

㉠에서 $\sqrt[2n+1]{a^2+3}=\sqrt[2n+1]{7(a-1)}$

그러므로 $a^2+3=7(a-1)$, $a^2-7a+10=0$, $(a-2)(a-5)=0$

$a=2$ 또는 $a=5$

따라서 모든 실수 a의 값의 합은 $2+5=7$

답 ⑤

참고

$a>1$인 경우, $\sqrt[2n+1]{7(1-a)}$와 $\sqrt[2n+1]{-7(1-a)}$의 관계를 나타내면 다음과 같다.

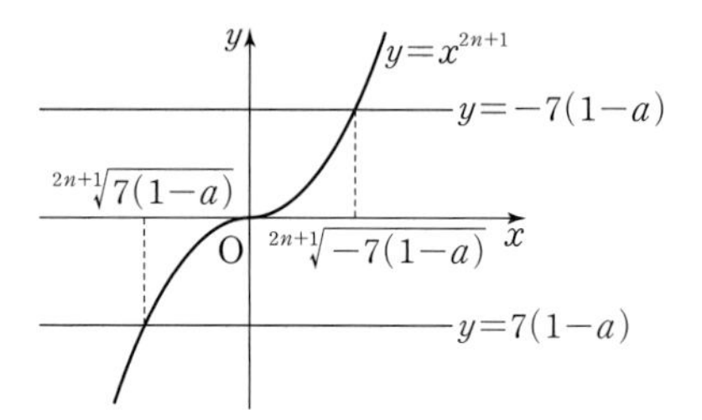

다른 풀이

$\sqrt[2n+1]{a^2+3}=-\sqrt[2n+1]{7(1-a)}$에서

$(\sqrt[2n+1]{a^2+3})^{2n+1}=(-\sqrt[2n+1]{7(1-a)})^{2n+1}$

$a^2+3=-7(1-a)$, $a^2-7a+10=0$, $(a-2)(a-5)=0$

$a=2$ 또는 $a=5$

따라서 모든 실수 a의 값의 합은 $2+5=7$

04

$g(n)=(n-a)(n-a-4)$라 하자.

n이 홀수이면 $g(n)$의 값의 부호와 관계없이 $f(n)=1$이므로 $f(3)=1$이다.

n이 짝수이면

$g(n)>0$일 때, $f(n)=2$

$g(n)=0$일 때, $f(n)=1$

$g(n)<0$일 때, $f(n)=0$

(i) $0<a<2$일 때

$4<a+4<6$이므로 $g(2)<0$, $g(4)<0$이고 $f(2)=f(4)=0$

$f(2)+f(3)+f(4)=0+1+0=1$

이므로 주어진 조건을 만족시키지 않는다.

(ii) $a=2$일 때

$a+4=6$이므로 $g(2)=0$, $g(4)<0$이고 $f(2)=1$, $f(4)=0$

$f(2)+f(3)+f(4)=1+1+0=2$

이므로 주어진 조건을 만족시키지 않는다.

(iii) $2<a<4$일 때

$6<a+4<8$이므로 $g(2)>0$, $g(4)<0$이고 $f(2)=2$, $f(4)=0$

$f(2)+f(3)+f(4)=2+1+0=3$

이므로 주어진 조건을 만족시키지 않는다.

(iv) $a=4$일 때

$a+4=8$이므로 $g(2)>0$, $g(4)=0$이고 $f(2)=2$, $f(4)=1$

$f(2)+f(3)+f(4)=2+1+1=4$

이므로 주어진 조건을 만족시킨다.

(v) $a>4$일 때

$a+4>8$이므로 $g(2)>0$, $g(4)>0$이고 $f(2)=2$, $f(4)=2$

$f(2)+f(3)+f(4)=2+1+2=5$

이므로 주어진 조건을 만족시키지 않는다.

(i)~(v)에서 $a=4$

답 ③

필수유형 2

$\sqrt[3]{24}\times 3^{\frac{2}{3}}=24^{\frac{1}{3}}\times 3^{\frac{2}{3}}=(2^3\times 3)^{\frac{1}{3}}\times 3^{\frac{2}{3}}$

$=2^{3\times\frac{1}{3}}\times 3^{\frac{1}{3}}\times 3^{\frac{2}{3}}$

$=2^1\times 3^{\frac{1}{3}+\frac{2}{3}}=2^1\times 3^1$

$=2\times 3=6$

답 ①

05

$\left(\frac{1}{5}\right)^{\frac{1}{3}}\times 5^{-\sqrt{3}}\times\left(5^{\frac{4}{9}+\frac{\sqrt{3}}{3}}\right)^3=(5^{-1})^{\frac{1}{3}}\times 5^{-\sqrt{3}}\times 5^{\left(\frac{4}{9}+\frac{\sqrt{3}}{3}\right)\times 3}$

$=5^{-\frac{1}{3}}\times 5^{-\sqrt{3}}\times 5^{\frac{4}{3}+\sqrt{3}}=5^{-\frac{1}{3}+(-\sqrt{3})+\left(\frac{4}{3}+\sqrt{3}\right)}$

$=5^1=5$

답 ④

06

$a^{b^2+\frac{a}{b}}=2^{\frac{1}{b}}$에서 $\left(a^{b^2+\frac{a}{b}}\right)^b=\left(2^{\frac{1}{b}}\right)^b$, $a^{\left(b^2+\frac{a}{b}\right)\times b}=2^{\frac{1}{b}\times b}$

$a^{b^3+a}=2$ ...... ㉠

$a^{\frac{1}{b}}=4^{b^2-\frac{a}{b}}$에서 $\left(a^{\frac{1}{b}}\right)^b=\left(4^{b^2-\frac{a}{b}}\right)^b$, $a^{\frac{1}{b}\times b}=4^{\left(b^2-\frac{a}{b}\right)\times b}$

$a=4^{b^3-a}$ ...... ㉡

㉡을 ㉠에 대입하면 $(4^{b^3-a})^{b^3+a}=2$

$4^{(b^3-a)\times(b^3+a)}=4^{b^6-a^2}=(2^2)^{b^6-a^2}=2^{2(b^6-a^2)}=2$이므로

$2(b^6-a^2)=1$

따라서 $b^6-a^2=\frac{1}{2}$

답 ①

07

$\sqrt[n]{(2^k)^5}=\sqrt[n]{2^{5k}}=2^{\frac{5k}{n}}$의 값이 자연수가 되기 위해서는 n은 2 이상인 $5k$의 양의 약수이어야 한다.

그러므로 $f(k)$의 값은 $5k$의 양의 약수의 개수에서 1을 뺀 값과 같고 $f(k)=3$에서 $5k$의 양의 약수의 개수는 4이다.

$4=1\times 4=2\times 2$이므로 $k=5^2$ 또는 k는 5가 아닌 소수이다.

$k\le 25$이므로 k의 값은 2, 3, 7, 11, 13, 17, 19, 23, 25이고 그 합은

$2+3+7+11+13+17+19+23+25=120$

답 120

필수유형 3

선분 PQ를 $m:(1-m)$으로 내분하는 점의 좌표는

$\frac{m\log_5 12+(1-m)\log_5 3}{m+(1-m)}$

$=m(\log_5 12-\log_5 3)+\log_5 3$

$=m\times\log_5\frac{12}{3}+\log_5 3=m\times\log_5 4+\log_5 3$

$=\log_5 4^m+\log_5 3=\log_5(4^m\times 3)$

이므로 $\log_5(4^m\times 3)=1$에서 $4^m\times 3=5$

따라서 $4^m=\frac{5}{3}$

답 ④

08

$\log_3\frac{5}{8}+\log_3\frac{36}{5}-\log_3\frac{1}{2}=\left(\log_3\frac{5}{8}+\log_3\frac{36}{5}\right)-\log_3\frac{1}{2}$

$=\log_3\left(\frac{5}{8}\times\frac{36}{5}\right)-\log_3\frac{1}{2}=\log_3\frac{9}{2}-\log_3\frac{1}{2}$

$=\log_3\left(\frac{9}{2}\times 2\right)=\log_3 9=\log_3 3^2=2$

답 ③

09

$\log_2 a+\log_2 b=n$에서 $\log_2 ab=n$, $ab=2^n$

a, b가 자연수이므로

$a+b\ge 2\sqrt{ab}=2\sqrt{2^n}$ (단, 등호는 $a=b$일 때 성립)

(i) n이 홀수일 때

$a=b$, $ab=2^n$인 두 자연수 a, b가 존재하지 않으므로

집합 A_n의 모든 원소 (a, b)에 대하여 $a+b>2\sqrt{2^n}$이 성립한다.

(ii) n이 짝수일 때

$a=b$, $ab=2^n$

즉, $a+b=2\sqrt{2^n}$인 두 자연수 a, b가 존재하므로 집합 A_n의 어떤 원소 (a, b)에 대하여 $a+b>2\sqrt{2^n}$이 성립하지 않는다.

(i), (ii)에서 n은 홀수이어야 하므로 주어진 조건을 만족시키는 10 이하의 모든 자연수 n은 1, 3, 5, 7, 9이고 그 개수는 5이다.

답 ④

다른 풀이

$\log_2 a+\log_2 b=n$에서 $\log_2 ab=n$, $ab=2^n$이고 a, b가 자연수이므로

$A_n=\{(2^k, 2^{n-k})\mid k=0, 1, 2, \cdots, n-1, n\}$

$0\le k\le n$인 모든 정수 k에 대하여

$2^k+2^{n-k}\ge 2\sqrt{2^n}$ $\left(\text{단, 등호는 } 2^k=2^{n-k}\text{, 즉 } k=\frac{n}{2}\text{일 때 성립}\right)$

(i) n이 홀수일 때

$k=\frac{n}{2}$을 만족시키는 $0\le k\le n$인 정수 k가 존재하지 않으므로

$0\le k\le n$인 모든 정수 k에 대하여 $2^k+2^{n-k}>2\sqrt{2^n}$이 성립한다.

(ii) n이 짝수일 때

$k=\frac{n}{2}$일 때 $2^k+2^{n-k}=2\sqrt{2^n}$이므로

어떤 정수 k에 대하여 $2^k+2^{n-k}>2\sqrt{2^n}$이 성립하지 않는다.

(i), (ii)에서 n은 홀수이어야 하므로 주어진 조건을 만족시키는 10 이하의 모든 자연수 n은 1, 3, 5, 7, 9이고 그 개수는 5이다.

10

$\log_{|x-a|}\{-|x-a^2+1|+2\}$가 정의되기 위해서는

밑의 조건 $|x-a|>0$, $|x-a|\neq 1$과

진수의 조건 $-|x-a^2+1|+2>0$을 모두 만족시켜야 한다.

밑의 조건에 의하여 $x\neq a$, $x\neq a-1$, $x\neq a+1$ ······ ㉠

진수의 조건에 의하여 $|x-a^2+1|<2$

$-2<x-a^2+1<2$, $a^2-3<x<a^2+1$

$x=a^2-2$ 또는 $x=a^2-1$ 또는 $x=a^2$ ······ ㉡

두 집합 A, B를 $A=\{a-1, a, a+1\}$, $B=\{a^2-2, a^2-1, a^2\}$이라 하면 ㉠, ㉡에서 함수 $f(a)$의 값은 집합 $B-A$의 원소의 개수와 같다.

(i) $a=1$일 때

$A=\{0, 1, 2\}$, $B=\{-1, 0, 1\}$, $B-A=\{-1\}$이므로

집합 $B-A$의 원소의 개수는 1이고, $f(a)=1$이다.

(ii) $a=2$일 때

$A=\{1, 2, 3\}$, $B=\{2, 3, 4\}$, $B-A=\{4\}$이므로

집합 $B-A$의 원소의 개수는 1이고, $f(a)=1$이다.

(iii) $a\geq 3$일 때

집합 A의 원소 중 가장 큰 원소 $a+1$과 집합 B의 원소 중 가장 작은 원소 a^2-2에 대하여

$$(a^2-2)-(a+1)=a^2-a-3=\left(a-\frac{1}{2}\right)^2-\frac{13}{4}$$
$$\geq\left(3-\frac{1}{2}\right)^2-\frac{13}{4}=3>0$$

이므로 $A\cap B=\varnothing$

그러므로 집합 $B-A$의 원소의 개수는 3이고, $f(a)=3$이다.

(i), (ii), (iii)에서 $f(a)=3$을 만족시키는 a의 최솟값은 3이다.

답 3

11

$\log_2 a-\log_2 b+\log_2 c-\log_2 d$

$=(\log_2 a-\log_2 b)+(\log_2 c-\log_2 d)$

$=\log_2\dfrac{a}{b}+\log_2\dfrac{c}{d}=\log_2\dfrac{ac}{bd}$

이므로 $\log_2 a-\log_2 b+\log_2 c-\log_2 d=m$에서 $\log_2\dfrac{ac}{bd}=m$

$2^m=\dfrac{ac}{bd}$ ······ ㉠

$5\in\{a, b, c, d\}$ 또는 $7\in\{a, b, c, d\}$이면 ㉠을 만족시키지 않는다.

또한 ㉠을 만족시키기 위해서는

$\{3, 6\}\cap\{a, b, c, d\}=\{3, 6\}$ 또는 $\{3, 6\}\cap\{a, b, c, d\}=\varnothing$

이고 집합 $\{a, b, c, d\}$의 원소의 개수가 4이므로

$\{3, 6\}\cap\{a, b, c, d\}=\{3, 6\}$이다.

(i) $3\in\{a, c\}$, $6\in\{b, d\}$일 때

$a=3$, $b=6$이라 하면

$c=8$, $d=2$일 때 2^m의 값은 $2^m=\dfrac{3\times 8}{6\times 2}=2$로 최대이고

$c=2$, $d=8$일 때 2^m의 값은 $2^m=\dfrac{3\times 2}{6\times 8}=\dfrac{1}{8}$로 최소이다.

(ii) $6\in\{a, c\}$, $3\in\{b, d\}$일 때

$a=6$, $b=3$이라 하면

$c=8$, $d=2$일 때 2^m의 값은 $2^m=\dfrac{6\times 8}{3\times 2}=8$로 최대이고

$c=2$, $d=8$일 때 2^m의 값은 $2^m=\dfrac{6\times 2}{3\times 8}=\dfrac{1}{2}$로 최소이다.

(i), (ii)에서 2^m의 최댓값은 8, 최솟값은 $\dfrac{1}{8}$이므로 $k=8+\dfrac{1}{8}=\dfrac{65}{8}$

따라서 $8k=8\times\dfrac{65}{8}=65$

답 65

참고

2^m의 값이 최대, 최소가 되는 경우는 집합 $\{a, b, c, d\}$가 $\{2, 3, 6, 8\}$인 경우이다. 즉, $2^m=\dfrac{ac}{bd}$의 최대, 최소이므로 ac의 값이 가장 클 때 최대, ac의 값이 가장 작을 때 최소이다.

필수유형 4

$$\frac{1}{3a}+\frac{1}{2b}=\frac{3a+2b}{3a\times 2b}=\frac{1}{6}\times\frac{3a+2b}{ab}$$
$$=\frac{1}{6}\times\frac{\log_3 32}{\log_9 2}=\frac{1}{6}\times\frac{\log_3 2^5}{\log_{3^2} 2}$$
$$=\frac{1}{6}\times\frac{5\log_3 2}{\frac{1}{2}\log_3 2}=\frac{1}{6}\times 10=\frac{5}{3}$$

답 ④

12

$\log_4 27\times\log_9 8\times(2^{\log_3 5})^{\log_5 9}$

$=\log_{2^2} 3^3\times\log_{3^2} 2^3\times 2^{\log_3 5\times\log_5 9}=\dfrac{3}{2}\log_2 3\times\dfrac{3}{2}\log_3 2\times 2^{\log_3 9}$

$=\dfrac{9}{4}\times(\log_2 3\times\log_3 2)\times 2^{\log_3 3^2}=\dfrac{9}{4}\times 1\times 2^2=9$

답 ①

13

$2^{\log_a 9}=3^{\log_5 8}$에서

$3^{\log_5 8}=8^{\log_5 3}=(2^3)^{\log_5 3}=2^{3\log_5 3}$이므로

$2^{\log_a 9}=2^{3\log_5 3}$ ······ ㉠

㉠의 양변에 밑이 2인 로그를 취하면

$\log_2 2^{\log_a 9}=\log_2 2^{3\log_5 3}$

$\log_a 9\times\log_2 2=3\log_5 3\times\log_2 2$

$\log_a 9=3\log_5 3$, $\log_a 3^2=3\log_5 3$, $2\log_a 3=3\log_5 3$

$\dfrac{\log_a 3}{\log_5 3}=\dfrac{\log_3 5}{\log_3 a}=\dfrac{3}{2}$

$\dfrac{\log_3 5}{\log_3 a}=\log_a 5$이므로 $\log_a 5=\dfrac{3}{2}$

답 ②

다른 풀이

$2^{\log_a 9}=3^{\log_5 8}$에서 양변에 밑이 2인 로그를 취하면

$\log_2 2^{\log_a 9}=\log_2 3^{\log_5 8}$

$\log_a 9\times\log_2 2=\log_5 8\times\log_2 3$, $\log_a 9=\log_5 8\times\log_2 3$

양의 실수 b $(b\neq 1)$에 대하여

$\dfrac{\log_b 9}{\log_b a}=\dfrac{\log_b 8}{\log_b 5}\times\dfrac{\log_b 3}{\log_b 2}$

$\dfrac{\log_b 5}{\log_b a}=\dfrac{\log_b 8}{\log_b 9}\times\dfrac{\log_b 3}{\log_b 2}=\dfrac{\log_b 2^3}{\log_b 3^2}\times\dfrac{\log_b 3}{\log_b 2}$

$=\frac{3\log_b 2}{2\log_b 3}\times\frac{\log_b 3}{\log_b 2}=\frac{3}{2}$

$\frac{\log_b 5}{\log_b a}=\log_a 5$이므로 $\log_a 5=\frac{3}{2}$

14

x에 대한 이차방정식 $x^2+ax-9=0$의 판별식을 D라 하면

$D=a^2-4\times1\times(-9)=a^2+36>0$이므로

이차방정식 $x^2+ax-9=0$은 서로 다른 두 실근을 갖는다.

두 실근을 α, β $(\alpha<\beta)$라 하면 이차방정식의 근과 계수의 관계에 의하여 $\alpha\beta=-9<0$이므로 $\alpha<0$, $\beta>0$이다.

그러므로 $A=\{\beta\}$

$\log_5 y$가 정의되기 위해서는

$y>0$ …… ㉠

$\log_y 7$이 정의되기 위해서는

$y>0$, $y\neq1$ …… ㉡

$\log_5 y$와 $\log_y 7$이 정의되면 $\log_5 y\times\log_y 7=\log_5 7$이므로

㉠, ㉡에 의하여 $B=\{y\,|\,y>0,\ y\neq1,\ y\text{는 실수}\}$

집합 A가 집합 B의 부분집합이 아니므로 $\beta=1$

따라서 $1^2+a\times1-9=a-8=0$이므로 $a=8$

답 8

필수유형 5

함수 $y=\log_2(x-a)$의 그래프의 점근선은 직선 $x=a$이므로

점 A의 좌표는 $\left(a,\ \log_2\frac{a}{4}\right)$, 점 B의 좌표는 $\left(a,\ \log_{\frac{1}{2}}a\right)$이다.

두 점 A, B의 x좌표가 서로 같으므로

$\overline{AB}=\left|\log_2\frac{a}{4}-\log_{\frac{1}{2}}a\right|=\left|\log_2\frac{a}{4}+\log_2 a\right|=\left|\log_2\frac{a^2}{4}\right|$

$a>2$에서 $\log_2\frac{a^2}{4}>\log_2 1=0$이므로 $\overline{AB}=\log_2\frac{a^2}{4}$

$\overline{AB}=4$에서 $\log_2\frac{a^2}{4}=4$, $\frac{a^2}{4}=2^4=16$, $a^2=64$

따라서 $a=8$

답 ③

15

함수 $y=\log_2(kx+2k^2+1)$의 그래프가 x축과 만나는 점의 x좌표가 -6이므로

$0=\log_2(-6k+2k^2+1)$, $2k^2-6k+1=1$, $2k(k-3)=0$

$k>0$이므로 $k=3$

답 ⑤

16

곡선 $y=2^{x+5}$을 x축의 방향으로 a만큼 평행이동한 곡선은

$y=2^{(x-a)+5}=2^{x-a+5}$이므로 $f(x)=2^{x-a+5}$

곡선 $y=\left(\frac{1}{2}\right)^{x+7}$을 x축의 방향으로 a^2만큼 평행이동한 곡선은

$y=\left(\frac{1}{2}\right)^{(x-a^2)+7}=\left(\frac{1}{2}\right)^{x-a^2+7}$이고,

이 곡선을 y축에 대하여 대칭이동한 곡선은

$y=\left(\frac{1}{2}\right)^{(-x)-a^2+7}=(2^{-1})^{-x-a^2+7}=2^{x+a^2-7}$이므로 $g(x)=2^{x+a^2-7}$

모든 실수 x에 대하여 $f(x)=g(x)$이므로

$2^{x-a+5}=2^{x+a^2-7}$

$-a+5=a^2-7$, $a^2+a-12=0$, $(a-3)(a+4)=0$

$a>0$이므로 $a=3$

답 ③

17

원점을 O라 하면 삼각형 ACB가 정삼각형이므로 선분 AC의 중점은 O이다.

즉, 두 곡선 $y=a^x-\frac{1}{2}$, $y=b^x-\frac{1}{2}$이 y축에 대하여 대칭이므로

$b=\frac{1}{a}$ …… ㉠

$0=a^x-\frac{1}{2}$에서 $a^x=\frac{1}{2}$

$x=\log_a\frac{1}{2}=-\log_a 2$

이므로 점 A의 좌표는 $(-\log_a 2,\ 0)$이다.

$a^0-\frac{1}{2}=1-\frac{1}{2}=\frac{1}{2}$이므로 점 B의 좌표는 $\left(0,\ \frac{1}{2}\right)$이다.

직각삼각형 AOB에서 $\angle BAO=\frac{\pi}{3}$이므로 $\frac{\overline{BO}}{\overline{AO}}=\sqrt{3}$

$\frac{\frac{1}{2}}{\log_a 2}=\sqrt{3}$, $\log_a 2=\frac{\sqrt{3}}{6}$

$a^{\frac{\sqrt{3}}{6}}=2$ …… ㉡

㉠, ㉡에 의하여

$a^{\frac{2\sqrt{3}}{3}}\times b^{\frac{\sqrt{3}}{3}}=a^{\frac{2\sqrt{3}}{3}}\times\left(\frac{1}{a}\right)^{\frac{\sqrt{3}}{3}}=a^{\frac{2\sqrt{3}}{3}}\times a^{-\frac{\sqrt{3}}{3}}=a^{\frac{\sqrt{3}}{3}}=\left(a^{\frac{\sqrt{3}}{6}}\right)^2=2^2=4$

답 ⑤

18

점 P의 x좌표를 t $(t>1)$이라 하면 $P(t,\ \log_4 t)$이다.

$A(1,\ 0)$, $B(-1,\ 0)$이므로

$m_1=\frac{\log_4 t-0}{t-1}=\frac{\log_4 t}{t-1}$, $m_2=\frac{\log_4 t-0}{t-(-1)}=\frac{\log_4 t}{t+1}$

$\frac{m_2}{m_1}=\frac{3}{5}$에서 $3m_1=5m_2$, $3\times\frac{\log_4 t}{t-1}=5\times\frac{\log_4 t}{t+1}$

$t>1$에서 $\log_4 t>0$이므로 $\frac{3}{t-1}=\frac{5}{t+1}$

$5t-5=3t+3$, $t=4$

$P(4,\ 1)$이므로 직선 AP의 방정식은

$y=\frac{1}{3}x-\frac{1}{3}$

점 $Q(a,\ b)$는 직선 AP 위의 점이므로

$b=\frac{1}{3}a-\frac{1}{3}$ …… ㉠

점 $Q(a,\ b)$는 곡선 $y=g(x)$ 위의 점이므로

$b=\log_k(-a)$, $k^b=-a$

$k^b=-\frac{9}{7}b$이므로 $-a=-\frac{9}{7}b$

$b=\frac{7}{9}a$ ...... ㉡

㉠, ㉡에서 $\frac{7}{9}a=\frac{1}{3}a-\frac{1}{3}$, $\frac{4}{9}a=-\frac{1}{3}$

따라서 $a=-\frac{3}{4}$

답 ③

필수유형 6

$2^{x-6}\le\left(\frac{1}{4}\right)^x$에서 $2^{x-6}\le(2^{-2})^x$

즉, $2^{x-6}\le2^{-2x}$ ...... ㉠

㉠에서 밑 2가 1보다 크므로

$x-6\le-2x$, $x\le2$

따라서 주어진 부등식을 만족시키는 모든 자연수 x의 값은 1, 2이므로 그 합은

$1+2=3$

답 3

19

$4^{x+4}=(2^2)^{x+4}=2^{2(x+4)}=2^{2x+8}$이므로

$2^{x^2-7}=4^{x+4}$에서 $2^{x^2-7}=2^{2x+8}$

즉, $x^2-7=2x+8$

$x^2-2x-15=0$, $(x+3)(x-5)=0$

따라서 $x=-3$ 또는 $x=5$이므로 모든 실수 x의 값의 합은

$-3+5=2$

답 ⑤

20

로그의 진수의 조건에 의하여

$2x+a>0$, $-x^2+4>0$

$\log_2(2x+a)\le\log_2(-x^2+4)$에서 밑 2가 1보다 크므로

$2x+a\le-x^2+4$

$x^2+2x+(a-4)\le0$ ...... ㉠

부등식 $\log_2(2x+a)\le\log_2(-x^2+4)$의 해가 $x=b$가 되기 위해서는 이차방정식 $x^2+2x+(a-4)=0$의 판별식을 D라 하면

$D=0$이어야 하므로

$\frac{D}{4}=1^2-(a-4)=-a+5=0$, $a=5$

$a=5$를 ㉠에 대입하면

$x^2+2x+1\le0$

$(x+1)^2\le0$에서 $x=-1$

$a=5$, $x=-1$일 때

$2x+a>0$, $-x^2+4>0$이므로 $b=-1$

따라서 $a+b=5+(-1)=4$

답 ④

21

$3^{\{f(x)\}^2-5}=3^{f(x)+1}$에서 $\{f(x)\}^2-5=f(x)+1$

$\log_3[\{f(x)\}^2-5]=\log_3\{f(x)+1\}$에서

$\{f(x)\}^2-5=f(x)+1$ (단, $\{f(x)\}^2-5>0$, $f(x)+1>0$)

$\{f(x)\}^2-5=f(x)+1$에서

$\{f(x)\}^2-f(x)-6=0$, $\{f(x)+2\}\{f(x)-3\}=0$

$f(x)=-2$ 또는 $f(x)=3$

방정식 $3^{\{f(x)\}^2-5}=3^{f(x)+1}$의 서로 다른 실근의 개수가 3이고 이차함수 $f(x)$의 최고차항의 계수가 1이므로 이차함수 $y=f(x)$의 그래프의 꼭짓점의 y좌표는 -2이다. ...... ㉠

한편, $f(x)=-2$인 경우

$\{f(x)\}^2-5=(-2)^2-5=-1\le0$

$f(x)+1=-2+1=-1\le0$

이므로 집합 A를

$A=\{x|\log_3[\{f(x)\}^2-5]=\log_3\{f(x)+1\}$, x는 실수$\}$

라 하면

$A=\{x|f(x)=3$, x는 실수$\}$

이차함수 $y=f(x)$의 그래프의 대칭축을 $x=a$ (a는 상수)라 하자.

이차방정식 $f(x)=3$은 서로 다른 두 실근을 가지므로 두 실근을 α, β ($\alpha<\beta$)라 하면

$\frac{\alpha+\beta}{2}=a$, $A=\{\alpha, \beta\}$

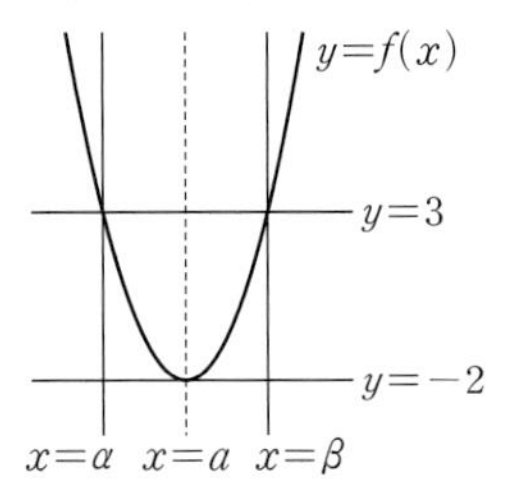

이때 방정식

$\log_3[\{f(x)\}^2-5]=\log_3\{f(x)+1\}$

의 서로 다른 모든 실근의 합이 6이므로

$\alpha+\beta=2a=6$, $a=3$ ...... ㉡

㉠, ㉡에 의하여 $f(x)=(x-3)^2-2$이므로

$f(5)=(5-3)^2-2=2$

답 ②

필수유형 7

두 곡선 $y=a^{x-1}$, $y=\log_a(x-1)$은 두 곡선 $y=a^x$, $y=\log_a x$를 각각 x축의 방향으로 1만큼 평행이동한 것이다. 두 곡선 $y=a^x$, $y=\log_a x$는 직선 $y=x$에 대하여 대칭이므로 두 곡선 $y=a^{x-1}$, $y=\log_a(x-1)$은 직선 $y=x$를 x축의 방향으로 1만큼 평행이동한 직선인 직선 $y=x-1$에 대하여 대칭이다.

이때 직선 $y=-x+4$는 직선 $y=x-1$과 수직이므로 두 점 A, B는 두 직선 $y=-x+4$, $y=x-1$의 교점인 점 $\mathrm{D}\left(\frac{5}{2}, \frac{3}{2}\right)$에 대하여 대칭이다.

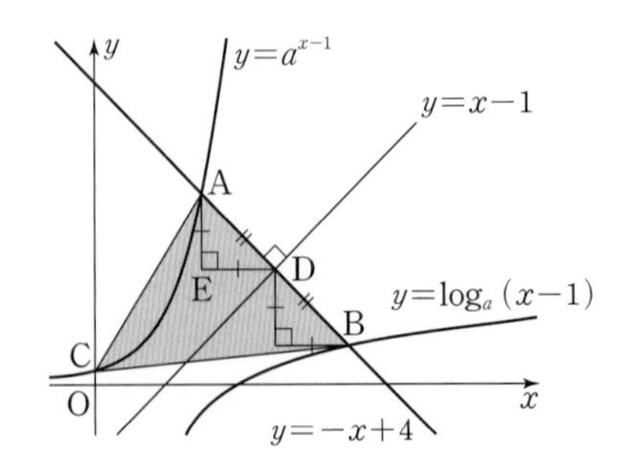

$\overline{\mathrm{AB}}=2\sqrt{2}$이므로 $\overline{\mathrm{AD}}=\overline{\mathrm{BD}}=\sqrt{2}$이고 선분 AD를 빗변으로 하는 직각

이등변삼각형 AED에서 $\overline{AE}=\overline{DE}=1$이다.

그러므로 점 A의 좌표는 $\left(\frac{5}{2}-1, \frac{3}{2}+1\right)$, 즉 $\left(\frac{3}{2}, \frac{5}{2}\right)$이다.

점 A가 곡선 $y=a^{x-1}$ 위의 점이므로

$\frac{5}{2}=a^{\frac{3}{2}-1}=a^{\frac{1}{2}}$

즉, $a=\left(\frac{5}{2}\right)^2=\frac{25}{4}$

$y=a^{x-1}$에서 $x=0$일 때 $y=a^{-1}=\frac{1}{a}=\frac{4}{25}$이므로

점 C의 좌표는 $\left(0, \frac{4}{25}\right)$

삼각형 ABC에서 선분 AB를 밑변으로 할 때, 삼각형 ABC의 높이는 점 $C\left(0, \frac{4}{25}\right)$와 직선 $x+y-4=0$ 사이의 거리와 같으므로

$$\frac{\left|0+\frac{4}{25}-4\right|}{\sqrt{1^2+1^2}}=\frac{\frac{96}{25}}{\sqrt{2}}=\frac{48\sqrt{2}}{25}$$

그러므로 삼각형 ABC의 넓이 S는

$$S=\frac{1}{2}\times\overline{AB}\times\frac{48\sqrt{2}}{25}=\frac{1}{2}\times 2\sqrt{2}\times\frac{48\sqrt{2}}{25}=\frac{96}{25}$$

따라서 $50\times S=50\times\frac{96}{25}=192$

답 192

22

함수 $y=2^{x-5}+a$의 역함수는 $x=2^{y-5}+a$

$2^{y-5}=x-a$, $y-5=\log_2(x-a)$, $y=\log_2(x-a)+5$

즉, $g(x)=\log_2(x-a)+5$

따라서 $a=7$, $b=5$이므로 $a+b=12$

답 ③

23

함수 $y=\left(\frac{1}{2}\right)^{x-3}$의 역함수는 $x=\left(\frac{1}{2}\right)^{y-3}$

$y-3=\log_{\frac{1}{2}} x$, $y=-\log_2 x+3$이고 $\left(\frac{1}{2}\right)^{2-3}=2$이므로

곡선 $y=\left(\frac{1}{2}\right)^{x-3}$ $(x\le 2)$를 직선 $y=x$에 대하여 대칭이동한 곡선은 $y=-\log_2 x+3$ $(x\ge 2)$이다.

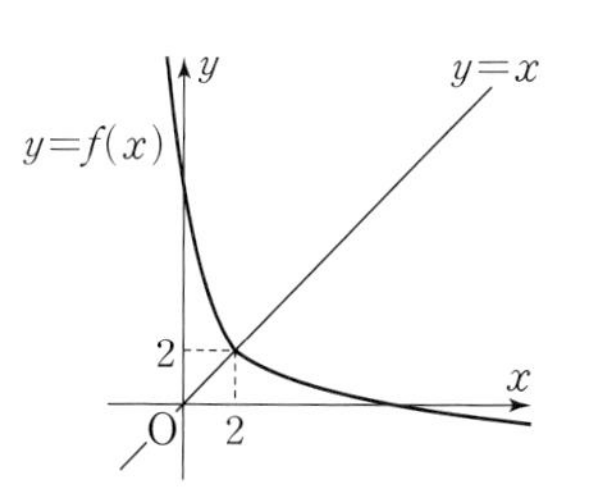

즉, 함수 $f(x)$의 역함수는 $f(x)$이고 $f(f(x))=x$이다.

따라서

$$\sum_{n=1}^{6} f\left(f\left(\frac{n}{2}\right)\right)=\sum_{n=1}^{6}\frac{n}{2}=\frac{1}{2}\times\frac{6\times 7}{2}=\frac{21}{2}$$

답 ②

24

두 식 $y=x$, $y=-x+k$를 연립하여 풀면

$x=y=\frac{1}{2}k$이므로 점 D의 좌표는 $\left(\frac{1}{2}k, \frac{1}{2}k\right)$

$\overline{AD}=\frac{\sqrt{2}}{6}k$이므로 점 A의 좌표는

$\left(\frac{1}{2}k+\frac{1}{6}k, \frac{1}{2}k-\frac{1}{6}k\right)$, 즉 $\left(\frac{2}{3}k, \frac{1}{3}k\right)$

두 식 $y=x$, $y=-x+\frac{10}{3}k$를 연립하여 풀면

$x=y=\frac{5}{3}k$이므로 점 E의 좌표는 $\left(\frac{5}{3}k, \frac{5}{3}k\right)$

$\overline{CE}=\sqrt{2}k$이므로 점 C의 좌표는

$\left(\frac{5}{3}k+k, \frac{5}{3}k-k\right)$, 즉 $\left(\frac{8}{3}k, \frac{2}{3}k\right)$

두 점 A, C는 곡선 $y=\log_a x$ 위의 점이므로

$\frac{1}{3}k=\log_a\frac{2}{3}k$, $\frac{2}{3}k=\log_a\frac{8}{3}k$

두 식을 연립하여 풀면

$2\log_a\frac{2}{3}k=\log_a\frac{8}{3}k$, $\log_a\left(\frac{2}{3}k\right)^2=\log_a\frac{8}{3}k$

$\frac{4}{9}k^2=\frac{8}{3}k$, $k(k-6)=0$

$k>a+1>2$이므로 $k=6$

$k=6$을 $\frac{1}{3}k=\log_a\frac{2}{3}k$에 대입하면 $2=\log_a 4$, $a^2=4$

$a>1$이므로 $a=2$

즉, $a=2$, $k=6$이므로 $y=a^{x+1}+1=2^{x+1}+1$, $y=\log_a x=\log_2 x$

$y=-x+\frac{10}{3}k=-x+20$이고 C(16, 4), E(10, 10)

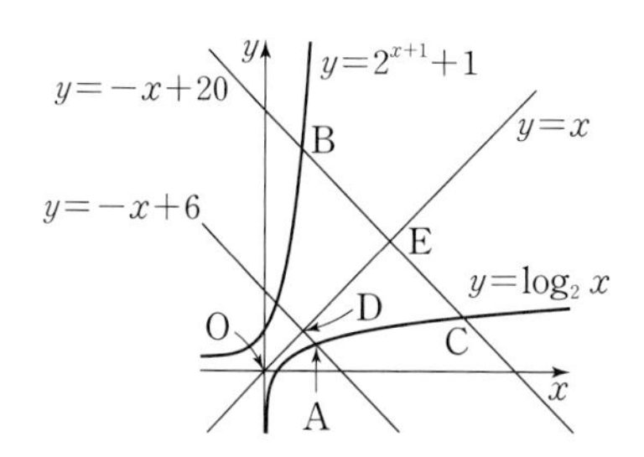

두 곡선 $y=2^x$, $y=\log_2 x$는 직선 $y=x$에 대하여 대칭이고 곡선 $y=2^{x+1}+1$은 곡선 $y=2^x$을 x축의 방향으로 -1만큼, y축의 방향으로 1만큼 평행이동한 곡선이다. 그러므로 점 B는 점 C를 직선 $y=x$에 대하여 대칭이동한 후 x축의 방향으로 -1만큼, y축의 방향으로 1만큼 평행이동한 점이다.

점 C의 좌표가 (16, 4)이므로 점 B의 좌표는 $(4-1, 16+1)$, 즉 (3, 17)이고 $\overline{BE}=\sqrt{(10-3)^2+(10-17)^2}=7\sqrt{2}$

따라서 $a\times\overline{BE}=2\times 7\sqrt{2}=14\sqrt{2}$

답 ④

필수유형 8

함수 $f(x)=2\log_{\frac{1}{2}}(x+k)$에서 밑 $\frac{1}{2}$이 1보다 작으므로

닫힌구간 $[0, 12]$에서 함수 $f(x)=2\log_{\frac{1}{2}}(x+k)$의

최댓값은 $f(0)=2\log_{\frac{1}{2}} k$, 최솟값은 $f(12)=2\log_{\frac{1}{2}}(12+k)$이다.

$2\log_{\frac{1}{2}} k=-4$에서 $\log_2 k=2$, $k=2^2=4$

또한 $m=2\log_{\frac{1}{2}}(12+k)=2\log_{\frac{1}{2}} 16=-2\log_2 2^4=-8$이므로

$k+m=4+(-8)=-4$

답 ④

25

$g(x)=3^x$, $h(x)=\log_2 x$라 하면 $f(x)=g(x)h(x)$

$2\le x\le 4$에서 함수 $g(x)$의 최댓값과 최솟값은 각각

$g(4)=3^4=81$, $g(2)=3^2=9$

$2\le x\le 4$에서 함수 $h(x)$의 최댓값과 최솟값은 각각

$h(4)=\log_2 4=2$, $h(2)=\log_2 2=1$

따라서 함수 $f(x)=g(x)h(x)$의 최댓값과 최솟값은 각각

$81\times 2=162$, $9\times 1=9$이므로 그 합은

$162+9=171$

답 ①

26

a가 자연수이므로

$\frac{a}{10}+\frac{3}{20}>0$, $\frac{a}{10}+\frac{3}{20}\ne 1$, $\frac{2a+4}{9}>0$, $\frac{2a+4}{9}\ne 1$

즉, 두 함수 $f(x)$, $g(x)$는 모두 지수함수이다.

함수 $f(x)$의 최솟값이 $f(3)$이므로 $0<\frac{a}{10}+\frac{3}{20}<1$

$-\frac{3}{2}<a<\frac{17}{2}$ …… ㉠

함수 $g(x)$의 최솟값이 $g(1)$이므로 $\frac{2a+4}{9}>1$

$a>\frac{5}{2}$ …… ㉡

㉠, ㉡에서 $\frac{5}{2}<a<\frac{17}{2}$

따라서 자연수 a는 3, 4, 5, 6, 7, 8이므로 그 개수는 6이다.

답 6

27

$a\le x\le b$에서 함수 $(g\circ f)(x)=g(f(x))=\log_2\{f(x)\}$의 최댓값을 M, 최솟값을 m이라 하자.

두 실수 c, d $(0<d<c)$에 대하여 $a\le x\le b$에서 함수 $f(x)$의 최댓값을 c, 최솟값을 d라 하면 $M=\log_2 c$, $m=\log_2 d$이다.

$M+m=\log_2 c+\log_2 d=\log_2 cd=0$에서 $cd=1$

즉, $c>1$, $0<d<1$, $d=\frac{1}{c}$

$f(x)=x^2-4x+k=(x-2)^2+k-4$에서

함수 $f(x)$의 최솟값은 $k-4$이다.

(i) $k-4\ge 1$일 때

$f(x)\ge k-4\ge 1$이므로 $(g\circ f)(x)\ge \log_2 1=0$

$0\le m<M$, $M+m>0$이므로 주어진 조건을 만족시키지 않는다.

(ii) $k-4<1$일 때

k가 정수이므로 $k-4\le 0$

즉, 이차함수 $y=f(x)$의 그래프의 꼭짓점의 y좌표는 0 이하이다.

$0<p<1$인 어떤 실수 p에 대하여 x에 대한 방정식 $f(x)=p$의 서로 다른 두 실근을 α, β $(\alpha<\beta)$라 하고, x에 대한 방정식

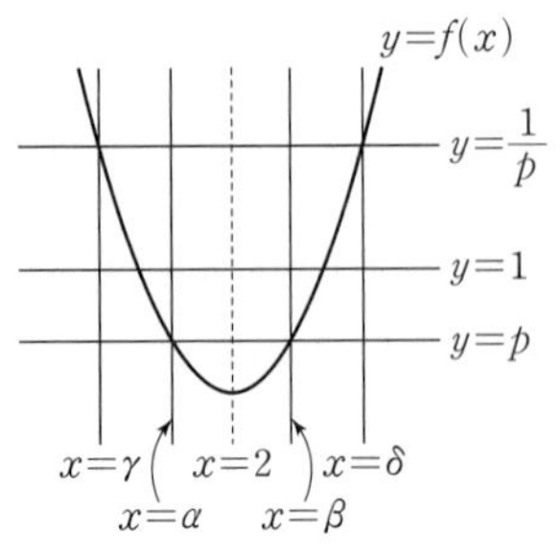

$f(x)=\frac{1}{p}$의 서로 다른 두 실근을 γ, δ $(\gamma<\delta)$라 하면

$\gamma<\alpha<\beta<\delta$

이때 $a=\gamma$, $b=\alpha$ 또는 $a=\beta$, $b=\delta$이면 $M+m=0$이다.

(i), (ii)에서 $k-4<1$, 즉 $k<5$이므로 정수 k의 최댓값은 4이다.

답 ⑤

02 삼각함수

본문 16~22쪽

필수유형 1 ②	01 ④	02 ④	03 ②
필수유형 2 ④	04 ⑤	05 ⑤	06 ②
필수유형 3 ④	07 ①	08 ③	09 ④
	10 8	11 ③	
필수유형 4 ③	12 ④	13 ①	14 ⑤
필수유형 5 8	15 ③	16 ③	17 ③
필수유형 6 ①	18 ⑤	19 10	20 ③
	21 ③	22 ⑤	

필수유형 1

중심각의 크기가 $\sqrt{3}$인 부채꼴의 반지름의 길이를 r이라 하자.

이 부채꼴의 넓이가 $12\sqrt{3}$이므로 $\frac{1}{2}\times r^2\times\sqrt{3}=12\sqrt{3}$

$r^2=24$이고 $r>0$이므로 $r=2\sqrt{6}$

답 ②

01

직선 AP가 원 C_2와 만나는 점 중 P가 아닌 점을 C라 하자.

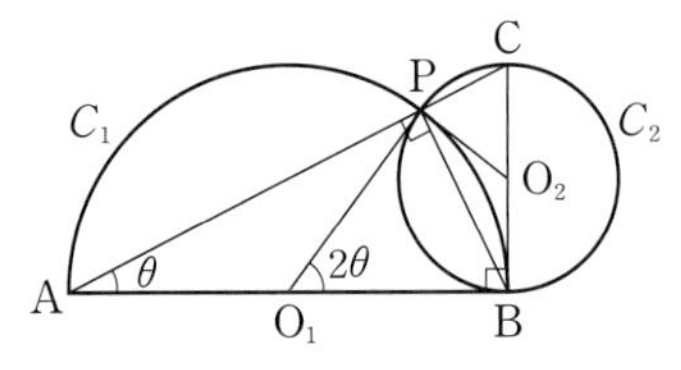

$\angle APB=\frac{\pi}{2}$이므로

점 B에서 직선 AC에 내린 수선의 발이 P이다. $\angle PAB=\theta\left(0<\theta<\frac{\pi}{2}\right)$로 놓으면 부채꼴 O_1BP의 중심각의 크기가 2θ이므로 부채꼴 O_1BP의 호의 길이 l_1은

$l_1=1\times 2\theta=2\theta$ …… ㉠

$\angle ABC=\frac{\pi}{2}$에서 선분 BC는 원 C_2의 지름이고 $\angle PCB=\frac{\pi}{2}-\theta$이므로 중심각의 크기가 π보다 작은 부채꼴 O_2BP의 중심각의 크기는

$2\times\left(\frac{\pi}{2}-\theta\right)=\pi-2\theta$

따라서 부채꼴 O_2BP의 호의 길이 l_2는

$l_2=\frac{1}{2}\times(\pi-2\theta)=\frac{\pi}{2}-\theta$ …… ㉡

㉠, ㉡에서 $l_1+2l_2=2\theta+2\left(\frac{\pi}{2}-\theta\right)=\pi$

답 ④

02

두 점 A, D에서 직선 BC에 내린 수선의 발을 각각 E, F라 하고, 두 선분 AB, CD를 지름으로 하는 원의 중심을 각각 O_1, O_2라 하자.

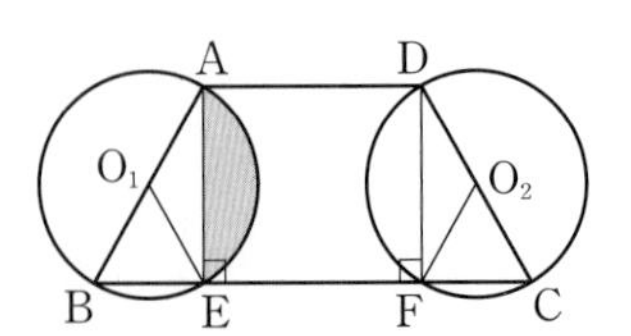

$\overline{BE}=\overline{FC}=\frac{1}{2}\overline{AB}$에서 $\angle ABE=\angle DCF=\frac{\pi}{3}$

$\overline{BE}=a$ $(a>0)$으로 놓으면 $\overline{AD}=2a$, $\overline{AE}=\sqrt{3}a$

중심각의 크기가 π보다 작은 부채꼴 O_1EA와 직사각형 AEFD의 공통부분의 넓이는

$\frac{1}{2}\times a^2\times\frac{2}{3}\pi-\frac{1}{2}\times a^2\times\sin\frac{2}{3}\pi=\frac{a^2}{3}\pi-\frac{\sqrt{3}}{4}a^2$ ······ ㉠

사다리꼴 ABCD의 내부와 선분 AB, CD를 각각 지름으로 하는 두 원의 외부의 공통부분의 넓이는 직사각형 AEFD의 넓이에서 ㉠의 2배를 뺀 것과 같으므로

$2a\times\sqrt{3}a-2\times\left(\frac{a^2}{3}\pi-\frac{\sqrt{3}}{4}a^2\right)=\left(\frac{5\sqrt{3}}{2}-\frac{2}{3}\pi\right)a^2$

$\left(\frac{5\sqrt{3}}{2}-\frac{2}{3}\pi\right)a^2=15\sqrt{3}-4\pi$에서 $a^2=6$

$a>0$에서 $a=\sqrt{6}$

따라서 사다리꼴 ABCD의 넓이는

$\frac{1}{2}\times(2a+4a)\times\sqrt{3}a=3\sqrt{3}a^2=18\sqrt{3}$

답 ④

03

$\angle PBQ=\theta\left(0<\theta<\frac{\pi}{2}\right)$로 놓자.

호 AP의 원주각의 크기가 θ이므로 중심각의 크기는 2θ이다.

따라서 호 AP의 길이 l은 $l=2\times2\theta=4\theta$

또 $\overline{PB}=\overline{AB}\cos\theta=4\cos\theta$이므로 부채꼴 BPQ의 넓이 S는

$S=\frac{1}{2}\times(4\cos\theta)^2\times\theta=8\theta\cos^2\theta$

$\frac{S}{l}=\frac{2}{9}$에서 $\frac{8\theta\cos^2\theta}{4\theta}=\frac{2}{9}$, $\cos^2\theta=\frac{1}{9}$

$0<\theta<\frac{\pi}{2}$일 때 $\cos\theta>0$이므로 $\cos\theta=\frac{1}{3}$

$\overline{PB}=4\cos\theta=\frac{4}{3}$이므로 삼각형 ABP의 넓이는

$\frac{1}{2}\times\overline{PA}\times\overline{PB}=\frac{1}{2}\times\sqrt{4^2-\left(\frac{4}{3}\right)^2}\times\frac{4}{3}=\frac{16\sqrt{2}}{9}$

답 ②

필수유형 2

$\cos^2\theta=\frac{4}{9}$이고 $\frac{\pi}{2}<\theta<\pi$일 때 $\cos\theta<0$이므로 $\cos\theta=-\frac{2}{3}$

한편, $\sin^2\theta+\cos^2\theta=1$이므로

$\sin^2\theta=1-\cos^2\theta=1-\frac{4}{9}=\frac{5}{9}$

따라서 $\sin^2\theta+\cos\theta=\frac{5}{9}+\left(-\frac{2}{3}\right)=-\frac{1}{9}$

답 ④

04

이차방정식 $x^2-4x-2=0$의 두 근이 α, $\beta\,(\alpha>\beta)$이므로 근과 계수의 관계에 의하여 $\alpha+\beta=4$, $\alpha\beta=-2$

$(\alpha-\beta)^2=(\alpha+\beta)^2-4\alpha\beta=4^2-4\times(-2)=24$

$\alpha>\beta$이므로 $\alpha-\beta=2\sqrt{6}$

$\sin\theta-\cos\theta=\frac{\alpha-\beta}{\alpha+\beta}=\frac{2\sqrt{6}}{4}=\frac{\sqrt{6}}{2}$

$(\sin\theta-\cos\theta)^2=1-2\sin\theta\cos\theta$이므로

$\sin\theta\cos\theta=\frac{1-(\sin\theta-\cos\theta)^2}{2}=\frac{1-\left(\frac{\sqrt{6}}{2}\right)^2}{2}=-\frac{1}{4}$

답 ⑤

05

제2사분면의 점 P의 좌표를 $(a, b)\,(a<0, b>0)$으로 놓자.

점 Q는 점 P를 y축에 대하여 대칭이동한 점이므로 점 Q의 좌표는 $(-a, b)$이고, 점 R은 점 P를 직선 $y=x$에 대하여 대칭이동한 점이므로 점 R의 좌표는 (b, a)이다.

세 동경 OP, OQ, OR이 나타내는 각의 크기가 각각 α, β, γ이므로

$\sin\alpha=\frac{b}{\sqrt{a^2+b^2}}$, $\cos\beta=\frac{-a}{\sqrt{(-a)^2+b^2}}$, $\tan\gamma=\frac{a}{b}$

$\sin\alpha\cos\beta=\frac{2}{5}$에서 $\frac{b}{\sqrt{a^2+b^2}}\times\frac{-a}{\sqrt{(-a)^2+b^2}}=\frac{2}{5}$

$-5ab=2(a^2+b^2)$ ······ ㉠

㉠의 양변을 b^2으로 나누면

$2\left(\frac{a}{b}\right)^2+5\times\frac{a}{b}+2=0$, $\left(\frac{a}{b}+2\right)\left(\frac{2a}{b}+1\right)=0$

$\frac{a}{b}=-2$ 또는 $\frac{a}{b}=-\frac{1}{2}$

$\cos(\angle PQR)<0$, $\angle PQR<\pi$에서 $\frac{\pi}{2}<\angle PQR<\pi$이므로

$\overline{PQ}^2+\overline{QR}^2<\overline{PR}^2$

$(-2a)^2+(\sqrt{(b+a)^2+(a-b)^2})^2<(\sqrt{(b-a)^2+(a-b)^2})^2$

$4a^2+2(a^2+b^2)<2(a-b)^2$, $4a(a+b)<0$

$a<0$, $b>0$이므로 $\frac{a}{b}>-1$

따라서 $\tan\gamma=\frac{a}{b}=-\frac{1}{2}$

답 ⑤

참고

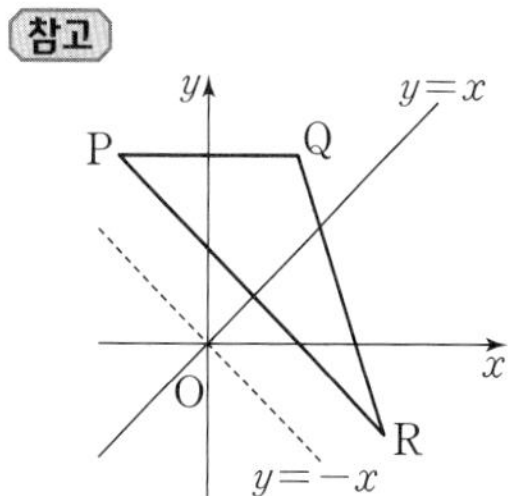

$\tan\gamma=-\frac{1}{2}$일 때

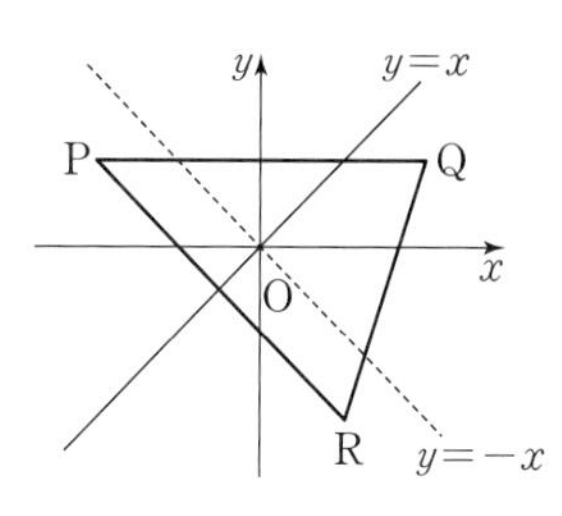

$\tan\gamma=-2$일 때

06

동경 OP가 나타내는 각의 크기가 $\theta\left(\frac{\pi}{2}<\theta<\pi\right)$이므로

원 $C: x^2+y^2=4$ 위의 제2사분면에 있는 점 P의 좌표를 $(2\cos\theta, 2\sin\theta)$로 나타낼 수 있다.

원 $C: x^2+y^2=4$ 위의 점 $P(2\cos\theta, 2\sin\theta)$에서의 접선의 방정식은

$(2\cos\theta)x+(2\sin\theta)y=4$

즉, $y=-\frac{\cos\theta}{\sin\theta}x+\frac{2}{\sin\theta}$ ······ ㉠

$x=0$일 때 $y=\frac{2}{\sin\theta}$이므로 점 Q의 좌표는 $\left(0, \frac{2}{\sin\theta}\right)$이다.

이때 직선 QR은 직선 ㉠과 y축에 대하여 대칭이므로 직선 QR의 방정식은 $y=\frac{\cos\theta}{\sin\theta}x+\frac{2}{\sin\theta}$

이고, 점 R의 좌표는 $\left(-\frac{2}{\cos\theta},\ 0\right)$이다.

따라서 사각형 ORQP의 넓이는 두 직각삼각형 POQ, ORQ의 넓이의 합과 같으므로

$\frac{1}{2}\times(-2\cos\theta)\times\frac{2}{\sin\theta}+\frac{1}{2}\times\left(-\frac{2}{\cos\theta}\right)\times\frac{2}{\sin\theta}$

$=-\frac{2\cos\theta}{\sin\theta}-\frac{2}{\sin\theta\cos\theta}=-\frac{2}{\sin\theta}\left(\cos\theta+\frac{1}{\cos\theta}\right)$

답 ②

필수유형 3

$\sin(-\theta)=-\sin\theta$이므로 $\sin(-\theta)=\frac{1}{7}\cos\theta$에서

$\cos\theta=-7\sin\theta$

이때 $\sin^2\theta+\cos^2\theta=1$이므로

$\sin^2\theta+49\sin^2\theta=1,\ \sin^2\theta=\frac{1}{50}$

한편, $\cos\theta<0$이므로 $\sin\theta=-\frac{1}{7}\cos\theta>0$

따라서 $\sin\theta=\frac{1}{5\sqrt{2}}=\frac{\sqrt{2}}{10}$

답 ④

07

$\sin\left(\frac{5}{2}\pi+\theta\right)=\sin\left(2\pi+\frac{\pi}{2}+\theta\right)=\sin\left(\frac{\pi}{2}+\theta\right)=\cos\theta$

이때 $\cos\theta=\frac{\sqrt{6}}{3}>0$, $\sin\theta<0$이므로

$\tan\theta=\frac{\sin\theta}{\cos\theta}=\frac{-\sqrt{1-\left(\frac{\sqrt{6}}{3}\right)^2}}{\frac{\sqrt{6}}{3}}=-\frac{\sqrt{3}}{\sqrt{6}}=-\frac{\sqrt{2}}{2}$

답 ①

08

$\sin(\pi+\theta)=-\sin\theta$, $\cos\left(\frac{\pi}{2}-\theta\right)=\sin\theta$

$\frac{3}{2}\pi<\theta<2\pi$일 때, $\sin\theta<0$, $\cos\theta>0$, $\tan\theta<0$이므로

$\sin\theta-\cos\theta<0$

따라서

$\sin(\pi+\theta)+\frac{\sqrt{\cos^2\left(\frac{\pi}{2}-\theta\right)}}{|\tan\theta|}-|\sin\theta-\cos\theta|$

$=-\sin\theta+\frac{\sqrt{\sin^2\theta}}{-\tan\theta}+(\sin\theta-\cos\theta)$

$=-\sin\theta+\frac{-\sin\theta}{-\tan\theta}+(\sin\theta-\cos\theta)$

$=-\sin\theta+\cos\theta+\sin\theta-\cos\theta=0$

답 ③

09

직선 $y=\frac{1}{(2n-1)\pi}x-1$은 세 점 $(0,\ -1)$, $((2n-1)\pi,\ 0)$, $(2(2n-1)\pi,\ 1)$을 지난다. 이때 직선 $y=\frac{1}{(2n-1)\pi}x-1$과 함수 $y=\sin x$의 그래프의 교점의 개수는 $2\times(2n-2)+1=4n-3$이다.

$n^2=4n-3$에서 $(n-1)(n-3)=0$이므로 $n=1$ 또는 $n=3$

$n=1$일 때, 직선 $y=\frac{1}{\pi}x-1$과 함수 $y=\sin x$의 그래프는 그림과 같이 1^2개의 점에서 만난다.

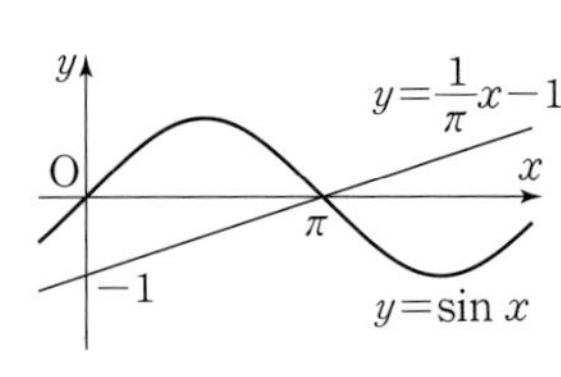

$n=3$일 때, 직선 $y=\frac{1}{5\pi}x-1$과 함수 $y=\sin x$의 그래프는 그림과 같이 3^2개의 점에서 만난다.

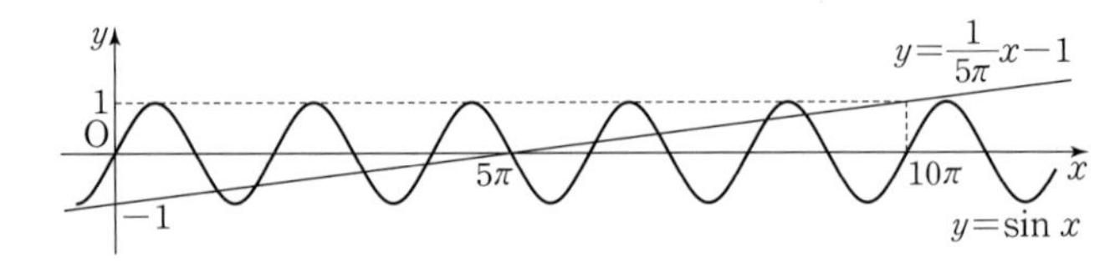

따라서 구하는 모든 자연수 n의 값의 합은 4이다.

답 ④

10

$|a|+c=2\sqrt{2}$, $-|a|+c=0$에서 $|a|=\sqrt{2}$, $c=\sqrt{2}$

$f\left(\frac{5}{12}\pi\right)=f\left(\frac{17}{12}\pi\right)=0$에서 함수 $f(x)$의 주기는 $\frac{17}{12}\pi-\frac{5}{12}\pi=\pi$이므로

$\frac{2\pi}{|b|}=\pi$, $|b|=2$

따라서 $a^2+b^2+c^2=(\sqrt{2})^2+2^2+(\sqrt{2})^2=8$

답 8

11

삼각형 OPQ가 한 변의 길이가 $\frac{4}{3}a$인 정삼각형이므로 점 P의 좌표를 $\left(\frac{2}{3}a,\ \frac{2\sqrt{3}}{3}a\right)$로 놓을 수 있다.

이때 점 $\mathrm{P}\left(\frac{2}{3}a,\ \frac{2\sqrt{3}}{3}a\right)$는 곡선 $y=\left|\tan\frac{\pi x}{2a}\right|$ 위의 점이므로

$\left|\tan\frac{\pi}{3}\right|=\frac{2\sqrt{3}}{3}a$에서 $a=\frac{3}{2}$

따라서 $f(x)=\left|\tan\frac{\pi x}{3}\right|$이므로

$a\times f\left(-\frac{1}{2}\right)=\frac{3}{2}\times\left|\tan\left(-\frac{\pi}{6}\right)\right|$

$=\frac{3}{2}\times\left|-\tan\frac{\pi}{6}\right|=\frac{\sqrt{3}}{2}$

답 ③

필수유형 4

함수 $f(x)=a-\sqrt{3}\tan 2x$의 그래프의 주기는 $\frac{\pi}{2}$이다.

함수 $f(x)$가 닫힌구간 $\left[-\frac{\pi}{6},\ b\right]$에서 최댓값과 최솟값을 가지므로

$-\frac{\pi}{6}<b<\frac{\pi}{4}$이다.

한편, 함수 $y=f(x)$의 그래프는 닫힌구간 $\left[-\frac{\pi}{6}, b\right]$에서 x의 값이 증가할 때, y의 값은 감소하므로 함수 $f(x)$는 $x=-\frac{\pi}{6}$에서 최댓값 7을 갖는다.

즉, $f\left(-\frac{\pi}{6}\right)=a-\sqrt{3}\tan\left(-\frac{\pi}{3}\right)=7$에서

$a+\sqrt{3}\tan\frac{\pi}{3}=7$, $a+3=7$, $a=4$

함수 $f(x)$는 $x=b$에서 최솟값 3을 가지므로

$f(b)=4-\sqrt{3}\tan 2b=3$에서 $\tan 2b=\frac{\sqrt{3}}{3}$

이때 $-\frac{\pi}{3}<2b<\frac{\pi}{2}$이므로 $2b=\frac{\pi}{6}$, $b=\frac{\pi}{12}$

따라서 $a\times b=4\times\frac{\pi}{12}=\frac{\pi}{3}$

답 ③

12

$4-3\sin^2\theta=t$로 놓으면 $\sin^2\theta=\frac{4-t}{3}$

$0<\theta<2\pi$에서 $-1\le\sin\theta\le1$이므로 $1\le t\le4$

$f(\theta)=\frac{3}{t}-\frac{4(4-t)}{3}=\boxed{\frac{4t}{3}+\frac{3}{t}-\frac{16}{3}}$

이때 $t>0$이므로

$\boxed{\frac{4t}{3}+\frac{3}{t}-\frac{16}{3}}\ge2\sqrt{\frac{4t}{3}\times\frac{3}{t}}-\frac{16}{3}=4-\frac{16}{3}=\boxed{-\frac{4}{3}}$ …… ㉠

$\frac{4t}{3}=\frac{3}{t}$에서 $t^2=\frac{9}{4}$, 즉 $t=\frac{3}{2}$이고, $1\le\frac{3}{2}\le4$이므로 부등식 ㉠에서 등호는 $t=\frac{3}{2}$, 즉 $\sin^2\theta=\boxed{\frac{5}{6}}$일 때 성립한다.

따라서 함수 $f(\theta)$는 $\sin^2\theta=\boxed{\frac{5}{6}}$일 때, 최솟값 $\boxed{-\frac{4}{3}}$를 갖는다.

이상에서 $g(t)=\frac{4t}{3}+\frac{3}{t}-\frac{16}{3}$, $p=-\frac{4}{3}$, $q=\frac{5}{6}$이고,

$p+q=-\frac{4}{3}+\frac{5}{6}=-\frac{1}{2}$이므로

$g\left(-\frac{1}{p+q}\right)=g(2)=\frac{8}{3}+\frac{3}{2}-\frac{16}{3}=-\frac{7}{6}$

답 ④

13

$\sin\left(\frac{3}{2}\pi-x\right)=\sin\left(\pi+\frac{\pi}{2}-x\right)=-\sin\left(\frac{\pi}{2}-x\right)=-\cos x$

$\cos\left(x+\frac{\pi}{2}\right)=-\sin x$이므로

$f(x)=\sin^2\left(\frac{3}{2}\pi-x\right)+k\cos\left(x+\frac{\pi}{2}\right)+k+1$

$\quad=(-\cos x)^2+k(-\sin x)+k+1=1-\sin^2 x-k\sin x+k+1$

$\quad=-\sin^2 x-k\sin x+k+2=-\left(\sin x+\frac{k}{2}\right)^2+\frac{k^2}{4}+k+2$

$\sin x=t\ (-1\le t\le1)$로 놓으면

$f(x)=-\left(t+\frac{k}{2}\right)^2+\frac{k^2}{4}+k+2$

(i) $-\frac{k}{2}>1$, 즉 $k<-2$일 때

함수 $f(x)$는 $t=\sin x=1$일 때 최대이다.

이때 $-1^2-k+k+2=1\ne3$이므로 조건을 만족시키지 않는다.

(ii) $-\frac{k}{2}<-1$, 즉 $k>2$일 때

함수 $f(x)$는 $t=\sin x=-1$일 때 최대이다.

$-(-1)^2+k+k+2=3$, $2k+1=3$에서 $k=1$

이때 $k>2$를 만족시키지 않는다.

(iii) $-1\le-\frac{k}{2}\le1$, 즉 $-2\le k\le2$일 때

함수 $f(x)$는 $t=\sin x=-\frac{k}{2}$일 때 최대이므로

$\frac{k^2}{4}+k+2=3$, $k^2+4k-4=0$, $k=-2\pm2\sqrt{2}$

$-2\le k\le2$이므로 $k=-2+2\sqrt{2}=2(\sqrt{2}-1)$

(i), (ii), (iii)에서 조건을 만족시키는 실수 k의 값은 $2(\sqrt{2}-1)$이다.

답 ①

14

ㄱ. $t=\frac{\pi}{2}$일 때 $f(x)=\begin{cases}\cos x & \left(0\le x\le\frac{\pi}{2}\right)\\ -\cos x & \left(\frac{\pi}{2}<x\le2\pi\right)\end{cases}$이므로

함수 $y=f(x)$의 그래프는 그림과 같다.

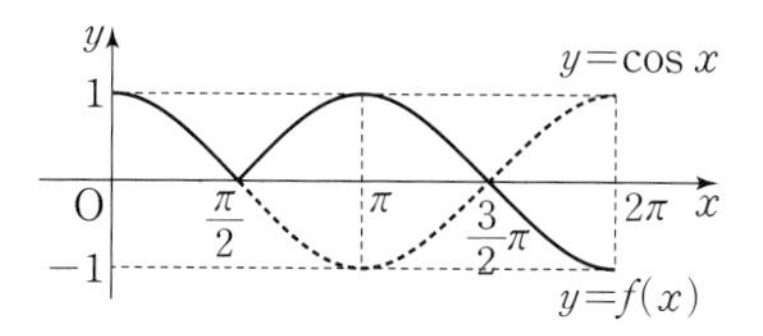

$M\left(\frac{\pi}{2}\right)=1$, $m\left(\frac{\pi}{2}\right)=-1$이므로 $M\left(\frac{\pi}{2}\right)-m\left(\frac{\pi}{2}\right)=2$ (참)

ㄴ. (i) $0<t\le\frac{\pi}{2}$일 때

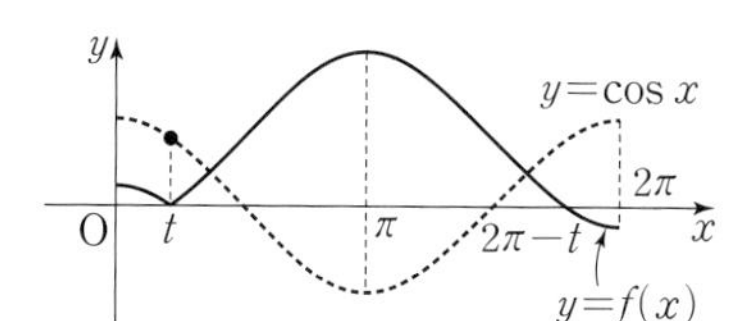

$M(t)=f(\pi)=\cos t-\cos\pi=\cos t+1$,

$m(t)=f(2\pi)=\cos t-\cos2\pi=\cos t-1$

이므로 $M(t)-m(t)=2$

(ii) $\frac{\pi}{2}<t<\frac{3}{2}\pi$일 때

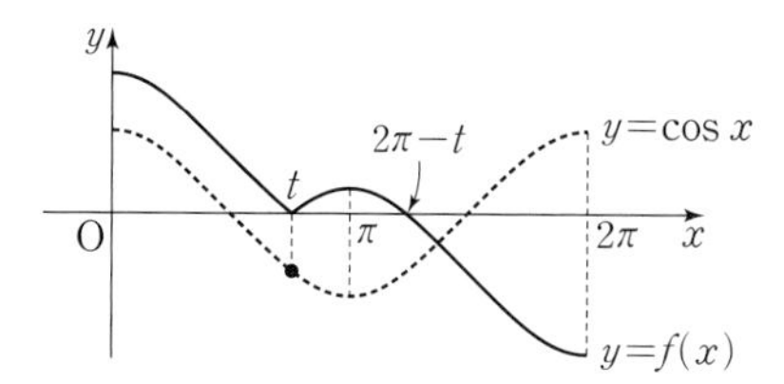

$M(t)=f(0)=\cos0-\cos t=1-\cos t$,

$m(t)=f(2\pi)=\cos t-\cos2\pi=\cos t-1$

이므로 $M(t)-m(t)=2-2\cos t$

(iii) $\frac{3}{2}\pi\le t<2\pi$일 때

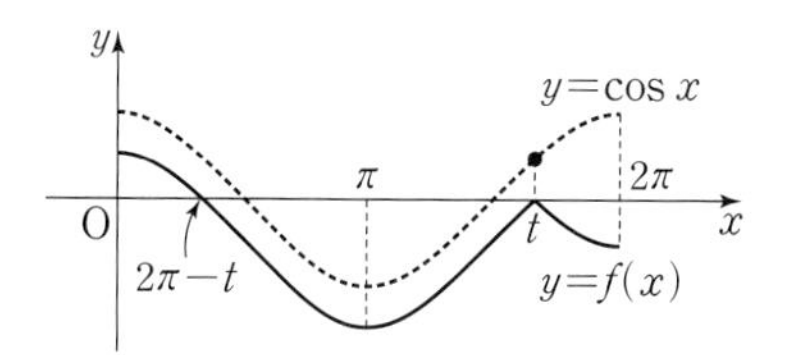

$M(t)=f(0)=\cos 0-\cos t=1-\cos t$,
$m(t)=f(\pi)=\cos\pi-\cos t=-1-\cos t$
이므로 $M(t)-m(t)=2$

(i), (ii), (iii)에서 $M(t)-m(t)=2$를 만족시키는 실수 t의 값의 범위는 $0<t\le\frac{\pi}{2}$ 또는 $\frac{3}{2}\pi\le t<2\pi$ (거짓)

ㄷ. ㄴ에서

$0<t\le\frac{\pi}{2}$일 때, $M(t)+m(t)=2\cos t$

$\frac{\pi}{2}<t<\frac{3}{2}\pi$일 때, $M(t)+m(t)=0$

$\frac{3}{2}\pi\le t<2\pi$일 때, $M(t)+m(t)=-2\cos t$

이므로 $\frac{\pi}{2}\le t\le\frac{3}{2}\pi$일 때 $M(t)+m(t)=0$

따라서 $M(t)+m(t)=0$을 만족시키는 실수 t의 최솟값은 $\frac{\pi}{2}$이고 최댓값은 $\frac{3}{2}\pi$이므로 그 합은 2π이다. (참)

이상에서 옳은 것은 ㄱ, ㄷ이다.

답 ⑤

필수유형 5

함수 $f(x)$의 최솟값이 $-a+8-a=8-2a$이므로 조건 (가)를 만족시키려면 $8-2a\ge0$, 즉 $a\le4$이어야 한다.
그런데 $a=1$ 또는 $a=2$ 또는 $a=3$일 때는 함수 $f(x)$의 최솟값이 0보다 크므로 조건 (나)를 만족시킬 수 없다. 그러므로 $a=4$
이때 $f(x)=4\sin bx+4$이고 이 함수의 주기는 $\frac{2\pi}{b}$이므로
$0\le x<\frac{2\pi}{b}$일 때 방정식 $f(x)=0$의 실근은 $\frac{3\pi}{2b}$뿐이다.
그러므로 $0\le x<2\pi$일 때, 방정식 $f(x)=0$의 서로 다른 실근의 개수가 4가 되려면 $\frac{3\pi}{2b}+\frac{2\pi}{b}\times3<2\pi\le\frac{3\pi}{2b}+\frac{2\pi}{b}\times4$, 즉
$\frac{15\pi}{2b}<2\pi\le\frac{19\pi}{2b}$이어야 한다.
$\frac{15}{4}<b\le\frac{19}{4}$에서 b는 자연수이므로 $b=4$
따라서 $a+b=4+4=8$

답 8

15

$\log_{|\sin\theta|}\tan\theta$에서 로그의 밑과 진수의 조건에 의하여
$|\sin\theta|\ne0$, $|\sin\theta|\ne1$, $\tan\theta>0$
이때 $0<|\sin\theta|<1$이므로 $0<\log_{|\sin\theta|}\tan\theta<1$이 성립하려면
$0<|\sin\theta|<\tan\theta<1$

$0<\theta<\frac{\pi}{2}$일 때, $\sin\theta>0$, $0<\cos\theta<1$이므로

$|\sin\theta|-\tan\theta=\sin\theta-\frac{\sin\theta}{\cos\theta}=\frac{\sin\theta(\cos\theta-1)}{\cos\theta}<0$

$\pi<\theta<\frac{3}{2}\pi$일 때, $\sin\theta<0$, $-1<\cos\theta<0$이므로

$|\sin\theta|-\tan\theta=-\sin\theta-\frac{\sin\theta}{\cos\theta}=-\frac{\sin\theta(\cos\theta+1)}{\cos\theta}<0$

그러므로 $\tan\theta>0$인 θ의 범위에서 부등식 $|\sin\theta|<\tan\theta$는 항상 성립한다.

$0<\tan\theta<1$에서 $0<\theta<\frac{\pi}{4}$, $\pi<\theta<\frac{5}{4}\pi$ …… ㉠

㉠의 범위에서 $\sin\theta$, $\cos\theta$의 값의 부호는 같고,

$0<|\sin\theta|<|\cos\theta|$이므로 $\frac{\cos\theta}{\sin\theta}>1$

$\left(\frac{\cos\theta}{\sin\theta}\right)^{\cos\theta+1}<\left(\frac{\sin\theta}{\cos\theta}\right)^{\cos\theta}$의 양변에 $\left(\frac{\cos\theta}{\sin\theta}\right)^{\cos\theta}$을 곱하면

$\left(\frac{\cos\theta}{\sin\theta}\right)^{2\cos\theta+1}<\left(\frac{\sin\theta}{\cos\theta}\times\frac{\cos\theta}{\sin\theta}\right)^{\cos\theta}=1$

$2\cos\theta+1<0$, $\cos\theta<-\frac{1}{2}$

$\frac{2}{3}\pi<\theta<\frac{4}{3}\pi$ …… ㉡

따라서 ㉠, ㉡에서 구하는 θ의 값의 범위는

$\pi<\theta<\frac{5}{4}\pi$

답 ③

16

$y=x^2-4x\sin\frac{n\pi}{6}+3-2\cos^2\frac{n\pi}{6}$

$=\left(x-2\sin\frac{n\pi}{6}\right)^2-4\sin^2\frac{n\pi}{6}+3-2\cos^2\frac{n\pi}{6}$

$=\left(x-2\sin\frac{n\pi}{6}\right)^2+1-2\sin^2\frac{n\pi}{6}$ …… ㉠

이므로 이차함수 ㉠의 그래프의 꼭짓점의 좌표는

$\left(2\sin\frac{n\pi}{6},\ 1-2\sin^2\frac{n\pi}{6}\right)$

이 점과 직선 $y=\frac{1}{2}x+\frac{3}{2}$, 즉 $x-2y+3=0$ 사이의 거리가 $\frac{3\sqrt{5}}{5}$보다 작으려면

$\frac{\left|2\sin\frac{n\pi}{6}-2\left(1-2\sin^2\frac{n\pi}{6}\right)+3\right|}{\sqrt{5}}<\frac{3\sqrt{5}}{5}$

$\left|4\sin^2\frac{n\pi}{6}+2\sin\frac{n\pi}{6}+1\right|<3$

$-3<4\sin^2\frac{n\pi}{6}+2\sin\frac{n\pi}{6}+1<3$

(i) $4\sin^2\frac{n\pi}{6}+2\sin\frac{n\pi}{6}+1>-3$에서

$2\sin^2\frac{n\pi}{6}+\sin\frac{n\pi}{6}+2>0$ …… ㉡

$2\left(\sin\frac{n\pi}{6}+\frac{1}{4}\right)^2+\frac{15}{8}>0$이므로 ㉡은 모든 자연수 n에 대하여 성립한다.

(ii) $4\sin^2\frac{n\pi}{6}+2\sin\frac{n\pi}{6}+1<3$에서

$2\sin^2\frac{n\pi}{6}+\sin\frac{n\pi}{6}-1<0$

$\left(2\sin\frac{n\pi}{6}-1\right)\left(\sin\frac{n\pi}{6}+1\right)<0$

$-1<\sin\frac{n\pi}{6}<\frac{1}{2}$ …… ㉢

㉢을 만족시키는 12 이하의 자연수 n의 값은 6, 7, 8, 10, 11, 12이다.

따라서 (i), (ii)를 모두 만족시키는 12 이하의 자연수 n의 개수는 6이다.

답 ③

17

ㄱ. $t=\frac{1}{2}$일 때, $\left(x-\sin\frac{\pi}{2}\right)\left(x+\cos\frac{\pi}{2}\right)=0$

즉, 이차방정식 $x(x-1)=0$의 두 실근은 0, 1이므로

$\alpha\left(\frac{1}{2}\right)=1$, $\beta\left(\frac{1}{2}\right)=0$

따라서 $\alpha\left(\frac{1}{2}\right)>\frac{1}{2}$ (참)

ㄴ. 이차방정식 $(x-\sin\pi t)(x+\cos\pi t)=0$의 실근은

$x=\sin\pi t$ 또는 $x=-\cos\pi t$

$\sin\pi t=-\cos\pi t$, 즉 $\tan\pi t=-1$에서

$0\le t\le 2$이므로 $\pi t=\frac{3}{4}\pi$ 또는 $\pi t=\frac{7}{4}\pi$

즉, $t=\frac{3}{4}$ 또는 $t=\frac{7}{4}$

따라서 $\alpha(t)=\beta(t)$를 만족시키는 서로 다른 실수 t의 개수는 2이다. (참)

ㄷ. $0\le t\le\frac{3}{4}$ 또는 $\frac{7}{4}\le t\le 2$일 때, $\sin\pi t\ge-\cos\pi t$이므로

$\alpha(t)=\sin\pi t$, $\beta(t)=-\cos\pi t$

$\frac{3}{4}<t<\frac{7}{4}$일 때, $\sin\pi t<-\cos\pi t$이므로

$\alpha(t)=-\cos\pi t$, $\beta(t)=\sin\pi t$

따라서 $\alpha(t)=\begin{cases}\sin\pi t & \left(0\le t\le\frac{3}{4} \text{ 또는 } \frac{7}{4}\le t\le 2\right)\\ -\cos\pi t & \left(\frac{3}{4}<t<\frac{7}{4}\right)\end{cases}$

$\beta(t)=\begin{cases}-\cos\pi t & \left(0\le t\le\frac{3}{4} \text{ 또는 } \frac{7}{4}\le t\le 2\right)\\ \sin\pi t & \left(\frac{3}{4}<t<\frac{7}{4}\right)\end{cases}$

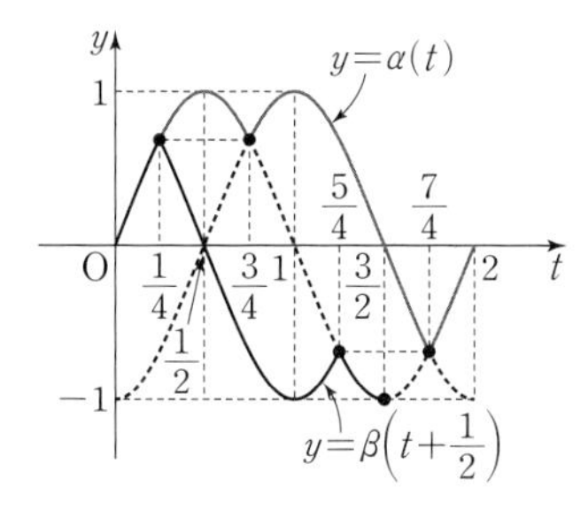

(i) $0\le s\le\frac{1}{4}$일 때, $\frac{1}{2}\le s+\frac{1}{2}\le\frac{3}{4}$이므로

$\alpha(s)-\beta\left(s+\frac{1}{2}\right)=\sin\pi s-\left\{-\cos\pi\left(s+\frac{1}{2}\right)\right\}$

$=\sin\pi s+\cos\left(\pi s+\frac{\pi}{2}\right)=\sin\pi s-\sin\pi s=0$

(ii) $\frac{1}{4}<s\le\frac{3}{4}$일 때, $\frac{3}{4}<s+\frac{1}{2}\le\frac{5}{4}$이므로

$\alpha(s)-\beta\left(s+\frac{1}{2}\right)=\sin\pi s-\sin\pi\left(s+\frac{1}{2}\right)$

$=\sin\pi s-\cos\pi s>0$

(iii) $\frac{3}{4}<s<\frac{5}{4}$일 때, $\frac{5}{4}<s+\frac{1}{2}<\frac{7}{4}$이므로

$\alpha(s)-\beta\left(s+\frac{1}{2}\right)=-\cos\pi s-\sin\pi\left(s+\frac{1}{2}\right)$

$=-\cos\pi s-\cos\pi s=-2\cos\pi s>0$

(iv) $\frac{5}{4}\le s\le\frac{3}{2}$일 때, $\frac{7}{4}\le s+\frac{1}{2}\le 2$이므로

$\alpha(s)-\beta\left(s+\frac{1}{2}\right)=-\cos\pi s-\left\{-\cos\pi\left(s+\frac{1}{2}\right)\right\}$

$=-\cos\pi s+\cos\left(\pi s+\frac{\pi}{2}\right)$

$=-\cos\pi s-\sin\pi s>0$

따라서 $\alpha(s)=\beta\left(s+\frac{1}{2}\right)$을 만족시키는 실수 s $\left(0\le s\le\frac{3}{2}\right)$의 범위는 $0\le s\le\frac{1}{4}$이므로 그 최댓값은 $\frac{1}{4}$이다. (거짓)

이상에서 옳은 것은 ㄱ, ㄴ이다.

답 ③

필수유형 6

$\angle BAC=\angle CAD=\theta$ $\left(0<\theta<\frac{\pi}{2}\right)$라 하면

삼각형 ABC에서 코사인법칙에 의하여

$\overline{BC}^2=\overline{AB}^2+\overline{AC}^2-2\times\overline{AB}\times\overline{AC}\times\cos\theta$

$=5^2+(3\sqrt{5})^2-2\times5\times3\sqrt{5}\times\cos\theta$

$=70-30\sqrt{5}\cos\theta$

삼각형 ACD에서 코사인법칙에 의하여

$\overline{CD}^2=\overline{AC}^2+\overline{AD}^2-2\times\overline{AC}\times\overline{AD}\times\cos\theta$

$=(3\sqrt{5})^2+7^2-2\times3\sqrt{5}\times7\times\cos\theta$

$=94-42\sqrt{5}\cos\theta$

$\angle BAC=\angle CAD$이므로 $\overline{BC}=\overline{CD}$, 즉 $\overline{BC}^2=\overline{CD}^2$이다.

이때 $70-30\sqrt{5}\cos\theta=94-42\sqrt{5}\cos\theta$에서 $\cos\theta=\frac{2\sqrt{5}}{5}$

$\overline{BC}^2=70-30\sqrt{5}\cos\theta=70-30\sqrt{5}\times\frac{2\sqrt{5}}{5}=10$, $\overline{BC}=\sqrt{10}$

한편, $\sin^2\theta=1-\cos^2\theta=1-\left(\frac{2\sqrt{5}}{5}\right)^2=\frac{1}{5}$이고,

$\sin\theta>0$이므로 $\sin\theta=\frac{\sqrt{5}}{5}$

구하는 원의 반지름의 길이를 R이라 하면 삼각형 ABC에서 사인법칙에 의하여 $\frac{\overline{BC}}{\sin\theta}=2R$이므로 $\frac{\sqrt{10}}{\frac{\sqrt{5}}{5}}=2R$, $5\sqrt{2}=2R$

따라서 $R=\frac{5\sqrt{2}}{2}$

답 ①

18

삼각형 ABC의 외접원의 반지름의 길이를 R이라 하면 사인법칙에 의하여 $\frac{a}{\sin A}=\frac{b}{\sin B}=\frac{c}{\sin C}=2R$

즉, $\sin A=\frac{a}{2R}$, $\sin B=\frac{b}{2R}$, $\sin C=\frac{c}{2R}$

$\sin A=\sin C$에서 $a=c$

$\sin A:\sin B=2:3$에서 $a:b=2:3$

$a=2k$, $b=3k$, $c=2k(k>0)$으로 놓으면 코사인법칙에 의하여

$\cos A=\frac{(3k)^2+(2k)^2-(2k)^2}{2\times3k\times2k}=\frac{3}{4}$

$\cos B=\frac{(2k)^2+(2k)^2-(3k)^2}{2\times2k\times2k}=-\frac{1}{8}$

$\cos C=\cos A=\frac{3}{4}$이므로

$$\frac{\cos A+\cos B}{\cos C}=\frac{\frac{3}{4}-\frac{1}{8}}{\frac{3}{4}}=\frac{5}{6}$$

답 ⑤

19

$\overline{AB}=\overline{DE}$, $\overline{AB}/\!/\overline{DE}$에서 사각형 ABDE는 평행사변형이므로

$\angle BAE=\angle BDE$

사각형 ABDE가 원에 내접하므로 $\angle BAE+\angle BDE=\pi$

따라서 사각형 ABDE는 직사각형이므로 두 선분 AD, BE는 원의 지름이다. $\cos(\angle ACB)=\cos(\angle AEB)=\cos(\angle EBD)=\frac{1}{3}$이므로

$\sin(\angle ACB)=\sqrt{1-\left(\frac{1}{3}\right)^2}=\frac{2\sqrt{2}}{3}$

삼각형 ABC의 외접원의 지름의 길이가 6이므로 사인법칙에 의하여

$\frac{\overline{AB}}{\sin(\angle ACB)}=6$, 즉 $\overline{AB}=6\times\frac{2\sqrt{2}}{3}=4\sqrt{2}$

삼각형 ABC에서 $\overline{AC}=k\ (k>0)$으로 놓으면 $\overline{BC}=5$이므로 삼각형 ABC에서 코사인법칙에 의하여

$\overline{AB}^2=\overline{AC}^2+\overline{BC}^2-2\times\overline{AC}\times\overline{BC}\times\cos(\angle ACB)$

$32=k^2+25-\frac{10}{3}k$, $3k^2-10k-21=0$

$k>0$이므로 $k=\frac{5+2\sqrt{22}}{3}$, 즉 $\overline{AC}=\frac{5+2\sqrt{22}}{3}$

따라서 $p=\frac{5}{3}$, $q=\frac{2}{3}$이므로 $9pq=10$

답 10

20

$\overline{PH}=a\ (a>0)$이라 하면 $\angle PHO=\frac{\pi}{2}$, $\angle POH=\frac{\pi}{6}$이므로

$\overline{OP}=\frac{\overline{PH}}{\sin\frac{\pi}{6}}=2a$

점 Q가 부채꼴 PRH의 호 RH를 이등분하므로

$\angle QPH=\theta\left(0<\theta<\frac{\pi}{2}\right)$

라 하면 $\angle QPR=\theta$이고

$\angle OPH=\frac{\pi}{3}$이므로

$\frac{\pi}{3}+2\theta=\pi$에서 $\theta=\frac{\pi}{3}$

삼각형 OPQ에서 코사인법칙에 의하여

$\overline{OQ}^2=\overline{OP}^2+\overline{PQ}^2-2\times\overline{OP}\times\overline{PQ}\times\cos(\angle OPQ)$

$4^2=(2a)^2+a^2-2\times2a\times a\times\cos\frac{2}{3}\pi$, $7a^2=16$

$a>0$이므로 $a=\frac{4\sqrt{7}}{7}$

따라서 부채꼴 PRH의 넓이는

$\frac{1}{2}\times\left(\frac{4\sqrt{7}}{7}\right)^2\times\frac{2}{3}\pi=\frac{16}{21}\pi$

답 ③

21

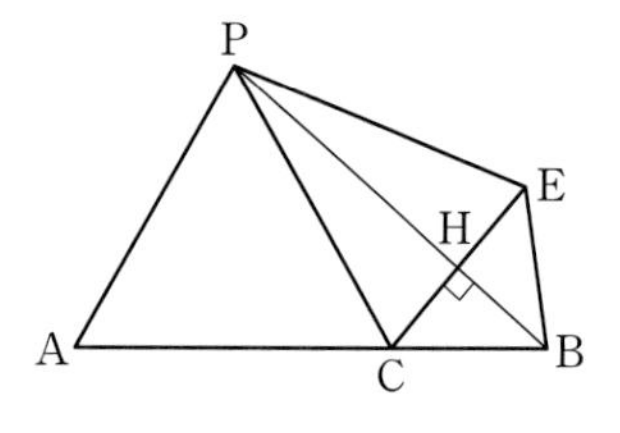

선분 CE는 두 원 O_2, O_3의 공통인 현이므로 두 직선 PB, CE는 서로 수직이다.

삼각형 PAC는 한 변의 길이가 2인 정삼각형이므로 삼각형 PAB에서 코사인법칙에 의하여

$\overline{PB}^2=\overline{PA}^2+\overline{AB}^2-2\times\overline{PA}\times\overline{AB}\times\cos(\angle PAB)$

$\quad=2^2+3^2-2\times2\times3\times\frac{1}{2}=7$

$\overline{PB}>0$이므로 $\overline{PB}=\sqrt{7}$

점 P에서 선분 AB에 내린 수선의 길이가 $\sqrt{3}$이므로 삼각형 PCB의 넓이는 $\frac{1}{2}\times1\times\sqrt{3}=\frac{\sqrt{3}}{2}$

이때 두 선분 PB, CE의 교점을 H라 하면

$\frac{1}{2}\times\overline{CH}\times\overline{PB}=\frac{\sqrt{3}}{2}$, $\overline{CH}=\frac{\sqrt{3}}{\sqrt{7}}=\frac{\sqrt{21}}{7}$

$\overline{CE}=2\times\overline{CH}=\frac{2\sqrt{21}}{7}$

삼각형 EDC의 외접원 O_3의 반지름의 길이가 2이므로 사인법칙에 의하여 $\frac{\overline{CE}}{\sin(\angle EDC)}=2\times2$

따라서 $\sin(\angle EDC)=\frac{\overline{CE}}{4}=\frac{\sqrt{21}}{14}$

답 ③

22

$\overline{AB}=2a$, $\overline{AC}=3a\ (a>0)$으로 놓고,

$\overline{BD}=3b$, $\overline{DC}=2b\ (b>0)$으로 놓자.

$\overline{AD}=k\ (k>0)$으로 놓으면

$\frac{\cos(\angle ABD)}{\cos(\angle ACD)}=\frac{1}{2}$에서

$2\cos(\angle ABD)=\cos(\angle ACD)$

$2\times\frac{(2a)^2+(3b)^2-k^2}{2\times2a\times3b}=\frac{(3a)^2+(2b)^2-k^2}{2\times3a\times2b}$

$k^2=14b^2-a^2$ …… ㉠

$\cos(\angle BDA)=\cos(\pi-\angle CDA)=-\cos(\angle CDA)$이므로

$\frac{(3b)^2+k^2-(2a)^2}{2\times3b\times k}=-\frac{(2b)^2+k^2-(3a)^2}{2\times2b\times k}$

$k^2=7a^2-6b^2$ …… ㉡

㉠, ㉡에서 $14b^2-a^2=7a^2-6b^2$

즉, $b^2=\frac{2}{5}a^2$이므로 ㉡에 대입하면 $k^2=7a^2-\frac{12}{5}a^2=\frac{23}{5}a^2$

따라서 $\frac{\overline{AD}}{\overline{AB}}=\frac{k}{2a}=\frac{1}{2}\times\sqrt{\frac{23}{5}}=\frac{\sqrt{115}}{10}$

답 ⑤

03 수열

본문 25~36쪽

필수유형 1 ③	01 ⑤	02 ⑤	03 ②
필수유형 2 7	04 12	05 ②	06 ④
필수유형 3 ①	07 ③	08 ③	09 ④
필수유형 4 64	10 ①	11 ①	12 6
필수유형 5 ③	13 ③	14 ②	15 12
필수유형 6 ②	16 68	17 ①	18 58
필수유형 7 24	19 ⑤	20 ③	21 24
필수유형 8 91	22 ②	23 ④	24 16
필수유형 9 ⑤	25 ②	26 ④	27 16
필수유형 10 ④	28 ①	29 25	30 ④
필수유형 11 ①	31 ②	32 ③	33 ⑤
필수유형 12 ④	34 ①		

필수유형 1

등차수열 $\{a_n\}$의 공차를 d라 하면

$a_1=2a_5=2(a_1+4d)$에서

$a_1+8d=0$ ...... ㉠

$a_8+a_{12}=(a_1+7d)+(a_1+11d)$

$=2a_1+18d=-6$

$a_1+9d=-3$ ...... ㉡

㉠, ㉡을 연립하여 풀면 $a_1=24$, $d=-3$이므로

$a_2=a_1+d=21$

답 ③

01

등차수열 $\{a_n\}$의 공차를 d라 하면

$a_1+a_3=a_1+(a_1+2d)=0$에서 $a_1=-d$이므로

$a_3+2a_4+3a_5=(a_1+2d)+2(a_1+3d)+3(a_1+4d)$

$=d+4d+9d=14d$

$a_3+2a_4+3a_5=14$에서 $d=1$, $a_1=-1$

따라서 $a_{10}=a_1+9d=-1+9=8$

답 ⑤

02

등차수열 $\{a_n\}$의 공차를 d라 하자.

조건 (가)에서 등차수열 $\{a_n\}$의 모든 항이 정수이므로 a_1, d의 값도 모두 정수이다.

조건 (나)에서 $|a_4|-a_3=0$이므로

$|a_1+3d|=a_1+2d$ ...... ㉠

(i) $a_1\geq-3d$일 때

㉠에서 $a_1+3d=a_1+2d$, $d=0$

이때 $a_n=a_1\geq0$이 되어 조건 $a_{10}<0$을 만족시키지 않는다.

(ii) $a_1<-3d$일 때

㉠에서 $-(a_1+3d)=a_1+2d$, $a_1=-\dfrac{5d}{2}$

a_1의 값은 정수이므로 $d=2d'$ (d'은 정수)로 놓으면

$a_1=-5d'$

$-5d'<-3d$, 즉 $-5d'<-6d'$에서 $d'<0$

즉, d'의 값은 음의 정수이므로 $d'\leq-1$

이때 $a_{10}=a_1+9d=13d'<0$이므로 조건을 만족시킨다.

따라서 $a_2=a_1+d=-5d'+2d'=-3d'\geq3$이므로 a_2의 최솟값은 3이다.

답 ⑤

03

등차수열 $\{a_n\}$의 공차를 d $(d>0)$이라 하자.

$(a_5)^2-(a_3)^2=(a_5-a_3)(a_5+a_3)=2d(2a_1+6d)$

$(a_9)^2-(a_7)^2=(a_9-a_7)(a_9+a_7)=2d(2a_1+14d)$

$(a_5)^2-(a_3)^2=4$, $(a_9)^2-(a_7)^2=20$에서

$2d(2a_1+6d)=4$ ...... ㉠

$2d(2a_1+14d)=20$ ...... ㉡

㉠, ㉡에서 $\dfrac{2d(2a_1+14d)}{2d(2a_1+6d)}=\dfrac{a_1+7d}{a_1+3d}=5$

$a_1+7d=5a_1+15d$

$a_1=-2d$ ...... ㉢

㉢을 ㉠에 대입하면

$2d(-4d+6d)=4$, $d^2=1$

$d>0$이므로 $d=1$

따라서 $a_4=a_1+3d=-2d+3d=d=1$

답 ②

필수유형 2

$S_{k+2}-S_k=-12-(-16)=4$에서

$a_{k+2}+a_{k+1}=4$

등차수열 $\{a_n\}$의 공차가 2이므로

$a_1+2(k+1)+a_1+2k=4$, $2a_1+4k=2$

$a_1=1-2k$ ...... ㉠

한편, $S_k=\dfrac{k\{2a_1+2(k-1)\}}{2}=-16$이고 ㉠을 대입하면

$\dfrac{k\{2(1-2k)+2(k-1)\}}{2}=-16$

$k^2=16$에서 k는 자연수이므로 $k=4$

이것을 ㉠에 대입하면 $a_1=-7$

따라서 $a_{2k}=a_8=a_1+7d=-7+7\times2=7$

답 7

04

등차수열 $\{a_n\}$의 공차를 d라 하면 $a_1+a_2+a_3+\cdots+a_{10}=100$에서

$\dfrac{10(2a_1+9d)}{2}=100$

$2a_1+9d=20$ ...... ㉠

$a_1+a_2+a_3+a_4+a_5=2(a_6+a_7+a_8+a_9+a_{10})$에서

$5a_1+10d=2(5a_1+35d)$

즉, $a_1+12d=0$에서 $a_1=-12d$

㉠에서 $2\times(-12d)+9d=20$

$d=-\frac{4}{3}$, $a_1=-12\times\left(-\frac{4}{3}\right)=16$

따라서 $a_4=a_1+3d=16+3\times\left(-\frac{4}{3}\right)=12$

답 12

05

등차수열 $\{a_n\}$의 공차를 d $(d\neq0)$이라 하면

모든 자연수 n에 대하여 $a_{n+1}-a_n=d$이므로

$b_4=a_1-a_2+a_3-a_4=-2d$

$b_4=4$에서 $d=-2$

$b_{2n}=(a_1-a_2)+(a_3-a_4)+(a_5-a_6)+\cdots+(a_{2n-1}-a_{2n})$

$\quad=2+2+2+\cdots+2=2n$

이므로 수열 $\{b_{2n}\}$은 첫째항이 2이고 공차가 2인 등차수열이다.

따라서 수열 $\{b_{2n}\}$의 첫째항부터 제10항까지의 합은

$\frac{10(2\times2+9\times2)}{2}=110$

답 ②

06

$y=\frac{x}{x-1}$, $y=nx$를 연립하면

$\frac{x}{x-1}=nx$, $nx^2-(n+1)x=0$, $x\{nx-(n+1)\}=0$

$x=0$ 또는 $x=\frac{n+1}{n}$

점 P_n의 좌표는 $\left(\frac{n+1}{n},\ n+1\right)$이므로

$\overline{\mathrm{AP}_n}=\sqrt{\left(\frac{n+1}{n}-1\right)^2+(n+1)^2}=\sqrt{\frac{1}{n^2}+(n+1)^2}$

이때 모든 자연수 n에 대하여

$n+1<\sqrt{\frac{1}{n^2}+(n+1)^2}<n+2$

가 성립하므로 선분 AP_n 위의 점 중 점 A와의 거리가 자연수인 점의 개수는 $n+1$이다.

따라서 $a_n=n+1$이므로 수열 $\{a_n\}$의 첫째항부터 제8항까지의 합은

$\frac{8(2+9)}{2}=44$

답 ④

필수유형 3

등비수열 $\{a_n\}$의 공비를 r $(r>0)$이라 하자.

$a_2+a_4=30$ $\quad\cdots\cdots$ ㉠

한편, $a_4+a_6=\frac{15}{2}$에서

$r^2(a_2+a_4)=\frac{15}{2}$ $\quad\cdots\cdots$ ㉡

㉠을 ㉡에 대입하면

$r^2\times30=\frac{15}{2}$, $r^2=\frac{1}{4}$

$r>0$이므로 $r=\frac{1}{2}$

㉠에서 $a_1r+a_1r^3=30$

$a_1\times\frac{1}{2}+a_1\times\left(\frac{1}{2}\right)^3=30$, $a_1\times\frac{5}{8}=30$

따라서 $a_1=30\times\frac{8}{5}=48$

답 ①

07

첫째항과 공비가 모두 자연수 p이므로 $a_n=p^n$

$\frac{a_6}{a_4}-\frac{a_3}{a_2}=\frac{p^6}{p^4}-\frac{p^3}{p^2}=p^2-p$

$\frac{a_6}{a_4}-\frac{a_3}{a_2}<6$에서 $p^2-p<6$

$(p+2)(p-3)<0$, $-2<p<3$

따라서 조건을 만족시키는 모든 자연수 p의 값의 합은

$1+2=3$

답 ③

08

조건 (가)에서 $\log_2 a_{n+1}=1+\log_2 a_n=\log_2 2a_n$

$a_{n+1}=2a_n$이므로 수열 $\{a_n\}$은 공비가 2인 등비수열이다.

$a_1a_3a_5a_7=a_1\times2^2a_1\times2^4a_1\times2^6a_1=2^{12}a_1^{\ 4}$

이므로 조건 (나)에서

$2^{12}a_1^{\ 4}=2^{10}$, $a_1^{\ 4}=\frac{1}{4}$

$a_1=-\frac{\sqrt{2}}{2}$ 또는 $a_1=\frac{\sqrt{2}}{2}$

$a_1>0$이므로 $a_1=\frac{\sqrt{2}}{2}$

따라서 $a_1+a_3=\frac{\sqrt{2}}{2}+\frac{\sqrt{2}}{2}\times2^2=\frac{5\sqrt{2}}{2}$

답 ③

09

조건 (나)에서 $a_9=b_9=12$이므로

$a_5=a_9-4d=12-4d$

$a_6=a_9-3d=12-3d$

$b_{11}=b_9r^2=12r^2$

조건 (다)에서 $a_5+a_6=b_{11}$이므로

$(12-4d)+(12-3d)=12r^2$

$24-7d=12r^2$

$12(2-r^2)=7d$ $\quad\cdots\cdots$ ㉠

이때 $2-r^2$의 값은 0이 아닌 7의 배수이고, 조건 (가)에서 $r^2<100$이므로

$2-r^2=-7$ 또는 $2-r^2=-14$

즉, $r^2=9$ 또는 $r^2=16$

(i) $r^2=9$, 즉 $r=-3$ 또는 $r=3$일 때

㉠에서 $d=\frac{12(2-r^2)}{7}=-12$

$r=-3$일 때, $a_8+b_8=(a_9-d)+\frac{b_9}{r}=24+\frac{12}{-3}=20$

$r=3$일 때, $a_8+b_8=(a_9-d)+\frac{b_9}{r}=24+\frac{12}{3}=28$

(ii) $r^2=16$, 즉 $r=-4$ 또는 $r=4$일 때

㉠에서 $d=\frac{12(2-r^2)}{7}=-24$

$r=-4$일 때, $a_8+b_8=(a_9-d)+\frac{b_9}{r}=36+\frac{12}{-4}=33$

$r=4$일 때, $a_8+b_8=(a_9-d)+\frac{b_9}{r}=36+\frac{12}{4}=39$

따라서 a_8+b_8의 최댓값은 39이고, 최솟값은 20이므로 그 합은

$39+20=59$

답 ④

필수유형 4

등비수열 $\{a_n\}$의 공비를 r이라 하면

$r=1$일 때, 모든 자연수 n에 대하여 $a_n=1$이므로 $\frac{S_6}{S_3}=\frac{6}{3}=2$,

$2a_4-7=-5$가 되어 주어진 조건을 만족시키지 않는다. 즉, $r\neq1$이다.

$$\frac{S_6}{S_3}=\frac{\frac{r^6-1}{r-1}}{\frac{r^3-1}{r-1}}=\frac{r^6-1}{r^3-1}=\frac{(r^3+1)(r^3-1)}{r^3-1}=r^3+1\text{이고}$$

$2a_4-7=2r^3-7$이므로 $\frac{S_6}{S_3}=2a_4-7$에서

$r^3+1=2r^3-7$, $r^3=8$

따라서 $a_7=a_1r^6=1\times8^2=64$

답 64

10

$P(x)=x^{10}+x^9+\cdots+x^2+x+1$로 놓자.

다항식 $P(x)$를 $2x-1$로 나눈 나머지를 R이라 하면 몫이 $Q(x)$이므로

$P(x)=(2x-1)Q(x)+R$ …… ㉠

나머지정리에 의하여

$$R=P\left(\frac{1}{2}\right)=\left(\frac{1}{2}\right)^{10}+\left(\frac{1}{2}\right)^9+\cdots+\frac{1}{2}+1=\frac{1-\left(\frac{1}{2}\right)^{11}}{1-\frac{1}{2}}=2-\frac{1}{2^{10}}$$

㉠의 양변에 $x=1$을 대입하면

$P(1)=Q(1)+R$

따라서 다항식 $Q(x)$를 $x-1$로 나눈 나머지는

$Q(1)=P(1)-R=11-\left(2-\frac{1}{2^{10}}\right)=9+2^{-10}$

답 ①

11

$a_n=a_1r^{n-1}$이므로

$a_8-a_6=a_1r^7-a_1r^5=a_1r^5(r^2-1)$

$S_8-S_6=a_7+a_8=a_1r^6+a_1r^7=a_1r^6(r+1)$

$\frac{a_8-a_6}{S_8-S_6}=4$에서

$\frac{a_1r^5(r^2-1)}{a_1r^6(r+1)}=4$, $\frac{r-1}{r}=4$, $r-1=4r$

따라서 $r=-\frac{1}{3}$

답 ①

12

등비수열 $\{a_n\}$의 공비를 $r\ (r\neq1)$이라 하자.

$S_3=\frac{a_1(1-r^3)}{1-r}$, $S_6=\frac{a_1(1-r^6)}{1-r}=\frac{a_1(1+r^3)(1-r^3)}{1-r}$

$|2S_3|=|S_6|$에서 $S_6=2S_3$ 또는 $S_6=-2S_3$

$S_6=2S_3$일 때,

$\frac{a_1(1+r^3)(1-r^3)}{1-r}=\frac{2a_1(1-r^3)}{1-r}$

$1+r^3=2$, 즉 $r=1$이 되어 조건을 만족시키지 않는다.

$S_6=-2S_3$일 때,

$\frac{a_1(1+r^3)(1-r^3)}{1-r}=-\frac{2a_1(1-r^3)}{1-r}$

$1+r^3=-2$, 즉 $r^3=-3$

$a_4+a_7=a_1r^3+a_1r^6=a_1r^3(1+r^3)=a_1\times(-3)\times(1-3)=6a_1$

따라서 $k=6$

답 6

필수유형 5

$x^2-nx+4(n-4)=0$에서 $(x-4)(x-n+4)=0$

$x=4$ 또는 $x=n-4$

한편, 세 수 1, α, β가 이 순서대로 등차수열을 이루므로

$2\alpha=\beta+1$ …… ㉠

(i) $\alpha=4$, $\beta=n-4$일 때

$\alpha<\beta$이므로 $4<n-4$에서 $n>8$

㉠에서 $8=(n-4)+1$이므로 $n=11$

(ii) $\alpha=n-4$, $\beta=4$일 때

$\alpha<\beta$이므로 $n-4<4$에서 $n<8$

㉠에서 $2(n-4)=4+1$이므로 $n=\frac{13}{2}$

(i), (ii)에서 구하는 자연수 n의 값은 11이다.

답 ③

13

$f(\log_2 3)=2^{\log_2 3}=3^{\log_2 2}=3$

$f(\log_2 3+2)=2^{\log_2 3+2}=2^2\times2^{\log_2 3}=4\times3^{\log_2 2}=4\times3=12$

$f(\log_2(t^2+4t))=2^{\log_2(t^2+4t)}=(t^2+4t)^{\log_2 2}=t^2+4t$

세 실수 $f(\log_2 3)$, $f(\log_2 3+2)$, $f(\log_2(t^2+4t))$, 즉 3, 12, t^2+4t가 이 순서대로 등차수열을 이루므로

$3+(t^2+4t)=2\times12$

$t^2+4t-21=0$, $(t-3)(t+7)=0$

따라서 $t>0$이므로 $t=3$

답 ③

14

세 수 $a-1$, b, $c+1$이 이 순서대로 등차수열을 이루므로

$2b=(a-1)+(c+1)=a+c$ …… ㉠

세 수 c, $a+c$, $4a$가 이 순서대로 등비수열을 이루므로

$(a+c)^2=c\times4a$, 즉 $(a-c)^2=0$

$a=c$ …… ㉡

㉠에서 $2b=2a$, 즉 $a=b$ …… ㉢

따라서 ㉡, ㉢에서 $\frac{ab}{c^2}=\frac{a^2}{a^2}=1$

답 ②

15

두 수 a_1, a_4는 방정식 $x^2-6x+k=x$, 즉 $x^2-7x+k=0$의 서로 다른 두 실근이다.

그러므로 이차방정식의 근과 계수의 관계에 의하여

$a_1+a_4=7$, $a_1a_4=k$ …… ㉠

또 두 수 a_2, a_3은 방정식 $x^2-6x+k=-x$, 즉 $x^2-5x+k=0$의 서로 다른 두 실근이다.

그러므로 이차방정식의 근과 계수의 관계에 의하여

$a_2+a_3=5$, $a_2a_3=k$ …… ㉡

네 수 0, a_1, a_2, a_3이 이 순서대로 등차수열을 이루므로

$a_1-0=a_2-a_1=a_3-a_2$에서

$a_2=2a_1$, $a_3=a_1+a_2=3a_1$

㉡에서 $a_2+a_3=5a_1=5$이므로 $a_1=1$

따라서 ㉠에서 $a_4=7-a_1=6$, $k=a_1a_4=6$이므로

$a_4+k=12$

답 12

필수유형 6

$S_3-S_2=a_3$이므로 $a_6=2a_3$

등차수열 $\{a_n\}$의 공차를 d라 하면

$2+5d=2(2+2d)$에서

$2+5d=4+4d$, $d=2$

따라서 $a_{10}=2+9\times2=20$이므로

$S_{10}=\frac{10(a_1+a_{10})}{2}=\frac{10\times(2+20)}{2}=110$

답 ②

16

$S_5-S_3=a_5+a_4=(5^2+3\times5)+(4^2+3\times4)$

$=40+28=68$

답 68

17

수열 $\{b_n\}$은 첫째항이 S_1+4, 즉 a_1+4이고 공비가 4인 등비수열이므로

$b_n=S_n+4=(a_1+4)\times4^{n-1}$

$S_n=(a_1+4)\times4^{n-1}-4$

2 이상의 자연수 n에 대하여

$a_n=S_n-S_{n-1}=\{(a_1+4)\times4^{n-1}-4\}-\{(a_1+4)\times4^{n-2}-4\}$

$=(a_1+4)(4^{n-1}-4^{n-2})=(a_1+4)(4-1)\times4^{n-2}$

$=3(a_1+4)\times4^{n-2}$

$a_2=21$에서 $3(a_1+4)=21$, $a_1=3$

따라서 $a_1+a_3=3+21\times4=87$

답 ①

18

$S_{n+1}-S_n=a_{n+1}$이므로 조건 (나)에서

$a_{n+1}=(a_{n+1})^2-pna_{n+1}$

$a_{n+1}(a_{n+1}-pn-1)=0$

$a_{n+1}>0$이므로

$a_{n+1}=pn+1$

조건 (가)에서 $a_2=p+1=4$이므로 $p=3$

따라서 $a_{20}=3\times19+1=58$

답 58

필수유형 7

$\sum_{k=1}^{10}(2a_k-b_k)=\sum_{k=1}^{10}2a_k-\sum_{k=1}^{10}b_k=2\sum_{k=1}^{10}a_k-\sum_{k=1}^{10}b_k$

$=2\times10-\sum_{k=1}^{10}b_k=20-\sum_{k=1}^{10}b_k=34$

에서 $\sum_{k=1}^{10}b_k=20-34=-14$

따라서 $\sum_{k=1}^{10}(a_k-b_k)=\sum_{k=1}^{10}a_k-\sum_{k=1}^{10}b_k=10-(-14)=24$

답 24

19

$4\sum_{n=1}^{5}a_n+10\sum_{n=1}^{5}b_n=\sum_{n=1}^{5}4a_n+\sum_{n=1}^{5}10b_n=\sum_{n=1}^{5}(4a_n+10b_n)$

$=\sum_{n=1}^{5}4\left(a_n+\frac{5}{2}b_n\right)=\sum_{n=1}^{5}\left(4\times\frac{3}{2}\right)=\sum_{n=1}^{5}6$

$=6\times5=30$

답 ⑤

20

$a_{n+4}=a_n$에서 $a_5=a_1$, $a_6=a_2$, $a_7=a_3$, $a_8=a_4$이므로

$\sum_{n=1}^{8}a_n=(a_1+a_2+a_3+a_4)+(a_5+a_6+a_7+a_8)$

$=(a_1+a_2+a_3+a_4)+(a_1+a_2+a_3+a_4)$

$=2(a_1+a_2+a_3+a_4)=2\sum_{n=1}^{4}a_n=2\times\frac{7}{2}=7$

$b_{n+2}=b_n$에서 $b_7=b_5=b_3=b_1$, $b_8=b_6=b_4=b_2$이므로

$\sum_{n=1}^{8}b_n=(b_1+b_2)+(b_3+b_4)+(b_5+b_6)+(b_7+b_8)$

$=(b_1+b_2)+(b_1+b_2)+(b_1+b_2)+(b_1+b_2)$

$=4(b_1+b_2)=4\sum_{n=1}^{2}b_n=4\times\frac{3}{4}=3$

따라서 $\sum_{n=1}^{8}(a_n+b_n)=\sum_{n=1}^{8}a_n+\sum_{n=1}^{8}b_n=7+3=10$

답 ③

21

$\sum_{k=p}^{q}a_k=\sum_{k=1}^{q}a_k-\sum_{k=1}^{p-1}a_k=q^2-(p-1)^2$

$=(q-p+1)(q+p-1)=27$ …… ㉠

$27=1\times27=3\times9=9\times3=27\times1$이므로 ㉠에서

$q-p+1=1$, $q+p-1=27$인 경우 $p=14$, $q=14$

$q-p+1=3$, $q+p-1=9$인 경우 $p=4$, $q=6$

$q-p+1=9$, $q+p-1=3$인 경우 $p=-2$, $q=6$

$q-p+1=27$, $q+p-1=1$인 경우 $p=-12$, $q=14$

이 중 조건 $2\le p<q$를 만족시키는 경우는 $p=4$, $q=6$인 경우뿐이다.

따라서 $p\times q=4\times 6=24$

답 24

참고

$2\le p<q$이므로 $q-p+1\ge 2$, $q+p-1\ge 4$

$(q+p-1)-(q-p+1)=2(p-1)>0$

$27=1\times 27=3\times 9$에서 ㉠을 만족시키는 경우는

$q-p+1=3$, $q+p-1=9$인 경우뿐이다.

두 식 $q-p=2$, $q+p=10$을 연립하여 풀면

$p=4$, $q=6$

따라서 $p\times q=4\times 6=24$

필수유형 8

$a_n=2n^2-3n+1$이므로

$$\sum_{n=1}^{7}(a_n-n^2+n)=\sum_{n=1}^{7}\{(2n^2-3n+1)-n^2+n\}=\sum_{n=1}^{7}(n^2-2n+1)$$
$$=\sum_{n=1}^{7}n^2-2\sum_{n=1}^{7}n+\sum_{n=1}^{7}1$$
$$=\frac{7\times 8\times 15}{6}-2\times\frac{7\times 8}{2}+1\times 7$$
$$=140-56+7=91$$

답 91

다른 풀이

$a_n=2n^2-3n+1$이므로

$$\sum_{n=1}^{7}(a_n-n^2+n)=\sum_{n=1}^{7}\{(2n^2-3n+1)-n^2+n\}=\sum_{n=1}^{7}(n^2-2n+1)$$
$$=\sum_{n=1}^{7}(n-1)^2=\sum_{k=1}^{6}k^2=\frac{6\times 7\times 13}{6}=91$$

22

$a_n=\frac{|3\times(-1)+4\times 0-n|}{\sqrt{3^2+4^2}}=\frac{n+3}{5}$이므로

$$\sum_{n=1}^{10}a_n=\sum_{n=1}^{10}\frac{n+3}{5}=\frac{1}{5}\sum_{n=1}^{10}(n+3)=\frac{1}{5}\times\left(\sum_{n=1}^{10}n+\sum_{n=1}^{10}3\right)$$
$$=\frac{1}{5}\times\left(\frac{10\times 11}{2}+3\times 10\right)=17$$

답 ②

23

$a_1=\sum_{k=1}^{2}|k-1|=0+1=1$

$a_2=\sum_{k=1}^{4}|k-2|=1+0+1+2=4$

$a_3=\sum_{k=1}^{6}|k-3|=2+1+0+1+2+3=9$

$a_4=\sum_{k=1}^{8}|k-4|=3+2+1+0+1+2+3+4=16$

$a_5=\sum_{k=1}^{10}|k-5|=4+3+2+1+0+1+2+3+4+5=25$

따라서 $\sum_{n=1}^{5}a_n=a_1+a_2+a_3+a_4+a_5=1+4+9+16+25=55$

답 ④

참고

$a_1=1$이고 $n\ge 2$일 때

$$\sum_{k=1}^{2n}|k-n|=|1-n|+|2-n|+\cdots$$
$$+|(n-1)-n|+|n-n|+|(n+1)-n|+\cdots$$
$$+|(2n-1)-n|+|2n-n|$$
$$=2\sum_{k=1}^{n-1}k+n=2\times\frac{n(n-1)}{2}+n=n^2$$

이므로 $a_n=n^2$

따라서 $\sum_{n=1}^{5}a_n=\sum_{n=1}^{5}n^2=\frac{5\times 6\times 11}{6}=55$

24

$\sum_{k=1}^{p}(k^3-nk)=\sum_{k=1}^{q}(k^3-nk)$에서

$$\left\{\frac{p(p+1)}{2}\right\}^2-n\times\frac{p(p+1)}{2}=\left\{\frac{q(q+1)}{2}\right\}^2-n\times\frac{q(q+1)}{2}$$
$$\left\{\frac{p(p+1)}{2}\right\}^2-\left\{\frac{q(q+1)}{2}\right\}^2=n\times\frac{p(p+1)}{2}-n\times\frac{q(q+1)}{2}$$
$$\left\{\frac{p(p+1)}{2}+\frac{q(q+1)}{2}\right\}\times\left\{\frac{p(p+1)}{2}-\frac{q(q+1)}{2}\right\}$$
$$=n\left\{\frac{p(p+1)}{2}-\frac{q(q+1)}{2}\right\}$$

$p\ne q$이므로 $\frac{p(p+1)}{2}+\frac{q(q+1)}{2}=n$

$p^2+q^2+p+q=2n$ …… ㉠

㉠을 만족시키는 두 자연수 p와 q의 값에 대하여 20 이하의 자연수 n의 값을 표로 나타내면 다음과 같다.

p	q	n	p	q	n	p	q	n
1	2	4	2	3	9	3	4	16
1	3	7	2	4	13			
1	4	11	2	5	18			
1	5	16						

따라서 $n=16$

답 16

필수유형 9

$$\sum_{k=1}^{10}(S_k-a_k)$$
$$=\sum_{k=1}^{10}S_k-\sum_{k=1}^{10}a_k=\left(\sum_{k=1}^{9}S_k+S_{10}\right)-S_{10}=\sum_{k=1}^{9}S_k$$
$$=\sum_{k=1}^{9}\frac{1}{k(k+1)}=\sum_{k=1}^{9}\left(\frac{1}{k}-\frac{1}{k+1}\right)$$
$$=\left(1-\frac{1}{2}\right)+\left(\frac{1}{2}-\frac{1}{3}\right)+\left(\frac{1}{3}-\frac{1}{4}\right)+\cdots+\left(\frac{1}{8}-\frac{1}{9}\right)+\left(\frac{1}{9}-\frac{1}{10}\right)$$
$$=1-\frac{1}{10}=\frac{9}{10}$$

답 ⑤

25

$n^2x^2-nx+\frac{1}{4}=\left(nx-\frac{1}{2}\right)^2=0$에서 $x=\frac{1}{2n}$이므로 $a_n=\frac{1}{2n}$

따라서

$$\sum_{n=1}^{6} a_n a_{n+1} = \sum_{n=1}^{6} \left\{ \frac{1}{2n} \times \frac{1}{2(n+1)} \right\} = \frac{1}{4} \sum_{n=1}^{6} \frac{1}{n(n+1)}$$
$$= \frac{1}{4} \sum_{n=1}^{6} \left(\frac{1}{n} - \frac{1}{n+1} \right)$$
$$= \frac{1}{4} \times \left\{ \left(1-\frac{1}{2}\right) + \left(\frac{1}{2}-\frac{1}{3}\right) + \left(\frac{1}{3}-\frac{1}{4}\right) + \left(\frac{1}{4}-\frac{1}{5}\right) + \left(\frac{1}{5}-\frac{1}{6}\right) + \left(\frac{1}{6}-\frac{1}{7}\right) \right\}$$
$$= \frac{1}{4} \times \left(1-\frac{1}{7}\right) = \frac{3}{14}$$

답 ②

26

$$\sum_{k=1}^{10} \left(\frac{1}{k+1} x^k - \frac{1}{k} x^{k+1} \right)$$
$$= \left(\frac{1}{2}x - x^2 \right) + \left(\frac{1}{3}x^2 - \frac{1}{2}x^3 \right) + \left(\frac{1}{4}x^3 - \frac{1}{3}x^4 \right) + \cdots + \left(\frac{1}{9}x^8 - \frac{1}{8}x^9 \right) + \left(\frac{1}{10}x^9 - \frac{1}{9}x^{10} \right) + \left(\frac{1}{11}x^{10} - \frac{1}{10}x^{11} \right)$$
$$= \frac{1}{2}x + \left(\frac{1}{3} - 1 \right)x^2 + \left(\frac{1}{4} - \frac{1}{2} \right)x^3 + \cdots + \left(\frac{1}{10} - \frac{1}{8} \right)x^9 + \left(\frac{1}{11} - \frac{1}{9} \right)x^{10} - \frac{1}{10}x^{11}$$

이므로 $a_1 = \frac{1}{2}$, $a_{11} = -\frac{1}{10}$이고

$$a_n = \frac{1}{n+1} - \frac{1}{n-1} \ (2 \le n \le 10)$$

따라서

$$\sum_{n=1}^{11} a_n = \frac{1}{2} + \sum_{n=2}^{10} \left(\frac{1}{n+1} - \frac{1}{n-1} \right) + \left(-\frac{1}{10} \right)$$
$$= \frac{2}{5} - \sum_{n=2}^{10} \left(\frac{1}{n-1} - \frac{1}{n+1} \right)$$
$$= \frac{2}{5} - \left\{ \left(1-\frac{1}{3}\right) + \left(\frac{1}{2}-\frac{1}{4}\right) + \left(\frac{1}{3}-\frac{1}{5}\right) + \cdots + \left(\frac{1}{7}-\frac{1}{9}\right) + \left(\frac{1}{8}-\frac{1}{10}\right) + \left(\frac{1}{9}-\frac{1}{11}\right) \right\}$$
$$= \frac{2}{5} - \left(1 + \frac{1}{2} - \frac{1}{10} - \frac{1}{11}\right) = \frac{2}{5} - \frac{72}{55} = -\frac{10}{11}$$

답 ④

다른 풀이

$$\sum_{k=1}^{10} \left(\frac{1}{k+1} x^k - \frac{1}{k} x^{k+1} \right) = a_1 x + a_2 x^2 + a_3 x^3 + \cdots + a_{10} x^{10} + a_{11} x^{11}$$

이므로 양변에 $x=1$을 대입하면

$$\sum_{k=1}^{10} \left(\frac{1}{k+1} - \frac{1}{k} \right) = a_1 + a_2 + a_3 + \cdots + a_{10} + a_{11}$$
$$\sum_{k=1}^{10} \left(\frac{1}{k+1} - \frac{1}{k} \right)$$
$$= -\sum_{k=1}^{10} \left(\frac{1}{k} - \frac{1}{k+1} \right)$$
$$= -\left\{ \left(1-\frac{1}{2}\right) + \left(\frac{1}{2}-\frac{1}{3}\right) + \left(\frac{1}{3}-\frac{1}{4}\right) + \cdots + \left(\frac{1}{9}-\frac{1}{10}\right) + \left(\frac{1}{10}-\frac{1}{11}\right) \right\}$$
$$= -\left(1 - \frac{1}{11}\right) = -\frac{10}{11}$$

이므로

$$\sum_{n=1}^{11} a_n = a_1 + a_2 + a_3 + \cdots + a_{10} + a_{11} = -\frac{10}{11}$$

27

$$\sum_{n=1}^{12} \frac{d}{\sqrt{a_n} + \sqrt{a_{n+1}}} = \sum_{n=1}^{12} \frac{d \times (\sqrt{a_n} - \sqrt{a_{n+1}})}{a_n - a_{n+1}}$$
$$= \sum_{n=1}^{12} \frac{d \times (\sqrt{a_n} - \sqrt{a_{n+1}})}{-d} = -\sum_{n=1}^{12} (\sqrt{a_n} - \sqrt{a_{n+1}})$$
$$= -\{(\sqrt{a_1} - \sqrt{a_2}) + (\sqrt{a_2} - \sqrt{a_3}) + (\sqrt{a_3} - \sqrt{a_4}) + \cdots + (\sqrt{a_{11}} - \sqrt{a_{12}}) + (\sqrt{a_{12}} - \sqrt{a_{13}})\}$$
$$= -\sqrt{a_1} + \sqrt{a_{13}} = -1 + \sqrt{a_{13}}$$

이므로 10 이하의 자연수 m에 대하여

$-1 + \sqrt{a_{13}} = m$, $\sqrt{a_{13}} = m+1$

$a_{13} = (m+1)^2 = m^2 + 2m + 1$

$a_{13} = a_1 + 12d = 1 + 12d$이므로

$1 + 12d = m^2 + 2m + 1$

$12d = m(m+2)$ ...... ㉠

$m=1$일 때, $m(m+2) = 1 \times 3 = 3$이므로 ㉠을 만족시키는 자연수 d는 존재하지 않는다.

$m=2$일 때, $m(m+2) = 2 \times 4 = 8$이므로 ㉠을 만족시키는 자연수 d는 존재하지 않는다.

$m=3$일 때, $m(m+2) = 3 \times 5 = 15$이므로 ㉠을 만족시키는 자연수 d는 존재하지 않는다.

$m=4$일 때, $m(m+2) = 4 \times 6 = 24$이므로 ㉠에서 $d=2$

$m=5$일 때, $m(m+2) = 5 \times 7 = 35$이므로 ㉠을 만족시키는 자연수 d는 존재하지 않는다.

$m=6$일 때, $m(m+2) = 6 \times 8 = 48$이므로 ㉠에서 $d=4$

$m=7$일 때, $m(m+2) = 7 \times 9 = 63$이므로 ㉠을 만족시키는 자연수 d는 존재하지 않는다.

$m=8$일 때, $m(m+2) = 8 \times 10 = 80$이므로 ㉠을 만족시키는 자연수 d는 존재하지 않는다.

$m=9$일 때, $m(m+2) = 9 \times 11 = 99$이므로 ㉠을 만족시키는 자연수 d는 존재하지 않는다.

$m=10$일 때, $m(m+2) = 10 \times 12 = 120$이므로 ㉠에서 $d=10$

따라서 모든 자연수 d의 값은 2, 4, 10이므로 그 합은

$2+4+10=16$

답 16

필수유형 10

$a_{n+1} + a_n = (-1)^{n+1} \times n$에서

$a_{n+1} = -a_n + (-1)^{n+1} \times n$

$a_1 = 12$이므로

$a_2 = -a_1 + 1 = -11$, $a_3 = -a_2 - 2 = 9$

$a_4 = -a_3 + 3 = -6$, $a_5 = -a_4 - 4 = 2$

$a_6 = -a_5 + 5 = 3$, $a_7 = -a_6 - 6 = -9$

$a_8 = -a_7 + 7 = 16$

따라서 $a_k > a_1$인 자연수 k의 최솟값은 8이다.

답 ④

28

$a_1 = 2$이므로 $a_2 = \frac{5}{6a_1 + 3} = \frac{5}{6 \times 2 + 3} = \frac{1}{3}$

따라서 $a_3=\frac{5}{6a_2+3}=\frac{5}{6\times\frac{1}{3}+3}=1$

답 ①

29

$\sum_{n=1}^{10}\log_2 a_n=\log_2\{(a_1a_2)(a_3a_4)(a_5a_6)(a_7a_8)(a_9a_{10})\}$

$=\log_2(2^1\times2^3\times2^5\times2^7\times2^9)=\log_2 2^{1+3+5+7+9}$

$=\log_2 2^{25}=25$

답 25

30

조건 (가)에서 $a_{n+1}=a_n+2$ 또는 $a_{n+1}=2a_n$

$a_1=4$이므로 조건 (나)에 의하여 $a_2=2a_1=2\times4=8$

$a_3=a_2+2=8+2=10$ 또는 $a_3=2a_2=2\times8=16$

(ⅰ) $a_3=10$인 경우

조건 (나)에 의하여

$a_4=2a_3=2\times10=20$

$a_5=a_4+2=20+2=22$ 또는 $a_5=2a_4=2\times20=40$

$a_5=22$일 때,

조건 (나)에 의하여

$a_6=2a_5=2\times22=44$

$a_7=a_6+2=44+2=46$ 또는 $a_7=2a_6=2\times44=88$

이므로 조건 (다)를 만족시키지 않는다.

$a_5=40$일 때,

조건 (나)에 의하여

$a_6=2a_5=2\times40=80$

조건 (다)에 의하여

$a_7=2a_6=2\times80=160$ …… ㉠

(ⅱ) $a_3=16$인 경우

조건 (나)에 의하여

$a_4=2a_3=2\times16=32$

$a_5=a_4+2=32+2=34$ 또는 $a_5=2a_4=2\times32=64$

$a_5=34$일 때,

조건 (나)에 의하여

$a_6=2a_5=2\times34=68$

조건 (다)에 의하여

$a_7=a_6+2=68+2=70$ …… ㉡

$a_5=64$일 때,

조건 (나)에 의하여

$a_6=2a_5=2\times64=128$

조건 (다)에 의하여

$a_7=a_6+2=128+2=130$ …… ㉢

(ⅰ), (ⅱ)에서 주어진 조건을 만족시키는 경우는 ㉠, ㉡, ㉢의 세 가지 경우이므로

$M=160$, $m=70$

따라서 $M+m=160+70=230$

답 ④

필수유형 11

$a_1=1<7$이므로 $a_2=2\times a_1=2\times1=2$

$a_2=2<7$이므로 $a_3=2\times a_2=2\times2=4$

$a_3=4<7$이므로 $a_4=2\times a_3=2\times4=8$

$a_4=8\geq7$이므로 $a_5=a_4-7=8-7=1$

$a_5=1<7$이므로 $a_6=2\times a_5=2\times1=2$

⋮

그러므로

$1=a_1=a_5=a_9=\cdots$, $2=a_2=a_6=a_{10}=\cdots$,

$4=a_3=a_7=a_{11}=\cdots$, $8=a_4=a_8=a_{12}=\cdots$

따라서 $\sum_{k=1}^{8}a_k=2\times(1+2+4+8)=2\times15=30$

답 ①

31

수열 $\{a_n\}$이

$\{a_n\}$: 1, 1, −1, 1, 1, −1, 1, 1, −1, 1, 1, −1, …이므로

수열 $\{S_n\}$은

$\{S_n\}$: 1, 2, 1, 2, 3, 2, 3, 4, 3, 4, 5, 4, 5, 6, 5, …

따라서 $S_m=3$을 만족시키는 모든 자연수 m은 $m=5$ 또는 $m=7$ 또는 $m=9$이므로 그 합은

$5+7+9=21$

답 ②

참고

$m\geq10$인 모든 자연수 m에 대하여 $S_m>3$이다.

32

$a_1>0$, $k>0$이므로 모든 자연수 n에 대하여 $a_n>0$이다.

$a_na_{n+1}=k$에서 $a_{n+1}=\frac{k}{a_n}$

$a_1=a\ (a>0)$이라 하면

$a_2=\frac{k}{a}$, $a_3=\frac{k}{\frac{k}{a}}=a$, $a_4=\frac{k}{a}$, …

이므로

$a=a_1=a_3=a_5=\cdots=a_{29}$, $\frac{k}{a}=a_2=a_4=a_6=\cdots=a_{30}$

$\sum_{n=1}^{30}a_n=(a_1+a_2)+(a_3+a_4)+(a_5+a_6)+\cdots+(a_{29}+a_{30})$

$=15(a_1+a_2)=15\left(a+\frac{k}{a}\right)$

한편, $a>0$, $\frac{k}{a}>0$이므로

$a+\frac{k}{a}\geq2\sqrt{a\times\frac{k}{a}}=2\sqrt{k}$ $\left(\text{단, 등호는 } a=\frac{k}{a}, \text{ 즉 } a=\sqrt{k}\text{일 때 성립}\right)$

즉, $\sum_{n=1}^{30}a_n\geq15\times2\sqrt{k}=30\sqrt{k}$

$\sum_{n=1}^{30}a_n$의 값은 $a=\sqrt{k}$일 때 최솟값 $30\sqrt{k}$를 가지므로

$30\sqrt{k}=90$에서 $\sqrt{k}=3$

따라서 $k=9$

답 ③

33

$k=1$일 때, $a_1=2$이므로

$\{a_n\}$: 2, 2, 6, 10, 14, ⋯

이고 $a_1=a_2=2$

$k=2$일 때, $a_1=6$이므로

$\{a_n\}$: 6, 2, 2, 6, 10, ⋯

이고 $a_1=a_4=6$

$k=3$일 때, $a_1=10$이므로

$\{a_n\}$: 10, 6, 2, 2, 6, 10, 14, ⋯

이고 $a_1=a_6=10$

$k=4$일 때, $a_1=14$이므로

$\{a_n\}$: 14, 10, 6, 2, 2, 6, 10, 14, ⋯

이고 $a_1=a_8=14$

이와 같은 과정을 반복하면

$a_1=4k-2$일 때 $a_1=a_{2k}$

$a_1=a_{20}$에서 $2k=20$

따라서 $k=10$

답 ⑤

참고

$a_1=4k-2$, $a_2=4k-6$, ⋯, $a_k=4k-2-4(k-1)=2$,

$a_{k+1}=2$, $a_{k+2}=6$, $a_{k+3}=10$, ⋯

이므로 자연수 p에 대하여

$a_{k+p}=2+(p-1)\times4=4p-2$

$p=k$일 때, $a_{2k}=4k-2$이므로

$a_1=a_{2k}$

필수유형 12

(i) $n=1$일 때, (좌변)$=3$, (우변)$=3$이므로 (*)이 성립한다.

(ii) $n=m$일 때, (*)이 성립한다고 가정하면

$$\sum_{k=1}^{m}a_k=2^{m(m+1)}-(m+1)\times2^{-m}$$

이다. $n=m+1$일 때,

$$\begin{aligned}\sum_{k=1}^{m+1}a_k&=\sum_{k=1}^{m}a_k+a_{m+1}\\&=2^{m(m+1)}-(m+1)\times2^{-m}\\&\quad+\{2^{2(m+1)}-1\}\times2^{(m+1)m}+m\times2^{-(m+1)}\\&=2^{m(m+1)}-(m+1)\times2^{-m}\\&\quad+(2^{2m+2}-1)\times\boxed{2^{m(m+1)}}+m\times2^{-m-1}\\&=\boxed{2^{m(m+1)}}\times\boxed{2^{2m+2}}-\frac{m+2}{2}\times2^{-m}\\&=2^{(m+1)(m+2)}-(m+2)\times2^{-(m+1)}\end{aligned}$$

이다. 따라서 $n=m+1$일 때도 (*)이 성립한다.

(i), (ii)에 의하여 모든 자연수 n에 대하여

$\sum_{k=1}^{n}a_k=2^{n(n+1)}-(n+1)\times2^{-n}$이다.

따라서 $f(m)=2^{m(m+1)}$, $g(m)=2^{2m+2}$이므로

$$\frac{g(7)}{f(3)}=\frac{2^{16}}{2^{12}}=2^4=16$$

답 ④

34

(i) $n=1$일 때, (좌변)$=2$, (우변)$=2$이므로 (*)이 성립한다.

(ii) $n=m$일 때, (*)이 성립한다고 가정하면

$$\sum_{k=1}^{m}k^2 2^{m-k+1}=3\times2^{m+2}-2m^2-8m-12$$

이다. $n=m+1$일 때,

$$\begin{aligned}&\sum_{k=1}^{m+1}k^2 2^{(m+1)-k+1}\\&=\sum_{k=1}^{m+1}k^2 2^{m-k+2}\\&=\sum_{k=1}^{m}k^2 2^{m-k+2}+\boxed{(m+1)^2\times2}\\&=\boxed{2}\times\sum_{k=1}^{m}k^2 2^{m-k+1}+\boxed{(m+1)^2\times2}\\&=\boxed{2}\times(3\times2^{m+2}-2m^2-8m-12)+\boxed{(m+1)^2\times2}\\&=3\times2^{m+3}-2(m+1)^2-8(m+1)-12\end{aligned}$$

이다. 따라서 $n=m+1$일 때도 (*)이 성립한다.

(i), (ii)에 의하여 모든 자연수 n에 대하여

$$\sum_{k=1}^{n}k^2 2^{n-k+1}=3\times2^{n+2}-2n^2-8n-12$$

이다.

따라서 $f(m)=2(m+1)^2$, $p=2$이므로

$f(p)=f(2)=2\times(2+1)^2=18$

답 ①

04 함수의 극한과 연속

본문 39~45쪽

필수유형 1 ②	01 ⑤	02 ④	03 ④
필수유형 2 ④	04 ①	05 ④	06 ②
필수유형 3 30	07 ④	08 ③	09 ②
	10 ⑤		
필수유형 4 ②	11 ①	12 ③	13 ⑤
	14 ②		
필수유형 5 ③	15 ④	16 6	17 22
필수유형 6 ⑤	18 ⑤	19 ①	20 ⑤
필수유형 7 ④	21 ①	22 5	23 ②

필수유형 1

$x \to 0-$일 때, $f(x) \to -2$이므로 $\lim_{x \to 0-} f(x) = -2$

$x \to 1+$일 때, $f(x) \to 1$이므로 $\lim_{x \to 1+} f(x) = 1$

따라서 $\lim_{x \to 0-} f(x) + \lim_{x \to 1+} f(x) = -2+1=-1$

답 ②

01

$x \to -2+$일 때, $f(x) \to 2$이므로 $\lim_{x \to -2+} f(x) = 2$

$x \to 1-$일 때, $f(x) \to 2$이므로 $\lim_{x \to 1-} f(x) = 2$

따라서 $\lim_{x \to -2+} f(x) + \lim_{x \to 1-} f(x) = 2+2=4$

답 ⑤

02

$\lim_{x \to 1-} f(x) = \lim_{x \to 1-} (ax-1) = a-1$

$\lim_{x \to 1+} f(x) = \lim_{x \to 1+} (x^2+ax+4) = a+5$

$\{\lim_{x \to 1-} f(x)\}^2 = \lim_{x \to 1+} f(x)$이므로

$(a-1)^2 = a+5$, $a^2-3a-4=0$, $(a+1)(a-4)=0$

$a=-1$ 또는 $a=4$

따라서 양수 a의 값은 4이다.

답 ④

03

함수 $y=f(x-1)$의 그래프는 함수 $y=f(x)$의 그래프를 x축의 방향으로 1만큼 평행이동한 것과 같으므로

$\lim_{x \to 1-} f(x-1) = \lim_{x \to 0-} f(x) = 2$

함수 $y=f(x+1)$의 그래프는 함수 $y=f(x)$의 그래프를 x축의 방향으로 -1만큼 평행이동한 것과 같으므로

$\lim_{x \to 1+} f(x+1) = \lim_{x \to 2+} f(x) = -1$

$\lim_{x \to 1-} f(x-1) + \lim_{x \to 1+} f(x+1) = 2+(-1) = 1$이고 그림에서

$\lim_{x \to 1+} f(x) = 1$이다.

따라서 $\lim_{x \to k+} f(x) = 1$을 만족시키는 정수 k의 값은 1이다.

답 ④

필수유형 2

$$\lim_{x \to \infty} \frac{\sqrt{x^2-2}+3x}{x+5} = \lim_{x \to \infty} \frac{\sqrt{1-\frac{2}{x^2}}+3}{1+\frac{5}{x}} = \frac{1+3}{1+0} = 4$$

답 ④

04

$$\lim_{x \to \infty} \frac{(1-2x)(1+2x)}{(x+2)^2} = \lim_{x \to \infty} \frac{-4x^2+1}{x^2+4x+4}$$

$$= \lim_{x \to \infty} \frac{-4+\frac{1}{x^2}}{1+\frac{4}{x}+\frac{4}{x^2}}$$

$$= \frac{-4}{1} = -4$$

답 ①

05

$$\lim_{x \to 1} \frac{x^2-1}{\sqrt{x^2+3}-\sqrt{x+3}}$$

$$= \lim_{x \to 1} \frac{(x-1)(x+1)(\sqrt{x^2+3}+\sqrt{x+3})}{(\sqrt{x^2+3}-\sqrt{x+3})(\sqrt{x^2+3}+\sqrt{x+3})}$$

$$= \lim_{x \to 1} \frac{(x-1)(x+1)(\sqrt{x^2+3}+\sqrt{x+3})}{(x^2+3)-(x+3)}$$

$$= \lim_{x \to 1} \frac{(x-1)(x+1)(\sqrt{x^2+3}+\sqrt{x+3})}{x(x-1)}$$

$$= \lim_{x \to 1} \frac{(x+1)(\sqrt{x^2+3}+\sqrt{x+3})}{x}$$

$$= 2 \times (2+2) = 8$$

답 ④

06

$$\lim_{x \to \infty} \{\sqrt{x^2+ax+b}-(ax+b)\}$$

$$= \lim_{x \to \infty} \frac{\{\sqrt{x^2+ax+b}-(ax+b)\}\{\sqrt{x^2+ax+b}+(ax+b)\}}{\sqrt{x^2+ax+b}+(ax+b)}$$

$$= \lim_{x \to \infty} \frac{(x^2+ax+b)-(ax+b)^2}{\sqrt{x^2+ax+b}+(ax+b)}$$

$$= \lim_{x \to \infty} \frac{(1-a^2)x^2+a(1-2b)x+(b-b^2)}{\sqrt{x^2+ax+b}+(ax+b)}$$

$$= \lim_{x \to \infty} \frac{(1-a^2)x+a(1-2b)+\frac{b-b^2}{x}}{\sqrt{1+\frac{a}{x}+\frac{b}{x^2}}+\left(a+\frac{b}{x}\right)} \quad \cdots\cdots ㉠$$

㉠의 값이 존재하므로 $1-a^2=0$이고, $a>0$이므로 $a=1$

㉠에서

$$\lim_{x \to \infty} \frac{(1-2b)+\frac{b-b^2}{x}}{\sqrt{1+\frac{1}{x}+\frac{b}{x^2}}+\left(1+\frac{b}{x}\right)} = \frac{1-2b}{2}$$

이므로 $\frac{1-2b}{2} = -2$에서 $1-2b=-4$, $b=\frac{5}{2}$

따라서 $a+b=1+\frac{5}{2}=\frac{7}{2}$

답 ②

필수유형 3

$\lim_{x\to1}(x+1)f(x)=1$이므로

$\lim_{x\to1}(2x^2+1)f(x)=\lim_{x\to1}\left\{\frac{2x^2+1}{x+1}\times(x+1)f(x)\right\}$

$=\lim_{x\to1}\frac{2x^2+1}{x+1}\times\lim_{x\to1}(x+1)f(x)=\frac{3}{2}\times1=\frac{3}{2}$

따라서 $a=\frac{3}{2}$이므로 $20a=20\times\frac{3}{2}=30$

답 30

07

$\lim_{x\to1}\frac{f(x)}{x+1}=3$에서 $\lim_{x\to1}\frac{x+1}{f(x)}=\frac{1}{3}$이므로

$\lim_{x\to1}\frac{x^2+3}{(x+1)f(x)}=\lim_{x\to1}\left\{\frac{x^2+3}{(x+1)^2}\times\frac{x+1}{f(x)}\right\}$

$=\lim_{x\to1}\frac{x^2+3}{(x+1)^2}\times\lim_{x\to1}\frac{x+1}{f(x)}=\frac{4}{2^2}\times\frac{1}{3}=\frac{1}{3}$

답 ④

08

$\lim_{x\to0}\frac{f(x)-3}{x}=4$에서 $x\to0$일 때 (분모)$\to0$이고 극한값이 존재하므로 (분자)$\to0$이어야 한다.

즉, $\lim_{x\to0}\{f(x)-3\}=f(0)-3=0$에서 $f(0)=3$이므로

$\lim_{x\to0}\frac{\{f(x)\}^2-4f(x)+3}{x}=\lim_{x\to0}\frac{\{f(x)-1\}\{f(x)-3\}}{x}$

$=\lim_{x\to0}\frac{f(x)-3}{x}\times\lim_{x\to0}\{f(x)-1\}$

$=4\times2=8$

답 ③

09

$\lim_{x\to1}(-2x^2+5)=3$, $\lim_{x\to1}(-4x+7)=3$이므로

함수의 극한의 대소 관계에 의하여 $\lim_{x\to1}\{f(x)+g(x)\}=3$

$\lim_{x\to1}f(x)=\alpha$, $\lim_{x\to1}g(x)=\beta$라 하면 $\alpha+\beta=3$ …… ㉠

$\lim_{x\to1}\{f(x)+2g(x)\}=\lim_{x\to1}f(x)+2\lim_{x\to1}g(x)=\alpha+2\beta=0$

이면 ㉠에 의하여 $\alpha=6$, $\beta=-3$이고,

$\lim_{x\to1}\{2f(x)+g(x)\}=2\lim_{x\to1}f(x)+\lim_{x\to1}g(x)=2\alpha+\beta=9\neq0$

이므로 $\lim_{x\to1}\frac{2f(x)+g(x)}{f(x)+2g(x)}=8$을 만족시킬 수 없다.

그러므로 $\lim_{x\to1}\{f(x)+2g(x)\}\neq0$이고

$\lim_{x\to1}\frac{2f(x)+g(x)}{f(x)+2g(x)}=\frac{2\lim_{x\to1}f(x)+\lim_{x\to1}g(x)}{\lim_{x\to1}f(x)+2\lim_{x\to1}g(x)}$

$=\frac{2\alpha+\beta}{\alpha+2\beta}=8$ …… ㉡

㉠에서 $\beta=3-\alpha$이므로 이것을 ㉡에 대입하면

$\frac{2\alpha+(3-\alpha)}{\alpha+2(3-\alpha)}=\frac{\alpha+3}{-\alpha+6}=8$에서 $\alpha=5$이고 $\beta=-2$

따라서 $\lim_{x\to1}\{f(x)-g(x)\}=\lim_{x\to1}f(x)-\lim_{x\to1}g(x)=5-(-2)=7$

답 ②

10

조건 (가)에서 $x\to0$일 때 (분모)$\to0$이고 극한값이 존재하므로 (분자)$\to0$이어야 한다.

즉, $\lim_{x\to0}\{f(x)+g(x)-2\}=0$에서 $\lim_{x\to0}f(x)+\lim_{x\to0}g(x)=2$

$\lim_{x\to0}f(x)=a$, $\lim_{x\to0}g(x)=b$라 하면 $a+b=2$ …… ㉠

조건 (나)에서 $\lim_{x\to0}\{f(x)+x\}\{g(x)-2\}=\lim_{x\to0}x^2\{f(x)+9\}$

$\lim_{x\to0}f(x)\times\lim_{x\to0}\{g(x)-2\}=0$이므로

$a(b-2)=0$ …… ㉡

㉠, ㉡을 연립하여 풀면 $a=0$, $b=2$이므로

$\lim_{x\to0}f(x)=0$, $\lim_{x\to0}g(x)=2$

$\lim_{x\to0}\frac{f(x)}{x}=c$, $\lim_{x\to0}\frac{g(x)-2}{x}=d$라 하면 조건 (가)에서

$\lim_{x\to0}\frac{f(x)+g(x)-2}{x}=\lim_{x\to0}\frac{f(x)}{x}+\lim_{x\to0}\frac{g(x)-2}{x}=5$

이므로 $c+d=5$ …… ㉢

조건 (나)에서 $x\neq0$일 때

$\left\{\frac{f(x)}{x}+1\right\}\left\{\frac{g(x)-2}{x}\right\}=f(x)+9$이므로

$\lim_{x\to0}\left\{\frac{f(x)}{x}+1\right\}\left\{\frac{g(x)-2}{x}\right\}=\lim_{x\to0}\{f(x)+9\}$에서

$\lim_{x\to0}\left\{\frac{f(x)}{x}+1\right\}\times\lim_{x\to0}\frac{g(x)-2}{x}=\lim_{x\to0}f(x)+9$

$(c+1)d=9$ …… ㉣

㉢, ㉣을 연립하여 풀면 $c=2$, $d=3$이므로

$\lim_{x\to0}\frac{f(x)}{x}=2$, $\lim_{x\to0}\frac{g(x)-2}{x}=3$

따라서

$\lim_{x\to0}\frac{f(x)g(x)\{g(x)-2\}}{x^2}=\lim_{x\to0}\frac{f(x)}{x}\times\lim_{x\to0}g(x)\times\lim_{x\to0}\frac{g(x)-2}{x}$

$=2\times2\times3=12$

답 ⑤

필수유형 4

$\lim_{x\to0}\frac{f(x)}{x}=1$에서 $x\to0$일 때 (분모)$\to0$이고 극한값이 존재하므로 (분자)$\to0$이어야 한다. 즉, $\lim_{x\to0}f(x)=f(0)=0$

$\lim_{x\to1}\frac{f(x)}{x-1}=1$에서 $x\to1$일 때 (분모)$\to0$이고 극한값이 존재하므로 (분자)$\to0$이어야 한다. 즉, $\lim_{x\to1}f(x)=f(1)=0$

$f(0)=f(1)=0$이므로 삼차함수 $f(x)$를

$f(x)=x(x-1)(ax+b)$ (a는 0이 아닌 상수, b는 상수)라 하자.

$\lim_{x\to0}\frac{f(x)}{x}=\lim_{x\to0}(x-1)(ax+b)=-b$이므로

그러므로 $\lim_{t \to k-} g(t) - \lim_{t \to k+} g(t) > 2$를 만족시키는 상수 k가 존재하지 않는다.

(iii) $a-16=-2$, 즉 $a=14$인 경우

함수 $y=|f(x)|$의 그래프는 그림과 같다.

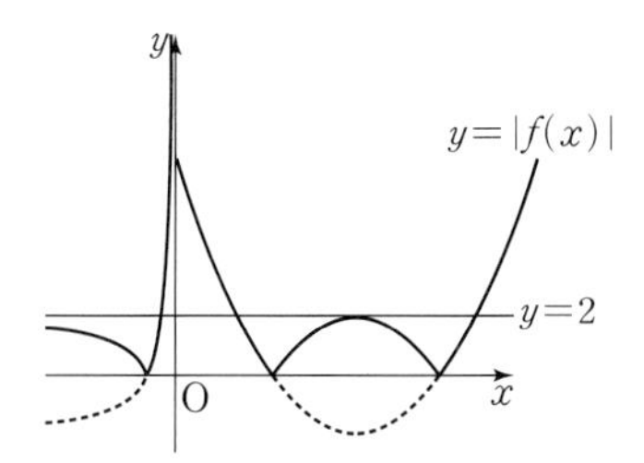

이때 $\lim_{t \to 2-} g(t)=6$, $\lim_{t \to 2+} g(t)=3$이므로

$\lim_{t \to k-} g(t) - \lim_{t \to k+} g(t) > 2$를 만족시키는 상수 $k=2$가 존재한다.

(iv) $-8 < a-16 < -2$, 즉 $8 < a < 14$인 경우

함수 $y=|f(x)|$의 그래프는 그림과 같다.

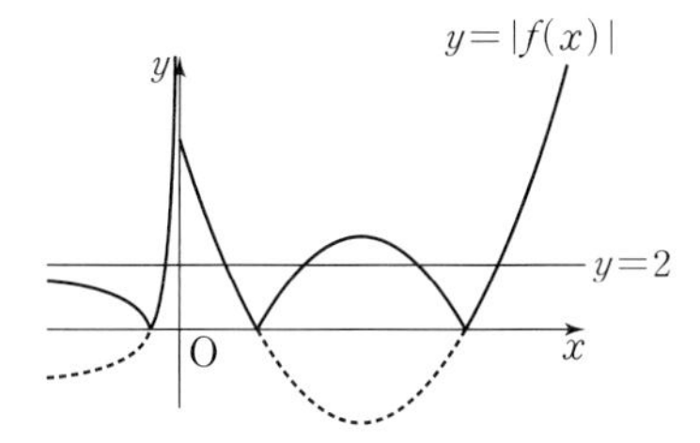

그러므로 $\lim_{t \to k-} g(t) - \lim_{t \to k+} g(t) > 2$를 만족시키는 상수 k가 존재하지 않는다.

(v) $a-16=-8$, 즉 $a=8$인 경우

함수 $y=|f(x)|$의 그래프는 그림과 같다.

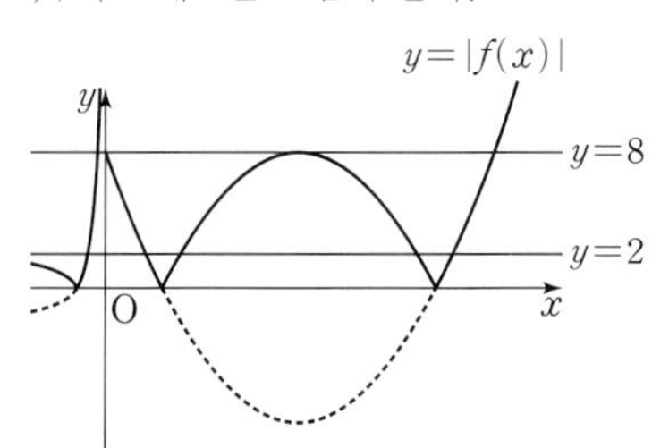

이때 $\lim_{t \to 8-} g(t)=5$, $\lim_{t \to 8+} g(t)=2$이므로

$\lim_{t \to k-} g(t) - \lim_{t \to k+} g(t) > 2$를 만족시키는 상수 $k=8$이 존재한다.

(vi) $-16 < a-16 < -8$, 즉 $0 < a < 8$인 경우

함수 $y=|f(x)|$의 그래프는 그림과 같다.

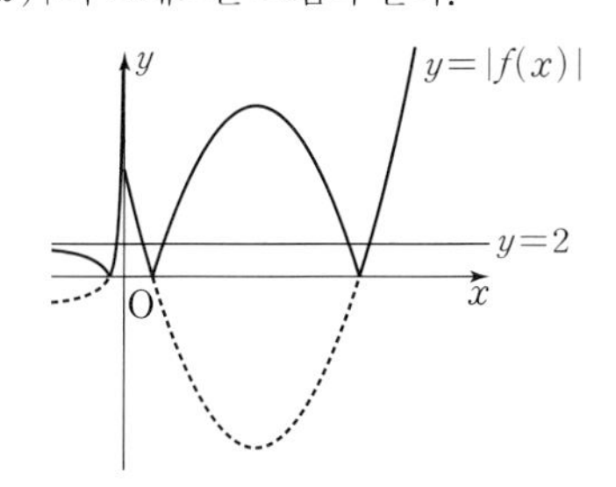

그러므로 $\lim_{t \to k-} g(t) - \lim_{t \to k+} g(t) > 2$를 만족시키는 상수 k가 존재하지 않는다.

(i)~(vi)에 의하여 주어진 조건을 만족시키는 상수 k가 존재하도록 하는 모든 양수 a의 값은 8, 14이고 그 합은 22이다.

답 22

필수유형 6

함수 $|f(x)|$가 실수 전체의 집합에서 연속이므로 $x=-1$과 $x=3$에서도 연속이다.

함수 $|f(x)|$가 $x=-1$에서 연속이므로

$\lim_{x \to -1-} |f(x)| = \lim_{x \to -1+} |f(x)| = |f(-1)|$이어야 한다.

$\lim_{x \to -1-} |f(x)| = \lim_{x \to -1-} |x+a| = |-1+a|$

$\lim_{x \to -1+} |f(x)| = \lim_{x \to -1+} |x| = |-1| = 1$

$|f(-1)| = |-1| = 1$

이므로 $|-1+a|=1$

$a>0$이므로 $a=2$

함수 $|f(x)|$가 $x=3$에서 연속이므로

$\lim_{x \to 3-} |f(x)| = \lim_{x \to 3+} |f(x)| = |f(3)|$이어야 한다. 이때

$\lim_{x \to 3-} |f(x)| = \lim_{x \to 3-} |x| = |3| = 3$

$\lim_{x \to 3+} |f(x)| = \lim_{x \to 3+} |bx-2| = |3b-2|$

$|f(3)| = |3b-2|$

이므로 $|3b-2|=3$

$b>0$이므로 $b=\frac{5}{3}$

따라서 $a+b=2+\frac{5}{3}=\frac{11}{3}$

답 ⑤

18

함수 $f(x)$가 구간 $[-2, \infty)$에서 연속이므로 $x=a$에서도 연속이다.

즉, $\lim_{x \to a} f(x) = f(a)$이어야 한다.

$$\begin{aligned}\lim_{x \to a} \frac{x-a}{\sqrt{x+2}-\sqrt{a+2}} &= \lim_{x \to a} \frac{(x-a)(\sqrt{x+2}+\sqrt{a+2})}{(\sqrt{x+2}-\sqrt{a+2})(\sqrt{x+2}+\sqrt{a+2})} \\ &= \lim_{x \to a} \frac{(x-a)(\sqrt{x+2}+\sqrt{a+2})}{x-a} \\ &= \lim_{x \to a} (\sqrt{x+2}+\sqrt{a+2}) \\ &= 2\sqrt{a+2} = 6\end{aligned}$$

에서 $\sqrt{a+2}=3$, $a+2=9$

따라서 $a=7$

답 ⑤

19

$f(x)=x^2+ax+b$ (a, b는 상수)라 하자.

함수 $g(x)$가 $x=1$에서 불연속이므로

$\lim_{x \to 1-} g(x) = \lim_{x \to 1-} f(x) = f(1) \neq 4$

함수 $|g(x)|$가 실수 전체의 집합에서 연속이므로 $x=1$에서 연속이고

$\lim_{x \to 1-} |g(x)| = \lim_{x \to 1-} |f(x)| = |f(1)| = 4$

$f(1) \neq 4$이므로 $f(1)=-4$ …… ㉠

함수 $h(x)$가 실수 전체의 집합에서 연속이므로 $x=1$에서 연속이고

$\lim_{x \to 1-} h(x) = \lim_{x \to 1-} f(x-2) = \lim_{x \to -1-} f(x) = f(-1) = 4$ …… ㉡

㉠에서 $f(1)=1+a+b=-4$

㉡에서 $f(-1)=1-a+b=4$

두 식을 연립하여 풀면 $a=-4$, $b=-1$

따라서 $f(x)=x^2-4x-1$이므로

$f(-2)=4+8-1=11$

답 ①

20

ㄱ. $f(1)=1$이므로 원 C와 직선 $y=x$가 한 점에서 만나야 한다.

원 C의 중심 $\mathrm{P}(3,\ 4)$와 직선 $y=x$, 즉 $x-y=0$ 사이의 거리가

$\frac{|3-4|}{\sqrt{1^2+(-1)^2}}=\frac{1}{\sqrt{2}}=\frac{\sqrt{2}}{2}$

이므로 $r=\frac{\sqrt{2}}{2}$이다. (참)

ㄴ.

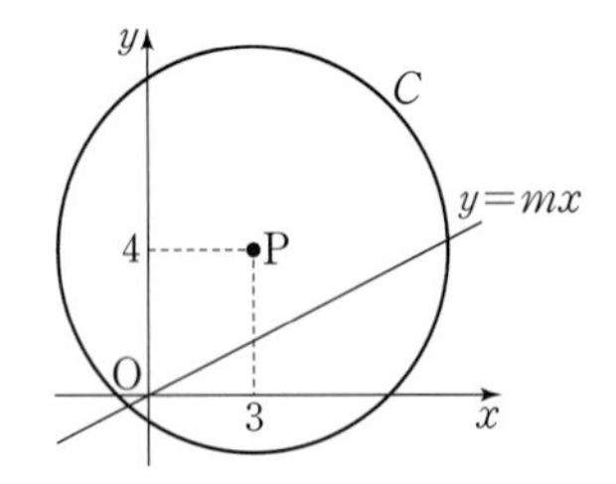

$r>5$인 경우 그림과 같이 원점 O가 원 C의 내부에 있으므로 직선 $y=mx$와 원 C는 m의 값에 상관없이 두 점에서 만난다.

따라서 $r>5$이면 모든 실수 m에 대하여 $f(m)=2$이다. (참)

ㄷ. (i) $0<r<3$인 경우

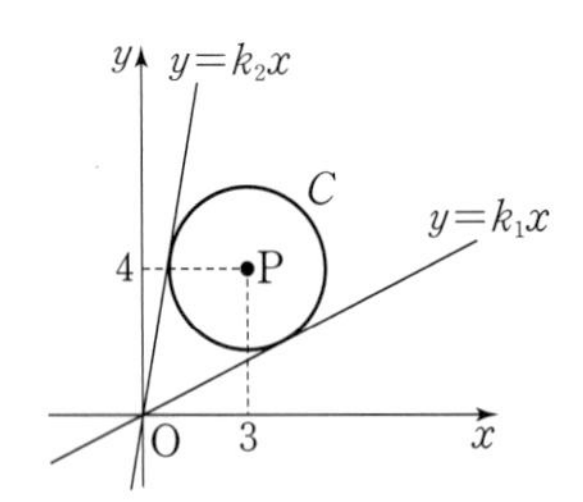

그림과 같이 $k_1<k_2$인 두 실수 k_1, k_2에 대하여 원 C는 직선 $y=k_1x$, 직선 $y=k_2x$와 접하므로 함수 $f(m)$은 다음과 같다.

$$f(m)=\begin{cases}0\ (m<k_1)\\1\ (m=k_1)\\2\ (k_1<m<k_2)\\1\ (m=k_2)\\0\ (m>k_2)\end{cases}$$

따라서 함수 $f(m)$은 $m=k_1$, $m=k_2$에서 불연속이다.

(ii) $r=3$인 경우

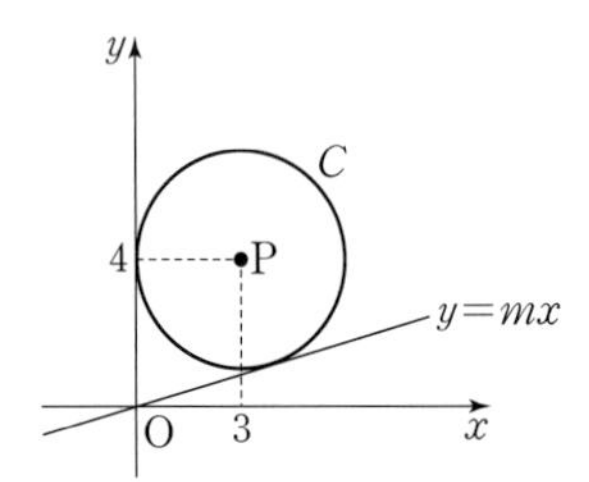

점 $\mathrm{P}(3,\ 4)$와 직선 $y=mx$, 즉 $mx-y=0$ 사이의 거리가

$\frac{|3m-4|}{\sqrt{m^2+1}}$이므로 원 C가 직선 $y=mx$와 접하려면

$\frac{|3m-4|}{\sqrt{m^2+1}}=3$에서 $(3m-4)^2=9(m^2+1)$, $m=\frac{7}{24}$

이때 함수 $f(m)$은 다음과 같다.

$$f(m)=\begin{cases}0\ \left(m<\frac{7}{24}\right)\\1\ \left(m=\frac{7}{24}\right)\\2\ \left(m>\frac{7}{24}\right)\end{cases}$$

따라서 함수 $f(m)$은 $m=\frac{7}{24}$에서만 불연속이다.

(iii) $3<r<5$인 경우

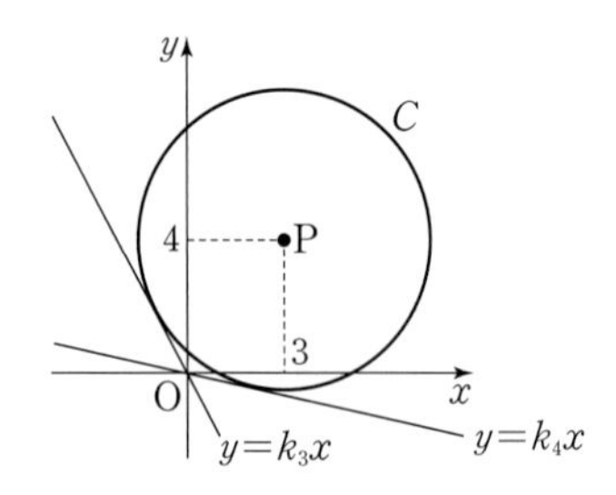

그림과 같이 $k_3<k_4$인 두 실수 k_3, k_4에 대하여 원 C는 직선 $y=k_3x$, 직선 $y=k_4x$와 접하므로 함수 $f(m)$은 다음과 같다.

$$f(m)=\begin{cases}2\ (m<k_3)\\1\ (m=k_3)\\0\ (k_3<m<k_4)\\1\ (m=k_4)\\2\ (m>k_4)\end{cases}$$

따라서 함수 $f(m)$은 $m=k_3$, $m=k_4$에서 불연속이다.

(iv) $r=5$인 경우

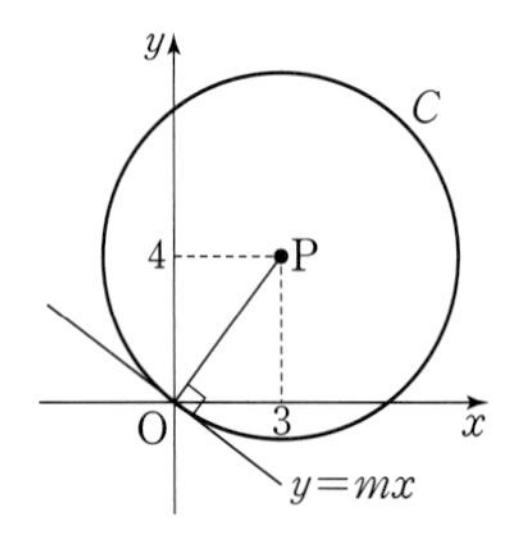

그림과 같이 원 C가 원점 O를 지나고 직선 OP의 기울기가 $\frac{4}{3}$이므로 직선 $y=-\frac{3}{4}x$가 원 C와 점 O에서 접한다.

이때 함수 $f(m)$은 다음과 같다.

$$f(m)=\begin{cases}2\ \left(m\neq-\frac{3}{4}\right)\\1\ \left(m=-\frac{3}{4}\right)\end{cases}$$

따라서 함수 $f(m)$은 $m=-\frac{3}{4}$에서만 불연속이다.

(v) $r>5$인 경우

ㄴ에서 $r>5$이면 모든 실수 m에 대하여 $f(m)=2$이므로 함수 $f(m)$은 실수 전체의 집합에서 연속이다.

(i)~(v)에 의하여 $r=3$, $r=5$일 때 함수 $f(m)$이 $m=k$에서 불연속인 k의 개수가 1이므로 그 합은 $3+5=8$이다. (참)

이상에서 옳은 것은 ㄱ, ㄴ, ㄷ이다.

답 ⑤

필수유형 7

$g(x)=\{f(x)\}^2$이라 하자.

함수 $g(x)$가 실수 전체의 집합에서 연속이려면 $x=a$에서 연속이어야 한다.

즉, $\lim_{x\to a-} g(x)=\lim_{x\to a+} g(x)=g(a)$이어야 한다.

이때

$\lim_{x\to a-} g(x)=\lim_{x\to a-} \{f(x)\}^2=\lim_{x\to a-} (-2x+6)^2=(-2a+6)^2$

$\lim_{x\to a+} g(x)=\lim_{x\to a+} \{f(x)\}^2=\lim_{x\to a+} (2x-a)^2=a^2$

$g(a)=\{f(a)\}^2=a^2$

이므로 $(-2a+6)^2=a^2$에서

$a^2-8a+12=0$

$(a-2)(a-6)=0$

$a=2$ 또는 $a=6$

따라서 모든 상수 a의 값의 합은

$2+6=8$

답 ④

21

함수 $f(x)g(x)$가 실수 전체의 집합에서 연속이려면 함수 $f(x)g(x)$가 $x=a$에서 연속이어야 한다.

즉, $\lim_{x\to a-} f(x)g(x)=\lim_{x\to a+} f(x)g(x)=f(a)g(a)$이어야 한다.

이때

$\lim_{x\to a-} f(x)g(x)=\lim_{x\to a-} (x+3)(x^2+ax+a-1)$

$=(a+3)(2a^2+a-1)$

$\lim_{x\to a+} f(x)g(x)=\lim_{x\to a+} (3x-4)(x^2+ax+a-1)$

$=(3a-4)(2a^2+a-1)$

$f(a)g(a)=(3a-4)(2a^2+a-1)$

이므로 $(a+3)(2a^2+a-1)=(3a-4)(2a^2+a-1)$에서

$\{(3a-4)-(a+3)\}(2a^2+a-1)=0$

$(2a-7)(2a-1)(a+1)=0$에서

$a=\frac{7}{2}$ 또는 $a=\frac{1}{2}$ 또는 $a=-1$

따라서 모든 실수 a의 값의 합은

$\frac{7}{2}+\frac{1}{2}+(-1)=3$

답 ①

22

$h(x)=f(x)-ng(x)$라 하면 방정식 $f(x)=ng(x)$의 실근은 방정식 $h(x)=0$의 실근과 같다.

$h(x)=x^3+x^2-nx+2n$에서 $h(-3)=5n-18$, $h(-2)=4n-4$이고, 방정식 $h(x)=0$이 열린구간 $(-3, -2)$에서 오직 하나의 실근을 가지려면 $h(-3)h(-2)<0$이어야 하므로

$(5n-18)(4n-4)<0$, $1<n<\frac{18}{5}$

따라서 조건을 만족시키는 자연수 n은 2, 3이고 그 합은 $2+3=5$이다.

답 5

23

임의의 실수 x에 대하여 $f(x)>0$이면 함수 $g(x)$, $h(x)$는 실수 전체의 집합에서 연속이므로 주어진 조건을 만족시킬 수 없다. 그러므로 $\alpha\le\beta$인 두 상수 α, β에 대하여 함수 $f(x)$를 $f(x)=(x+\alpha)(x+\beta)$라 하면

$g(x)=\frac{x}{f(x^2+4)}=\frac{x}{(x^2+4+\alpha)(x^2+4+\beta)}$

이다. 이때 $0<4+\alpha$이면 $0<4+\beta$이므로 모든 실수 x에 대하여 $f(x^2+4)>0$이고, 함수 $g(x)$는 실수 전체의 집합에서 연속이므로 조건 (가)를 만족시킬 수 없다.

$4+\alpha<0$이면 함수 $g(x)$는 $x=-\sqrt{-\alpha-4}$, $x=\sqrt{-\alpha-4}$에서 불연속이므로 조건 (가)를 만족시킬 수 없다. 그러므로 $4+\alpha=0$, 즉 $\alpha=-4$이어야 하고, $f(x)=(x-4)(x+\beta)$이다.

이때 조건 (나)에서 함수 $h(x)$가 $x=b$, $x=c$ $(b<c)$에서만 불연속이고 $h(x)=\frac{f(x-4)}{f(x^2)}=\frac{(x-8)(x-4+\beta)}{(x+2)(x-2)(x^2+\beta)}$이므로 함수 $h(x)$가 $x=-2$, $x=2$에서만 불연속이려면 $\beta>0$ 또는 $\beta=-4$이어야 한다.

(i) $\beta=-4$인 경우

$h(x)=\frac{(x-8)^2}{(x+2)^2(x-2)^2}$이고, $b=-2$, $c=2$이므로

$\lim_{x\to -2} h(x)$의 값이 존재하지 않는다.

(ii) $\beta>0$인 경우

$h(x)=\frac{(x-8)(x-4+\beta)}{(x+2)(x-2)(x^2+\beta)}$이고, $b=-2$, $c=2$이므로

$\lim_{x\to -2} h(x)$의 값이 존재하려면

$\lim_{x\to -2} h(x)=\lim_{x\to -2} \frac{(x-8)(x-4+\beta)}{(x+2)(x-2)(x^2+\beta)}$에서 $x\to -2$일 때

(분모)$\to 0$이므로 (분자)$\to 0$이어야 한다.

즉, $\lim_{x\to -2} (x-8)(x-4+\beta)=-10(-6+\beta)=0$이므로 $\beta=6$이다.

$\lim_{x\to -2} h(x)=\lim_{x\to -2} \frac{(x-8)(x+2)}{(x+2)(x-2)(x^2+6)}$

$=\lim_{x\to -2} \frac{x-8}{(x-2)(x^2+6)}$

$=\frac{-10}{-4\times 10}=\frac{1}{4}$

이므로 $\lim_{x\to -2} h(x)$의 값이 존재한다.

따라서 $f(x)=(x-4)(x+6)$이므로 $f(c)=f(2)=-16$이고

$f(c)\times\lim_{x\to b} h(x)=-16\times\frac{1}{4}=-4$

답 ②

05 다항함수의 미분법

본문 48~58쪽

필수유형 1 11	01 ⑤	02 ①	03 ③
필수유형 2 ④	04 ③	05 ④	06 8
필수유형 3 ③	07 ②	08 ①	09 ⑤
필수유형 4 ⑤	10 ④	11 ④	12 ⑤
필수유형 5 6	13 ③	14 ①	15 ⑤
필수유형 6 6	16 ②	17 80	18 ②
필수유형 7 ③	19 ②	20 ②	21 ④
필수유형 8 ⑤	22 ④	23 ②	24 ①
필수유형 9 7	25 ③	26 ⑤	27 7
필수유형 10 ⑤	28 41	29 ②	30 ③
필수유형 11 ①	31 ①	32 ①	33 ④

필수유형 1

함수 $f(x)=x^3-6x^2+5x$에서 x의 값이 0에서 4까지 변할 때의 평균변화율은

$$\frac{f(4)-f(0)}{4-0}=\frac{(4^3-6\times4^2+5\times4)-0}{4}=-3$$

$f'(x)=3x^2-12x+5$이므로

$\frac{f(4)-f(0)}{4-0}=f'(a)$에서 $-3=3a^2-12a+5$

$3a^2-12a+8=0$, $a=\frac{6\pm2\sqrt{3}}{3}$

이때 $3<2\sqrt{3}<4$이므로 $0<\frac{6-2\sqrt{3}}{3}<\frac{6+2\sqrt{3}}{3}<4$

그러므로 구하는 모든 실수 a의 값은 $\frac{6-2\sqrt{3}}{3}$, $\frac{6+2\sqrt{3}}{3}$이고 모든 실수 a의 값의 곱은 $\frac{6-2\sqrt{3}}{3}\times\frac{6+2\sqrt{3}}{3}=\frac{8}{3}$이다.

따라서 $p=3$, $q=8$이므로

$p+q=3+8=11$

답 11

01

$$\lim_{h\to0}\frac{f(1+2h)-f(1)}{h}=2\lim_{h\to0}\frac{f(1+2h)-f(1)}{2h}=2f'(1)=4$$

에서 $f'(1)=2$

따라서

$$\lim_{h\to0}\frac{f\left(1+\frac{h}{2}\right)-f\left(1-\frac{h}{3}\right)}{h}$$

$$=\lim_{h\to0}\frac{f\left(1+\frac{h}{2}\right)-f(1)-f\left(1-\frac{h}{3}\right)+f(1)}{h}$$

$$=\lim_{h\to0}\left\{\frac{1}{2}\times\frac{f\left(1+\frac{h}{2}\right)-f(1)}{\frac{h}{2}}+\frac{1}{3}\times\frac{f\left(1-\frac{h}{3}\right)-f(1)}{-\frac{h}{3}}\right\}$$

$$=\frac{1}{2}f'(1)+\frac{1}{3}f'(1)=\frac{5}{6}f'(1)=\frac{5}{6}\times2=\frac{5}{3}$$

답 ⑤

02

이차함수 $y=f(x)$의 그래프가 y축에 대하여 대칭이므로

$f(-1)=f(1)$, $f(-2)=f(2)$이고 $f(1)\neq f(2)$이다.

이때 $\lim_{x\to2}\frac{f(x)+af(-2)}{x-2}=\lim_{x\to2}\frac{f(x)+af(2)}{x-2}$에서 $x\to2$일 때 (분모)$\to0$이고 극한값이 존재하므로 (분자)$\to0$이어야 한다.

즉, $\lim_{x\to2}\{f(x)+af(2)\}=f(2)+af(2)=(a+1)f(2)=0$

$f(2)\neq0$이므로 $a=-1$

함수 $f(x)$에서 x의 값이 -2에서 -1까지 변할 때의 평균변화율 p는

$$p=\frac{f(-1)-f(-2)}{-1-(-2)}=f(-1)-f(-2)=f(1)-f(2)$$

함수 $f(x)$에서 x의 값이 -1에서 2까지 변할 때의 평균변화율 q는

$$q=\frac{f(2)-f(-1)}{2-(-1)}=\frac{f(2)-f(-1)}{3}=\frac{f(2)-f(1)}{3}$$

$$=-\frac{f(1)-f(2)}{3}=-\frac{p}{3}$$

따라서 $\frac{q}{p}=-\frac{1}{3}$

답 ①

03

곡선 $y=f(x)$ 위의 점 $(1, f(1))$에서의 접선의 기울기는 $f'(1)$이고, 곡선 $y=g(x)$ 위의 점 $(1, g(1))$에서의 접선의 기울기는 $g'(1)$이다.

이때 두 접선이 서로 수직이므로

$f'(1)g'(1)=-1$ …… ㉠

한편, $\lim_{x\to1}\frac{f(x)-2}{g(1)-g(x)}=4$에서 $x\to1$일 때 (분모)$\to0$이고 극한값이 존재하므로 (분자)$\to0$이어야 한다.

즉, $\lim_{x\to1}\{f(x)-2\}=f(1)-2=0$에서 $f(1)=2$이므로

$$\lim_{x\to1}\frac{f(x)-2}{g(1)-g(x)}=\lim_{x\to1}\frac{f(x)-f(1)}{g(1)-g(x)}$$

$$=-\lim_{x\to1}\left\{\frac{f(x)-f(1)}{x-1}\times\frac{1}{\frac{g(x)-g(1)}{x-1}}\right\}$$

$$=-\frac{f'(1)}{g'(1)}=4$$

$f'(1)=-4g'(1)$ …… ㉡

㉡을 ㉠에 대입하면

$f'(1)g'(1)=-4g'(1)\times g'(1)=-4\times\{g'(1)\}^2=-1$

$\{g'(1)\}^2=\frac{1}{4}$에서 $g'(1)=-\frac{1}{2}$ 또는 $g'(1)=\frac{1}{2}$

$g'(1)=-\frac{1}{2}$이면 $f'(1)=-4g'(1)=-4\times\left(-\frac{1}{2}\right)=2$

이므로 $f'(1)+g'(1)=2+\left(-\frac{1}{2}\right)=\frac{3}{2}$

$g'(1)=\frac{1}{2}$이면 $f'(1)=-4g'(1)=-4\times\frac{1}{2}=-2$

이므로 $f'(1)+g'(1)=-2+\frac{1}{2}=-\frac{3}{2}$

이때 $f'(1)+g'(1)>0$이므로 $f'(1)=2$, $g'(1)=-\frac{1}{2}$

따라서 $f(1)\times\{f'(1)+g'(1)\}=2\times\frac{3}{2}=3$

답 ③

필수유형 2

함수 $f(x)$가 실수 전체의 집합에서 미분가능하므로 $x=1$에서도 미분가능하다. 함수 $f(x)$가 $x=1$에서 미분가능하면 $x=1$에서 연속이므로

$\lim_{x\to1-}f(x)=\lim_{x\to1+}f(x)=f(1)$이어야 한다.

이때

$\lim_{x\to1-}f(x)=\lim_{x\to1-}(x^3+ax+b)=1+a+b$

$\lim_{x\to1+}f(x)=\lim_{x\to1+}(bx+4)=b+4$

$f(1)=b+4$

이므로 $1+a+b=b+4$에서 $a=3$

또한 함수 $f(x)$가 $x=1$에서 미분가능하므로

$\lim_{x\to1-}\frac{f(x)-f(1)}{x-1}=\lim_{x\to1+}\frac{f(x)-f(1)}{x-1}$이어야 한다.

이때

$$\begin{aligned}\lim_{x\to1-}\frac{f(x)-f(1)}{x-1}&=\lim_{x\to1-}\frac{(x^3+3x+b)-(b+4)}{x-1}\\&=\lim_{x\to1-}\frac{x^3+3x-4}{x-1}\\&=\lim_{x\to1-}\frac{(x-1)(x^2+x+4)}{x-1}\\&=\lim_{x\to1-}(x^2+x+4)=1+1+4=6\end{aligned}$$

$$\begin{aligned}\lim_{x\to1+}\frac{f(x)-f(1)}{x-1}&=\lim_{x\to1+}\frac{(bx+4)-(b+4)}{x-1}\\&=\lim_{x\to1+}\frac{b(x-1)}{x-1}=\lim_{x\to1+}b=b\end{aligned}$$

이므로 $b=6$

따라서 $a+b=3+6=9$

답 ④

04

함수 $f(x)$가 실수 전체의 집합에서 미분가능하므로 $x=a$에서도 미분가능하다. 함수 $f(x)$가 $x=a$에서 미분가능하면 $x=a$에서 연속이므로

$\lim_{x\to a-}f(x)=\lim_{x\to a+}f(x)=f(a)$이어야 한다.

이때

$\lim_{x\to a-}f(x)=\lim_{x\to a-}(2x-4)=2a-4$

$\lim_{x\to a+}f(x)=\lim_{x\to a+}(x^2-4x+b)=a^2-4a+b$

$f(a)=a^2-4a+b$

이므로 $2a-4=a^2-4a+b$에서 $b=-a^2+6a-4$

또한 함수 $f(x)$가 $x=a$에서 미분가능하므로

$\lim_{x\to a-}\frac{f(x)-f(a)}{x-a}=\lim_{x\to a+}\frac{f(x)-f(a)}{x-a}$이어야 한다.

이때

$$\begin{aligned}\lim_{x\to a-}\frac{f(x)-f(a)}{x-a}&=\lim_{x\to a-}\frac{(2x-4)-(a^2-4a+b)}{x-a}\\&=\lim_{x\to a-}\frac{(2x-4)-(2a-4)}{x-a}\\&=\lim_{x\to a-}\frac{2(x-a)}{x-a}=\lim_{x\to a-}2=2\end{aligned}$$

$$\begin{aligned}\lim_{x\to a+}\frac{f(x)-f(a)}{x-a}&=\lim_{x\to a+}\frac{(x^2-4x+b)-(a^2-4a+b)}{x-a}\\&=\lim_{x\to a+}\frac{(x-a)(x+a-4)}{x-a}\\&=\lim_{x\to a+}(x+a-4)=2a-4\end{aligned}$$

이므로 $2=2a-4$에서 $a=3$

따라서 $b=-a^2+6a-4=-3^2+6\times3-4=5$이므로

$f(x)=\begin{cases}2x-4 & (x<3)\\ x^2-4x+5 & (x\ge3)\end{cases}$에서

$f(b-a)=f(5-3)=f(2)=2\times2-4=0$

답 ③

05

$$\begin{aligned}f(x)&=(x-2)|(x-a)(x-b)^2|=(x-2)(x-b)^2|x-a|\\&=\begin{cases}-(x-2)(x-b)^2(x-a) & (x<a)\\ (x-2)(x-b)^2(x-a) & (x\ge a)\end{cases}\end{aligned}$$

함수 $f(x)$가 실수 전체의 집합에서 미분가능하려면 함수 $f(x)$는 $x=a$에서 미분가능해야 한다.

즉, $\lim_{x\to a-}\frac{f(x)-f(a)}{x-a}=\lim_{x\to a+}\frac{f(x)-f(a)}{x-a}$이어야 한다.

이때

$$\begin{aligned}\lim_{x\to a-}\frac{f(x)-f(a)}{x-a}&=\lim_{x\to a-}\frac{-(x-2)(x-b)^2(x-a)}{x-a}\\&=-\lim_{x\to a-}(x-2)(x-b)^2=-(a-2)(a-b)^2\end{aligned}$$

$$\begin{aligned}\lim_{x\to a+}\frac{f(x)-f(a)}{x-a}&=\lim_{x\to a+}\frac{(x-2)(x-b)^2(x-a)}{x-a}\\&=\lim_{x\to a+}(x-2)(x-b)^2=(a-2)(a-b)^2\end{aligned}$$

이므로 $-(a-2)(a-b)^2=(a-2)(a-b)^2$에서

$(a-2)(a-b)^2=0$

$a=2$ 또는 $a=b$

한 자리의 자연수 a, b에 대하여

$a=2$일 때 모든 순서쌍 (a, b)의 개수는

$(2, 1), (2, 2), (2, 3), \cdots, (2, 9)$로 9

$a=b$일 때 모든 순서쌍 (a, b)의 개수는

$(1, 1), (2, 2), (3, 3), \cdots, (9, 9)$로 9

이때 순서쌍 $(2, 2)$가 중복되므로 구하는 모든 순서쌍 (a, b)의 개수는

$9+9-1=17$

답 ④

06

조건 (가)의 $\{f(x)-x^2+3x-4\}\{f(x)+x^2-5x+2\}=0$에서

$f(x)=x^2-3x+4$ 또는 $f(x)=-x^2+5x-2$

$g(x)=x^2-3x+4$, $h(x)=-x^2+5x-2$라 하면 방정식

$g(x)=h(x)$에서 $x^2-3x+4=-x^2+5x-2$

$2x^2-8x+6=0$, $2(x-1)(x-3)=0$

$x=1$ 또는 $x=3$이므로 두 함수 $y=g(x)$, $y=h(x)$의 그래프는 그림과 같다.

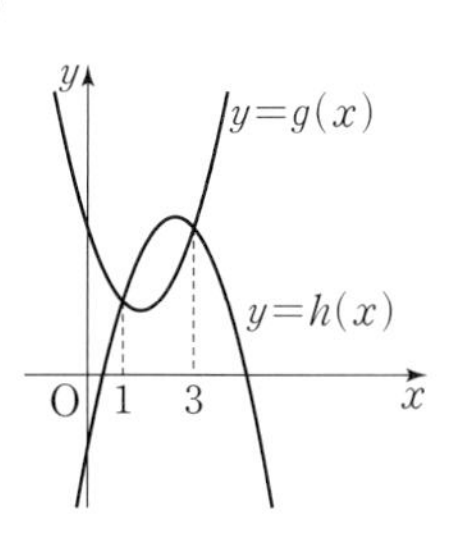

실수 전체의 집합에서 연속인 함수 $f(x)$가 $f(x)=g(x)$ 또는 $f(x)=h(x)$이고,

조건 (나)에서

$\lim_{x\to a-}\frac{f(x)-f(a)}{x-a}\neq\lim_{x\to a+}\frac{f(x)-f(a)}{x-a}$를 만족시키는 실수 a의 값이 오직 1개뿐이므로 함수 $f(x)$는 $x=a$에서만 미분가능하지 않은 함수이다.

따라서 조건을 만족시키는 함수 $f(x)$는

$f(x)=\begin{cases}g(x) & (x<1)\\ h(x) & (x\geq1)\end{cases}$ 또는 $f(x)=\begin{cases}g(x) & (x<3)\\ h(x) & (x\geq3)\end{cases}$

또는 $f(x)=\begin{cases}h(x) & (x<1)\\ g(x) & (x\geq1)\end{cases}$ 또는 $f(x)=\begin{cases}h(x) & (x<3)\\ g(x) & (x\geq3)\end{cases}$

이때 $g(0)=4$, $g(2)=2$, $h(0)=-2$, $h(2)=4$이므로 함수 $f(x)$가

$f(x)=\begin{cases}g(x) & (x<1)\\ h(x) & (x\geq1)\end{cases}$이면 $f(0)+f(2)=g(0)+h(2)=4+4=8$

$f(x)=\begin{cases}g(x) & (x<3)\\ h(x) & (x\geq3)\end{cases}$이면 $f(0)+f(2)=g(0)+g(2)=4+2=6$

$f(x)=\begin{cases}h(x) & (x<1)\\ g(x) & (x\geq1)\end{cases}$이면 $f(0)+f(2)=h(0)+g(2)=-2+2=0$

$f(x)=\begin{cases}h(x) & (x<3)\\ g(x) & (x\geq3)\end{cases}$이면 $f(0)+f(2)=h(0)+h(2)=-2+4=2$

따라서 $f(0)+f(2)$의 값은 8 또는 6 또는 0 또는 2이므로

$f(0)+f(2)$의 최댓값과 최솟값은 각각 $M=8$, $m=0$이고

$M+m=8+0=8$

답 8

필수유형 3

$g(x)=x^2f(x)$에서

$g'(x)=(x^2)'f(x)+x^2f'(x)=2xf(x)+x^2f'(x)$

따라서 $g'(2)=4f(2)+4f'(2)=4\times1+4\times3=16$

답 ③

07

$g(x)=(x^2+a)f(x)$에서 $g(1)=(a+1)f(1)$

이때 $f'(1)=g(1)$이므로

$f'(1)=(a+1)f(1)$ …… ㉠

$g'(x)=2xf(x)+(x^2+a)f'(x)$이므로

$g'(1)=2f(1)+(a+1)f'(1)$ …… ㉡

㉠을 ㉡에 대입하면

$g'(1)=2f(1)+(a+1)\times(a+1)f(1)=(a^2+2a+3)f(1)$

이때 $g'(1)=11f(1)$이므로

$(a^2+2a+3)f(1)=11f(1)$, $(a^2+2a-8)f(1)=0$

$(a+4)(a-2)f(1)=0$

$a>0$, $f(1)\neq0$이므로 $a=2$

따라서 $\frac{f'(1)}{f(1)}=a+1=2+1=3$

답 ②

08

최고차항의 계수가 1인 이차함수 $f(x)$를

$f(x)=x^2+ax+b$ (a, b는 상수)라 하자.

함수 $y=f(x)$의 그래프와 직선 $y=f(2)$가 만나는 서로 다른 두 점 A, B의 x좌표는 이차방정식 $f(x)=f(2)$의 서로 다른 두 실근이다.

$f(x)=f(2)$에서 $x^2+ax+b=4+2a+b$

$x^2+ax-2a-4=0$ …… ㉠

이때 두 점 A, B의 x좌표의 합이 6이므로 이차방정식 ㉠의 두 실근의 합도 6이다.

이차방정식의 근과 계수의 관계에 의하여 $-a=6$, 즉 $a=-6$이므로

$f(x)=x^2-6x+b$

따라서 $f'(x)=2x-6$이므로

$$\sum_{n=1}^{10}f'(n)=\sum_{n=1}^{10}(2n-6)=2\sum_{n=1}^{10}n-\sum_{n=1}^{10}6$$

$$=2\times\frac{10\times11}{2}-6\times10=50$$

답 ①

참고

도함수 $f'(x)$를 다음과 같이 구할 수도 있다.

함수 $y=f(x)$의 그래프와 직선 $y=f(2)$가 만나는 서로 다른 두 점 A, B의 x좌표는 이차방정식 $f(x)=f(2)$의 서로 다른 두 실근이다. 이때 최고차항의 계수가 1인 이차방정식 $f(x)-f(2)=0$의 서로 다른 두 실근의 합이 6이므로 상수 c ($c\neq9$)에 대하여

$f(x)-f(2)=x^2-6x+c$ …… ㉠

로 놓을 수 있다.

㉠의 양변을 x에 대하여 미분하면 $f'(x)=2x-6$이다.

09

조건 (가)의 $\lim_{x\to\infty}\frac{\{f(x)\}^2+x^2f(x)}{x^4}=6$에서 함수 $\{f(x)\}^2+x^2f(x)$는 x^4의 계수가 6인 사차함수임을 알 수 있다.

다항함수 $f(x)$가 상수함수 또는 일차함수이면 함수 $\{f(x)\}^2+x^2f(x)$는 사차함수가 될 수 없으므로 조건 (가)를 만족시키지 않는다.

또한 다항함수 $f(x)$가 차수가 3 이상인 함수이면 함수 $\{f(x)\}^2+x^2f(x)$는 차수가 6 이상인 다항함수이므로 조건 (가)를 만족시키지 않는다.

함수 $f(x)$를 x^2의 계수가 양수 a인 이차함수라 하자.

함수 $\{f(x)\}^2$은 x^4의 계수가 a^2인 사차함수이고, 함수 $x^2f(x)$는 x^4의 계수가 a인 사차함수이므로 함수 $\{f(x)\}^2+x^2f(x)$는 x^4의 계수가 a^2+a인 사차함수이다.

따라서 $a^2+a=6$이므로 $(a+3)(a-2)=0$

$a>0$이므로 $a=2$

조건 (나)에서

$$\lim_{x\to1}\frac{f(x^2)-f(1)}{x-1}=\lim_{x\to1}\left\{(x+1)\times\frac{f(x^2)-f(1)}{x^2-1}\right\}=2$$

이때 $x^2=t$라 하면 $x\to1$일 때 $t\to1$이므로

$$\lim_{x\to1}\frac{f(x^2)-f(1)}{x^2-1}=\lim_{t\to1}\frac{f(t)-f(1)}{t-1}=f'(1)$$

따라서

$$\lim_{x\to1}\frac{f(x^2)-f(1)}{x-1}=\lim_{x\to1}\left\{(x+1)\times\frac{f(x^2)-f(1)}{x^2-1}\right\}$$

$$=\lim_{x\to1}(x+1)\times\lim_{x\to1}\frac{f(x^2)-f(1)}{x^2-1}=2f'(1)=2$$

에서 $f'(1)=1$

$f(x)=2x^2+bx+c$ (b, c는 상수)라 하면 $f'(x)=4x+b$이므로
$f'(1)=4+b=1$에서 $b=-3$
즉, $f'(x)=4x-3$
한편, $\lim_{x \to \infty} x\left\{f\left(2+\frac{2}{x}\right)-f(2)\right\}$에서 $\frac{1}{x}=h$로 놓으면 $x \to \infty$일 때 $h \to 0+$이므로

$$\begin{aligned}\lim_{x \to \infty} x\left\{f\left(2+\frac{2}{x}\right)-f(2)\right\} &= \lim_{h \to 0+} \frac{f(2+2h)-f(2)}{h} \\ &= 2 \times \lim_{h \to 0+} \frac{f(2+2h)-f(2)}{2h} \\ &= 2f'(2) \\ &= 2 \times (4 \times 2-3)=10\end{aligned}$$

답 ⑤

필수유형 4

곡선 $y=f(x)$ 위의 점 $(0, 0)$에서의 접선의 기울기는 $f'(0)$이므로 접선의 방정식은
$y=f'(0)x$ ······ ㉠
점 $(1, 2)$가 곡선 $y=xf(x)$ 위의 점이므로 $f(1)=2$
$y=xf(x)$에서 $y'=f(x)+xf'(x)$이므로 곡선 $y=xf(x)$ 위의 점 $(1, 2)$에서의 접선의 기울기는 $f(1)+f'(1)=2+f'(1)$이고 접선의 방정식은 $y-2=\{2+f'(1)\}(x-1)$, 즉
$y=\{2+f'(1)\}x-f'(1)$ ······ ㉡
두 접선이 일치하므로 ㉠, ㉡에서
$f'(0)=2+f'(1)$, $-f'(1)=0$
즉, $f'(0)=2$, $f'(1)=0$
삼차함수 $f(x)$를
$f(x)=ax^3+bx^2+cx+d$ ($a \neq 0$, a, b, c, d는 상수)
라 하면 $f(0)=0$이므로 $d=0$
$f(1)=2$이므로
$a+b+c=2$, $c=2-a-b$
즉, $f(x)=ax^3+bx^2+(2-a-b)x$이고
$f'(x)=3ax^2+2bx+2-a-b$
이때 $f'(0)=2$이므로
$f'(0)=2-a-b=2$
$b=-a$ ······ ㉢
$f'(1)=0$이므로
$f'(1)=3a+2b+2-a-b=0$
$2a+b=-2$ ······ ㉣
㉢을 ㉣에 대입하여 풀면 $a=-2$, $b=2$
따라서 $f'(x)=-6x^2+4x+2$이므로
$f'(2)=-24+8+2=-14$

답 ⑤

10

조건 (가)에서 점 $\mathrm{A}(1, 2)$가 두 곡선 $y=f(x)$, $y=g(x)$ 위의 점이므로
$f(1)=1-3+2+a=2$, $a=2$
$g(1)=1+b+c=2$, $c=1-b$
$f(x)=x^3-3x^2+2x+2$에서 $f'(x)=3x^2-6x+2$이므로
$f'(1)=3-6+2=-1$
$g(x)=x^2+bx+c$에서 $g'(x)=2x+b$이므로 $g'(1)=2+b$
조건 (나)에서 곡선 $y=f(x)$ 위의 점 A에서의 접선과 곡선 $y=g(x)$ 위의 점 A에서의 접선이 서로 수직이므로 $f'(1)g'(1)=-1$
즉, $-1 \times (2+b)=-1$이므로
$b=-1$이고 $c=1-b=1-(-1)=2$
따라서 $|abc|=|2 \times (-1) \times 2|=4$

답 ④

11

$f(x)=x^3-3x^2-8x+5$라 하면 $f'(x)=3x^2-6x-8$
곡선 $y=f(x)$ 위의 점 $(a, f(a))$에서의 접선의 기울기가 1이려면
$f'(a)=1$
$3a^2-6a-8=1$, $3(a+1)(a-3)=0$
$a=-1$ 또는 $a=3$
$f(-1)=-1-3+8+5=9$, $f(3)=27-27-24+5=-19$이므로
곡선 $y=f(x)$ 위의 두 점 $(-1, 9)$, $(3, -19)$에서의 접선의 기울기는 모두 1이다.
곡선 $y=f(x)$ 위의 점 $(-1, 9)$에서의 접선의 방정식은
$y-9=f'(-1)(x+1)$, $y=1 \times (x+1)+9$
즉, $x-y+10=0$이므로 두 직선 l_1, l_2 사이의 거리는 점 $(3, -19)$와 직선 $x-y+10=0$ 사이의 거리와 같다.
따라서 구하는 거리를 d라 하면
$$d=\frac{|3-(-19)+10|}{\sqrt{1^2+(-1)^2}}=16\sqrt{2}$$

답 ④

12

$f(x)=(x-3)^2+1$, $g(x)=(x-3)^3+a(x-3)^2+b(x-3)+1$
에 대하여 두 곡선 $y=f(x)$, $y=g(x)$를 x축의 방향으로 -3만큼, y축의 방향으로 -1만큼 평행이동한 그래프를 나타내는 함수를 각각 $y=F(x)$, $y=G(x)$라 하면
$F(x)=x^2$, $G(x)=x^3+ax^2+bx$이고
$F'(x)=2x$, $G'(x)=3x^2+2ax+b$
또한 두 곡선 $y=f(x)$, $y=g(x)$에 접하고 기울기가 2인 직선 l과 두 점 A, B를 x축의 방향으로 -3만큼, y축의 방향으로 -1만큼 평행이동한 직선과 두 점을 각각 l', A', B'이라 하면 구하는 선분 AB의 길이는 선분 $\mathrm{A}'\mathrm{B}'$의 길이와 같다.
점 A'은 기울기가 2인 직선 l'이 곡선 $y=F(x)$와 접할 때의 접점이므로 점 A'의 x좌표는 $F'(x)=2$에서 $2x=2$, $x=1$
$F(1)=1$이므로 점 A'의 좌표는 $(1, 1)$이고, 직선 l'의 방정식은
$y-1=2(x-1)$, $y=2x-1$
한편, 점 $\mathrm{A}'(1, 1)$은 곡선 $y=G(x)$ 위의 점이므로
$G(1)=1+a+b=1$, $b=-a$ ······ ㉠
곡선 $y=G(x)$ 위의 점 $\mathrm{A}'(1, 1)$에서의 접선의 기울기도 2이므로
$G'(1)=3+2a+b=2$, $2a+b=-1$ ······ ㉡
㉠을 ㉡에 대입하면 $2a+(-a)=-1$

$a=-1$이므로 $b=-a=1$
이때 곡선 $y=G(x)$와 직선 l'이 만나는 점의 x좌표는
$x^3-x^2+x=2x-1$에서 $x^3-x^2-x+1=0$, $(x-1)^2(x+1)=0$
$x=1$ 또는 $x=-1$
$G(-1)=-3$이므로 점 B′의 좌표는 $(-1, -3)$이다.
따라서 $\overline{AB}=\overline{A'B'}=\sqrt{(-1-1)^2+(-3-1)^2}=2\sqrt{5}$

답 ⑤

참고
두 점 A, B의 좌표는 A$(4, 2)$, B$(2, -2)$이고,
직선 l의 방정식은 $y=2x-6$이다.

필수유형 5

$f(x)=x^3+ax^2-(a^2-8a)x+3$에서
$f'(x)=3x^2+2ax-(a^2-8a)$
함수 $f(x)$가 실수 전체의 집합에서 증가하기 위한 필요조건은 모든 실수 x에 대하여 $f'(x)\geq 0$인 것이다. 이 경우 이차방정식 $f'(x)=0$의 판별식을 D라 하면 $D\leq 0$이어야 하므로
$\frac{D}{4}=a^2+3(a^2-8a)\leq 0$
$4a(a-6)\leq 0$, $0\leq a\leq 6$
이때 $0<a<6$인 경우에는 $D<0$, 즉 모든 실수 x에 대하여 $f'(x)>0$이므로 함수 $f(x)$가 실수 전체의 집합에서 증가한다. 또한 $a=0$ 또는 $a=6$인 경우에는 하나의 실수 α에서만 $f'(\alpha)=0$이고 이를 제외한 모든 실수 x에 대하여 $f'(x)>0$이므로 이 경우에도 함수 $f(x)$가 실수 전체의 집합에서 증가한다.
따라서 함수 $f(x)$가 실수 전체의 집합에서 증가하기 위한 필요충분조건은 $0\leq a\leq 6$이므로 실수 a의 최댓값은 6이다.

답 6

13

$f(x)=-x^3+6x^2+ax+5$에서 $f'(x)=-3x^2+12x+a$
함수 $f(x)$가 역함수를 가지려면 실수 전체의 집합에서 증가하거나 감소하여야 한다. 이에 대한 필요조건을 생각하면 모든 실수 x에 대하여 $f'(x)\geq 0$이거나 모든 실수 x에 대하여 $f'(x)\leq 0$이어야 한다.
이때 함수 $y=f'(x)$의 그래프는 위로 볼록인 이차함수의 그래프이므로 모든 실수 x에 대하여 $f'(x)\leq 0$이어야 한다. 즉, 이차방정식 $f'(x)=0$의 판별식을 D라 하면 $D\leq 0$이어야 하므로
$\frac{D}{4}=6^2+3a\leq 0$, $a\leq -12$
이때 $a<-12$인 경우에는 $D<0$, 즉 모든 실수 x에 대하여 $f'(x)<0$이므로 함수 $f(x)$가 실수 전체의 집합에서 감소한다. 또한 $a=-12$인 경우에는 $f'(2)=0$이고, $x=2$를 제외한 모든 실수 x에 대하여 $f'(x)<0$이므로 이 경우에도 함수 $f(x)$가 실수 전체의 집합에서 감소한다.
따라서 함수 $f(x)$가 실수 전체의 집합에서 감소하기 위한 필요충분조건은 $a\leq -12$이므로 실수 a의 최댓값은 -12이다.

답 ③

14

조건 (가)에서 최고차항의 계수가 1이고 모든 항의 계수가 정수인 삼차함수 $f(x)$는 $f(x)=x^3+ax^2+bx+c$ (a, b, c는 정수)로 놓을 수 있다.
조건 (나)에서 함수 $f(x)$가 열린구간 $(-2, 1)$에서 감소하고 조건 (다)에서 함수 $f(x)$가 열린구간 $(1, 2)$에서 증가하므로 삼차함수의 그래프의 개형을 생각하면 $f'(1)=0$이어야 하고 $f'(-2)\leq 0$, $f'(2)>0$이어야 한다.

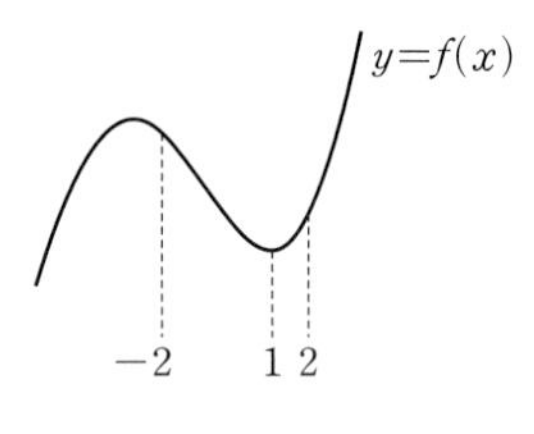

$f'(x)=3x^2+2ax+b$이므로
$f'(1)=3+2a+b=0$에서 $b=-2a-3$
$f'(-2)=12-4a+b=12-4a+(-2a-3)=-6a+9\leq 0$
에서 $a\geq \frac{3}{2}$ …… ㉠
$f'(2)=12+4a+b=12+4a+(-2a-3)=2a+9>0$
에서 $a>-\frac{9}{2}$ …… ㉡
㉠, ㉡에서 $a\geq \frac{3}{2}$
a는 정수이므로 $a\geq 2$
따라서 $f(x)=x^3+ax^2-(2a+3)x+c$에서
$f(3)-f(2)=\{27+9a-3(2a+3)+c\}-\{8+4a-2(2a+3)+c\}$
$=3a+16\geq 3\times 2+16=22$
이므로 $f(3)-f(2)$의 최솟값은 22이다.

답 ①

15

삼차함수 $f(x)$의 도함수 $f'(x)$는 이차함수이고 두 조건 (가), (나)에 의하여 함수 $f'(x)$를 $f'(x)=k(x-a)(x-a-2)$ (k는 $k<0$인 상수)로 놓을 수 있다.

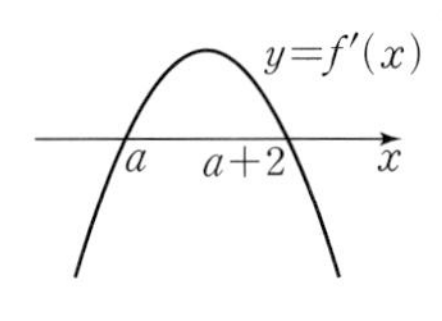

ㄱ. 열린구간 $(a, a+2)$에 속하는 모든 실수 x에 대하여 $f'(x)>0$이므로 함수 $f(x)$는 열린구간 $(a, a+2)$에서 증가한다. (참)
ㄴ. $h(x)=f(x)-f'(a+1)x$라 하면
$h'(x)=f'(x)-f'(a+1)$
이때 $f'(x)$는 최고차항의 계수가 음수인 이차함수이고
$f'(a)=f'(a+2)$이므로 함수 $y=f'(x)$의 그래프는 직선
$x=\frac{a+(a+2)}{2}$, 즉 직선 $x=a+1$에 대하여 대칭이고, 함수 $f'(x)$의 최댓값은 $f'(a+1)$이다.
따라서 열린구간 $(a, a+1)$에 속하는 모든 실수 x에 대하여 $h'(x)<0$이므로 함수 $h(x)=f(x)-f'(a+1)x$는 열린구간 $(a, a+1)$에서 감소한다. (참)
ㄷ. 함수 $g(x)$의 도함수가 $f'(x)+f'(x+1)$이므로
$g'(x)=f'(x)+f'(x+1)$
$=k(x-a)(x-a-2)+k(x-a+1)(x-a-1)$
$=k\{2x^2-2(2a+1)x+2a^2+2a-1\}$
$k<0$이므로 $g'(x)=0$에서
$x=\frac{2a+1\pm\sqrt{(2a+1)^2-2(2a^2+2a-1)}}{2}=a+\frac{1\pm\sqrt{3}}{2}$
함수 $y=g'(x)$의 그래프는 위로 볼록한 이차함수의 그래프이므로 열린구간 $\left(a+\frac{1-\sqrt{3}}{2}, a+\frac{1+\sqrt{3}}{2}\right)$에서 $g'(x)>0$, 즉 이 구간에서 함수 $g(x)$는 증가한다.

이때 $a+\frac{1-\sqrt{3}}{2}-\left(a-\frac{1}{4}\right)=\frac{3-2\sqrt{3}}{4}<0$

$a+\frac{1+\sqrt{3}}{2}-\left(a+\frac{5}{4}\right)=\frac{-3+2\sqrt{3}}{4}>0$

즉, $a+\frac{1-\sqrt{3}}{2}<a-\frac{1}{4}<a+\frac{5}{4}<a+\frac{1+\sqrt{3}}{2}$이므로

함수 $g(x)$는 열린구간 $\left(a-\frac{1}{4},\ a+\frac{5}{4}\right)$에서 증가한다. (참)

이상에서 옳은 것은 ㄱ, ㄴ, ㄷ이다.

답 ⑤

필수유형 6

$f(x)=ax^3+bx+a$에서 $f'(x)=3ax^2+b$

이때 함수 $f(x)$가 $x=1$에서 극솟값 -2를 가지므로

$f(1)=-2$, $f'(1)=0$이다.

$f(1)=-2$에서 $a+b+a=-2$

$2a+b=-2$ …… ㉠

$f'(1)=0$에서 $3a+b=0$ …… ㉡

㉠, ㉡을 연립하여 풀면 $a=2$, $b=-6$이므로

$f(x)=2x^3-6x+2$, $f'(x)=6x^2-6$

$f'(x)=0$에서 $6x^2-6=0$, $6(x+1)(x-1)=0$

$x=-1$ 또는 $x=1$

함수 $f(x)$의 증가와 감소를 표로 나타내면 다음과 같다.

x	$\cdots$	-1	$\cdots$	1	$\cdots$
$f'(x)$	$+$	0	$-$	0	$+$
$f(x)$	↗	극대	↘	극소	↗

따라서 함수 $f(x)$는 $x=-1$에서 극대이므로 함수 $f(x)$의 극댓값은

$f(-1)=-2+6+2=6$

답 6

16

최고차항의 계수가 1인 사차함수 $f(x)$를

$f(x)=x^4+ax^3+bx^2+cx+d$ (a, b, c, d는 상수)라 하자.

$f(-x)=x^4-ax^3+bx^2-cx+d$이고

모든 실수 x에 대하여 $f(-x)=f(x)$이므로

$x^4-ax^3+bx^2-cx+d=x^4+ax^3+bx^2+cx+d$

$2ax^3+2cx=0$ …… ㉠

㉠이 x에 대한 항등식이므로 $a=0$, $c=0$

즉, $f(x)=x^4+bx^2+d$

함수 $f(x)$가 $x=1$에서 극솟값 3을 가지므로 $f(1)=3$, $f'(1)=0$이다.

$f(1)=3$에서 $1+b+d=3$

$d=2-b$ …… ㉡

$f'(x)=4x^3+2bx$이므로 $f'(1)=0$에서 $4+2b=0$

$b=-2$ …… ㉢

㉢을 ㉡에 대입하면 $d=2-b=2-(-2)=4$

그러므로 $f(x)=x^4-2x^2+4$, $f'(x)=4x^3-4x$

$f'(x)=0$에서 $4x^3-4x=0$

$4x(x+1)(x-1)=0$

$x=-1$ 또는 $x=0$ 또는 $x=1$

함수 $f(x)$의 증가와 감소를 표로 나타내면 다음과 같다.

x	$\cdots$	-1	$\cdots$	0	$\cdots$	1	$\cdots$
$f'(x)$	$-$	0	$+$	0	$-$	0	$+$
$f(x)$	↘	극소	↗	극대	↘	극소	↗

따라서 함수 $f(x)$는 $x=0$에서 극대이므로 함수 $f(x)$의 극댓값은

$f(0)=4$

답 ②

17

$f(x)=\frac{1}{a}(x^3-2bx^2+b^2x+1)$에서 $f'(x)=\frac{1}{a}(3x^2-4bx+b^2)$

$f'(x)=0$에서 $\frac{1}{a}(3x^2-4bx+b^2)=0$

$\frac{1}{a}(3x-b)(x-b)=0$

$x=\frac{b}{3}$ 또는 $x=b$

자연수 b에 대하여 $\frac{b}{3}<b$이므로 함수 $f(x)$의 증가와 감소를 표로 나타내면 다음과 같다.

x	$\cdots$	$\frac{b}{3}$	$\cdots$	b	$\cdots$
$f'(x)$	$+$	0	$-$	0	$+$
$f(x)$	↗	극대	↘	극소	↗

함수 $f(x)$는 $x=\frac{b}{3}$에서 극댓값 $f\left(\frac{b}{3}\right)$를 갖고, $x=b$에서 극솟값 $f(b)$를 갖는다.

$f\left(\frac{b}{3}\right)=\frac{1}{a}\left(\frac{b^3}{27}-\frac{2b^3}{9}+\frac{b^3}{3}+1\right)=\frac{4b^3}{27a}+\frac{1}{a}$

$f(b)=\frac{1}{a}(b^3-2b^3+b^3+1)=\frac{1}{a}$

이때 극댓값과 극솟값의 차가 4이므로

$f\left(\frac{b}{3}\right)-f(b)=\left(\frac{4b^3}{27a}+\frac{1}{a}\right)-\frac{1}{a}=\frac{4b^3}{27a}=4$

$b^3=27a=3^3\times a$ …… ㉠

a, b가 모두 100보다 작은 자연수이므로 ㉠이 성립하려면 a의 값은 어떤 자연수의 세제곱이어야 한다.

$a=1^3=1$일 때 $b^3=3^3\times1^3=(3\times1)^3=3^3$이므로 $b=3$

$a=2^3=8$일 때 $b^3=3^3\times2^3=(3\times2)^3=6^3$이므로 $b=6$

$a=3^3=27$일 때 $b^3=3^3\times3^3=(3\times3)^3=9^3$이므로 $b=9$

$a=4^3=64$일 때 $b^3=3^3\times4^3=(3\times4)^3=12^3$이므로 $b=12$

$a\ge5^3=125$이면 a가 100보다 큰 자연수가 되어 조건을 만족시키지 않는다.

따라서 $a+b$의 값은 $1+3=4$ 또는 $8+6=14$ 또는 $27+9=36$ 또는 $64+12=76$이므로 $a+b$의 최댓값과 최솟값은 각각 $M=76$, $m=4$이고

$M+m=76+4=80$

답 80

18

함수 $f(x)$가 실수 전체의 집합에서 연속이면 함수 $f(x)$는 $x=0$에서도 연속이므로 $\lim_{x\to0-}f(x)=\lim_{x\to0+}f(x)=f(0)$이어야 한다.

이때 $\lim_{x\to 0-} f(x)=\lim_{x\to 0-} a(x^3-3x+1)=a$,

$\lim_{x\to 0+} f(x)=\lim_{x\to 0+} (x^2+2ax+b)=b$,

$f(0)=b$

이므로 $a=b$

한편, $y=a(x^3-3x+1)$에서 $y'=a(3x^2-3)=3a(x+1)(x-1)$이고

$y=x^2+2ax+a$에서 $y'=2x+2a=2(x+a)$이므로

$x\neq0$인 모든 실수 x에서 정의된 함수 $g(x)$의 도함수 $g'(x)$를

$g'(x)=\begin{cases} 3a(x+1)(x-1) & (x<0) \\ 2(x+a) & (x>0) \end{cases}$ 이라 하면 0이 아닌 실수 t에 대하여 함수 $f(x)$의 $x=t$에서의 미분계수는 $g'(t)$와 일치한다.

(i) $a<0$일 때

함수 $f(x)$의 증가와 감소를 표로 나타내면 다음과 같다.

x	$\cdots$	-1	$\cdots$	0	$\cdots$	$-a$	$\cdots$
$g'(x)$	$-$	0	$+$		$-$	0	$+$
$f(x)$	↘	극소	↗	극대	↘	극소	↗

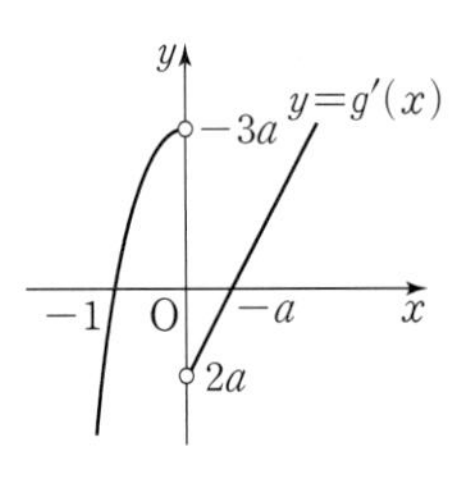

함수 $f(x)$는 열린구간 $(-1, 0)$에서 증가하고, 열린구간 $(0, -a)$에서 감소하므로 $x=0$을 포함하는 어떤 열린구간에 속하는 모든 x에 대하여 $f(x)\le f(0)$이다. 즉, 함수 $f(x)$는 $x=0$에서 극댓값 $f(0)$을 갖는다.

조건 (가)에서 함수 $f(x)$의 극댓값이 -1이므로

$f(0)=b=-1$, $a=b=-1$

조건 (나)에서 양수 c에 대하여 함수 $f(x)$가 $x=c$에서 극솟값을 가지므로 $c=-a=-(-1)=1$

(ii) $a>0$일 때

함수 $f(x)$의 증가와 감소를 표로 나타내면 다음과 같다.

x	$\cdots$	-1	$\cdots$	0	$\cdots$
$g'(x)$	$+$	0	$-$		$+$
$f(x)$	↗	극대	↘	극소	↗

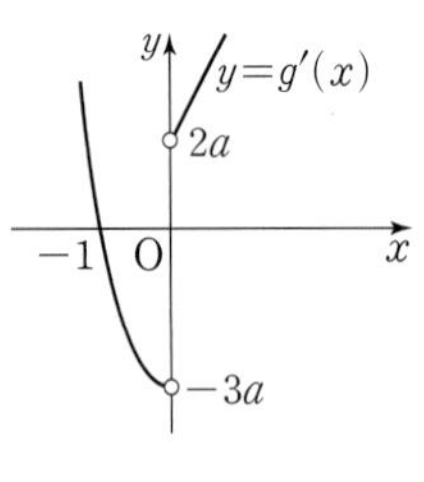

함수 $f(x)$는 열린구간 $(-1, 0)$에서 감소하고, 구간 $(0, \infty)$에서 증가하므로 $x=0$을 포함하는 어떤 열린구간에 속하는 모든 x에 대하여 $f(x)\ge f(0)$이다. 즉, 함수 $f(x)$는 $x=0$에서 극솟값 $f(0)$을 갖는다.

조건 (가)에서 함수 $f(x)$의 극댓값이 -1이므로

$f(-1)=3a=-1$, $a=-\frac{1}{3}$

이때 $a=-\frac{1}{3}$은 $a>0$에 모순이다.

(i), (ii)에서 $a=b=-1$, $c=1$

따라서 $f(x)=\begin{cases} -x^3+3x-1 & (x<0) \\ x^2-2x-1 & (x\ge0) \end{cases}$ 에서

$f(c)=f(1)=1-2-1=-2$이므로

$ab+f(c)=-1\times(-1)+(-2)=-1$

답 ②

필수유형 7

$f(x)=x^3-3x^2-9x-12$에서

$f'(x)=3x^2-6x-9=3(x+1)(x-3)$

$f'(x)=0$에서 $x=-1$ 또는 $x=3$

함수 $f(x)$의 증가와 감소를 표로 나타내면 다음과 같다.

x	$\cdots$	-1	$\cdots$	3	$\cdots$
$f'(x)$	$+$	0	$-$	0	$+$
$f(x)$	↗	극대	↘	극소	↗

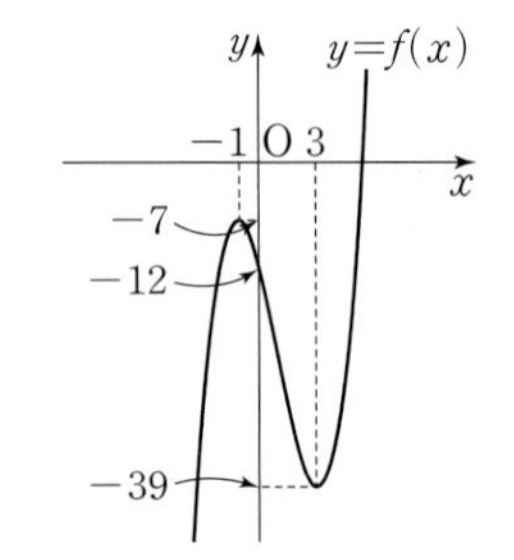

이때 $f(-1)=-7$, $f(3)=-39$이므로 곡선 $y=f(x)$는 그림과 같다.

한편, 조건 (가)의

$xg(x)=|xf(x-p)+qx|$에서

$xg(x)=|x||f(x-p)+q|$이므로

$g(x)=\begin{cases} -|f(x-p)+q| & (x<0) \\ |f(x-p)+q| & (x>0) \end{cases}$ …… ㉠

함수 $g(x)$가 실수 전체의 집합에서 연속이므로 함수 $g(x)$는 $x=0$에서도 연속이다. 즉, $\lim_{x\to 0-} g(x)=\lim_{x\to 0+} g(x)=g(0)$이다.

이때 $\lim_{x\to 0-} g(x)=\lim_{x\to 0-} \{-|f(x-p)+q|\}=-|f(-p)+q|$,

$\lim_{x\to 0+} g(x)=\lim_{x\to 0+} |f(x-p)+q|=|f(-p)+q|$이므로

$-|f(-p)+q|=|f(-p)+q|=g(0)$

$-|f(-p)+q|=|f(-p)+q|$에서 $|f(-p)+q|=0$

$f(-p)+q=0$, 즉 $g(0)=0$이므로 곡선 $y=g(x)$는 원점을 지난다.

한편, 곡선 $y=f(x-p)+q$는 곡선 $y=f(x)$를 x축의 방향으로 p만큼, y축의 방향으로 q만큼 평행이동한 것이다. ㉠에서 곡선 $y=g(x)$는 곡선 $y=f(x-p)+q$ $(x\ge0)$에서 $y<0$인 부분을 x축에 대하여 대칭이동하고, 곡선 $y=f(x-p)+q$ $(x<0)$에서 $y>0$인 부분을 x축에 대하여 대칭이동한 것이다.

이때 곡선 $y=f(x-p)+q$가 $x>0$에서 $y<0$인 부분이 존재하지 않으면 함수 $y=g(x)$가 실수 전체의 집합에서 미분가능하므로 조건 (나)를 만족시키지 않는다. 조건 (나)에서 함수 $g(x)$가 $x=a$에서 미분가능하지 않은 실수 a의 개수가 1이어야 하므로 $g(t)=0$인 양수 t가 존재하여야 한다.

이때 함수 $g(x)$는 $x=t$에서 미분가능하지 않고 조건 (나)에서 함수 $g(x)$가 $x=a$에서 미분가능하지 않은 실수 a의 개수가 1이므로 함수 $g(x)$는 $x=0$에서 미분가능하다. 즉, $g'(0)=0$이어야 하므로 함수 $y=f(x)$의 그래프 위의 점인 $(-1, -7)$이 원점에 오도록 평행이동하면 된다.

따라서 $p=1$, $q=7$이므로 $p+q=1+7=8$

답 ③

참고

함수 $y=g(x)$의 그래프는 그림과 같다.

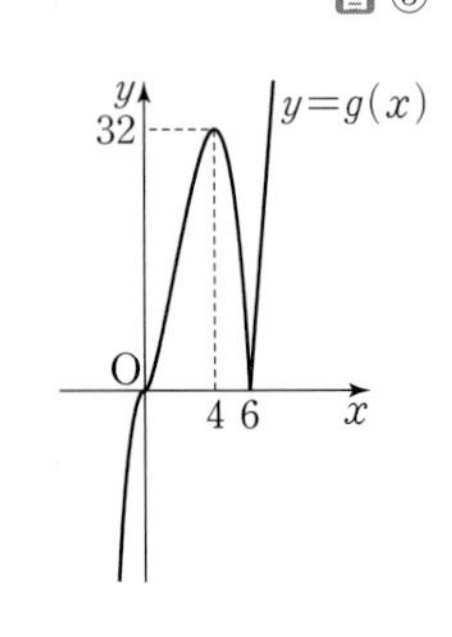

19

$f(x)=a\{(x+2)(x-2)\}^2=a(x^2-4)^2=a(x^4-8x^2+16)$에서

$f'(x)=a(4x^3-16x)=4ax(x+2)(x-2)$

$f'(x)=0$에서 $x=-2$ 또는 $x=0$ 또는 $x=2$

$a>0$이므로 함수 $f(x)$의 증가와 감소를 표로 나타내면 다음과 같다.

x	$\cdots$	-2	$\cdots$	0	$\cdots$	2	$\cdots$
$f'(x)$	$-$	0	$+$	0	$-$	0	$+$
$f(x)$	↘	극소	↗	극대	↘	극소	↗

$f(-2)=0$, $f(0)=16a$, $f(2)=0$이므로 함수 $y=f(x)$의 그래프는 그림과 같다.

함수 $y=f(x)$의 그래프와 직선 $y=4$가 만나는 서로 다른 점의 개수가 3이려면 $16a=4$, 즉 $a=\frac{1}{4}$이어야 한다.

따라서 $f(x)=\frac{1}{4}(x+2)^2(x-2)^2$이므로

$f(4a)=f(1)=\frac{1}{4}\times 3^2\times(-1)^2=\frac{9}{4}$

답 ②

20

함수 $f(x)$가 최고차항의 계수가 1인 삼차함수이므로 방정식 $f(x)+kx=0$은 삼차방정식이고, 이 방정식은 적어도 하나의 실근을 갖는다.

조건 (가)에서 함수 $|f(x)+kx|$가 실수 전체의 집합에서 미분가능하므로 실수 α에 대하여 방정식 $f(x)+kx=0$은 오직 하나의 근 $x=\alpha$를 가져야 하고, $f'(\alpha)+k=0$이어야 한다.

그러므로 $f(x)+kx=(x-\alpha)^3$

즉, $f(x)=(x-\alpha)^3-kx$로 놓을 수 있다.

조건 (나)에서 $\lim_{x\to 1}\frac{f(x)+kx}{x-1}=\lim_{x\to 1}\frac{(x-\alpha)^3}{x-1}$의 값이 존재하고

$x\to 1$일 때 (분모)$\to 0$이므로 (분자)$\to 0$이어야 한다.

즉, $\lim_{x\to 1}(x-\alpha)^3=(1-\alpha)^3=0$에서 $\alpha=1$이므로

$f(x)=(x-1)^3-kx=x^3-3x^2+(3-k)x-1$

$f'(x)=3x^2-6x+(3-k)$

따라서 $f(2)=1-2k$, $f'(2)=12-12+(3-k)=3-k$이므로

$f(2)+f'(2)=0$에서

$(1-2k)+(3-k)=4-3k=0$

즉, $k=\frac{4}{3}$

답 ②

21

$f(x)=3x^4-4x^3-12x^2+k$에서

$f'(x)=12x^3-12x^2-24x=12x(x^2-x-2)=12x(x+1)(x-2)$

$f'(x)=0$에서

$x=-1$ 또는 $x=0$ 또는 $x=2$

함수 $f(x)$의 증가와 감소를 표로 나타내면 다음과 같다.

x	$\cdots$	-1	$\cdots$	0	$\cdots$	2	$\cdots$
$f'(x)$	$-$	0	$+$	0	$-$	0	$+$
$f(x)$	↘	극소	↗	극대	↘	극소	↗

$f(-1)=3+4-12+k=k-5$, $f(0)=k$

$f(2)=48-32-48+k=k-32$

이므로 함수 $y=f(x)$의 그래프의 개형은 다음과 같다.

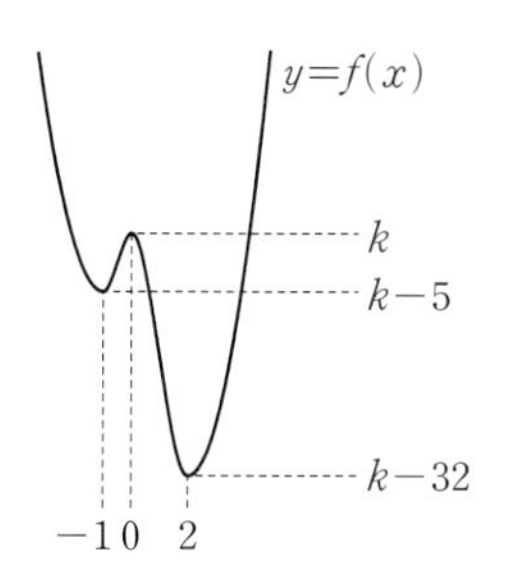

이때 함수 $y=f(x)$의 그래프와 x축이 서로 다른 세 점에서만 만나려면 $f(-1)=0$ 또는 $f(0)=0$이어야 한다. 즉, $k=5$ 또는 $k=0$이어야 한다.

(i) $k=0$일 때

그림과 같이 함수 $y=f(x)$의 그래프는 x축과 원점 O에서 접한다. 이때 함수 $y=f(x)$의 그래프와 x축이 만나는 서로 다른 세 점 A, B, C의 x좌표가 각각 a, b, c $(a<b<c)$이므로 $a<0$, $b=0$, $c>0$이다.

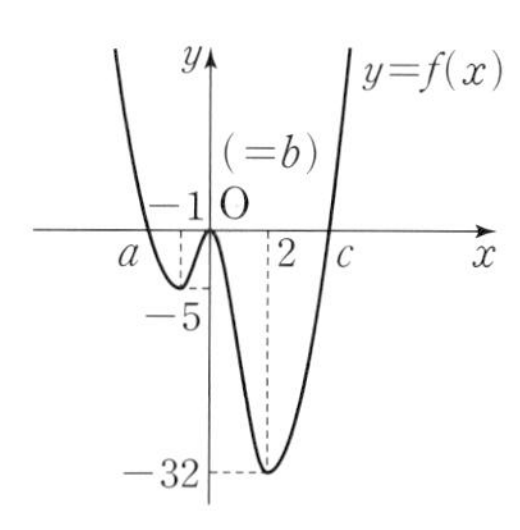

(ii) $k=5$일 때

그림과 같이 함수 $y=f(x)$의 그래프는 x축과 점 $(-1, 0)$에서 접한다. 이때 함수 $y=f(x)$의 그래프와 x축이 만나는 서로 다른 세 점 A, B, C의 x좌표가 각각 a, b, c $(a<b<c)$이므로 $a=-1$, $b>0$, $c>0$이다.

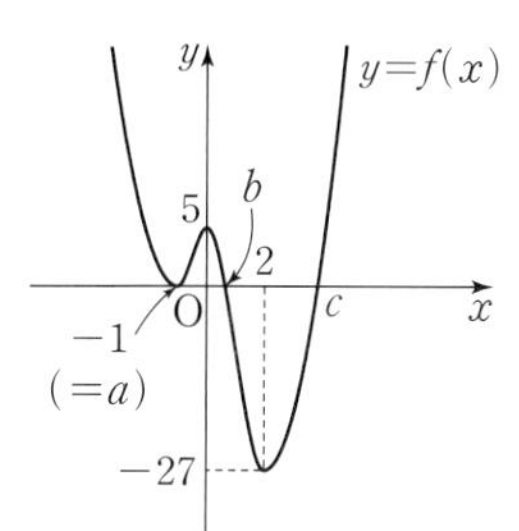

(i), (ii)에 의하여 $abc<0$이려면 $k=5$이어야 한다.

함수 $f(x)=3x^4-4x^3-12x^2+5$에 대하여 방정식 $f(x)=0$의 근은

$3x^4-4x^3-12x^2+5=0$

$(x+1)(3x^3-7x^2-5x+5)=0$

$(x+1)^2(3x^2-10x+5)=0$

이때 세 점 A, B, C의 x좌표 -1, b, c $(-1<b<c)$는 모두 방정식 $f(x)=0$의 근이므로 두 수 b, c는 이차방정식 $3x^2-10x+5=0$의 근이고, 근과 계수의 관계에 의하여 $bc=\frac{5}{3}$이다.

따라서 $\frac{k}{abc}=\frac{5}{-1\times\frac{5}{3}}=-3$이므로

$f\left(\frac{k}{abc}\right)=f(-3)=243+108-108+5=248$

답 ④

필수유형 8

함수 $f(x)$는 최고차항의 계수가 1인 삼차함수이므로

$f(x)=x^3+ax^2+bx+c$ (a, b, c는 상수)라 하면

$f'(x)=3x^2+2ax+b$

함수 $g(x)$가 실수 전체의 집합에서 미분가능하므로 함수 $g(x)$는 $x=0$에서도 미분가능하다.

함수 $g(x)$는 $x=0$에서 연속이므로 $\lim_{x\to0-}g(x)=\lim_{x\to0+}g(x)=g(0)$이어야 한다.

이때 $\lim_{x\to0-}g(x)=\lim_{x\to0-}\frac{1}{2}=\frac{1}{2}$,

$\lim_{x\to0+}g(x)=\lim_{x\to0+}f(x)=f(0)=c$,

$g(0)=f(0)=c$이므로 $c=\frac{1}{2}$

한편, 함수 $g(x)$가 $x=0$에서 미분가능하므로

$\lim_{x\to0-}\frac{g(x)-g(0)}{x-0}=\lim_{x\to0+}\frac{g(x)-g(0)}{x-0}$이어야 한다.

이때 $\lim_{x\to0-}\frac{g(x)-g(0)}{x-0}=\lim_{x\to0-}\frac{\frac{1}{2}-\frac{1}{2}}{x}=0$,

$\lim_{x\to0+}\frac{g(x)-g(0)}{x-0}=\lim_{x\to0+}\frac{f(x)-f(0)}{x}=f'(0)=b$

이므로 $b=0$

그러므로 $f(x)=x^3+ax^2+\frac{1}{2}$, $f'(x)=3x^2+2ax$

ㄱ. $g(0)+g'(0)=f(0)+f'(0)=\frac{1}{2}+0=\frac{1}{2}$ (참)

ㄴ. $f'(x)=x(3x+2a)=0$에서 $x=0$ 또는 $x=-\frac{2}{3}a$

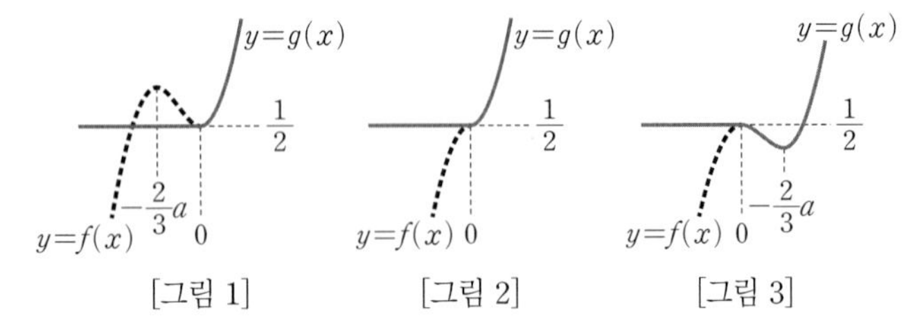

이때 $-\frac{2}{3}a<0$, 즉 $a>0$이면 함수 $y=g(x)$의 그래프의 개형은 [그림 1]과 같고, $-\frac{2}{3}a=0$, 즉 $a=0$이면 함수 $y=g(x)$의 그래프의 개형은 [그림 2]와 같다. 또한 $-\frac{2}{3}a>0$, 즉 $a<0$이면 함수 $y=g(x)$의 그래프의 개형은 [그림 3]과 같다. 이때 $a\geq0$일 때 함수 $g(x)$의 최솟값은 $\frac{1}{2}$이고, $a<0$일 때 함수 $g(x)$의 최솟값은

$g\left(-\frac{2}{3}a\right)=f\left(-\frac{2}{3}a\right)=-\frac{8}{27}a^3+\frac{4}{9}a^3+\frac{1}{2}=\frac{4}{27}a^3+\frac{1}{2}<\frac{1}{2}$

따라서 $g(x)$의 최솟값이 $\frac{1}{2}$보다 작으려면 $a<0$이어야 하므로

$g(1)=f(1)=1+a+\frac{1}{2}=\frac{3}{2}+a<\frac{3}{2}$ (참)

ㄷ. ㄴ에서 $a<0$이므로 함수 $y=g(x)$의 그래프의 개형은 [그림 3]과 같고 함수 $g(x)$의 최솟값은 $g\left(-\frac{2}{3}a\right)=\frac{4}{27}a^3+\frac{1}{2}$이다. 이때 함수 $g(x)$의 최솟값이 0이므로

$\frac{4}{27}a^3+\frac{1}{2}=0$, $a^3=-\frac{27}{8}$, $a=-\frac{3}{2}$

따라서 $f(x)=x^3-\frac{3}{2}x^2+\frac{1}{2}$이므로

$g(2)=f(2)=8-\frac{3}{2}\times4+\frac{1}{2}=\frac{5}{2}$ (참)

이상에서 옳은 것은 ㄱ, ㄴ, ㄷ이다.

답 ⑤

22

$f(x)=\frac{1}{3}x^3+x^2-3x+1$에서

$f'(x)=x^2+2x-3=(x+3)(x-1)$

$f'(x)=0$에서 $x=-3$ 또는 $x=1$

닫힌구간 $[-2, 2]$에서 함수 $f(x)$의 증가와 감소를 표로 나타내면 다음과 같다.

x	-2	$\cdots$	1	$\cdots$	2
$f'(x)$		$-$	0	$+$	
$f(x)$	$f(-2)$	↘	극소	↗	$f(2)$

이때 $f(-2)=-\frac{8}{3}+4+6+1=\frac{25}{3}$, $f(1)=\frac{1}{3}+1-3+1=-\frac{2}{3}$,

$f(2)=\frac{8}{3}+4-6+1=\frac{5}{3}$이므로 닫힌구간 $[-2, 2]$에서 함수 $f(x)$는 $x=-2$일 때 최댓값 $\frac{25}{3}$를 갖고, $x=1$일 때 최솟값 $-\frac{2}{3}$를 갖는다.

따라서 $M=\frac{25}{3}$, $m=-\frac{2}{3}$이므로

$M-m=\frac{25}{3}-\left(-\frac{2}{3}\right)=9$

답 ④

23

$f(x)=x^4-14x^2-24x$에서

$f'(x)=4x^3-28x-24=4(x^3-7x-6)=4(x+1)(x+2)(x-3)$

$f'(x)=0$에서 $x=-2$ 또는 $x=-1$ 또는 $x=3$

함수 $f(x)$의 증가와 감소를 표로 나타내면 다음과 같다.

x	$\cdots$	-2	$\cdots$	-1	$\cdots$	3	$\cdots$
$f'(x)$	$-$	0	$+$	0	$-$	0	$+$
$f(x)$	↘	극소	↗	극대	↘	극소	↗

이때 $f(-2)=16-56+48=8$,

$f(-1)=1-14+24=11$,

$f(3)=81-126-72=-117$

이므로 함수 $y=f(x)$의 그래프는 그림과 같다.

함수 $y=f(x)$의 그래프와 직선 $y=11$이 만나는 점의 x좌표는 방정식 $f(x)=11$에서

$x^4-14x^2-24x=11$

$x^4-14x^2-24x-11=0$

$(x+1)(x^3-x^2-13x-11)=0$

$(x+1)^2(x^2-2x-11)=0$

$x=-1$ (중근) 또는 $x=1\pm2\sqrt{3}$

닫힌구간 $[a, -1]$에서 함수 $f(x)=x^4-14x^2-24x$의 최댓값이 11, 최솟값이 8이려면 $1-2\sqrt{3}\leq a\leq-2$이어야 하므로

$M=-2$, $m=1-2\sqrt{3}$

따라서 $M+m=-2+(1-2\sqrt{3})=-1-2\sqrt{3}$

답 ②

24

조건 (나)에서 최고차항의 계수가 1인 삼차함수 $f(x)$에 대하여 곡선 $y=f(x)$가 x축과 두 점 $(-2,\ 0)$, $(1,\ 0)$에서만 만나므로
$f(x)=(x+2)^2(x-1)$ 또는 $f(x)=(x+2)(x-1)^2$이다.
$f(x)=(x+2)^2(x-1)$일 때 $f(0)=-4$
$f(x)=(x+2)(x-1)^2$일 때 $f(0)=2$
조건 (가)에서 $f(0)>0$이므로 $f(x)=(x+2)(x-1)^2$이다.
$f(x)=(x+2)(x-1)^2=x^3-3x+2$에서 $f'(x)=3x^2-3$이므로
곡선 $y=f(x)$ 위의 점 $\mathrm{A}(a,\ f(a))$에서의 접선을 l이라 하면 직선 l의 방정식은
$y-f(a)=f'(a)(x-a)$, $y-(a^3-3a+2)=(3a^2-3)(x-a)$
$y=(3a^2-3)x-2a^3+2$
곡선 $y=f(x)$와 직선 l이 만나는 점의 x좌표는
$x^3-3x+2=(3a^2-3)x-2a^3+2$에서
$x^3-3a^2x+2a^3=0$, $(x-a)^2(x+2a)=0$
$x=a$ (중근) 또는 $x=-2a$
이므로 곡선 $y=f(x)$와 직선 l이 만나는 점 중 A가 아닌 점 B의 x좌표는 $-2a$이다. 즉, $\mathrm{B}(-2a,\ f(-2a))$이다.
이때 $-2<a<-\frac{1}{2}$에서 $1<-2a<4$이므로 점 B의 y좌표 $f(-2a)$는 0보다 크다.
$\overline{\mathrm{AC}}=f(a)=a^3-3a+2$,
$\overline{\mathrm{BD}}=f(-2a)=-8a^3+6a+2$이므로
$\overline{\mathrm{AC}}-\overline{\mathrm{BD}}$
$=(a^3-3a+2)-(-8a^3+6a+2)$
$=9a^3-9a$
$g(a)=9a^3-9a$라 하면
$g'(a)=27a^2-9=9(\sqrt{3}a+1)(\sqrt{3}a-1)$
$-2<a<-\frac{1}{2}$이므로 $g'(a)=0$에서 $a=-\frac{1}{\sqrt{3}}=-\frac{\sqrt{3}}{3}$
열린구간 $\left(-2,\ -\frac{1}{2}\right)$에서 함수 $g(a)$의 증가와 감소를 표로 나타내면 다음과 같다.

a	(-2)	$\cdots$	$-\frac{\sqrt{3}}{3}$	$\cdots$	$\left(-\frac{1}{2}\right)$
$g'(a)$		$+$	0	$-$	
$g(a)$		↗	극대	↘	

따라서 함수 $g(a)$는 $a=-\frac{\sqrt{3}}{3}$일 때 최댓값 $g\left(-\frac{\sqrt{3}}{3}\right)$을 가지므로
$a_1=-\frac{\sqrt{3}}{3}$

답 ①

필수유형 9

$f(x)=2x^3-6x^2+k$라 하면 방정식 $2x^3-6x^2+k=0$의 실근은 함수 $y=f(x)$의 그래프와 x축이 만나는 점의 x좌표이다.
$f'(x)=6x^2-12x=6x(x-2)$이므로
$f'(x)=0$에서 $x=0$ 또는 $x=2$
함수 $f(x)$의 증가와 감소를 표로 나타내면 다음과 같다.

x	$\cdots$	0	$\cdots$	2	$\cdots$
$f'(x)$	$+$	0	$-$	0	$+$
$f(x)$	↗	극대	↘	극소	↗

함수 $f(x)$는 $x=0$에서 극대이고, $x=2$에서 극소이다.
이때 방정식 $2x^3-6x^2+k=0$의 서로 다른 양의 실근의 개수가 2이려면 그림과 같이 함수 $f(x)$의 극댓값은 양수이고, 함수 $f(x)$의 극솟값은 음수이어야 한다.

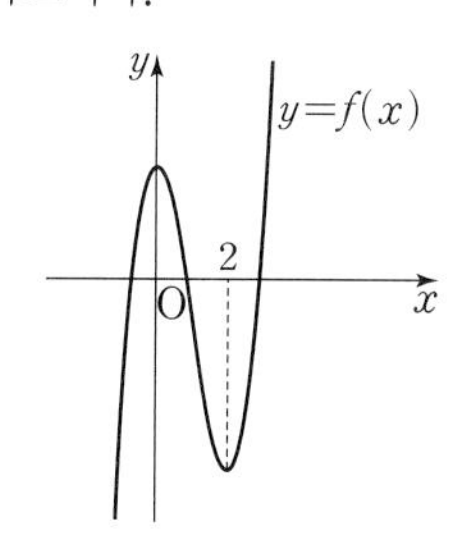

이때 $f(0)=k$, $f(2)=k-8$이므로
$k>0$, $k-8<0$, 즉 $0<k<8$
따라서 구하는 정수 k의 값은
1, 2, 3, 4, 5, 6, 7이므로 그 개수는 7이다.

답 7

25

방정식 $f(x)=g(x)$에서 $x^3-8x=-3x^2+x+a$
즉, $x^3+3x^2-9x=a$
$h(x)=x^3+3x^2-9x$라 하면 방정식 $f(x)=g(x)$의 서로 다른 실근의 개수는 함수 $y=h(x)$의 그래프가 직선 $y=a$와 만나는 서로 다른 점의 개수와 같다.
$h'(x)=3x^2+6x-9=3(x+3)(x-1)$이므로
$h'(x)=0$에서 $x=-3$ 또는 $x=1$
함수 $h(x)$의 증가와 감소를 표로 나타내면 다음과 같다.

x	$\cdots$	-3	$\cdots$	1	$\cdots$
$h'(x)$	$+$	0	$-$	0	$+$
$h(x)$	↗	극대	↘	극소	↗

$h(-3)=27$, $h(1)=-5$이므로
함수 $y=h(x)$의 그래프는 그림과 같다.
함수 $y=h(x)$의 그래프와 직선 $y=a$가 만나는 점의 개수가 3이려면 $-5<a<27$이어야 한다.
따라서 구하는 정수 a의 최댓값은 26이다.

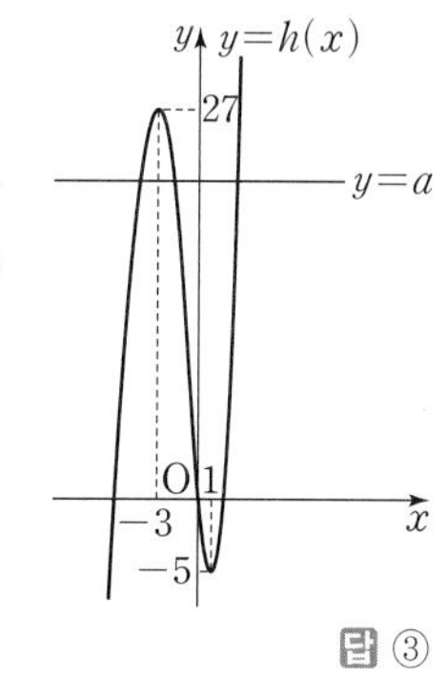

답 ③

26

방정식 $2x^3+3x^2-12x-k=0$에서 $2x^3+3x^2-12x=k$
$f(x)=2x^3+3x^2-12x$라 하면 방정식 $2x^3+3x^2-12x=k$의 서로 다른 실근의 개수는 함수 $y=f(x)$의 그래프와 직선 $y=k$가 만나는 서로 다른 점의 개수와 같다.
이때 a, b는 모두 0 또는 자연수이므로 $ab=2$이려면 $a=1$, $b=2$ 또는 $a=2$, $b=1$이어야 한다.
$f'(x)=6x^2+6x-12=6(x+2)(x-1)$이므로
$f'(x)=0$에서 $x=-2$ 또는 $x=1$

함수 $f(x)$의 증가와 감소를 표로 나타내면 다음과 같다.

x	$\cdots$	-2	$\cdots$	1	$\cdots$
$f'(x)$	$+$	0	$-$	0	$+$
$f(x)$	↗	극대	↘	극소	↗

$f(-2)=20$, $f(1)=-7$, $f(0)=0$이므로 함수 $y=f(x)$의 그래프는 그림과 같다.

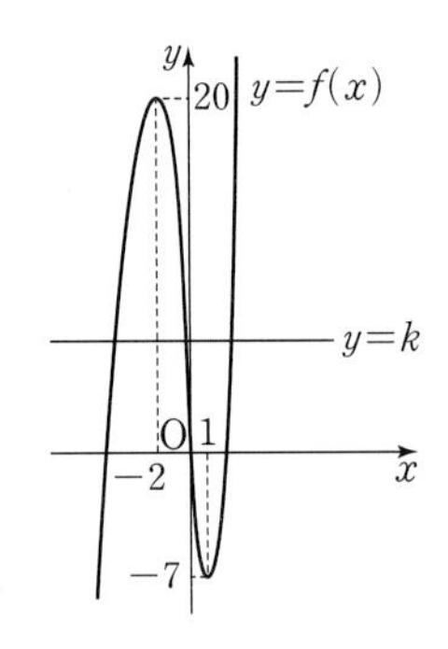

이때 $a=1$, $b=2$가 되도록 하는 k의 값의 범위는 $0<k<20$이고,

$a=2$, $b=1$이 되도록 하는 k의 값의 범위는 $-7<k<0$

따라서 조건을 만족시키는 정수 k의 값은 $-6, -5, -4, \cdots, -1, 1, 2, \cdots, 19$이므로 구하는 정수 k의 개수는

$6+19=25$

답 ⑤

27

조건 (가)에서 최고차항의 계수가 1인 삼차함수 $f(x)$의 도함수 $f'(x)$가 $\alpha<\beta$인 두 실수 α, β에 대하여 $f'(\alpha)=f'(\beta)=0$이므로 함수 $f(x)$는 $x=\alpha$에서 극대, $x=\beta$에서 극소이다.

조건 (나)에서 $f(\alpha)f(\beta)<0$이므로 $f(\alpha)>0$, $f(\beta)<0$이고, $f(\alpha)+f(\beta)>0$이므로

$|f(\alpha)|>|f(\beta)|$이다. 그러므로 함수 $y=f(x)$, $y=|f(x)|$의 그래프는 그림과 같다.

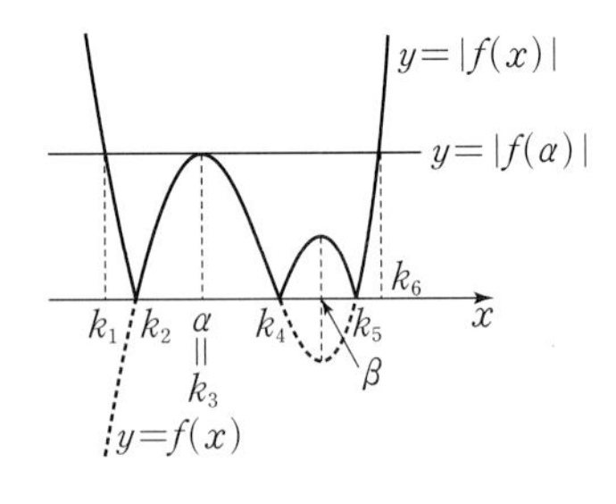

방정식 $|f(x)|=|f(k)|$의 서로 다른 실근의 개수가 3이려면 함수 $y=|f(x)|$의 그래프가 직선 $y=|f(k)|$와 서로 다른 세 점에서 만나야 하므로 $|f(k)|=0$ 또는 $|f(k)|=|f(\alpha)|$이어야 한다.

따라서 $k_1, k_2, k_3, \cdots, k_m$은 함수 $y=|f(x)|$의 그래프가 직선 $y=0$ 또는 직선 $y=|f(\alpha)|$와 만나는 점들의 x좌표이므로 $m=6$이다.

$k_1<k_2<k_3<\cdots<k_6$이므로 $\alpha=k_3$

$|f(k_1)|=|f(k_3)|=|f(k_6)|=|f(\alpha)|$

$|f(k_2)|=|f(k_4)|=|f(k_5)|=0$

이때 $f(k_1)=-f(\alpha)$, $f(k_3)=f(k_6)=f(\alpha)$이므로

$$\sum_{i=1}^{m} f(k_i)=\sum_{i=1}^{6} f(k_i)=f(k_1)+f(k_2)+f(k_3)+f(k_4)+f(k_5)+f(k_6)$$
$$=-f(\alpha)+0+f(\alpha)+0+0+f(\alpha)=f(\alpha)$$

따라서 $m=6$, $n=1$이므로

$m+n=6+1=7$

답 7

필수유형 10

$f(x)=x^3-x+6$, $g(x)=x^2+a$에서 $h(x)=f(x)-g(x)$라 하면

$h(x)=(x^3-x+6)-(x^2+a)=x^3-x^2-x+6-a$이므로

$h'(x)=3x^2-2x-1=(3x+1)(x-1)$

$h'(x)=0$에서 $x=-\frac{1}{3}$ 또는 $x=1$

함수 $h(x)$의 증가와 감소를 표로 나타내면 다음과 같다.

x	$\cdots$	$-\frac{1}{3}$	$\cdots$	1	$\cdots$
$h'(x)$	$+$	0	$-$	0	$+$
$h(x)$	↗	극대	↘	극소	↗

$x\geq 0$일 때 함수 $h(x)$의 최솟값은 $h(1)$이다.

이때 $x\geq 0$인 모든 실수 x에 대하여 부등식 $f(x)\geq g(x)$, 즉 $h(x)\geq 0$이 성립하려면 $h(1)\geq 0$이어야 하므로 $h(1)=5-a\geq 0$, $a\leq 5$

따라서 구하는 실수 a의 최댓값은 5이다.

답 ⑤

28

$f(x)=\frac{1}{3}x^3+\frac{1}{4}x^2-3x+a$라 하면

$f'(x)=x^2+\frac{1}{2}x-3=\frac{1}{2}(x+2)(2x-3)$이므로

$f'(x)=0$에서 $x=-2$ 또는 $x=\frac{3}{2}$

함수 $f(x)$의 증가와 감소를 표로 나타내면 다음과 같다.

x	$\cdots$	-2	$\cdots$	$\frac{3}{2}$	$\cdots$
$f'(x)$	$+$	0	$-$	0	$+$
$f(x)$	↗	극대	↘	극소	↗

$x>0$에서 함수 $f(x)$는 $x=\frac{3}{2}$일 때 최솟값을 갖고, $x\geq 2$인 모든 자연수 x에 대하여 $f(x)\geq f(2)$이다.

따라서 모든 자연수 x에 대하여 부등식 $f(x)\geq 0$이 성립하려면 $f(1)\geq 0$, $f(2)\geq 0$이어야 한다.

$f(1)=\frac{1}{3}+\frac{1}{4}-3+a=a-\frac{29}{12}$, $f(2)=\frac{8}{3}+1-6+a=a-\frac{7}{3}$이므로

$f(1)\geq 0$에서 $a\geq\frac{29}{12}$

$f(2)\geq 0$에서 $a\geq\frac{7}{3}$

이때 $\frac{7}{3}<\frac{29}{12}$이므로 $a\geq\frac{29}{12}$

즉, 실수 a의 최솟값은 $\frac{29}{12}$이다.

따라서 $p=12$, $q=29$이므로

$p+q=12+29=41$

답 41

29

함수 $y=g(x)$는 함수 $y=f(x)$의 그래프를 x축에 대하여 대칭이동한 후, y축의 방향으로 k만큼 평행이동한 그래프를 나타내는 함수이므로

$g(x)=-f(x)+k$

부등식 $f(x)\geq g(x)$에서 $f(x)\geq -f(x)+k$

$f(x)\geq\frac{k}{2}$ ...... ㉠

$f(x)=x^4-3x^3+x^2$에서

$f'(x)=4x^3-9x^2+2x=x(4x-1)(x-2)$이므로

$f'(x)=0$에서 $x=0$ 또는 $x=\frac{1}{4}$ 또는 $x=2$

함수 $f(x)$의 증가와 감소를 표로 나타내면 다음과 같다.

x	$\cdots$	0	$\cdots$	$\frac{1}{4}$	$\cdots$	2	$\cdots$
$f'(x)$	$-$	0	$+$	0	$-$	0	$+$
$f(x)$	↘	극소	↗	극대	↘	극소	↗

이때 $f(0)=0$, $f(2)=16-24+4=-4$이므로 함수 $f(x)$의 최솟값은 -4이다.

따라서 모든 실수 x에 대하여 부등식 ㉠이 성립하려면 $\frac{k}{2}\leq-4$, 즉 $k\leq-8$이어야 하므로 구하는 실수 k의 최댓값은 -8이다.

답 ②

30

$f(x)=x^3+ax^2-a^2x+5$라 하면

$f'(x)=3x^2+2ax-a^2=(x+a)(3x-a)$

$f'(x)=0$에서 $x=-a$ 또는 $x=\frac{a}{3}$

$x\geq0$인 모든 실수 x에 대하여 부등식 $f(x)\geq0$이 성립하려면 a의 값에 따라 다음과 같다.

(i) $a<0$일 때

$-a>0$, $\frac{a}{3}<0$이므로 함수 $f(x)$의 증가와 감소를 표로 나타내면 다음과 같다.

x	$\cdots$	$\frac{a}{3}$	$\cdots$	$-a$	$\cdots$
$f'(x)$	$+$	0	$-$	0	$+$
$f(x)$	↗	극대	↘	극소	↗

구간 $[0, \infty)$에서 함수 $f(x)$는 $x=-a$일 때 최솟값 $f(-a)$를 가지므로 $x\geq0$인 모든 실수 x에 대하여 부등식 $f(x)\geq0$이 성립하려면 $f(-a)\geq0$이어야 한다.

$f(-a)=-a^3+a^3+a^3+5=a^3+5\geq0$

$a^3\geq-5$, $a\geq-\sqrt[3]{5}$

이때 $a<0$이므로 $-\sqrt[3]{5}\leq a<0$

(ii) $a=0$일 때

$f(x)=x^3+5$이므로 $x\geq0$인 모든 실수 x에 대하여 부등식 $f(x)\geq0$이 성립한다.

(iii) $a>0$일 때

$-a<0$, $\frac{a}{3}>0$이므로 함수 $f(x)$의 증가와 감소를 표로 나타내면 다음과 같다.

x	$\cdots$	$-a$	$\cdots$	$\frac{a}{3}$	$\cdots$
$f'(x)$	$+$	0	$-$	0	$+$
$f(x)$	↗	극대	↘	극소	↗

구간 $[0, \infty)$에서 함수 $f(x)$는 $x=\frac{a}{3}$에서 최솟값 $f\left(\frac{a}{3}\right)$를 가지므로 $x\geq0$인 모든 실수 x에 대하여 부등식 $f(x)\geq0$이 성립하려면 $f\left(\frac{a}{3}\right)\geq0$이어야 한다.

$f\left(\frac{a}{3}\right)=\frac{a^3}{27}+\frac{a^3}{9}-\frac{a^3}{3}+5=-\frac{5}{27}(a^3-27)\geq0$

$a^3\leq27$, $a\leq3$

이때 $a>0$이므로 $0<a\leq3$

(i), (ii), (iii)에 의하여 $x\geq0$인 모든 실수 x에 대하여 주어진 부등식이 성립하도록 하는 a의 값의 범위는

$-\sqrt[3]{5}\leq a\leq3$

이때 $-2<-\sqrt[3]{5}<-1$이므로 정수 a의 값은 $-1, 0, 1, 2, 3$이다.

따라서 구하는 모든 정수 a의 개수는 5이다.

답 ③

필수유형 11

점 P의 시각 t에서의 속도를 v라 하면

$v=\frac{dx}{dt}=3t^2+2at+b$

점 P의 시각 t에서의 가속도는 $\frac{dv}{dt}=6t+2a$

시각 $t=1$에서 점 P가 운동 방향을 바꾸므로 시각 $t=1$에서의 점 P의 속도는 0이다.

즉, $3+2a+b=0$이므로

$b=-2a-3$ $\cdots\cdots$ ㉠

시각 $t=2$에서의 점 P의 가속도가 0이므로 $12+2a=0$, $a=-6$

$a=-6$을 ㉠에 대입하면

$b=-2\times(-6)-3=9$

따라서 $a+b=-6+9=3$

답 ①

31

점 P의 시각 t에서의 속도를 v라 하면

$v=\frac{dx}{dt}=3t^2-8t+k$

시각 $t=1$에서의 점 P의 속도가 5이므로

$3-8+k=5$, $k=10$

이때 시각 $t=\alpha$에서의 점 P의 속도도 5이므로 두 수 1, α는 방정식 $v=5$의 근이다.

$3t^2-8t+10=5$에서 $3t^2-8t+5=0$, $(t-1)(3t-5)=0$

$t=1$ 또는 $t=\frac{5}{3}$

즉, $\alpha=\frac{5}{3}$이므로 $\frac{k}{\alpha}=\frac{10}{\frac{5}{3}}=6$

점 P의 시각 t에서의 가속도를 a라 하면

$a=\frac{dv}{dt}=6t-8$

따라서 시각 $t=\frac{k}{\alpha}$, 즉 $t=6$에서의 점 P의 가속도는

$6\times6-8=28$

답 ①

32

두 점 P, Q의 시각 t에서의 속도를 각각 v_1, v_2라 하면

$v_1=\frac{dx_1}{dt}=3t^2-12t+9$, $v_2=\frac{dx_2}{dt}=-t^3+2mt+n$

$v_1=0$에서 $3t^2-12t+9=0$

$3(t-1)(t-3)=0$

$t=1$ 또는 $t=3$

그러므로 점 P는 $0\le t<1$ 또는 $t>3$인 시각 t에서 $v_1>0$이므로 양의 방향으로 움직이고, $1<t<3$인 시각 t에서 $v_1<0$이므로 음의 방향으로 움직인다. 또한 점 Q는 $0\le t<1$ 또는 $t>3$인 시각 t에서 음의 방향으로 움직이고, $1<t<3$인 시각 t에서 양의 방향으로 움직여야 하므로 시각 $t=1$과 시각 $t=3$에서 점 Q의 속도는 0이어야 한다.

즉, $t=1$과 $t=3$이 방정식 $v_2=0$의 근이어야 하므로

$-1+2m+n=0$ …… ㉠

$-27+6m+n=0$ …… ㉡

㉠, ㉡을 연립하여 풀면 $m=\frac{13}{2}$, $n=-12$이므로

$|m+n|=\left|\frac{13}{2}+(-12)\right|=\frac{11}{2}$

따라서 점 P의 시각 t에서의 가속도를 a_1이라 하면

$a_1=\frac{dv_1}{dt}=6t-12$

이므로 시각 $t=|m+n|$, 즉 $t=\frac{11}{2}$에서의 점 P의 가속도는

$6\times\frac{11}{2}-12=21$

답 ①

참고

$m=\frac{13}{2}$, $n=-12$이면 점 Q의 시각 t에서의 속도 v_2는

$v_2=-t^3+13t-12=-(t+4)(t-1)(t-3)$

이므로 점 Q는 $0\le t<1$ 또는 $t>3$인 시각 t에서 $v_2<0$이고, $1<t<3$인 시각 t에서 $v_2>0$이다.

33

점 P의 시각 t에서의 속도를 v라 하면

$v=\frac{dx}{dt}=-t^2+2kt+28-11k$

조건 (가)에서 시각 $t=\alpha$와 시각 $t=\beta$에서 점 P가 움직이는 방향이 바뀌므로 시각 $t=\alpha$와 시각 $t=\beta$에서의 점 P의 속도가 0이다.

그러므로 t에 대한 이차방정식 $-t^2+2kt+28-11k=0$, 즉 $t^2-2kt+11k-28=0$의 두 근이 α, β이므로 근과 계수의 관계에 의하여

$\alpha+\beta=2k$, $\alpha\beta=11k-28$

이때 $\beta-\alpha=4$이므로

$(\beta-\alpha)^2=(\alpha+\beta)^2-4\alpha\beta$에서

$4^2=(2k)^2-4(11k-28)$, $k^2-11k+24=0$

$(k-3)(k-8)=0$

$k=3$ 또는 $k=8$ …… ㉠

조건 (나)에서 시각 $t=4$에서의 점 P의 속도가 양수이므로

$-16+8k+28-11k>0$, $-3k+12>0$

$k<4$ …… ㉡

㉠, ㉡에서 $k=3$

따라서 $v=-t^2+6t-5$이므로 시각 $t=k$, 즉 $t=3$에서의 점 P의 속도는

$-9+18-5=4$

답 ④

06 다항함수의 적분법

본문 61~69쪽

필수유형 1 15	01 ④	02 ③	03 ④
필수유형 2 ②	04 ②	05 ②	06 ⑤
필수유형 3 ②	07 ②	08 ④	09 ③
필수유형 4 ④	10 ⑤	11 ⑤	12 ④
	13 ②		
필수유형 5 39	14 ①	15 12	16 ②
필수유형 6 ②	17 ①	18 ⑤	19 ②
	20 42	21 28	
필수유형 7 ④	22 ③	23 ②	24 36
필수유형 8 17	25 ⑤	26 ②	27 ①
	28 5	29 10	

필수유형 1

$f(x)=\int f'(x)\,dx=\int(4x^3-2x)\,dx$

$=x^4-x^2+C$ (단, C는 적분상수)

이때 $f(0)=3$이므로 $C=3$

따라서 $f(x)=x^4-x^2+3$이므로

$f(2)=16-4+3=15$

답 15

01

$f'(x)=4x^3-8x+7$에서 $f'(1)=4-8+7=3$

$f(x)=\int f'(x)\,dx=\int(4x^3-8x+7)\,dx$

$=x^4-4x^2+7x+C$ (단, C는 적분상수)

이므로 $f(1)=1-4+7+C=C+4$

곡선 $y=f(x)$ 위의 점 $(1, f(1))$에서의 접선의 방정식은

$y-f(1)=f'(1)(x-1)$

$y-(C+4)=3(x-1)$, $y=3x+C+1$

이 접선의 y절편이 3이므로 $C+1=3$, $C=2$

따라서 $f(x)=x^4-4x^2+7x+2$이므로

$f(2)=16-16+14+2=16$

답 ④

02

$\int\{f(x)-3\}\,dx+\int xf'(x)\,dx=x^3-2x^2$에서

$\int\{f(x)+xf'(x)-3\}\,dx=x^3-2x^2$

이때 $\{xf(x)\}'=f(x)+xf'(x)$이므로 $xf(x)$는 $f(x)+xf'(x)$의 한 부정적분이다.

$\int\{f(x)+xf'(x)-3\}\,dx=xf(x)-3x+C=x^3-2x^2$

$xf(x)=x^3-2x^2+3x-C$ (단, C는 적분상수) …… ㉠

㉠의 양변에 $x=0$을 대입하면 $C=0$이므로

$xf(x)=x^3-2x^2+3x$

$x \neq 0$일 때 $f(x)=x^2-2x+3$
이때 함수 $f(x)$가 다항함수이므로 $f(x)=x^2-2x+3$이다.
$f'(x)=2x-2=2(x-1)$이므로 $f'(x)=0$에서 $x=1$
$x=1$의 좌우에서 $f'(x)$의 부호가 음에서 양으로 바뀌므로 함수 $f(x)$는 $x=1$에서 극소이다.
따라서 $a=1$이므로
$f(a)=f(1)=1-2+3=2$

답 ③

참고
함수 $f(x)$는 다음과 같이 구할 수도 있다.
$\int\{f(x)-3\}\,dx+\int xf'(x)\,dx=x^3-2x^2$
의 양변을 x에 대하여 미분하면
$f(x)-3+xf'(x)=3x^2-4x$
$f(x)+xf'(x)=3x^2-4x+3$ …… ㉠
다항함수 $f(x)$가 상수함수 또는 일차함수 또는 차수가 3 이상인 함수이면 ㉠이 성립하지 않는다.
$f(x)=ax^2+bx+c$ ($a\neq 0$, a, b, c는 상수)라 하면
$f'(x)=2ax+b$이므로 ㉠에서
$(ax^2+bx+c)+x(2ax+b)=3ax^2+2bx+c=3x^2-4x+3$
따라서 $a=1$, $b=-2$, $c=3$이므로 $f(x)=x^2-2x+3$이다.

03

$f'(x)=\begin{cases} x^2-4x & (|x|<1) \\ -4x^3+x^2 & (|x|\geq 1)\end{cases}$에서 함수 $f(x)$는 x의 값에 따라 다음과 같다.

(i) $x\leq -1$일 때
$f'(x)=-4x^3+x^2$이므로
$f(x)=\int(-4x^3+x^2)\,dx=-x^4+\frac{1}{3}x^3+C_1$ (단, C_1은 적분상수)

(ii) $-1<x<1$일 때
$f'(x)=x^2-4x$이므로
$f(x)=\int(x^2-4x)\,dx=\frac{1}{3}x^3-2x^2+C_2$ (단, C_2는 적분상수)

(iii) $x\geq 1$일 때
$f'(x)=-4x^3+x^2$이므로
$f(x)=\int(-4x^3+x^2)\,dx=-x^4+\frac{1}{3}x^3+C_3$ (단, C_3은 적분상수)

이때 함수 $f(x)$가 실수 전체의 집합에서 미분가능하므로 실수 전체의 집합에서 연속이다.
함수 $f(x)$가 $x=-1$에서 연속이므로
$\lim_{x\to -1-}f(x)=\lim_{x\to -1+}f(x)=f(-1)$이어야 한다.
$\lim_{x\to -1-}f(x)=\lim_{x\to -1-}\left(-x^4+\frac{1}{3}x^3+C_1\right)=C_1-\frac{4}{3}$,
$\lim_{x\to -1+}f(x)=\lim_{x\to -1+}\left(\frac{1}{3}x^3-2x^2+C_2\right)=C_2-\frac{7}{3}$에서
$C_1-\frac{4}{3}=C_2-\frac{7}{3}$
$C_2=1+C_1$
함수 $f(x)$가 $x=1$에서 연속이므로 $\lim_{x\to 1-}f(x)=\lim_{x\to 1+}f(x)=f(1)$이어야 한다.
$\lim_{x\to 1-}f(x)=\lim_{x\to 1-}\left(\frac{1}{3}x^3-2x^2+C_2\right)=C_2-\frac{5}{3}$,
$\lim_{x\to 1+}f(x)=\lim_{x\to 1+}\left(-x^4+\frac{1}{3}x^3+C_3\right)=C_3-\frac{2}{3}$에서
$C_2-\frac{5}{3}=C_3-\frac{2}{3}$
$C_3=C_2-1=(1+C_1)-1=C_1$
그러므로 $f(x)=\begin{cases} -x^4+\frac{1}{3}x^3+C_1 & (x\leq -1 \text{ 또는 } x\geq 1) \\ \frac{1}{3}x^3-2x^2+1+C_1 & (-1<x<1)\end{cases}$이고
$f(-2)=-16-\frac{8}{3}+C_1=C_1-\frac{56}{3}$
$f(0)=1+C_1$
$f(2)=-16+\frac{8}{3}+C_1=C_1-\frac{40}{3}$
따라서 $\frac{f(0)-f(-2)}{f(0)-f(2)}=\frac{(1+C_1)-\left(C_1-\frac{56}{3}\right)}{(1+C_1)-\left(C_1-\frac{40}{3}\right)}=\frac{\frac{59}{3}}{\frac{43}{3}}=\frac{59}{43}$

답 ④

필수유형 2

주어진 조건에서 $f(0)=0$, $f(1)=1$, $\int_0^1 f(x)\,dx=\frac{1}{6}$이므로
$0\leq x\leq 1$일 때, 함수 $y=f(x)$의 그래프의 개형이 그림과 같다고 하자.

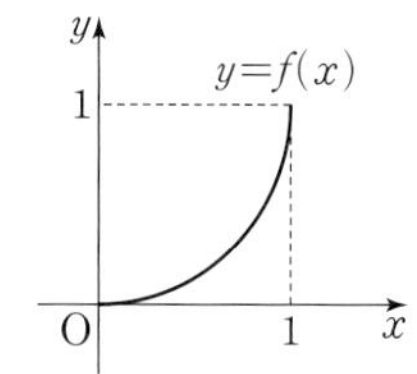

또한 조건 (가)에서
$-1<x<0$일 때, 함수 $y=g(x)$의 그래프는 $0<x<1$일 때의 함수 $y=f(x)$의 그래프를 x축에 대하여 대칭이동한 후 x축의 방향으로 -1만큼, y축의 방향으로 1만큼 평행이동한 것과 같다.
이때 조건 (나)에서 함수 $g(x)$는 주기가 2인 주기함수이므로 함수 $y=g(x)$의 그래프의 개형은 그림과 같이 나타낼 수 있다.

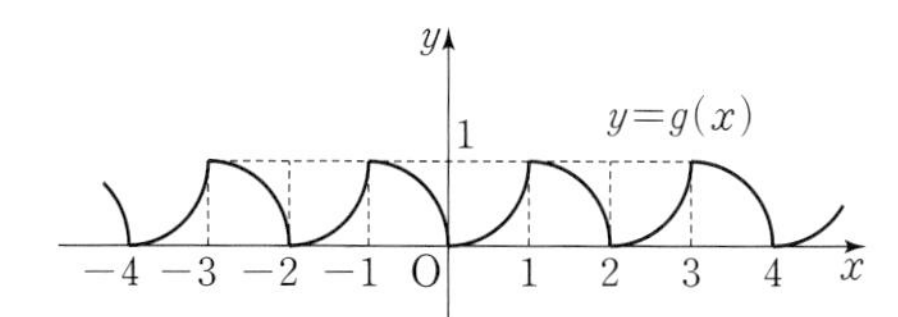

한편, $\int_0^1 g(x)\,dx=\int_0^1 f(x)\,dx=\frac{1}{6}$이고
$\int_{-1}^0 g(x)\,dx=1-\int_0^1 f(x)\,dx=1-\frac{1}{6}=\frac{5}{6}$이므로
$\int_{-1}^1 g(x)\,dx=\int_{-1}^0 g(x)\,dx+\int_0^1 g(x)\,dx=\frac{5}{6}+\frac{1}{6}=1$
이때 함수 $g(x)$의 주기는 2이므로
$$\int_{-3}^2 g(x)\,dx=\int_{-3}^{-1} g(x)\,dx+\int_{-1}^1 g(x)\,dx+\int_1^2 g(x)\,dx$$
$$=\int_{-1}^1 g(x)\,dx+\int_{-1}^1 g(x)\,dx+\int_{-1}^0 g(x)\,dx$$
$$=1+1+\frac{5}{6}=\frac{17}{6}$$

답 ②

04

$\int_{-1}^{k}(4x-k)\,dx=\left[2x^2-kx\right]_{-1}^{k}=(2k^2-k^2)-(2+k)$

$=k^2-k-2=-\frac{9}{4}$

에서 $k^2-k+\frac{1}{4}=0$, $\left(k-\frac{1}{2}\right)^2=0$

따라서 $k=\frac{1}{2}$

답 ②

05

$\int_{-1}^{0}f(x)\,dx=\int_{-1}^{a}f(x)\,dx$에서 $\int_{-1}^{a}f(x)\,dx-\int_{-1}^{0}f(x)\,dx=0$

$\int_{-1}^{a}f(x)\,dx+\int_{0}^{-1}f(x)\,dx=0$, $\int_{0}^{a}f(x)\,dx=0$

$\int_{0}^{a}f(x)\,dx=\int_{0}^{a}(6x^2-6x-5)\,dx=\left[2x^3-3x^2-5x\right]_{0}^{a}$

$=2a^3-3a^2-5a$

이므로 $2a^3-3a^2-5a=0$

$a(a+1)(2a-5)=0$에서 $a=-1$ 또는 $a=0$ 또는 $a=\frac{5}{2}$

따라서 구하는 양수 a의 값은 $\frac{5}{2}$이다.

답 ②

06

$0\le x\le a$일 때, $|f(x)|=-f(x)=ax-x^2$이고

$a<x\le 3$일 때, $|f(x)|=f(x)=x^2-ax$이므로

$\int_{0}^{3}|f(x)|\,dx=\int_{0}^{a}(ax-x^2)\,dx+\int_{a}^{3}(x^2-ax)\,dx$

$\int_{0}^{3}f(x)\,dx=\int_{0}^{a}(x^2-ax)\,dx+\int_{a}^{3}(x^2-ax)\,dx$이므로

$\int_{0}^{3}|f(x)|\,dx=\int_{0}^{3}f(x)\,dx+2$에서

$\int_{0}^{a}(ax-x^2)\,dx=\int_{0}^{a}(x^2-ax)\,dx+2$

$2\int_{0}^{a}(ax-x^2)\,dx=2$, $\int_{0}^{a}(ax-x^2)\,dx=1$

$\int_{0}^{a}(ax-x^2)\,dx=\left[\frac{a}{2}x^2-\frac{1}{3}x^3\right]_{0}^{a}=\frac{1}{2}a^3-\frac{1}{3}a^3=\frac{1}{6}a^3$이므로

$\frac{1}{6}a^3=1$에서 $a^3=6$

따라서 $af(-a)=a\times(-a)\times(-2a)=2a^3=12$

답 ⑤

필수유형 3

$f(x)=x^2+ax+b$에서 $f'(x)=2x+a$이므로

$f(x)f'(x)=(x^2+ax+b)(2x+a)$

$=2x^3+3ax^2+(a^2+2b)x+ab$

$\int_{-1}^{1}f(x)f'(x)\,dx=\int_{-1}^{1}\{2x^3+3ax^2+(a^2+2b)x+ab\}\,dx$

$=2\int_{0}^{1}(3ax^2+ab)\,dx=2\left[ax^3+abx\right]_{0}^{1}$

$=2(a+ab)=2a(1+b)=0$

에서 $a\neq0$이므로 $b=-1$이고, $f(x)=x^2+ax-1$

$\int_{-3}^{3}\{f(x)+f'(x)\}\,dx=\int_{-3}^{3}\{(x^2+ax-1)+(2x+a)\}\,dx$

$=\int_{-3}^{3}\{x^2+(a+2)x+(a-1)\}\,dx$

$=2\int_{0}^{3}\{x^2+(a-1)\}\,dx$

$=2\left[\frac{1}{3}x^3+(a-1)x\right]_{0}^{3}$

$=2(9+3a-3)=6(a+2)=0$

에서 $a=-2$

따라서 $f(x)=x^2-2x-1$이므로

$f(3)=9-6-1=2$

답 ②

07

$\int_{-a}^{a}(3x^2+2ax-a)\,dx=2\int_{0}^{a}(3x^2-a)\,dx=2\left[x^3-ax\right]_{0}^{a}$

$=2(a^3-a^2)=2a+4$

에서 $a^3-a^2-a-2=0$, $(a-2)(a^2+a+1)=0$

모든 실수 a에 대하여 $a^2+a+1=\left(a+\frac{1}{2}\right)^2+\frac{3}{4}>0$이므로 $a=2$

답 ②

08

$f(x)$가 최고차항의 계수가 1인 삼차함수이므로 $f'(x)$는 최고차항의 계수가 3인 이차함수이고, 삼차함수 $f(x)$가 $x=-1$, $x=2$에서 극값을 가지므로

$f'(x)=3(x+1)(x-2)=3x^2-3x-6$

$f(x)=\int f'(x)\,dx=\int(3x^2-3x-6)\,dx$

$=x^3-\frac{3}{2}x^2-6x+C$ (단, C는 적분상수)

$\int_{-2}^{2}f(x)\,dx=\int_{-2}^{2}\left(x^3-\frac{3}{2}x^2-6x+C\right)dx=2\int_{0}^{2}\left(-\frac{3}{2}x^2+C\right)dx$

$=2\left[-\frac{1}{2}x^3+Cx\right]_{0}^{2}=2(-4+2C)=0$

에서 $C=2$

따라서 $f(x)=x^3-\frac{3}{2}x^2-6x+2$이므로

$f(4)=64-24-24+2=18$

답 ④

09

ㄱ. 조건 (가)에서 $f(0)=-4a$이고,

조건 (나)에서 $f(4)=-2f(0)$이므로 $f(4)=8a$ (참)

ㄴ. $f(-2)=0$이고, 모든 실수 x에 대하여 $f(x+4)=-2f(x)$이므로 모든 정수 k에 대하여 $f(4k-2)=0$이다.

또한 모든 정수 k에 대하여

$\lim_{x\to(4k-2)-}f(x)=\lim_{x\to(4k-2)+}f(x)=0$이므로 함수 $f(x)$는

$x=4k-2$에서 연속이고, 함수 $f(x)$는 실수 전체의 집합에서 연속이다. 모든 정수 k에 대하여 닫힌구간 $[4k-2,\ 4k+2]$에서 함수 $y=f(x)$의 그래프를 x축에 대하여 대칭이동한 후 각 함숫값을 2배 한 그래프를 x축의 방향으로 4만큼 평행이동시킨 그래프가 닫힌구간 $[4k+2,\ 4k+6]$에서 함수 $y=f(x)$의 그래프와 일치한다.

그러므로 함수 $y=f(x)$의 그래프는 그림과 같다.

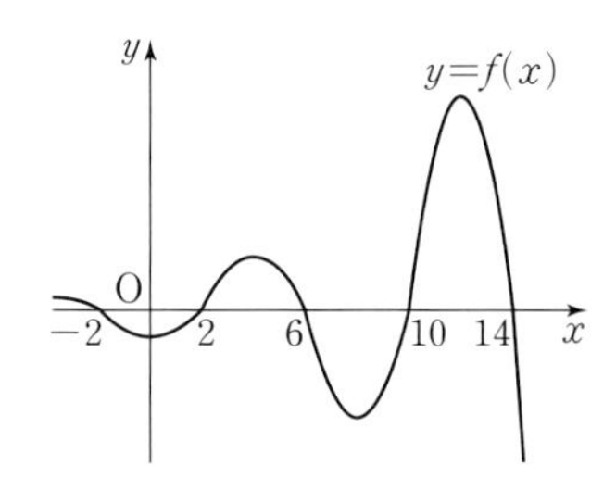

모든 정수 k에 대하여

$\int_{4k+2}^{4k+6} f(x)\,dx=-2\int_{4k-2}^{4k+2} f(x)\,dx$가 성립하므로

$\int_{6}^{10} f(x)\,dx=-2\int_{2}^{6} f(x)\,dx$ …… ㉠

또한 $-2\le x\le 2$에서 함수 $y=f(x)$의 그래프는 y축에 대하여 대칭이므로 $2\le x\le 6$에서 함수 $y=f(x)$의 그래프는 직선 $x=4$에 대하여 대칭이고, $6\le x\le 10$에서 함수 $y=f(x)$의 그래프는 직선 $x=8$에 대하여 대칭이다.

그러므로 $\int_{6}^{8} f(x)\,dx=\int_{8}^{10} f(x)\,dx$이고

$\int_{6}^{10} f(x)\,dx=2\int_{6}^{8} f(x)\,dx$

㉠에서 $2\int_{6}^{8} f(x)\,dx=-2\int_{2}^{6} f(x)\,dx$이므로

$\int_{6}^{8} f(x)\,dx=-\int_{2}^{6} f(x)\,dx$

따라서 $\int_{2}^{8} f(x)\,dx=\int_{2}^{6} f(x)\,dx+\int_{6}^{8} f(x)\,dx=0$ (거짓)

ㄷ. $\int_{2}^{6} f(x)\,dx=-2\int_{-2}^{2} f(x)\,dx$이고,

$\int_{2}^{6} f(x)\,dx=2\int_{2}^{4} f(x)\,dx$이므로

$\int_{2}^{4} f(x)\,dx=-\int_{-2}^{2} f(x)\,dx$ …… ㉡

$\int_{-2}^{4} f(x)\,dx=0$ …… ㉢

$\int_{10}^{14} f(x)\,dx=-2\int_{6}^{10} f(x)\,dx$이고

$\int_{10}^{14} f(x)\,dx=2\int_{10}^{12} f(x)\,dx$이므로

$\int_{10}^{12} f(x)\,dx=-\int_{6}^{10} f(x)\,dx$

$\int_{6}^{12} f(x)\,dx=0$ …… ㉣

㉢, ㉣에 의하여

$\int_{-2}^{12} f(x)\,dx=\int_{-2}^{4} f(x)\,dx+\int_{4}^{6} f(x)\,dx+\int_{6}^{12} f(x)\,dx$

$=\int_{4}^{6} f(x)\,dx$

㉡에서 $\int_{4}^{6} f(x)\,dx=\int_{2}^{4} f(x)\,dx=-\int_{-2}^{2} f(x)\,dx$이고,

$\int_{-2}^{2} f(x)\,dx=\int_{-2}^{2} a(x^2-4)\,dx=2a\int_{0}^{2}(x^2-4)\,dx$

$=2a\left[\frac{1}{3}x^3-4x\right]_0^2=2a\left(\frac{8}{3}-8\right)=-\frac{32}{3}a$

이므로 $\int_{-2}^{12} f(x)\,dx=\frac{32}{3}a$

따라서 $\frac{32}{3}a=4$에서 $a=\frac{3}{8}$ (참)

이상에서 옳은 것은 ㄱ, ㄷ이다.

답 ③

필수유형 4

$xf(x)=2x^3+ax^2+3a+\int_{1}^{x} f(t)\,dt$ …… ㉠

㉠의 양변에 $x=1$을 대입하면

$f(1)=2+a+3a+0$이므로

$f(1)=4a+2$ …… ㉡

㉠의 양변에 $x=0$을 대입하면

$0=3a+\int_{1}^{0} f(t)\,dt=3a-\int_{0}^{1} f(t)\,dt$이므로

$\int_{0}^{1} f(t)\,dt=3a$ …… ㉢

$f(1)=\int_{0}^{1} f(t)\,dt$이므로 ㉡, ㉢에서 $4a+2=3a$

$a=-2$이고 $f(1)=-6$

㉠에 $a=-2$를 대입하고 양변을 x에 대하여 미분하면

$f(x)+xf'(x)=6x^2-4x+f(x)$

$xf'(x)=6x^2-4x$

$x\ne 0$일 때 $f'(x)=6x-4$

이때 함수 $f(x)$가 다항함수이므로 $f'(x)=6x-4$이다.

$f(x)=\int f'(x)\,dx=\int(6x-4)\,dx$

$=3x^2-4x+C$ (단, C는 적분상수)

$f(1)=3-4+C=-6$에서 $C=-5$

따라서 $f(x)=3x^2-4x-5$이므로 $f(3)=27-12-5=10$이고

$a+f(3)=-2+10=8$

답 ④

10

$f(x)=x^2+x\int_{0}^{2} f(t)\,dt+\int_{-1}^{1} f(t)\,dt$에서

$\int_{0}^{2} f(t)\,dt=a$, $\int_{-1}^{1} f(t)\,dt=b$ (a, b는 상수)라 하면

$f(x)=x^2+ax+b$

$a=\int_{0}^{2}(t^2+at+b)\,dt=\left[\frac{1}{3}t^3+\frac{a}{2}t^2+bt\right]_0^2=\frac{8}{3}+2a+2b$

이므로 $a+2b+\frac{8}{3}=0$ ……㉠

$b=\int_{-1}^{1}(t^2+at+b)\,dt=2\int_{0}^{1}(t^2+b)\,dt=2\left[\frac{1}{3}t^3+bt\right]_0^1$

$=2\left(\frac{1}{3}+b\right)=\frac{2}{3}+2b$

이므로 $b=-\frac{2}{3}$ ⋯⋯ ㉡

㉡을 ㉠에 대입하면 $a=-\frac{4}{3}$

따라서 $f(x)=x^2-\frac{4}{3}x-\frac{2}{3}$이므로

$f(4)=16-\frac{16}{3}-\frac{2}{3}=10$

답 ⑤

11

$(1-x)f(x)=x^3-6x^2+9x-\int_{-1}^{x} f(t)\,dt$ ⋯⋯ ㉠

㉠의 양변에 $x=-1$을 대입하면

$2f(-1)=-16$에서 $f(-1)=-8$

㉠의 양변을 x에 대하여 미분하면

$-f(x)+(1-x)f'(x)=3x^2-12x+9-f(x)$

$(1-x)f'(x)=3(x-1)(x-3)$

$f(x)$가 다항함수이므로 $f'(x)=-3x+9$

$f(x)=\int(-3x+9)\,dx=-\frac{3}{2}x^2+9x+C$ (단, C는 적분상수)

$f(-1)=-\frac{3}{2}-9+C=-8$에서 $C=\frac{5}{2}$

따라서 $f(x)=-\frac{3}{2}x^2+9x+\frac{5}{2}$이므로

$f(1)=-\frac{3}{2}+9+\frac{5}{2}=10$

답 ⑤

12

$\int_0^2 f(t)\,dt=a$ (a는 상수)라 하면

$f'(x)=3x^2+ax$

$f(x)=\int f'(x)\,dx=\int(3x^2+ax)\,dx$

$=x^3+\frac{a}{2}x^2+C$ (단, C는 적분상수)

$f(2)=8+2a+C$, $f'(2)=12+2a$이고 $f(2)=f'(2)$이므로

$8+2a+C=12+2a$에서 $C=4$

$f(x)=x^3+\frac{a}{2}x^2+4$이므로

$\int_0^2\left(x^3+\frac{a}{2}x^2+4\right)dx=\left[\frac{1}{4}x^4+\frac{a}{6}x^3+4x\right]_0^2=4+\frac{4}{3}a+8$

$=\frac{4}{3}a+12=a$

에서 $a=-36$

따라서 $f(x)=x^3-18x^2+4$이므로

$f(1)=1-18+4=-13$

답 ④

13

$\int_0^1 f(t)\,dt=a$ (a는 상수)라 하면 $f(x)=-2x+3|a|$

(i) $a\ge0$인 경우

$f(x)=-2x+3a$이므로

$\int_0^1(-2x+3a)\,dx=\left[-x^2+3ax\right]_0^1=-1+3a=a$에서 $a=\frac{1}{2}$

따라서 $f(x)=-2x+\frac{3}{2}$이므로 $f(0)=\frac{3}{2}$

(ii) $a<0$인 경우

$f(x)=-2x-3a$이므로

$\int_0^1(-2x-3a)\,dx=\left[-x^2-3ax\right]_0^1=-1-3a=a$에서 $a=-\frac{1}{4}$

따라서 $f(x)=-2x+\frac{3}{4}$이므로 $f(0)=\frac{3}{4}$

(i), (ii)에 의하여 모든 $f(0)$의 값의 합은

$\frac{3}{2}+\frac{3}{4}=\frac{9}{4}$

답 ②

필수유형 5

$g(x)=\int_0^x f(t)\,dt$의 양변을 x에 대하여 미분하면 $g'(x)=f(x)$이고, $f(x)$가 최고차항의 계수가 1인 이차함수이므로 $g(x)$는 최고차항의 계수가 $\frac{1}{3}$인 삼차함수이다.

주어진 조건에서 $x\ge1$인 모든 실수 x에 대하여 $g(x)\ge g(4)$이므로 삼차함수 $g(x)$는 구간 $[1, \infty)$에서 $x=4$일 때 극소이면서 최소이다.

즉, $g'(4)=f(4)=0$이므로 $f(x)=(x-4)(x-a)$ (a는 상수)라 하자.

(i) $g(4)\ge0$인 경우

$x\ge1$인 모든 실수 x에 대하여 $g(x)\ge g(4)\ge0$이므로 $x\ge1$에서 $|g(x)|=g(x)$이다.

또한 주어진 조건에서 $x\ge1$인 모든 실수 x에 대하여 $|g(x)|\ge|g(3)|$, 즉 $g(x)\ge g(3)$이어야 하는데 $g(3)>g(4)$이므로 $x\ge1$인 모든 실수 x에 대하여 $|g(x)|\ge|g(3)|$일 수 없다.

(ii) $g(4)<0$인 경우

$x\ge1$인 모든 실수 x에 대하여 $|g(x)|\ge|g(3)|$이려면 $g(4)<0$이므로 $g(3)=0$이어야 한다.

$f(x)=(x-4)(x-a)=x^2-(a+4)x+4a$이므로

$g(x)=\int_0^x\{t^2-(a+4)t+4a\}\,dt=\left[\frac{1}{3}t^3-\frac{a+4}{2}t^2+4at\right]_0^x$

$=\frac{1}{3}x^3-\frac{a+4}{2}x^2+4ax$

$g(3)=9-\frac{9}{2}(a+4)+12a=0$에서 $\frac{15}{2}a-9=0$, $a=\frac{6}{5}$

(i), (ii)에서 $f(x)=(x-4)\left(x-\frac{6}{5}\right)$이므로

$f(9)=5\times\frac{39}{5}=39$

답 39

14

$f(t)=\int_{-t}^{t}(x^2+tx-2t)\,dx=2\int_0^t(x^2-2t)\,dx$

$=2\left[\frac{1}{3}x^3-2tx\right]_0^t=\frac{2}{3}t^3-4t^2$

이므로 $f'(t)=2t^2-8t=2t(t-4)$

$f'(t)=0$에서 $t=0$ 또는 $t=4$

함수 $f(t)$의 증가와 감소를 표로 나타내면 다음과 같다.

t	$\cdots$	0	$\cdots$	4	$\cdots$
$f'(t)$	+	0	−	0	+
$f(t)$	↗	극대	↘	극소	↗

따라서 함수 $f(t)$의 극솟값은

$f(4)=\frac{128}{3}-64=-\frac{64}{3}$

답 ①

15

$f(x)$가 모든 실수 x에 대하여 $f(-x)=-f(x)$이고 최고차항의 계수가 양수인 삼차함수이므로 $f(x)=ax^3+bx$ (a, b는 상수, $a>0$)이라 하자.

$g(2)=\int_{-4}^{2} f(t)\,dt=\int_{-4}^{2}(at^3+bt)\,dt=\left[\frac{a}{4}t^4+\frac{b}{2}t^2\right]_{-4}^{2}$

$=(4a+2b)-(64a+8b)=-60a-6b=0$

에서 $b=-10a$이고,

$f(x)=ax^3-10ax=ax(x+\sqrt{10})(x-\sqrt{10})$

한편, $g'(x)=f(x)$이므로 함수 $g(x)$의 증가와 감소를 표로 나타내면 다음과 같다.

x	$\cdots$	$-\sqrt{10}$	$\cdots$	0	$\cdots$	$\sqrt{10}$	$\cdots$
$f(x)$	−	0	+	0	−	0	+
$g(x)$	↘	극소	↗	극대	↘	극소	↗

함수 $g(x)$의 극댓값이 8이므로

$g(0)=a\int_{-4}^{0}(x^3-10x)\,dx=a\left[\frac{1}{4}x^4-5x^2\right]_{-4}^{0}$

$=a\{0-(-16)\}=16a=8$

에서 $a=\frac{1}{2}$

따라서 $f(x)=\frac{1}{2}x^3-5x$이므로

$f(4)=32-20=12$

답 12

16

조건 (가)에서 $\int_{0}^{2} f(t)\,dt=a$ (a는 상수)라 하면

$f(x)=x^3+4ax-a^2$

$\int_{0}^{2}(x^3+4ax-a^2)\,dx=\left[\frac{1}{4}x^4+2ax^2-a^2x\right]_{0}^{2}=4+8a-2a^2=a$에서

$2a^2-7a-4=0$, $(a-4)(2a+1)=0$

$a=-\frac{1}{2}$ 또는 $a=4$

함수 $f(x)$가 조건 (나)를 만족시키려면 실수 전체의 집합에서 증가해야 하므로 모든 실수 x에 대하여 $f'(x)\geq 0$이어야 한다.

$a=-\frac{1}{2}$인 경우 $f(x)=x^3-2x-\frac{1}{4}$이고 $f'(x)=3x^2-2$

이때 $f'(x)<0$인 실수 x가 존재하므로 조건 (나)를 만족시키지 않는다.

$a=4$인 경우 $f(x)=x^3+16x-16$이고 $f'(x)=3x^2+16$

이때 모든 실수 x에 대하여 $f'(x)>0$이므로 조건 (나)를 만족시킨다.

따라서 $f(2)=8+32-16=24$

답 ②

필수유형 6

$f(x)=0$에서 $x=0$ 또는 $x=2$ 또는 $x=3$이므로 두 점 P, Q의 좌표는 각각 $(2, 0)$, $(3, 0)$이다.

이때 (A의 넓이)$=\int_{0}^{2} f(x)\,dx$, (B의 넓이)$=-\int_{2}^{3} f(x)\,dx$이므로

(A의 넓이)$-$(B의 넓이)$=\int_{0}^{2} f(x)\,dx-\left\{-\int_{2}^{3} f(x)\,dx\right\}$

$=\int_{0}^{2} f(x)\,dx+\int_{2}^{3} f(x)\,dx$

$=\int_{0}^{3} f(x)\,dx$

$\int_{0}^{3} f(x)\,dx=\int_{0}^{3} kx(x-2)(x-3)\,dx=k\int_{0}^{3}(x^3-5x^2+6x)\,dx$

$=k\left[\frac{1}{4}x^4-\frac{5}{3}x^3+3x^2\right]_{0}^{3}=k\left(\frac{81}{4}-45+27\right)=\frac{9}{4}k$

따라서 $\frac{9}{4}k=3$이므로 $k=\frac{4}{3}$

답 ②

17

$y=x^2-ax=x(x-a)$이고, $y=-x^3+ax^2=-x^2(x-a)$이므로

두 곡선 $y=x(x-a)$, $y=-x^2(x-a)$는 그림과 같다.

$A=\int_{0}^{a}(-x^2+ax)\,dx$,

$B=\int_{0}^{a}(-x^3+ax^2)\,dx$이고

$A=B$에서 $A-B=0$이므로

$\int_{0}^{a}(-x^2+ax)\,dx-\int_{0}^{a}(-x^3+ax^2)\,dx$

$=\int_{0}^{a}\{x^3-(a+1)x^2+ax\}\,dx=\left[\frac{1}{4}x^4-\frac{a+1}{3}x^3+\frac{a}{2}x^2\right]_{0}^{a}$

$=\frac{1}{4}a^4-\left(\frac{1}{3}a^4+\frac{1}{3}a^3\right)+\frac{1}{2}a^3=-\frac{1}{12}a^4+\frac{1}{6}a^3$

$=-\frac{1}{12}a^3(a-2)=0$

$a>0$이므로 $a=2$

답 ①

18

직선 $y=x+2$가 곡선 $y=x^2-3x+k$와 점 $\mathrm{P}(a, b)$에서 접한다고 하자.

$f(x)=x^2-3x+k$라 하면 $f'(x)=2x-3$

곡선 위의 점 P에서의 접선의 기울기가 1이므로

$f'(a)=2a-3=1$에서 $a=2$

점 P는 직선 $y=x+2$ 위의 점이므로 $b=a+2$에서 $b=4$

또한 점 P는 곡선 $y=x^2-3x+k$ 위의 점이므로

$4=4-6+k$에서 $k=6$

따라서 곡선 $y=x^2-3x+6$과 두 직선 $y=x+2$, $x=6$으로 둘러싸인 부분의 넓이는

$$\int_2^6 |(x^2-3x+6)-(x+2)|\,dx$$

$$=\int_2^6 |x^2-4x+4|\,dx=\int_2^6 (x^2-4x+4)\,dx=\left[\frac{1}{3}x^3-2x^2+4x\right]_2^6$$

$$=(72-72+24)-\left(\frac{8}{3}-8+8\right)=24-\frac{8}{3}=\frac{64}{3}$$

답 ⑤

19

함수 $g(x)$가 $g(x)=\begin{cases}2f(x) & (f(x)\ge 0)\\ 0 & (f(x)<0)\end{cases}$이므로 두 함수 $y=f(x)$, $y=g(x)$의 그래프는 그림과 같다.

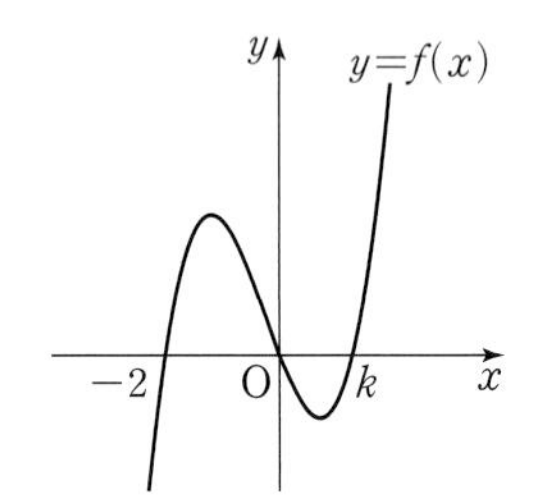

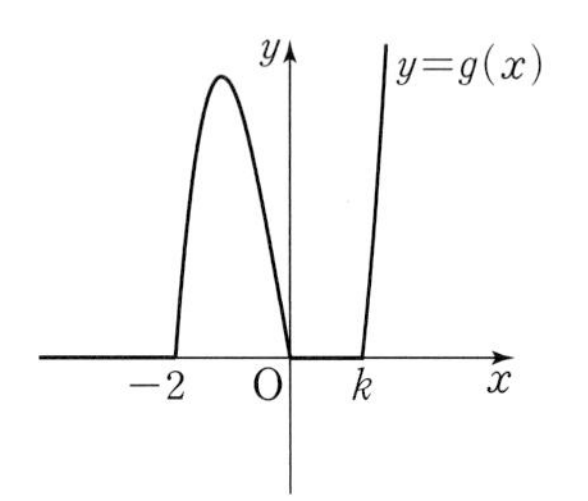

그러므로 함수 $y=g(x)$의 그래프와 x축으로 둘러싸인 부분의 넓이는

$$\int_{-2}^0 2f(x)\,dx=2\int_{-2}^0 \{x^3+(2-k)x^2-2kx\}\,dx$$

$$=2\left[\frac{1}{4}x^4+\frac{2-k}{3}x^3-kx^2\right]_{-2}^0$$

$$=2\left\{0-\left(4+\frac{8k-16}{3}-4k\right)\right\}=\frac{8}{3}k+\frac{8}{3}$$

$\frac{8}{3}k+\frac{8}{3}=6$이므로 $\frac{8}{3}k=\frac{10}{3}$

따라서 $k=\frac{5}{4}$

답 ②

20

$ax=3$에서 $x=\frac{3}{a}$이므로 직선 $y=ax$와 선분 BC가 만나는 점의 x좌표가 $\frac{3}{a}$이고,

$S_1=\frac{1}{2}\times\frac{3}{a}\times 3=\frac{9}{2a}$

$S_2=\int_0^3 \frac{1}{a}x^2\,dx=\frac{1}{a}\int_0^3 x^2\,dx=\frac{1}{a}\left[\frac{1}{3}x^3\right]_0^3=\frac{9}{a}$

$S_2=2S_1$이고, S_1, S_2, S_3이 이 순서대로 등비수열을 이루므로

$S_3=2S_2=\frac{18}{a}$

원점 O에 대하여 $S_1+S_2+S_3$은 정사각형 OABC의 넓이와 같으므로

$\frac{9}{2a}+\frac{9}{a}+\frac{18}{a}=\frac{63}{2a}=9$

$2a=7$

따라서 $12a=42$

답 42

21

함수 $g(x)$가 실수 전체의 집합에서 연속이므로 $x=1$, $x=3$에서도 연속이다.

$\lim_{x\to 1-} g(x)=\lim_{x\to 1+} g(x)=g(1)$에서

즉, $\lim_{x\to 1-} g(x)=\lim_{x\to 1-} x=1$, $\lim_{x\to 1+} g(x)=\lim_{x\to 1+} f(x)=f(1)$,

$g(1)=f(1)$이므로 $f(1)=1$

또한 $\lim_{x\to 3-} g(x)=\lim_{x\to 3+} g(x)=g(3)$에서

$\lim_{x\to 3-} g(x)=\lim_{x\to 3-} f(x)=f(3)$, $\lim_{x\to 3+} g(x)=\lim_{x\to 3+} x=3$,

$g(3)=f(3)$이므로 $f(3)=3$

그러므로 음수 a에 대하여 $f(x)=a(x-1)(x-3)+x$로 놓을 수 있고, 함수 $y=g(x)$의 그래프의 개형은 그림과 같다.

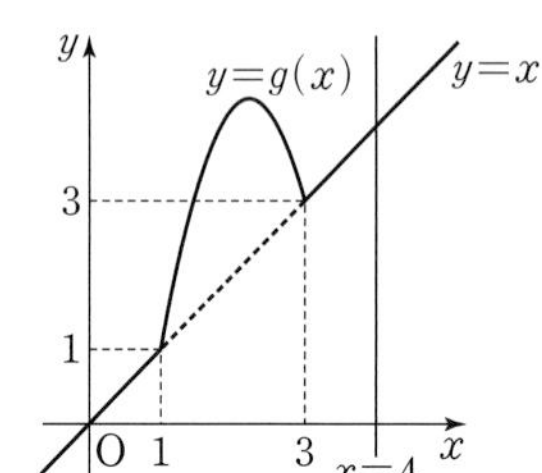

두 직선 $y=x$, $x=4$와 x축으로 둘러싸인 부분의 넓이가 $\frac{1}{2}\times4\times4=8$이므로 함수 $y=g(x)$의 그래프와 직선 $y=x$로 둘러싸인 부분의 넓이는

$\frac{34}{3}-8=\frac{10}{3}$이어야 한다. 즉,

$$\int_1^3 |g(x)-x|\,dx=\int_1^3 \{f(x)-x\}\,dx=\int_1^3 a(x-1)(x-3)\,dx$$

$$=a\int_1^3 (x^2-4x+3)\,dx=a\left[\frac{1}{3}x^3-2x^2+3x\right]_1^3$$

$$=a\left\{\left(9-18+9\right)-\left(\frac{1}{3}-2+3\right)\right\}=-\frac{4}{3}a=\frac{10}{3}$$

에서 $a=-\frac{5}{2}$

그러므로 $f(x)=-\frac{5}{2}(x-1)(x-3)+x$이고

$f'(x)=-\frac{5}{2}\{(x-3)+(x-1)\}+1=-5x+11$

$f'(x)=0$에서 $x=\frac{11}{5}$

함수 $f(x)$는 최고차항의 계수가 음수인 이차함수이므로

$x=\frac{11}{5}$에서 최댓값을 갖고 함수 $f(x)$의 최댓값은

$f\left(\frac{11}{5}\right)=-\frac{5}{2}\times\frac{6}{5}\times\left(-\frac{4}{5}\right)+\frac{11}{5}=\frac{12}{5}+\frac{11}{5}=\frac{23}{5}$

따라서 $p=5$, $q=23$이므로

$p+q=5+23=28$

답 28

필수유형 7

조건 (가)에 의하여 함수 $y=f(x)$의 그래프를 x축의 방향으로 3만큼, y축의 방향으로 4만큼 평행이동한 그래프는 함수 $y=f(x)$의 그래프와 일치한다.

조건 (나)에서

$$\int_0^6 f(x)\,dx=\int_0^3 f(x)\,dx+\int_3^6 f(x)\,dx$$

$$=\int_0^3 f(x)\,dx+\int_3^6 \{f(x-3)+4\}\,dx$$

$=\int_0^3 f(x)\,dx+\int_0^3 \{f(x)+4\}\,dx$

$=2\int_0^3 f(x)\,dx+12=0$

이므로 $\int_0^3 f(x)\,dx=-6$이고

$\int_0^3 f(x)\,dx+\int_3^6 f(x)\,dx=0$이므로 $\int_3^6 f(x)\,dx=6$

또한 함수 $f(x)$는 실수 전체의 집합에서 증가하는 함수이고, $f(6)>0$ 이므로 $x\geq 6$일 때 $f(x)>0$이다.

따라서 구하는 넓이는

$\int_6^9 |f(x)|\,dx=\int_6^9 f(x)\,dx=\int_6^9 \{f(x-3)+4\}\,dx$

$=\int_3^6 f(x)\,dx+12=6+12=18$

답 ④

22

함수 $f(x)$의 역함수가 존재하고 $f(2)=2$, $f(4)=8$이므로 함수 $f(x)$는 실수 전체의 집합에서 증가한다.

그림과 같이 점 A, B, C, D, E, F의 좌표를 각각 $(2, 0)$, $(2, 2)$, $(0, 2)$, $(4, 0)$, $(4, 8)$, $(0, 8)$이라 하고, 곡선 $y=f(x)$와 두 직선 $y=2$, $y=8$ 및 y축으로 둘러싸인 부분의 넓이를 S_1, $\int_2^4 f(x)\,dx=S_2$라 하자.

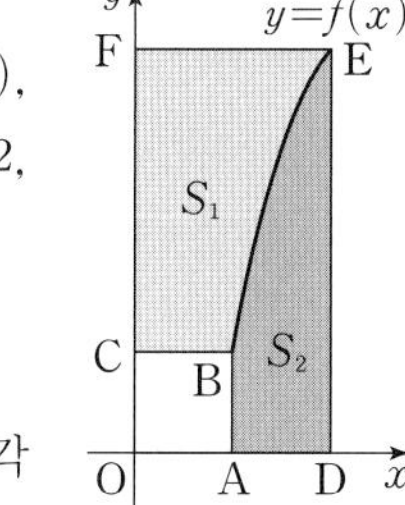

원점 O에 대하여 사각형 ODEF의 넓이에서 사각형 OABC의 넓이를 뺀 값은 S_1+S_2와 같으므로

$S_1+S_2=4\times 8-2\times 2=28$

이때 $S_1=16$이므로 $S_2=12$

따라서 $\int_2^4 f(x)\,dx=12$

답 ③

23

방정식 $f(x)=0$은 서로 다른 세 실근 a, 1, b $(a<1<b)$를 갖고 a, 1, b는 이 순서대로 등차수열을 이루므로

$b-1=1-a=d$ $(d>0)$이라 하면

$f(x)=(x-1+d)(x-1)(x-1-d)$

한편, 곡선 $y=f(x)$와 x축으로 둘러싸인 부분의 넓이는 곡선 $y=f(x)$를 x축의 방향으로 -1만큼 평행이동시킨 곡선 $y=f(x+1)$과 x축으로 둘러싸인 부분의 넓이와 같다.

$f(x+1)=x(x-d)(x+d)=x^3-d^2x$이고 곡선 $y=f(x+1)$은 원점에 대하여 대칭이므로 곡선 $y=f(x+1)$과 x축으로 둘러싸인 부분의 넓이는

$\int_{-d}^0 (x^3-d^2x)\,dx+\int_0^d (-x^3+d^2x)\,dx$

$=2\int_0^d (-x^3+d^2x)\,dx=2\left[-\frac{1}{4}x^4+\frac{d^2}{2}x^2\right]_0^d$

$=2\left(-\frac{d^4}{4}+\frac{d^4}{2}\right)=\frac{d^4}{2}$

$\frac{d^4}{2}=128$, 즉 $d^4=256$에서 $d>0$이므로 $d=4$

따라서 $f(x)=(x+3)(x-1)(x-5)$이므로

$f(6)=9\times 5\times 1=45$

답 ②

24

$\int_0^6 x\,dx=\left[\frac{1}{2}x^2\right]_0^6=18-0=18$,

$\int_6^8 x\,dx=\left[\frac{1}{2}x^2\right]_6^8=32-18=14$이므로

$\int_0^6 f(x)\,dx=\int_6^8 f(x)\,dx$를 만족시키려면 함수 $y=f(x)$의 그래프의 개형은 그림과 같아야 한다.

닫힌구간 $[0, 6]$에서 직선 $y=x$와 곡선 $y=f(x)$로 둘러싸인 부분의 넓이를 S_1이라 하고, 닫힌구간 $[6, 8]$에서 직선 $y=x$와 곡선 $y=f(x)$로 둘러싸인 부분의 넓이를 S_2라 하자.

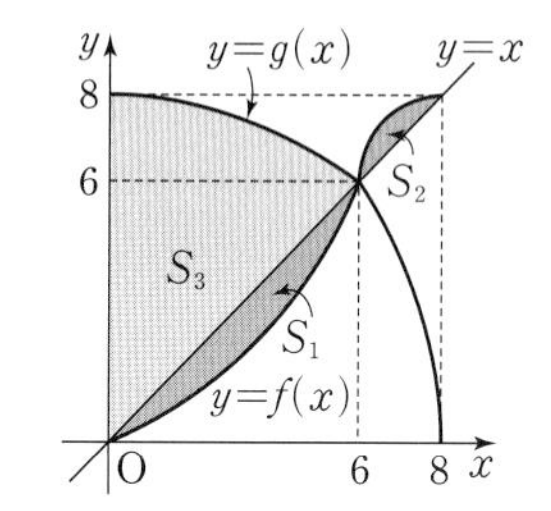

$\int_0^6 f(x)\,dx=18-S_1$,

$\int_6^8 f(x)\,dx=14+S_2$

이므로 $18-S_1=14+S_2$에서 $S_1+S_2=4$

또한 곡선 $y=g(x)$는 직선 $y=x$에 대하여 대칭이므로 곡선 $y=g(x)$와 직선 $y=x$ 및 y축으로 둘러싸인 부분의 넓이를 S_3이라 하면 곡선 $y=g(x)$와 직선 $y=x$ 및 x축으로 둘러싸인 부분의 넓이도 S_3이다.

$\int_0^6 \{g(x)-f(x)\}\,dx=S_3+S_1$

$\int_6^8 \{f(x)-g(x)\}\,dx=\frac{1}{2}\times 8\times 8-S_3+S_2=32-S_3+S_2$

따라서

$\int_0^8 |f(x)-g(x)|\,dx$

$=\int_0^6 \{g(x)-f(x)\}\,dx+\int_6^8 \{f(x)-g(x)\}\,dx$

$=(S_3+S_1)+(32-S_3+S_2)$

$=32+S_1+S_2=32+4=36$

답 36

필수유형 8

$t\geq 2$일 때

$v(t)=\int a(t)\,dt=\int (6t+4)\,dt$

$=3t^2+4t+C$ (단, C는 적분상수)

조건 (가)에서 $v(2)=0$이므로 $12+8+C=0$에서 $C=-20$

$0\leq t\leq 2$일 때 $v(t)\leq 0$이고, $t\geq 2$일 때 $v(t)\geq 0$이다.

따라서 시각 $t=0$에서 $t=3$까지 점 P가 움직인 거리는

$\int_0^3 |v(t)|\,dt=\int_0^2 |v(t)|\,dt+\int_2^3 |v(t)|\,dt$

$=\int_0^2 (8t-2t^3)\,dt+\int_2^3 (3t^2+4t-20)\,dt$

$$=\left[4t^2-\frac{1}{2}t^4\right]_0^2+\left[t^3+2t^2-20t\right]_2^3$$
$$=(16-8)+\{(27+18-60)-(8+8-40)\}$$
$$=8+9=17$$

답 17

25

점 P의 시각 t $(t\geq 0)$에서의 가속도를 $a(t)$라 하면

$a(t)=v'(t)=6t-4$

시각 $t=k$에서의 점 P의 가속도가 8이므로

$6k-4=8$에서 $k=2$

따라서 시각 $t=0$에서 $t=2$까지 점 P의 위치의 변화량은

$$\int_0^2 v(t)\,dt=\int_0^2 (3t^2-4t+5)\,dt=\left[t^3-2t^2+5t\right]_0^2=8-8+10=10$$

답 ⑤

26

시각 $t=0$에서의 점 P의 위치와 시각 $t=3$에서의 점 P의 위치가 서로 같으므로 시각 $t=0$에서 시각 $t=3$까지 점 P의 위치의 변화량이 0이다.

$$\int_0^3 v(t)\,dt=\int_0^3 (t^2-kt)\,dt=\left[\frac{1}{3}t^3-\frac{k}{2}t^2\right]_0^3=9-\frac{9}{2}k=0$$

에서 $k=2$

따라서 점 P가 시각 $t=0$에서 $t=3$까지 움직인 거리는

$$\int_0^3 |v(t)|\,dt=\int_0^3 |t^2-2t|\,dt=\int_0^2 (-t^2+2t)\,dt+\int_2^3 (t^2-2t)\,dt$$
$$=\left[-\frac{1}{3}t^3+t^2\right]_0^2+\left[\frac{1}{3}t^3-t^2\right]_2^3$$
$$=\left(-\frac{8}{3}+4\right)+\left\{(9-9)-\left(\frac{8}{3}-4\right)\right\}=\frac{8}{3}$$

답 ②

27

점 P가 움직이는 방향이 바뀌는 순간 $v(t)=0$이므로

$t^2-5t+4=0$에서 $(t-1)(t-4)=0$

$t=1$ 또는 $t=4$에서 점 P가 움직이는 방향이 바뀌므로 $t_1=1$, $t_2=4$

시각 $t=1$에서의 점 P의 위치가 10이므로

시각 $t=4$에서의 점 P의 위치는 $10+\int_1^4 v(t)\,dt$이고

$$\int_1^4 v(t)\,dt=\int_1^4 (t^2-5t+4)\,dt=\left[\frac{1}{3}t^3-\frac{5}{2}t^2+4t\right]_1^4$$
$$=\left(\frac{64}{3}-40+16\right)-\left(\frac{1}{3}-\frac{5}{2}+4\right)=-\frac{9}{2}$$

따라서 시각 $t=4$에서의 점 P의 위치는

$$10+\left(-\frac{9}{2}\right)=\frac{11}{2}$$

답 ①

28

시각 t에서 두 점 P, Q의 위치를 각각 $x_1(t)$, $x_2(t)$라 하면

$$x_1(t)=k+\int_0^t v_1(t)\,dt=k+\int_0^t (3t^2-12t+k)\,dt$$
$$=k+\left[t^3-6t^2+kt\right]_0^t=t^3-6t^2+kt+k$$
$$x_2(t)=2k+\int_0^t v_2(t)\,dt=2k+\int_0^t (-2t-4)\,dt$$
$$=2k+\left[-t^2-4t\right]_0^t=-t^2-4t+2k$$

$x_1(t)=x_2(t)$에서

$t^3-6t^2+kt+k=-t^2-4t+2k$

$t^3-5t^2+(k+4)t-k=0$, $(t-1)(t^2-4t+k)=0$

$x_1(1)=x_2(1)$이므로 두 점 P, Q는 시각 $t=1$일 때 만난다.

이때 두 점 P, Q가 출발한 후 한 번만 만나려면 t에 대한 이차방정식 $t^2-4t+k=0$의 실근이 존재하지 않거나 양수인 실근이 존재한다면 그 실근은 $t=1$뿐이어야 한다.

이차방정식 $t^2-4t+k=0$의 실근이 존재하는 경우 실근이 모두 음수일 수 없고, $t=1$을 실근으로 갖는 경우 $k=3$이므로 $t=3$도 실근으로 갖게 되어 주어진 조건을 만족시킬 수 없다.

그러므로 이차방정식 $t^2-4t+k=0$의 실근이 존재하지 않아야 하고 이차방정식 $t^2-4t+k=0$의 판별식을 D라 하면 $\frac{D}{4}=4-k<0$이어야 하므로 $k>4$

따라서 구하는 자연수 k의 최솟값은 5이다.

답 5

29

시각 $t=0$에서 $t=5$까지 점 P가 움직인 거리가 12이므로

$$\int_0^5 |v(t)|\,dt=12$$

시각 $t=0$에서 $t=3$까지 점 P의 위치의 변화량이 -7이므로

$$\int_0^3 v(t)\,dt=-7$$

조건 (가)에서 $0\leq t\leq 5$인 모든 실수 t에 대하여 $v(5-t)=v(5+t)$이므로 함수 $y=v(t)$ $(0\leq t\leq 10)$의 그래프는 직선 $t=5$에 대하여 대칭이다.

그러므로 $\int_5^{10} |v(t)|\,dt=\int_0^5 |v(t)|\,dt=12$이고

$\int_7^{10} v(t)\,dt=\int_0^3 v(t)\,dt=-7$이다.

한편, 조건 (나)에서 $0<t<3$인 모든 실수 t에 대하여 $v(t)<0$이므로

$$\int_0^3 |v(t)|\,dt=\int_0^3 \{-v(t)\}\,dt=-\int_0^3 v(t)\,dt=7$$

시각 $t=3$에서 $t=10$까지 점 P가 움직인 거리는

$$\int_3^{10} |v(t)|\,dt=\int_0^5 |v(t)|\,dt+\int_5^{10} |v(t)|\,dt-\int_0^3 |v(t)|\,dt$$
$$=12+12-7=17$$

시각 $t=3$에서 $t=10$까지 점 P가 움직인 거리와 시각 $t=7$에서의 점 P의 위치가 같으므로 시각 $t=7$에서의 점 P의 위치가 17이다.

따라서 시각 $t=10$에서의 점 P의 위치는

$$17+\int_7^{10} v(t)\,dt=17+(-7)=10$$

답 10

07 경우의 수

본문 72~79쪽

필수유형 1 ④	01 ②	02 ⑤	03 ④
필수유형 2 ②	04 ⑤	05 ④	06 ③
필수유형 3 ③	07 ①	08 ④	09 ②
필수유형 4 ⑤	10 ①	11 ④	12 ⑤
필수유형 5 ②	13 ④	14 ③	15 13
필수유형 6 ①	16 ②	17 ①	18 ④
필수유형 7 24	19 ①	20 ②	21 ②
필수유형 8 ①	22 ②	23 ③	24 ⑤

필수유형 1

8명의 학생 중에서 A, B를 제외한 6명 중 3명을 선택하는 경우의 수는

${}_6C_3=\frac{6\times5\times4}{3\times2\times1}=20$

이 각각에 대하여 A와 B가 이웃하도록 5명의 학생이 원형의 탁자에 둘러앉는 경우의 수는

$(4-1)!\times2!=12$

따라서 구하는 경우의 수는

$20\times12=240$

답 ④

01

여학생 3명이 모두 이웃해야 하므로 여학생 3명을 한 명으로 생각하고 남학생 3명을 포함한 4명이 원형의 탁자에 둘러앉는 경우의 수는

$(4-1)!=3!=6$

여학생 3명이 서로 자리를 바꾸는 경우의 수는

$3!=6$

따라서 구하는 경우의 수는

$6\times6=36$

답 ②

02

1학년 학생 2명을 한 명으로 생각하고, 1학년 학생 2명이 서로 자리를 바꾸는 경우의 수는

$2!=2$

1학년 학생 1명과 2학년 학생 3명과 3학년 학생 2명이 원형의 탁자에 둘러앉는 경우의 수는

$\{(1+3+2)-1\}!=5!=120$

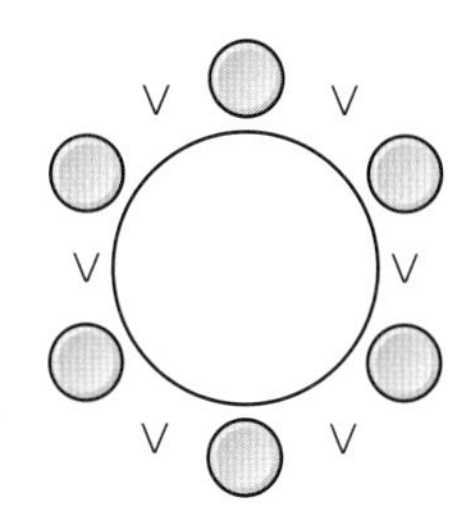

그림의 ∨ 표시된 6곳 중 2곳에 교사 2명이 앉으면 되므로 그 경우의 수는

${}_6P_2=6\times5=30$

따라서 구하는 경우의 수는

$2\times120\times30=7200$

답 ⑤

03

빨간색, 주황색, 노란색, 초록색, 파란색, 남색, 보라색의 7가지 색 중에서 ★ 모양의 스티커가 1개 붙어 있는 6개의 정삼각형에 각각 한 가지 색으로만 칠할 6가지 색을 택하는 경우의 수는

${}_7C_6=7$

이고, ★ 모양의 스티커가 1개 붙어 있는 6개의 정삼각형을 칠하는 경우의 수는

$(6-1)!=5!$

⬢ 모양의 스티커가 1개 붙어 있는 정육각형을 남은 색으로 칠하는 경우의 수는 1이다.

● 모양의 스티커가 각각 1개씩 붙어 있는 6개의 부분을 시계 반대 방향으로 ⓐ, ⓑ, ⓒ, ⓓ, ⓔ, ⓕ라 하면 영역 ⓐ, ⓑ, ⓒ, ⓓ, ⓔ, ⓕ를 칠할 때는 (ⓐ, ⓓ)와 (ⓑ, ⓔ)와 (ⓒ, ⓕ)를 같은 색으로 칠해야 한다.

이 각각의 묶음을 X, Y, Z라 하자. 이 세 묶음을 2가지 이상의 색으로 칠하려면 X, Y, Z를 칠하는 모든 경우에서 X, Y, Z를 모두 같은 색으로 칠하는 경우를 제외하면 된다.

$3\times3\times3-3=27-3=24$

따라서 구하는 경우의 수는

$7\times5!\times1\times24=168\times5!$

답 ④

필수유형 2

네 자리의 자연수가 4000 이상인 홀수이려면

천의 자리의 수는 4, 5 중의 하나이고,

일의 자리의 수는 1, 3, 5 중의 하나이며,

십의 자리와 백의 자리의 수는 각각 1, 2, 3, 4, 5 중의 하나이어야 한다.

따라서 구하는 자연수의 개수는

${}_2C_1\times{}_3C_1\times{}_5\Pi_2=2\times3\times5^2$

$=150$

답 ②

04

서로 다른 5개의 인형을 2명의 어린이에게 남김없이 나누어 주는 경우의 수는 서로 다른 2개에서 중복을 허락하여 5개를 택하여 일렬로 나열하는 중복순열의 수와 같으므로

${}_2\Pi_5=2^5=32$

이때 인형을 한 개도 받지 못하는 어린이가 없도록 하려면 5개의 인형을 한 어린이에게 주는 2가지 경우는 제외해야 하므로 구하는 경우의 수는

$32-2=30$

답 ⑤

05

집합 X의 원소 중 3의 배수인 것은 3, 6이고 집합 Y의 원소 중 짝수는 2, 4이므로 조건 (가)를 만족시키는 경우의 수는

${}_{2}\Pi_{2}=2^{2}=4$

집합 X의 원소 중 3의 배수가 아닌 것은 1, 2, 4, 5이고 집합 Y의 원소 중 홀수는 1, 3이므로 조건 (나)를 만족시키는 경우의 수는

${}_{2}\Pi_{4}=2^{4}=16$

따라서 구하는 함수의 개수는

$4\times16=64$

답 ④

06

(i) $c=1$인 경우

a, b를 정하는 경우의 수는

1, 2, 3, 4, 5 중에서 2개를 택하는 중복순열의 수와 같으므로

순서쌍 (a, b, c)의 개수는

${}_{5}\Pi_{2}=5^{2}=25$

(ii) $c=2$인 경우

$a+b$가 짝수일 때 $\frac{a+b}{c}\left(=\frac{a+b}{2}\right)$가 자연수가 되므로

a, b가 모두 홀수이거나 모두 짝수이다.

① a, b가 모두 홀수인 경우

홀수인 1, 3, 5 중에서 2개를 택하는 중복순열의 수와 같으므로

${}_{3}\Pi_{2}=3^{2}=9$

② a, b가 모두 짝수인 경우

짝수인 2, 4 중에서 2개를 택하는 중복순열의 수와 같으므로

${}_{2}\Pi_{2}=2^{2}=4$

즉, 순서쌍 (a, b, c)의 개수는 $9+4=13$

(iii) $c=3$인 경우

$a+b=3$ 또는 $a+b=6$ 또는 $a+b=9$일 때 $\frac{a+b}{c}\left(=\frac{a+b}{3}\right)$가 자연수가 된다.

$a+b$	a	b
3	1	2
	2	1
6	1	5
	2	4
	3	3
	4	2
	5	1
9	4	5
	5	4

즉, 순서쌍 (a, b, c)의 개수는 $2+5+2=9$

(iv) $c=4$인 경우

$a+b=4$ 또는 $a+b=8$일 때 $\frac{a+b}{c}\left(=\frac{a+b}{4}\right)$가 자연수가 된다.

$a+b$	a	b
4	1	3
	2	2
	3	1
8	3	5
	4	4
	5	3

즉, 순서쌍 (a, b, c)의 개수는 $3+3=6$

(v) $c=5$인 경우

$a+b=5$ 또는 $a+b=10$일 때 $\frac{a+b}{c}\left(=\frac{a+b}{5}\right)$가 자연수가 된다.

$a+b$	a	b
5	1	4
	2	3
	3	2
	4	1
10	5	5

즉, 순서쌍 (a, b, c)의 개수는 $4+1=5$

(i)~(v)에 의하여 구하는 모든 순서쌍 (a, b, c)의 개수는

$25+13+9+6+5=58$

답 ③

참고

(ii) $c=2$인 경우

$a+b=2$ 또는 $a+b=4$ 또는 $a+b=6$ 또는 $a+b=8$ 또는 $a+b=10$일 때 $\frac{a+b}{c}\left(=\frac{a+b}{2}\right)$가 자연수가 된다.

$a+b$	a	b
2	1	1
4	1	3
	2	2
	3	1
6	1	5
	2	4
	3	3
	4	2
	5	1
8	3	5
	4	4
	5	3
10	5	5

즉, 순서쌍 (a, b, c)의 개수는 $1+3+5+3+1=13$이다.

필수유형 3

6개의 문자 중에서 같은 문자인 a가 3개, b가 2개 있다.

따라서 구하는 경우의 수는

$\frac{6!}{3!\times2!}=60$

답 ③

07

4의 배수인 자연수는 끝 두 자리가 4의 배수이면 되므로

그 경우는 □□□□12, □□□□20, □□□□32일 때이다.

(i) □□□□12 꼴인 자연수의 개수

0, 1, 2, 3을 일렬로 나열하는 경우의 수인 $4!$에서 숫자 0이 맨 앞자리에 오는 경우의 수를 빼면 된다.

숫자 0이 맨 앞자리에 오고, 나머지 세 자리에 1, 2, 3을 일렬로 나열하는 경우의 수는 $3!$이므로 구하는 자연수의 개수는

$4!-3!=24-6=18$

(ii) □□□□20 꼴인 자연수의 개수

1, 1, 2, 3을 일렬로 나열하는 경우의 수와 같으므로

$\frac{4!}{2!}=12$

(iii) □□□□32 꼴인 자연수의 개수

0, 1, 1, 2를 일렬로 나열하는 경우의 수인 $\frac{4!}{2!}$에서 숫자 0이 맨 앞자리에 오는 경우의 수를 빼면 된다.

숫자 0이 맨 앞자리에 오고, 나머지 세 자리에 1, 1, 2를 일렬로 나열하는 경우의 수는 $\frac{3!}{2!}$이므로 구하는 자연수의 개수는

$\frac{4!}{2!}-\frac{3!}{2!}=12-3=9$

(i), (ii), (iii)에 의하여 4의 배수인 자연수의 개수는

$18+12+9=39$

답 ①

08

M의 개수는 1, I의 개수는 4, S의 개수는 4, P의 개수는 2이다.

양 끝에 같은 문자가 나오도록 나열하는 경우는

I가 양 끝에 나오도록 나열하는 경우 또는 S가 양 끝에 나오도록 나열하는 경우 또는 P가 양 끝에 나오도록 나열하는 경우이다.

(i) I가 양 끝에 나오도록 나열하는 경우는 그 사이에 M이 1개, I가 2개, S가 4개, P가 2개가 나오도록 나열하는 경우이고, 이들을 일렬로 나열하는 경우의 수는

$\frac{9!}{2!\times4!\times2!}=\frac{9!}{4\times24}$

(ii) S가 양 끝에 나오도록 나열하는 경우는 그 사이에 M이 1개, I가 4개, S가 2개, P가 2개가 나오도록 나열하는 경우이고, 이들을 일렬로 나열하는 경우의 수는

$\frac{9!}{4!\times2!\times2!}=\frac{9!}{4\times24}$

(iii) P가 양 끝에 나오도록 나열하는 경우는 그 사이에 M이 1개, I가 4개, S가 4개가 나오도록 나열하는 경우이고, 이들을 일렬로 나열하는 경우의 수는

$\frac{9!}{4!\times4!}=\frac{9!}{24\times24}$

(i), (ii), (iii)에 의하여 양 끝에 같은 문자가 나오도록 나열하는 경우의 수는

$\frac{9!}{4\times24}+\frac{9!}{4\times24}+\frac{9!}{24\times24}$

$=\frac{9!}{24}\times\left(\frac{1}{4}+\frac{1}{4}+\frac{1}{24}\right)=13\times\frac{9!}{24^2}$

따라서 $k=13$

답 ④

09

8개의 숫자 1, 1, 2, 3, 3, 3, 4, 6에서 홀수의 개수는 5, 짝수의 개수는 3이다.

조건 (가)에서 양 끝에 적어도 한 개의 짝수가 오는 경우는

(홀, □, □, □, □, □, □, 짝),

(짝, □, □, □, □, □, □, 홀),

(짝, □, □, □, □, □, □, 짝)

이다.

(i) (홀, □, □, □, □, □, □, 짝), (짝, □, □, □, □, □, □, 홀)인 경우

양 끝에 놓인 두 수를 제외한 나머지 6개의 수는 홀수의 개수가 4, 짝수의 개수가 2이다.

그러므로 양 끝에 놓인 두 수를 제외한 나머지 6개의 수의 합이 짝수이다.

ⓐ (홀, □, □, □, □, □, □, 짝)인 경우

ⓐ-1) 맨 처음의 홀수 자리에 1이 오고, 맨 끝의 짝수 자리에 2 또는 4 또는 6이 올 수 있다.

(1, □, □, □, □, □, □, 짝)일 때, 1, 3, 3, 3과 남은 서로 다른 짝수 2개를 일렬로 나열하는 경우의 수와 같다.

즉, $3\times\frac{6!}{3!}=360$

ⓐ-2) 맨 처음의 홀수 자리에 3이 오고, 맨 끝의 짝수 자리에 2 또는 4 또는 6이 올 수 있다.

(3, □, □, □, □, □, □, 짝)일 때, 1, 1, 3, 3과 남은 서로 다른 짝수 2개를 일렬로 나열하는 경우의 수와 같다.

즉, $3\times\frac{6!}{2!\times2!}=540$

ⓑ (짝, □, □, □, □, □, □, 홀)인 경우

ⓑ-1) 맨 처음의 짝수 자리에 2 또는 4 또는 6이 올 수 있고, 맨 끝의 홀수 자리에 1이 올 수 있다.

(짝, □, □, □, □, □, □, 1)일 때, 1, 3, 3, 3과 남은 서로 다른 짝수 2개를 일렬로 나열하는 경우의 수와 같다.

즉, $3\times\frac{6!}{3!}=360$

ⓑ-2) 맨 처음의 짝수 자리에 2 또는 4 또는 6이 올 수 있고, 맨 끝의 홀수 자리에 3이 올 수 있다.

(짝, □, □, □, □, □, □, 3)일 때, 1, 1, 3, 3과 남은 서로 다른 짝수 2개를 일렬로 나열하는 경우의 수와 같다.

즉, $3\times\frac{6!}{2!\times2!}=540$

(ii) (짝, □, □, □, □, □, □, 짝)인 경우

양 끝에 놓인 두 수를 제외한 나머지 6개의 수는 홀수의 개수가 5, 짝수의 개수가 1이다.

따라서 양 끝에 놓인 두 수를 제외한 나머지 6개의 수의 합이 홀수이므로 조건 (나)를 만족시키지 않는다.

(i), (ii)에 의하여 구하는 경우의 수는

$(360+540)+(360+540)=1800$

답 ②

필수유형 4

A지점에서 출발하여 P지점까지 최단거리로 가는 경우의 수는

$\frac{4!}{2!\times2!}=6$

P지점에서 출발하여 B지점까지 최단거리로 가는 경우의 수는

$\frac{4!}{3!}=4$

따라서 A지점에서 출발하여 P지점을 지나 B지점까지 최단거리로 가는 경우의 수는 곱의 법칙에 의하여

$6\times4=24$

답 ⑤

10

A지점에서 출발하여 B지점까지 최단거리로 가는 경우의 수에서 A지점에서 출발하여 P지점을 지나 B지점까지 최단거리로 가는 경우의 수를 빼면 된다.

A지점에서 출발하여 B지점까지 최단거리로 가는 경우의 수는

$\frac{8!}{5!\times3!}=56$

A지점에서 출발하여 P지점을 지나 B지점까지 최단거리로 가는 경우의 수는

$\frac{5!}{3!\times2!}\times\frac{3!}{2!}=10\times3=30$

따라서 구하는 경우의 수는

$56-30=26$

답 ①

11

(i) A지점에서 출발하여 P지점을 지나 B지점까지 최단거리로 가는 경우는 [그림 1]과 같다.

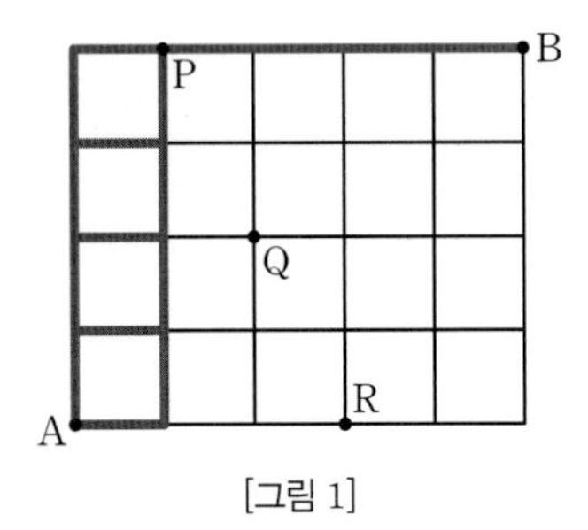

[그림 1]

그 경우의 수는

$\frac{5!}{4!}\times1=5$

(ii) A지점에서 출발하여 Q지점을 지나 B지점까지 최단거리로 가는 경우는 [그림 2]와 같다.

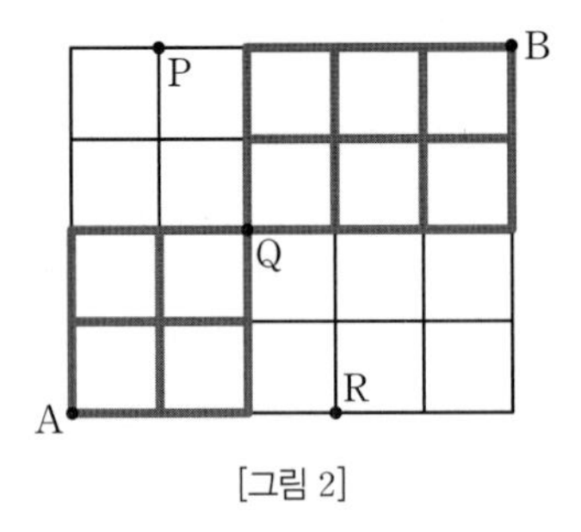

[그림 2]

그 경우의 수는

$\frac{4!}{2!\times2!}\times\frac{5!}{3!\times2!}=6\times10=60$

(iii) A지점에서 출발하여 R지점을 지나 B지점까지 최단거리로 가는 경우는 [그림 3]과 같다.

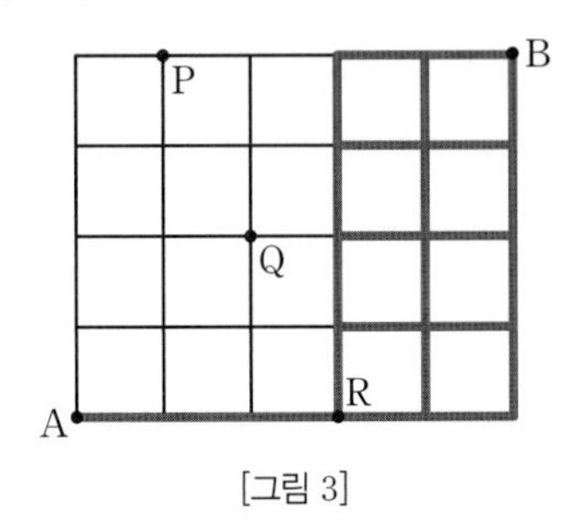

[그림 3]

그 경우의 수는

$1\times\frac{6!}{2!\times4!}=1\times15=15$

(i), (ii), (iii)에 의하여 구하는 경우의 수는

$5+60+15=80$

답 ④

12

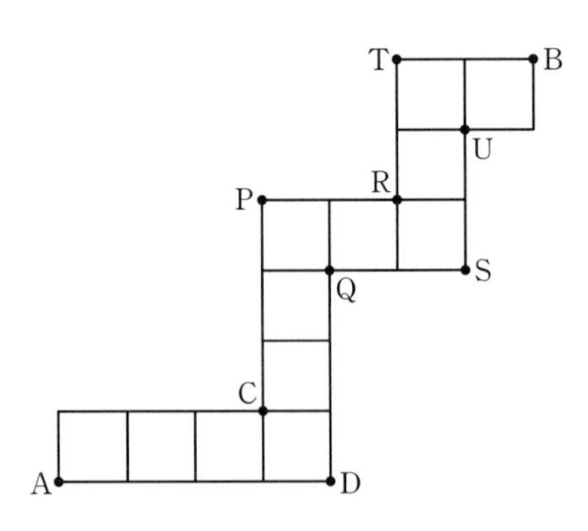

그림과 같이 6개의 지점 P, Q, R, S, T, U를 정하자.

A지점에서 출발하여 C지점까지 최단거리로 가는 경우의 수는

$\frac{4!}{3!}=4$

C지점에서 출발하여 Q지점까지 최단거리로 가는 경우의 수는

$\frac{3!}{2!}=3$

Q지점에서 출발하여 R지점까지, R지점에서 출발하여 U지점까지, U지점에서 출발하여 B지점까지 최단거리로 가는 경우의 수는 모두

$\frac{2!}{1!\times1!}=2$

C지점에서 출발하여 P지점까지, P지점에서 출발하여 R지점까지, R지점에서 출발하여 T지점까지, T지점에서 출발하여 B지점까지, A지점에서 출발하여 D지점까지, D지점에서 출발하여 Q지점까지, Q지점에서 출발하여 S지점까지, S지점에서 출발하여 U지점까지 최단거리로 가는 경우의 수는 모두 1이다.
A지점에서 출발하여 B지점까지 최단거리로 가는 경우는 다음과 같다.

$A \xrightarrow{4} C \xrightarrow{1} P \xrightarrow{1} R \xrightarrow{1} T \xrightarrow{1} B$ …(i)
$A \xrightarrow{4} C \xrightarrow{1} P \xrightarrow{1} R \xrightarrow{2} U \xrightarrow{2} B$ …(ii)
$A \xrightarrow{4} C \xrightarrow{3} Q \xrightarrow{2} R \xrightarrow{1} T \xrightarrow{1} B$ …(iii)
$A \xrightarrow{4} C \xrightarrow{3} Q \xrightarrow{2} R \xrightarrow{2} U \xrightarrow{2} B$ …(iv)
$A \xrightarrow{4} C \xrightarrow{3} Q \xrightarrow{1} S \xrightarrow{1} U \xrightarrow{2} B$ …(v)

$A \xrightarrow{1} D \xrightarrow{1} Q \xrightarrow{2} R \xrightarrow{1} T \xrightarrow{1} B$ …(vi)
$A \xrightarrow{1} D \xrightarrow{1} Q \xrightarrow{2} R \xrightarrow{2} U \xrightarrow{2} B$ …(vii)
$A \xrightarrow{1} D \xrightarrow{1} Q \xrightarrow{1} S \xrightarrow{1} U \xrightarrow{2} B$ …(viii)

그러므로 A지점에서 출발하여 C지점을 지나 B지점까지 최단거리로 가는 경우는 (i)~(v)의 경우이다.
(i)의 경우의 수는
$4\times1\times1\times1\times1=4$
(ii)의 경우의 수는
$4\times1\times1\times2\times2=16$
(iii)의 경우의 수는
$4\times3\times2\times1\times1=24$
(iv)의 경우의 수는
$4\times3\times2\times2\times2=96$
(v)의 경우의 수는
$4\times3\times1\times1\times2=24$
(i)~(v)의 경우의 수에서
$m=4+16+24+96+24=164$
A지점에서 출발하여 D지점을 지나 B지점까지 최단거리로 가는 경우는 (vi)~(viii)의 경우이다.
(vi)의 경우의 수는
$1\times1\times2\times1\times1=2$
(vii)의 경우의 수는
$1\times1\times2\times2\times2=8$
(viii)의 경우의 수는
$1\times1\times1\times1\times2=2$
(vi)~(viii)의 경우의 수에서
$n=2+8+2=12$
따라서 $m-n=164-12=152$

답 ⑤

필수유형 5

네 명의 학생 A, B, C, D가 받는 초콜릿의 개수를 각각 a, b, c, d라 하면
$a+b+c+d=8$
이때 조건 (가)에서 네 명의 학생이 각각 적어도 1개의 초콜릿을 받으므로 a, b, c, d는 자연수이다.
$a=a'+1$, $b=b'+1$, $c=c'+1$, $d=d'+1$이라 하면
$a'+b'+c'+d'=4$ (a', b', c', d'은 음이 아닌 정수)
조건 (나)에서 $a'>b'$이어야 하므로
(i) $b'=0$일 때
$a'=1$인 경우 $c'+d'=3$이므로 이 경우의 수는
${}_2H_3={}_{2+3-1}C_3={}_4C_3={}_4C_1=4$
$a'=2$인 경우 $c'+d'=2$이므로 이 경우의 수는
${}_2H_2={}_{2+2-1}C_2={}_3C_2={}_3C_1=3$
$a'=3$인 경우 $c'+d'=1$이므로 이 경우의 수는
${}_2H_1={}_{2+1-1}C_1={}_2C_1=2$
$a'=4$인 경우 $c'+d'=0$이므로 이 경우의 수는 1
(ii) $b'=1$일 때
$a'=2$인 경우 $c'+d'=1$이므로 이 경우의 수는
${}_2H_1={}_{2+1-1}C_1={}_2C_1=2$
$a'=3$인 경우 $c'+d'=0$이므로 이 경우의 수는 1
(i), (ii)에 의하여 구하는 모든 경우의 수는
$4+3+2+1+2+1=13$

답 ②

13

같은 종류의 사탕 7개를 3명의 학생에게 각각 1개씩 나누어 주고, 남은 같은 종류의 사탕 4개를 3명의 학생에게 나누어 주면 되므로
그 경우의 수는
${}_3H_4={}_{3+4-1}C_4={}_6C_4={}_6C_2=\dfrac{6\times5}{2\times1}=15$

답 ④

14

사과, 오렌지를 각각 2개씩 과일바구니에 담고, 남은 8개를 사과, 오렌지와 홀수개의 배로 담으면 된다.
(i) 배를 1개 담으면 사과와 오렌지는 합해서 7개를 더 담으면 되므로 이 경우의 수는
${}_2H_7={}_{2+7-1}C_7={}_8C_7={}_8C_1=8$
(ii) 배를 3개 담으면 사과와 오렌지는 합해서 5개를 더 담으면 되므로 이 경우의 수는
${}_2H_5={}_{2+5-1}C_5={}_6C_5={}_6C_1=6$
(iii) 배를 5개 담으면 사과와 오렌지는 합해서 3개를 더 담으면 되므로 이 경우의 수는
${}_2H_3={}_{2+3-1}C_3={}_4C_3={}_4C_1=4$
(iv) 배를 7개 담으면 사과와 오렌지는 합해서 1개를 더 담으면 되므로 이 경우의 수는
${}_2H_1={}_{2+1-1}C_1={}_2C_1=2$
(i)~(iv)에 의하여 구하는 경우의 수는
$8+6+4+2=20$

답 ③

15

1회부터 3회까지의 과정에서 흰 공이 나온 횟수 a $(0\le a\le 3)$, 4회부터 7회까지의 과정에서 흰 공이 나온 횟수 b $(0\le b\le 4)$, 8회부터 10회까지의 과정에서 흰 공이 나온 횟수 c $(0\le c\le 3)$에 대하여 10회의 과정이 끝난 후 얻는 점수는 $(a+1)+(b+2)+(c+3)$이고,
얻은 점수가 10이 되는 경우는
$(a+1)+(b+2)+(c+3)=10$ (a, b, c는 음이 아닌 정수)
즉, $a+b+c=4$ (a, b, c는 음이 아닌 정수) …… ㉠
일 때이므로 방정식 ㉠을 만족시키는 순서쌍 (a, b, c)의 개수는
${}_3H_4={}_{3+4-1}C_4={}_6C_4={}_6C_2=15$
이때 $0\le a\le 3$, $0\le c\le 3$이므로 방정식 ㉠을 만족시키는 순서쌍 (a, b, c) 중 $(4, 0, 0)$, $(0, 0, 4)$는 제외된다.
따라서 구하는 모든 순서쌍 (a, b, c)의 개수는
$15-2=13$

답 13

필수유형 6

$x_{n+1}-x_n=a_n$ $(n=1, 2, 3)$이라 하면 조건 (가)에서 $a_n\ge 2$이고
$(x_4-x_3)+(x_3-x_2)+(x_2-x_1)=x_4-x_1$이므로
$a_1+a_2+a_3=x_4-x_1$
이때 $x_1+a_1+a_2+a_3=x_4\le 12$이므로
$12-x_4=a_4$라 하면 $a_4\ge 0$이고
$x_1+a_1+a_2+a_3+a_4=12$
$a_n'=a_n-2$ $(n=1, 2, 3)$이라 하면
$x_1+(a_1'+2)+(a_2'+2)+(a_3'+2)+a_4=12$
$x_1+a_1'+a_2'+a_3'+a_4=6$
$(x_1\ge 0,\ a_1'\ge 0,\ a_2'\ge 0,\ a_3'\ge 0,\ a_4\ge 0)$ …… ㉠
따라서 조건을 만족시키는 모든 순서쌍 (x_1, x_2, x_3, x_4)의 개수는 ㉠을 만족시키는 모든 순서쌍 $(x_1, a_1', a_2', a_3', a_4)$의 개수와 같으므로
${}_5H_6={}_{5+6-1}C_6$
$={}_{10}C_6={}_{10}C_4$
$=\frac{10\times 9\times 8\times 7}{4\times 3\times 2\times 1}$
$=210$

답 ①

16

(i) $w=1$일 때
$x+y+z+1^2=12$에서
$x+y+z=11$
$x=x'+1$, $y=y'+1$, $z=z'+1$ (x', y', z'은 음이 아닌 정수)라 하면
$(x'+1)+(y'+1)+(z'+1)=11$
$x'+y'+z'=8$ …… ㉠
따라서 조건을 만족시키는 자연수 x, y, z의 모든 순서쌍 (x, y, z)의 개수는 방정식 ㉠을 만족시키는 음이 아닌 정수 x', y', z'의 순서쌍 (x', y', z')의 개수와 같으므로
${}_3H_8={}_{3+8-1}C_8$
$={}_{10}C_8={}_{10}C_2$
$=\frac{10\times 9}{2\times 1}$
$=45$
(ii) $w=2$일 때
$x+y+z+2^2=12$에서
$x+y+z=8$
$x=x'+1$, $y=y'+1$, $z=z'+1$ (x', y', z'은 음이 아닌 정수)라 하면
$(x'+1)+(y'+1)+(z'+1)=8$
$x'+y'+z'=5$ …… ㉡
따라서 조건을 만족시키는 자연수 x, y, z의 모든 순서쌍 (x, y, z)의 개수는 방정식 ㉡을 만족시키는 음이 아닌 정수 x', y', z'의 모든 순서쌍 (x', y', z')의 개수와 같으므로
${}_3H_5={}_{3+5-1}C_5$
$={}_7C_5={}_7C_2$
$=\frac{7\times 6}{2\times 1}$
$=21$
(iii) $w=3$일 때
$x+y+z+3^2=12$에서
$x+y+z=3$
이를 만족시키는 자연수 x, y, z의 순서쌍 (x, y, z)의 개수는 $(1, 1, 1)$의 1이다.
(i), (ii), (iii)에 의하여 구하는 모든 순서쌍 (x, y, z, w)의 개수는
$45+21+1=67$

답 ②

17

조건 (가)의 $x+y+3z=22$에서 조건 (다)에 의하여 z가 짝수가 아닌 소수이므로 z는 3, 5, 7뿐이다.
(i) $z=3$일 때
$x+y+3\times 3=22$에서 $x+y=13$
이므로 조건 (나)를 만족시키지 않는다.
(ii) $z=5$일 때
$x+y+3\times 5=22$에서 $x+y=7$

이고, 조건 (나)를 만족시키므로 음이 아닌 정수 x, y, z의 모든 순서쌍 (x, y, z)의 개수는

$_2H_7={}_{2+7-1}C_7={}_8C_7={}_8C_1=8$

(iii) $z=7$일 때

$x+y+3\times7=22$에서 $x+y=1$

이고 조건 (나)를 만족시키므로 음이 아닌 정수 x, y, z의 모든 순서쌍 (x, y, z)의 개수는

$_2H_1={}_{2+1-1}C_1={}_2C_1=2$

(i), (ii), (iii)에 의하여 구하는 모든 순서쌍 (x, y, z)의 개수는

$8+2=10$

답 ①

18

두 조건 (나), (다)에 의하여 서로 다른 세 점 $A(a, b)$, $B(b, c)$, $C(c, d)$의 무게중심 $\left(\frac{a+b+c}{3}, \frac{b+c+d}{3}\right)$가 직선 $y=x$ 위에 있으므로

$\frac{b+c+d}{3}=\frac{a+b+c}{3}$, $a=d$

조건 (가)에서

$2a+b+c=12$

(i) $a=1$일 때

$b+c=10$이므로

$c=10-b$이고 세 점 A, B, C의 좌표는 각각

$(1, b)$, $(b, 10-b)$, $(10-b, 1)$이다.

이 세 점 A, B, C가 직선 $y=x$ 위에 있지 않으므로 $b\neq1$이고 $b\neq5$이고 $b\neq9$이다.

$b=b'+1$, $c=c'+1$ (b', c'은 음이 아닌 정수)라 하면

$(b'+1)+(c'+1)=10$

$b'+c'=8$

이고, 이를 만족시키는 b', c'의 순서쌍 (b', c')의 개수는

$_2H_8={}_{2+8-1}C_8={}_9C_8={}_9C_1=9$

이때 $b'=0$, $b'=4$, $b'=8$인 경우를 제외하면 자연수 a, b, c, d의 순서쌍 (a, b, c, d)의 개수는

$9-3=6$

(ii) $a=2$일 때

$b+c=8$이므로

$c=8-b$이고 세 점 A, B, C의 좌표는 각각

$(2, b)$, $(b, 8-b)$, $(8-b, 2)$이다.

이 세 점 A, B, C가 직선 $y=x$ 위에 있지 않으므로 $b\neq2$이고 $b\neq4$이고 $b\neq6$이다.

$b=b'+1$, $c=c'+1$ (b', c'은 음이 아닌 정수)라 하면

$(b'+1)+(c'+1)=8$

$b'+c'=6$

이고, 이를 만족시키는 b', c'의 순서쌍 (b', c')의 개수는

$_2H_6={}_{2+6-1}C_6={}_7C_6={}_7C_1=7$

이때 $b'=1$, $b'=3$, $b'=5$인 경우를 제외하면 자연수 a, b, c, d의 순서쌍 (a, b, c, d)의 개수는

$7-3=4$

(iii) $a=3$일 때

$b+c=6$이므로

$c=6-b$이고 세 점 A, B, C의 좌표는 각각

$(3, b)$, $(b, 6-b)$, $(6-b, 3)$이다.

이 세 점 A, B, C가 직선 $y=x$ 위에 있지 않으므로 $b\neq3$이다.

$b=b'+1$, $c=c'+1$ (b', c'은 음이 아닌 정수)라 하면

$(b'+1)+(c'+1)=6$

$b'+c'=4$

이고, 이를 만족시키는 b', c'의 순서쌍 (b', c')의 개수는

$_2H_4={}_{2+4-1}C_4={}_5C_4={}_5C_1=5$

이때 $b'=2$인 경우를 제외하면 자연수 a, b, c, d의 순서쌍 (a, b, c, d)의 개수는

$5-1=4$

(iv) $a=4$일 때

$b+c=4$이므로

$c=4-b$이고 세 점 A, B, C의 좌표는 각각

$(4, b)$, $(b, 4-b)$, $(4-b, 4)$이다.

이 세 점 A, B, C가 직선 $y=x$ 위에 있지 않으므로 $b\neq2$이다.

$b=b'+1$, $c=c'+1$ (b', c'은 음이 아닌 정수)라 하면

$(b'+1)+(c'+1)=4$

$b'+c'=2$

이고, 이를 만족시키는 b', c'의 순서쌍 (b', c')의 개수는

$_2H_2={}_{2+2-1}C_2={}_3C_2={}_3C_1=3$

이때 $b'=1$인 경우를 제외하면 자연수 a, b, c, d의 순서쌍 (a, b, c, d)의 개수는

$3-1=2$

(v) $a=5$일 때

$b+c=2$이므로

$c=2-b$이고 세 점 A, B, C의 좌표는 각각

$(5, b)$, $(b, 2-b)$, $(2-b, 5)$이다.

이 세 점 A, B, C가 직선 $y=x$ 위에 있지 않으므로 $b\neq1$이다.

이때 $b+c=2$를 만족시키는 자연수 b, c의 순서쌍 (b, c)가 존재하지 않는다.

즉, 자연수 a, b, c, d의 순서쌍 (a, b, c, d)는 존재하지 않는다.

(i)~(v)에 의하여 구하는 자연수 a, b, c, d의 모든 순서쌍 (a, b, c, d)의 개수는

$6+4+4+2+0=16$

답 ④

필수유형 7

$\left(x+\frac{4}{x^2}\right)^6$의 전개식의 일반항은

$_6C_r\times x^{6-r}\times\left(\frac{4}{x^2}\right)^r={}_6C_r\times4^r\times x^{6-3r}$ $(r=0, 1, 2, \cdots, 6)$

삼차항은 $6-3r=3$에서 $r=1$일 때이다.
따라서 x^3의 계수는
${}_6C_1\times4=6\times4=24$

답 24

19

다항식 $(3+x)^3(1-x)^4$의 전개식에서 이차항은 다음 세 가지 경우이다.
(i) $(3+x)^3$의 전개식에서 상수항과 $(1-x)^4$의 전개식에서 이차항을 곱한 경우
$(3+x)^3$의 전개식에서 상수항은
${}_3C_0\times x^0\times3^3=27$
$(1-x)^4$의 전개식에서 이차항은
${}_4C_2\times(-x)^2\times1^2=6x^2$
이 경우 x^2의 계수는
$27\times6=162$
(ii) $(3+x)^3$의 전개식에서 일차항과 $(1-x)^4$의 전개식에서 일차항을 곱한 경우
$(3+x)^3$의 전개식에서 일차항은
${}_3C_1\times x^1\times3^2=27x$
$(1-x)^4$의 전개식에서 일차항은
${}_4C_1\times(-x)^1\times1^3=-4x$
이 경우 x^2의 계수는
$27\times(-4)=-108$
(iii) $(3+x)^3$의 전개식에서 이차항과 $(1-x)^4$의 전개식에서 상수항을 곱한 경우
$(3+x)^3$의 전개식에서 이차항은
${}_3C_2\times x^2\times3^1=9x^2$
$(1-x)^4$의 전개식에서 상수항은
${}_4C_0\times(-x)^0\times1^4=1$
이 경우 x^2의 계수는
$9\times1=9$
(i), (ii), (iii)에 의하여 x^2의 계수는
$162+(-108)+9=63$

답 ①

20

$\left(2x+\dfrac{1}{x^2}\right)^n$의 전개식의 일반항은

${}_nC_r\times(2x)^{n-r}\times\left(\dfrac{1}{x^2}\right)^r={}_nC_r\times2^{n-r}\times x^{n-3r}$ $(r=0,\ 1,\ 2,\ \cdots,\ n)$

이므로 $n-3r=0$, 즉 $n=3r$일 때만 0이 아닌 상수항이 존재한다.
n이 3의 배수가 아닐 때 상수항은 0이고,
n이 3의 배수인 $n=3,\ 6,\ 9,\ 12$, 즉 $r=1,\ 2,\ 3,\ 4$일 때, 0이 아닌 상수항이 존재한다.
따라서 $a_1=a_2=a_4=a_5=a_7=a_8=a_{10}=a_{11}=0$이므로

$\sum_{n=1}^{6}a_n+\dfrac{1}{2^8}\times\sum_{n=7}^{12}a_n$
$=(a_3+a_6)+\dfrac{1}{2^8}\times(a_9+a_{12})$
$=({}_3C_1\times2^{3-1}+{}_6C_2\times2^{6-2})+\dfrac{1}{2^8}\times({}_9C_3\times2^{9-3}+{}_{12}C_4\times2^{12-4})$
$=(3\times2^2+15\times2^4)+\dfrac{1}{2^8}\times(84\times2^6+495\times2^8)$
$=12+240+21+495$
$=768$

답 ②

21

$(1+x^2)^n$의 전개식의 일반항은 ${}_nC_r\times x^{2r}$ $(r=0,\ 1,\ 2,\ \cdots,\ n)$이고,
$\left(1+\dfrac{1}{x}\right)^{5-n}$의 전개식의 일반항은
${}_{5-n}C_s\times x^{-s}$ $(s=0,\ 1,\ 2,\ \cdots,\ 5-n)$이므로
$(1+x^2)^n\left(1+\dfrac{1}{x}\right)^{5-n}$의 전개식의 일반항은
${}_nC_r\times x^{2r}\times{}_{5-n}C_s\times x^{-s}={}_nC_r\times{}_{5-n}C_s\times x^{2r-s}$
$(r=0,\ 1,\ 2,\ \cdots,\ n$이고 $s=0,\ 1,\ 2,\ \cdots,\ 5-n)$
이때 x^2항은 $2r-s=2$일 때이다.
(i) $n=1$일 때, x^2의 계수는
${}_1C_r\times{}_4C_s\times x^{2r-s}$ $(r=0,\ 1$이고 $s=0,\ 1,\ 2,\ 3,\ 4)$에서
$r=1,\ s=0$일 때
${}_1C_1\times{}_4C_0=1$이므로
$f(1)=1$
(ii) $n=2$일 때, x^2의 계수는
${}_2C_r\times{}_3C_s\times x^{2r-s}$ $(r=0,\ 1,\ 2$이고 $s=0,\ 1,\ 2,\ 3)$에서
$r=1,\ s=0$일 때
${}_2C_1\times{}_3C_0=2$이고,
$r=2,\ s=2$일 때
${}_2C_2\times{}_3C_2=3$이므로
$f(2)=2+3=5$
(iii) $n=3$일 때, x^2의 계수는
${}_3C_r\times{}_2C_s\times x^{2r-s}$ $(r=0,\ 1,\ 2,\ 3$이고 $s=0,\ 1,\ 2)$에서
$r=1,\ s=0$일 때
${}_3C_1\times{}_2C_0=3$이고,
$r=2,\ s=2$일 때
${}_3C_2\times{}_2C_2=3$이므로
$f(3)=3+3=6$
(iv) $n=4$일 때, x^2의 계수는
${}_4C_r\times{}_1C_s\times x^{2r-s}$ $(r=0,\ 1,\ 2,\ 3,\ 4$이고 $s=0,\ 1)$에서
$r=1,\ s=0$일 때
${}_4C_1\times{}_1C_0=4$이므로
$f(4)=4$
따라서
$\sum_{n=1}^{4}f(n)=f(1)+f(2)+f(3)+f(4)$
$=1+5+6+4=16$

답 ②

필수유형 8

$(x+a^2)^n$의 전개식에서 x^{n-1}의 계수는

${}_nC_{n-1}\times a^2={}_nC_1\times a^2=a^2n$

$(x^2-2a)(x+a)^n=x^2(x+a)^n-2a(x+a)^n$에서

$x^2(x+a)^n$을 전개하면 x^{n-1}의 계수는

$(x+a)^n$을 전개하였을 때 x^{n-3}의 계수와 같으므로

${}_nC_{n-3}\times a^3={}_nC_3\times a^3=\boxed{\dfrac{n(n-1)(n-2)}{6}}\times a^3$이고,

$2a(x+a)^n$을 전개하면 x^{n-1}의 계수는

$2a\times({}_nC_{n-1}\times a)=2a\times({}_nC_1\times a)$

$=2a^2n$

따라서 $(x^2-2a)(x+a)^n$의 전개식에서 x^{n-1}의 계수는

$\boxed{\dfrac{n(n-1)(n-2)}{6}}\times a^3-2a^2n$

이다. 그러므로

$a^2n=\boxed{\dfrac{n(n-1)(n-2)}{6}}\times a^3-2a^2n$

이고, 이 식을 정리하면

$6a^2n=n(n-1)(n-2)a^3-12a^2n$

$18a^2n=n(n-1)(n-2)a^3$

이때 $n\geq4$이고, a는 자연수이므로 위 식의 양변을 a^2n으로 나누면

$18=(n-1)(n-2)a$

a를 n에 관한 식으로 나타내면

$a=\dfrac{18}{\boxed{(n-1)(n-2)}}$

a는 자연수이므로 $(n-1)(n-2)$는 18의 약수이어야 한다.

한편, n은 4 이상의 자연수이므로

$(n-1)(n-2)\geq6$

따라서 $(n-1)(n-2)$의 값이 될 수 있는 것은 6, 9, 18이다.

(i) $(n-1)(n-2)=6$일 때

$n^2-3n+2=6$

$n^2-3n-4=0$

$(n+1)(n-4)=0$

$n=-1$ 또는 $n=4$

이때 $n\geq4$이므로

$n=4$

(ii) $(n-1)(n-2)=9$일 때

$n^2-3n+2=9$

$n^2-3n-7=0$

$n=\dfrac{3\pm\sqrt{37}}{2}$

즉, 자연수 n의 값은 존재하지 않는다.

(iii) $(n-1)(n-2)=18$일 때

$n^2-3n+2=18$

$n^2-3n-16=0$

$n=\dfrac{3\pm\sqrt{73}}{2}$

즉, 자연수 n의 값은 존재하지 않는다.

(i), (ii), (iii)에서 $n=\boxed{4}$

따라서

$f(n)=\dfrac{n(n-1)(n-2)}{6}$, $g(n)=(n-1)(n-2)$, $k=4$

이므로

$f(k)+g(k)=f(4)+g(4)$

$=\dfrac{4\times3\times2}{6}+3\times2$

$=4+6=10$

답 ①

22

서로 다른 캐릭터 카드 7장 중에서 3장 이상의 캐릭터 카드를 택하는 경우의 수를 N이라 하면

$N={}_7C_3+{}_7C_4+{}_7C_5+{}_7C_6+{}_7C_7$

이때 ${}_7C_0+{}_7C_1+{}_7C_2+\cdots+{}_7C_6+{}_7C_7=2^7$

이므로

${}_7C_0+{}_7C_1+{}_7C_2+N=2^7=128$

따라서

$N=128-({}_7C_0+{}_7C_1+{}_7C_2)$

$=128-(1+7+21)$

$=99$

답 ②

23

${}_{2n}C_0+{}_{2n}C_2+{}_{2n}C_4+{}_{2n}C_6+\cdots+{}_{2n}C_{2n}=2^{2n-1}$

이므로

$f(n)={}_{2n}C_2+{}_{2n}C_4+{}_{2n}C_6+\cdots+{}_{2n}C_{2n}=2^{2n-1}-1$

따라서

$\sum_{n=1}^{5}f(n)=\sum_{n=1}^{5}(2^{2n-1}-1)$

$=\dfrac{2(4^5-1)}{4-1}-5$

$=\dfrac{2\times1023}{3}-5$

$=677$

답 ③

24

$n\geq2$일 때 서로 다른 n개의 음료수 중에서 2개를 택하는 경우의 수는 ${}_nC_2$이므로 $a_n={}_nC_2$이고,

$\sum_{n=2}^{8}a_n=a_2+a_3+a_4+a_5+a_6+a_7+a_8$

${}_{n-1}C_{r-1}+{}_{n-1}C_r={}_nC_r$ $(1\leq r<n)$이므로

$\sum_{n=2}^{8}a_n={}_2C_2+{}_3C_2+{}_4C_2+{}_5C_2+{}_6C_2+{}_7C_2+{}_8C_2$

$=({}_3C_3+{}_3C_2)+{}_4C_2+{}_5C_2+{}_6C_2+{}_7C_2+{}_8C_2$

$=({}_4C_3+{}_4C_2)+{}_5C_2+{}_6C_2+{}_7C_2+{}_8C_2$

$=({}_5C_3+{}_5C_2)+{}_6C_2+{}_7C_2+{}_8C_2$

$=({}_6C_3+{}_6C_2)+{}_7C_2+{}_8C_2$

$=({}_7C_3+{}_7C_2)+{}_8C_2$

$={}_8C_3+{}_8C_2$

$={}_9C_3$

$=\dfrac{9\times8\times7}{3\times2\times1}=84$

답 ⑤

다른 풀이

$n\geq 2$일 때 서로 다른 n개의 음료수 중에서 2개를 택하는 경우의 수는 ${}_{n}\mathrm{C}_{2}$이므로 $a_n={}_{n}\mathrm{C}_{2}$

따라서

$$\sum_{n=2}^{8}a_n=\sum_{n=2}^{8}{}_{n}\mathrm{C}_{2}$$
$$=\sum_{n=2}^{8}\frac{n(n-1)}{2}$$
$$=\frac{1}{2}\sum_{n=2}^{8}n(n-1)$$
$$=\frac{1}{2}\sum_{n=1}^{7}(n+1)n$$
$$=\frac{1}{2}\sum_{n=1}^{7}(n^2+n)$$
$$=\frac{1}{2}\times\left(\frac{7\times 8\times 15}{6}+\frac{7\times 8}{2}\right)$$
$$=\frac{1}{2}\times(140+28)$$
$$=84$$

08 확률

본문 82~90쪽

필수유형 1 ①	01 ③	02 ③	03 28
필수유형 2 ③	04 ④	05 ⑤	06 ④
	07 ②	08 16	
필수유형 3 ④	09 ④	10 ②	11 138
필수유형 4 ③	12 59	13 ⑤	14 111
필수유형 5 ②	15 ②	16 ⑤	17 42
필수유형 6 ⑤	18 10	19 ④	20 ②
필수유형 7 ②	21 ①	22 ⑤	23 ④
	24 120	25 120	
필수유형 8 ①	26 ③	27 ④	28 ②

필수유형 1

주머니 A에서 꺼낸 카드에 적혀 있는 수를 a, 주머니 B에서 꺼낸 카드에 적혀 있는 수를 b라 하면

모든 순서쌍 (a, b)의 개수는

$3\times5=15$

이때 $|a-b|=1$인 순서쌍 (a, b)는

$(1, 2)$, $(2, 1)$, $(2, 3)$, $(3, 2)$, $(3, 4)$

이고 그 개수는 5이다.

따라서 구하는 확률은

$\frac{5}{15}=\frac{1}{3}$

답 ①

01

모든 순서쌍 (a, b)의 개수는 $6\times6=36$

순서쌍 (a, b) 중에서 ab가 6의 배수인 것은

$(1, 6)$, $(2, 3)$, $(2, 6)$, $(3, 2)$, $(3, 4)$, $(3, 6)$, $(4, 3)$, $(4, 6)$, $(5, 6)$, $(6, 1)$, $(6, 2)$, $(6, 3)$, $(6, 4)$, $(6, 5)$, $(6, 6)$

으로 그 개수는 15이다.

따라서 구하는 확률은

$\frac{15}{36}=\frac{5}{12}$

답 ③

02

모든 경우의 수는 $3\times5=15$

세 수 a, b, $a+b$가 이 순서대로 등차수열을 이루면

$2b=a+a+b$이므로 $b=2a$

이 조건을 만족시키는 순서쌍 (a, b)는

$(2, 4)$, $(3, 6)$, $(4, 8)$

로 그 개수가 3이다.

따라서 구하는 확률은

$\frac{3}{15}=\frac{1}{5}$

답 ③

03

세 점 O, A, B가 한 직선 위에 있으므로 직선 OA의 기울기와 직선 OB의 기울기가 같다.

즉, $\frac{b-0}{a-0}=\frac{c-0}{b-0}$이므로

$b^2=ac$

이것을 만족시키는 경우는 다음 표와 같다.

b	a	c
1	1	1
2	1	4
2	2	2
2	4	1
3	3	3
4	4	4
5	5	5
6	6	6

그러므로 구하는 확률은

$\frac{8}{6^3}=\frac{1}{27}$

따라서 $p=27$, $q=1$이므로

$p+q=28$

답 28

필수유형 2

숫자 1, 2, 3, 4, 5 중에서 중복을 허락하여 4개를 택해 일렬로 나열하여 만들 수 있는 모든 네 자리의 자연수의 개수는

${}_5\Pi_4=5^4$

이 중에서 3500보다 큰 경우는 다음과 같다.

(i) 천의 자리의 숫자가 3, 백의 자리의 숫자가 5인 경우

십의 자리의 숫자와 일의 자리의 숫자를 택하는 경우의 수는

${}_5\Pi_2=5^2$

(ii) 천의 자리의 숫자가 4 또는 5인 경우

천의 자리의 숫자를 택하는 경우의 수는 2이고,

위의 각각에 대하여 나머지 세 자리의 숫자를 택하는 경우의 수는

${}_5\Pi_3=5^3$

이므로 이 경우의 수는

2×5^3

(i), (ii)에서 3500보다 큰 자연수의 개수는

$5^2+2\times5^3$

따라서 구하는 확률은

$\frac{5^2+2\times5^3}{5^4}=\frac{11}{25}$

답 ③

04

꺼낸 2개의 공이 모두 검은 공일 확률은

$$\frac{{}_{n}C_{2}}{{}_{n+3}C_{2}}=\frac{\frac{n(n-1)}{2}}{\frac{(n+3)(n+2)}{2}}=\frac{n(n-1)}{(n+3)(n+2)}$$

$\frac{n(n-1)}{(n+3)(n+2)}=\frac{1}{5}$에서

$(n+3)(n+2)=5n(n-1)$

$4n^{2}-10n-6=0$

$2n^{2}-5n-3=0$

$(n-3)(2n+1)=0$

n은 2 이상의 자연수이므로

$n=3$

흰 공 3개, 검은 공 3개가 들어 있는 주머니에서 임의로 2개의 공을 동시에 꺼낼 때, 꺼낸 2개의 공의 색이 서로 다를 확률은

$\frac{{}_{3}C_{1}\times{}_{3}C_{1}}{{}_{6}C_{2}}=\frac{9}{15}=\frac{3}{5}$

답 ④

05

숫자 0, 2, 2, 3, 3, 3을 모두 일렬로 나열하여 만들 수 있는 여섯 자리의 자연수의 개수는 0, 2, 2, 3, 3, 3을 일렬로 나열하는 경우의 수에서 0이 맨 앞에 오는 경우의 수를 빼면 된다.

$\frac{6!}{2!3!}-\frac{5!}{2!3!}=60-10=50$

이 중에서 홀수인 경우는 끝자리가 3이어야 하므로 0, 2, 2, 3, 3을 일렬로 나열하는 경우의 수에서 0이 맨 앞에 오는 경우의 수를 빼면 된다.

$\frac{5!}{2!2!}-\frac{4!}{2!2!}=30-6=24$

따라서 구하는 확률은

$\frac{24}{50}=\frac{12}{25}$

답 ⑤

06

원순열을 이용하여 경우의 수를 구한다.

7개의 정사각형으로 이루어진 도형의 내부를 서로 다른 7가지 색으로 칠하는 모든 경우의 수는 $\frac{7!}{2}$

이웃하는 두 영역을 택하는 경우의 수는 3이고 두 영역에 빨간색과 보라색을 칠하는 경우의 수는 각각 2이다.

나머지 다섯 영역을 색칠하는 경우의 수는 $5!$이므로 구하는 경우의 수는 $3\times2\times5!=6\times5!=6!$

따라서 구하는 확률은

$\frac{6!}{\frac{7!}{2}}=\frac{2}{7}$

답 ④

07

X에서 X로의 모든 함수 f의 개수는 1, 2, 3, 4, 5 중에서 중복을 허락하여 5개를 택하여 일렬로 나열하는 중복순열의 수와 같으므로

${}_{5}\Pi_{5}=5^{5}$

주어진 조건을 만족시키려면

$f(1)\le f(3)\le f(5)$이고 $f(2)\le f(4)$

이어야 한다.

(i) $f(1)\le f(3)\le f(5)$인 경우

집합 $X=\{1, 2, 3, 4, 5\}$의 원소 중에서 중복을 허락하여 3개를 택하면 위의 대소 관계에 의하여 $f(1)$, $f(3)$, $f(5)$의 값이 정해지므로

${}_{5}H_{3}={}_{7}C_{3}=35$

(ii) $f(2)\le f(4)$인 경우

집합 $X=\{1, 2, 3, 4, 5\}$의 원소 중에서 중복을 허락하여 2개를 택하면 위의 대소 관계에 의하여 $f(2)$, $f(4)$의 값이 정해지므로

${}_{5}H_{2}={}_{6}C_{2}=15$

(i), (ii)에서 조건을 만족시키는 함수의 개수는

35×15

따라서 구하는 확률은

$\frac{35\times15}{5^{5}}=\frac{21}{125}$

답 ②

08

준비된 댄스곡 4개, 발라드곡 3개, 힙합곡 2개의 총 9개의 곡 중에서 서로 다른 5개의 곡을 택하는 경우의 수는

${}_{9}C_{5}={}_{9}C_{4}=\frac{9\times8\times7\times6}{4\times3\times2\times1}=126$

3개의 장르가 모두 포함되는 경우는 다음과 같다.

(i) 댄스곡 3개, 발라드곡 1개, 힙합곡 1개를 택하는 경우의 수는

${}_{4}C_{3}\times{}_{3}C_{1}\times{}_{2}C_{1}=24$

(ii) 댄스곡 2개, 발라드곡 2개, 힙합곡 1개를 택하는 경우의 수는

${}_{4}C_{2}\times{}_{3}C_{2}\times{}_{2}C_{1}=36$

(iii) 댄스곡 2개, 발라드곡 1개, 힙합곡 2개를 택하는 경우의 수는

${}_{4}C_{2}\times{}_{3}C_{1}\times{}_{2}C_{2}=18$

(iv) 댄스곡 1개, 발라드곡 3개, 힙합곡 1개를 택하는 경우의 수는

${}_{4}C_{1}\times{}_{3}C_{3}\times{}_{2}C_{1}=8$

(v) 댄스곡 1개, 발라드곡 2개, 힙합곡 2개를 택하는 경우의 수는

${}_{4}C_{1}\times{}_{3}C_{2}\times{}_{2}C_{2}=12$

(i)~(v)에서 3개의 장르가 모두 포함되는 경우의 수는

$24+36+18+8+12=98$

이므로 구하는 확률은 $\frac{98}{126}=\frac{7}{9}$

따라서 $p=9$, $q=7$이므로 $p+q=16$

답 16

다른 풀이

3개의 장르가 모두 포함되는 사건의 여사건은 2개의 장르만으로 5개의 곡을 선택하는 사건이고 다음과 같다.

(ⅰ) 댄스곡 4개, 발라드곡 3개 중에서 5개의 곡을 고르는 경우의 수는

$_7C_5={}_7C_2=21$

(ⅱ) 댄스곡 4개, 힙합곡 2개 중에서 5개의 곡을 고르는 경우의 수는

$_6C_5={}_6C_1=6$

(ⅲ) 발라드곡 3개, 힙합곡 2개 중에서 5개의 곡을 고르는 경우의 수는

$_5C_5=1$

그러므로 구하는 확률은

$1-\frac{21+6+1}{_9C_5}=1-\frac{28}{126}=1-\frac{2}{9}=\frac{7}{9}$

따라서 $p=9$, $q=7$이므로

$p+q=16$

필수유형 3

만들 수 있는 모든 네 자리의 자연수의 개수는

$_5P_4=5\times4\times3\times2=120$

(ⅰ) 택한 수가 5의 배수인 사건을 A라 하면

일의 자리의 수가 5이어야 하므로 5의 배수인 네 자리의 자연수의 개수는

$_4P_3=4\times3\times2=24$

이므로 $P(A)=\frac{24}{120}=\frac{1}{5}$

(ⅱ) 택한 수가 3500 이상인 사건을 B라 하면

천의 자리의 수가 3인 경우 3500 이상인 네 자리의 자연수의 개수는

$_3P_2=3\times2=6$

천의 자리의 수가 4 또는 5인 경우 3500 이상인 네 자리의 자연수의 개수는

$2\times{}_4P_3=2\times4\times3\times2=48$

이므로 $P(B)=\frac{6+48}{120}=\frac{9}{20}$

(ⅲ) 5의 배수이면서 3500 이상인 네 자리의 자연수는 천의 자리의 수가 4이고 일의 자리의 수가 5이어야 하므로 그 개수는

$_3P_2=3\times2=6$

즉, $P(A\cap B)=\frac{6}{120}=\frac{1}{20}$

(ⅰ), (ⅱ), (ⅲ)에서 구하는 확률은 확률의 덧셈정리에 의하여

$$P(A\cup B)=P(A)+P(B)-P(A\cap B)$$
$$=\frac{1}{5}+\frac{9}{20}-\frac{1}{20}=\frac{3}{5}$$

답 ④

09

(ⅰ) 모두 흰 공이 나오는 경우

그 확률은 $\frac{1}{3}\times\frac{2}{5}=\frac{2}{15}$

(ⅱ) 모두 검은 공이 나오는 경우

그 확률은 $\frac{2}{3}\times\frac{3}{5}=\frac{2}{5}$

(ⅰ)과 (ⅱ)는 서로 배반사건이므로 구하는 확률은

$\frac{2}{15}+\frac{2}{5}=\frac{8}{15}$

답 ④

10

나온 세 눈의 수의 합이 3의 배수가 되는 경우는

(ⅰ) 나온 세 눈의 수의 합이 3인 경우

(1, 1, 1)의 1가지이고 이때 확률은 $\left(\frac{1}{6}\right)^3=\frac{1}{216}$

(ⅱ) 나온 세 눈의 수의 합이 6인 경우

① (1, 2, 3)이 순서를 바꾸는 6가지이고

이때 각각의 확률은 $\frac{1}{6}\times\frac{2}{6}\times\frac{3}{6}=\frac{1}{36}$이므로

확률은 $6\times\frac{1}{36}=\frac{1}{6}$

② (2, 2, 2)의 1가지이고

이때 확률은 $\left(\frac{2}{6}\right)^3=\frac{1}{27}$

(ⅲ) 나온 세 눈의 수의 합이 9인 경우

(3, 3, 3)의 1가지이고 이때 확률은 $\left(\frac{3}{6}\right)^3=\frac{1}{8}$

(ⅰ), (ⅱ), (ⅲ)에서 구하는 확률은

$\frac{1}{216}+\frac{1}{6}+\frac{1}{27}+\frac{1}{8}=\frac{72}{216}=\frac{1}{3}$

답 ②

11

집합 X의 부분집합의 개수는 2^6이고,

두 부분집합 A, B를 택하는 모든 경우의 수는

$2^6\times2^6=2^{12}$

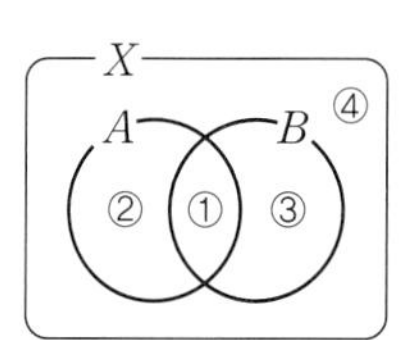

(ⅰ) $n(A\cap B)=2$인 경우

집합 $A\cap B$에 속하는 원소 2개를 택하는 경우의 수는

$_6C_2=15$

집합 $A\cap B$에 속하지 않는 4개의 원소는 위의 ②, ③, ④ 영역 중에 한 영역에 속하게 되므로 4개의 원소의 영역을 정하는 경우의 수는 3^4이다.

따라서 이 경우의 확률은

$\frac{15\times3^4}{2^{12}}$

(ⅱ) $n(A\cup B)=4$인 경우

집합 $A\cup B$에 속하지 않는 원소 2개를 택하는 경우의 수는

$_6C_2=15$

집합 $A\cup B$에 속하는 4개의 원소는 위의 ①, ②, ③영역 중에 한 영역에 속하게 되므로 4개의 원소의 영역을 정하는 경우의 수는 3^4이다.

따라서 이 경우의 확률은

$\frac{15\times3^4}{2^{12}}$

(iii) $n(A\cap B)=2$이고 $n(A\cup B)=4$인 경우

집합 $A\cap B$에 속하는 원소 2개를 택하는 경우의 수는

${}_6C_2=15$

나머지 4개의 원소에서 집합 $A\cup B$에 속하지 않는 원소 2개를 택하는 경우의 수는

${}_4C_2=6$

이때 나머지 2개의 원소는 ②, ③영역 중의 하나에 속하게 되므로 2개의 원소의 영역을 정하는 경우의 수는 2^2이다.

따라서 이 경우의 확률은

$\frac{15\times6\times2^2}{2^{12}}$

(i), (ii), (iii)에서 구하는 확률은

$\frac{15\times3^4}{2^{12}}+\frac{15\times3^4}{2^{12}}-\frac{15\times6\times2^2}{2^{12}}$

$=\frac{15}{2^{12}}(3^4+3^4-6\times2^2)$

$=\frac{15}{2^{12}}\times138$

따라서 $k=138$

답 138

필수유형 4

꺼낸 카드에 적혀 있는 세 자연수 중에서 가장 작은 수가 4 이하이거나 7 이상인 사건을 A라 하면 A의 여사건 A^C은 꺼낸 카드에 적혀 있는 세 자연수 중에서 가장 작은 수가 4보다 크고 7보다 작은 경우이다.

즉, A^C은 카드에 적혀 있는 세 자연수 중에서 가장 작은 수가 5 또는 6인 사건이다. 가장 작은 수가 5인 경우 6 이상 10 이하의 자연수 중에서 두 수를 택하면 되고, 가장 작은 수가 6인 경우 7 이상 10 이하의 자연수 중에서 두 수를 택하면 되므로

$\mathrm{P}(A^C)=\frac{{}_5C_2+{}_4C_2}{{}_{10}C_3}=\frac{10+6}{120}=\frac{2}{15}$

따라서 구하는 확률은

$\mathrm{P}(A)=1-\mathrm{P}(A^C)=1-\frac{2}{15}=\frac{13}{15}$

답 ③

12

한 개의 주사위를 두 번 던져 나오는 눈의 수를 차례로 a, b라 할 때, 모든 순서쌍 (a, b)의 개수는 $6\times6=36$

나온 두 눈의 수가 서로소가 아닌 경우는

(2, 2), (2, 4), (2, 6), (3, 3), (3, 6),

(4, 2), (4, 4), (4, 6), (5, 5), (6, 2), (6, 3), (6, 4), (6, 6)

의 13가지이므로 구하는 확률은

$1-\frac{13}{36}=\frac{23}{36}$

따라서 $p=36$, $q=23$이므로 $p+q=59$

답 59

13

서로 다른 5개의 휴대폰을 5명의 학생에게 나누어 주는 모든 경우의 수는

$5!=120$

(i) 자신의 휴대폰을 받는 학생이 두 명인 경우

자신의 휴대폰을 받는 학생 두 명을 택하는 경우의 수는

${}_5C_2=10$

5명의 학생 A, B, C, D, E의 휴대폰을 각각 a, b, c, d, e라 하자.

예를 들어 A, B가 자신의 휴대폰을 받고, 나머지 학생 C, D, E가 모두 다른 학생의 휴대폰을 받는 경우의 수는 표와 같이 2이다.

A	B	C	D	E
a	b	d	e	c
a	b	e	c	d

따라서 이때의 경우의 수는 $10\times2=20$

(ii) 자신의 휴대폰을 받는 학생이 세 명인 경우

자신의 휴대폰을 받는 학생 세 명을 택하는 경우의 수는

${}_5C_3=10$

예를 들어 A, B, C가 자신의 휴대폰을 받고, 나머지 학생 D, E가 모두 다른 학생의 휴대폰을 받는 경우의 수는 1이다.

따라서 이때의 경우의 수는 $10\times1=10$

(iii) 자신의 휴대폰을 받는 학생이 네 명 이상인 경우

모두 자신의 휴대폰을 받는 경우이므로 경우의 수는 1이다.

(i), (ii), (iii)에서 구하는 확률은

$1-\frac{20+10+1}{120}=\frac{89}{120}$

답 ⑤

14

갑이 A지점을 출발하여 P지점으로 갈 확률은

$\frac{1}{2}\times\frac{1}{2}+\frac{1}{2}\times\frac{1}{2}\times\frac{1}{2}+\frac{1}{2}\times\frac{1}{2}\times\frac{1}{2}=\frac{1}{2}$

갑이 A지점을 출발하여 Q지점으로 갈 확률은

$3\times\frac{1}{2}\times\frac{1}{2}\times\frac{1}{2}=\frac{3}{8}$

갑이 A지점을 출발하여 R지점으로 갈 확률은

$\frac{1}{2}\times\frac{1}{2}\times\frac{1}{2}=\frac{1}{8}$

마찬가지로 을이 B지점을 출발하여 P지점으로 갈 확률은

$\frac{1}{2}\times\frac{1}{2}\times\frac{1}{2}=\frac{1}{8}$

을이 B지점을 출발하여 Q지점으로 갈 확률은

$3\times\frac{1}{2}\times\frac{1}{2}\times\frac{1}{2}=\frac{3}{8}$

을이 B지점을 출발하여 R지점으로 갈 확률은

$\frac{1}{2}\times\frac{1}{2}+\frac{1}{2}\times\frac{1}{2}\times\frac{1}{2}+\frac{1}{2}\times\frac{1}{2}\times\frac{1}{2}=\frac{1}{2}$

두 사람이 세 지점 P, Q, R에서 만날 확률은

$\frac{1}{2}\times\frac{1}{8}+\frac{3}{8}\times\frac{3}{8}+\frac{1}{8}\times\frac{1}{2}=\frac{17}{64}$

이므로 두 사람이 만나지 못할 확률은

$1-\frac{17}{64}=\frac{47}{64}$

따라서 $p=64$, $q=47$이므로 $p+q=111$

답 111

필수유형 5

한 개의 주사위를 두 번 던질 때, 나오는 눈의 수의 곱이 4의 배수인 사건을 A, 나오는 눈의 수의 합이 7 이하인 사건을 B라 하면 구하는 확률은

$\mathrm{P}(B|A)=\frac{\mathrm{P}(A\cap B)}{\mathrm{P}(A)}$

한 개의 주사위를 두 번 던질 때 나오는 모든 경우의 수는

$6\times6=36$

$a\times b$가 4의 배수인 경우는

$a=1$일 때, $b=4$

$a=2$일 때, $b=2, 4, 6$

$a=3$일 때, $b=4$

$a=4$일 때, $b=1, 2, 3, 4, 5, 6$

$a=5$일 때, $b=4$

$a=6$일 때, $b=2, 4, 6$

으로 경우의 수는 15이므로

$\mathrm{P}(A)=\frac{15}{36}$

이 중에서 $a+b\le7$을 만족시키는 a, b는

$a=1$일 때, $b=4$

$a=2$일 때, $b=2, 4$

$a=3$일 때, $b=4$

$a=4$일 때, $b=1, 2, 3$

으로 경우의 수는 7이므로

$\mathrm{P}(A\cap B)=\frac{7}{36}$

따라서 구하는 확률은

$$\mathrm{P}(B|A)=\frac{\mathrm{P}(A\cap B)}{\mathrm{P}(A)}=\frac{\frac{7}{36}}{\frac{15}{36}}=\frac{7}{15}$$

답 ②

15

선택한 사원이 A전형으로 입사한 사건을 A, 남성인 사건을 B라 하면 주어진 조건에서

$\mathrm{P}(A)=0.3$, $\mathrm{P}(B|A)=0.2$, $\mathrm{P}(B|A^C)=0.6$, $\mathrm{P}(A^C)=0.7$

$$\begin{aligned}\mathrm{P}(B)&=\mathrm{P}(A\cap B)+\mathrm{P}(A^C\cap B)\\&=\mathrm{P}(A)\mathrm{P}(B|A)+\mathrm{P}(A^C)\mathrm{P}(B|A^C)\\&=0.3\times0.2+0.7\times0.6=0.48\end{aligned}$$

따라서 구하는 확률 $\mathrm{P}(A|B)$는

$\mathrm{P}(A|B)=\frac{\mathrm{P}(A\cap B)}{\mathrm{P}(B)}=\frac{0.06}{0.48}=\frac{1}{8}$

답 ②

16

1부터 13까지의 자연수를 3으로 나눈 나머지로 분류하면

$A=\{1, 4, 7, 10, 13\}$은 나머지가 1이고

$B=\{2, 5, 8, 11\}$은 나머지가 2이고

$C=\{3, 6, 9, 12\}$는 나머지가 0이다.

세 수의 합이 3의 배수가 되는 경우의 수는 다음과 같다.

(i) 집합 A에서 3개의 원소를 선택하는 경우의 수는

$_5\mathrm{C}_3=10$

(ii) 집합 B에서 3개의 원소를 선택하는 경우의 수는

$_4\mathrm{C}_3=4$

(iii) 집합 C에서 3개의 원소를 선택하는 경우의 수는

$_4\mathrm{C}_3=4$

(iv) 세 집합 A, B, C에서 각각 1개씩 원소를 선택하는 경우의 수는

$_5\mathrm{C}_1\times{}_4\mathrm{C}_1\times{}_4\mathrm{C}_1=80$

(i)~(iv)에 의하여 세 수의 합이 3의 배수가 되는 경우의 수는

$10+4+4+80=98$

이 중에서 세 수의 곱이 3의 배수가 되는 경우는 (iii)과 (iv)이므로 세 수의 곱이 3의 배수가 되는 경우의 수는

$4+80=84$

따라서 구하는 확률은

$\frac{84}{98}=\frac{6}{7}$

답 ⑤

17

집합 A는 20 이하의 홀수의 집합이고, 집합 A^C은 20 이하의 짝수의 집합이므로 두 집합 A, A^C의 원소의 개수는 같다.

$\mathrm{P}(B_n|A)=\mathrm{P}(B_n|A^C)$이려면 집합 B_n의 원소 중 짝수의 개수와 홀수의 개수가 같아야 한다.

$n=10$일 때 $B_{10}=\{1, 2, 5, 10\}$

$n=14$일 때 $B_{14}=\{1, 2, 7, 14\}$

$n=18$일 때 $B_{18}=\{1, 2, 3, 6, 9, 18\}$

이 세 가지 경우만 집합 B_n의 원소 중 짝수의 개수와 홀수의 개수가 같다.

따라서 조건을 만족시키는 자연수 n의 값의 합은

$10+14+18=42$

답 42

필수유형 6

주머니 B에서 흰 공을 꺼낼 확률은 주머니 A에서 흰 공을 꺼내는 경우와 검은 공을 꺼내는 경우로 나누어 구할 수 있다.

(i) 주머니 A에서 흰 공을 꺼내는 경우

주머니 B에는 흰 공 3개와 검은 공 3개가 들어 있으므로 주머니 B에서 꺼낸 공이 흰 공일 확률은

$\frac{2}{5}\times\frac{3}{6}=\frac{1}{5}$

(ii) 주머니 A에서 검은 공을 꺼내는 경우

주머니 B에는 흰 공 1개와 검은 공 5개가 들어 있으므로 주머니 B에서 꺼낸 공이 흰 공일 확률은

$\frac{3}{5}\times\frac{1}{6}=\frac{1}{10}$

(i), (ii)에서 구하는 확률은

$\frac{1}{5}+\frac{1}{10}=\frac{3}{10}$

답 ⑤

18

첫 번째 꺼낸 행운권이 당첨행운권이 아닐 확률은 $\frac{10-n}{10}$이고

두 번째 꺼낸 행운권이 당첨행운권일 확률은 $\frac{n}{9}$이므로

$\frac{10-n}{10}\times\frac{n}{9}=\frac{4}{15}$

$10n-n^2=24$

$n^2-10n+24=0$

$(n-4)(n-6)=0$

$n=4$ 또는 $n=6$

따라서 가능한 모든 자연수 n의 값의 합은 10이다.

답 10

19

(i) 첫 번째에 소수인 홀수가 적혀 있는 카드를 꺼내는 경우

첫 번째에 소수인 홀수 3, 5, 7이 적혀 있는 카드 중 1장을 꺼낼 확률은 $\frac{3}{7}$이고 이 경우 두 번째에 소수가 적혀 있는 카드를 꺼낼 확률은 $\frac{3}{6}=\frac{1}{2}$이므로 이때의 확률은

$\frac{3}{7}\times\frac{1}{2}=\frac{3}{14}$

(ii) 첫 번째에 소수가 아닌 홀수가 적혀 있는 카드를 꺼내는 경우

첫 번째에 소수가 아닌 홀수 1이 적혀 있는 카드를 꺼낼 확률은 $\frac{1}{7}$이고 이 경우 두 번째에 소수가 적혀 있는 카드를 꺼낼 확률은 $\frac{4}{6}=\frac{2}{3}$이므로 이때의 확률은

$\frac{1}{7}\times\frac{2}{3}=\frac{2}{21}$

(i), (ii)에서 구하는 확률은

$\frac{3}{14}+\frac{2}{21}=\frac{13}{42}$

답 ④

20

자유투를 성공하는 경우를 ○, 실패하는 경우를 ×로 나타내면 첫 번째 자유투를 성공하였을 때, 세 번째 자유투를 성공하는 경우는 다음 표와 같다.

첫 번째	두 번째	세 번째	확률
○	○	○	$p\times p=p^2$
○	×	○	$(1-p)\times\left(p+\frac{1}{6}\right)$

첫 번째 자유투를 성공하였을 때, 세 번째 자유투를 성공할 확률은

$p^2+(1-p)\times\left(p+\frac{1}{6}\right)=\frac{5}{6}p+\frac{1}{6}$

$\frac{5}{6}p+\frac{1}{6}=\frac{1}{2}$에서 $p=\frac{2}{5}$

답 ②

필수유형 7

$\mathrm{P}(A)=\frac{1}{6}$에서

$\mathrm{P}(A^C)=1-\mathrm{P}(A)=1-\frac{1}{6}=\frac{5}{6}$

두 사건 A와 B가 서로 독립이므로 두 사건 A와 B^C이 서로 독립이고, 두 사건 A^C과 B도 서로 독립이다.

$$\begin{aligned}\mathrm{P}(A\cap B^C)+\mathrm{P}(A^C\cap B)&=\mathrm{P}(A)\mathrm{P}(B^C)+\mathrm{P}(A^C)\mathrm{P}(B)\\&=\mathrm{P}(A)\{1-\mathrm{P}(B)\}+\mathrm{P}(A^C)\mathrm{P}(B)\\&=\frac{1}{6}\{1-\mathrm{P}(B)\}+\frac{5}{6}\mathrm{P}(B)\\&=\frac{1}{6}+\frac{2}{3}\mathrm{P}(B)=\frac{1}{3}\end{aligned}$$

따라서 $\frac{2}{3}\mathrm{P}(B)=\frac{1}{6}$이므로 $\mathrm{P}(B)=\frac{1}{4}$

답 ②

21

$A=\{2, 4, 6, 8, 10\}$이므로 $\mathrm{P}(A)=\frac{5}{10}=\frac{1}{2}$

$B=\{1, 2, 3, 6\}$이므로 $\mathrm{P}(B)=\frac{4}{10}=\frac{2}{5}$

$C=\{3, 6, 9\}$이므로 $\mathrm{P}(C)=\frac{3}{10}$

$A\cap B=\{2, 6\}$이므로 $\mathrm{P}(A\cap B)=\frac{2}{10}=\frac{1}{5}$

$B\cap C=\{3, 6\}$이므로 $\mathrm{P}(B\cap C)=\frac{2}{10}=\frac{1}{5}$

$A\cap C=\{6\}$이므로 $\mathrm{P}(A\cap C)=\frac{1}{10}$

ㄱ. $\mathrm{P}(A\cap B)=\frac{1}{5}$, $\mathrm{P}(A)\mathrm{P}(B)=\frac{1}{2}\times\frac{2}{5}=\frac{1}{5}$이므로

$\mathrm{P}(A\cap B)=\mathrm{P}(A)\mathrm{P}(B)$

두 사건 A와 B는 서로 독립이다.

ㄴ. $\mathrm{P}(B\cap C)=\frac{1}{5}$, $\mathrm{P}(B)\mathrm{P}(C)=\frac{2}{5}\times\frac{3}{10}=\frac{3}{25}$이므로

$\mathrm{P}(B\cap C)\neq\mathrm{P}(B)\mathrm{P}(C)$

두 사건 B와 C는 서로 종속이다.

ㄷ. $\mathrm{P}(A\cap C)=\frac{1}{10}$, $\mathrm{P}(A)\mathrm{P}(C)=\frac{1}{2}\times\frac{3}{10}=\frac{3}{20}$이므로

$\mathrm{P}(A\cap C)\neq\mathrm{P}(A)\mathrm{P}(C)$

두 사건 A와 C는 서로 종속이다.

이상에서 서로 독립인 것은 ㄱ이다.

답 ①

22

두 사건 A와 B가 서로 독립이므로

$\mathrm{P}(A|B)=\mathrm{P}(A)=\frac{1}{3}$

$\mathrm{P}(B)=x$라 하면

$\mathrm{P}(A\cup B)=\mathrm{P}(A)+\mathrm{P}(B)-\mathrm{P}(A\cap B)$

$=\mathrm{P}(A)+\mathrm{P}(B)-\mathrm{P}(A)\mathrm{P}(B)$

에서

$\frac{5}{6}=\frac{1}{3}+x-\frac{1}{3}\times x$

$\frac{2}{3}x=\frac{5}{6}-\frac{1}{3}=\frac{1}{2}$

따라서 $x=\frac{3}{4}$이므로 $\mathrm{P}(B)=\frac{3}{4}$

답 ⑤

23

$\mathrm{P}(B)=x$라 하면

$\mathrm{P}(A)-\mathrm{P}(B)=\frac{1}{2}$에서 $\mathrm{P}(A)=x+\frac{1}{2}$

두 사건 A와 B가 서로 독립일 때, 두 사건 A와 B^C도 서로 독립이므로

$\mathrm{P}(A\cap B^C)=\mathrm{P}(A)\mathrm{P}(B^C)$

$=\mathrm{P}(A)\{1-\mathrm{P}(B)\}=\frac{9}{16}$ …… ㉠

$\mathrm{P}(A)=x+\frac{1}{2}$, $\mathrm{P}(B)=x$이므로

㉠에 대입하면

$\left(x+\frac{1}{2}\right)(1-x)=\frac{9}{16}$

$x^2-\frac{1}{2}x+\frac{1}{16}=0$

$\left(x-\frac{1}{4}\right)^2=0$

따라서 $x=\frac{1}{4}$이므로 $\mathrm{P}(B)=\frac{1}{4}$

답 ④

24

30명 중에서 임의로 택한 한 명이 남학생일 사건을 A, 30명 중에서 임의로 택한 한 명이 봉사활동 실시안에 찬성한 학생일 사건을 B라 하면 두 사건 A, B가 서로 독립일 필요충분조건은

$\mathrm{P}(A\cap B)=\mathrm{P}(A)\mathrm{P}(B)$이다.

이때 $\mathrm{P}(A)=\frac{12}{30}=\frac{2}{5}$, $\mathrm{P}(B)=\frac{20}{30}=\frac{2}{3}$, $\mathrm{P}(A\cap B)=\frac{a}{30}$이므로

$\frac{a}{30}=\frac{2}{5}\times\frac{2}{3}$에서 $a=8$

이때 $b=4$, $c=12$, $d=6$

따라서 $ac+bd=8\times12+4\times6=120$

답 120

25

$A=\{1, 2, 5, 10\}$이고 $n(A)=4$

$n(B\cap A^C)=3$이므로 $n(A\cap B)=x$라 하면

$n(B)=x+3$

조건 (나)에서 두 사건 A와 B는 서로 독립이므로

$\mathrm{P}(A\cap B)=\mathrm{P}(A)\mathrm{P}(B)$

$\frac{x}{10}=\frac{4}{10}\times\frac{x+3}{10}$, $10x=4x+12$

$x=2$

$n(A\cap B)=2$, $n(B\cap A^C)=3$이므로 사건 B는 10의 약수 4개 중 2개가 나오고 10의 약수가 아닌 수 6개 중 3개가 나오는 사건이다.

따라서 사건 B의 개수는

${}_4\mathrm{C}_2\times{}_6\mathrm{C}_3=6\times20=120$

답 120

필수유형 8

앞면을 H, 뒷면을 T로 나타내기로 하자.

(i) 앞면이 3번 나오는 경우

H 3개와 T 4개를 일렬로 나열하는 경우의 수는

${}_7\mathrm{C}_3=\frac{7\times6\times5}{3\times2\times1}=35$

H가 이웃하지 않는 경우의 수는

T 4개를 먼저 나열한 후 맨 앞, T 사이, 맨 뒤의 5자리 중에서 3자리에 H를 나열하면 되므로

${}_5\mathrm{C}_3={}_5\mathrm{C}_2=\frac{5\times4}{2\times1}=10$

즉, 조건 (나)를 만족시킬 확률은

$(35-10)\times\left(\frac{1}{2}\right)^7=25\times\left(\frac{1}{2}\right)^7$

(ii) 앞면이 4번 나오는 경우

H 4개와 T 3개를 일렬로 나열하는 경우의 수는

${}_7\mathrm{C}_4={}_7\mathrm{C}_3=\frac{7\times6\times5}{3\times2\times1}=35$

H가 이웃하지 않는 경우의 수는 HTHTHTH뿐이므로 1이다.

즉, 조건 (나)를 만족시킬 확률은

$(35-1)\times\left(\frac{1}{2}\right)^7=34\times\left(\frac{1}{2}\right)^7$

(iii) 앞면이 5번 이상 나오는 경우

조건 (나)를 항상 만족시키므로 이 경우의 확률은

$({}_7\mathrm{C}_5+{}_7\mathrm{C}_6+{}_7\mathrm{C}_7)\times\left(\frac{1}{2}\right)^7=(21+7+1)\times\left(\frac{1}{2}\right)^7$

$=29\times\left(\frac{1}{2}\right)^7$

(i), (ii), (iii)에서 구하는 확률은

$(25+34+29)\times\left(\frac{1}{2}\right)^7=\frac{88}{128}=\frac{11}{16}$

답 ①

26

(i) 주사위를 던져서 나온 눈의 수가 3의 배수인 경우

동전을 3번 던지므로 앞면이 나온 횟수가 2일 확률은

$\frac{2}{6}\times{}_3C_2\left(\frac{1}{2}\right)^2\left(\frac{1}{2}\right)^1=\frac{1}{8}$

(ii) 주사위를 던져서 나온 눈의 수가 3의 배수가 아닌 경우

동전을 4번 던지므로 앞면이 나온 횟수가 2일 확률은

$\frac{4}{6}\times{}_4C_2\left(\frac{1}{2}\right)^2\left(\frac{1}{2}\right)^2=\frac{1}{4}$

(i), (ii)에서 구하는 확률은

$\frac{1}{8}+\frac{1}{4}=\frac{3}{8}$

답 ③

27

세 수 a, b, c가 모두 3 이상일 확률에서 모두 4 이상일 확률을 빼면 최솟값이 3일 확률이다.

따라서 구하는 확률은

$${}_3C_3\left(\frac{2}{3}\right)^3\left(\frac{1}{3}\right)^0-{}_3C_3\left(\frac{1}{2}\right)^3\left(\frac{1}{2}\right)^0=\frac{8}{27}-\frac{1}{8}$$

$$=\frac{37}{216}$$

답 ④

28

$f(3)=0$인 사건을 A, $f(6)=0$인 사건을 B라 하면

$f(3)\neq0$이고 $f(6)=0$일 확률은

$\mathrm{P}(A^C\cap B)=\mathrm{P}(B)-\mathrm{P}(A\cap B)$

(i) $f(6)=0$인 경우

6번의 시행에서 3의 배수의 눈이 x번 나온다면 점 P의 위치는

$2x-(6-x)=3x-6$

$3x-6=0$에서

$x=2$

즉, $f(6)=0$이려면 6번의 시행에서 3의 배수의 눈이 2번, 3의 배수가 아닌 눈이 4번 나와야 하므로

$\mathrm{P}(B)={}_6C_2\left(\frac{1}{3}\right)^2\left(\frac{2}{3}\right)^4=\frac{80}{3^5}$

(ii) $f(3)=0$이고 $f(6)=0$인 경우

3번의 시행에서 3의 배수의 눈이 x번 나온다면 점 P의 위치는

$2x-(3-x)=3x-3$

$3x-3=0$에서

$x=1$

$f(3)=0$이고 $f(6)=0$이려면 처음 3번의 시행에서 3의 배수의 눈이 1번 나오고 그 다음 3번의 시행에서 3의 배수의 눈이 1번 나와야 하므로

$$\mathrm{P}(A\cap B)={}_3C_1\left(\frac{1}{3}\right)^1\left(\frac{2}{3}\right)^2\times{}_3C_1\left(\frac{1}{3}\right)^1\left(\frac{2}{3}\right)^2$$

$$=\frac{3\times4}{3^3}\times\frac{3\times4}{3^3}$$

$$=\frac{16}{3^4}$$

(i), (ii)에서 구하는 확률은

$\mathrm{P}(B)-\mathrm{P}(A\cap B)=\frac{80}{3^5}-\frac{16}{3^4}=\frac{32}{3^5}=\frac{32}{243}$

답 ②

09 통계

본문 93~104쪽

필수유형 1 ②	01 ⑤	02 ⑤	03 ③
필수유형 2 ⑤	04 ①	05 ④	06 ③
	07 ④	08 ②	
필수유형 3 121	09 ⑤	10 ④	11 ④
필수유형 4 80	12 ③	13 ④	14 ③
필수유형 5 ④	15 ②	16 ②	17 ④
필수유형 6 ④	18 ④	19 ③	20 ①
	21 ⑤	22 ①	
필수유형 7 ⑤	23 ③	24 ③	25 125
필수유형 8 ③	26 ②	27 ⑤	28 ③
필수유형 9 ②	29 12	30 ①	31 ③
필수유형 10 ⑤	32 ②	33 ④	34 175
필수유형 11 ②	35 225	36 ④	37 ⑤

필수유형 1

이산확률변수 X가 갖는 모든 값에 대한 확률의 합은 1이므로

$\frac{k}{1\times2}+\frac{k}{2\times3}+\frac{k}{3\times4}+\frac{k}{4\times5}=1$

$k\left\{\left(\frac{1}{1}-\frac{1}{2}\right)+\left(\frac{1}{2}-\frac{1}{3}\right)+\left(\frac{1}{3}-\frac{1}{4}\right)+\left(\frac{1}{4}-\frac{1}{5}\right)\right\}$

$=k\left(1-\frac{1}{5}\right)=\frac{4}{5}k=1$

에서 $k=\frac{5}{4}$

따라서

$\mathrm{P}(X^2-5X+6>0)=\mathrm{P}((X-2)(X-3)>0)$

$=\mathrm{P}(X<2)+\mathrm{P}(X>3)$

$=\mathrm{P}(X=1)+\mathrm{P}(X=4)$

$=\frac{5}{4}\left(\frac{1}{2}+\frac{1}{20}\right)$

$=\frac{11}{16}$

답 ②

01

이산확률변수 X가 갖는 모든 값에 대한 확률의 합은 1이므로

$a+2a+3a+2a=1$에서

$8a=1$

$a=\frac{1}{8}$

따라서

$\mathrm{P}(2\le X\le3)=\mathrm{P}(X=2)+\mathrm{P}(X=3)$

$=2a+3a$

$=5a$

$=5\times\frac{1}{8}=\frac{5}{8}$

답 ⑤

02

5개의 공이 들어 있는 주머니에서 임의로 3개의 공을 동시에 꺼내는 경우의 수는

${}_5\mathrm{C}_3={}_5\mathrm{C}_2=\frac{5\times4}{2\times1}=10$

확률변수 X가 갖는 값은 1, 2, 3이므로

$\mathrm{P}(X\le2)=1-\mathrm{P}(X=3)$

5개의 공이 들어 있는 주머니에서 검은 공 3개를 꺼낼 확률은

$\mathrm{P}(X=3)=\frac{{}_2\mathrm{C}_0\times{}_3\mathrm{C}_3}{10}=\frac{1}{10}$

따라서

$\mathrm{P}(X\le2)=1-\mathrm{P}(X=3)$

$=1-\frac{1}{10}=\frac{9}{10}$

답 ⑤

03

서로 다른 5장의 카드 중에서 임의로 3장의 카드를 동시에 뽑는 경우의 수는 ${}_5\mathrm{C}_3=10$이고, 확률변수 X가 갖는 값은 3, 4, 5, 6이다.

가장 큰 수 a와 가장 작은 수 b의 순서쌍을 (a, b)라 하자.

(i) $X=3$일 때는 $(4, 1)$, $(6, 3)$, $(7, 4)$이므로

$\mathrm{P}(X=3)=\frac{1}{10}+\frac{1}{10}+\frac{1}{10}=\frac{3}{10}$

(ii) $X=4$일 때는 $(7, 3)$이므로

$\mathrm{P}(X=4)=\frac{2}{10}=\frac{1}{5}$

(iii) $X=5$일 때는 $(6, 1)$이므로

$\mathrm{P}(X=5)=\frac{2}{10}=\frac{1}{5}$

(iv) $X=6$일 때는 $(7, 1)$이므로

$\mathrm{P}(X=6)=\frac{3}{10}$

(i)~(iv)에서 이산확률변수 X의 확률분포를 표로 나타내면 다음과 같다.

X	3	4	5	6	합계
$\mathrm{P}(X=x)$	$\frac{3}{10}$	$\frac{1}{5}$	$\frac{1}{5}$	$\frac{3}{10}$	1

따라서

$\mathrm{P}(3\le X\le5)=\mathrm{P}(X=3)+\mathrm{P}(X=4)+\mathrm{P}(X=5)$

$=\frac{3}{10}+\frac{1}{5}+\frac{1}{5}=\frac{7}{10}$

답 ③

다른 풀이

서로 다른 5장의 카드 중에서 임의로 3장의 카드를 동시에 뽑는 경우의 수는

${}_5\mathrm{C}_3=10$

확률변수 X가 갖는 값은 3, 4, 5, 6이므로

$\mathrm{P}(3\le X\le5)=1-\mathrm{P}(X=6)$

가장 큰 수 a와 가장 작은 수 b의 순서쌍을 (a, b)라 하면 $X=6$일 때는 $(7, 1)$이므로

$\mathrm{P}(X=6)=\frac{3}{10}$

따라서 $\mathrm{P}(3\le X\le5)=1-\mathrm{P}(X=6)=1-\frac{3}{10}=\frac{7}{10}$

필수유형 2

$$\mathrm{E}(X)=0\times\frac{1}{10}+1\times\frac{1}{2}+a\times\frac{2}{5}$$
$$=\frac{1}{2}+\frac{2}{5}a$$
$$\mathrm{E}(X^2)=0^2\times\frac{1}{10}+1^2\times\frac{1}{2}+a^2\times\frac{2}{5}$$
$$=\frac{1}{2}+\frac{2}{5}a^2$$

이때 $\mathrm{V}(X)=\mathrm{E}(X^2)-\{\mathrm{E}(X)\}^2$이고 주어진 조건에서

$\{\sigma(X)\}^2=\mathrm{V}(X)=\{\mathrm{E}(X)\}^2$이므로

$$\{\mathrm{E}(X)\}^2=\mathrm{E}(X^2)-\{\mathrm{E}(X)\}^2$$
$$2\{\mathrm{E}(X)\}^2=\mathrm{E}(X^2)$$
$$2\times\left(\frac{1}{2}+\frac{2}{5}a\right)^2=\frac{1}{2}+\frac{2}{5}a^2$$
$$\frac{2}{25}a^2-\frac{4}{5}a=0$$
$$\frac{2}{25}a(a-10)=0$$

$a>1$이므로 $a=10$

따라서

$$\mathrm{E}(X^2)+\mathrm{E}(X)=\left(\frac{1}{2}+\frac{2}{5}a^2\right)+\left(\frac{1}{2}+\frac{2}{5}a\right)$$
$$=1+\frac{2}{5}a(a+1)$$
$$=1+\frac{2}{5}\times10\times11$$
$$=45$$

답 ⑤

04

이산확률변수 X가 갖는 모든 값에 대한 확률의 합은 1이므로

$$\frac{1}{4}+a+a^2+b=1$$
$$b=-a^2-a+\frac{3}{4} \quad \cdots\cdots ㉠$$

주어진 조건에서 $\mathrm{P}(X=2)+\mathrm{P}(X=3)=2\mathrm{P}(X=1)$이므로

$$a^2+b=2a \quad \cdots\cdots ㉡$$

㉠을 ㉡에 대입하면

$$a^2+\left(-a^2-a+\frac{3}{4}\right)=2a$$
$$3a=\frac{3}{4}$$
$$a=\frac{1}{4}$$

이것을 ㉠에 대입하면

$$b=-\frac{1}{16}-\frac{1}{4}+\frac{3}{4}=\frac{7}{16}$$

따라서

$$\mathrm{E}(X)=0\times\frac{1}{4}+1\times a+2\times a^2+3\times b$$
$$=2a^2+a+3b$$
$$=\frac{1}{8}+\frac{1}{4}+\frac{21}{16}=\frac{27}{16}$$

답 ①

05

확률변수 X의 확률질량함수가

$$\mathrm{P}(X=x)=k|x-2|+\frac{1}{16}\ (x=0,\ 1,\ 2,\ 3)$$

이고, 이산확률변수 X가 갖는 모든 값에 대한 확률의 합은 1이므로

$$\mathrm{P}(X=0)+\mathrm{P}(X=1)+\mathrm{P}(X=2)+\mathrm{P}(X=3)$$
$$=\left(2k+\frac{1}{16}\right)+\left(k+\frac{1}{16}\right)+\frac{1}{16}+\left(k+\frac{1}{16}\right)=1$$
$$4k+\frac{1}{4}=1,\ 4k=\frac{3}{4}$$
$$k=\frac{3}{16}$$

이산확률변수 X의 확률분포를 표로 나타내면 다음과 같다.

X	0	1	2	3	합계
$\mathrm{P}(X=x)$	$\frac{7}{16}$	$\frac{1}{4}$	$\frac{1}{16}$	$\frac{1}{4}$	1

따라서

$$\mathrm{E}(X)=0\times\frac{7}{16}+1\times\frac{1}{4}+2\times\frac{1}{16}+3\times\frac{1}{4}=\frac{9}{8},$$
$$\mathrm{E}(X^2)=0^2\times\frac{7}{16}+1^2\times\frac{1}{4}+2^2\times\frac{1}{16}+3^2\times\frac{1}{4}=\frac{11}{4}$$

이므로

$$\mathrm{V}(X)=\mathrm{E}(X^2)-\{\mathrm{E}(X)\}^2$$
$$=\frac{11}{4}-\left(\frac{9}{8}\right)^2$$
$$=\frac{176}{64}-\frac{81}{64}=\frac{95}{64}$$

답 ④

06

숫자 1, 2, 3, 4가 하나씩 적혀 있는 4장의 카드가 들어 있는 주머니에서 꺼낸 첫 번째 숫자를 a ($a=1,\ 2,\ 3,\ 4$), 두 번째 숫자를 b ($b=1,\ 2,\ 3,\ 4$)라 하면 a, b의 순서쌍 $(a,\ b)$의 개수는

$4\times4=16$

$X=2$일 때 순서쌍 $(a,\ b)$의 개수는 $(1,\ 1)$의 1이다.

$X=3$일 때 순서쌍 $(a,\ b)$의 개수는 $(1,\ 2)$, $(2,\ 1)$의 2이다.

$X=4$일 때 순서쌍 $(a,\ b)$의 개수는 $(1,\ 3)$, $(2,\ 2)$, $(3,\ 1)$의 3이다.

$X=5$일 때 순서쌍 $(a,\ b)$의 개수는

$(1,\ 4)$, $(2,\ 3)$, $(3,\ 2)$, $(4,\ 1)$의 4이다.

$X=6$일 때 순서쌍 $(a,\ b)$의 개수는 $(2,\ 4)$, $(3,\ 3)$, $(4,\ 2)$의 3이다.

$X=7$일 때 순서쌍 $(a,\ b)$의 개수는 $(3,\ 4)$, $(4,\ 3)$의 2이다.

$X=8$일 때 순서쌍 $(a,\ b)$의 개수는 $(4,\ 4)$의 1이다.

확률변수 X의 확률분포를 표로 나타내면 다음과 같다.

X	2	3	4	5	6	7	8	합계
$\mathrm{P}(X=x)$	$\frac{1}{16}$	$\frac{1}{8}$	$\frac{3}{16}$	$\frac{1}{4}$	$\frac{3}{16}$	$\frac{1}{8}$	$\frac{1}{16}$	1

$$\mathrm{E}(X)$$
$$=2\times\frac{1}{16}+3\times\frac{1}{8}+4\times\frac{3}{16}+5\times\frac{1}{4}+6\times\frac{3}{16}+7\times\frac{1}{8}+8\times\frac{1}{16}$$
$$=5$$

$\mathrm{E}(X^2)$

$=2^2\times\frac{1}{16}+3^2\times\frac{1}{8}+4^2\times\frac{3}{16}+5^2\times\frac{1}{4}+6^2\times\frac{3}{16}+7^2\times\frac{1}{8}+8^2\times\frac{1}{16}$

$=\frac{55}{2}$

$\mathrm{V}(X)=\mathrm{E}(X^2)-\{\mathrm{E}(X)\}^2=\frac{55}{2}-5^2=\frac{5}{2}$

따라서 $\sigma(X)=\sqrt{\frac{5}{2}}=\frac{\sqrt{10}}{2}$

답 ③

07

$X=1$일 때는 주머니 A에서 숫자 1이 적혀 있는 공을 꺼내어 주머니 B에 넣은 후 주머니 B에서 숫자 1이 적혀 있는 한 개의 공을 꺼내거나, 주머니 A에서 숫자 2 또는 3이 적혀 있는 한 개의 공을 꺼내어 주머니 B에 넣은 후 주머니 B에서 숫자 1이 적혀 있는 공을 꺼내는 경우이므로

$\mathrm{P}(X=1)=\frac{1}{3}\times\frac{2}{4}+\frac{2}{3}\times\frac{1}{4}=\frac{1}{3}$

$X=2$일 때는 주머니 A에서 숫자 2가 적혀 있는 공을 꺼내어 주머니 B에 넣은 후 주머니 B에서 숫자 2가 적혀 있는 공을 꺼내는 경우이므로

$\mathrm{P}(X=2)=\frac{1}{3}\times\frac{1}{4}=\frac{1}{12}$

$X=3$일 때는 주머니 A에서 숫자 3이 적혀 있는 공을 꺼내어 주머니 B에 넣은 후 주머니 B에서 숫자 3이 적혀 있는 한 개의 공을 꺼내거나, 주머니 A에서 숫자 1 또는 2가 적혀 있는 한 개의 공을 꺼내어 주머니 B에 넣은 후 주머니 B에서 숫자 3이 적혀 있는 공을 꺼내는 경우이므로

$\mathrm{P}(X=3)=\frac{1}{3}\times\frac{2}{4}+\frac{2}{3}\times\frac{1}{4}=\frac{1}{3}$

$X=5$일 때는 주머니 A에서 숫자 1 또는 2 또는 3이 적혀 있는 한 개의 공을 꺼내어 주머니 B에 넣은 후 주머니 B에서 숫자 5가 적혀 있는 공을 꺼내는 경우이므로

$\mathrm{P}(X=5)=1\times\frac{1}{4}=\frac{1}{4}$

확률변수 X의 확률분포를 표로 나타내면 다음과 같다.

X	1	2	3	5	합계
$\mathrm{P}(X=x)$	$\frac{1}{3}$	$\frac{1}{12}$	$\frac{1}{3}$	$\frac{1}{4}$	1

따라서 $\mathrm{E}(X)=1\times\frac{1}{3}+2\times\frac{1}{12}+3\times\frac{1}{3}+5\times\frac{1}{4}=\frac{11}{4}$

답 ④

08

A지점에서 출발하여 B지점까지 최단거리로 가는 경우의 수는

$\frac{7!}{4!\times3!}=35$

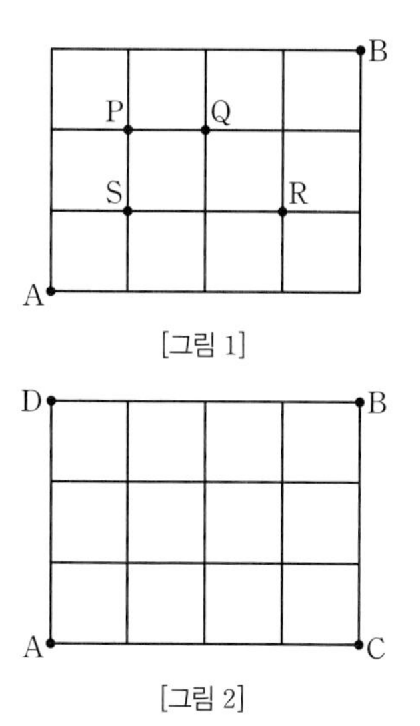

[그림 1]

[그림 2]

$X=0$일 때는 네 지점 P, Q, R, S를 모두 지나지 않는 경우이다.

A지점에서 출발하여 [그림 2]의 C지점 또는 D지점을 지나 B지점까지 최단거리로 가는 경우, 즉

A → C → B 또는 A → D → B이므로

$\mathrm{P}(X=0)=\frac{2}{35}$

$X=1$일 때는 [그림 1]의 네 지점 P, Q, R, S 중 오직 한 지점만을 지나는 경우이다.

A지점에서 출발하여 네 지점 P, Q, R, S 중 P지점만 지나 B지점까지 최단거리로 가는 경우, A지점에서 출발하여 네 지점 P, Q, R, S 중 Q지점만 지나 B지점까지 최단거리로 가는 경우, A지점에서 출발하여 네 지점 P, Q, R, S 중 R지점만 지나 B지점까지 최단거리로 가는 경우이다.

$\mathrm{P}(X=1)=\frac{1\times1}{35}+\frac{1\times3}{35}+\frac{2\times3}{35}=\frac{2}{7}$

$X=2$일 때는 [그림 1]의 네 지점 P, Q, R, S 중 오직 두 지점만을 지나는 경우이다.

A지점에서 출발하여 네 지점 P, Q, R, S 중 두 지점 S, P를 지나 B지점까지 최단거리로 가는 경우, A지점에서 출발하여 네 지점 P, Q, R, S 중 두 지점 S, Q를 지나 B지점까지 최단거리로 가는 경우, A지점에서 출발하여 네 지점 P, Q, R, S 중 두 지점 S, R을 지나 B지점까지 최단거리로 가는 경우, A지점에서 출발하여 네 지점 P, Q, R, S 중 두 지점 P, Q를 지나 B지점까지 최단거리로 가는 경우이므로

$\mathrm{P}(X=2)=\frac{2\times1\times1}{35}+\frac{2\times1\times3}{35}+\frac{2\times1\times3}{35}+\frac{1\times1\times3}{35}=\frac{17}{35}$

$X=3$일 때는 [그림 1]의 A지점에서 출발하여 S지점, P지점, Q지점을 순서대로 지나 B지점까지 최단거리로 가는 경우뿐이므로

$\mathrm{P}(X=3)=\frac{2\times1\times1\times3}{35}=\frac{6}{35}$

확률변수 X의 확률분포를 표로 나타내면 다음과 같다.

X	0	1	2	3	합계
$\mathrm{P}(X=x)$	$\frac{2}{35}$	$\frac{2}{7}$	$\frac{17}{35}$	$\frac{6}{35}$	1

$\mathrm{V}(X)=\mathrm{E}(X^2)-\{\mathrm{E}(X)\}^2$에서

$\mathrm{V}(X)+\{\mathrm{E}(X)\}^2=\mathrm{E}(X^2)$

$=0^2\times\frac{2}{35}+1^2\times\frac{2}{7}+2^2\times\frac{17}{35}+3^2\times\frac{6}{35}=\frac{132}{35}$

답 ②

필수유형 3

$\mathrm{E}(X)=2$, $\mathrm{E}(X^2)=5$이므로

$\mathrm{V}(X)=\mathrm{E}(X^2)-\{\mathrm{E}(X)\}^2$
$=5-2^2=1$

이때 $Y=10X+1$이므로

$\mathrm{E}(Y)=\mathrm{E}(10X+1)$
$=10\mathrm{E}(X)+1$
$=10\times2+1=21$

$\mathrm{V}(Y)=\mathrm{V}(10X+1)$
$=100\mathrm{V}(X)$
$=100\times1=100$

따라서 $\mathrm{E}(Y)+\mathrm{V}(Y)=21+100=121$

답 121

09

$\mathrm{E}(X)=3$이고

확률변수 $aX+b$의 평균이 9이므로

$\mathrm{E}(aX+b)=a\mathrm{E}(X)+b$
$=3a+b=9$ …… ㉠

$\mathrm{V}(X)=1$에서

확률변수 $aX+b$의 분산이 4이므로

$\mathrm{V}(aX+b)=a^2\mathrm{V}(X)=a^2=4$

$a>0$이므로 $a=2$

$a=2$를 ㉠에 대입하면 $b=3$

따라서 $a+b=2+3=5$

답 ⑤

10

$\mathrm{E}(X)=2$이고 $\mathrm{E}(aX+b)=6$이므로

$\mathrm{E}(aX+b)=a\mathrm{E}(X)+b$
$=2a+b=6$ …… ㉠

$\mathrm{E}(X^2)=6$이므로

$\mathrm{V}(X)=\mathrm{E}(X^2)-\{\mathrm{E}(X)\}^2$
$=6-2^2=2$

$\mathrm{V}(aX+b)=8$이므로

$\mathrm{V}(aX+b)=a^2\mathrm{V}(X)=2a^2=8$

$a>0$이므로 $a=2$

$a=2$를 ㉠에 대입하면

$b=2$

따라서 $a+b=2+2=4$

답 ④

11

주머니 안에 들어 있는 모든 공의 개수는

$1+2+3+\cdots+n=\dfrac{n(n+1)}{2}$

이고, 확률변수 X_n이 갖는 값은 1, 2, 3, …, n이다.

$\mathrm{P}(X_n=1)=\dfrac{1}{\dfrac{n(n+1)}{2}}=\dfrac{2\times1}{n(n+1)}$

$\mathrm{P}(X_n=2)=\dfrac{2}{\dfrac{n(n+1)}{2}}=\dfrac{2\times2}{n(n+1)}$

$\mathrm{P}(X_n=3)=\dfrac{3}{\dfrac{n(n+1)}{2}}=\dfrac{2\times3}{n(n+1)}$

⋮

$\mathrm{P}(X_n=n)=\dfrac{n}{\dfrac{n(n+1)}{2}}=\dfrac{2\times n}{n(n+1)}$

확률변수 X_n의 확률분포를 표로 나타내면 다음과 같다.

X_n	1	2	3	…	n	합계
$\mathrm{P}(X_n=x)$	$\dfrac{2\times1}{n(n+1)}$	$\dfrac{2\times2}{n(n+1)}$	$\dfrac{2\times3}{n(n+1)}$	…	$\dfrac{2\times n}{n(n+1)}$	1

$\mathrm{E}(X_n)=1\times\dfrac{2\times1}{n(n+1)}+2\times\dfrac{2\times2}{n(n+1)}+3\times\dfrac{2\times3}{n(n+1)}+\cdots+n\times\dfrac{2\times n}{n(n+1)}$

$=\dfrac{2}{n(n+1)}\times(1^2+2^2+3^2+\cdots+n^2)$

$=\dfrac{2}{n(n+1)}\times\dfrac{n(n+1)(2n+1)}{6}$

$=\dfrac{2n+1}{3}$

따라서

$\displaystyle\sum_{n=1}^{10}\mathrm{E}(9X_n+1)=\sum_{n=1}^{10}\{9\mathrm{E}(X_n)+1\}$

$\displaystyle=\sum_{n=1}^{10}\left(9\times\frac{2n+1}{3}+1\right)$

$\displaystyle=\sum_{n=1}^{10}(6n+4)$

$=6\times\dfrac{10\times11}{2}+4\times10$

$=370$

답 ④

필수유형 4

확률변수 X가 이항분포 $\mathrm{B}\left(n,\ \dfrac{1}{2}\right)$을 따르므로

$\mathrm{V}(X)=n\times\dfrac{1}{2}\times\dfrac{1}{2}=\dfrac{n}{4}$

따라서 $\mathrm{V}\left(\dfrac{1}{2}X+1\right)=\dfrac{1}{4}\mathrm{V}(X)=\dfrac{n}{16}=5$에서

$n=80$

답 80

12

확률변수 X가 이항분포 $\mathrm{B}\left(n,\ \frac{1}{5}\right)$을 따르므로

$\sigma(X)=\sqrt{n\times\frac{1}{5}\times\frac{4}{5}}=4$에서

$\frac{2\sqrt{n}}{5}=4$, $\sqrt{n}=10$, $n=100$

따라서 $\mathrm{E}(X)=100\times\frac{1}{5}=20$

답 ③

다른 풀이

$\mathrm{V}(X)=\{\sigma(X)\}^2=16$이고

$\mathrm{V}(X)=\mathrm{E}(X)\times\left(1-\frac{1}{5}\right)=\frac{4}{5}\mathrm{E}(X)$이므로

$\frac{4}{5}\mathrm{E}(X)=16$

따라서 $\mathrm{E}(X)=16\times\frac{5}{4}=20$

13

확률변수 X가 이항분포 $\mathrm{B}(60,\ p)$를 따르므로

$\mathrm{E}(X)=60p$

$$\begin{aligned}\mathrm{E}(3X+2)&=3\mathrm{E}(X)+2\\&=3\times60p+2\\&=180p+2=32\end{aligned}$$

에서 $p=\frac{1}{6}$

따라서

$\mathrm{P}(X=2)={}_{60}\mathrm{C}_2\left(\frac{1}{6}\right)^2\left(\frac{5}{6}\right)^{58}$,

$\mathrm{P}(X=1)={}_{60}\mathrm{C}_1\left(\frac{1}{6}\right)^1\left(\frac{5}{6}\right)^{59}$

이므로

$$\begin{aligned}\frac{\mathrm{P}(X=2)}{\mathrm{P}(X=1)}&=\frac{{}_{60}\mathrm{C}_2\left(\frac{1}{6}\right)^2\left(\frac{5}{6}\right)^{58}}{{}_{60}\mathrm{C}_1\left(\frac{1}{6}\right)^1\left(\frac{5}{6}\right)^{59}}\\&=\frac{\frac{60\times59}{2}\times\frac{1}{6}}{60\times\frac{5}{6}}\\&=\frac{59}{10}\end{aligned}$$

답 ④

14

한 개의 주사위를 2번 던져서 나오는 눈의 수의 차가 4의 약수가 나오는 횟수를 확률변수 Y라 하면 4의 약수가 나오지 않는 횟수는 $36-Y$이므로

$X=3Y-2(36-Y)=5Y-72$

한 개의 주사위를 2번 던져서 나오는 눈의 수의 차를 표로 나타내면 다음과 같다.

첫 번째 나온 눈의 수 \ 두 번째 나온 눈의 수	1	2	3	4	5	6
1	0	①	②	3	④	5
2	①	0	①	②	3	④
3	②	①	0	①	②	3
4	3	②	①	0	①	②
5	④	3	②	①	0	①
6	5	④	3	②	①	0

표에서 두 눈의 수의 차가 4의 약수인 경우는 숫자에 동그라미를 친 경우이고, 두 눈의 수의 차가 4의 약수일 확률은 $\frac{22}{36}=\frac{11}{18}$이므로 확률변수 Y는 이항분포 $\mathrm{B}\left(36,\ \frac{11}{18}\right)$을 따른다.

따라서 $\mathrm{E}(Y)=36\times\frac{11}{18}=22$이므로

$$\begin{aligned}\mathrm{E}(X)&=\mathrm{E}(5Y-72)=5\mathrm{E}(Y)-72\\&=5\times22-72=38\end{aligned}$$

답 ③

필수유형 5

$\mathrm{P}(0\le X\le a)=1$이므로 확률변수 X의 확률밀도함수의 그래프로부터

$\frac{1}{2}ac=1$, 즉 $ac=2$

$\mathrm{P}(0\le X\le a)=\mathrm{P}(0\le X\le b)+\mathrm{P}(b\le X\le a)=1$ …… ㉠

주어진 조건에서

$\mathrm{P}(0\le X\le b)-\mathrm{P}(b\le X\le a)=\frac{1}{4}$ …… ㉡

㉠+㉡을 하면

$2\mathrm{P}(0\le X\le b)=\frac{5}{4}$

즉, $\mathrm{P}(0\le X\le b)=\frac{5}{8}$이므로 확률변수 X의 확률밀도함수의 그래프로부터

$\frac{1}{2}bc=\frac{5}{8}$, 즉 $bc=\frac{5}{4}$ …… ㉢

$\mathrm{P}(0\le X\le b)>\frac{1}{2}$이고, 주어진 조건에서

$\mathrm{P}(0\le X\le\sqrt{5})=\frac{1}{2}$이므로 $b>\sqrt{5}$

한편, 두 점 $(0,\ 0)$, $(b,\ c)$를 지나는 직선의 방정식은

$y=\frac{c}{b}x$

이므로 $\mathrm{P}(0\le X\le\sqrt{5})=\frac{1}{2}$에서

$\frac{1}{2}\times\sqrt{5}\times\left(\frac{c}{b}\times\sqrt{5}\right)=\frac{1}{2}$

$\frac{5c}{2b}=\frac{1}{2}$, 즉 $b=5c$ …… ㉣

㉣을 ㉢에 대입하면 $5c^2=\frac{5}{4}$, $c^2=\frac{1}{4}$

$c>0$이므로 $c=\frac{1}{2}$

따라서 $a=4$, $b=\frac{5}{2}$이므로

$a+b+c=4+\frac{5}{2}+\frac{1}{2}=7$

답 ④

15

$0\le x\le 3$에서 확률밀도함수의 그래프와 x축으로 둘러싸인 부분의 넓이가 1이어야 하므로

$\frac{1}{2}\times 3\times a=\frac{3}{2}a=1$

$a=\frac{2}{3}$

연속확률변수 X의 확률밀도함수를 $f(x)$라 하면

$0\le x\le 2$에서 $f(x)=\frac{1}{3}x$이므로

$f(1)=\frac{1}{3}$이다.

따라서 $\mathrm{P}(0\le X\le 1)=\frac{1}{2}\times 1\times \frac{1}{3}=\frac{1}{6}$이므로

$a+\mathrm{P}(0\le X\le 1)=\frac{2}{3}+\frac{1}{6}=\frac{5}{6}$

답 ②

16

연속확률변수 X의 확률밀도함수 $y=f(x)$ $(0\le x\le 4)$의 그래프는 그림과 같다.

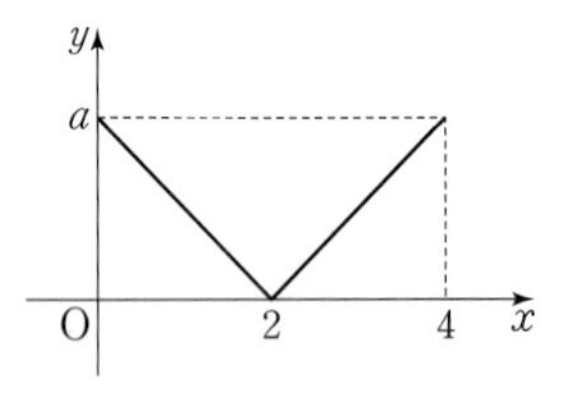

함수 $y=f(x)$의 그래프와 x축 및 y축으로 둘러싸인 부분의 넓이와 함수 $y=f(x)$의 그래프와 x축 및 직선 $x=4$로 둘러싸인 부분의 넓이의 합이 1이어야 하므로

$\frac{1}{2}\times 2\times a+\frac{1}{2}\times 2\times a=1$, $2a=1$

즉, $a=\frac{1}{2}$이므로

$$f(x)=\begin{cases}-\frac{1}{4}x+\frac{1}{2} & (0\le x<2)\\ \frac{1}{4}x-\frac{1}{2} & (2\le x\le 4)\end{cases}$$

(ⅰ) $0\le t<1$일 때

$g(t)=\mathrm{P}(t\le X\le t+1)$은 함수 $y=f(x)$의 그래프와 x축 및 두 직선 $x=t$, $x=t+1$로 둘러싸인 부분의 넓이이므로

$$\begin{aligned}g(t)&=\mathrm{P}(t\le X\le t+1)\\&=\frac{1}{2}\times\left\{-\frac{1}{4}t+\frac{1}{2}-\frac{1}{4}(t+1)+\frac{1}{2}\right\}\times 1\\&=\frac{1}{2}\left(-\frac{1}{2}t+\frac{3}{4}\right)\\&=-\frac{1}{4}t+\frac{3}{8}\end{aligned}$$

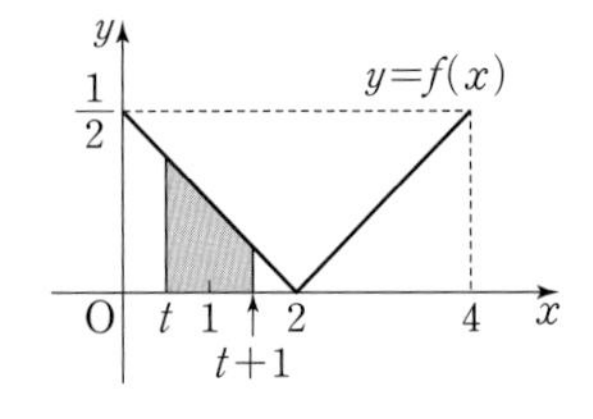

(ⅱ) $1\le t\le 2$일 때

$g(t)=\mathrm{P}(t\le X\le t+1)$은 함수 $y=f(x)$의 그래프와 x축 및 직선 $x=t$로 둘러싸인 부분의 넓이와 함수 $y=f(x)$의 그래프와 x축 및 직선 $x=t+1$로 둘러싸인 부분의 넓이의 합과 같다.

$$\begin{aligned}&\frac{1}{2}\times(2-t)\times\left(-\frac{1}{4}t+\frac{1}{2}\right)+\frac{1}{2}\times(t-1)\times\left\{\frac{1}{4}(t+1)-\frac{1}{2}\right\}\\&=\frac{1}{2}\times(2-t)\times\frac{1}{4}(2-t)+\frac{1}{2}\times(t-1)\times\frac{1}{4}(t-1)\\&=\frac{1}{8}(2-t)^2+\frac{1}{8}(t-1)^2\\&=\frac{1}{8}(2t^2-6t+5)\\&=\frac{1}{4}\left(t-\frac{3}{2}\right)^2+\frac{1}{16}\end{aligned}$$

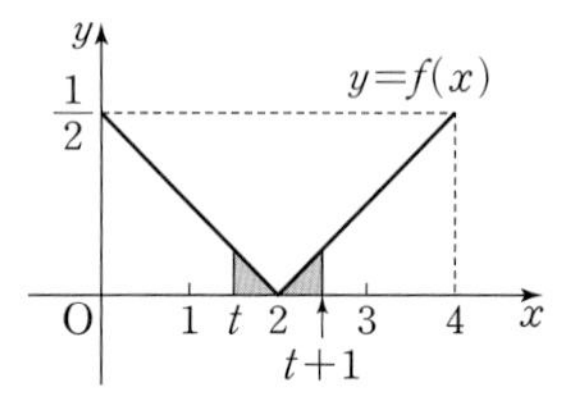

(ⅲ) $2<t\le 3$일 때

$g(t)=\mathrm{P}(t\le X\le t+1)$은 함수 $y=f(x)$의 그래프와 x축 및 두 직선 $x=t$, $x=t+1$로 둘러싸인 부분의 넓이이므로

$$\begin{aligned}g(t)&=\mathrm{P}(t\le X\le t+1)\\&=\frac{1}{2}\times\left\{\frac{1}{4}t-\frac{1}{2}+\frac{1}{4}(t+1)-\frac{1}{2}\right\}\times 1\\&=\frac{1}{2}\left(\frac{1}{2}t-\frac{3}{4}\right)\\&=\frac{1}{4}t-\frac{3}{8}\end{aligned}$$

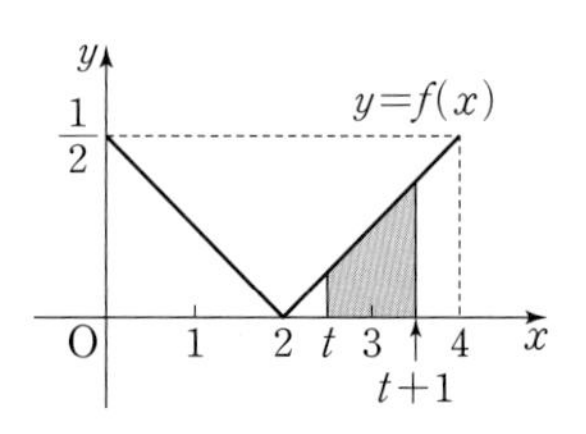

(ⅰ), (ⅱ), (ⅲ)에 의하여

$$g(t)=\begin{cases}-\frac{1}{4}t+\frac{3}{8} & (0\le t<1)\\ \frac{1}{4}\left(t-\frac{3}{2}\right)^2+\frac{1}{16} & (1\le t\le 2)\\ \frac{1}{4}t-\frac{3}{8} & (2<t\le 3)\end{cases}$$

이므로 함수 $y=g(t)$의 그래프는 다음과 같다.

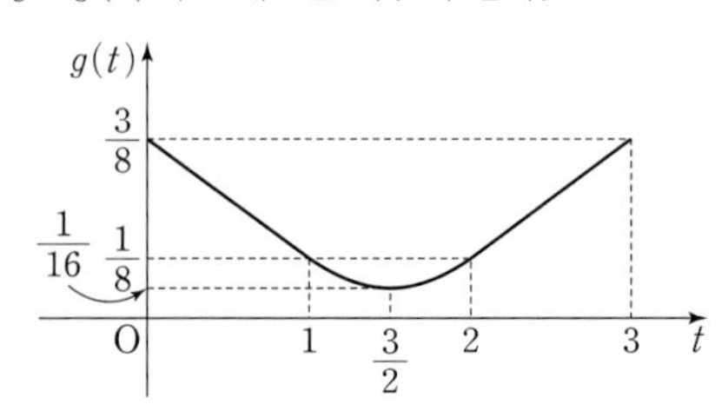

따라서 함수 $g(t)$는 $t=\frac{3}{2}$에서 최솟값 $\frac{1}{16}$을 갖는다.

답 ②

17

$0 \le x \le 6$에서 정의된 두 함수 $y=f(x)$, $y=g(x)$의 그래프는 그림과 같다.

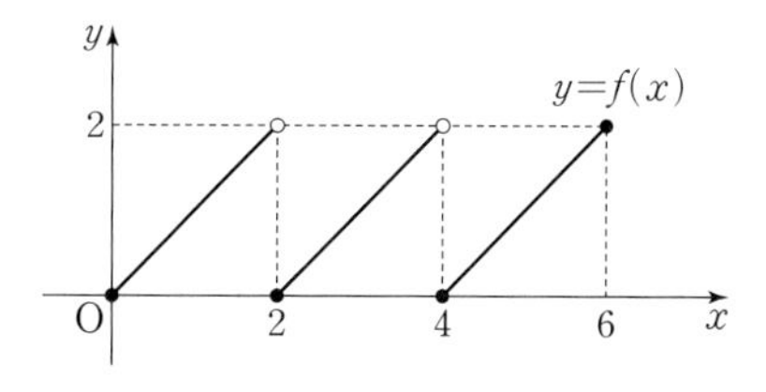

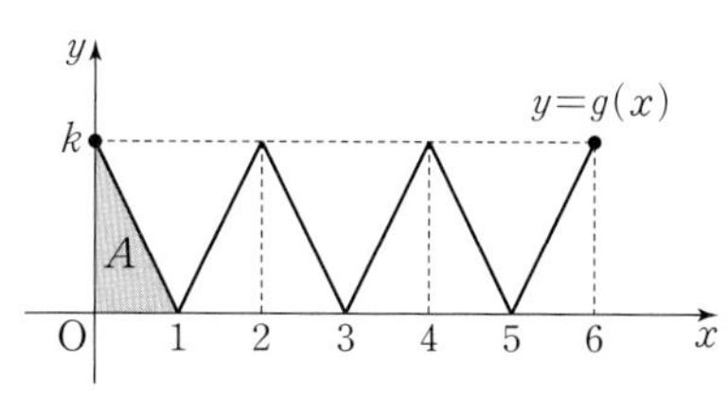

함수 $g(x)$가 확률밀도함수이므로 $0 \le x \le 6$에서 함수 $y=g(x)$의 그래프와 x축 및 두 직선 $x=0$, $x=6$으로 둘러싸인 부분이 넓이가 1이다. 이 넓이는 밑변의 길이가 1이고 높이가 k인 직각삼각형 A의 넓이의 6배와 같으므로 직각삼각형 A의 넓이는 $\frac{1}{6}$이다.

즉, $\frac{1}{2} \times 1 \times k = \frac{1}{6}$, $k=\frac{1}{3}$이므로

$\mathrm{P}\left(\frac{1}{2} \le X \le 1\right)$의 값은 직각삼각형 A의 넓이의 $\frac{1}{4}$배와 같고,

$\mathrm{P}(1 \le X \le 3)$의 값은 직각삼각형 A의 넓이의 2배와 같다.

$$\mathrm{P}\left(\frac{1}{2} \le X \le 3\right) = \mathrm{P}\left(\frac{1}{2} \le X \le 1\right) + \mathrm{P}(1 \le x \le 3)$$
$$= \frac{1}{6} \times \frac{1}{4} + \frac{1}{6} \times 2 = \frac{3}{8} < \frac{5}{12}$$

이고

$$\mathrm{P}\left(\frac{1}{2} \le X \le 4\right) = \mathrm{P}\left(\frac{1}{2} \le X \le 3\right) + \mathrm{P}(3 \le x \le 4)$$
$$= \frac{3}{8} + \frac{1}{6} = \frac{13}{24} > \frac{5}{12}$$

이므로 $3 < a < 4$이다.

이때

$$\mathrm{P}\left(\frac{1}{2} \le X \le a\right)$$
$$= \mathrm{P}\left(\frac{1}{2} \le X \le 1\right) + \mathrm{P}(1 \le X \le 3) + \mathrm{P}(3 \le X \le a)$$
$$= \frac{1}{24} + \frac{1}{3} + \mathrm{P}(3 \le X \le a) = \frac{5}{12}$$

에서 $\mathrm{P}(3 \le X \le a) = \frac{1}{24}$이므로 $a = 3 + \frac{1}{2} = \frac{7}{2}$

따라서 $k + a = \frac{1}{3} + \frac{7}{2} = \frac{23}{6}$

답 ④

필수유형 6

확률변수 X가 정규분포 $\mathrm{N}\left(m, \left(\frac{m}{3}\right)^2\right)$을 따르므로

$Z = \dfrac{X-m}{\frac{m}{3}}$으로 놓으면 확률변수 Z는 표준정규분포 $\mathrm{N}(0, 1)$을 따른다.

$\mathrm{P}\left(X \le \frac{9}{2}\right) = \mathrm{P}\left(Z \le \dfrac{\frac{9}{2} - m}{\frac{m}{3}}\right) = 0.9987$이고,

$$\mathrm{P}(Z \le 3) = 0.5 + \mathrm{P}(0 \le Z \le 3)$$
$$= 0.5 + 0.4987 = 0.9987$$

이므로

$$\dfrac{\frac{9}{2} - m}{\frac{m}{3}} = 3$$

$\frac{9}{2} - m = m$, $2m = \frac{9}{2}$

따라서 $m = \frac{9}{4}$

답 ④

18

확률변수 X가 정규분포 $\mathrm{N}(m, 4^2)$을 따르므로 $Z = \frac{X-m}{4}$으로 놓으면 확률변수 Z는 표준정규분포 $\mathrm{N}(0, 1)$을 따른다.

따라서

$$\mathrm{P}(m-4 \le X \le m+8) = \mathrm{P}\left(\frac{(m-4)-m}{4} \le Z \le \frac{(m+8)-m}{4}\right)$$
$$= \mathrm{P}(-1 \le Z \le 2)$$
$$= \mathrm{P}(0 \le Z \le 1) + \mathrm{P}(0 \le Z \le 2)$$
$$= 0.3413 + 0.4772$$
$$= 0.8185$$

답 ④

19

$\mathrm{P}(X \ge m) = 0.5$이고 주어진 조건에서

$\mathrm{P}(X \le 4) + \mathrm{P}(m \le X \le 10) = 0.5$이므로

$\mathrm{P}(X \le 4) = \mathrm{P}(X \ge 10)$이다.

즉, $m = \frac{4+10}{2} = 7$

확률변수 X가 정규분포 $\mathrm{N}(7, 2^2)$을 따르므로 $Z = \frac{X-7}{2}$로 놓으면 확률변수 Z는 표준정규분포 $\mathrm{N}(0, 1)$을 따른다.

따라서

$$\mathrm{P}(5 \le X \le 9) = \mathrm{P}\left(\frac{5-7}{2} \le Z \le \frac{9-7}{2}\right)$$
$$= \mathrm{P}(-1 \le Z \le 1)$$
$$= \mathrm{P}(-1 \le Z \le 0) + \mathrm{P}(0 \le Z \le 1)$$
$$= 2 \times \mathrm{P}(0 \le Z \le 1)$$
$$= 2 \times 0.3413$$
$$= 0.6826$$

답 ③

20

확률변수 X가 정규분포 $N(5,\ \sigma^2)$을 따르므로 $Z=\frac{X-5}{\sigma}$로 놓으면 확률변수 Z는 표준정규분포 $N(0,\ 1)$을 따른다.

$P(X\le 8)=P\left(Z\le\frac{8-5}{\sigma}\right)$

$=P\left(Z\le\frac{3}{\sigma}\right)=0.8413$

이므로

$0.5+P\left(0\le Z\le\frac{3}{\sigma}\right)=0.8413$에서

$P\left(0\le Z\le\frac{3}{\sigma}\right)=0.3413$

표준정규분포표에서 $P(0\le Z\le 1)=0.3413$이므로

$\frac{3}{\sigma}=1$, 즉 $\sigma=3$

따라서

$P(X\ge 3\sigma+2)=P(X\ge 11)$

$=P\left(Z\ge\frac{11-5}{3}\right)$

$=P(Z\ge 2)$

$=0.5-P(0\le Z\le 2)$

$=0.5-0.4772$

$=0.0228$

답 ①

21

확률변수 X가 정규분포 $N(m,\ \sigma^2)$을 따르므로 $Z=\frac{X-m}{\sigma}$으로 놓으면 확률변수 Z는 표준정규분포 $N(0,\ 1)$을 따른다.

조건 (가)에서

$f(a)-f(b)$

$=P(|X-m|\le a)-P(|X-m|\le b)$

$=P(m-a\le X\le m+a)-P(m-b\le X\le m+b)$

$=P\left(-\frac{a}{\sigma}\le Z\le\frac{a}{\sigma}\right)-P\left(-\frac{b}{\sigma}\le Z\le\frac{b}{\sigma}\right)$

$=2\times\left\{P\left(0\le Z\le\frac{a}{\sigma}\right)-P\left(0\le Z\le\frac{b}{\sigma}\right)\right\}$

$=0.0880$

$P\left(0\le Z\le\frac{a}{\sigma}\right)-P\left(0\le Z\le\frac{b}{\sigma}\right)=0.0440$ …… ㉠

조건 (나)에서

$f(a)+f(b)$

$=P(|X-m|\le a)+P(|X-m|\le b)$

$=P(m-a\le X\le m+a)+P(m-b\le X\le m+b)$

$=P\left(-\frac{a}{\sigma}\le Z\le\frac{a}{\sigma}\right)+P\left(-\frac{b}{\sigma}\le Z\le\frac{b}{\sigma}\right)$

$=2\times\left\{P\left(0\le Z\le\frac{a}{\sigma}\right)+P\left(0\le Z\le\frac{b}{\sigma}\right)\right\}$

$=1.8208$

$P\left(0\le Z\le\frac{a}{\sigma}\right)+P\left(0\le Z\le\frac{b}{\sigma}\right)=0.9104$ …… ㉡

㉠+㉡을 하면 $2P\left(0\le Z\le\frac{a}{\sigma}\right)=0.9544$이므로

$P\left(0\le Z\le\frac{a}{\sigma}\right)=0.4772$

㉡−㉠을 하면 $2P\left(0\le Z\le\frac{b}{\sigma}\right)=0.8664$이므로

$P\left(0\le Z\le\frac{b}{\sigma}\right)=0.4332$

표준정규분포표에서

$P(0\le Z\le 1.5)=0.4332$, $P(0\le Z\le 2)=0.4772$이므로

$\frac{a}{\sigma}=2$, $\frac{b}{\sigma}=1.5$

즉, $a=2\sigma$, $b=1.5\sigma$

따라서

$\frac{a-b}{\sigma}=\frac{2\sigma-1.5\sigma}{\sigma}=0.5$

답 ⑤

22

확률변수 X가 정규분포 $N(m,\ \sigma^2)$을 따르므로 함수 $y=f(x)$의 그래프는 직선 $x=m$에 대하여 대칭이다.

모든 실수 x에 대하여 $f(8-x)=f(8+x)$이므로 함수 $y=f(x)$의 그래프는 직선 $x=8$에 대하여 대칭이다. 즉, $m=8$이다.

$P\left(|X-m|\ge\frac{m}{2}\right)=P(|X-8|\ge 4)$

$=P(X\ge 12)+P(X\le 4)$

확률변수 X가 정규분포 $N(8,\ \sigma^2)$을 따르므로 $Z=\frac{X-8}{\sigma}$로 놓으면 확률변수 Z는 표준정규분포 $N(0,\ 1)$을 따른다.

또한 $P(X\le 4)=P(X\ge 12)$이므로

$P\left(|X-m|\ge\frac{m}{2}\right)=P(X\ge 12)+P(X\le 4)$

$=2\times P(X\ge 12)$

$=2\times P\left(Z\ge\frac{12-8}{\sigma}\right)$

$=2\times P\left(Z\ge\frac{4}{\sigma}\right)=0.3174$

즉, $P\left(Z\ge\frac{4}{\sigma}\right)=0.1587$이므로

$P\left(0\le Z\le\frac{4}{\sigma}\right)=0.5-0.1587=0.3413$

표준정규분포표에서 $P(0\le Z\le 1)=0.3413$이므로

$\frac{4}{\sigma}=1$, 즉 $\sigma=4$

따라서 $m+\sigma=8+4=12$

답 ①

필수유형 7

이 농장에서 수확하는 파프리카 1개의 무게를 확률변수 X라 하면 X는 정규분포 $N(180,\ 20^2)$을 따르므로 $Z=\frac{X-180}{20}$이라 하면 확률변수 Z는 표준정규분포 $N(0,\ 1)$을 따른다.

따라서 구하는 확률은

$P(190\le X\le 210)=P\left(\frac{190-180}{20}\le Z\le\frac{210-180}{20}\right)$

$=P(0.5\le Z\le 1.5)$

$=P(0\le Z\le 1.5)-P(0\le Z\le 0.5)$

$=0.4332-0.1915$

$=0.2417$

답 ⑤

23

이 컨텐츠 회사에서 업로드하는 영상 중에서 임의로 선택한 영상 1개의 용량을 확률변수 X라 하면 X는 정규분포 $\mathrm{N}(10,\ 2^2)$을 따르므로 $Z=\dfrac{X-10}{2}$이라 하면 확률변수 Z는 표준정규분포 $\mathrm{N}(0,\ 1)$을 따른다.
따라서 구하는 확률은

$$\begin{aligned}\mathrm{P}(X\ge 8)&=\mathrm{P}\left(Z\ge\frac{8-10}{2}\right)\\&=\mathrm{P}(Z\ge -1)\\&=0.5+\mathrm{P}(0\le Z\le 1)\\&=0.5+0.3413\\&=0.8413\end{aligned}$$

답 ③

24

이 공장에서 생산하는 전기자동차 1대의 완전 충전 후 주행 가능 거리를 확률변수 X라 하면 X는 정규분포 $\mathrm{N}(440,\ 40^2)$을 따르므로 $Z=\dfrac{X-440}{40}$이라 하면 확률변수 Z는 표준정규분포 $\mathrm{N}(0,\ 1)$을 따른다.
따라서 구하는 확률은

$$\begin{aligned}\mathrm{P}(400\le X\le 500)&=\mathrm{P}\left(\frac{400-440}{40}\le Z\le\frac{500-440}{40}\right)\\&=\mathrm{P}(-1\le Z\le 1.5)\\&=\mathrm{P}(0\le Z\le 1)+\mathrm{P}(0\le Z\le 1.5)\\&=0.3413+0.4332\\&=0.7745\end{aligned}$$

답 ③

25

A지역의 주민들의 도서관 이용시간을 확률변수 X라 하면 X는 정규분포 $\mathrm{N}(100,\ 20^2)$을 따르므로 $Z=\dfrac{X-100}{20}$이라 하면 확률변수 Z는 표준정규분포 $\mathrm{N}(0,\ 1)$을 따른다.

$p_1=\mathrm{P}(X\ge 110)=\mathrm{P}\left(Z\ge\dfrac{110-100}{20}\right)=\mathrm{P}(Z\ge 0.5)$

B지역의 주민들의 도서관 이용시간을 확률변수 Y라 하면 Y는 정규분포 $\mathrm{N}(m,\ 30^2)$을 따르므로 $Z=\dfrac{Y-m}{30}$이라 하면 확률변수 Z는 표준정규분포 $\mathrm{N}(0,\ 1)$을 따른다.

$p_2=\mathrm{P}(Y\ge 110)=\mathrm{P}\left(Z\ge\dfrac{110-m}{30}\right)$

$p_1+p_2=1$이므로

$\dfrac{110-m}{30}=-0.5$

$110-m=-15$

따라서 $m=125$

답 125

필수유형 8

100권의 공책 중 A회사 제품의 개수를 확률변수 X라 하면 X는 이항분포 $\mathrm{B}(100,\ 0.1)$을 따르므로

$\mathrm{E}(X)=100\times 0.1=10$

$\mathrm{V}(X)=100\times 0.1\times 0.9=9$

이때 100은 충분히 큰 수이므로 확률변수 X는 근사적으로 정규분포 $\mathrm{N}(10,\ 3^2)$을 따르고, $Z=\dfrac{X-10}{3}$이라 하면 확률변수 Z는 표준정규분포 $\mathrm{N}(0,\ 1)$을 따른다.
따라서 구하는 확률은

$$\begin{aligned}\mathrm{P}(X\ge 13)&=\mathrm{P}\left(Z\ge\frac{13-10}{3}\right)\\&=\mathrm{P}(Z\ge 1)\\&=0.5-\mathrm{P}(0\le Z\le 1)\\&=0.5-0.3413\\&=0.1587\end{aligned}$$

답 ③

26

$\mathrm{P}(X=x)=\dfrac{{}_{64}\mathrm{C}_x}{2^{64}}={}_{64}\mathrm{C}_x\left(\dfrac{1}{2}\right)^x\left(\dfrac{1}{2}\right)^{64-x}$

이므로 확률변수 X는 이항분포 $\mathrm{B}\left(64,\ \dfrac{1}{2}\right)$을 따른다.

$\mathrm{E}(X)=64\times\dfrac{1}{2}=32$

$\mathrm{V}(X)=64\times\dfrac{1}{2}\times\dfrac{1}{2}=16=4^2$

이때 64는 충분히 큰 수이므로 확률변수 X는 근사적으로 정규분포 $\mathrm{N}(32,\ 4^2)$을 따르고, $Z=\dfrac{X-32}{4}$라 하면 확률변수 Z는 표준정규분포 $\mathrm{N}(0,\ 1)$을 따른다.
따라서 구하는 확률은

$$\begin{aligned}\mathrm{P}(X\ge 30)&=\mathrm{P}\left(Z\ge\frac{30-32}{4}\right)\\&=\mathrm{P}(Z\ge -0.5)\\&=0.5+\mathrm{P}(0\le Z\le 0.5)\\&=0.5+0.1915\\&=0.6915\end{aligned}$$

답 ②

27

192곡의 음악 중 힙합 음악의 곡수를 확률변수 X라 하면 X는 이항분포 $\mathrm{B}\left(192,\ \dfrac{1}{4}\right)$을 따르므로

$\mathrm{E}(X)=192\times\dfrac{1}{4}=48$

$\mathrm{V}(X)=192\times\dfrac{1}{4}\times\dfrac{3}{4}=36=6^2$

이때 192는 충분히 큰 수이므로 확률변수 X는 근사적으로 정규분포 $\mathrm{N}(48,\ 6^2)$을 따르고, $Z=\dfrac{X-48}{6}$이라 하면 확률변수 Z는 표준정규분포 $\mathrm{N}(0,\ 1)$을 따른다.

따라서 구하는 확률은

$$\begin{aligned}P(X\le 60)&=P\left(Z\le\frac{60-48}{6}\right)\\&=P(Z\le 2)\\&=0.5+P(0\le Z\le 2)\\&=0.5+0.4772\\&=0.9772\end{aligned}$$

답 ⑤

28

주사위를 288번 던져서 3의 배수의 눈이 나온 횟수를 확률변수 X라 하면 X는 이항분포 $B\left(288,\ \frac{1}{3}\right)$을 따르므로

$E(X)=288\times\frac{1}{3}=96$,

$V(X)=288\times\frac{1}{3}\times\frac{2}{3}=64=8^2$

이때 288은 충분히 큰 수이므로 확률변수 X는 근사적으로 정규분포 $N(96,\ 8^2)$을 따르고, $Z=\frac{X-96}{8}$이라 하면 확률변수 Z는 표준정규분포 $N(0,\ 1)$을 따른다.

3의 배수의 눈이 나온 횟수를 X라 할 때 3의 배수의 눈이 나오지 않은 횟수는 $288-X$이므로 이때 얻은 점수는

$2X+(288-X)\times 1=X+288$

$$\begin{aligned}P(X+288\le k)&=P(X\le k-288)\\&=P\left(Z\le\frac{k-288-96}{8}\right)\\&=P\left(Z\le\frac{k-384}{8}\right)\end{aligned}$$

$$\begin{aligned}P\left(Z\le\frac{k-384}{8}\right)&=0.9772\\&=0.5+0.4772\\&=0.5+P(0\le Z\le 2)\\&=P(Z\le 2)\end{aligned}$$

이므로 $\frac{k-384}{8}=2$

따라서 $k=400$

답 ③

필수유형 9

정규분포 $N(20,\ 5^2)$을 따르는 확률변수를 X라 하면

$E(X)=20$, $\sigma(X)=5$

이 모집단에서 크기가 16인 표본을 임의추출하여 구한 표본평균이 $\overline{X}$이므로

$$\begin{aligned}E(\overline{X})+\sigma(\overline{X})&=E(X)+\frac{\sigma(X)}{\sqrt{16}}\\&=20+\frac{5}{4}\\&=\frac{85}{4}\end{aligned}$$

답 ②

29

$E(\overline{X})=E(X)=6m$,

$\sigma(\overline{X})=\frac{\sigma(X)}{\sqrt{36}}=\frac{m}{\sqrt{36}}=\frac{m}{6}$

이므로

$6m+\frac{m}{6}=\frac{37m}{6}=74$에서

$m=12$

답 12

30

샤인머스캣 1송이의 무게의 평균을 m, 표준편차를 σ라 하면

$m=1000$, $\sigma=100$

이때 $E(\overline{X})=m=1000$

또한 표본의 크기를 n이라 하면 $n=400$이므로

$V(\overline{X})=\frac{\sigma^2}{n}=\frac{100^2}{400}=25$, $\sigma(\overline{X})=5$

따라서 $\frac{E(\overline{X})}{\sigma(\overline{X})}=\frac{1000}{5}=200$

답 ①

31

카드에 적혀 있는 숫자를 확률변수 X라 하면 X의 확률분포를 표로 나타내면 다음과 같다.

X	2	4	6	8	합계
$P(X=x)$	$\frac{1}{4}$	$\frac{1}{4}$	$\frac{1}{4}$	$\frac{1}{4}$	1

$E(X)=2\times\frac{1}{4}+4\times\frac{1}{4}+6\times\frac{1}{4}+8\times\frac{1}{4}=5$

$$\begin{aligned}V(X)&=E(X^2)-\{E(X)\}^2\\&=2^2\times\frac{1}{4}+4^2\times\frac{1}{4}+6^2\times\frac{1}{4}+8^2\times\frac{1}{4}-5^2=5\end{aligned}$$

이때 표본의 크기가 2이므로

$V(\overline{X})=\frac{V(X)}{2}=\frac{5}{2}$

답 ③

다른 풀이

$E(X)=5$

$$\begin{aligned}V(X)&=E((X-m)^2)\\&=(2-5)^2\times\frac{1}{4}+(4-5)^2\times\frac{1}{4}+(6-5)^2\times\frac{1}{4}+(8-5)^2\times\frac{1}{4}\\&=\frac{20}{4}=5\end{aligned}$$

표본평균 $\overline{X}$에 대한 확률분포를 표로 나타내면 다음과 같다.

$\overline{X}$	2	3	4	5	6	7	8	합계
$P(\overline{X}=x)$	$\frac{1}{16}$	$\frac{2}{16}$	$\frac{3}{16}$	$\frac{4}{16}$	$\frac{3}{16}$	$\frac{2}{16}$	$\frac{1}{16}$	1

이때

$E(\overline{X})=2\times\frac{1}{16}+3\times\frac{2}{16}+4\times\frac{3}{16}+5\times\frac{4}{16}+6\times\frac{3}{16}+7\times\frac{2}{16}+8\times\frac{1}{16}$

$=\frac{80}{16}=5$

$V(\overline{X})=E(\overline{X}^2)-\{E(\overline{X})\}^2$

$=2^2\times\frac{1}{16}+3^2\times\frac{2}{16}+4^2\times\frac{3}{16}+5^2\times\frac{4}{16}+6^2\times\frac{3}{16}+7^2\times\frac{2}{16}+8^2\times\frac{1}{16}-5^2$

$=\frac{55}{2}-25=\frac{5}{2}$

필수유형 10

확률변수 X의 표준편차를 σ라 하면 확률변수 X는 정규분포 $N(220, \sigma^2)$을 따르므로 확률변수 $\overline{X}$는 정규분포 $N\left(220, \left(\frac{\sigma}{\sqrt{n}}\right)^2\right)$을 따르고, $Z=\frac{\overline{X}-220}{\frac{\sigma}{\sqrt{n}}}$이라 하면 확률변수 Z는 표준정규분포 $N(0, 1)$을 따른다.

$P(\overline{X}\le 215)=0.1587$에서

$P(\overline{X}\le 215)=P\left(Z\le\frac{215-220}{\frac{\sigma}{\sqrt{n}}}\right)$

$=P\left(Z\le -\frac{5\sqrt{n}}{\sigma}\right)$

$=P\left(Z\ge\frac{5\sqrt{n}}{\sigma}\right)$

$=0.5-P\left(0\le Z\le\frac{5\sqrt{n}}{\sigma}\right)=0.1587$

이므로

$P\left(0\le Z\le\frac{5\sqrt{n}}{\sigma}\right)=0.5-0.1587=0.3413$

이때 $P(0\le Z\le 1)=0.3413$이므로

$\frac{5\sqrt{n}}{\sigma}=1$

즉, $\frac{\sigma}{\sqrt{n}}=5$ …… ㉠

한편, 확률변수 Y의 평균은 240이고 표준편차는 $\frac{3\sigma}{2}$이므로 확률변수 Y는 정규분포 $N\left(240, \left(\frac{3\sigma}{2}\right)^2\right)$을 따른다.

확률변수 $\overline{Y}$는 정규분포 $N\left(240, \left(\frac{\frac{3\sigma}{2}}{3\sqrt{n}}\right)^2\right)$, 즉 $N\left(240, \left(\frac{\sigma}{2\sqrt{n}}\right)^2\right)$을 따르고 ㉠에서 $\frac{\sigma}{2\sqrt{n}}=\frac{1}{2}\times\frac{\sigma}{\sqrt{n}}=\frac{5}{2}$이므로 $Z=\frac{\overline{Y}-240}{\frac{5}{2}}$이라 하면 확률변수 Z는 표준정규분포 $N(0, 1)$을 따른다.

따라서

$P(\overline{Y}\ge 235)=P\left(Z\ge\frac{235-240}{\frac{5}{2}}\right)$

$=P(Z\ge -2)$

$=P(-2\le Z\le 0)+P(Z\ge 0)$

$=P(0\le Z\le 2)+0.5$

$=0.4772+0.5$

$=0.9772$

답 ⑤

32

정규분포 $N(50, 10^2)$을 따르는 확률변수를 X라 하면 크기가 25인 표본의 표본평균 $\overline{X}$의 평균과 표준편차는

$E(\overline{X})=E(X)=50$, $\sigma(\overline{X})=\frac{\sigma(X)}{\sqrt{25}}=\frac{10}{\sqrt{25}}=2$

확률변수 $\overline{X}$는 정규분포 $N(50, 2^2)$을 따르고, $Z=\frac{\overline{X}-50}{2}$이라 하면 확률변수 Z는 표준정규분포 $N(0, 1)$을 따른다.

$P(48\le\overline{X}\le 52)=P\left(\frac{48-50}{2}\le Z\le\frac{52-50}{2}\right)$

$=P(-1\le Z\le 1)$

$=2P(0\le Z\le 1)$

$=2\times 0.3413=0.6826$

답 ②

33

모집단이 정규분포 $N(200, 20^2)$을 따르고 표본의 크기가 100이므로 표본평균 $\overline{X}$는 정규분포 $N\left(200, \frac{20^2}{100}\right)$, 즉 $N(200, 2^2)$을 따르고, $Z=\frac{\overline{X}-200}{2}$이라 하면 확률변수 Z는 표준정규분포 $N(0, 1)$을 따른다.

$P(196\le\overline{X}\le 203)=P\left(\frac{196-200}{2}\le Z\le\frac{203-200}{2}\right)$

$=P(-2\le Z\le 1.5)$

$=P(0\le Z\le 2)+P(0\le Z\le 1.5)$

$=0.4772+0.4332=0.9104$

답 ④

34

이 학교의 전체 남학생의 몸무게와 전체 여학생의 몸무게는 각각 정규분포 $N(65, 6^2)$, $N(55, 6^2)$을 따른다.

이 모집단에서 각각 크기가 9, 36인 표본을 뽑아서 구한 표본평균 $\overline{X}$, $\overline{Y}$는 각각 정규분포

$N\left(65, \frac{6^2}{9}\right)$, 즉 $N(65, 2^2)$, $N\left(55, \frac{6^2}{36}\right)$, 즉 $N(55, 1^2)$

을 따른다.

Z가 표준정규분포를 따르는 확률변수일 때,

$\mathrm{P}(\overline{X}\ge a)=\mathrm{P}\left(Z\ge\frac{a-65}{2}\right)$

$\mathrm{P}(\overline{Y}\le b)=\mathrm{P}\left(Z\le\frac{b-55}{1}\right)$

$\mathrm{P}(\overline{X}\ge a)=\mathrm{P}(\overline{Y}\le b)$이므로

$\mathrm{P}\left(Z\ge\frac{a-65}{2}\right)=\mathrm{P}\left(Z\le\frac{b-55}{1}\right)$

$\frac{a-65}{2}=-\frac{b-55}{1}$에서 $a-65+2(b-55)=0$이므로

$a+2b=175$

답 175

필수유형 11

모표준편차는 5, 표본의 크기는 49, 표본평균이 $\overline{x}$이므로 모평균 m에 대한 신뢰도 95 %의 신뢰구간은

$\overline{x}-1.96\times\frac{5}{\sqrt{49}}\le m\le\overline{x}+1.96\times\frac{5}{\sqrt{49}}$

$\overline{x}-\frac{7}{5}\le m\le\overline{x}+\frac{7}{5}$

$a=\overline{x}-\frac{7}{5}$, $\frac{6}{5}a=\overline{x}+\frac{7}{5}$이므로

$\frac{6}{5}\left(\overline{x}-\frac{7}{5}\right)=\overline{x}+\frac{7}{5}$에서

$\frac{1}{5}\overline{x}=\frac{7}{5}+\frac{6}{5}\times\frac{7}{5}=\frac{77}{25}$

$\overline{x}=\frac{77}{5}=15.4$

답 ②

35

$b-a=2\times2.58\times\frac{\sigma}{\sqrt{100}}$

$d-c=2\times2.58\times\frac{\sigma}{\sqrt{n}}$

$d-c=\frac{2}{3}(b-a)$이므로

$2\times2.58\times\frac{\sigma}{\sqrt{n}}=\frac{2}{3}\left(2\times2.58\times\frac{\sigma}{\sqrt{100}}\right)$에서

$2\sqrt{n}=3\times10$

$\sqrt{n}=15$

따라서 $n=225$

답 225

36

표본표준편차가 12, 표본의 크기가 36, 표본평균이 70이므로 모평균 m에 대한 신뢰도 95 %의 신뢰구간은

$70-1.96\times\frac{12}{\sqrt{36}}\le m\le 70+1.96\times\frac{12}{\sqrt{36}}$

$70-3.92\le m\le 70+3.92$

따라서 $b-a=2\times3.92=7.84$

답 ④

37

모표준편차가 0.2, 표본의 크기가 n, 표본평균이 $\overline{x}$일 때 모평균 m에 대한 신뢰도 95 %의 신뢰구간은

$\overline{x}-1.96\times\frac{0.2}{\sqrt{n}}\le m\le\overline{x}+1.96\times\frac{0.2}{\sqrt{n}}$

$b-a=2\times1.96\times\frac{0.2}{\sqrt{n}}$

$2\times1.96\times\frac{0.2}{\sqrt{n}}\le0.0392$에서

$\sqrt{n}\ge20$

$n\ge400$

따라서 n의 최솟값은 400이다.

답 ⑤

실전 모의고사 1회 본문 106~117쪽

01 ③	02 ③	03 ⑤	04 ④	05 ②
06 ④	07 ④	08 ④	09 ⑤	10 ①
11 ④	12 ⑤	13 ②	14 ①	15 ①
16 9	17 6	18 30	19 165	20 15
21 8	22 108	23 ③	24 ④	25 ①
26 ④	27 ④	28 ②	29 118	30 834

01

$$\left(\frac{1}{2}\right)^{\sqrt{3}}\times 4^{\frac{\sqrt{3}}{2}}=(2^{-1})^{\sqrt{3}}\times(2^2)^{\frac{\sqrt{3}}{2}}$$
$$=2^{-\sqrt{3}}\times 2^{\sqrt{3}}=2^{-\sqrt{3}+\sqrt{3}}$$
$$=2^0=1$$

답 ③

02

$$\lim_{x\to 1}\frac{\sqrt{x^2+x}-\sqrt{2}}{x-1}=\lim_{x\to 1}\frac{(\sqrt{x^2+x}-\sqrt{2})(\sqrt{x^2+x}+\sqrt{2})}{(x-1)(\sqrt{x^2+x}+\sqrt{2})}$$
$$=\lim_{x\to 1}\frac{x^2+x-2}{(x-1)(\sqrt{x^2+x}+\sqrt{2})}$$
$$=\lim_{x\to 1}\frac{(x-1)(x+2)}{(x-1)(\sqrt{x^2+x}+\sqrt{2})}$$
$$=\lim_{x\to 1}\frac{x+2}{\sqrt{x^2+x}+\sqrt{2}}$$
$$=\frac{3}{2\sqrt{2}}=\frac{3\sqrt{2}}{4}$$

답 ③

03

등차수열 $\{a_n\}$의 첫째항을 a, 공차를 d라 하자.

$a_2+a_4=10$에서

$(a+d)+(a+3d)=2a+4d=10$

$a+2d=5$ ...... ㉠

$a_6-a_3=6$에서

$(a+5d)-(a+2d)=3d=6$, $d=2$

$d=2$를 ㉠에 대입하면 $a=1$

따라서 $a_8=a+7d=1+7\times 2=15$

답 ⑤

다른 풀이

$\frac{a_2+a_4}{2}=a_3$이므로

$a_2+a_4=10$에서 $2a_3=10$, $a_3=5$

등차수열 $\{a_n\}$의 공차를 d라 하면

$a_6=a_3+3d$이므로 $a_6-a_3=3d$

$a_6-a_3=6$에서 $3d=6$, $d=2$

따라서 $a_8=a_3+5d=5+5\times 2=15$

04

$$\lim_{h\to 0}\frac{f(1+h)-f(1-h)}{h}$$
$$=\lim_{h\to 0}\left\{\frac{f(1+h)-f(1)}{h}+\frac{f(1-h)-f(1)}{-h}\right\}$$
$$=f'(1)+f'(1)$$
$$=2f'(1)$$

$2f'(1)=10$에서 $f'(1)=5$

$f(x)=x^3+ax$에서 $f'(x)=3x^2+a$이므로

$f'(1)=3+a=5$

따라서 $a=2$

답 ④

05

$$\sum_{k=1}^{n}\frac{1}{(k+1)(k+2)}$$
$$=\sum_{k=1}^{n}\left(\frac{1}{k+1}-\frac{1}{k+2}\right)$$
$$=\left(\frac{1}{2}-\frac{1}{3}\right)+\left(\frac{1}{3}-\frac{1}{4}\right)+\cdots+\left(\frac{1}{n}-\frac{1}{n+1}\right)+\left(\frac{1}{n+1}-\frac{1}{n+2}\right)$$
$$=\frac{1}{2}-\frac{1}{n+2}$$

$\sum_{k=1}^{n}\frac{1}{(k+1)(k+2)}>\frac{2}{5}$에서

$\frac{1}{2}-\frac{1}{n+2}>\frac{2}{5}$, $\frac{1}{n+2}<\frac{1}{10}$

$n+2>10$, $n>8$

따라서 자연수 n의 최솟값은 9이다.

답 ②

06

$p>1$이므로 두 함수 $y=x^2$, $y=\frac{x^2}{p}$의 그래프는 그림과 같다.

$$A=\int_0^p x^2\,dx=\left[\frac{1}{3}x^3\right]_0^p=\frac{p^3}{3}$$
$$B=\int_0^p\left(x^2-\frac{x^2}{p}\right)dx$$
$$=\int_0^p\left(1-\frac{1}{p}\right)x^2\,dx=\left[\frac{p-1}{3p}x^3\right]_0^p=\frac{(p-1)p^2}{3}$$

$A:B=3:1$에서 $A=3B$이므로

$\frac{p^3}{3}=(p-1)p^2$

$p>1$이므로 양변을 p^2으로 나누면

$\frac{p}{3}=p-1$, $\frac{2}{3}p=1$

따라서 $p=\frac{3}{2}$

답 ④

07

$\tan^2\theta-\tan^2\theta\sin^2\theta=\tan^2\theta(1-\sin^2\theta)=\tan^2\theta\times\cos^2\theta$

$$=\frac{\sin^2\theta}{\cos^2\theta}\times\cos^2\theta=\sin^2\theta$$

$\tan^2\theta-\tan^2\theta\sin^2\theta=\frac{4}{5}$에서

$\sin^2\theta=\frac{4}{5}$

$\pi<\theta<\frac{3}{2}\pi$에서 $\sin\theta<0$, $\cos\theta<0$이므로

$\sin\theta=-\frac{2\sqrt{5}}{5}$, $\cos\theta=-\sqrt{1-\frac{4}{5}}=-\frac{\sqrt{5}}{5}$

$$\tan\theta=\frac{\sin\theta}{\cos\theta}=\frac{-\frac{2\sqrt{5}}{5}}{-\frac{\sqrt{5}}{5}}=2$$

따라서 $\cos^2\theta+\tan\theta=\left(-\frac{\sqrt{5}}{5}\right)^2+2=\frac{1}{5}+2=\frac{11}{5}$

답 ④

08

$g(x)=(x-1)f(x)$로 놓으면 $g(1)=0$이고,

$g'(x)=f(x)+(x-1)f'(x)$

이므로

$g'(x)=4x^3+4x$

$g(x)=\int(4x^3+4x)\,dx$

$\quad=x^4+2x^2+C$ (단, C는 적분상수) ...... ㉠

㉠에서 $g(1)=3+C=0$이므로 $C=-3$

이때 $g(x)=x^4+2x^2-3=(x+1)(x-1)(x^2+3)$에서

$x\neq1$일 때 $f(x)=\frac{g(x)}{x-1}=(x+1)(x^2+3)$이므로

$f'(x)=(x^2+3)+(x+1)\times2x=3x^2+2x+3$

따라서 $f'(1)=3+2+3=8$

답 ④

09

두 곡선 $y=3\cos x$, $y=8\tan x$가 만나는 점 A의 x좌표를 a라 하면

$3\cos a=8\tan a$에서

$3\cos a=8\times\frac{\sin a}{\cos a}$

$3\cos^2 a=8\sin a$, $3(1-\sin^2 a)=8\sin a$

$3\sin^2 a+8\sin a-3=0$, $(3\sin a-1)(\sin a+3)=0$

$0<a<\frac{\pi}{2}$에서 $0<\sin a<1$이므로 $\sin a=\frac{1}{3}$

$\cos a=\sqrt{1-\sin^2 a}=\sqrt{1-\left(\frac{1}{3}\right)^2}=\frac{2\sqrt{2}}{3}$

그러므로 점 A의 y좌표는 $3\cos a=3\times\frac{2\sqrt{2}}{3}=2\sqrt{2}$이다.

한편, $6\cos x=16\tan x$에서 $3\cos x=8\tan x$이므로 두 곡선 $y=6\cos x$, $y=16\tan x$가 만나는 점 B의 x좌표는 a이고,

점 B의 y좌표는 $6\cos a=6\times\frac{2\sqrt{2}}{3}=4\sqrt{2}$이다.

따라서 선분 AB의 길이는 $\sqrt{(a-a)^2+(4\sqrt{2}-2\sqrt{2})^2}=2\sqrt{2}$

답 ⑤

10

$\int_0^a v(t)\,dt=A$, $\int_a^b v(t)\,dt=B$, $\int_b^c v(t)\,dt=C$로 놓으면

$A>0$, $B<0$, $C>0$

조건 (가)에서

$\int_0^b|v(t)|\,dt=\int_0^a v(t)\,dt-\int_a^b v(t)\,dt=12$

이므로 $A-B=12$ ...... ㉠

점 P가 출발할 때의 방향과 반대 방향으로 움직일 때의 시각 t의 범위는 $a<t<b$이다. 즉, 조건 (나)에서

$\int_a^b|v(t)|\,dt=-\int_a^b v(t)\,dt=5$

이므로 $B=-5$이고, $B=-5$를 ㉠에 대입하면 $A=7$

조건 (다)에서

$\int_0^c v(t)\,dt=A+B+C=8$

이므로 $C=8-(A+B)=8-(7-5)=6$

따라서 점 P가 시각 $t=a$에서 $t=c$까지 움직인 거리는

$\int_a^c|v(t)|\,dt=-\int_a^b v(t)\,dt+\int_b^c v(t)\,dt=-B+C=5+6=11$

답 ①

11

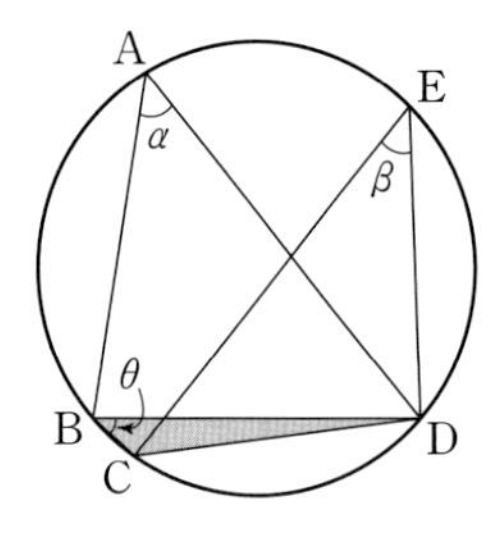

$\angle\text{BAD}=\alpha$, $\angle\text{CED}=\beta$라 하면

$\sin\alpha=\frac{3}{4}$, $\sin\beta=\frac{\sqrt{7}}{4}$

주어진 원의 반지름의 길이가 4이므로

삼각형 ABD에서 사인법칙에 의하여

$\frac{\overline{\text{BD}}}{\sin\alpha}=2\times4$

$\overline{\text{BD}}=8\sin\alpha=8\times\frac{3}{4}=6$

삼각형 ECD에서 사인법칙에 의하여

$\frac{\overline{\text{CD}}}{\sin\beta}=2\times4$

$\overline{\text{CD}}=8\sin\beta=8\times\frac{\sqrt{7}}{4}=2\sqrt{7}$

$\overline{\text{BC}}=x$ $(0<x<8)$, $\angle\text{CBD}=\theta$ $\left(0<\theta<\frac{\pi}{2}\right)$라 하자.

$\angle\text{CED}$와 $\angle\text{CBD}$는 모두 호 CD의 원주각이므로 $\theta=\beta$

즉, $\sin\theta=\sin\beta=\frac{\sqrt{7}}{4}$

$\cos\theta=\sqrt{1-\sin^2\theta}=\sqrt{1-\left(\frac{\sqrt{7}}{4}\right)^2}=\frac{3}{4}$

삼각형 BCD에서 코사인법칙에 의하여

$\overline{\text{CD}}^2=\overline{\text{BC}}^2+\overline{\text{BD}}^2-2\times\overline{\text{BC}}\times\overline{\text{BD}}\times\cos\theta$

$(2\sqrt{7})^2=x^2+6^2-2\times x\times6\times\frac{3}{4}$

$x^2-9x+8=0$, $(x-1)(x-8)=0$

$0<x<8$이므로 $x=1$

따라서 삼각형 BCD의 넓이는

$\frac{1}{2}\times\overline{\text{BC}}\times\overline{\text{BD}}\times\sin\theta=\frac{1}{2}\times1\times6\times\frac{\sqrt{7}}{4}=\frac{3\sqrt{7}}{4}$

답 ④

12

$f(x)=x^4+ax^3+bx^2+cx+d$ (a, b, c, d는 상수)로 놓으면

$f(0)=4$에서 $d=4$, $f(-1)=1$에서 $1-a+b-c+d=1$

이므로 $a-b=4-c$ …… ㉠

$f'(x)=4x^3+3ax^2+2bx+c$이고,

곡선 $y=f(x)$ 위의 두 점 $(-1, 1)$, $(0, 4)$를 지나는 직선의 기울기는

$\frac{4-1}{0-(-1)}=3$

$f'(0)=3$에서 $c=3$,

$f'(-1)=3$에서 $-4+3a-2b+c=3$

이므로 $3a-2b=4$ …… ㉡

㉠, ㉡을 연립하여 풀면 $a=2$, $b=1$

따라서 $f'(x)=4x^3+6x^2+2x+3$이므로

$f'(1)=4+6+2+3=15$

답 ⑤

다른 풀이

두 점 $(-1, 1)$, $(0, 4)$를 지나는 직선의 기울기는

$\frac{4-1}{0-(-1)}=3$

이므로 곡선 $y=f(x)$ 위의 두 점 $(0, 4)$, $(-1, 1)$에서의 접선의 방정식은 $y=3x+4$이다.

사차방정식 $f(x)=3x+4$는 $x=-1$, $x=0$을 각각 중근으로 가지고 $f(x)$의 최고차항의 계수가 1이므로

$f(x)-(3x+4)=x^2(x+1)^2$

$f(x)=x^2(x+1)^2+3x+4=x^4+2x^3+x^2+3x+4$

따라서 $f'(x)=4x^3+6x^2+2x+3$이므로

$f'(1)=4+6+2+3=15$

13

$\log_{2^n} x=\frac{1}{n}\log_2 x$이므로

$A\left(\frac{1}{2}, -1\right)$, $B\left(\frac{1}{2}, -\frac{1}{n}\right)$, $C\left(\frac{1}{2}, 0\right)$, $D(2, 1)$, $E\left(2, \frac{1}{n}\right)$, $F(2, 0)$

그러므로 두 사각형 AEDB, BFEC는 각각 평행사변형이고, 사각형 BFEC의 넓이는

$\frac{1}{n}\times\left(2-\frac{1}{2}\right)=\frac{3}{2n}$

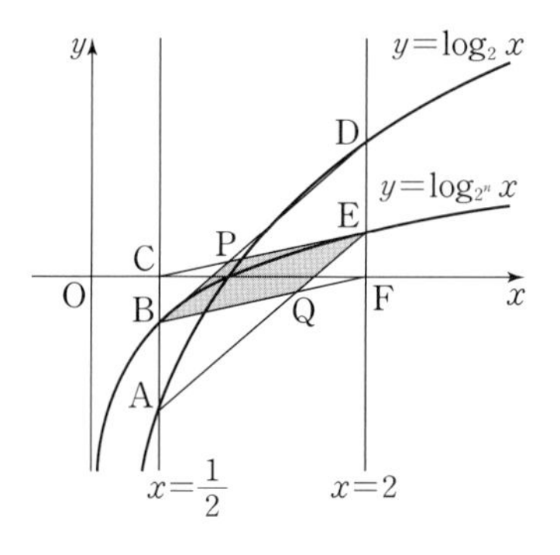

두 직선 BD, CE의 교점을 P, 두 직선 AE, BF의 교점을 Q라 하면 두 삼각형 BPC, EQF는 서로 합동이다.

한편, 두 삼각형 AQB, EQF는 서로 닮은 도형이고 닮음비는

$\overline{AB}:\overline{EF}=\left(1-\frac{1}{n}\right):\frac{1}{n}=(n-1):1$이다.

그러므로 변 EF를 밑변으로 했을 때, 삼각형 EQF의 넓이는

$\frac{1}{2}\times\frac{1}{n}\times\left\{\frac{1}{n}\times\left(2-\frac{1}{2}\right)\right\}=\frac{3}{4n^2}$

두 사각형 AEDB, BFEC의 겹치는 부분의 넓이는 사각형 BFEC의 넓이에서 서로 합동인 두 삼각형 BPC, EQF의 넓이를 뺀 값과 같으므로

$\frac{3}{2n}-2\times\frac{3}{4n^2}=\frac{3}{2n}-\frac{3}{2n^2}$

$\frac{3}{2n}-\frac{3}{2n^2}=\frac{1}{3}$에서

$2n^2-9n+9=0$, $(2n-3)(n-3)=0$

따라서 $n=3$

답 ②

14

ㄱ. $f(0)=0$이므로 실수 a의 값에 관계없이 곡선 $y=f(x)$는 원점을 지난다. (참)

ㄴ. $f'(x)=(x-1)(2x^3+x^2-4x-a)$이므로 $a=-1$이면

$f'(x)=(x-1)(2x^3+x^2-4x+1)=(x-1)^2(2x^2+3x-1)$

따라서 $x=1$의 좌우에서 $f'(x)$의 부호가 바뀌지 않으므로 함수 $f(x)$는 $x=1$에서 극값을 갖지 않는다. (거짓)

ㄷ. $g(x)=2x^3+x^2-4x$로 놓으면

$g'(x)=6x^2+2x-4=2(3x-2)(x+1)$

$g'(x)=0$에서 $x=-1$ 또는 $x=\frac{2}{3}$

함수 $g(x)$의 증가와 감소를 표로 나타내면 다음과 같다.

x	$\cdots$	-1	$\cdots$	$\frac{2}{3}$	$\cdots$
$g'(x)$	$+$	0	$-$	0	$+$
$g(x)$	↗	극대	↘	극소	↗

함수 $g(x)$의 극댓값은 $g(-1)=-2+1+4=3$,

극솟값은 $g\left(\frac{2}{3}\right)=\frac{16}{27}+\frac{4}{9}-\frac{8}{3}=-\frac{44}{27}$

함수 $f(x)$가 $x=p$에서 극대 또는 극소인 서로 다른 실수 p의 개수가 2이려면 방정식 $f'(x)=0$이 하나의 중근과 서로 다른 두 실근을 갖거나 서로 다른 두 실근과 서로 다른 두 허근을 가져야 한다.

(i) 방정식 $f'(x)=0$이 하나의 중근과 서로 다른 두 실근을 갖는 경우

함수 $y=g(x)$의 그래프와 직선 $y=a$가 $x=1$인 점을 포함해서 세 점에서 만나면

ㄴ에서 $a=-1$

함수 $y=g(x)$의 그래프와 직선 $y=a$가 $x=1$이 아닌 두 점에서만 만나면

$a=g\left(\frac{2}{3}\right)=-\frac{44}{27}$ 또는 $a=g(-1)=3$

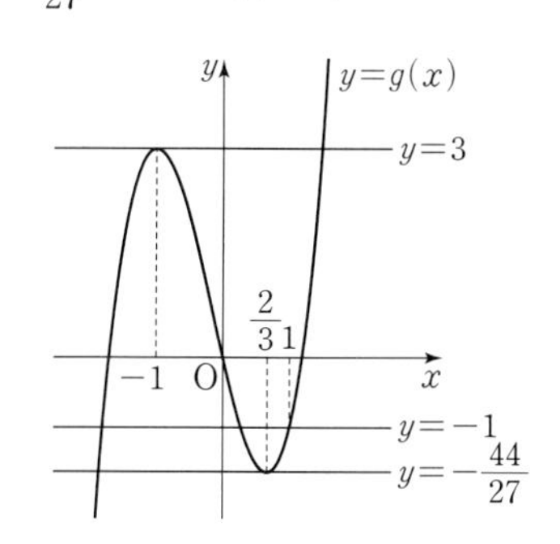

(ii) 방정식 $f'(x)=0$이 서로 다른 두 실근과 서로 다른 두 허근을 갖는 경우

함수 $y=g(x)$의 그래프와 직선 $y=a$가 한 점에서 만나야 하므로

$a>3$ 또는 $a<-\frac{44}{27}$

(i), (ii)에서 구하는 실수 a의 값은

$a\le-\frac{44}{27}$ 또는 $a=-1$ 또는 $a\ge3$

따라서 조건을 만족시키는 10 이하의 자연수 a의 개수는 8이다.

(거짓)

이상에서 옳은 것은 ㄱ이다.

답 ①

15

$a_1=1$, $S_1=1$이므로 $\frac{S_1}{a_1}=\frac{1}{1}=1$

1은 자연수이므로 $a_2=a_1+1=1+1=2$

$a_2=2$, $S_2=3$이므로 $\frac{S_2}{a_2}=\frac{3}{2}$

$\frac{3}{2}$은 자연수가 아니므로 $a_3=a_2-1=2-1=1$

$a_3=1$, $S_3=4$이므로 $\frac{S_3}{a_3}=\frac{4}{1}=4$

4는 자연수이므로 $a_4=a_3+1=1+1=2$

즉, $a_4=2$, $S_4=6$

한편, 어떤 두 자연수 p, q에 대하여 $a_p=2$, $S_p=6q$이면

$\frac{S_p}{a_p}=\frac{6q}{2}=3q$

$3q$는 자연수이므로 $a_{p+1}=a_p+1=2+1=3$

$a_{p+1}=3$, $S_{p+1}=6q+3$이므로 $\frac{S_{p+1}}{a_{p+1}}=\frac{6q+3}{3}=2q+1$

$2q+1$은 자연수이므로 $a_{p+2}=a_{p+1}+1=3+1=4$

$a_{p+2}=4$, $S_{p+2}=6q+7$이므로 $\frac{S_{p+2}}{a_{p+2}}=\frac{6q+7}{4}$

$\frac{6q+7}{4}$은 자연수가 아니므로 $a_{p+3}=a_{p+2}-1=4-1=3$

$a_{p+3}=3$, $S_{p+3}=6q+10$이므로 $\frac{S_{p+3}}{a_{p+3}}=\frac{6q+10}{3}$

$\frac{6q+10}{3}$은 자연수가 아니므로 $a_{p+4}=a_{p+3}-1=3-1=2$

즉, $a_{p+4}=2$, $S_{p+4}=6q+12=6(q+2)$

$6(q+2)$는 6의 배수이므로

$S_{p+4}=S_p+(a_{p+1}+a_{p+2}+a_{p+3}+a_{p+4})=S_p+(3+4+3+2)$

$\quad=S_p+12$

그러므로 수열 $\{S_{4n}\}$은 첫째항이 $S_4=6$, 공차가 12인 등차수열이다.

따라서 $S_{4k}=6+(k-1)\times12=12k-6$이므로

$\sum_{k=1}^{10}S_{4k}=\sum_{k=1}^{10}(12k-6)=12\sum_{k=1}^{10}k-\sum_{k=1}^{10}6=12\times\frac{10\times11}{2}-6\times10=600$

답 ①

16

로그의 진수의 조건에 의하여

$x-2>0$, $x-4>0$

이므로 $x>4$

$\log_4 4(x-2)=\log_2(x-4)$에서

$\frac{1}{2}\log_2 4(x-2)=\log_2(x-4)$, $\log_2 4(x-2)=\log_2(x-4)^2$

$4(x-2)=(x-4)^2$, $x^2-12x+24=0$

$x=6\pm\sqrt{12}=6\pm2\sqrt{3}$

$x>4$이므로 $x=6+2\sqrt{3}$

따라서 $p=6+2\sqrt{3}$이고 $9<6+2\sqrt{3}<10$이므로

$p\ge n$을 만족시키는 자연수 n의 최댓값은 9이다.

답 9

17

$f(x)=\int f'(x)\,dx=\int(3x^2+8x-1)\,dx$

$\quad=x^3+4x^2-x+C$ (단, C는 적분상수)

$f(0)=2$이므로 $C=2$

따라서 $f(x)=x^3+4x^2-x+2$이므로

$f(-1)=(-1)^3+4\times(-1)^2-(-1)+2=6$

답 6

18

$\sum_{k=1}^{9}\frac{ka_{k+1}-(k+1)a_k}{a_{k+1}a_k}$

$=\sum_{k=1}^{9}\left(\frac{k}{a_k}-\frac{k+1}{a_{k+1}}\right)$

$=\left(\frac{1}{a_1}-\frac{2}{a_2}\right)+\left(\frac{2}{a_2}-\frac{3}{a_3}\right)+\left(\frac{3}{a_3}-\frac{4}{a_4}\right)+\cdots+\left(\frac{9}{a_9}-\frac{10}{a_{10}}\right)$

$=\frac{1}{a_1}-\frac{10}{a_{10}}$

$=1-\frac{10}{a_{10}}$

이므로 $1-\frac{10}{a_{10}}=\frac{2}{3}$에서 $\frac{10}{a_{10}}=\frac{1}{3}$

따라서 $a_{10}=30$

답 30

19

$\int_{-a}^{a}(x^2-k)\,dx=2\int_0^a(x^2-k)\,dx=2\left[\frac{1}{3}x^3-kx\right]_0^a=2\left(\frac{1}{3}a^3-ka\right)$

이므로 $2\left(\frac{1}{3}a^3-ka\right)=0$에서

$a^3-3ka=a(a^2-3k)=0$

$a>0$이므로 $a=\sqrt{3k}$

따라서 $f(k)=\sqrt{3k}$이므로

$\sum_{k=1}^{10}\{f(k)\}^2=\sum_{k=1}^{10}(\sqrt{3k})^2=\sum_{k=1}^{10}3k=3\sum_{k=1}^{10}k=3\times\frac{10\times11}{2}=165$

답 165

20

조건 (가)에서 함수 $f(x^2)$은 최고차항의 계수가 2인 이차함수이므로

$f(x)=2x+a$ (a는 상수)로 놓을 수 있다.

함수 $f(x)g(x)$가 실수 전체의 집합에서 연속이므로 $x=2$에서도 연속

이다.

즉, $\lim_{x \to 2} f(x)g(x) = f(2)g(2)$이어야 하므로

$\lim_{x \to 2} \frac{(2x+a)(px+2)}{x-2} = 2(4+a)$ …… ㉠

㉠에서 $x \to 2$일 때 (분모) $\to 0$이고 극한값이 존재하므로 (분자) $\to 0$ 이어야 한다.

즉, $\lim_{x \to 2}(2x+a)(px+2) = (4+a)(2p+2) = 0$이므로

$a=-4$ 또는 $p=-1$

만약 $p \neq -1$이면 $a=-4$이므로 ㉠에서

$\lim_{x \to 2} \frac{2(x-2)(px+2)}{x-2} = 0$

즉, $2(2p+2)=0$에서 $p=-1$이 되어 모순이다.

그러므로 $p=-1$이다.

$p=-1$을 ㉠의 좌변에 대입하면

$\lim_{x \to 2} \frac{(2x+a)(-x+2)}{x-2} = \lim_{x \to 2}(-2x-a) = -4-a$

이므로 $-4-a=2(4+a)$에서 $3a=-12$, $a=-4$

따라서 $f(x)=2x-4$, $g(x)=\begin{cases} -1 & (x \neq 2) \\ 2 & (x=2) \end{cases}$이므로

$f(10)+g(10)=16+(-1)=15$

답 15

21

(i) $0<a<\frac{2}{3}$일 때

$0<a<1$, $0<a+\frac{1}{3}<1$이므로

$a^{x^2+bx} \geq a^{x+2}$에서 $x^2+bx \leq x+2$

$\left(a+\frac{1}{3}\right)^{x^2+bx} \geq \left(a+\frac{1}{3}\right)^{x+2}$에서 $x^2+bx \leq x+2$

$x^2+bx \leq x+2$에서 $x^2+(b-1)x-2 \leq 0$

이차방정식 $x^2+(b-1)x-2=0$의 판별식을 D라 하면

$D=(b-1)^2+8>0$

이차방정식 $x^2+(b-1)x-2=0$의 두 실근을 α, β $(\alpha<\beta)$라 하면

$A=B=C=\{x \mid \alpha \leq x \leq \beta, x$는 실수$\}$

이므로 주어진 조건을 만족시키지 않는다.

(ii) $\frac{2}{3}<a<1$일 때

$0<a<1$, $a+\frac{1}{3}>1$이므로

$a^{x^2+bx} \geq a^{x+2}$에서 $x^2+bx \leq x+2$ …… ㉠

$\left(a+\frac{1}{3}\right)^{x^2+bx} \geq \left(a+\frac{1}{3}\right)^{x+2}$에서 $x^2+bx \geq x+2$ …… ㉡

㉠, ㉡을 동시에 만족시키려면

$x^2+bx=x+2$, 즉 $x^2+(b-1)x-2=0$

이차방정식 $x^2+(b-1)x-2=0$의 판별식을 D라 하면

$D=(b-1)^2+8>0$

이차방정식 $x^2+(b-1)x-2=0$의 두 실근을 α, β $(\alpha<\beta)$라 하면

$C=\{\alpha, \beta\}$

$n(C)=2$, $1 \in C$이고, 집합 C의 모든 원소의 곱이 c이므로

$C=\{1, c\}$

그러므로 $C=\{\alpha, \beta\}=\{1, c\}$

이차방정식 $x^2+(b-1)x-2=0$의 한 근이 1이므로

$1+(b-1)-2=0$에서 $b=2$

$x^2+(b-1)x-2=x^2+x-2=0$에서

$(x+2)(x-1)=0$, $x=-2$ 또는 $x=1$

즉, $C=\{-2, 1\}$, $c=-2$이므로 조건을 만족시킨다.

(iii) $a>1$일 때

$a>1$, $a+\frac{1}{3}>1$이므로

$a^{x^2+bx} \geq a^{x+2}$에서 $x^2+bx \geq x+2$

$\left(a+\frac{1}{3}\right)^{x^2+bx} \geq \left(a+\frac{1}{3}\right)^{x+2}$에서 $x^2+bx \geq x+2$

$x^2+bx \geq x+2$에서 $x^2+(b-1)x-2 \geq 0$

이차방정식 $x^2+(b-1)x-2=0$의 판별식을 D라 하면

$D=(b-1)^2+8>0$

이차방정식 $x^2+(b-1)x-2=0$의 두 실근을 α, β $(\alpha<\beta)$라 하면

$A=B=C=\{x \mid x \leq \alpha$ 또는 $x \geq \beta, x$는 실수$\}$

이므로 주어진 조건을 만족시키지 않는다.

(i), (ii), (iii)에서

$\frac{2}{3}<a<1$이므로 $p<a$를 만족시키는 실수 p의 최댓값은 $M=\frac{2}{3}$

따라서 $|3 \times M \times b \times c| = \left|3 \times \frac{2}{3} \times 2 \times (-2)\right| = 8$

답 8

22

함수 $y=k-f(-x)$의 그래프는 함수 $y=f(x)$의 그래프를 원점에 대하여 대칭이동한 후 y축의 방향으로 k만큼 평행이동한 그래프이다.

$f(x)=(x+2)(x-1)^2$에서

$f'(x)=(x-1)^2+2(x+2)(x-1)=3(x-1)(x+1)$

$f'(x)=0$에서 $x=-1$ 또는 $x=1$

이때 $x=-1$의 좌우에서 $f'(x)$의 부호가 양에서 음으로 바뀌므로 함수 $f(x)$는 $x=-1$에서 극댓값 $f(-1)=4$를 갖고, 함수 $y=k-f(-x)$는 $x=1$에서 극솟값 $k-4$를 갖는다.

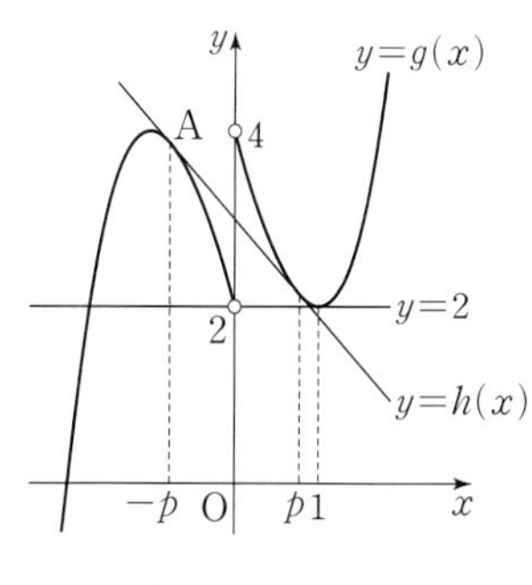

문제의 조건을 만족시키려면 그림과 같이 $k-4=f(0)=2$, 즉 $k=6$이어야 한다.

이때 곡선 $y=f(x)$ 위의 점 $\mathrm{A}(-p, f(-p))$에서의 접선이 곡선 $y=6-f(-x)$ 위의 점 $(p, 6-f(-p))$에서 접한다.

두 점 $(-p, f(-p))$, $(p, 6-f(-p))$를 지나는 직선의 기울기가 $f'(-p)$이므로

$f'(-p)=\frac{6-f(-p)-f(-p)}{p-(-p)}$

$pf'(-p)=3-f(-p)$ …… ㉠

$f(x)=x^3-3x+2$, $f'(x)=3x^2-3$이므로 ㉠에서

$p(3p^2-3)=3-(-p^3+3p+2)$, $2p^3=1$, $p=\frac{1}{\sqrt[3]{2}}$

따라서 $(k \times p)^3=\left(\frac{6}{\sqrt[3]{2}}\right)^3=\frac{216}{2}=108$

답 108

23

다항식 $(3x^2+1)^4$의 전개식의 일반항은

${}_4C_r\times(3x^2)^{4-r}\times1^r={}_4C_r\times3^{4-r}\times x^{8-2r}$ $(r=0,\ 1,\ 2,\ 3,\ 4)$

$8-2r=4$에서 $r=2$이므로 x^4의 계수는

${}_4C_2\times3^{4-2}=6\times9=54$

답 ③

24

$\mathrm{P}(A)=1-\mathrm{P}(A^C)=1-\frac{1}{4}=\frac{3}{4}$

이므로

$$\begin{aligned}\mathrm{P}(A\cap B)&=\mathrm{P}(A)-\mathrm{P}(A\cap B^C)\\&=\frac{3}{4}-\frac{2}{5}\\&=\frac{7}{20}\end{aligned}$$

답 ④

25

5개의 수 1, 2, 3, 4, 5를 모두 일렬로 나열하는 경우의 수는

$5!=120$

5개의 수 1, 2, 3, 4, 5를 모두 일렬로 나열한 것을 다섯 자리의 자연수라 생각하면 이웃한 두 수의 곱이 항상 짝수가 되기 위해서는 십의 자리와 천의 자리의 숫자는 모두 짝수이고, 나머지 자리의 숫자는 모두 홀수이어야 한다.

이때 십의 자리와 천의 자리의 숫자를 정하는 경우의 수는 $2!=2$,

나머지 자리의 숫자를 정하는 경우의 수는 $3!=6$이므로 이웃한 두 수의 곱이 항상 짝수인 경우의 수는

$2\times6=12$

따라서 구하는 확률은

$\frac{12}{120}=\frac{1}{10}$

답 ①

26

확률변수 X가 정규분포 $\mathrm{N}(m,\ 2^2)$을 따르므로 $Z_1=\frac{X-m}{2}$으로 놓으면 확률변수 Z_1은 표준정규분포 $\mathrm{N}(0,\ 1)$을 따른다.

이때 $\mathrm{P}(X\le a)=\mathrm{P}\left(Z_1\le\frac{a-m}{2}\right)$이고

두 확률변수 Z_1, Z가 모두 표준정규분포를 따르므로

$\mathrm{P}\left(Z_1\le\frac{a-m}{2}\right)=\mathrm{P}(Z\le a-b)$에서

$\frac{a-m}{2}=a-b$

$m=a-2(a-b)=2b-a$ ...... ㉠

크기가 16인 표본의 표본평균 $\overline{X}$는 정규분포 $\mathrm{N}\left(m,\ \left(\frac{2}{\sqrt{16}}\right)^2\right)$, 즉 $\mathrm{N}\left(m,\ \left(\frac{1}{2}\right)^2\right)$을 따르므로 $Z_2=\frac{\overline{X}-m}{\frac{1}{2}}$으로 놓으면 확률변수 Z_2는 표준정규분포 $\mathrm{N}(0,\ 1)$을 따른다.

이때 $\mathrm{P}(\overline{X}\ge a)=\mathrm{P}\left(Z_2\ge\frac{a-m}{\frac{1}{2}}\right)=\mathrm{P}(Z_2\ge2(a-m))$이고

두 확률변수 Z_2, Z가 모두 표준정규분포를 따르므로

$\mathrm{P}(Z_2\ge2(a-m))=\mathrm{P}(Z\le b)=\mathrm{P}(Z\ge-b)$에서

$2(a-m)=-b$

$m=a+\frac{b}{2}$ ...... ㉡

㉠, ㉡에서

$2b-a=a+\frac{b}{2}$

$b=\frac{2}{3}\times2a=\frac{4}{3}a$

따라서 $a\ne0$이므로 $\frac{b}{a}=\frac{4}{3}$

답 ④

27

이 회사에서 생산하는 제품 중에서 n_1개를 임의추출하여 얻은 표본평균을 $\overline{x_1}$, n_2개를 임의추출하여 얻은 표본평균을 $\overline{x_2}$라 하자.

이 회사에서 생산하는 제품 중에서 n_1개를 임의추출하여 얻은 표본평균 $\overline{x_1}$를 이용하여 구한 모평균 m에 대한 신뢰도 95 %의 신뢰구간이

$\overline{x_1}-1.96\times\frac{\sigma}{\sqrt{n_1}}\le m\le\overline{x_1}+1.96\times\frac{\sigma}{\sqrt{n_1}}$이므로

$a=\overline{x_1}-1.96\times\frac{\sigma}{\sqrt{n_1}}$, $b=\overline{x_1}+1.96\times\frac{\sigma}{\sqrt{n_1}}$

$b-a=2\times1.96\times\frac{\sigma}{\sqrt{n_1}}$

이 회사에서 생산하는 제품 중에서 n_2개를 임의추출하여 얻은 표본평균 $\overline{x_2}$를 이용하여 구한 모평균 m에 대한 신뢰도 99 %의 신뢰구간이

$\overline{x_2}-2.58\times\frac{\sigma}{\sqrt{n_2}}\le m\le\overline{x_2}+2.58\times\frac{\sigma}{\sqrt{n_2}}$이므로

$c=\overline{x_2}-2.58\times\frac{\sigma}{\sqrt{n_2}}$, $d=\overline{x_2}+2.58\times\frac{\sigma}{\sqrt{n_2}}$

$d-c=2\times2.58\times\frac{\sigma}{\sqrt{n_2}}$

$43(b-a)=49(d-c)$에서

$43\times2\times1.96\times\frac{\sigma}{\sqrt{n_1}}=49\times2\times2.58\times\frac{\sigma}{\sqrt{n_2}}$

$43\times1.96\times\frac{1}{\sqrt{n_1}}=49\times2.58\times\frac{1}{\sqrt{n_2}}$

$\frac{\sqrt{n_2}}{\sqrt{n_1}}=\frac{49\times2.58}{43\times1.96}=\frac{49\times258}{43\times196}=\frac{49\times(43\times6)}{43\times(49\times4)}=\frac{3}{2}$

따라서 $\frac{n_2}{n_1}=\left(\frac{\sqrt{n_2}}{\sqrt{n_1}}\right)^2=\left(\frac{3}{2}\right)^2=\frac{9}{4}$

답 ④

28

조건 (가)에서 $2b$의 값은 짝수이므로 $a+2b+3c$의 값이 홀수가 되려면 $a+3c$의 값이 홀수이어야 한다.

이때 a가 홀수이면 c는 짝수이고, a가 짝수이면 c는 홀수이어야 한다.

(ⅰ) a가 홀수이고 c가 짝수인 경우

$a=2a'-1$, $c=2c'$ (a', c'은 자연수)

로 놓으면 조건 (나)에서

$(2a'-1)+b+2c'=20$

$2a'+b+2c'=21$ …… ㉠

이때 ㉠을 만족시키는 자연수 b가 존재하려면 b는 홀수이어야 한다.

$b=2b'-1$ (b'은 자연수)로 놓으면

$2a'+(2b'-1)+2c'=21$

$a'+b'+c'=11$ (a', b', c'은 자연수) …… ㉡

즉, 주어진 조건을 만족시키는 자연수 a, b, c의 모든 순서쌍 (a, b, c)의 개수는 방정식 ㉡을 만족시키는 자연수 a', b', c'의 모든 순서쌍 (a', b', c')의 개수와 같으므로

${}_3H_{11-3}={}_3H_8={}_{10}C_8={}_{10}C_2=45$

(ⅱ) a가 짝수이고 c가 홀수인 경우

(ⅰ)과 같은 방법으로 구하면 순서쌍 (a, b, c)의 개수는 45이다.

따라서 구하는 순서쌍 (a, b, c)의 개수는

$45+45=90$

답 ②

29

한 개의 주사위를 다섯 번 던질 때 일어나는 모든 경우의 수는 6^5이다.

$a<b<c$이고 $c>d>e$인 사건을 A, 집합 $\{a, b\}\cup\{d, e\}$의 원소의 개수가 3인 사건을 B라 하면 구하는 확률은 $P(B|A)$이다.

(ⅰ) $c=3$인 경우

$a=1$, $b=2$, $d=2$, $e=1$이고 $\{a, b\}\cup\{d, e\}=\{1, 2\}$이므로

$a<b<c$이고 $c>d>e$일 확률은 $\frac{1}{6^5}$

$a<b<c$, $c>d>e$이고 집합 $\{a, b\}\cup\{d, e\}$의 원소의 개수가 3일 확률은 $\frac{0}{6^5}$

(ⅱ) $c=4$인 경우

$a<b<c$가 되도록 a, b를 정하는 경우의 수와

$c>d>e$가 되도록 d, e를 정하는 경우의 수는

각각 ${}_3C_2=3$이므로

$a<b<c$이고 $c>d>e$일 확률은

$\frac{3\times3}{6^5}=\frac{9}{6^5}$

집합 $\{a, b\}\cap\{d, e\}$의 원소의 개수는 1 또는 2이고,

이 중에서 집합 $\{a, b\}\cup\{d, e\}$의 원소의 개수가 3인 경우는

집합 $\{a, b\}\cap\{d, e\}$의 원소의 개수가 1일 때이다.

집합 $\{a, b\}\cap\{d, e\}$의 원소의 개수가 2인 경우의 수는

세 개의 수 1, 2, 3 중 두 개를 택하는 경우의 수와 같으므로

${}_3C_2=3$

그러므로 $a<b<c$, $c>d>e$이고 집합 $\{a, b\}\cup\{d, e\}$의 원소의 개수가 3일 확률은

$\frac{9-3}{6^5}=\frac{6}{6^5}$

(ⅲ) $c=5$인 경우

$a<b<c$가 되도록 a, b를 정하는 경우의 수와

$c>d>e$가 되도록 d, e를 정하는 경우의 수는

각각 ${}_4C_2=6$이므로

$a<b<c$이고 $c>d>e$일 확률은

$\frac{6\times6}{6^5}=\frac{36}{6^5}$

집합 $\{a, b\}\cap\{d, e\}$의 원소의 개수는 0 또는 1 또는 2이고,

이 중에서 집합 $\{a, b\}\cup\{d, e\}$의 원소의 개수가 3인 경우는

집합 $\{a, b\}\cap\{d, e\}$의 원소의 개수가 1일 때이다.

집합 $\{a, b\}\cap\{d, e\}$의 원소의 개수가 0인 경우의 수는 네 개의 수 1, 2, 3, 4 중 두 개를 택하는 경우의 수와 같으므로 ${}_4C_2=6$

집합 $\{a, b\}\cap\{d, e\}$의 원소의 개수가 2인 경우의 수는 네 개의 수 1, 2, 3, 4 중 두 개를 택하는 경우의 수와 같으므로 ${}_4C_2=6$

그러므로 $a<b<c$, $c>d>e$이고 집합 $\{a, b\}\cup\{d, e\}$의 원소의 개수가 3일 확률은

$\frac{36-6-6}{6^5}=\frac{24}{6^5}$

(ⅳ) $c=6$인 경우

$a<b<c$가 되도록 a, b를 정하는 경우의 수와

$c>d>e$가 되도록 d, e를 정하는 경우의 수는

각각 ${}_5C_2=10$이므로

$a<b<c$이고 $c>d>e$일 확률은

$\frac{10\times10}{6^5}=\frac{100}{6^5}$

집합 $\{a, b\}\cap\{d, e\}$의 원소의 개수는 0 또는 1 또는 2이고,

이 중에서 집합 $\{a, b\}\cup\{d, e\}$의 원소의 개수가 3인 경우는

집합 $\{a, b\}\cap\{d, e\}$의 원소의 개수가 1일 때이다.

집합 $\{a, b\}\cap\{d, e\}$의 원소의 개수가 0인 경우의 수는 다섯 개의 수 1, 2, 3, 4, 5 중 두 개를 택하는 경우의 수와 다섯 개의 수 1, 2, 3, 4, 5 중 앞에서 선택된 두 개의 수를 제외한 세 개의 수 중 두 개를 택하는 경우의 수의 곱과 같으므로

${}_5C_2\times{}_3C_2=10\times3=30$

집합 $\{a, b\}\cap\{d, e\}$의 원소의 개수가 2인 경우의 수는 다섯 개의 수 1, 2, 3, 4, 5 중 두 개를 택하는 경우의 수와 같으므로

${}_5C_2=10$

그러므로 $a<b<c$, $c>d>e$이고 집합 $\{a, b\}\cup\{d, e\}$의 원소의 개수가 3일 확률은

$\frac{100-30-10}{6^5}=\frac{60}{6^5}$

(ⅰ)~(ⅳ)에서

$P(A)=\frac{1}{6^5}+\frac{9}{6^5}+\frac{36}{6^5}+\frac{100}{6^5}=\frac{146}{6^5}$,

$P(A\cap B)=\frac{0}{6^5}+\frac{6}{6^5}+\frac{24}{6^5}+\frac{60}{6^5}=\frac{90}{6^5}$

이므로

$$P(B|A)=\frac{P(A\cap B)}{P(A)}=\frac{\frac{90}{6^5}}{\frac{146}{6^5}}=\frac{45}{73}$$

따라서 $p=73$, $q=45$이므로 $p+q=73+45=118$

답 118

30

곱이 240인 6 이하의 자연수 6개의 순서쌍은 다음과 같다.

$(1, 2, 2, 2, 5, 6)$, $(1, 2, 2, 3, 4, 5)$, $(1, 1, 3, 4, 4, 5)$,
$(2, 2, 2, 2, 3, 5)$, $(1, 1, 2, 4, 5, 6)$

위의 각 순서쌍에 속한 6개의 자연수를 일렬로 나열하는 경우의 수를 구하여 더하면

$\frac{6!}{3!}+\frac{6!}{2!}+\frac{6!}{2!2!}+\frac{6!}{4!}+\frac{6!}{2!}=120+360+180+30+360=1050$

이때 $f(1)$의 값이 짝수이고, $f(5)$의 값이 짝수인 경우의 수를 구해 보자.

(i) $(1, 2, 2, 2, 5, 6)$의 경우

$f(1)=2$, $f(5)=2$인 경우의 수는 $4!=24$

$f(1)=2$, $f(5)=6$인 경우의 수는 $\frac{4!}{2!}=12$

$f(1)=6$, $f(5)=2$인 경우의 수는 $\frac{4!}{2!}=12$

따라서 이 경우의 수는

$24+12+12=48$

(ii) $(1, 2, 2, 3, 4, 5)$의 경우

$f(1)=2$, $f(5)=2$인 경우의 수는 $4!=24$

$f(1)=2$, $f(5)=4$인 경우의 수는 $4!=24$

$f(1)=4$, $f(5)=2$인 경우의 수는 $4!=24$

따라서 이 경우의 수는

$24\times3=72$

(iii) $(1, 1, 3, 4, 4, 5)$의 경우

$f(1)=4$, $f(5)=4$인 경우의 수는 $\frac{4!}{2!}=12$

따라서 이 경우의 수는 12이다.

(iv) $(2, 2, 2, 2, 3, 5)$의 경우

$f(1)=2$, $f(5)=2$인 경우의 수는 $\frac{4!}{2!}=12$

따라서 이 경우의 수는 12이다.

(v) $(1, 1, 2, 4, 5, 6)$의 경우

$f(1)$, $f(5)$의 값을 정하는 경우의 수는 ${}_3\mathrm{P}_2=6$

나머지 함숫값을 정하는 경우의 수는 $\frac{4!}{2!}=12$

따라서 이 경우의 수는

$6\times12=72$

(i)~(v)에서 조건 (나)를 만족시키지 않는 경우의 수는

$48+72+12+12+72=216$

이므로 구하는 함수 f의 개수는

$1050-216=834$

답 834

실전 모의고사 2회

본문 118~129쪽

01 ④	02 ①	03 ④	04 ③	05 ⑤
06 ④	07 ①	08 ④	09 ①	10 ③
11 ①	12 ②	13 ⑤	14 ③	15 ②
16 4	17 66	18 6	19 16	20 34
21 3	22 35	23 ④	24 ①	25 ③
26 ①	27 ②	28 ⑤	29 55	30 176

01

$\frac{\sqrt[3]{16}\times\sqrt[6]{4}}{\sqrt{8}}=\frac{\sqrt[3]{2^4}\times\sqrt[6]{2^2}}{\sqrt{2^3}}=\frac{2^{\frac{4}{3}}\times2^{\frac{1}{3}}}{2^{\frac{3}{2}}}=2^{\frac{4}{3}+\frac{1}{3}-\frac{3}{2}}=2^{\frac{1}{6}}=\sqrt[6]{2}$

답 ④

02

$\lim_{x\to2}\frac{3x}{x^2-x-2}\left(\frac{1}{2}-\frac{1}{x}\right)=\lim_{x\to2}\left\{\frac{3x}{(x+1)(x-2)}\times\frac{x-2}{2x}\right\}$

$=\lim_{x\to2}\frac{3}{2(x+1)}=\frac{3}{2\times(2+1)}=\frac{1}{2}$

답 ①

03

등비수열 $\{a_n\}$의 공비를 r $(r>0)$이라 하면

$\frac{a_{10}}{a_5}=\frac{a_5\times r^5}{a_5}=r^5$이므로

$r^5=1024=4^5$에서 $r=4$

$a_2a_4=(a_1\times4)\times(a_1\times4^3)=a_1{}^2\times4^4=a_1{}^2\times2^8$이므로

$a_1{}^2\times2^8=1$에서 $a_1{}^2=\frac{1}{2^8}$

이때 $a_1>0$이므로 $a_1=\frac{1}{2^4}=2^{-4}$

따라서 $\log_2 a_1=\log_2 2^{-4}=-4\log_2 2=-4$

답 ④

04

$g(x)=(x^2+x)f(x)$라 하면 함수 $g(x)$가 $x=1$에서 극소이고, 이때의 극솟값이 -4이므로

$g(1)=-4$, $g'(1)=0$

$g(1)=2f(1)=-4$에서 $f(1)=-2$

$g'(x)=(2x+1)f(x)+(x^2+x)f'(x)$이므로

$g'(1)=3f(1)+2f'(1)=0$에서

$3\times(-2)+2f'(1)=0$

따라서 $f'(1)=3$

답 ③

05

$\tan\theta=\frac{\sin\theta}{\cos\theta}$이므로 $\tan^2\theta+4\tan\theta+1=0$에서

$\frac{\sin^2\theta}{\cos^2\theta}+4\times\frac{\sin\theta}{\cos\theta}+1=0$

$\sin^2\theta+4\sin\theta\cos\theta+\cos^2\theta=0$, $1+4\sin\theta\cos\theta=0$

$\sin\theta\cos\theta=-\frac{1}{4}$ …… ㉠

이때

$(\sin\theta-\cos\theta)^2=(\sin^2\theta+\cos^2\theta)-2\sin\theta\cos\theta$

$=1-2\times\left(-\frac{1}{4}\right)=\frac{3}{2}$

한편, $\frac{\pi}{2}<\theta<\frac{3}{2}\pi$인 θ에 대하여 ㉠이 성립하려면 $\frac{\pi}{2}<\theta<\pi$, 즉

$\sin\theta>0$, $\cos\theta<0$임을 알 수 있다.

따라서 $\sin\theta-\cos\theta>0$이므로

$\sin\theta-\cos\theta=\sqrt{\frac{3}{2}}=\frac{\sqrt{6}}{2}$

답 ⑤

참고

$\frac{\pi}{2}<\theta<\pi$에서 $\sin\theta>0$, $\cos\theta<0$이므로 $\sin\theta\cos\theta<0$

$\pi\le\theta<\frac{3}{2}\pi$에서 $\sin\theta\le0$, $\cos\theta<0$이므로 $\sin\theta\cos\theta\ge0$

06

등차수열 $\{a_n\}$의 공차를 d라 하면

$a_4=a_2+2d$

$a_2=5$, $a_4=11$이므로

$11=5+2d$에서 $d=3$

$a_1=a_2-d=5-3=2$

그러므로 등차수열 $\{a_n\}$의 일반항은

$a_n=2+(n-1)\times3=3n-1$

이때

$$\sum_{k=1}^{m}\frac{1}{a_ka_{k+1}}=\sum_{k=1}^{m}\frac{1}{(3k-1)(3k+2)}$$
$$=\frac{1}{3}\sum_{k=1}^{m}\left(\frac{1}{3k-1}-\frac{1}{3k+2}\right)$$
$$=\frac{1}{3}\left\{\left(\frac{1}{2}-\frac{1}{5}\right)+\left(\frac{1}{5}-\frac{1}{8}\right)+\left(\frac{1}{8}-\frac{1}{11}\right)+\cdots+\left(\frac{1}{3m-1}-\frac{1}{3m+2}\right)\right\}$$
$$=\frac{1}{3}\left(\frac{1}{2}-\frac{1}{3m+2}\right)$$

이므로 $\frac{1}{3}\left(\frac{1}{2}-\frac{1}{3m+2}\right)>\frac{4}{25}$에서

$\frac{1}{2}-\frac{1}{3m+2}>\frac{12}{25}$, $\frac{1}{3m+2}<\frac{1}{50}$

$3m+2>50$, $m>16$

따라서 자연수 m의 최솟값은 17이다.

답 ④

07

조건 (가)에서 직선 l이 직선 $x-y+1=0$, 즉 $y=x+1$과 평행하므로 직선 l의 기울기는 1이다.

한편, $f(x)=x^3-2x+2$라 하면 $f'(x)=3x^2-2$

이때 조건 (나)에서 직선 l이 곡선 $y=x^3-2x+2$와 만나는 서로 다른 점의 개수가 2이므로 직선 l은 곡선 $y=x^3-2x+2$와 접해야 한다.

$f'(x)=1$에서 $3x^2-2=1$, $x^2=1$

$x=-1$ 또는 $x=1$

$f(-1)=3$이므로 곡선 $y=f(x)$ 위의 점 $(-1, 3)$에서의 접선의 방정식은

$y-3=1\times(x+1)$, 즉 $y=x+4$

$f(1)=1$이므로 곡선 $y=f(x)$ 위의 점 $(1, 1)$에서의 접선의 방정식은

$y-1=1\times(x-1)$, 즉 $y=x$

조건 (가)에서 직선 l이 제2사분면을 지나므로 직선 l의 방정식은

$y=x+4$, 즉 $x-y+4=0$

따라서 원점과 직선 l: $x-y+4=0$ 사이의 거리는

$\frac{|4|}{\sqrt{1^2+(-1)^2}}=2\sqrt{2}$

답 ①

08

삼차함수 $f(x)=ax^3+3ax^2+bx+2$가 주어진 조건을 만족시키려면 함수 $f(x)$는 실수 전체의 집합에서 감소하여야 한다.

이에 대한 필요조건을 생각하면 모든 실수 x에 대하여

$f'(x)=3ax^2+6ax+b\le0$이어야 한다.

이차함수 $y=f'(x)$의 그래프가 직선 $y=0$, 즉 x축과 접하거나 x축보다 항상 아래쪽에 존재하려면 $f'(x)$의 이차항의 계수가 음수이어야 하므로 $a<0$

한편, 이차방정식 $3ax^2+6ax+b=0$의 판별식을 D라 할 때, $D<0$이면 모든 실수 x에 대하여 $f'(x)<0$이므로 함수 $f(x)$가 실수 전체의 집합에서 감소하고, $D=0$이면 하나의 실수 α에서만 $f'(\alpha)=0$이고 이를 제외한 모든 실수 x에 대하여 $f'(x)<0$이므로 이 경우에도 함수 $f(x)$가 실수 전체의 집합에서 감소한다.

따라서 $D\le0$이면 함수 $f(x)$가 실수 전체의 집합에서 감소한다.

$\frac{D}{4}=(3a)^2-3ab=3a(3a-b)\le0$

$a<0$이므로 $3a-b\ge0$, $b\le3a$

이때 두 정수 a, b에 대하여

$a=-1$이면 $b\le-3$이므로 $ab\ge3$

$a\le-2$이면 $b\le-6$이므로 $ab\ge12$

따라서 ab의 최솟값은 3이다.

답 ④

09

최고차항의 계수가 3인 이차함수 $f(x)$를

$f(x)=3x^2+ax+b$ (a, b는 상수)라 하자.

$\int_2^3 f(x)\,dx=\int_3^4 f(x)\,dx$에서

$\int_2^3 (3x^2+ax+b)\,dx=\int_3^4 (3x^2+ax+b)\,dx$

$\left[x^3+\frac{a}{2}x^2+bx\right]_2^3=\left[x^3+\frac{a}{2}x^2+bx\right]_3^4$

$\left(27+\frac{9}{2}a+3b\right)-(8+2a+2b)=(64+8a+4b)-\left(27+\frac{9}{2}a+3b\right)$

즉, $a=-18$이므로 $f(x)=3x^2-18x+b$

$\int_{-1}^{3} f(x)\,dx=\int_{2}^{3} f(x)\,dx$에서

$\int_{-1}^{3} f(x)\,dx-\int_{2}^{3} f(x)\,dx=0$

$\int_{-1}^{2} f(x)\,dx=0$

이므로

$$\int_{-1}^{2}(3x^2-18x+b)\,dx=\left[x^3-9x^2+bx\right]_{-1}^{2}$$
$$=(8-36+2b)-(-1-9-b)$$
$$=3b-18=0$$

$b=6$

따라서 $f(x)=3x^2-18x+6$이므로 $f(0)=6$

답 ①

10

$f(x)=a\sin 2ax+2$라 하면 $a>0$이므로 함수 $f(x)$의 최댓값과 최솟값은 각각 $a+2$, $-a+2$이다.

이때 $-a+2<2$이므로 함수 $y=f(x)$의 그래프와 직선 $y=3$이 만나려면 $a+2\geq 3$, 즉 $a\geq 1$이어야 한다.

(i) $a=1$일 때

함수 $f(x)=\sin 2x+2$의 주기는 $\frac{2\pi}{2}=\pi$, 최댓값과 최솟값은 각각 3, 1이므로 함수 $y=f(x)$의 그래프는 그림과 같다.

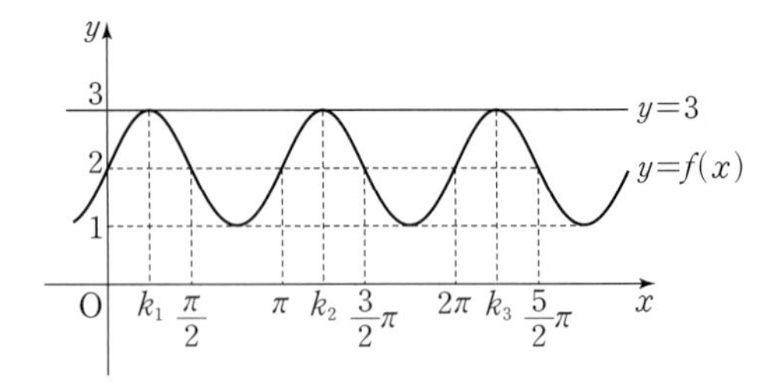

이때 $k_1=\frac{\pi}{4}$, $k_2=\frac{5\pi}{4}$, $k_3=\frac{9\pi}{4}$, $k_4=\frac{13\pi}{4}$, …이므로

$k_3+k_4=\frac{9\pi}{4}+\frac{13\pi}{4}=\frac{11\pi}{2}\neq\pi=a\pi$

따라서 $a=1$이면 주어진 조건을 만족시키지 않는다.

(ii) $a>1$일 때

함수 $f(x)=a\sin 2ax+2$의 주기는 $\frac{2\pi}{2a}=\frac{\pi}{a}$, 최댓값과 최솟값은 각각 $a+2$, $-a+2$이므로 함수 $y=f(x)$의 그래프의 개형은 그림과 같다.

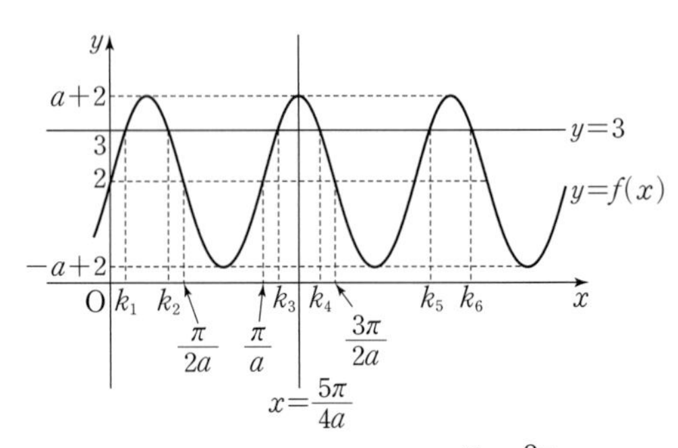

이때 함수 $y=f(x)$의 그래프는 직선 $x=\frac{\frac{\pi}{a}+\frac{3\pi}{2a}}{2}$, 즉 $x=\frac{5\pi}{4a}$에 대하여 대칭이므로

$\frac{k_3+k_4}{2}=\frac{5\pi}{4a}$, $k_3+k_4=\frac{5\pi}{2a}$

$k_3+k_4=a\pi$이므로

$\frac{5\pi}{2a}=a\pi$에서 $a^2=\frac{5}{2}$

$a>0$이므로 $a=\frac{\sqrt{10}}{2}$

(i), (ii)에 의하여 $a=\frac{\sqrt{10}}{2}$

답 ③

11

a의 값에 따라 곡선 $y=\left(\frac{a^2}{9}\right)^{|x|}-3$, 즉 $y=\left\{\left(\frac{a}{3}\right)^2\right\}^{|x|}-3$과 직선 $y=ax$가 만나는 서로 다른 점의 개수는 다음과 같다.

(i) $-3<a<0$ 또는 $0<a<3$일 때

$0<\left(\frac{a}{3}\right)^2<1$이므로 곡선 $y=\left\{\left(\frac{a}{3}\right)^2\right\}^{|x|}-3$과 직선 $y=ax$는 그림과 같이 한 점에서만 만난다.

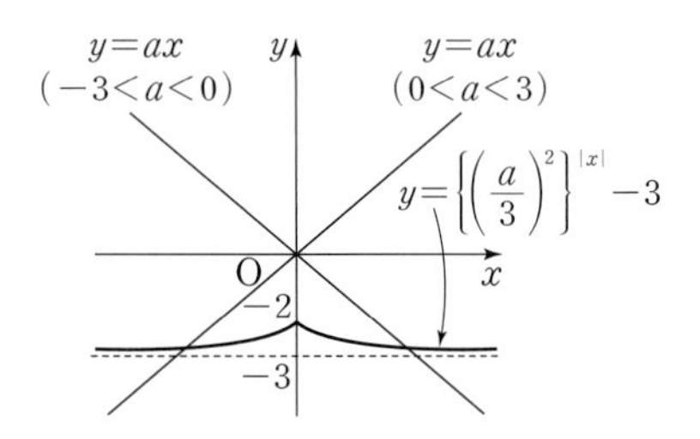

(ii) $a<-3$ 또는 $a>3$일 때

$\left(\frac{a}{3}\right)^2>1$이므로 곡선 $y=\left\{\left(\frac{a}{3}\right)^2\right\}^{|x|}-3$과 직선 $y=ax$는 그림과 같이 서로 다른 두 점에서 만난다.

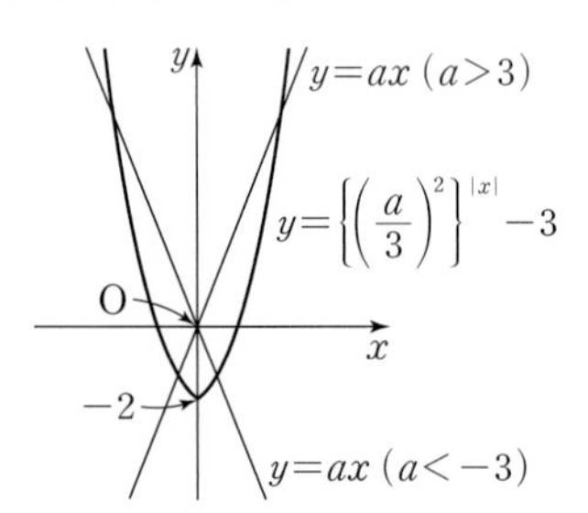

(i), (ii)에서 $a<-3$ 또는 $a>3$, 즉 $a^2>9$

부등식 $(a^4)^{a^2-2a+9}\geq(a^6)^{a^2-a-4}$에서

$(a^2)^{2a^2-4a+18}\geq(a^2)^{3a^2-3a-12}$

$a^2>9$이므로

$2a^2-4a+18\geq 3a^2-3a-12$

$a^2+a-30\leq 0$, $(a+6)(a-5)\leq 0$

$-6\leq a\leq 5$

이때 $a<-3$ 또는 $a>3$이므로 주어진 부등식을 만족시키는 a의 값의 범위는

$-6\leq a<-3$ 또는 $3<a\leq 5$

따라서 정수 a의 값은 -6, -5, -4, 4, 5이므로 모든 정수 a의 값의 합은

$-6+(-5)+(-4)+4+5=-6$

답 ①

12

$a=\sqrt[m]{2^{10}}\times\sqrt[n]{2^{24}}=2^{\frac{10}{m}+\frac{24}{n}}$ …… ㉠

$b=\sqrt[n]{3^{24}}=3^{\frac{24}{n}}$ …… ㉡

1보다 큰 두 자연수 m, n에 대하여 ㉠, ㉡의 값이 자연수이려면 두 수 $\frac{10}{m}+\frac{24}{n}$, $\frac{24}{n}$가 모두 자연수이어야 하므로 m은 1이 아닌 10의 약수인 2 또는 5 또는 10이어야 하고, n은 1이 아닌 24의 약수인 2 또는 3 또는 4 또는 6 또는 8 또는 12 또는 24이어야 한다.

또한 a가 16의 배수이려면 $\frac{10}{m}+\frac{24}{n}$의 값이 4 이상인 자연수이어야 하므로 m, n의 모든 순서쌍 (m, n)의 개수는 m의 값에 따라 다음과 같다.

(i) $m=2$일 때

$\frac{10}{m}+\frac{24}{n}=\frac{10}{2}+\frac{24}{n}=5+\frac{24}{n}\geq 4$에서 $n\geq -24$

이므로 n의 값은 2, 3, 4, 6, 8, 12, 24로 순서쌍 (m, n)의 개수는 7이다.

(ii) $m=5$일 때

$\frac{10}{m}+\frac{24}{n}=\frac{10}{5}+\frac{24}{n}=2+\frac{24}{n}\geq 4$에서 $n\leq 12$

이므로 n의 값은 2, 3, 4, 6, 8, 12로 순서쌍 (m, n)의 개수는 6이다.

(iii) $m=10$일 때

$\frac{10}{m}+\frac{24}{n}=\frac{10}{10}+\frac{24}{n}=1+\frac{24}{n}\geq 4$에서 $n\leq 8$

이므로 n의 값은 2, 3, 4, 6, 8로 순서쌍 (m, n)의 개수는 5이다.

(i), (ii), (iii)에서 구하는 모든 순서쌍 (m, n)의 개수는

$7+6+5=18$

답 ②

13

함수 $y=k(x-a-4)(x-a-2)$의 그래프는 함수 $y=k(x-a)(x-a+2)$의 그래프를 x축의 방향으로 4만큼 평행이동한 것이다.

또한 $|x-a-1|-1=\begin{cases}-x+a & (x<a+1)\\ x-a-2 & (x\geq a+1)\end{cases}$이므로 실수 k의 값에 따라 함수 $y=f(x)$의 그래프의 개형은 그림과 같다.

(i) $k<0$일 때

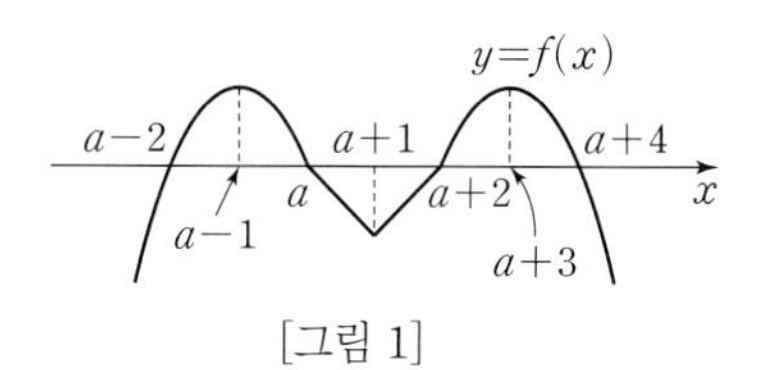

[그림 1]

(ii) $k=0$일 때

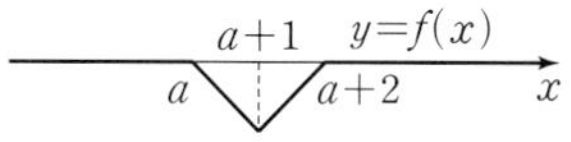

[그림 2]

(iii) $k>0$일 때

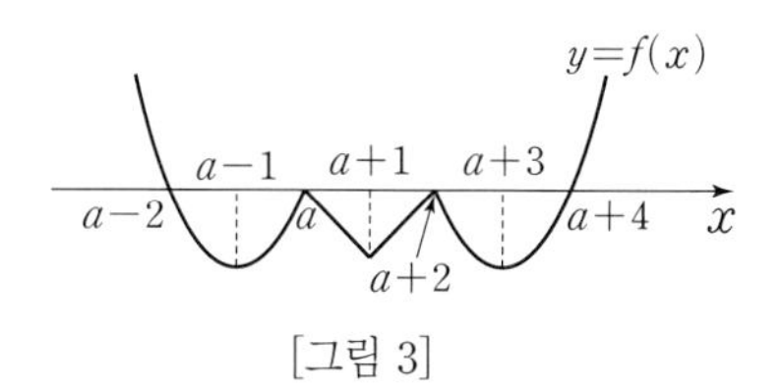

[그림 3]

(i), (ii), (iii)에서 함수 $y=f(x)$의 그래프는 k의 값에 관계없이 항상 직선 $x=a+1$에 대하여 대칭임을 알 수 있다.

ㄱ. $a=-1$이면 함수 $y=f(x)$의 그래프는 직선 $x=0$, 즉 y축에 대하여 대칭이다. (참)

ㄴ. $f(a+1)=-1$이므로

$k=0$일 때, 함수 $f(x)$는 $x=a+1$에서 최솟값 $f(a+1)=-1$을 갖는다.

$0<k\leq 1$일 때, 함수 $y=f(x)$의 그래프의 개형은 [그림 3]과 같다.

이때 $f(a-1)=f(a+3)$이고

$f(a-1)=k\times(-1)\times 1=-k$

이므로 $-1\leq f(a-1)=-k<0$

따라서 $0\leq k\leq 1$이면 함수 $f(x)$의 최솟값은 -1이다. (참)

ㄷ. $k\geq 0$이면 함수 $f(x)$는 $x=a$, $x=a+1$, $x=a+2$에서 미분가능하지 않으므로 함수 $f(x)$가 $x=2$에서만 미분가능하지 않으려면 함수 $y=f(x)$의 그래프의 개형이 [그림 1]과 같아야 한다.

즉, $k<0$이고 함수 $f(x)$는 $x=a+1$에서만 미분가능하지 않고, $x=a$, $x=a+2$에서 미분가능하여야 한다.

이때 함수 $f(x)$가 $x=2$에서 미분가능하지 않으므로

$a+1=2$에서 $a=1$

함수 $f(x)$가 $x=a$, 즉 $x=1$에서 미분가능하려면

$$\lim_{x\to 1-}\frac{f(x)-f(1)}{x-1}=\lim_{x\to 1+}\frac{f(x)-f(1)}{x-1}$$

이어야 한다.

$f(1)=0$이므로

$$\lim_{x\to 1-}\frac{f(x)-f(1)}{x-1}=\lim_{x\to 1-}\frac{k(x-1)(x+1)}{x-1}=k\lim_{x\to 1-}(x+1)=2k$$

$$\lim_{x\to 1+}\frac{f(x)-f(1)}{x-1}=\lim_{x\to 1+}\frac{|x-2|-1}{x-1}=\lim_{x\to 1+}\frac{-(x-1)}{x-1}=-1$$

$2k=-1$에서 $k=-\frac{1}{2}$

이때 $f(3)=0$이므로 $a=1$, $k=-\frac{1}{2}$이면

$$\lim_{x\to 3-}\frac{f(x)-f(3)}{x-3}=\lim_{x\to 3-}\frac{|x-2|-1}{x-3}=\lim_{x\to 3-}\frac{x-3}{x-3}=1$$

$$\lim_{x\to 3+}\frac{f(x)-f(3)}{x-3}=\lim_{x\to 3+}\frac{-\frac{1}{2}(x-3)(x-5)}{x-3}=-\frac{1}{2}\lim_{x\to 3+}(x-5)=-\frac{1}{2}\times(-2)=1$$

즉,

$$\lim_{x\to 3-}\frac{f(x)-f(3)}{x-3}=\lim_{x\to 3+}\frac{f(x)-f(3)}{x-3}$$

이므로 함수 $f(x)$는 $x=a+2$, 즉 $x=3$에서도 미분가능하다.

따라서 $a+k=1+\left(-\frac{1}{2}\right)=\frac{1}{2}$ (참)

이상에서 옳은 것은 ㄱ, ㄴ, ㄷ이다.

답 ⑤

14

조건 (가)에 의하여 함수 $y=f(x)$의 그래프는 y축에 대하여 대칭이므로 최고차항의 계수가 1인 사차함수 $f(x)$는

$f(x)=x^4+ax^2+b$ (a, b는 상수)

로 놓을 수 있다.

이때 $f'(x)=4x^3+2ax$이고 조건 (나)에 의하여 $f'(2)=0$이므로

$f'(2)=32+4a=0$에서 $a=-8$

따라서 $f(x)=x^4-8x^2+b$, $f'(x)=4x^3-16x=4x(x+2)(x-2)$이므로

$f'(x)=0$에서 $x=-2$ 또는 $x=0$ 또는 $x=2$

함수 $f(x)$의 증가와 감소를 표로 나타내면 다음과 같다.

x	$\cdots$	-2	$\cdots$	0	$\cdots$	2	$\cdots$
$f'(x)$	$-$	0	$+$	0	$-$	0	$+$
$f(x)$	↘	극소	↗	극대	↘	극소	↗

$f(-2)=f(2)=b-16$, $f(0)=b$이므로 함수 $y=f(x)$의 그래프는 그림과 같다.

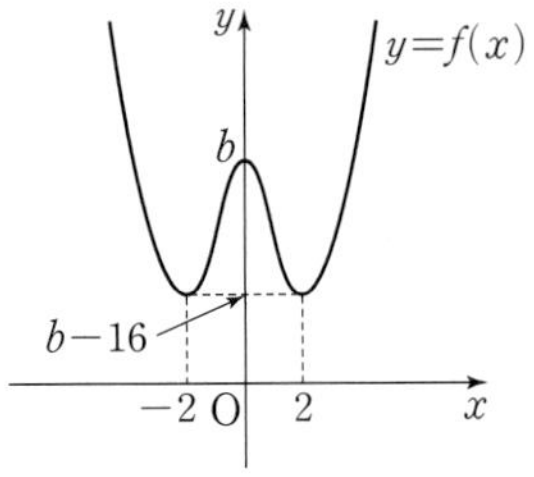

y
$y=f(x)$
b
$b-16$
-2 O 2 x

한편, 함수

$$g(x)=\begin{cases} f(x) & (x\ge 0) \\ f(x-m)+n & (x<0) \end{cases}$$이

실수 전체의 집합에서 미분가능하므로 $x=0$에서도 미분가능하다.

함수 $g(x)$가 $x=0$에서 미분가능하면 $x=0$에서 연속이므로

$\lim_{x\to 0-} g(x)=\lim_{x\to 0+} g(x)=g(0)$

이어야 한다.

$\lim_{x\to 0-} g(x)=\lim_{x\to 0-} \{f(x-m)+n\}=f(-m)+n$,

$\lim_{x\to 0+} g(x)=\lim_{x\to 0+} f(x)=f(0)=b$,

$g(0)=f(0)=b$

이므로 $f(-m)+n=b$에서

$n=b-f(-m)$

또한 함수 $g(x)$가 $x=0$에서 미분가능하므로

$$\lim_{h\to 0-}\frac{g(0+h)-g(0)}{h}=\lim_{h\to 0+}\frac{g(0+h)-g(0)}{h}$$

이어야 한다.

$$\lim_{h\to 0+}\frac{g(0+h)-g(0)}{h}=\lim_{h\to 0+}\frac{f(0+h)-f(0)}{h}=f'(0)=0$$

함수 $f(x)$는 실수 전체의 집합에서 미분가능한 함수이므로

$$\begin{aligned}\lim_{h\to 0-}\frac{g(0+h)-g(0)}{h}&=\lim_{h\to 0-}\frac{\{f(0+h-m)+n\}-b}{h}\\&=\lim_{h\to 0-}\frac{\{f(h-m)+n\}-\{f(-m)+n\}}{h}\\&=\lim_{h\to 0-}\frac{f(-m+h)-f(-m)}{h}\\&=f'(-m)\end{aligned}$$

그러므로 $f'(-m)=0$에서

$-m=-2$ 또는 $-m=0$ 또는 $-m=2$

즉, $m=2$ 또는 $m=0$ 또는 $m=-2$

$m=2$일 때, $n=b-f(-2)=b-(b-16)=16$

$m=0$일 때, $n=b-f(0)=b-b=0$

$m=-2$일 때, $n=b-f(2)=b-(b-16)=16$

따라서 모든 순서쌍 (m, n)은 $(2, 16)$, $(0, 0)$, $(-2, 16)$이므로 $m+n$의 최댓값은 $m=2$, $n=16$일 때 18이다.

답 ③

참고

함수 $y=f(x)$의 그래프를 그린 후 m, n의 값을 다음과 같이 구할 수도 있다.

함수 $g(x)$가 실수 전체의 집합에서 미분가능하므로 함수 $g(x)$는 $x=0$에서도 미분가능하다.

이때 $f'(0)=0$이므로

$$g'(0)=\lim_{x\to 0+}\frac{g(x)-g(0)}{x-0}=\lim_{x\to 0+}\frac{f(x)-f(0)}{x-0}=f'(0)=0$$

즉, 함수 $y=g(x)$의 그래프 위의 점 $(0, g(0))$에서의 접선의 기울기가 0이어야 한다.

$A(-2, b-16)$, $B(0, b)$, $C(2, b-16)$이라 할 때,

$f'(-2)=f'(0)=f'(2)=0$, $f(-2)=f(2)=b-16$, $f(0)=b$이고 함수 $y=f(x-m)+n$의 그래프는 함수 $y=f(x)$의 그래프를 x축의 방향으로 m만큼, y축의 방향으로 n만큼 평행이동한 것이므로 가능한 평행이동은 다음과 같이 세 가지가 있고, 각각의 경우 m, n의 값은 다음과 같다.

(i) 점 A가 점 B로 이동하는 평행이동의 경우
$-2+m=0$, $(b-16)+n=b$이므로 $m=2$, $n=16$

(ii) 점 B가 점 B로 이동하는 평행이동의 경우
즉, 두 함수 $y=f(x)$, $y=g(x)$가 일치하는 경우 $m=n=0$

(iii) 점 C가 점 B로 이동하는 평행이동의 경우
$2+m=0$, $(b-16)+n=b$이므로 $m=-2$, $n=16$

15

$\overline{OA}=2$, $\overline{OM}=\frac{1}{2}\overline{OA}=\frac{1}{2}\times 2=1$이고 $\angle MOA=\frac{2}{3}\pi$이므로 삼각형 OAM에서 코사인법칙에 의하여

$$\begin{aligned}\overline{AM}^2&=\overline{OA}^2+\overline{OM}^2-2\times\overline{OA}\times\overline{OM}\times\cos\frac{2}{3}\pi\\&=2^2+1^2-2\times 2\times 1\times\left(-\frac{1}{2}\right)=7\end{aligned}$$

$\overline{AM}>0$이므로 $\overline{AM}=\sqrt{7}$

$\angle OAM=\angle OPM=\theta$ $\left(0<\theta<\frac{\pi}{2}\right)$라 하면 삼각형 OAM에서 코사인법칙에 의하여

$$\begin{aligned}\cos\theta&=\frac{\overline{OA}^2+\overline{AM}^2-\overline{OM}^2}{2\times\overline{OA}\times\overline{AM}}\\&=\frac{2^2+(\sqrt{7})^2-1^2}{2\times 2\times\sqrt{7}}\\&=\frac{5}{2\sqrt{7}}=\frac{5\sqrt{7}}{14}\end{aligned}$$

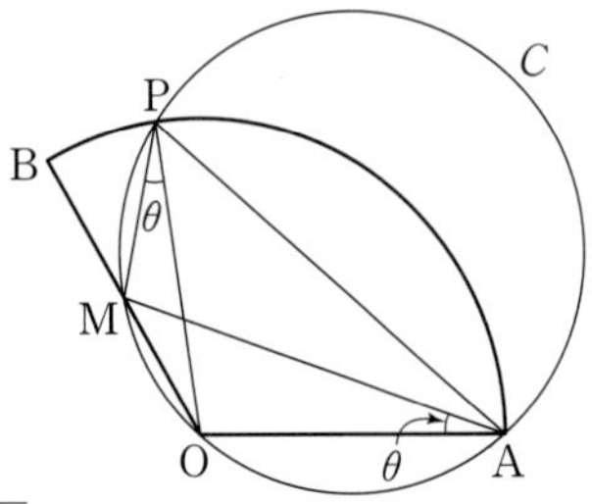

C
P
B
θ
M
O θ A

이고

$$\sin\theta=\sqrt{1-\cos^2\theta}=\sqrt{1-\frac{25}{28}}=\frac{\sqrt{21}}{14}$$

또한 $\overline{OP}=2$이므로 $\overline{MP}=a$ $(a<\sqrt{7})$이라 하면 삼각형 OPM에서 코사인법칙에 의하여

$\overline{OM}^2=\overline{OP}^2+\overline{MP}^2-2\times\overline{OP}\times\overline{MP}\times\cos\theta$

$1^2=2^2+a^2-2\times2\times a\times\frac{5\sqrt{7}}{14}$, $a^2-\frac{10\sqrt{7}}{7}a+3=0$

$\sqrt{7}a^2-10a+3\sqrt{7}=0$, $(\sqrt{7}a-3)(a-\sqrt{7})=0$

$a<\sqrt{7}$이므로 $a=\frac{3}{\sqrt{7}}=\frac{3\sqrt{7}}{7}$, 즉 $\overline{MP}=\frac{3\sqrt{7}}{7}$

한편, $\angle OAM=\angle OPM$이므로 네 점 O, A, P, M을 모두 지나는 원이 존재한다.

이 원을 C라 하고 원 C의 반지름의 길이를 R이라 하면 삼각형 OAM에서 사인법칙에 의하여

$\frac{\overline{OM}}{\sin\theta}=2R$, $R=\frac{\overline{OM}}{2\sin\theta}=\frac{1}{2\times\frac{\sqrt{21}}{14}}=\frac{\sqrt{21}}{3}$

삼각형 OAP에서 사인법칙에 의하여

$\frac{\overline{OA}}{\sin(\angle APO)}=2R$, $\sin(\angle APO)=\frac{\overline{OA}}{2R}=\frac{2}{2\times\frac{\sqrt{21}}{3}}=\frac{\sqrt{21}}{7}$

$\angle APO=\angle AMO$이고 $0<\angle AMO<\frac{\pi}{3}$이므로 $0<\angle APO<\frac{\pi}{3}$

$\cos(\angle APO)=\sqrt{1-\sin^2(\angle APO)}=\sqrt{1-\frac{3}{7}}=\frac{2\sqrt{7}}{7}$

이때 삼각형 OAP에서 $\overline{OA}=\overline{OP}=2$이므로

$\overline{AP}=2\times\overline{OP}\cos(\angle APO)=2\times2\times\frac{2\sqrt{7}}{7}=\frac{8\sqrt{7}}{7}$

따라서 삼각형 PMA의 둘레의 길이는

$\overline{AM}+\overline{MP}+\overline{AP}=\sqrt{7}+\frac{3\sqrt{7}}{7}+\frac{8\sqrt{7}}{7}=\frac{18\sqrt{7}}{7}$

답 ②

16

로그의 진수의 조건에 의하여

$x^2-x-6>0$, $(x+2)(x-3)>0$

$x<-2$ 또는 $x>3$ …… ㉠

부등식 $\log_2(x^2-x-6)\le\log_{\sqrt{2}}6$에서

$\log_2(x^2-x-6)\le2\log_2 6=\log_2 36$

이때 밑 2가 1보다 크므로

$x^2-x-6\le36$, $x^2-x-42\le0$, $(x+6)(x-7)\le0$

$-6\le x\le7$ …… ㉡

㉠, ㉡에 의하여 주어진 부등식의 해는

$-6\le x<-2$ 또는 $3<x\le7$

따라서 모든 정수 x의 값의 합은

$-6+(-5)+(-4)+(-3)+4+5+6+7=4$

답 4

17

수열 $\{a_n\}$의 첫째항부터 제n항까지의 합을 S_n이라 하면

$S_n=2^n-5n$

이므로

$a_1=S_1=2-5=-3$

$n\ge2$일 때,

$a_n=S_n-S_{n-1}=(2^n-5n)-\{2^{n-1}-5(n-1)\}=2^{n-1}-5$

따라서

$\sum_{n=1}^{4}a_{2n-1}=a_1+a_3+a_5+a_7=-3+(2^2-5)+(2^4-5)+(2^6-5)$

$=-3+(-1)+11+59=66$

답 66

18

시각 t에서의 두 점 P, Q의 위치를 각각 $x_1(t)$, $x_2(t)$라 하자.

시각 $t=0$일 때, 두 점 P, Q의 위치가 모두 원점이므로

$x_1(0)=x_2(0)=0$이고

$x_1(t)=x_1(0)+\int_0^t v_1(t)\,dt=0+\int_0^t(3t-5)\,dt=\int_0^t(3t-5)\,dt$

$x_2(t)=x_2(0)+\int_0^t v_2(t)\,dt=0+\int_0^t(7-t)\,dt=\int_0^t(7-t)\,dt$

두 점 P, Q가 시각 $t=k\,(k>0)$에서 만나므로

$x_1(k)=x_2(k)$에서

$\int_0^k(3t-5)\,dt=\int_0^k(7-t)\,dt$, $\int_0^k(3t-5)\,dt-\int_0^k(7-t)\,dt=0$

$\int_0^k\{(3t-5)-(7-t)\}\,dt=0$, $\int_0^k(4t-12)\,dt=0$

$\left[2t^2-12t\right]_0^k=0$, $2k(k-6)=0$

$k>0$이므로 $k=6$

답 6

19

최고차항의 계수가 1인 삼차함수 $f(x)$를

$f(x)=x^3+ax^2+bx+c$ (a, b, c는 상수)라 하면

$f'(x)=3x^2+2ax+b$

$f'(-1)=f'(3)=0$에서

$3x^2+2ax+b=3(x+1)(x-3)=3x^2-6x-9$

이므로

$2a=-6$에서 $a=-3$

$b=-9$

따라서 $f(x)=x^3-3x^2-9x+c$

이때 함수 $y=f'(x)$의 그래프에서 $x=-1$의 좌우에서 $f'(x)$의 부호가 양에서 음으로 바뀌므로 함수 $f(x)$는 $x=-1$에서 극댓값 $f(-1)=c+5$를 갖고, $x=3$의 좌우에서 $f'(x)$의 부호가 음에서 양으로 바뀌므로 함수 $f(x)$는 $x=3$에서 극솟값 $f(3)=c-27$을 갖는다.

조건 (나)에 의하여

$f(-1)\times f(3)=0$이므로

$(c+5)(c-27)=0$

조건 (가)에 의하여 $f(0)=c>0$이므로 $c=27$

따라서 $f(x)=x^3-3x^2-9x+27$이므로

$f(1)=1-3-9+27=16$

답 16

20

$a_1=100$이고 6 이하의 모든 자연수 m에 대하여 $a_m a_{m+1}>0$이므로 수열 $\{a_n\}$의 첫째항부터 제7항까지 모두 자연수이어야 한다.

$a_2=p$ (p는 자연수)라 하면

$$a_{n+2}=\begin{cases} a_n-a_{n+1} & (n\text{이 홀수인 경우}) \\ 2a_{n+1}-a_n & (n\text{이 짝수인 경우}) \end{cases}$$에 의하여

$a_3=a_1-a_2=100-p$이므로

$a_3>0$에서 $100-p>0$, $p<100$ …… ㉠

$a_4=2a_3-a_2=2(100-p)-p=200-3p$이므로

$a_4>0$에서 $200-3p>0$, $p<\frac{200}{3}$ …… ㉡

$a_5=a_3-a_4=(100-p)-(200-3p)=2p-100$이므로

$a_5>0$에서 $2p-100>0$, $p>50$ …… ㉢

$a_6=2a_5-a_4=2(2p-100)-(200-3p)=7p-400$이므로

$a_6>0$에서 $7p-400>0$, $p>\frac{400}{7}$ …… ㉣

$a_7=a_5-a_6=(2p-100)-(7p-400)=-5p+300$이므로

$a_7>0$에서 $-5p+300>0$, $p<60$ …… ㉤

㉠~㉤에서 $\frac{400}{7}<p<60$

이때 $57<\frac{400}{7}<58$이므로 자연수 p의 값은 58 또는 59이다.

따라서

$p=58$일 때 $a_5=2\times58-100=16$,

$p=59$일 때 $a_5=2\times59-100=18$

이므로 a_5의 값의 합은

$16+18=34$

답 34

21

$f(x)=\int_0^x (2x-t)(3t^2+at+b)\,dt$

$\quad=2x\int_0^x (3t^2+at+b)\,dt-\int_0^x t(3t^2+at+b)\,dt$

이므로

$f'(x)$

$=\left\{2\int_0^x (3t^2+at+b)\,dt+2x(3x^2+ax+b)\right\}-x(3x^2+ax+b)$

$=2\int_0^x (3t^2+at+b)\,dt+x(3x^2+ax+b)$

$=2\left[t^3+\frac{a}{2}t^2+bt\right]_0^x+3x^3+ax^2+bx$

$=(2x^3+ax^2+2bx)+3x^3+ax^2+bx$

$=x(5x^2+2ax+3b)$ …… ㉠

이때 조건 (가)에서 $f'(1)=0$이므로 ㉠에서

$f'(1)=5+2a+3b=0$

$b=-\frac{2a+5}{3}$ …… ㉡

따라서

$f'(x)=x(5x^2+2ax-2a-5)=x(x-1)(5x+2a+5)$

이므로

$f'(x)=0$에서 $x=0$ 또는 $x=1$ 또는 $x=-\frac{2a+5}{5}$

조건 (나)에서 열린구간 $(0, 1)$에 속하는 모든 실수 k에 대하여 x에 대한 방정식 $f(x)=f(k)$의 서로 다른 실근의 개수가 2이려면 함수 $y=f(x)$의 그래프와 직선 $y=f(k)$ $(0<k<1)$이 만나는 서로 다른 점의 개수가 2이어야 한다.

즉, 함수 $f(x)$의 극댓값이 존재하지 않아야 하므로

$-\frac{2a+5}{5}=0$ 또는 $-\frac{2a+5}{5}=1$

이어야 한다.

즉, $a=-\frac{5}{2}$ 또는 $a=-5$

이때 a는 정수이므로 $a=-5$이고, ㉡에서

$b=-\frac{2a+5}{3}=-\frac{2\times(-5)+5}{3}=\frac{5}{3}$

따라서 $\left|\frac{a}{b}\right|=\left|\frac{-5}{\frac{5}{3}}\right|=3$

답 3

참고

a의 값에 따라 함수 $y=f(x)$의 그래프의 개형은 다음과 같다.

(i) $a=-\frac{5}{2}$일 때

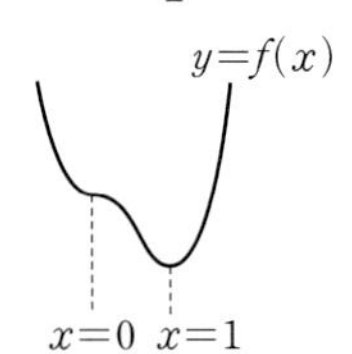

(ii) $a=-5$일 때

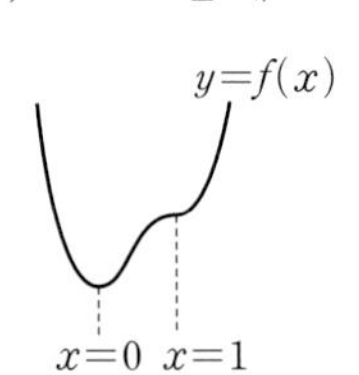

22

$f(x)=x^4-\frac{8}{3}x^3-2x^2+8x+2$에서

$f'(x)=4x^3-8x^2-4x+8=4(x+1)(x-1)(x-2)$

$f'(x)=0$에서 $x=-1$ 또는 $x=1$ 또는 $x=2$

함수 $f(x)$의 증가와 감소를 표로 나타내면 다음과 같다.

x	$\cdots$	-1	$\cdots$	1	$\cdots$	2	$\cdots$
$f'(x)$	$-$	0	$+$	0	$-$	0	$+$
$f(x)$	↘	극소	↗	극대	↘	극소	↗

$f(-1)=1+\frac{8}{3}-2-8+2=-\frac{13}{3}$

$f(1)=1-\frac{8}{3}-2+8+2=\frac{19}{3}$

$f(2)=16-\frac{64}{3}-8+16+2=\frac{14}{3}$

이므로 함수 $y=f(x)$의 그래프는 그림과 같다.

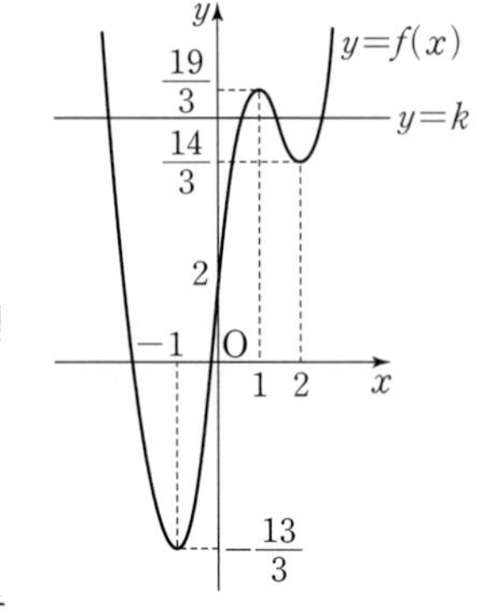

한편, 함수 $y=g(x)$, 즉 $y=|f(x)-k|$의 그래프는 함수 $y=f(x)$의 그래프를 y축의 방향으로 $-k$만큼 평행이동한 그래프의 x축의 아래 부분을 x축에 대하여 대칭이동한 것이다.

이때 방정식 $f'(x)=0$의 근이 $x=-1$ 또는 $x=1$ 또는 $x=2$이므로 함수 $g(x)$의 $x=a$에서의 미분계수가 0인 x의 값은 -1, 1, 2뿐이다.

또한 함수 $y=g(x)$의 그래프와 x축이 점 $(t, g(t))$에서 접하지 않고 만난다고 하면 함수 $g(x)$는 $x=t$에서 미분가능하지 않고

$$\lim_{h\to 0-}\frac{g(t+h)-g(t)}{h}=-\lim_{h\to 0+}\frac{g(t+h)-g(t)}{h}$$

집합 $A=\left\{x \middle| \lim_{h\to 0-}\frac{g(x+h)-g(x)}{h}+\lim_{h\to 0+}\frac{g(x+h)-g(x)}{h}=0\right\}$

의 원소 α에 대하여 함수 $g(x)$가 $x=\alpha$에서 미분가능하면

$$\lim_{h\to 0-}\frac{g(\alpha+h)-g(\alpha)}{h}+\lim_{h\to 0+}\frac{g(\alpha+h)-g(\alpha)}{h}=g'(\alpha)+g'(\alpha)$$
$$=2g'(\alpha)=0$$

$g'(\alpha)=0$이므로 $-1\in A$, $1\in A$, $2\in A$

함수 $g(x)$가 $x=\alpha$에서 미분가능하지 않으면

$$\lim_{h\to 0-}\frac{g(\alpha+h)-g(\alpha)}{h}+\lim_{h\to 0+}\frac{g(\alpha+h)-g(\alpha)}{h}=0$$

$$\lim_{h\to 0-}\frac{g(\alpha+h)-g(\alpha)}{h}=-\lim_{h\to 0+}\frac{g(\alpha+h)-g(\alpha)}{h}$$

이므로 함수 $y=g(x)$의 그래프와 x축이 접하지 않고 만나는 점의 x좌표는 집합 A의 원소이다.

이때 $n(A)=7$이려면 함수 $y=g(x)$의 그래프와 x축이 서로 다른 네 점에서 만나야 하므로 $\frac{14}{3}<k<\frac{19}{3}$이어야 한다.

그림과 같이 $\frac{14}{3}<k<\frac{19}{3}$일 때 함수 $y=g(x)$의 그래프와 x축이 만나는 네 점의 x좌표를 x_1, x_2, x_3, x_4 $(x_1<-1<x_2<1<x_3<2<x_4)$라 하면

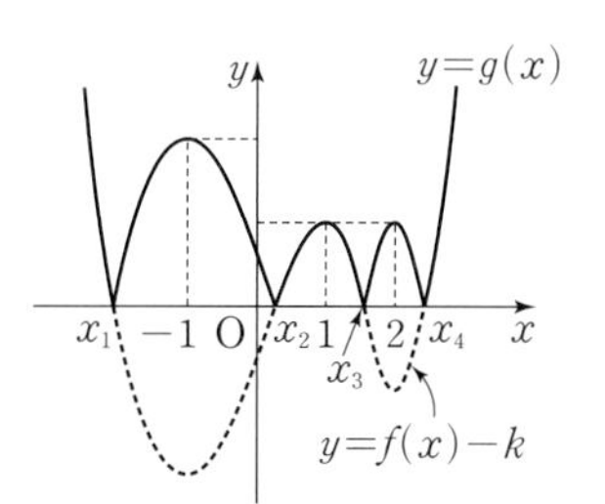

$A=\{x_1, -1, x_2, 1, x_3, 2, x_4\}$

$g(x_1)=g(x_2)=g(x_3)=g(x_4)=0$이므로 집합 $B=\{g(x)\,|\,x\in A\}$에 대하여 $n(B)=3$이려면 세 함숫값 $g(-1)$, $g(1)$, $g(2)$ 중 두 함숫값이 서로 같아야 한다.

이때 $\frac{14}{3}<k<\frac{19}{3}$이므로 세 함숫값 $g(-1)$, $g(1)$, $g(2)$ 중 두 함숫값이 서로 같은 경우는 $g(-1)\neq g(1)=g(2)$일 때뿐이고, 이 경우에 집합 B는 $B=\{g(x_1), g(-1), g(1)\}$이다.

$g(1)=|f(1)-k|=\left|\frac{19}{3}-k\right|=\frac{19}{3}-k$,

$g(2)=|f(2)-k|=\left|\frac{14}{3}-k\right|=k-\frac{14}{3}$

이므로 $g(1)=g(2)$에서

$\frac{19}{3}-k=k-\frac{14}{3}$, $2k=11$, $k=\frac{11}{2}$

그러므로 $g(x)=|f(x)-k|=\left|f(x)-\frac{11}{2}\right|$이고

$g(-1)=\left|f(-1)-\frac{11}{2}\right|=\left|-\frac{13}{3}-\frac{11}{2}\right|=\frac{59}{6}$

$g(1)=\left|f(1)-\frac{11}{2}\right|=\left|\frac{19}{3}-\frac{11}{2}\right|=\frac{5}{6}$

즉, $B=\left\{0, \frac{5}{6}, \frac{59}{6}\right\}$이므로 집합 B의 모든 원소의 합은

$0+\frac{5}{6}+\frac{59}{6}=\frac{32}{3}$

따라서 $p=3$, $q=32$이므로

$p+q=3+32=35$

답 35

23

다항식 $(x^2+\sqrt{2})^6$의 전개식의 일반항은

${}_6\mathrm{C}_r\times(x^2)^{6-r}\times(\sqrt{2})^r={}_6\mathrm{C}_r\times(\sqrt{2})^r\times x^{12-2r}$ $(r=0, 1, 2, \cdots, 6)$

x^4의 항은 $12-2r=4$에서 $r=4$일 때이다.

따라서 x^4의 계수는

${}_6\mathrm{C}_4\times(\sqrt{2})^4={}_6\mathrm{C}_2\times 4=15\times 4=60$

답 ④

24

$\mathrm{P}(A)=2\mathrm{P}(B)=\frac{5}{7}\mathrm{P}(A\cup B)$에서

$\mathrm{P}(B)=k$ $(k\neq 0)$이라 하면

$\mathrm{P}(A)=2k$, $\mathrm{P}(A\cup B)=\frac{14}{5}k$

확률의 덧셈정리에 의하여

$\mathrm{P}(A\cup B)=\mathrm{P}(A)+\mathrm{P}(B)-\mathrm{P}(A\cap B)$이므로

$$\mathrm{P}(A\cap B)=\mathrm{P}(A)+\mathrm{P}(B)-\mathrm{P}(A\cup B)$$
$$=2k+k-\frac{14}{5}k$$
$$=\frac{1}{5}k$$

따라서 $\mathrm{P}(B|A)=\frac{\mathrm{P}(A\cap B)}{\mathrm{P}(A)}=\frac{\frac{1}{5}k}{2k}=\frac{1}{10}$

답 ①

25

이 학교의 학생 한 명의 일주일 독서 시간을 확률변수 X라 하면 X는 정규분포 $\mathrm{N}(12, 2.4^2)$을 따르므로 이 학교의 학생 중에서 임의추출한 36명의 일주일 독서 시간의 표본평균을 $\overline{X}$라 하면 $\overline{X}$는 정규분포 $\mathrm{N}\left(12, \frac{2.4^2}{36}\right)$, 즉 $\mathrm{N}(12, 0.4^2)$을 따른다.

이때 $Z=\frac{\overline{X}-12}{0.4}$로 놓으면 확률변수 Z는 표준정규분포 $\mathrm{N}(0, 1)$을 따른다.

따라서 구하는 확률은

$$\mathrm{P}(11.4\le\overline{X}\le 13)=\mathrm{P}\left(\frac{11.4-12}{0.4}\le Z\le\frac{13-12}{0.4}\right)$$
$$=\mathrm{P}(-1.5\le Z\le 2.5)$$
$$=\mathrm{P}(-1.5\le Z\le 0)+\mathrm{P}(0\le Z\le 2.5)$$
$$=\mathrm{P}(0\le Z\le 1.5)+\mathrm{P}(0\le Z\le 2.5)$$
$$=0.4332+0.4938$$
$$=0.9270$$

답 ③

26

8장의 카드 중 3장의 카드를 택하는 경우의 수는

${}_8\mathrm{C}_3=56$

$2a$와 $2c$가 모두 짝수이므로 $2a+b=2c$이려면 b도 짝수이어야 한다.

(i) $b=2$인 경우

$2a+2=2c$에서 $a+1=c$, $c-a=1$

한편, $a<b<c$이므로 $c-a\geq 2$

따라서 $b=2$인 경우 주어진 조건을 만족시키는 세 자연수 a, b, c는 존재하지 않는다.

(ii) $b=4$인 경우

$2a+4=2c$에서 $a+2=c$

$a+2=c$를 만족시키고 $a<4<c\leq 8$인 두 자연수 a, c의 순서쌍 (a, c)는

$(3, 5)$

이므로 $b=4$인 경우 주어진 조건을 만족시키는 세 자연수 a, b, c의 순서쌍 (a, b, c)의 개수는 1이다.

(iii) $b=6$인 경우

$2a+6=2c$에서 $a+3=c$

$a+3=c$를 만족시키고 $a<6<c\leq 8$인 두 자연수 a, c의 순서쌍 (a, c)는

$(4, 7)$, $(5, 8)$

이므로 $b=6$인 경우 주어진 조건을 만족시키는 세 자연수 a, b, c의 순서쌍 (a, b, c)의 개수는 2이다.

(iv) $b=8$인 경우

$8<c$인 자연수 c가 존재하지 않으므로 주어진 조건을 만족시키는 세 자연수 a, b, c는 존재하지 않는다.

(i)~(iv)에 의하여 구하는 확률은

$\frac{1+2}{56}=\frac{3}{56}$

답 ①

27

상자 A에 검은 공이 6개 들어 있으므로 시행 후 두 상자 A와 B에 들어 있는 검은 공의 개수가 서로 같으려면 두 상자 A와 B에 검은 공이 각각 3개씩 들어 있어야 한다.

(i) 흰 공 3개를 꺼내는 경우

상자 B에는 검은 공이 최대 2개 들어갈 수 있으므로 두 상자 A와 B에 들어 있는 검은 공의 개수가 서로 같을 수 없다.

(ii) 흰 공 2개, 검은 공 1개를 꺼내는 경우

상자 B에 검은 공이 3개 들어가려면 나중에 꺼내는 2개의 공이 모두 검은 공이어야 하므로 이 경우의 확률은

$\frac{{}_4C_2\times{}_6C_1}{{}_{10}C_3}\times\frac{{}_5C_2}{{}_7C_2}=\frac{1}{7}$

(iii) 흰 공 1개, 검은 공 2개를 꺼내는 경우

상자 B에 검은 공이 3개 들어가려면 나중에 꺼내는 2개의 공 중 검은 공이 1개이어야 하므로 이 경우의 확률은

$\frac{{}_4C_1\times{}_6C_2}{{}_{10}C_3}\times\frac{{}_3C_1\times{}_4C_1}{{}_7C_2}=\frac{2}{7}$

(iv) 검은 공 3개를 꺼내는 경우

상자 B에 검은 공이 3개 들어 있으므로 이 경우의 확률은

$\frac{{}_6C_3}{{}_{10}C_3}=\frac{1}{6}$

(i)~(iv)에 의하여 구하는 확률은

$\frac{1}{7}+\frac{2}{7}+\frac{1}{6}=\frac{25}{42}$

답 ②

28

3 이하의 자연수 k에 대하여 $a_k+a_{k+1}=3$이므로

$a_1+a_2=3$, $a_2+a_3=3$, $a_3+a_4=3$

$a_1=0$이면 $a_2=3$, $a_3=0$, $a_4=3$

$a_1=1$이면 $a_2=2$, $a_3=1$, $a_4=2$

$a_1=2$이면 $a_2=1$, $a_3=2$, $a_4=1$

$a_1=3$이면 $a_2=0$, $a_3=3$, $a_4=0$

$a_1\geq 4$이면 주어진 조건을 만족시킬 수 없다.

(i) $a_1=0$, $a_2=3$, $a_3=0$, $a_4=3$인 경우

$f(x)=2$인 x의 개수와 $f(x)=4$인 x의 개수가 모두 3이므로 구하는 함수 f의 개수는

2, 2, 2, 4, 4, 4

를 일렬로 나열한 다음 맨 왼쪽에 있는 수부터 차례로 $f(1)$, $f(2)$, $f(3)$, $f(4)$, $f(5)$, $f(6)$의 값으로 정하는 경우의 수와 같으므로

$\frac{6!}{3!3!}=20$

$a_1=3$, $a_2=0$, $a_3=3$, $a_4=0$인 경우도 같은 방법으로 구하면 함수 f의 개수는 20

(ii) $a_1=1$, $a_2=2$, $a_3=1$, $a_4=2$인 경우

$f(x)=1$인 x의 개수와 $f(x)=3$인 x의 개수가 모두 1이고, $f(x)=2$인 x의 개수와 $f(x)=4$인 x의 개수가 모두 2이므로 구하는 함수 f의 개수는

1, 2, 2, 3, 4, 4

를 일렬로 나열한 다음 맨 왼쪽에 있는 수부터 차례로 $f(1)$, $f(2)$, $f(3)$, $f(4)$, $f(5)$, $f(6)$의 값으로 정하는 경우의 수와 같으므로

$\frac{6!}{2!2!}=180$

$a_1=2$, $a_2=1$, $a_3=2$, $a_4=1$인 경우도 같은 방법으로 구하면 함수 f의 개수는 180

(i), (ii)에서 구하는 함수 f의 개수는

$2\times 20+2\times 180=400$

답 ⑤

29

$P(0\leq X\leq a)=1$이므로 연속확률변수 X의 확률밀도함수의 그래프로부터

$\frac{1}{2}\times a\times c=1$, 즉 $ac=2$ …… ㉠

$P(0\leq X\leq b)=a$라 하면 연속확률변수 X의 확률밀도함수의 그래프로부터

$\frac{1}{2}\times b\times c=a$, 즉 $bc=2a$ …… ㉡

두 점 $(0, 0)$, (b, c)를 지나는 직선의 방정식은

$y=\frac{c}{b}x$

이므로 $P\left(0\le X\le \frac{b}{2}\right)=\frac{1}{2}\times\frac{b}{2}\times\frac{c}{2}=\frac{1}{8}bc=\frac{1}{4}a$

$P(b\le X\le a)=1-P(0\le X\le b)=1-a$

이므로 $4P\left(0\le X\le \frac{b}{2}\right)=3P(b\le X\le a)$에서

$a=3-3a,\ 4a=3$

$a=\frac{3}{4}$

$a=\frac{3}{4}$을 ㉡에 대입하면

$bc=\frac{3}{2}$ …… ㉢

㉠에서 $a=\frac{2}{c}$, ㉢에서 $b=\frac{3}{2c}$이므로 $\frac{a}{2}<b$

그러므로 ㉠, ㉡, ㉢에 의하여

$$P\left(\frac{b}{2}\le X\le \frac{a}{2}\right)=\frac{1}{2}\times\left(\frac{c}{2}+\frac{ac}{2b}\right)\times\left(\frac{a}{2}-\frac{b}{2}\right)$$
$$=\frac{1}{2}\times\left(\frac{c}{2}+\frac{2}{3}c\right)\times\left(\frac{1}{c}-\frac{3}{4c}\right)$$
$$=\frac{1}{2}\times\frac{7}{6}c\times\frac{1}{4c}$$
$$=\frac{7}{48}$$

따라서 $p=48,\ q=7$이므로

$p+q=48+7=55$

답 55

30

$192=2^6\times3$이므로 $a,\ b,\ c,\ d$ 중 홀수인 자연수는 1 또는 3이어야 한다.

또한 음이 아닌 정수 $m_1,\ m_2,\ m_3,\ m_4,\ n_1,\ n_2,\ n_3,\ n_4$에 대하여

$a=2^{m_1}\times3^{n_1},\ b=2^{m_2}\times3^{n_2},\ c=2^{m_3}\times3^{n_3},\ d=2^{m_4}\times3^{n_4}$라 하면

$m_1+m_2+m_3+m_4=6$ …… ㉠

$n_1+n_2+n_3+n_4=1$ …… ㉡

이어야 한다.

조건 (나)에서 $a+b+c+d$가 홀수이어야 하므로

$a,\ b,\ c,\ d$ 중 홀수인 자연수의 개수는 1 또는 3이어야 한다.

(i) $a,\ b,\ c,\ d$ 중 홀수인 자연수의 개수가 1인 경우

$a,\ b,\ c,\ d$ 중 홀수가 될 자연수를 정하는 경우의 수는

${}_4C_1=4$

이때 a가 홀수라 하자.

① $a=1$인 경우

$b,\ c,\ d$는 모두 짝수이어야 하므로

$m_2\ge1,\ m_3\ge1,\ m_4\ge1$

㉠에서

$m_2'+1=m_2,\ m_3'+1=m_3,\ m_4'+1=m_4$

($m_2',\ m_3',\ m_4'$은 음이 아닌 정수)

라 하면 $m_1=0$이므로 ㉠을 만족시키는 모든 순서쌍

$(m_1,\ m_2,\ m_3,\ m_4)$의 개수는 방정식 $m_2'+m_3'+m_4'=3$을 만족시키는 음이 아닌 정수 $m_2',\ m_3',\ m_4'$의 모든 순서쌍

$(m_2',\ m_3',\ m_4')$의 개수와 같고, 이는 서로 다른 3개에서 3개를 택하는 중복조합의 수와 같으므로

${}_3H_3={}_{3+3-1}C_3={}_5C_3={}_5C_2=10$

또한 ㉡에서 $n_1=0$이므로 ㉡을 만족시키는 모든 순서쌍

$(n_1,\ n_2,\ n_3,\ n_4)$의 개수는 방정식 $n_2+n_3+n_4=1$을 만족시키는 음이 아닌 정수 $n_2,\ n_3,\ n_4$의 모든 순서쌍 $(n_2,\ n_3,\ n_4)$의 개수와 같고, 이는

${}_3C_1=3$

그러므로 이 경우 구하는 모든 순서쌍의 개수는

$10\times3=30$

② $a=3$인 경우

$b,\ c,\ d$는 모두 짝수이어야 하므로

$m_2\ge1,\ m_3\ge1,\ m_4\ge1$

㉠에서

$m_2''+1=m_2,\ m_3''+1=m_3,\ m_4''+1=m_4$

($m_2'',\ m_3'',\ m_4''$은 음이 아닌 정수)

라 하면 $m_1=0$이므로 ㉠을 만족시키는 모든 순서쌍

$(m_1,\ m_2,\ m_3,\ m_4)$의 개수는 방정식 $m_2''+m_3''+m_4''=3$을 만족시키는 음이 아닌 정수 $m_2'',\ m_3'',\ m_4''$의 모든 순서쌍

$(m_2'',\ m_3'',\ m_4'')$의 개수와 같고, 이는 서로 다른 3개에서 3개를 택하는 중복조합의 수와 같으므로

${}_3H_3={}_{3+3-1}C_3={}_5C_3={}_5C_2=10$

또한 ㉡에서 $n_1=1$이므로 ㉡을 만족시키는 모든 순서쌍

$(n_1,\ n_2,\ n_3,\ n_4)$의 개수는 1이다.

그러므로 이 경우 구하는 모든 순서쌍의 개수는 10이다.

따라서 $a,\ b,\ c,\ d$ 중 홀수인 자연수의 개수가 1인 경우의 모든 순서쌍 $(a,\ b,\ c,\ d)$의 개수는

$4\times(30+10)=160$

(ii) $a,\ b,\ c,\ d$ 중 홀수인 자연수의 개수가 3인 경우

$a,\ b,\ c,\ d$ 중 홀수가 될 자연수를 정하는 경우의 수는

${}_4C_3={}_4C_1=4$

이때 $a,\ b,\ c$가 홀수라 하자.

① $a,\ b,\ c$ 모두 1인 경우

$d=192$이면 되므로 모든 순서쌍 $(a,\ b,\ c,\ d)$의 개수는 1이다.

② $a,\ b,\ c$ 중 어느 하나가 3인 경우

$a,\ b,\ c$ 중 3이 될 자연수를 정하는 경우의 수는

${}_3C_1=3$

이때 $d=64$이면 되므로 모든 순서쌍 $(a,\ b,\ c,\ d)$의 개수는 3이다.

따라서 $a,\ b,\ c,\ d$ 중 홀수인 자연수의 개수가 3인 경우의 모든 순서쌍 $(a,\ b,\ c,\ d)$의 개수는

$4\times(1+3)=16$

(i), (ii)에 의하여 구하는 순서쌍의 개수는

$160+16=176$

답 176

실전 모의고사 3회

본문 130~141쪽

01 ④	02 ①	03 ②	04 ①	05 ①
06 ②	07 ④	08 ④	09 ⑤	10 ③
11 ③	12 ①	13 ④	14 ⑤	15 ⑤
16 2	17 165	18 85	19 45	20 91
21 16	22 52	23 ⑤	24 ③	25 ③
26 ②	27 ⑤	28 ④	29 7	30 950

01

$4^{2-\sqrt{3}}\times 2^{2\sqrt{3}}=2^{2(2-\sqrt{3})}\times 2^{2\sqrt{3}}=2^{4-2\sqrt{3}+2\sqrt{3}}=2^4=16$

답 ④

02

$$\lim_{x\to 1}\frac{1}{x^2-1}\left(\frac{1}{x+1}-\frac{1}{2}\right)=\lim_{x\to 1}\left\{\frac{1}{(x+1)(x-1)}\times\frac{2-(x+1)}{2(x+1)}\right\}$$
$$=\lim_{x\to 1}\left\{\frac{1}{(x+1)(x-1)}\times\frac{-(x-1)}{2(x+1)}\right\}$$
$$=\lim_{x\to 1}\frac{-1}{2(x+1)^2}$$
$$=-\frac{1}{8}$$

답 ①

03

등차수열 $\{a_n\}$의 공차를 d라 하면

$2a_1=a_4$에서

$2a_1=a_1+3d,\ a_1=3d$ ...... ㉠

$a_2+a_3=9$에서

$(a_1+d)+(a_1+2d)=9$

$2a_1+3d=9$ ...... ㉡

㉠을 ㉡에 대입하면

$6d+3d=9,\ 9d=9$

$d=1$

$a_1=3\times 1=3$

따라서 $a_6=a_1+5d=3+5\times 1=8$

답 ②

04

$g(x)=(3x-4)f(x)$에서

$g'(x)=3f(x)+(3x-4)f'(x)$ ...... ㉠

$\lim_{h\to 0}\frac{f(2+2h)-2}{h}=5$에서

$h\to 0$일 때 (분모)$\to 0$이고 극한값이 존재하므로

$\lim_{h\to 0}\{f(2+2h)-2\}=0$

$f(2)-2=0$에서 $f(2)=2$ ...... ㉡

또한 $\lim_{h\to 0}\frac{f(2+2h)-2}{h}=2\times\lim_{h\to 0}\frac{f(2+2h)-f(2)}{2h}=2f'(2)$

$2f'(2)=5$에서 $f'(2)=\frac{5}{2}$ ...... ㉢

㉠, ㉡, ㉢에서

$g'(2)=3f(2)+2f'(2)=3\times 2+2\times\frac{5}{2}=11$

답 ①

05

$\lim_{x\to 1}\frac{x^3-1}{x^2+ax+b}=\frac{1}{2}$에서 $x\to 1$일 때 (분자)$\to 0$이고 0이 아닌 극한값이 존재하므로 (분모)$\to 0$이어야 한다.

즉, $\lim_{x\to 1}(x^2+ax+b)=1+a+b=0$에서

$b=-a-1$ ...... ㉠

㉠을 주어진 식에 대입하면

$$\lim_{x\to 1}\frac{x^3-1}{x^2+ax+b}=\lim_{x\to 1}\frac{x^3-1}{x^2+ax-a-1}$$
$$=\lim_{x\to 1}\frac{(x-1)(x^2+x+1)}{(x-1)(x+a+1)}$$
$$=\lim_{x\to 1}\frac{x^2+x+1}{x+a+1}$$
$$=\frac{3}{a+2}=\frac{1}{2}$$

에서 $a+2=6,\ a=4$

㉠에서 $b=-4-1=-5$

따라서 $a-b=4-(-5)=9$

답 ①

06

$f(x)=x^3-ax^2+(a-2)x+a$에서

$f'(x)=3x^2-2ax+a-2$

$f'(a)=3a^2-2a^2+a-2=a^2+a-2$

함수 $f(x)$는 $x=a$에서 극소이므로 $f'(a)=0$이다.

$a^2+a-2=0,\ (a+2)(a-1)=0$

$a=-2$ 또는 $a=1$

(i) $a=-2$일 때

$f(x)=x^3+2x^2-4x-2$에서

$f'(x)=3x^2+4x-4=(3x-2)(x+2)$

$f'(x)=0$에서 $x=-2$ 또는 $x=\frac{2}{3}$

함수 $f(x)$의 증가와 감소를 표로 나타내면 다음과 같다.

x	$\cdots$	-2	$\cdots$	$\frac{2}{3}$	$\cdots$
$f'(x)$	$+$	0	$-$	0	$+$
$f(x)$	↗	극대	↘	극소	↗

함수 $f(x)$는 $x=-2$에서 극대이므로 조건을 만족시키지 않는다.

(ii) $a=1$일 때

$f(x)=x^3-x^2-x+1$에서

$f'(x)=3x^2-2x-1=(3x+1)(x-1)$

$f'(x)=0$에서 $x=-\frac{1}{3}$ 또는 $x=1$

함수 $f(x)$의 증가와 감소를 표로 나타내면 다음과 같다.

x	$\cdots$	$-\frac{1}{3}$	$\cdots$	1	$\cdots$
$f'(x)$	$+$	0	$-$	0	$+$
$f(x)$	↗	극대	↘	극소	↗

함수 $f(x)$는 $x=1$에서 극소이므로 조건을 만족시킨다.
이때 함수 $f(x)$의 극댓값은

$$f\left(-\frac{1}{3}\right)=\left(-\frac{1}{3}\right)^3-\left(-\frac{1}{3}\right)^2-\left(-\frac{1}{3}\right)+1=\frac{32}{27}$$

답 ②

07

선분 OP와 직선 l은 서로 수직이므로 $\angle POQ=\frac{\pi}{2}-\theta$이다.

이때 점 P의 좌표는 $\left(\cos\left(\frac{\pi}{2}-\theta\right), \sin\left(\frac{\pi}{2}-\theta\right)\right)$, 즉 $(\sin\theta, \cos\theta)$

원 C: $x^2+y^2=1$ 위의 점 $P(\sin\theta, \cos\theta)$에서의 접선 l의 방정식은 $x\sin\theta+y\cos\theta=1$이다.

직선 l이 x축, y축과 만나는 두 점 Q, R의 좌표는 각각

$\left(\frac{1}{\sin\theta}, 0\right)$, $\left(0, \frac{1}{\cos\theta}\right)$이므로 삼각형 ROQ의 넓이는

$$\frac{1}{2}\times\frac{1}{\sin\theta}\times\frac{1}{\cos\theta}=\frac{1}{2\times\sin\theta\times\cos\theta}$$

따라서 $\frac{1}{2\times\sin\theta\times\cos\theta}=\frac{2\sqrt{3}}{3}$에서

$$\sin\theta\times\cos\theta=\frac{1}{2}\times\frac{3}{2\sqrt{3}}=\frac{\sqrt{3}}{4}$$

답 ④

08

$y=x^3-3x^2$에서 $y'=3x^2-6x$ ······ ㉠

접점의 좌표를 (t, t^3-3t^2)이라 하면 접선의 기울기는 $3t^2-6t$이므로 접선의 방정식은

$y=(3t^2-6t)(x-t)+t^3-3t^2$

이 접선이 점 $(0, 1)$을 지나므로

$1=(3t^2-6t)(-t)+t^3-3t^2$

$2t^3-3t^2+1=0$, $(t-1)^2(2t+1)=0$

$t=1$ 또는 $t=-\frac{1}{2}$

$t=1$일 때, ㉠에 의하여 접선의 기울기는

$3-6=-3$

$t=-\frac{1}{2}$일 때, ㉠에 의하여 접선의 기울기는

$$3\times\left(-\frac{1}{2}\right)^2-6\times\left(-\frac{1}{2}\right)=\frac{3}{4}+3=\frac{15}{4}$$

따라서 $m_1+m_2=-3+\frac{15}{4}=\frac{3}{4}$

답 ④

09

$a_1=1<2$

$a_2=\sqrt[3]{2}\times 1=2^{\frac{1}{3}}<2$

$a_3=\sqrt[3]{2}\times 2^{\frac{1}{3}}=2^{\frac{1}{3}}\times 2^{\frac{1}{3}}=2^{\frac{2}{3}}<2$

$a_4=\sqrt[3]{2}\times 2^{\frac{2}{3}}=2^{\frac{1}{3}}\times 2^{\frac{2}{3}}=2$

$a_5=\frac{1}{2}\times 2=1<2$

$\vdots$

그러므로 $a_{4n-3}=1$, $a_{4n-2}=2^{\frac{1}{3}}$, $a_{4n-1}=2^{\frac{2}{3}}$, $a_{4n}=2$ $(n=1, 2, 3, \cdots)$

이다.

이때 $a_1\times a_2\times a_3\times a_4=1\times 2^{\frac{1}{3}}\times 2^{\frac{2}{3}}\times 2=2^2$이므로

$$\begin{aligned}T_{100}&=a_1\times a_2\times a_3\times\cdots\times a_{100}\\&=(a_1\times a_2\times a_3\times a_4)\times(a_5\times a_6\times a_7\times a_8)\times\cdots\\&\qquad\times(a_{97}\times a_{98}\times a_{99}\times a_{100})\\&=(a_1\times a_2\times a_3\times a_4)\times(a_1\times a_2\times a_3\times a_4)\times\cdots\times(a_1\times a_2\times a_3\times a_4)\\&=\underbrace{2^2\times 2^2\times\cdots\times 2^2}_{25\text{개}}\\&=(2^2)^{25}\\&=2^{50}\end{aligned}$$

따라서 $\log_2 T_{100}=\log_2 2^{50}=50$

답 ⑤

10

곡선 $y=x^3-x$와 직선 $y=3x$가 만날 때,

$x^3-x=3x$에서 $x^3-4x=0$, $x(x+2)(x-2)=0$

$x>0$에서 곡선 $y=x^3-x$와 직선 $y=3x$가 만나는 점의 x좌표는 2이므로 $x\ge 0$에서 곡선 $y=x^3-x$와 직선 $y=3x$로 둘러싸인 부분의 넓이는

$$\begin{aligned}\int_0^2\{3x-(x^3-x)\}\,dx&=\int_0^2(4x-x^3)\,dx=\left[2x^2-\frac{1}{4}x^4\right]_0^2\\&=8-4=4\end{aligned}$$

곡선 $y=x^3-x$와 직선 $y=mx$가 만날 때,

$x^3-x=mx$에서 $x(x^2-m-1)=0$

$x>0$에서 곡선 $y=x^3-x$와 직선 $y=mx$가 만나는 점의 x좌표는 $\sqrt{m+1}$이므로 $x\ge 0$에서 곡선 $y=x^3-x$와 직선 $y=mx$로 둘러싸인 부분의 넓이는

$$\begin{aligned}\int_0^{\sqrt{m+1}}\{mx-(x^3-x)\}\,dx&=\int_0^{\sqrt{m+1}}\{(m+1)x-x^3\}\,dx\\&=\left[\frac{m+1}{2}x^2-\frac{1}{4}x^4\right]_0^{\sqrt{m+1}}\\&=\frac{(m+1)^2}{2}-\frac{(m+1)^2}{4}\\&=\frac{(m+1)^2}{4}\end{aligned}$$

$\frac{(m+1)^2}{4}=\frac{1}{2}\times 4=2$에서 $(m+1)^2=8$

$0<m<3$이므로 $m+1=2\sqrt{2}$

따라서 $m=2\sqrt{2}-1$

답 ③

11

$xf(x)=\frac{2}{3}x^3+ax^2+b+\int_1^x f(t)\,dt$ ······ ㉠

㉠의 양변을 x에 대하여 미분하면

$f(x)+xf'(x)=2x^2+2ax+f(x)$

$xf'(x)=2x^2+2ax$

함수 $f(x)$가 다항함수이므로 $f'(x)-2x+2a$

$f(x)=\int(2x+2a)\,dx=x^2+2ax+C$ (단, C는 적분상수)

$f(0)=1$에서 $C=1$

$f(1)=1$에서 $1+2a+C=1+2a+1=1$이므로 $a=-\frac{1}{2}$

그러므로 $f(x)=x^2-x+1$

㉠의 양변에 $x=1$을 대입하면

$f(1)=\frac{2}{3}+a+b=\frac{2}{3}-\frac{1}{2}+b=b+\frac{1}{6}$

$f(1)=1$에서 $b+\frac{1}{6}=1$, $b=\frac{5}{6}$

따라서 $b-a=\frac{5}{6}-\left(-\frac{1}{2}\right)=\frac{4}{3}$이므로

$f(b-a)=f\left(\frac{4}{3}\right)=\frac{16}{9}-\frac{4}{3}+1=\frac{13}{9}$

답 ③

12

$y=x^3+6x^2+9x$에서 $y'=3x^2+12x+9$

곡선 위의 점 $P(t,\ t^3+6t^2+9t)$에서의 접선 l의 기울기는

$3t^2+12t+9$이므로 직선 l의 방정식은

$y=(3t^2+12t+9)(x-t)+t^3+6t^2+9t$

이때 점 Q의 좌표는

$(0,\ -t(3t^2+12t+9)+t^3+6t^2+9t)$ …… ㉠

직선 m의 기울기는 $-\frac{1}{3t^2+12t+9}$이므로 직선 m의 방정식은

$y=-\frac{1}{3t^2+12t+9}(x-t)+t^3+6t^2+9t$

이때 점 R의 좌표는

$\left(0,\ \frac{t}{3t^2+12t+9}+t^3+6t^2+9t\right)$ …… ㉡

㉠, ㉡에서

$\overline{QR}=-t(3t^2+12t+9)-\frac{t}{3t^2+12t+9}$

삼각형 PRQ에서 선분 QR을 밑변으로 하면 높이는 $-t$이므로 삼각형 PRQ의 넓이 $S(t)$는

$$S(t)=\frac{1}{2}\times\overline{QR}\times(-t)$$
$$=\frac{1}{2}\times\left\{-t(3t^2+12t+9)-\frac{t}{3t^2+12t+9}\right\}\times(-t)$$
$$=\frac{1}{2}t^2\left(3t^2+12t+9+\frac{1}{3t^2+12t+9}\right)$$

따라서

$$\lim_{t\to0-}\frac{S(t)}{t^2}=\lim_{t\to0-}\frac{\frac{1}{2}t^2\left(3t^2+12t+9+\frac{1}{3t^2+12t+9}\right)}{t^2}$$
$$=\lim_{t\to0-}\frac{1}{2}\left(3t^2+12t+9+\frac{1}{3t^2+12t+9}\right)$$
$$=\frac{1}{2}\times\left(9+\frac{1}{9}\right)$$
$$=\frac{41}{9}$$

답 ①

13

$P_n(2^n,\ \log_2 2^n)$, $H_n(2^n,\ 0)$이고, 선분 OH_n의 중점 Q_n의 좌표는 $\left(\frac{2^n}{2},\ 0\right)$, 즉 $(2^{n-1},\ 0)$이다.

삼각형 $P_nQ_nH_n$은 변 P_nQ_n을 빗변으로 하는 직각삼각형이다.

직각삼각형 $P_nQ_nH_n$의 외접원 C_n의 반지름의 길이를 r_n이라 할 때, r_n은 선분 P_nQ_n의 길이의 $\frac{1}{2}$배와 같다.

두 점 $P_n(2^n,\ n)$, $Q_n(2^{n-1},\ 0)$에서 선분 P_nQ_n의 길이는

$\sqrt{(2^n-2^{n-1})^2+(n-0)^2}=\sqrt{4^{n-1}+n^2}$이므로

$r_n=\frac{\sqrt{4^{n-1}+n^2}}{2}$

즉, 외접원 C_n의 넓이 S_n은

$S_n=\pi r_n^2=\frac{4^{n-1}+n^2}{4}\pi=\left(4^{n-2}+\frac{n^2}{4}\right)\pi$

이므로

$$k=\frac{S_{10}-50S_1}{S_4-2S_2}=\frac{(4^8+25)\pi-50\times\frac{\pi}{2}}{(4^2+4)\pi-2\times2\pi}=\frac{4^8\pi}{4^2\pi}=4^6=2^{12}$$

따라서 $f(k)=f(2^{12})=\log_2 2^{12}=12$

답 ④

14

ㄱ. $f'(x)=12x(x-1)(x-3)$이므로

$f'(2)=12\times2\times1\times(-1)=-24$ (참)

ㄴ. $f'(x)=12x(x-1)(x-3)$이므로

$f'(1)=0$이고 $x=1$의 좌우에서 $f'(x)$의 부호가 양에서 음으로 바뀐다.

따라서 함수 $f(x)$는 $x=1$에서 극대이고 극댓값은

$$f(1)=\int_0^1 12t(t-1)(t-3)\,dt$$
$$=\int_0^1(12t^3-48t^2+36t)\,dt$$
$$=\left[3t^4-16t^3+18t^2\right]_0^1=3-16+18=5 \text{ (참)}$$

ㄷ. $g(x)=12x(x-1)(x-3)$이라 하면

$f(x)=\int_0^x g(t)\,dt$에서 $f'(x)=g(x)$

$f(x+1)=\int_0^{x+1}g(t)dt=\int_{-1}^{x}g(t+1)\,dt$에서

$\frac{d}{dx}f(x+1)=g(x+1)$

$h(x)=f(x+1)-f(x)$라 하면

$$h'(x)=g(x+1)-g(x)$$
$$=12(x+1)x(x-2)-12x(x-1)(x-3)$$
$$=12x(3x-5)$$

$h'(x)=0$에서 $x=0$ 또는 $x=\frac{5}{3}$

함수 $h(x)$의 증가와 감소를 표로 나타내면 다음과 같다.

x	$\cdots$	0	$\cdots$	$\frac{5}{3}$	$\cdots$
$h'(x)$	$+$	0	$-$	0	$+$
$h(x)$	↗	극대	↘	극소	↗

따라서 함수 $f(x+1)-f(x)$는 $x=\frac{5}{3}$에서 극솟값을 갖는다. (참)

이상에서 옳은 것은 ㄱ, ㄴ, ㄷ이다.

답 ⑤

15

$-1\le x\le 1$에서 $f(x)=\begin{cases}-x^2 & (-1\le x<0)\\ x^2 & (0\le x\le 1)\end{cases}$이고,

함수 $f(x)$가 모든 실수 x에 대하여 $f(x)=f(x-2)+2$를 만족시키므로 함수 $y=f(x)$ $(1\le x\le 3)$의 그래프는

함수 $y=f(x)$ $(-1\le x\le 1)$의 그래프를 x축의 방향으로 2만큼, y축의 방향으로 2만큼 평행이동시키면 된다.

또한 함수 $y=f(x)$의 그래프는 원점에 대하여 대칭이다.

자연수 k에 대하여 함수 $y=f(x)$의 그래프는 그림과 같다.

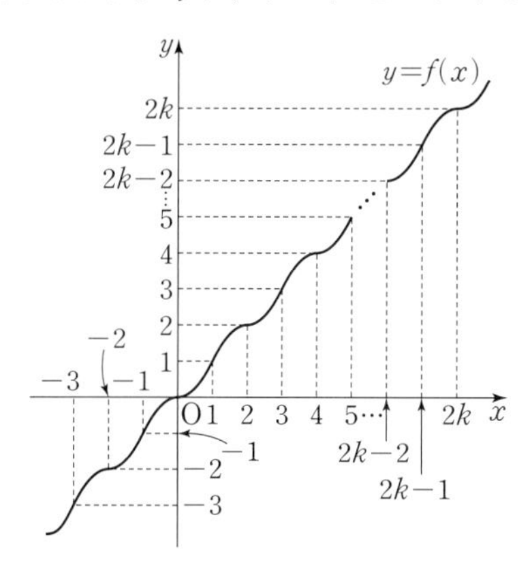

$\int_0^1 f(x)\,dx=\int_0^1 x^2\,dx=\left[\frac{1}{3}x^3\right]_0^1=\frac{1}{3}$이므로

$\int_{-3}^{-2}|f(x)|\,dx=1\times 2+\frac{1}{3}=\frac{7}{3}$이고 $\int_{-2}^{0}|f(x)|\,dx=1\times 2=2$

즉, $\int_{-3}^{0}|f(x)|\,dx=\int_{-3}^{-2}|f(x)|\,dx+\int_{-2}^{0}|f(x)|\,dx=\frac{7}{3}+2=\frac{13}{3}$

k가 자연수일 때,

$\int_{2k-2}^{2k} f(x)\,dx=2\times(2k-2)+2=4k-2$

$\int_{2k-2}^{2k-1} f(x)\,dx=1\times(2k-2)+\frac{1}{3}=2k-\frac{5}{3}$

곡선 $y=f(x)$와 x축 및 두 직선 $x=-3$, $x=n$으로 둘러싸인 부분의 넓이가 $\frac{194}{3}$이므로

$\int_{-3}^{0}|f(x)|\,dx+\int_0^n f(x)\,dx=\frac{194}{3}$

(i) $n=2k-1$일 때

$\int_{-3}^{0}|f(x)|\,dx+\int_0^n f(x)\,dx$

$=\int_{-3}^{0}|f(x)|\,dx+\int_0^{2k-1} f(x)\,dx$

$=\frac{13}{3}+\int_0^{2k-2} f(x)\,dx+\int_{2k-2}^{2k-1} f(x)\,dx$

$=\frac{13}{3}+\sum_{i=1}^{k-1}(4i-2)+\left(2k-\frac{5}{3}\right)$

$=2k+\frac{8}{3}+\left\{4\times\frac{k(k-1)}{2}-2(k-1)\right\}$

$=2k^2-2k+\frac{14}{3}=\frac{194}{3}$

$k^2-k-30=0$

$(k-6)(k+5)=0$

k는 자연수이므로 $k=6$

따라서 $n=2\times 6-1=11$

(ii) $n=2k$일 때

$\int_{-3}^{0}|f(x)|\,dx+\int_0^n f(x)\,dx$

$=\int_{-3}^{0}|f(x)|\,dx+\int_0^{2k} f(x)\,dx$

$=\frac{13}{3}+\int_0^{2k} f(x)\,dx$

$=\frac{13}{3}+\sum_{i=1}^{k}(4i-2)$

$=\frac{13}{3}+\left\{4\times\frac{k(k+1)}{2}-2k\right\}$

$=2k^2+\frac{13}{3}=\frac{194}{3}$

$2k^2=\frac{181}{3}$, $k^2=\frac{181}{6}$

따라서 $\int_{-3}^{0}|f(x)|\,dx+\int_0^{2k} f(x)\,dx=\frac{194}{3}$를 만족시키는 자연수 k는 존재하지 않는다.

(i), (ii)에서 구하는 자연수 n의 값은 11이다.

답 ⑤

16

로그의 진수의 조건에 의하여

$4x-x^2>0$, $x-1>0$

$4x-x^2>0$에서 $x(x-4)<0$, $0<x<4$ …… ㉠

$x-1>0$에서 $x>1$ …… ㉡

㉠, ㉡에서 $1<x<4$

$\log_4(4x-x^2)=1+\log_2(x-1)$에서

$\log_4(4x-x^2)=1+\log_4(x-1)^2$

$\log_4(4x-x^2)=\log_4 4(x-1)^2$

$4x-x^2=4(x-1)^2$

$4x-x^2=4x^2-8x+4$

$5x^2-12x+4=0$

$(x-2)(5x-2)=0$

$1<x<4$이므로 $x=2$

답 2

17

$\sum_{k=1}^{10}(2a_k+3)=2\sum_{k=1}^{10}a_k+\sum_{k=1}^{10}3=2\sum_{k=1}^{10}a_k+30$

이므로 $2\sum_{k=1}^{10}a_k+30=100$에서 $\sum_{k=1}^{10}a_k=35$

$\sum_{k=1}^{10}(3b_k+2k)=3\sum_{k=1}^{10}b_k+2\sum_{k=1}^{10}k$

$=3\sum_{k=1}^{10}b_k+2\times\frac{10\times 11}{2}$

$=3\sum_{k=1}^{10}b_k+110$

이므로 $3\sum_{k=1}^{10} b_k+110=500$에서 $\sum_{k=1}^{10} b_k=130$

따라서 $\sum_{k=1}^{10} (a_k+b_k)=\sum_{k=1}^{10} a_k+\sum_{k=1}^{10} b_k=35+130=165$

답 165

18

원점을 지나고 x축의 양의 방향과 이루는 각의 크기가 $30°$인 직선 l의 기울기는 $\tan 30°=\frac{\sqrt{3}}{3}$이므로 직선 l의 방정식은

$y=\frac{\sqrt{3}}{3}x$

제1사분면 위의 점 P_n의 좌표를 $(p,\ q)$ $(p>0,\ q>0)$이라 하면

원 C_n의 반지름의 길이가 $\overline{OP_n}=n$이므로

$p=n\times\cos 30°=\frac{\sqrt{3}}{2}n,\ q=n\times\sin 30°=\frac{1}{2}n$이다.

그러므로 점 P_n의 좌표는 $\left(\frac{\sqrt{3}}{2}n,\ \frac{1}{2}n\right)$이다.

점 H_n의 좌표가 $(n,\ 0)$이므로 점 Q_n의 좌표는 $\left(n,\ \frac{\sqrt{3}}{3}n\right)$이고,

점 P_n과 직선 Q_nH_n 사이의 거리를 h라 하면

$h=n-\frac{\sqrt{3}}{2}n=\left(1-\frac{\sqrt{3}}{2}\right)n$

삼각형 $P_nH_nQ_n$의 넓이는

$$\begin{aligned}S_n&=\frac{1}{2}\times\overline{Q_nH_n}\times h\\&=\frac{1}{2}\times\frac{\sqrt{3}}{3}n\times\left(1-\frac{\sqrt{3}}{2}\right)n\\&=\frac{(2-\sqrt{3})\sqrt{3}}{12}n^2\\&=\frac{2\sqrt{3}-3}{12}n^2\end{aligned}$$

이므로

$$\begin{aligned}\sum_{k=1}^{8} S_k&=\sum_{k=1}^{8}\frac{2\sqrt{3}-3}{12}k^2\\&=\frac{2\sqrt{3}-3}{12}\times\frac{8\times9\times17}{6}\\&=-51+34\sqrt{3}\end{aligned}$$

따라서 $a=-51,\ b=34$이므로

$b-a=34-(-51)=85$

답 85

19

$f(x)=\begin{cases}x^2+2x+2 & (-2\le x<2)\\ \frac{1}{2}x^2-4x & (2\le x<6)\end{cases}$ 에서 두 열린구간 $(-2,\ 2)$, $(2,\ 6)$에 포함되는 실수 a에 대하여 $g(a)=\lim_{x\to a}\frac{f(x)-f(a)}{x-a}$라 하면

$g(x)=\begin{cases}2x+2 & (-2<x<2)\\ x-4 & (2<x<6)\end{cases}$

모든 실수 x에 대하여 $f(x)=f(x+8)$을 만족시키므로 함수 $f(x)$의 주기는 8이다.

열린구간 $(-20,\ 20)$에서 함수 $y=f(x)$의 그래프는 다음과 같다.

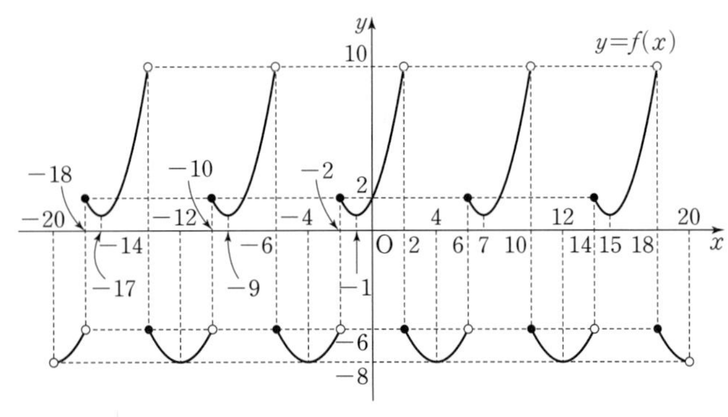

열린구간 $(-2,\ 6)$에서 $g(x)$의 부호가 음에서 양으로 바뀌는 x의 값은 $-1,\ 4$이고, 함수 $f(x)$의 주기가 8이므로 열린구간 $(-20,\ 20)$에서 함수 $f(x)$는 $x=-17,\ -9,\ -1,\ 7,\ 15$일 때와

$x=-12,\ -4,\ 4,\ 12$일 때 극솟값을 갖는다.

즉, $a_1=-17,\ a_2=-12,\ a_3=-9,\ a_4=-4,\ a_5=-1,\ a_6=4,$ $a_7=7,\ a_8=12,\ a_9=15$이므로 $m=9$이고

$$\begin{aligned}\sum_{k=1}^{m} a_k&=\sum_{k=1}^{9} a_k\\&=(-17)+(-12)+(-9)+(-4)+(-1)+4+7+12+15\\&=-5\end{aligned}$$

함수 $f(x)$의 주기와 극댓값의 정의에 의하여 열린구간 $(-20,\ 20)$에서 함수 $f(x)$는 $x=-18,\ -10,\ -2,\ 6,\ 14$일 때 극댓값을 갖는다.

즉, $b_1=-18,\ b_2=-10,\ b_3=-2,\ b_4=6,\ b_5=14$이므로 $n=5$이고

$\sum_{k=1}^{n} |b_k|=\sum_{k=1}^{5} |b_k|=|-18|+|-10|+|-2|+6+14=50$

따라서 $\sum_{k=1}^{m} a_k+\sum_{k=1}^{n} |b_k|=-5+50=45$

답 45

20

$v(t)+ta(t)=4t^3-3t^2-4t$에 $t=0$을 대입하면

$v(0)=0$ …… ㉠

조건 (가)와 ㉠에 의하여

$v(t)=pt^3+qt^2+rt$ ($p,\ q,\ r$은 상수, $p\ne0$)이라 하면

$a(t)=3pt^2+2qt+r$

$$\begin{aligned}v(t)+ta(t)&=pt^3+qt^2+rt+t(3pt^2+2qt+r)\\&=4pt^3+3qt^2+2rt\end{aligned}$$

$4pt^3+3qt^2+2rt=4t^3-3t^2-4t$에서

$p=1,\ q=-1,\ r=-2$이므로

$v(t)=t^3-t^2-2t=t(t+1)(t-2)$

함수 $y=v(t)$의 그래프는 그림과 같다.

시각 $t=0$에서 $t=3$까지 점 P가 움직인 거리는

$$\begin{aligned}&\int_0^3 |v(t)|\,dt\\&=\int_0^3 |t(t+1)(t-2)|\,dt\\&=\int_0^2 \{-t(t+1)(t-2)\}\,dt+\int_2^3 t(t+1)(t-2)\,dt\\&=\int_0^2 (-t^3+t^2+2t)\,dt+\int_2^3 (t^3-t^2-2t)\,dt\end{aligned}$$

$=\left[-\frac{t^4}{4}+\frac{t^3}{3}+t^2\right]_0^2+\left[\frac{t^4}{4}-\frac{t^3}{3}-t^2\right]_2^3$

$=\left(-4+\frac{8}{3}+4\right)-0+\left(\frac{81}{4}-9-9\right)-\left(4-\frac{8}{3}-4\right)$

$=\frac{91}{12}$

따라서 $l=\frac{91}{12}$이므로

$12\times l=91$

답 91

21

두 원 C_1, C_2의 방정식은

C_1 : $(x+1)^2+y^2=1$, C_2 : $(x-2)^2+y^2=4$

두 선분 AP, BQ가 x축의 양의 방향과 이루는 각의 크기가 모두 θ이므로 두 점 P, Q의 좌표는 각각

$(-1+\cos\theta,\ \sin\theta)$, $(2+2\cos\theta,\ 2\sin\theta)$이다.

$\overline{PQ}^2=\{(2+2\cos\theta)-(-1+\cos\theta)\}^2+(2\sin\theta-\sin\theta)^2$

$=(3+\cos\theta)^2+\sin^2\theta$

$=9+6\cos\theta+\cos^2\theta+\sin^2\theta$

$=10+6\cos\theta$

이므로 $\overline{PQ}=\sqrt{10+6\cos\theta}$

직선 PQ의 방정식은

$y-\sin\theta=\frac{2\sin\theta-\sin\theta}{(2+2\cos\theta)-(-1+\cos\theta)}\{x-(-1+\cos\theta)\}$

$y=\frac{\sin\theta}{3+\cos\theta}(x+1-\cos\theta)+\sin\theta$

$(\sin\theta)x-(3+\cos\theta)y+4\sin\theta=0$

원점 O와 직선 PQ 사이의 거리를 h라 하면

$h=\frac{|4\sin\theta|}{\sqrt{\sin^2\theta+(3+\cos\theta)^2}}$

$=\frac{|4\sin\theta|}{\sqrt{10+6\cos\theta}}$

이므로 삼각형 POQ의 넓이 $S(\theta)$는

$S(\theta)=\frac{1}{2}\times\overline{PQ}\times h$

$=\frac{1}{2}\times\sqrt{10+6\cos\theta}\times\frac{|4\sin\theta|}{\sqrt{10+6\cos\theta}}$

$=2|\sin\theta|$

$0<\theta<2\pi$일 때,

$S(\theta)=2|\sin\theta|=1$, 즉 $|\sin\theta|=\frac{1}{2}$에서

$\sin\theta=\frac{1}{2}$ 또는 $\sin\theta=-\frac{1}{2}$이므로

$\theta=\frac{\pi}{6}$ 또는 $\theta=\frac{5}{6}\pi$ 또는 $\theta=\frac{7}{6}\pi$ 또는 $\theta=\frac{11}{6}\pi$

따라서 $\alpha_1=\frac{\pi}{6}$, $\alpha_2=\frac{5}{6}\pi$, $\alpha_3=\frac{7}{6}\pi$, $\alpha_4=\frac{11}{6}\pi$이므로

$\frac{12}{\pi}\times(\alpha_2-\alpha_1+\alpha_4-\alpha_3)=\frac{12}{\pi}\times\left(\frac{5}{6}\pi-\frac{\pi}{6}+\frac{11}{6}\pi-\frac{7}{6}\pi\right)$

$=\frac{12}{\pi}\times\frac{4}{3}\pi$

$=16$

답 16

참고

두 점 P, Q의 좌표가 각각

$(-1+\cos\theta,\ \sin\theta)$, $(2+2\cos\theta,\ 2\sin\theta)$일 때, 삼각형 POQ의 넓이 $S(\theta)$를 다음과 같이 구할 수도 있다.

[방법 1]

두 점 P, Q에서 x축에 내린 수선의 발을 각각 H_1, H_2라 하면

$S(\theta)=$(사다리꼴 PH_1H_2Q의 넓이)$-$(삼각형 PH_1O의 넓이)

$-$(삼각형 QOH_2의 넓이)

$=\frac{1}{2}\times3|\sin\theta|\times(3+\cos\theta)-\frac{1}{2}\times|\sin\theta|\times(1-\cos\theta)$

$-\frac{1}{2}\times2|\sin\theta|\times(2+2\cos\theta)$

$=\frac{1}{2}\times|\sin\theta|\times(9+3\cos\theta-1+\cos\theta-4-4\cos\theta)$

$=2|\sin\theta|$

[방법 2]

$\overline{PO}=\sqrt{(-1+\cos\theta)^2+\sin^2\theta}$

$=\sqrt{1-2\cos\theta+\cos^2\theta+\sin^2\theta}$

$=\sqrt{2-2\cos\theta}$

$\overline{OQ}=\sqrt{(2+2\cos\theta)^2+(2\sin\theta)^2}$

$=\sqrt{4+8\cos\theta+4\cos^2\theta+4\sin^2\theta}$

$=\sqrt{8+8\cos\theta}$

삼각형 PAO는 $\overline{AO}=\overline{AP}$인 이등변삼각형이므로

$\angle POA=\frac{\pi-\theta}{2}$

삼각형 QOB는 $\overline{BO}=\overline{BQ}$인 이등변삼각형이므로

$\angle QOB=\frac{\theta}{2}$

이때 $\angle POQ=\pi-\left(\frac{\pi-\theta}{2}+\frac{\theta}{2}\right)=\frac{\pi}{2}$이므로

$S(\theta)=\frac{1}{2}\times\overline{PO}\times\overline{OQ}$

$=\frac{1}{2}\times\sqrt{2-2\cos\theta}\times\sqrt{8+8\cos\theta}$

$=\frac{1}{2}\times\sqrt{2}\times\sqrt{1-\cos\theta}\times2\sqrt{2}\times\sqrt{1+\cos\theta}$

$=2\sqrt{(1-\cos\theta)(1+\cos\theta)}$

$=2\sqrt{1-\cos^2\theta}$

$=2\sqrt{\sin^2\theta}$

$=2|\sin\theta|$

22

함수 $g(x)$가 실수 전체의 집합에서 연속이므로

$\lim_{x\to-1-}g(x)=\lim_{x\to-1+}g(x)=g(-1)$에서

$f(-1)-2=-f(-1)+2+a$

$f(-1)=\frac{a+4}{2}$ ...... ㉠

$\lim_{x\to2-}g(x)=\lim_{x\to2+}g(x)=g(2)$에서

$-f(2)-4+a=f(2)+4+b$

$f(2)=\frac{a-b-8}{2}$ ...... ㉡

함수 $g(x)$가 실수 전체의 집합에서 미분가능하므로

함수 $g(x)$는 $x=-1$에서 미분가능하다.

$\lim_{x \to -1-} \frac{g(x)-g(-1)}{x-(-1)}$

$=\lim_{x \to -1-} \frac{f(x)+2x-\{f(-1)-2\}}{x+1}$

$=f'(-1)+2$

$\lim_{x \to -1+} \frac{g(x)-g(-1)}{x-(-1)}$

$=\lim_{x \to -1+} \frac{-f(x)-2x+a-\{-f(-1)+2+a\}}{x+1}$

$=-f'(-1)-2$

즉, $f'(-1)+2=-f'(-1)-2$이므로

$f'(-1)=-2$ ...... ㉢

또한 함수 $g(x)$는 $x=2$에서도 미분가능하다.

$\lim_{x \to 2-} \frac{g(x)-g(2)}{x-2}$

$=\lim_{x \to 2-} \frac{-f(x)-2x+a-\{-f(2)-4+a\}}{x-2}$

$=-f'(2)-2$

$\lim_{x \to 2+} \frac{g(x)-g(2)}{x-2}$

$=\lim_{x \to 2+} \frac{f(x)+2x+b-\{f(2)+4+b\}}{x-2}$

$=f'(2)+2$

즉, $-f'(2)-2=f'(2)+2$이므로

$f'(2)=-2$ ...... ㉣

㉢, ㉣에 의하여

$f'(x)+2=3(x+1)(x-2)=3x^2-3x-6$

즉, $f'(x)=3x^2-3x-8$이므로

$f(x)=x^3-\frac{3}{2}x^2-8x+C$ (단, C는 적분상수)

$g(-2)=f(-2)-4=-8-6+16+C-4=6$에서

$C=8$이므로

$f(x)=x^3-\frac{3}{2}x^2-8x+8$

$f(-1)=-1-\frac{3}{2}+8+8=\frac{27}{2}$이고 ㉠에서 $f(-1)=\frac{a+4}{2}$이므로

$\frac{a+4}{2}=\frac{27}{2}$에서 $a=23$

$f(2)=8-6-16+8=-6$이고 ㉡에서 $f(2)=\frac{a-b-8}{2}$이므로

$\frac{a-b-8}{2}=-6$에서 $a-b=-4$, $23-b=-4$

$b=27$

따라서 $g(x)=\begin{cases} f(x)+2x & (x<-1) \\ -f(x)-2x+23 & (-1\le x<2) \\ f(x)+2x+27 & (x\ge 2) \end{cases}$이므로

$g(1)=-f(1)-2+23=-\left(-\frac{1}{2}\right)+21=\frac{43}{2}$

$g(3)=f(3)+6+27=-\frac{5}{2}+33=\frac{61}{2}$

그러므로 $g(1)+g(3)=\frac{43}{2}+\frac{61}{2}=52$

답 52

23

$\mathrm{P}(A)=1-\mathrm{P}(A\cap B)$ ...... ㉠

$\mathrm{P}(B|A)=\frac{\mathrm{P}(A\cap B)}{\mathrm{P}(A)}=\frac{1}{3}$에서

$\mathrm{P}(A)=3\mathrm{P}(A\cap B)$ ...... ㉡

㉠, ㉡에서 $1-\mathrm{P}(A\cap B)=3\mathrm{P}(A\cap B)$이므로

$4\mathrm{P}(A\cap B)=1$

$\mathrm{P}(A\cap B)=\frac{1}{4}$

㉠에서 $\mathrm{P}(A)=1-\frac{1}{4}=\frac{3}{4}$

확률의 덧셈정리에 의하여

$\mathrm{P}(A\cup B)=\mathrm{P}(A)+\mathrm{P}(B)-\mathrm{P}(A\cap B)$이므로

$1=\frac{3}{4}+\mathrm{P}(B)-\frac{1}{4}$

따라서 $\mathrm{P}(B)=\frac{1}{2}$

답 ⑤

24

숫자 0, 1, 2, 3, 4 중에서 중복을 허락하여 4개를 택해 일렬로 나열하는 경우의 수는

${}_5\Pi_4=5^4=625$

이 중에서 천의 자리에 숫자 0이 오는 경우의 수는

${}_5\Pi_3=5^3=125$

그러므로 $a=625-125=500$

10□□꼴의 숫자의 개수는 ${}_5\Pi_2=5^2=25$

11□□꼴의 숫자의 개수는 ${}_5\Pi_2=5^2=25$

120□꼴의 숫자의 개수는 5

121□꼴의 숫자의 개수는 5

122□꼴의 숫자의 개수는 5

123□꼴의 숫자의 개수는 5이고, 이 중에서 1234가 가장 크다.

$25\times2+5\times4=70$이므로 1234는 작은 수부터 차례로 나열할 때 70번째의 수이다.

그러므로 $b=70$

따라서 $a+b=500+70=570$

답 ③

25

이 농장에서 수확한 애호박 중에서 임의로 선택한 애호박 1개의 무게를 확률변수 X라 하면 X는 정규분포 $\mathrm{N}(310,\ 20^2)$을 따르므로

$Z=\frac{X-310}{20}$으로 놓으면 확률변수 Z는 표준정규분포 $\mathrm{N}(0,\ 1)$을 따른다.

따라서 구하는 확률은

$\mathrm{P}(305\le X\le 330)=\mathrm{P}\left(\frac{305-310}{20}\le Z\le\frac{330-310}{20}\right)$

$=\mathrm{P}(-0.25\le Z\le 1)$
$=\mathrm{P}(-0.25\le Z\le 0)+\mathrm{P}(0\le Z\le 1)$
$=\mathrm{P}(0\le Z\le 0.25)+\mathrm{P}(0\le Z\le 1)$
$=0.0987+0.3413$
$=0.4400$

답 ③

26

확률변수 X가 정규분포 $\mathrm{N}(100, \sigma^2)$을 따르므로 $Z_1=\dfrac{X-100}{\sigma}$으로 놓으면 확률변수 Z_1은 표준정규분포 $\mathrm{N}(0, 1)$을 따른다.

이때 $\mathrm{P}(X\ge 92)=\mathrm{P}\left(Z_1\ge\dfrac{92-100}{\sigma}\right)=\mathrm{P}\left(Z_1\ge-\dfrac{8}{\sigma}\right)$

확률변수 $\overline{X}$가 정규분포 $\mathrm{N}\left(100, \left(\dfrac{\sigma}{4}\right)^2\right)$을 따르므로 $Z_2=\dfrac{\overline{X}-100}{\frac{\sigma}{4}}$으로 놓으면 확률변수 Z_2는 표준정규분포 $\mathrm{N}(0, 1)$을 따른다.

이때 $\mathrm{P}(\overline{X}\ge k)=\mathrm{P}\left(Z_2\ge\dfrac{k-100}{\frac{\sigma}{4}}\right)=\mathrm{P}\left(Z_2\ge\dfrac{4(k-100)}{\sigma}\right)$

$\mathrm{P}(X\ge 92)+\mathrm{P}(\overline{X}\ge k)=1$에서

$\mathrm{P}\left(Z_1\ge-\dfrac{8}{\sigma}\right)+\mathrm{P}\left(Z_2\ge\dfrac{4(k-100)}{\sigma}\right)=1$ …… ㉠

두 확률변수 Z_1, Z_2가 모두 표준정규분포를 따르므로 ㉠에서

$\dfrac{4(k-100)}{\sigma}=\dfrac{8}{\sigma}$

$4(k-100)=8$

따라서 $k=102$

답 ②

27

한 개의 주사위를 던져서 나오는 눈의 수가 홀수일 확률과 짝수일 확률은 각각 $\dfrac{1}{2}$이다.

(ⅰ) 한 개의 주사위를 던져서 나오는 눈의 수가 홀수인 경우

주머니 A에서 흰 공 1개를 꺼내어 주머니 B에 넣으면 주머니 B에는 흰 공 3개와 검은 공 4개가 들어 있게 되는데, 주머니 B에서 흰 공 1개를 꺼낼 확률은

$\dfrac{1}{2}\times\dfrac{{}_2\mathrm{C}_1}{{}_5\mathrm{C}_1}\times\dfrac{{}_3\mathrm{C}_1}{{}_7\mathrm{C}_1}=\dfrac{3}{35}$

주머니 A에서 검은 공 1개를 꺼내어 주머니 B에 넣으면 주머니 B에는 흰 공 2개와 검은 공 5개가 들어 있게 되는데, 주머니 B에서 흰 공 1개를 꺼낼 확률은

$\dfrac{1}{2}\times\dfrac{{}_3\mathrm{C}_1}{{}_5\mathrm{C}_1}\times\dfrac{{}_2\mathrm{C}_1}{{}_7\mathrm{C}_1}=\dfrac{3}{35}$

따라서 이 경우에 주머니 B에서 꺼낸 공이 흰 공일 확률은

$\dfrac{3}{35}+\dfrac{3}{35}=\dfrac{6}{35}$

(ⅱ) 한 개의 주사위를 던져서 나오는 눈의 수가 짝수인 경우

주머니 A에서 흰 공 2개를 동시에 꺼내어 주머니 B에 넣으면 주머니 B에는 흰 공 4개와 검은 공 4개가 들어 있게 되는데, 주머니 B에서 흰 공 1개를 꺼낼 확률은

$\dfrac{1}{2}\times\dfrac{{}_2\mathrm{C}_2}{{}_5\mathrm{C}_2}\times\dfrac{{}_4\mathrm{C}_1}{{}_8\mathrm{C}_1}=\dfrac{1}{40}$

주머니 A에서 흰 공 1개와 검은 공 1개를 동시에 꺼내어 주머니 B에 넣으면 주머니 B에는 흰 공 3개와 검은 공 5개가 들어 있게 되는데, 주머니 B에서 흰 공 1개를 꺼낼 확률은

$\dfrac{1}{2}\times\dfrac{{}_2\mathrm{C}_1\times{}_3\mathrm{C}_1}{{}_5\mathrm{C}_2}\times\dfrac{{}_3\mathrm{C}_1}{{}_8\mathrm{C}_1}=\dfrac{9}{80}$

주머니 A에서 검은 공 2개를 동시에 꺼내어 주머니 B에 넣으면 주머니 B에는 흰 공 2개와 검은 공 6개가 들어 있게 되는데, 주머니 B에서 흰 공 1개를 꺼낼 확률은

$\dfrac{1}{2}\times\dfrac{{}_3\mathrm{C}_2}{{}_5\mathrm{C}_2}\times\dfrac{{}_2\mathrm{C}_1}{{}_8\mathrm{C}_1}=\dfrac{3}{80}$

따라서 이 경우에 주머니 B에서 꺼낸 공이 흰 공일 확률은

$\dfrac{1}{40}+\dfrac{9}{80}+\dfrac{3}{80}=\dfrac{7}{40}$

(ⅰ), (ⅱ)에서 구하는 확률은

$\dfrac{6}{35}+\dfrac{7}{40}=\dfrac{97}{280}$

답 ⑤

28

확률밀도함수 $y=f(x)$의 그래프는 그림과 같다.

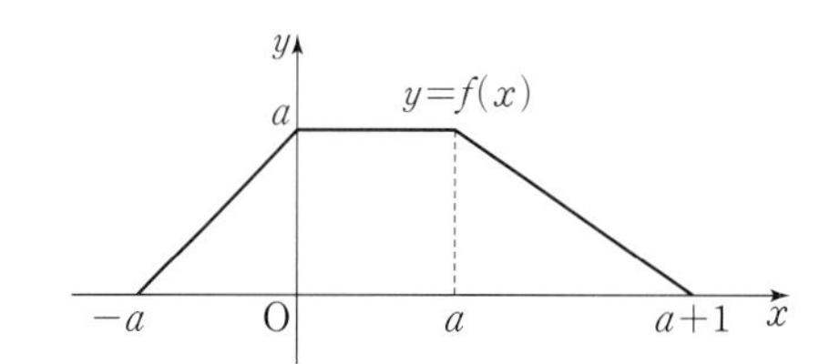

확률밀도함수 $y=f(x)$의 그래프와 x축으로 둘러싸인 부분의 넓이가 1이므로

$\dfrac{1}{2}a^2+a^2+\dfrac{1}{2}a=1$에서

$3a^2+a-2=0$

$(3a-2)(a+1)=0$

$a>0$이므로 $a=\dfrac{2}{3}$

$\mathrm{P}\left(0\le X\le\dfrac{2}{3}\right)=\left(\dfrac{2}{3}\right)^2=\dfrac{4}{9}$, $\mathrm{P}\left(k\le X\le\dfrac{2}{3}\right)=\dfrac{1}{2}$이므로 $k<0$이고

$\mathrm{P}(k\le X\le 0)=\dfrac{1}{2}-\dfrac{4}{9}=\dfrac{1}{18}$

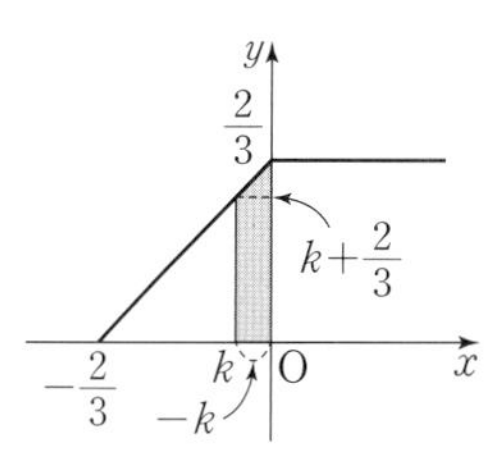

즉, 그림에서 색칠한 부분의 넓이가 $\dfrac{1}{18}$이므로

$\dfrac{1}{2}\times\left(k+\dfrac{2}{3}+\dfrac{2}{3}\right)\times(-k)=\dfrac{1}{18}$

$k^2+\dfrac{4}{3}k+\dfrac{1}{9}=0$

$9k^2+12k+1=0$

$k=\frac{-6\pm\sqrt{36-9}}{9}=\frac{-2\pm\sqrt{3}}{3}$

$-\frac{2}{3}<k<0$이므로 $k=\frac{-2+\sqrt{3}}{3}$

답 ④

29

8개의 장난감 중에서 2개를 택하는 경우의 수는

${}_8C_2=28$

럭키박스에 넣은 2개의 장난감이 서로 다른 종류인 사건을 A라 하면 그 여사건 A^C은 럭키박스에 넣은 2개의 장난감이 서로 같은 종류인 사건이다.

같은 종류의 인형 3개 중 2개를 택하거나 같은 종류의 피규어 3개 중 2개를 택하거나 같은 종류의 자석블록 2개를 택하는 경우의 수는

${}_3C_2+{}_3C_2+{}_2C_2=3+3+1=7$

이므로

$P(A^C)=\frac{7}{28}=\frac{1}{4}$

그러므로 구하는 확률은

$P(A)=1-P(A^C)=1-\frac{1}{4}=\frac{3}{4}$

따라서 $p=4$, $q=3$이므로

$p+q=4+3=7$

답 7

30

(i) 조건을 만족시키는 n의 값이 1, 2인 경우

$f(1)>f(3)$, $f(2)>f(4)$, $f(3)\le f(5)$이다.

① $f(3)=1$일 때 $f(1)$과 $f(5)$의 값을 정하는 경우의 수는

$4\times5=20$

② $f(3)=2$일 때 $f(1)$과 $f(5)$의 값을 정하는 경우의 수는

$3\times4=12$

③ $f(3)=3$일 때 $f(1)$과 $f(5)$의 값을 정하는 경우의 수는

$2\times3=6$

④ $f(3)=4$일 때 $f(1)$과 $f(5)$의 값을 정하는 경우의 수는

$1\times2=2$

각각의 경우에 $f(2)$와 $f(4)$의 값을 정하는 경우의 수는

${}_5C_2=10$

따라서 이 경우의 함수 f의 개수는

$(20+12+6+2)\times10=400$

(ii) 조건을 만족시키는 n의 값이 1, 3인 경우

$f(1)>f(3)>f(5)$이고 $f(2)\le f(4)$이다.

따라서 이 경우의 함수 f의 개수는

${}_5C_3\times{}_5H_2={}_5C_2\times{}_6C_2=10\times15=150$

(iii) 조건을 만족시키는 n의 값이 2, 3인 경우

$f(2)>f(4)$, $f(3)>f(5)$, $f(1)\le f(3)$이다.

① $f(3)=2$일 때 $f(1)$과 $f(5)$의 값을 정하는 경우의 수는

$2\times1=2$

② $f(3)=3$일 때 $f(1)$과 $f(5)$의 값을 정하는 경우의 수는

$3\times2=6$

③ $f(3)=4$일 때 $f(1)$과 $f(5)$의 값을 정하는 경우의 수는

$4\times3=12$

④ $f(3)=5$일 때 $f(1)$과 $f(5)$의 값을 정하는 경우의 수는

$5\times4=20$

각각의 경우에 $f(2)$와 $f(4)$의 값을 정하는 경우의 수는

${}_5C_2=10$

따라서 이 경우의 함수 f의 개수는

$(2+6+12+20)\times10=400$

(i), (ii), (iii)에 의하여 구하는 함수 f의 개수는

$400+150+400=950$

답 950

실전 모의고사 4회

본문 142~153쪽

01 ③	02 ⑤	03 ②	04 ②	05 ③
06 ①	07 ③	08 ④	09 ③	10 ②
11 ①	12 ③	13 ③	14 ②	15 ④
16 3	17 42	18 61	19 33	20 152
21 19	22 16	23 ③	24 ③	25 ⑤
26 ⑤	27 ④	28 ⑤	29 17	30 432

01

$\log_3 \sqrt{3}+\log_3 9=\log_3 3^{\frac{1}{2}}+\log_3 3^2=\frac{1}{2}\log_3 3+2\log_3 3$

$=\frac{1}{2}+2=\frac{5}{2}$

답 ③

02

$\lim_{x\to 2}\frac{x^2+6x-16}{x^2-x-2}=\lim_{x\to 2}\frac{(x-2)(x+8)}{(x-2)(x+1)}=\lim_{x\to 2}\frac{x+8}{x+1}=\frac{10}{3}$

답 ⑤

03

등차수열 $\{a_n\}$의 첫째항을 a, 공차를 d라 하면

$a_4=a+3d=4$

$a_2+a_5=(a+d)+(a+4d)=2a+5d=11$

두 식을 연립하여 풀면 $a=13$, $d=-3$이므로

$a_n=13+(n-1)\times(-3)=-3n+16$

따라서 $a_3+a_{11}=7+(-17)=-10$

답 ②

04

$h(x)=f(x)g(x)$에서

$h'(x)=f'(x)g(x)+f(x)g'(x)$이므로

$h'(1)=f'(1)g(1)+f(1)g'(1)$

$f(x)=2x^3+5$에서 $f(1)=7$이고 $f'(x)=6x^2$이므로 $f'(1)=6$

$g(x)=x^2+3x+1$에서 $g(1)=5$이고 $g'(x)=2x+3$이므로 $g'(1)=5$

따라서 $h'(1)=f'(1)g(1)+f(1)g'(1)=6\times5+7\times5=65$

답 ②

05

함수 $f(x)=2^{x-k}+m$의 그래프는 함수 $y=2^x$의 그래프를 x축의 방향으로 k만큼, y축의 방향으로 m만큼 평행이동한 것이고 함수 $y=2^x$의 밑은 1보다 크므로 함수 $f(x)$는 $x=1$에서 최솟값, $x=4$에서 최댓값을 갖는다.

$f(1)=2^{1-k}+m=3$에서 $2^{1-k}=3-m$ …… ㉠

$f(4)=2^{4-k}+m=10$에서 $2^{4-k}=10-m$ …… ㉡

이때 $\frac{2^{4-k}}{2^{1-k}}=2^3=8$이므로 ㉠, ㉡에 의하여

$\frac{10-m}{3-m}=8$, $10-m=24-8m$

$7m=14$, $m=2$

이 값을 ㉠에 대입하면

$2^{1-k}=3-2=1$, $1-k=0$, $k=1$

따라서 $k+m=1+2=3$

답 ③

06

$f(x)=\frac{1}{3}x^3+x^2-3x+a$에서

$f'(x)=x^2+2x-3=(x+3)(x-1)$

$f'(x)=0$에서 $x=-3$ 또는 $x=1$

함수 $f(x)$의 증가와 감소를 표로 나타내면 다음과 같다.

x	$\cdots$	-3	$\cdots$	1	$\cdots$
$f'(x)$	$+$	0	$-$	0	$+$
$f(x)$	↗	극대	↘	극소	↗

함수 $f(x)$는 $x=1$에서 극솟값 $\frac{10}{3}$을 가지므로 $b=1$이고

$f(1)=\frac{1}{3}+1-3+a=\frac{10}{3}$에서 $a=5$

따라서 $a+b=5+1=6$

답 ①

07

$\log_2 a_{n+1}-\log_2 a_n=-\frac{1}{2}$에서

$\log_2 \frac{a_{n+1}}{a_n}=\log_2 2^{-\frac{1}{2}}$, $\frac{a_{n+1}}{a_n}=\frac{1}{\sqrt{2}}$

이므로 수열 $\{a_n\}$은 등비수열이고, 이 등비수열의 공비를 r이라 하면

$r=\frac{a_{n+1}}{a_n}=\frac{1}{\sqrt{2}}$

$S_n=\frac{a_1(1-r^n)}{1-r}$이므로 $\frac{S_{2m}}{S_m}=\frac{9}{8}$에서

$\frac{1-r^{2m}}{1-r^m}=\frac{9}{8}$, $\frac{(1-r^m)(1+r^m)}{1-r^m}=\frac{9}{8}$

$1+r^m=\frac{9}{8}$, $r^m=\frac{1}{8}$

즉, $\left(\frac{1}{\sqrt{2}}\right)^m=\frac{1}{2^3}$이므로

$(\sqrt{2})^m=2^3$, $2^{\frac{m}{2}}=2^3$

$\frac{m}{2}=3$, $m=6$

따라서 $m\times\frac{a_{2m}}{a_m}=m\times\frac{a_1r^{2m-1}}{a_1r^{m-1}}=m\times r^m=6\times\frac{1}{8}=\frac{3}{4}$

답 ③

08

$f(x)=-x^3+ax+4$에서 $f'(x)=-3x^2+a$

곡선 $y=f(x)$ 위의 점 $(1, f(1))$에서의 접선의 기울기가 1이므로

$f'(1)=-3+a=1$에서 $a=4$

또 $f(1)=-1+a+4=-1+4+4=7$이므로

$1+b=7$에서 $b=6$

따라서 $a+b=4+6=10$

답 ④

09

$x>0$에서 함수 $y=2\cos\pi x$의 그래프와 x축이 만나는 점의 x좌표는 $2\cos\pi x=0$을 만족시키고, 두 점 Q, R의 x좌표는 각각 이 방정식의 양의 실근 중 가장 작은 값과 두 번째로 작은 값이므로

$\pi x=\frac{\pi}{2}$ 또는 $\pi x=\frac{3}{2}\pi$에서 $x=\frac{1}{2}$ 또는 $x=\frac{3}{2}$

그러므로 $Q\left(\frac{1}{2}, 0\right)$, $R\left(\frac{3}{2}, 0\right)$

$x>0$에서 두 함수 $y=3\tan\pi x$, $y=2\cos\pi x$의 그래프가 만나는 점의 x좌표는 $3\tan\pi x=2\cos\pi x$를 만족시키고, 점 P의 x좌표는 이 방정식의 양의 실근 중 최솟값이다.

$3\tan\pi x=2\cos\pi x$에서 $3\times\frac{\sin\pi x}{\cos\pi x}=2\cos\pi x$

$3\sin\pi x=2\cos^2\pi x$, $3\sin\pi x=2(1-\sin^2\pi x)$

$2\sin^2\pi x+3\sin\pi x-2=0$, $(2\sin\pi x-1)(\sin\pi x+2)=0$

$\sin\pi x+2>0$이므로 $\sin\pi x=\frac{1}{2}$

점 P의 x좌표는 이 방정식의 양의 실근 중 최솟값이므로

$\pi x=\frac{\pi}{6}$에서 $x=\frac{1}{6}$

$x=\frac{1}{6}$을 $y=3\tan\pi x$에 대입하면 $y=3\tan\frac{\pi}{6}=3\times\frac{\sqrt{3}}{3}=\sqrt{3}$

이므로 $P\left(\frac{1}{6}, \sqrt{3}\right)$

따라서 삼각형 PQR의 넓이는

$S=\frac{1}{2}\times\left(\frac{3}{2}-\frac{1}{2}\right)\times\sqrt{3}=\frac{\sqrt{3}}{2}$

답 ③

10

직선 $y=-ax+4$가 x축과 만나는 점의 좌표는 $\left(\frac{4}{a}, 0\right)$이고, y축과 만나는 점의 좌표는 $(0, 4)$이다.

직선 $y=-ax+4$와 x축, y축으로 둘러싸인 부분은 직각삼각형이고 그 넓이는

$\frac{1}{2}\times\frac{4}{a}\times4=\frac{8}{a}$

즉, $S_1+S_2=\frac{8}{a}$ …… ㉠

직선 $y=-ax+4$와 곡선 $y=\frac{a^2}{2}x^2$이 제1사분면에서 만나는 점을 P라 하면

$\frac{a^2}{2}x^2=-ax+4$에서 $a^2x^2+2ax-8=0$, $(ax+4)(ax-2)=0$

$x>0$이고 a는 양수이므로 $x=\frac{2}{a}$이고

$y=-a\times\frac{2}{a}+4=2$이므로 점 P의 좌표는 $\left(\frac{2}{a}, 2\right)$이다.

그러므로

$S_1=\int_0^{\frac{2}{a}}\frac{a^2}{2}x^2dx+\frac{1}{2}\times\left(\frac{4}{a}-\frac{2}{a}\right)\times2$

$=\left[\frac{a^2}{6}x^3\right]_0^{\frac{2}{a}}+\frac{2}{a}$

$=\frac{4}{3a}+\frac{2}{a}=\frac{10}{3a}$ …… ㉡

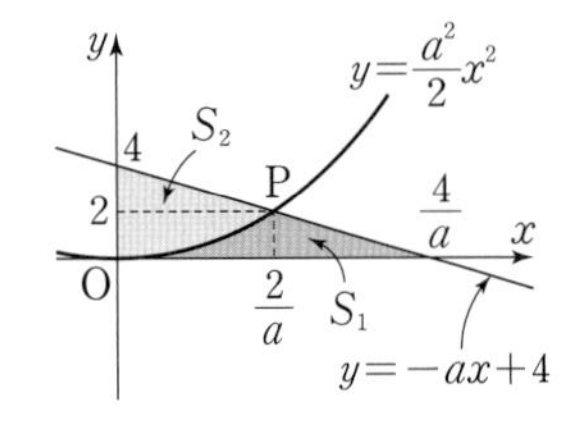

㉡을 ㉠에 대입하면

$\frac{10}{3a}+S_2=\frac{8}{a}$, $S_2=\frac{8}{a}-\frac{10}{3a}=\frac{14}{3a}$

따라서 $S_2-S_1=\frac{14}{3a}-\frac{10}{3a}=\frac{4}{3a}$이므로

$\frac{4}{3a}=\frac{14}{3}$에서 $a=\frac{2}{7}$

답 ②

11

선분 AB가 지름이고 $\overline{AC}=\overline{BC}$이므로 삼각형 ACB는 $\angle ACB=90°$인 직각이등변삼각형이고

$\overline{AB}=4$에서 $\overline{AC}=\overline{BC}=2\sqrt{2}$

원주각의 성질에 의하여 $\angle ADC=\angle ABC=\frac{\pi}{4}$이고

$\angle BDA=\frac{\pi}{2}$이므로 $\angle BDC=\frac{\pi}{4}$

$\overline{BD}=x$라 하면 삼각형 CBD에서 코사인법칙에 의하여

$\overline{BC}^2=\overline{BD}^2+\overline{CD}^2-2\times\overline{BD}\times\overline{CD}\times\cos(\angle BDC)$이므로

$(2\sqrt{2})^2=x^2+3^2-2\times x\times3\times\cos\frac{\pi}{4}$, $x^2-3\sqrt{2}x+1=0$

$\overline{BD}<\overline{BC}$에서 $0<x<2\sqrt{2}$이므로

$x=\frac{3\sqrt{2}-\sqrt{(3\sqrt{2})^2-4}}{2}=\frac{3\sqrt{2}-\sqrt{14}}{2}$

답 ①

다른 풀이

선분 AB가 지름이고 $\overline{AC}=\overline{BC}$이므로 삼각형 ACB는 $\angle ACB=90°$인 직각이등변삼각형이고

$\overline{AB}=4$에서 $\overline{AC}=\overline{BC}=2\sqrt{2}$

삼각형 CBD의 외접원의 반지름의 길이가 2이므로 사인법칙에 의하여

$\frac{\overline{CD}}{\sin(\angle CBD)}=2\times2$

$\frac{3}{\sin(\angle CBD)}=4$, $\sin(\angle CBD)=\frac{3}{4}$

$\overline{AD}>\overline{BD}$에서 $\angle ABD>\frac{\pi}{4}$이고 직각삼각형 ABC에서

$\angle CBA=\frac{\pi}{4}$이므로 $\angle CBD>\frac{\pi}{2}$

$\cos(\angle CBD)<0$이므로

$\cos(\angle CBD)=-\sqrt{1-\sin^2(\angle CBD)}=-\sqrt{1-\left(\frac{3}{4}\right)^2}=-\frac{\sqrt{7}}{4}$

$\overline{BD}=x$라 하면 삼각형 CBD에서 코사인법칙에 의하여

$\overline{CD}^2=\overline{BC}^2+\overline{BD}^2-2\times\overline{BC}\times\overline{BD}\times\cos(\angle CBD)$이므로

$3^2=(2\sqrt{2})^2+x^2-2\times2\sqrt{2}\times x\times\left(-\frac{\sqrt{7}}{4}\right)$, $x^2+\sqrt{14}x-1=0$

$x>0$이므로 $x=\frac{-\sqrt{14}+\sqrt{14+4}}{2}=\frac{3\sqrt{2}-\sqrt{14}}{2}$

12

$f(x)=\left|4\cos\left(\frac{\pi}{2}-\frac{x}{3}\right)+k\right|-5=\left|4\sin\frac{x}{3}+k\right|-5$

$-1\le\sin\frac{x}{3}\le1$이므로 $-4+k\le4\sin\frac{x}{3}+k\le4+k$

$(4+k)-(-4+k)=8$이고 $M-m=7$이므로

$-4+k<0,\ 4+k>0$

즉, $-4<k<4$

이때 함수 $f(x)=\left|4\sin\dfrac{x}{3}+k\right|-5$의 최댓값 M은

$-(-4+k)-5=-k-1$ 또는 $(4+k)-5=k-1$이고,

최솟값 m은 -5이다.

$M-m=7$에서

(i) $M=-k-1$일 때

$M-m=-k-1-(-5)=7$이므로 $k=-3$

(ii) $M=k-1$일 때

$M-m=k-1-(-5)=7$이므로 $k=3$

(i), (ii)에 의하여 구하는 모든 실수 k의 값의 곱은 $-3\times3=-9$

답 ③

13

최고차항의 계수가 3인 이차함수 $f(x)$의 그래프는 조건 (가)에 의하여 직선 $x=2$가 대칭축이므로

$f(x)=3(x-2)^2+a$ (a는 상수)로 놓을 수 있다.

$a\ge0$이면 모든 실수 x에 대하여 $f(x)\ge0$이다. 이때 함수 $y=|f(x)|$의 그래프와 함수 $y=f(x)$의 그래프가 일치하므로 조건 (나)를 만족시킬 수 없다.

즉, 함수 $f(x)$가 조건 (나)를 만족시키기 위해서는 $a<0$이어야 하고, 이때 함수 $y=|f(x)|$의 그래프의 개형은 다음 그림과 같다.

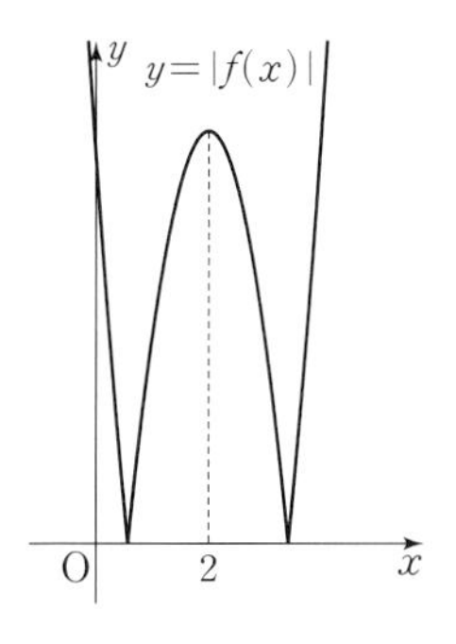

조건 (나)에 의하여 다음 그림과 같이 직선 $y=k$ ($k=1,\ 2,\ \cdots,\ 6$)은 함수 $y=|f(x)|$의 그래프와 서로 다른 네 점에서 만나야 하고, 함수 $y=|f(x)|$의 그래프와 직선 $y=7$은 서로 다른 세 점 또는 서로 다른 두 점에서 만나야 한다.

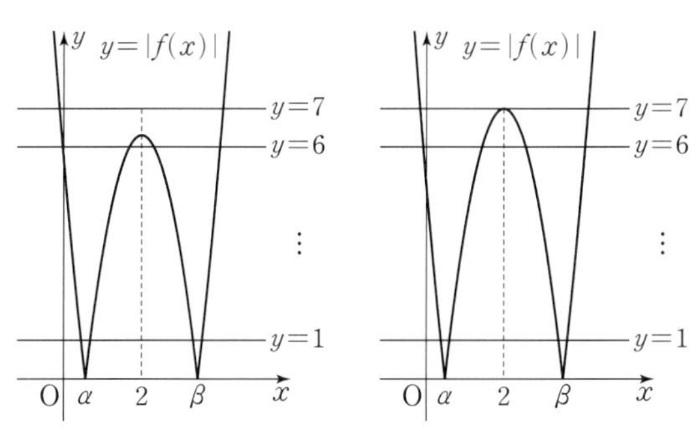

함수 $y=|f(x)|$의 그래프가 x축과 만나는 점의 x좌표를 각각 $\alpha,\ \beta\ (\alpha<\beta)$라 하면

$\alpha<x<\beta$일 때 $|f(x)|=-f(x)$이고 $f(2)=a$이므로

$6<-f(2)\le7$에서 $-7\le a<-6$

한편,

$$g(x)=\int_0^x f(t)\,dt=\int_0^x\{3(t-2)^2+a\}\,dt$$

$$=\int_0^x(3t^2-12t+12+a)\,dt=\Big[t^3-6t^2+(a+12)t\Big]_0^x$$

$$=x^3-6x^2+(a+12)x$$

이므로

$$\int_0^4 g(x)\,dx=\int_0^4\{x^3-6x^2+(a+12)x\}\,dx$$

$$=\left[\frac{1}{4}x^4-2x^3+\frac{a+12}{2}x^2\right]_0^4$$

$$=64-128+8(a+12)=8a+32$$

$-7\le a<-6$이므로 $-24\le 8a+32<-16$

따라서 구하는 최솟값은 -24이다.

답 ③

14

ㄱ. $x\ge0$일 때, $f(x)=-x^2+4x+k=-(x-2)^2+k+4$

함수 $f(x)$는 $x\ge2$에서 감소하므로 $a\ge2$

따라서 양수 a의 최솟값은 2이다. (참)

ㄴ. $k=-2$일 때

$f(x)=\begin{cases}x^2-4x-2 & (x<0)\\ -x^2+4x-2 & (x\ge0)\end{cases}$ 이고 $f(0)=-2,\ f(2)=2$

이므로 함수 $y=|f(x)|$의 그래프는 그림과 같다.

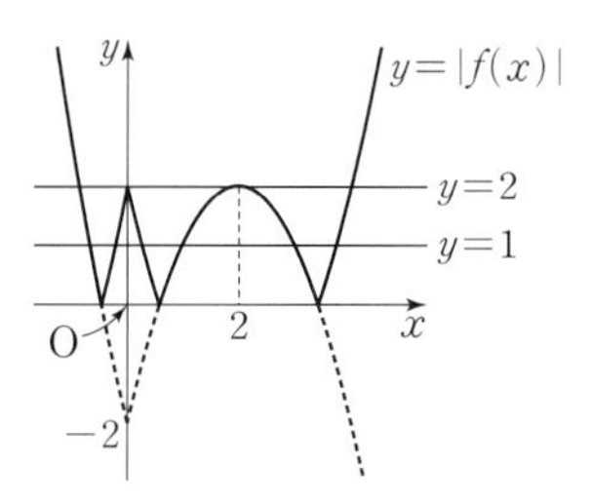

따라서 함수 $y=|f(x)|$의 그래프와 직선 $y=1$이 만나는 점의 개수가 6이므로 $g(1)=6$ (참)

ㄷ. $-4<k<0$일 때, k의 값의 범위에 따라 함수 $y=|f(x)|$의 그래프를 그리고, 함수 $g(t)$와 $g(b)$의 값을 구해 보자.

(i) $-2<k<0$일 때

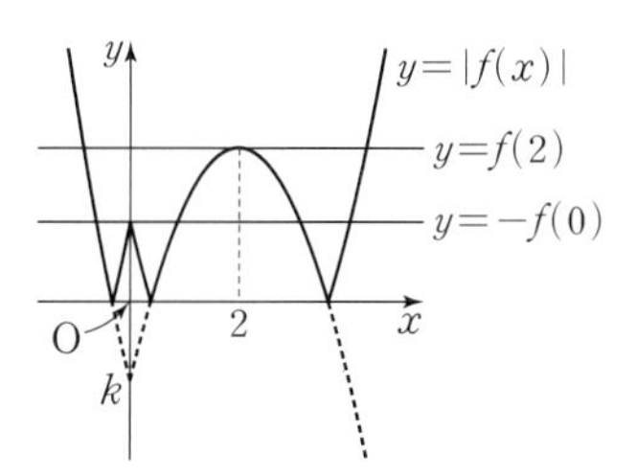

함수 $g(t)$는 다음과 같다.

$$g(t)=\begin{cases}0 & (t<0)\\ 3 & (t=0)\\ 6 & (0<t<-f(0))\\ 5 & (t=-f(0))\\ 4 & (-f(0)<t<f(2))\\ 3 & (t=f(2))\\ 2 & (t>f(2))\end{cases}$$

이때 $\lim_{t\to b-} g(t) > \lim_{t\to b+} g(t)$를 만족시키는 b의 값은

$-f(0)$, $f(2)$이므로

$g(b)=g(-f(0))=5$ 또는 $g(b)=g(f(2))=3$

(ii) $k=-2$일 때

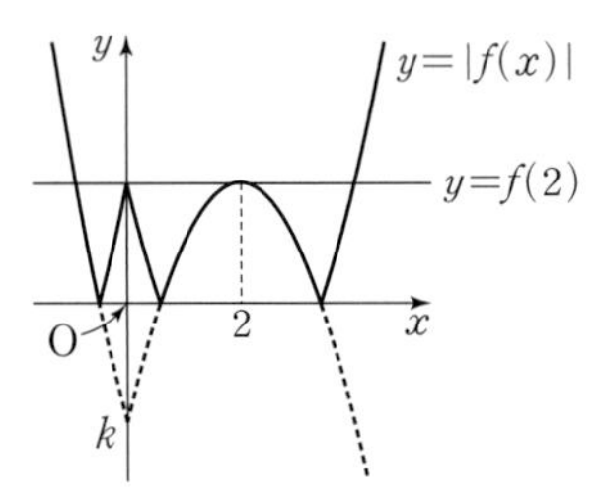

따라서 함수 $g(t)$는 다음과 같다.

$$g(t)=\begin{cases} 0 \ (t<0) \\ 3 \ (t=0) \\ 6 \ (0<t<f(2)) \\ 4 \ (t=f(2)) \\ 2 \ (t>f(2)) \end{cases}$$

이때 $\lim_{t\to b-} g(t) > \lim_{t\to b+} g(t)$를 만족시키는 b의 값은 $f(2)$이므로

$g(b)=g(f(2))=4$

(iii) $-4<k<-2$일 때

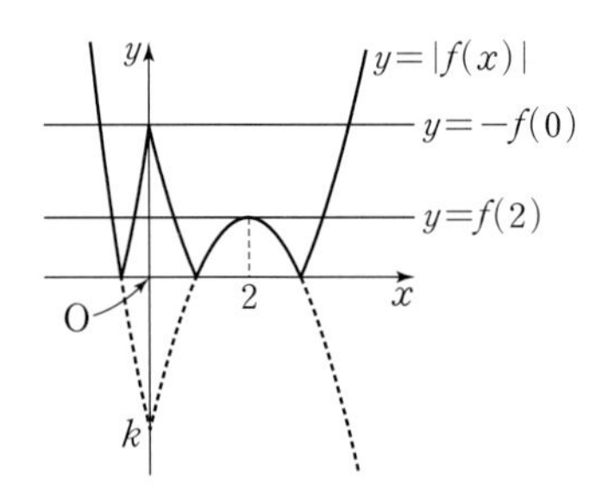

따라서 함수 $g(t)$는 다음과 같다.

$$g(t)=\begin{cases} 0 \ (t<0) \\ 3 \ (t=0) \\ 6 \ (0<t<f(2)) \\ 5 \ (t=f(2)) \\ 4 \ (f(2)<t<-f(0)) \\ 3 \ (t=-f(0)) \\ 2 \ (t>-f(0)) \end{cases}$$

이때 $\lim_{t\to b-} g(t) > \lim_{t\to b+} g(t)$를 만족시키는 b의 값은

$-f(0)$, $f(2)$이므로

$g(b)=g(-f(0))=3$ 또는 $g(b)=g(f(2))=5$

(i), (ii), (iii)에 의하여 모든 $g(b)$의 값의 합은 $3+4+5=12$ (거짓)

이상에서 옳은 것은 ㄱ, ㄴ이다.

답 ②

15

조건 (가)에서 수열 $\{a_n\}$은 등비수열이고 첫째항이 2이므로 공비를 r $(r\neq0)$이라 하면

$a_n=2r^{n-1}$

조건 (나)의 $\sum_{k=1}^{n} \frac{a_{k+1}b_k}{4^k}=2^n+n(n+1)$에 $n=1$을 대입하면

$\frac{a_2b_1}{4}=\frac{2r\times2}{4}=2+1\times2=4$이므로 $r=4$

$a_n=2\times4^{n-1}$이므로

$a_5=2\times4^4=2^9=512$

한편, $\frac{a_{k+1}b_k}{4^k}=\frac{2\times4^k\times b_k}{4^k}=2b_k$이므로

$\sum_{k=1}^{n} \frac{a_{k+1}b_k}{4^k}=2\sum_{k=1}^{n} b_k=2^n+n(n+1)$

즉, $\sum_{k=1}^{n} b_k=2^{n-1}+\frac{n(n+1)}{2}$이므로

$b_{10}=\sum_{k=1}^{10} b_k-\sum_{k=1}^{9} b_k=\left(2^9+\frac{10\times11}{2}\right)-\left(2^8+\frac{9\times10}{2}\right)$

$=2^8\times(2-1)+55-45=266$

따라서 $a_5+b_{10}=512+266=778$

답 ④

16

$2^{x+2}-24=2^x$에서

$4\times2^x-2^x=24$, $3\times2^x=24$, $2^x=8=2^3$

따라서 $x=3$

답 3

17

$f(x)=\int f'(x)\,dx=\int (3x^2+4x+1)\,dx$

$=x^3+2x^2+x+C$ (단, C는 적분상수)

$f(0)=1$에서 $C=1$

따라서 $f(x)=x^3+2x^2+x+1$이므로

$\int_{-3}^{3} f(x)\,dx=\int_{-3}^{3}(x^3+2x^2+x+1)\,dx=2\int_{0}^{3}(2x^2+1)\,dx$

$=2\left[\frac{2}{3}x^3+x\right]_0^3=2\times(18+3)=42$

답 42

18

$\sum_{n=1}^{4}(a_n+b_n)=36$ ...... ㉠

$\sum_{n=1}^{4}(a_n-b_n)=14$ ...... ㉡

㉠+㉡을 하면

$\sum_{n=1}^{4}\{(a_n+b_n)+(a_n-b_n)\}=\sum_{n=1}^{4}2a_n=50$이므로 $\sum_{n=1}^{4}a_n=25$

㉠−㉡을 하면

$\sum_{n=1}^{4}\{(a_n+b_n)-(a_n-b_n)\}=\sum_{n=1}^{4}2b_n=22$이므로 $\sum_{n=1}^{4}b_n=11$

따라서 $\sum_{n=1}^{4}(2a_n+b_n)=2\times\sum_{n=1}^{4}a_n+\sum_{n=1}^{4}b_n=2\times25+11=61$

답 61

19

$y=x^3-3x^2$에서 $y'=3x^2-6x$

곡선 $y=x^3-3x^2$ 위의 점 (t, t^3-3t^2)에서의 접선의 방정식은

$y-(t^3-3t^2)=(3t^2-6t)(x-t)$

이 직선이 점 $(-2, k)$를 지나므로

$k-(t^3-3t^2)=(3t^2-6t)(-2-t)$

$2t^3+3t^2-12t+k=0$ ⋯⋯ ㉠

$g(t)=2t^3+3t^2-12t+k$라 하면

$g'(t)=6t^2+6t-12=6(t+2)(t-1)$

$g'(t)=0$에서 $t=-2$ 또는 $t=1$

함수 $g(t)$의 증가와 감소를 표로 나타내면 다음과 같다.

t	⋯	-2	⋯	1	⋯
$g'(t)$	$+$	0	$-$	0	$+$
$g(t)$	↗	극대	↘	극소	↗

$g(-2)=-16+12+24+k=k+20$

$g(1)=2+3-12+k=k-7$

함수 $g(t)$가 삼차함수이므로 구하는 접선의 개수는 방정식 ㉠의 서로 다른 실근의 개수와 같다.

(i) 서로 다른 세 실근을 갖는 경우

$k+20>0$, $k-7<0$에서 $-20<k<7$

(ii) 서로 다른 두 실근을 갖는 경우

$k=-20$ 또는 $k=7$

(iii) 한 실근을 갖는 경우

$k<-20$ 또는 $k>7$

따라서 자연수 k에 대하여

$$\sum_{k=1}^{20} f(k)=\sum_{k=1}^{6} f(k)+f(7)+\sum_{k=8}^{20} f(k)$$
$$=6\times3+2+(20-8+1)\times1=33$$

답 33

20

두 점 P, Q의 가속도는 각각

$v_1'(t)=4t+2$, $v_2'(t)=2t-2$

시각 $t=k$일 때 점 P의 가속도가 점 Q의 가속도의 3배이므로

$4k+2=3(2k-2)$에서 $2k=8$, $k=4$

즉, $t=4$일 때 점 P의 가속도가 점 Q의 가속도의 3배이다.

$v_1(t)=2t^2+2t=2t(t+1)$이고,

$t\ge0$에서 $v_1(t)\ge0$이므로

점 P가 시각 $t=0$에서 $t=4$까지 움직인 거리는

$$\int_0^4|v_1(t)|\,dt=\int_0^4 v_1(t)\,dt=\int_0^4(2t^2+2t)\,dt$$
$$=\left[\frac{2}{3}t^3+t^2\right]_0^4=\frac{128}{3}+16=\frac{176}{3}$$

한편, $v_2(t)=t^2-2t=t(t-2)$이고,

$0\le t\le2$에서 $v_2(t)\le0$, $2\le t\le4$에서 $v_2(t)\ge0$이므로

점 Q가 시각 $t=0$에서 $t=4$까지 움직인 거리는

$$\int_0^4|v_2(t)|\,dt=\int_0^2\{-v_2(t)\}\,dt+\int_2^4 v_2(t)\,dt$$
$$=\int_0^2(-t^2+2t)\,dt+\int_2^4(t^2-2t)\,dt$$
$$=\left[-\frac{1}{3}t^3+t^2\right]_0^2+\left[\frac{1}{3}t^3-t^2\right]_2^4$$
$$=\left(-\frac{8}{3}+4\right)+\left\{\left(\frac{64}{3}-16\right)-\left(\frac{8}{3}-4\right)\right\}=8$$

따라서 두 점 P, Q가 움직인 거리의 차는

$a=\frac{176}{3}-8=\frac{152}{3}$이므로 $3a=152$

답 152

21

10보다 작은 두 자연수 k, m에 대하여 $f(x)=|2^x-k|+m$에서 함수 $y=f(x)$의 그래프는 그림과 같다.

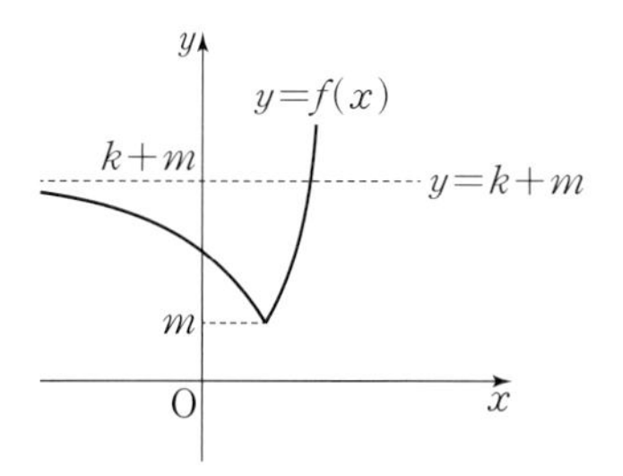

$$g(x)=\left(\log_2\frac{x}{4}\right)^2+2\log_4 x-2=(\log_2 x-\log_2 4)^2+\log_2 x-2$$
$$=(\log_2 x-2)^2+\log_2 x-2=(\log_2 x)^2-3\log_2 x+2$$
$$=(\log_2 x-1)(\log_2 x-2)$$

방정식 $(g\circ f)(x)=g(f(x))=0$에서

$\log_2 f(x)=1$ 또는 $\log_2 f(x)=2$

$f(x)=2$ 또는 $f(x)=2^2=4$

(i) x에 대한 방정식 $(g\circ f)(x)=0$이 1개의 실근을 가지려면 함수 $y=f(x)$의 그래프가 직선 $y=2$ 또는 직선 $y=4$와 만나는 점이 1개가 되어야 한다.

그런데 직선 $y=2$가 함수 $y=f(x)$의 그래프와 만나면 직선 $y=4$도 함수 $y=f(x)$의 그래프와 만나므로 방정식 $(g\circ f)(x)=0$은 2개 이상의 실근을 갖는다.

즉, 방정식 $(g\circ f)(x)=0$이 1개의 실근을 가지려면 $m=4$이거나 $m>2$이고 $k+m\le4$이어야 한다.

① $m=4$인 경우

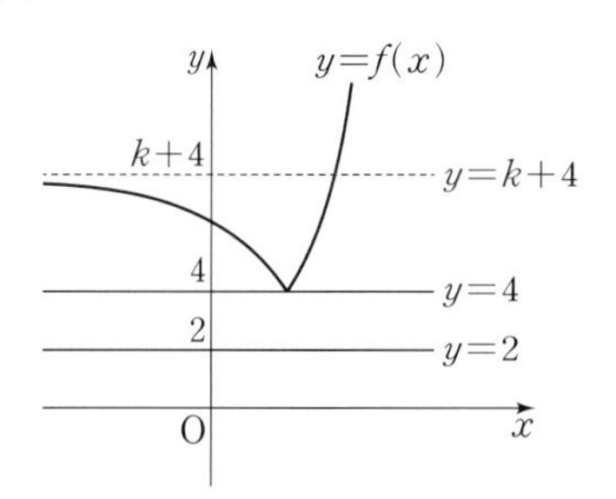

순서쌍 (k, m)은 $(1, 4)$, $(2, 4)$, $(3, 4)$, ⋯, $(9, 4)$이고, 그 개수는 9이다.

② $m>2$이고 $k+m\le4$인 경우

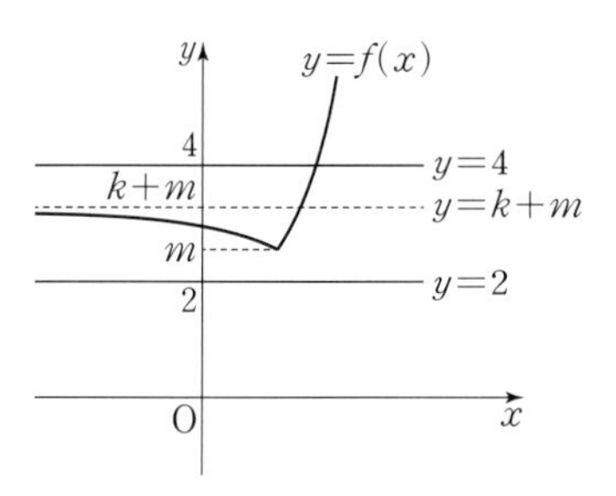

순서쌍 (k, m)은 $(1, 3)$이고, 그 개수는 1이다.

①, ②에서 구하는 순서쌍 (k, m)의 개수는 $9+1=10$이므로

$a_1=10$

(ii) x에 대한 방정식 $(g \circ f)(x)=0$이 3개의 실근을 가지려면 함수 $y=f(x)$의 그래프가 직선 $y=2$ 또는 $y=4$와 만나는 점이 3개가 되어야 한다.

① $m=2$일 때

직선 $y=2$와 함수 $y=f(x)$의 그래프는 한 점에서만 만난다.

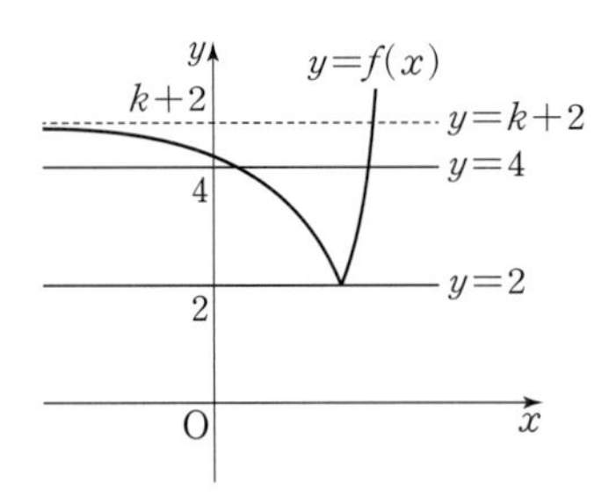

함수 $y=f(x)$의 그래프와 직선 $y=4$가 서로 다른 두 점에서 만나야 하므로

$k+2>4$에서 $k>2$

따라서 순서쌍 (k, m)은 $(3, 2)$, $(4, 2)$, $(5, 2)$, $\cdots$, $(9, 2)$이고, 그 개수는 7이다.

② $m \neq 2$일 때

조건을 만족시키려면 함수 $y=f(x)$의 그래프와 직선 $y=2$가 서로 다른 두 점에서 만나고, 함수 $y=f(x)$의 그래프와 직선 $y=4$는 한 점에서만 만나야 하므로 함수 $y=f(x)$의 그래프는 다음과 같다.

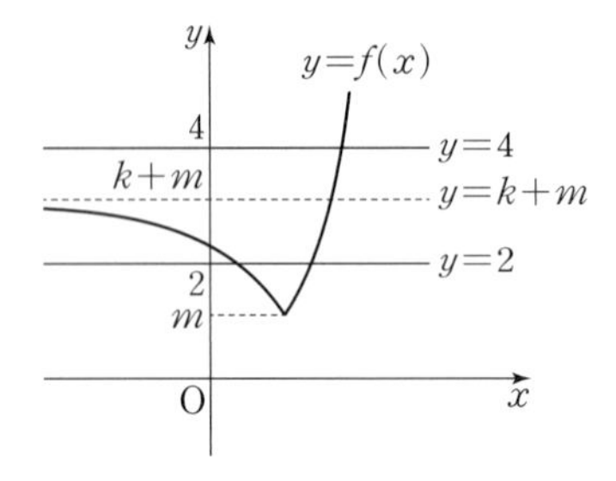

이때 $m<2$, $2<k+m \leq 4$이므로

$m=1$, $1<k \leq 3$

따라서 순서쌍 (k, m)은 $(2, 1)$, $(3, 1)$이고, 그 개수는 2이다.

①, ②에서 구하는 순서쌍 (k, m)의 개수는 $7+2=9$이므로

$a_3=9$

(i), (ii)에서 $a_1+a_3=10+9=19$

답 19

참고

(i)에서 순서쌍 (k, m)이 $(1, 4)$, $(1, 3)$인 경우 함수 $y=f(x)$의 그래프는 다음과 같다.

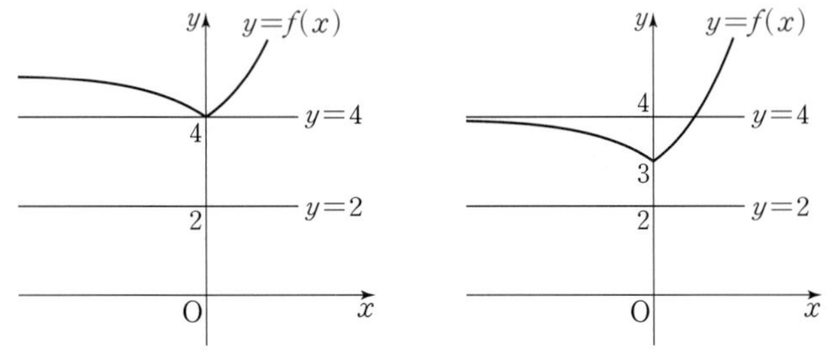

[순서쌍 (k, m)이 $(1, 4)$인 경우] [순서쌍 (k, m)이 $(1, 3)$인 경우]

22

$f(x)=ax^4+bx^3+cx^2+dx+e$ (a, b, c, d, e는 상수, $a \neq 0$)이라 하면 조건 (가)에서 $\lim_{x \to \infty} \frac{f(x)}{x^4}=\frac{1}{2}$이므로 $a=\frac{1}{2}$

$\lim_{x \to 0} \frac{f(x)}{2x^2}=\frac{1}{2}$에서 $x \to 0$일 때 (분모)$\to 0$이고 극한값이 존재하므로 (분자)$\to 0$이어야 한다.

즉, $\lim_{x \to 0} f(x)=f(0)=0$이므로 $e=0$

$$\lim_{x \to 0} \frac{f(x)}{2x^2}=\lim_{x \to 0} \frac{\frac{1}{2}x^4+bx^3+cx^2+dx}{2x^2}$$
$$=\frac{1}{2} \times \lim_{x \to 0} \left(\frac{1}{2}x^2+bx+c+\frac{d}{x}\right)=\frac{1}{2}$$

이므로 $c=1$, $d=0$

그러므로 $f(x)=\frac{1}{2}x^4+bx^3+x^2$이다.

조건 (나)에서 $0<x_1<x_2$인 임의의 두 실수 x_1, x_2에 대하여

$f(x_1)+{x_1}^2<f(x_2)+{x_2}^2$이므로 $g(x)=f(x)+x^2$이라 하면

함수 $g(x)$는 열린구간 $(0, \infty)$에서 증가하는 함수이다.

함수 $g(x)$가 열린구간 $(0, \infty)$에서 증가하기 위한 필요조건은 $x>0$일 때 $g'(x) \geq 0$이다.

$g'(x)=f'(x)+2x=2x^3+3bx^2+2x+2x=x(2x^2+3bx+4)$

에서 $x>0$이므로 $2x^2+3bx+4 \geq 0$

$h(x)=2x^2+3bx+4$라 하면 $x>0$일 때 이차부등식 $h(x) \geq 0$이 성립하기 위해서는 $x>0$일 때 이차함수 $y=h(x)$의 그래프가 x축과 접하거나 x축보다 위쪽에 있어야 한다.

(i) $b>0$일 때

이차함수 $y=h(x)$의 그래프의 축의 방정식은 $x=-\frac{3}{4}b<0$이고 $h(0)=4>0$이므로 $x>0$일 때 $h(x)>0$이 성립한다.

(ii) $b<0$일 때

이차함수 $y=h(x)$의 그래프의 축의 방정식은 $x=-\frac{3}{4}b>0$이므로 $x>0$일 때 함수 $h(x)$의 최솟값이 0보다 크거나 같아야 한다.

즉, $h\left(-\frac{3}{4}b\right)=4-\frac{9}{8}b^2 \geq 0$에서 $b^2 \leq \frac{32}{9}$이므로 $-\frac{4\sqrt{2}}{3} \leq b<0$

이때 $-\frac{4\sqrt{2}}{3}<b<0$이면 함수 $h(x)$의 최솟값이 0보다 크므로 $x>0$일 때 $h(x)>0$이다. 또한 $b=-\frac{4\sqrt{2}}{3}$이면 $x=\sqrt{2}$에서만 $h(x)=0$이고, $x=\sqrt{2}$를 제외한 모든 실수 x에서 $h(x)>0$이다.

(iii) $b=0$일 때

$h(x)=2x^2+4$이므로 $x>0$일 때 $h(x)>0$이 성립한다.

(i), (ii), (iii)에 의하여 $b=-\frac{4\sqrt{2}}{3}$일 때 $x=\sqrt{2}$에서만 $g'(x)=0$이고 $x=\sqrt{2}$를 제외한 모든 양의 실수 x에서 $g'(x)>0$이므로 $x>0$일 때 함수 $g(x)$가 증가한다. 그러므로 함수 $g(x)$가 $x>0$일 때 증가하기 위한 필요충분조건은 $b \geq -\frac{4\sqrt{2}}{3}$이다.

$f(\sqrt{2})=4+2\sqrt{2}b \geq 4+2\sqrt{2} \times \left(-\frac{4\sqrt{2}}{3}\right)=-\frac{4}{3}$

따라서 $f(\sqrt{2})$의 최솟값은 $m=-\frac{4}{3}$이므로 $9m^2=9 \times \left(-\frac{4}{3}\right)^2=16$

답 16

23

다항식 $(x+1)(2x+1)^7$의 전개식에서 x^3항은

$(x+1)$의 x와 $(2x+1)^7$의 전개식에서 x^2항을 곱한 경우와

$(x+1)$의 1과 $(2x+1)^7$의 전개식에서 x^3항을 곱한 경우가 있다.

다항식 $(2x+1)^7$의 전개식에서 x^2항은

${}_7C_2\times(2x)^2\times1^5=21\times4\times x^2=84x^2$

다항식 $(2x+1)^7$의 전개식에서 x^3항은

${}_7C_3\times(2x)^3\times1^4=35\times8\times x^3=280x^3$

따라서 구하는 x^3의 계수는

$84+280=364$

답 ③

24

백의 자리에 올 짝수와 일의 자리에 올 짝수를 선택하여 나열하는 경우의 수는 서로 다른 3개의 짝수 중에서 중복을 허락하여 2개를 선택하여 나열하는 경우의 수와 같으므로

${}_3\Pi_2=3\times3=9$

천의 자리와 십의 자리에 올 숫자를 선택하여 나열하는 경우의 수는

${}_6\Pi_2=6\times6=36$

따라서 구하는 자연수의 개수는

$9\times36=324$

답 ③

25

10장의 카드가 들어 있는 주머니에서 4장의 카드를 동시에 꺼내는 경우의 수는

${}_{10}C_4=210$

이 시행에서 꺼낸 카드에 적혀 있는 수의 최댓값이 8 이상인 사건을 A라 하자.

꺼낸 카드에 적혀 있는 수의 최댓값이 8 이상이 아닌 경우는 7 이하가 적혀 있는 7장의 카드 중에서 4장을 꺼내는 경우이므로 이 경우의 수는

${}_7C_4={}_7C_3=35$

그러므로 $P(A^C)=\frac{35}{210}=\frac{1}{6}$

따라서 구하는 확률은

$P(A)=1-P(A^C)=1-\frac{1}{6}=\frac{5}{6}$

답 ⑤

26

임의로 선택한 1명이 A 회사를 선호하는 회원인 사건을 A, 흰색을 선호하는 회원인 사건을 B라 하면

$P(A)=\frac{13}{25}$, $P(B)=\frac{11}{25}$

또한 A 회사와 흰색을 선호하는 회원인 사건은 $A\cap B$이고

$P(A\cap B)=\frac{3}{25}$

따라서 구하는 확률은 $P(A\cup B)$이므로 확률의 덧셈정리에 의하여

$P(A\cup B)=P(A)+P(B)-P(A\cap B)$

$=\frac{13}{25}+\frac{11}{25}-\frac{3}{25}=\frac{21}{25}$

답 ⑤

27

모표준편차가 σ인 정규분포를 따르는 모집단에서 임의추출한 크기가 9인 표본의 표본평균의 값을 $\overline{x_1}$라 하면 m에 대한 신뢰도 99 %의 신뢰구간은

$\overline{x_1}-2.58\times\frac{\sigma}{\sqrt{9}}\le m\le\overline{x_1}+2.58\times\frac{\sigma}{\sqrt{9}}$

이므로 $b-a=2\times2.58\times\frac{\sigma}{3}$

같은 모집단에서 임의추출한 크기가 n인 표본의 표본평균의 값을 $\overline{x_2}$라 하면 m에 대한 신뢰도 95 %의 신뢰구간은

$\overline{x_2}-1.96\times\frac{\sigma}{\sqrt{n}}\le m\le\overline{x_2}+1.96\times\frac{\sigma}{\sqrt{n}}$

이므로 $d-c=2\times1.96\times\frac{\sigma}{\sqrt{n}}$

$\frac{b-a}{d-c}\ge4.3$에서 $b-a\ge4.3(d-c)$

$2\times2.58\times\frac{\sigma}{3}\ge4.3\times2\times1.96\times\frac{\sigma}{\sqrt{n}}$

$\sqrt{n}\ge\frac{4.3\times1.96\times3}{2.58}$

$n\ge9.8^2=96.04$

따라서 자연수 n의 최솟값은 97이다.

답 ④

28

확률밀도함수 $f(x)$는 $x=m_1$일 때 최대이므로 모든 실수 x에 대하여 $f(x)\le f(m_1)$이고, 확률밀도함수 $g(x)$는 $x=m_2$일 때 최대이므로 모든 실수 x에 대하여 $g(x)\le g(m_2)$이다.

또 두 확률변수 X, Y의 표준편차가 같으므로 $f(m_1)=g(m_2)$이다.

따라서 조건 (가)에 의하여 $m_2=20$이고

조건 (나)에 의하여 $\frac{m_1+m_2}{2}=16$에서 $m_1=12$이다.

두 확률밀도함수 $f(x)$, $g(x)$의 그래프를 그리면 그림과 같다.

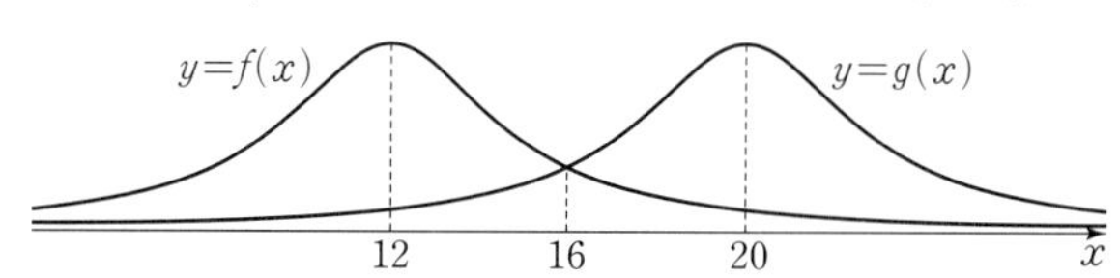

즉, 확률변수 X는 정규분포 $N(12, 4^2)$을 따르고, 확률변수 Y는 정규분포 $N(20, 4^2)$을 따른다.

한편, 확률변수 $Z=\frac{X-m}{\sigma}$은 표준정규분포 $N(1, 0)$을 따르므로

$P(X\le10)+P(Y\ge22)$

$=P\left(Z\le\frac{10-12}{4}\right)+P\left(Z\ge\frac{22-20}{4}\right)$

$=P(Z\le-0.5)+P(Z\ge0.5)$

$=2\mathrm{P}(Z \geq 0.5)$
$=2 \times \{0.5-\mathrm{P}(0 \leq Z \leq 0.5)\}$
$=2 \times (0.5-0.1915)$
$=0.6170$

답 ⑤

29

두 주머니에서 서로 다른 색의 공을 꺼내는 사건을 E, 받은 점수가 6의 배수인 사건을 F라 하면 구하는 확률은 $\mathrm{P}(E|F)$이다.

(i) 두 주머니에서 서로 다른 색의 공을 꺼낼 확률은

$\mathrm{P}(E)=\frac{2}{6}\times\frac{3}{6}+\frac{4}{6}\times\frac{3}{6}=\frac{1}{6}+\frac{1}{3}=\frac{1}{2}$

주사위를 1번 던질 때 나오는 모든 경우의 수는 6이고, 나온 눈의 수에 3을 곱한 값이 6의 배수가 되는 경우는

3×2, 3×4, 3×6

이므로 이 경우의 수는 3이다.

그러므로 $\mathrm{P}(F|E)=\frac{3}{6}=\frac{1}{2}$

(ii) 두 주머니에서 서로 같은 색의 공을 꺼낼 확률은

$\mathrm{P}(E^C)=1-\mathrm{P}(E)=1-\frac{1}{2}=\frac{1}{2}$

주사위를 2번 던질 때 나오는 모든 경우의 수는 6^2이고, 나온 눈의 수를 차례로 a, b라 할 때 ab가 6의 배수가 되는 순서쌍 (a, b)는

① 주사위에서 나온 눈의 수에 6이 있는 경우

$(6, 1)$, $(6, 2)$, $(6, 3)$, $(6, 4)$, $(6, 5)$, $(6, 6)$,
$(1, 6)$, $(2, 6)$, $(3, 6)$, $(4, 6)$, $(5, 6)$

의 11가지이다.

② 주사위에서 나온 눈의 수에 6이 없는 경우

$(2, 3)$, $(3, 2)$, $(3, 4)$, $(4, 3)$

의 4가지이다.

①, ②에서

$\mathrm{P}(F|E^C)=\frac{11+4}{6^2}=\frac{15}{6^2}=\frac{5}{12}$

(i), (ii)에서

$\mathrm{P}(E\cap F)=\mathrm{P}(E)\mathrm{P}(F|E)=\frac{1}{2}\times\frac{1}{2}=\frac{1}{4}$

$\mathrm{P}(F)=\mathrm{P}(E\cap F)+\mathrm{P}(E^C\cap F)$
$=\mathrm{P}(E)\mathrm{P}(F|E)+\mathrm{P}(E^C)\mathrm{P}(F|E^C)$
$=\frac{1}{2}\times\frac{1}{2}+\frac{1}{2}\times\frac{5}{12}=\frac{11}{24}$

이므로 구하는 확률은

$\mathrm{P}(E|F)=\frac{\mathrm{P}(E\cap F)}{\mathrm{P}(F)}=\frac{\frac{1}{4}}{\frac{11}{24}}=\frac{6}{11}$

따라서 $p=11$, $q=6$이므로 $p+q=11+6=17$

답 17

30

네 명의 학생 A, B, C, D가 받은 과일의 개수를 각각 a, b, c, d (a, b, c, d는 자연수)라 하면

$a+b+c+d=12$ ...... ㉠

이때 받은 사과의 개수와 배의 개수가 같은 학생이 단 한 명이 되도록 모든 과일을 남김없이 나누어주는 경우는 다음과 같다.

(i) 네 명의 학생 중 한 명이 사과와 배를 각각 2개씩 받은 경우

네 명의 학생 중 2개의 사과를 받을 학생을 선택하는 경우의 수는

${}_4\mathrm{C}_1=4$

이때 2개의 사과를 받은 학생이 A이면 A가 받은 배의 개수도 2이므로 $a=4$

㉠에서 $b+c+d=8$ (b, c, d는 자연수)이므로

$b'+1=b$, $c'+1=c$, $d'+1=d$라 하면 b', c', d'은 음이 아닌 정수이고

$(b'+1)+(c'+1)+(d'+1)=8$

즉, $b'+c'+d'=5$이므로 이를 만족시키는 음이 아닌 정수 b', c', d'의 순서쌍 (b', c', d')의 개수는

${}_3\mathrm{H}_5={}_7\mathrm{C}_5={}_7\mathrm{C}_2=21$

따라서 사과와 배를 각각 2개씩 받은 학생이 한 명이 되도록 나누어주는 경우의 수는

$4\times 21=84$

(ii) 네 명의 학생 중 한 명만 사과와 배를 각각 한 개씩 받은 경우

네 명의 학생 중 사과를 한 개씩 받을 2명의 학생을 선택하는 경우의 수는

${}_4\mathrm{C}_2=6$

사과를 한 개씩 받은 학생이 A, B이면 A, B 중 배를 한 개만 받을 학생을 선택하는 경우의 수는

${}_2\mathrm{C}_1=2$

이때 사과와 배를 각각 한 개씩 받은 학생이 A이면 $a=2$이다.

또 B가 받은 배의 개수를 b'이라 하면 $b=b'+1$이고 b'은 음이 아닌 정수이다.

㉠에서 $(b'+1)+c+d=10$, 즉 $b'+c+d=9$ (c, d는 자연수)이므로 $c'+1=c$, $d'+1=d$라 하면 c', d'은 음이 아닌 정수이고

$b'+(c'+1)+(d'+1)=9$

즉, $b'+c'+d'=7$이므로 이를 만족시키는 음이 아닌 정수 b', c', d'의 순서쌍 (b', c', d')의 개수는

${}_3\mathrm{H}_7={}_9\mathrm{C}_7={}_9\mathrm{C}_2=36$

그런데 B가 받은 배의 개수는 1이 아니어야 하므로 위에서 구한 경우에서 $b'=1$인 경우를 제외해야 한다.

즉, $b'=1$이면 $c'+d'=6$이므로 이를 만족시키는 음이 아닌 정수 c', d'의 순서쌍 (c', d')의 개수는

${}_2\mathrm{H}_6={}_7\mathrm{C}_6={}_7\mathrm{C}_1=7$

따라서 사과와 배를 각각 한 개씩 받은 학생이 단 한 명이 되도록 나누어주는 경우의 수는

$6\times 2\times(36-7)=348$

(i), (ii)에 의하여 구하는 경우의 수는

$84+348=432$

답 432

실전 모의고사 5회

본문 154~165쪽

01 ④	02 ①	03 ⑤	04 ②	05 ①
06 ③	07 ④	08 ③	09 ⑤	10 ⑤
11 ①	12 ⑤	13 ②	14 ③	15 ②
16 2	17 25	18 100	19 8	20 24
21 36	22 10	23 ②	24 ④	25 ④
26 ①	27 ③	28 ⑤	29 19	30 254

01

$\sqrt[4]{27}\times\left(\frac{1}{3}\right)^{-\frac{1}{4}}=3^{\frac{3}{4}}\times3^{\frac{1}{4}}=3^{\frac{3}{4}+\frac{1}{4}}=3$

답 ④

02

$\lim_{x\to\infty}\frac{\sqrt{4x^2+x}-\sqrt{x^2+2x}}{3x}=\lim_{x\to\infty}\frac{\sqrt{4+\frac{1}{x}}-\sqrt{1+\frac{2}{x}}}{3}=\frac{2-1}{3}=\frac{1}{3}$

답 ①

03

등차수열 $\{a_n\}$의 공차를 d라 하면

$a_3=a_5-2d$, $a_7=a_5+2d$이므로 $a_3+a_7=2a_5$

$a_3+a_7=a_5+a_6-2$이므로

$2a_5=a_5+a_6-2$에서 $a_6=a_5+2$

따라서 $d=2$이므로

$a_{20}=3+19\times2=41$

답 ⑤

04

$f(x)=|x^2-2x|=\begin{cases}x^2-2x & (x\le0 \text{ 또는 } x\ge2)\\ -x^2+2x & (0<x<2)\end{cases}$ 이므로

$\lim_{x\to0+}\frac{f(x)}{x}\times\lim_{x\to2+}\frac{f(x)}{x-2}=\lim_{x\to0+}\frac{-x^2+2x}{x}\times\lim_{x\to2+}\frac{x^2-2x}{x-2}$

$=\lim_{x\to0+}(-x+2)\times\lim_{x\to2+}x$

$=2\times2=4$

답 ②

05

$\sin(\pi+\theta)\tan\left(\frac{\pi}{2}+\theta\right)=(-\sin\theta)\times\left(-\frac{1}{\tan\theta}\right)$

$=\sin\theta\times\frac{\cos\theta}{\sin\theta}=\cos\theta$

이므로 $\cos\theta=\frac{5}{13}$

$\frac{3}{2}\pi<\theta<2\pi$일 때, $\sin\theta<0$이므로

$\sin\theta=-\sqrt{1-\cos^2\theta}=-\sqrt{1-\left(\frac{5}{13}\right)^2}=-\frac{12}{13}$

답 ①

06

$f(x)=-\frac{1}{3}x^3+x^2+ax+2$에서

$f'(x)=-x^2+2x+a$

함수 $f(x)$가 $x=-1$에서 극소이므로

$f'(-1)=0$에서 $-1-2+a=0$, $a=3$

즉, $f(x)=-\frac{1}{3}x^3+x^2+3x+2$이고

$f'(x)=-x^2+2x+3=-(x+1)(x-3)$

$f'(x)=0$에서 $x=-1$ 또는 $x=3$

함수 $f(x)$의 증가와 감소를 표로 나타내면 다음과 같다.

x	$\cdots$	-1	$\cdots$	3	$\cdots$
$f'(x)$	$-$	0	$+$	0	$-$
$f(x)$	↘	극소	↗	극대	↘

따라서 함수 $f(x)$는 $x=3$에서 극대이므로 극댓값은

$f(3)=-9+9+9+2=11$

답 ③

07

등비수열 $\{a_n\}$의 첫째항을 a, 공비를 r이라 하면

$\sum_{k=1}^{3}a_k=a_1+a_2+a_3=a+ar+ar^2=a(1+r+r^2)$이므로

$a(1+r+r^2)=\frac{7}{2}$ $\cdots\cdots$ ㉠

$\sum_{k=1}^{3}(2a_{k+1}-a_k)=\sum_{k=1}^{3}2a_{k+1}-\sum_{k=1}^{3}a_k$

$=2\sum_{k=1}^{3}a_{k+1}-\frac{7}{2}=\frac{21}{2}$

에서 $\sum_{k=1}^{3}a_{k+1}=7$

$\sum_{k=1}^{3}a_{k+1}=a_2+a_3+a_4=ar+ar^2+ar^3=ar(1+r+r^2)$이므로

$ar(1+r+r^2)=7$ $\cdots\cdots$ ㉡

㉠, ㉡을 연립하여 풀면

$a=\frac{1}{2}$, $r=2$

따라서 $a_6=\frac{1}{2}\times2^5=16$

답 ④

08

점 $(-1, 4)$가 곡선 $y=f(x)$ 위의 점이므로 $f(-1)=4$에서

$1+a+1+4=4$, $a=-2$

즉, $f(x)=x^4-2x^2-x+4$이고, $f'(x)=4x^3-4x-1$

이때 $f'(-1)=-1$이므로 곡선 $y=f(x)$ 위의 점 $(-1, 4)$에서의 접선 l의 방정식은

$y-4=-\{x-(-1)\}$, $y=-x+3$

곡선 $y=f(x)$와 직선 l이 만나는 점의 x좌표는

$x^4-2x^2-x+4=-x+3$에서 $x^4-2x^2+1=0$

$(x+1)^2(x-1)^2=0$, $x=-1$ 또는 $x=1$

이때 $f(1)=2$, $f'(1)=-1$이므로 곡선 $y=f(x)$ 위의 점 $(1, 2)$에서의 접선도 l임을 알 수 있다.

따라서 곡선 $y=f(x)$와 직선 l은 그림과 같으므로 구하는 넓이는

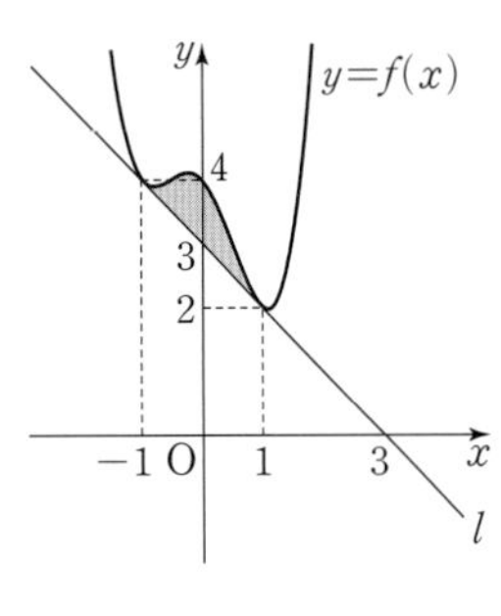

$$\int_{-1}^{1}\{(x^4-2x^2-x+4)-(-x+3)\}\,dx$$

$$=\int_{-1}^{1}(x^4-2x^2+1)\,dx$$

$$=2\int_{0}^{1}(x^4-2x^2+1)\,dx$$

$$=2\left[\frac{1}{5}x^5-\frac{2}{3}x^3+x\right]_0^1$$

$$=2\times\frac{8}{15}=\frac{16}{15}$$

답 ③

09

함수 $f(x)=a\sin\pi x+b$의 주기는 $\frac{2\pi}{\pi}=2$이고 최댓값은 $|a|+b$, 최솟값은 $-|a|+b$이다.

(i) $a>0$인 경우

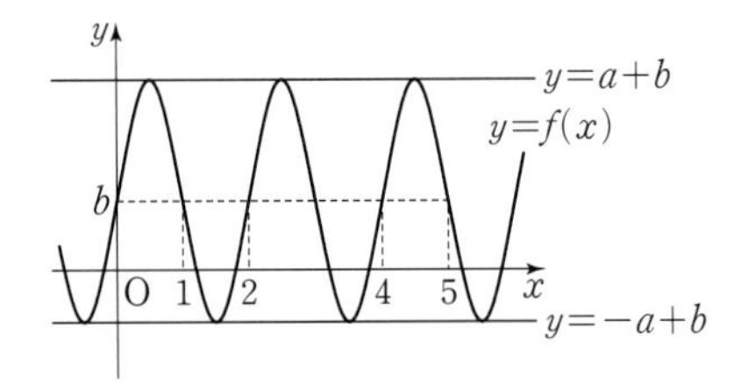

닫힌구간 $[1,\ 2]$에서 함수 $f(x)$의 최솟값은 $-a+b$이고,
닫힌구간 $[4,\ 5]$에서 함수 $f(x)$의 최댓값은 $a+b$이다.
이때 닫힌구간 $[1,\ 2]$에서 함수 $f(x)$의 최솟값과 닫힌구간 $[4,\ 5]$에서 함수 $f(x)$의 최댓값이 모두 2이므로
$-a+b=a+b=2$
즉, $a=0$이므로 $a>0$이라는 조건을 만족시키지 않는다.

(ii) $a<0$인 경우

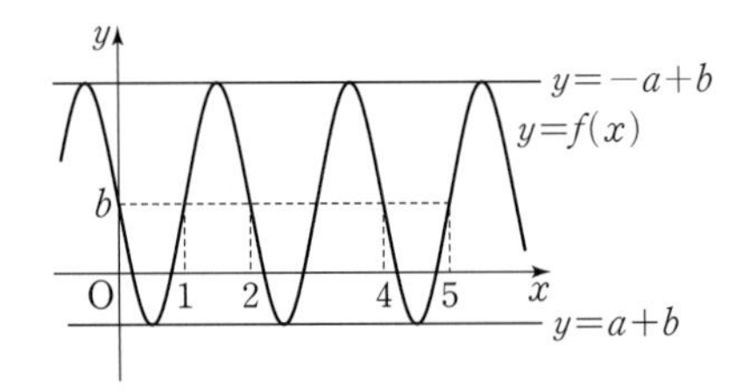

닫힌구간 $[1,\ 2]$에서 함수 $f(x)$의 최솟값은 b이고,
닫힌구간 $[4,\ 5]$에서 함수 $f(x)$의 최댓값은 b이다.
이때 닫힌구간 $[1,\ 2]$에서 함수 $f(x)$의 최솟값과 닫힌구간 $[4,\ 5]$에서 함수 $f(x)$의 최댓값이 모두 2이므로
$b=2$

(i), (ii)에 의하여 $a<0$, $b=2$

닫힌구간 $\left[\frac{1}{3},\ \frac{1}{2}\right]$에서 함수 $f(x)=a\sin\pi x+2$는 $x=\frac{1}{3}$일 때 최댓값 -1을 가지므로

$$f\left(\frac{1}{3}\right)=a\sin\frac{\pi}{3}+2=\frac{\sqrt{3}}{2}a+2=-1$$

$$a=\frac{2}{\sqrt{3}}\times(-3)=-2\sqrt{3}$$

따라서

$$f\left(\frac{b^4}{a^2}\right)=f\left(\frac{4}{3}\right)=-2\sqrt{3}\sin\frac{4}{3}\pi+2=-2\sqrt{3}\times\left(-\frac{\sqrt{3}}{2}\right)+2=5$$

답 ⑤

10

$f(x)=x^3-3x^2+a\int_{-1}^{2}|f'(t)|\,dt$에서

$\int_{-1}^{2}|f'(t)|\,dt=k$ (k는 상수)로 놓으면

$f(x)=x^3-3x^2+ak$

$f'(x)=3x^2-6x=3x(x-2)$

$f'(x)=0$에서 $x=0$ 또는 $x=2$

즉, $-1\le x\le 0$에서 $f'(x)\ge 0$이고, $0\le x\le 2$에서 $f'(x)\le 0$이므로

$$k=\int_{-1}^{2}|f'(t)|\,dt=\int_{-1}^{0}f'(t)\,dt+\int_{0}^{2}\{-f'(t)\}\,dt$$

$$=\int_{-1}^{0}(3t^2-6t)\,dt+\int_{0}^{2}(-3t^2+6t)\,dt$$

$$=\left[t^3-3t^2\right]_{-1}^{0}+\left[-t^3+3t^2\right]_0^2=4+4=8$$

즉, $f(x)=x^3-3x^2+8a$이고 함수 $f(x)$의 증가와 감소를 표로 나타내면 다음과 같다.

x	$\cdots$	0	$\cdots$	2	$\cdots$
$f'(x)$	+	0	−	0	+
$f(x)$	↗	극대	↘	극소	↗

함수 $y=f(x)$의 그래프는 그림과 같고, $x\ge 0$일 때 함수 $f(x)$는 $x=2$에서 극소인 동시에 최소이므로 $x\ge 0$인 모든 실수 x에 대하여 $f(x)\ge 0$이 성립하려면 $f(2)\ge 0$이어야 한다.

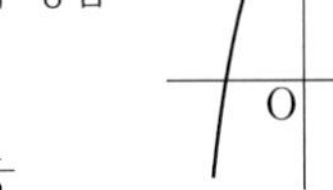

즉, $f(2)=8a-4\ge 0$에서 $a\ge\frac{1}{2}$

따라서 실수 a의 최솟값은 $\frac{1}{2}$이다.

답 ⑤

11

$|x+2|-1=m$에서 $|x+2|=m+1$

$x=m-1$ 또는 $x=-m-3$

$m>1$이므로 $m-1>-m-3$

그러므로 $f(m)=m-1$, $g(m)=-m-3$

$f(m)$의 제곱근 중 음수인 것은 $-\sqrt{f(m)}=-\sqrt{m-1}$

$g(m)$의 세제곱근 중 실수인 것은 $\sqrt[3]{g(m)}=\sqrt[3]{-m-3}$

$f(m)$의 제곱근 중 음수인 것의 값과 $g(m)$의 세제곱근 중 실수인 것의 값이 같으므로

$-\sqrt{m-1}=\sqrt[3]{-m-3}$, $\sqrt{m-1}=\sqrt[3]{m+3}$

양변을 여섯제곱하면

$(m-1)^3=(m+3)^2$, $m^3-3m^2+3m-1=m^2+6m+9$

$m^3-4m^2-3m-10=0$, $(m-5)(m^2+m+2)=0$

$m^2+m+2=\left(m+\frac{1}{2}\right)^2+\frac{7}{4}>0$이므로 $m=5$

따라서 $f(m)\times g(m)=f(5)\times g(5)=4\times(-8)=-32$

답 ①

12

$h(t)=f(|t|)$라 하면 모든 실수 t에 대하여 $h(-t)=h(t)$이므로

$g(x)=\int_{-x}^{x} f(|t|)\,dt=\int_{-x}^{x} h(t)\,dt=2\int_{0}^{x} h(t)\,dt=2\int_{0}^{x} f(|t|)\,dt$

이고, $x>0$일 때

$g(x)=2\int_{0}^{x} f(t)\,dt$ …… ㉠

또 모든 실수 x에 대하여

$g(-x)=\int_{x}^{-x} f(|t|)\,dt=-\int_{-x}^{x} f(|t|)\,dt=-g(x)$ …… ㉡

한편, 함수 $f(x)$는 최고차항의 계수가 양수이고 $f(0)=f(1)=0$인 삼차함수이므로

$f(x)=ax(x-1)(x-k)$ ($a>0$, k는 상수)

로 놓을 수 있다.

$g(2)=2\int_{0}^{2} f(t)\,dt=2\int_{0}^{2} at(t-1)(t-k)\,dt$

$=2a\int_{0}^{2} \{t^3-(k+1)t^2+kt\}\,dt=2a\left[\frac{1}{4}t^4-\frac{k+1}{3}t^3+\frac{k}{2}t^2\right]_0^2$

$=2a\left\{4-\frac{8}{3}(k+1)+2k\right\}=\frac{4}{3}a(2-k)$

이고 조건 (가)에서 $g(2)=0$이므로

$\frac{4}{3}a(2-k)=0$에서 $k=2$

그러므로 $f(x)=ax(x-1)(x-2)$

이때 $f(|x|)=\begin{cases} f(x) & (x\geq 0) \\ f(-x) & (x<0) \end{cases}$ 이므로 $x\geq 0$에서 함수 $y=f(|x|)$의 그래프는 함수 $y=f(x)$의 그래프와 같고, $x<0$에서 함수 $y=f(|x|)$의 그래프는 $x\geq 0$에서의 함수 $y=f(x)$의 그래프를 y축에 대하여 대칭이동한 것과 같으므로 함수 $y=f(|x|)$의 그래프는 다음 그림과 같다.

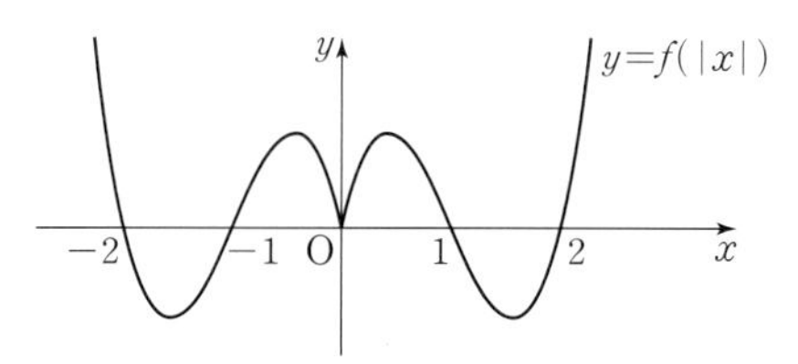

함수 $f(|x|)$가 실수 전체의 집합에서 연속이므로 함수 $g(x)$는 실수 전체의 집합에서 미분가능하다.

그러므로 $x>0$일 때 ㉠의 양변을 x에 대하여 미분하면 $g'(x)=2f(x)$이고, $x>0$일 때 함수 $g(x)$의 증가와 감소를 표로 나타내면 다음과 같다.

x	(0)	$\cdots$	1	$\cdots$	2	$\cdots$
$g'(x)$		+	0	−	0	+
$g(x)$	(0)	↗	극대	↘	극소	↗

함수 $g(x)$가 $x=0$에서 미분가능하고 $\lim_{x\to 0+} g'(x)=\lim_{x\to 0+} 2f(x)=0$이므로 $g'(0)=0$이다.

또 $g(0)=0$이고, ㉡에 의하여 함수 $y=g(x)$의 그래프는 원점에 대하여 대칭이므로 함수 $y=g(x)$의 그래프의 개형은 다음 그림과 같다.

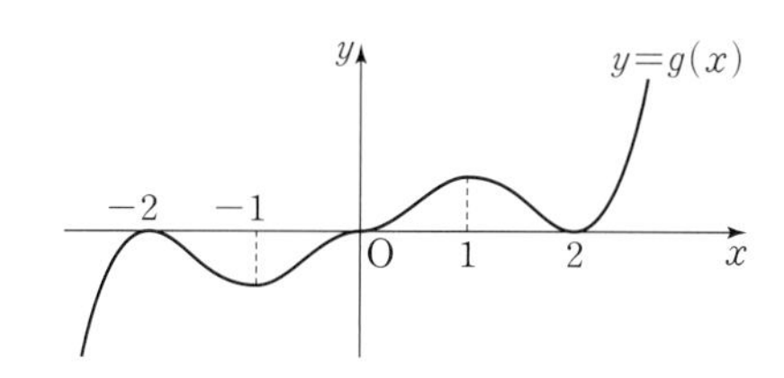

함수 $g(x)$는 $x=-1$, $x=2$에서 극소이고, 조건 (가)에 의하여 $g(2)=0$이므로 조건 (나)에 의하여 함수 $g(x)$의 모든 극솟값의 합이 -1이려면 $g(-1)=-1$이어야 한다.

㉡에 의하여 $g(-1)=-g(1)=-1$에서 $g(1)=1$

$g(1)=\int_{-1}^{1} f(|t|)\,dt=2\int_{0}^{1} f(t)\,dt$

$=2a\int_{0}^{1} (t^3-3t^2+2t)\,dt=2a\left[\frac{1}{4}t^4-t^3+t^2\right]_0^1$

$=2a\left(\frac{1}{4}-1+1\right)=\frac{a}{2}$

즉, $\frac{a}{2}=1$에서 $a=2$

따라서 $f(x)=2x(x-1)(x-2)$이므로

$f(3)=2\times 3\times 2\times 1=12$

답 ⑤

13

삼각형 ABC에서 코사인법칙에 의하여

$\overline{AC}^2=\overline{AB}^2+\overline{BC}^2-2\times\overline{AB}\times\overline{BC}\times\cos(\angle ABC)$

$=3^2+(\sqrt{5})^2-2\times 3\times\sqrt{5}\times\left(-\frac{\sqrt{5}}{5}\right)$

$=20$

$\overline{AC}=2\sqrt{5}$

$\sin(\angle ABC)=\sqrt{1-\cos^2(\angle ABC)}=\sqrt{1-\left(-\frac{\sqrt{5}}{5}\right)^2}=\frac{2\sqrt{5}}{5}$

삼각형 ABC의 외접원의 반지름의 길이를 R이라 하면 사인법칙에 의하여

$\frac{\overline{AC}}{\sin(\angle ABC)}=2R$

$R=\frac{\overline{AC}}{2\sin(\angle ABC)}=\frac{2\sqrt{5}}{2\times\frac{2\sqrt{5}}{5}}=\frac{5}{2}$

점 O는 삼각형 ABC의 외접원의 중심이므로 선분 AC의 수직이등분선 위에 있다.

그러므로 내접원의 중심이 O인 삼각형 ACD는 $\overline{AD}=\overline{CD}$인 이등변삼각형이다.

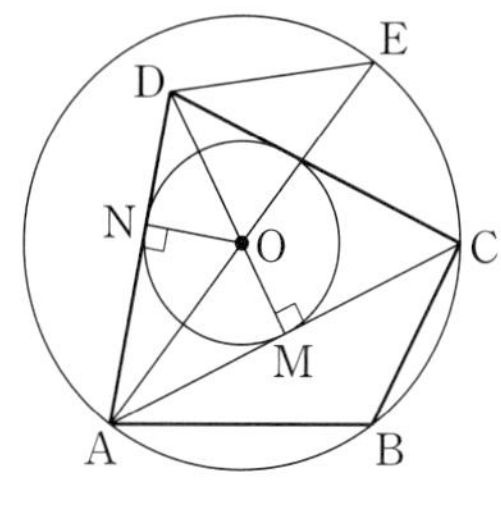

삼각형 ACD의 내접원의 반지름의 길이를 r, 선분 AC의 중점을 M이라 하면 직각삼각형 OAM에서

$\overline{OM}^2=\overline{AO}^2-\overline{AM}^2=R^2-\left(\frac{\overline{AC}}{2}\right)^2$

$=\left(\frac{5}{2}\right)^2-\left(\frac{2\sqrt{5}}{2}\right)^2=\frac{5}{4}$

$r=\overline{OM}=\frac{\sqrt{5}}{2}$

점 O에서 선분 AD에 내린 수선의 발을 N이라 하면 두 직각삼각형 DAM, DON은 서로 닮은 도형이고 닮음비는

$\overline{AM}:\overline{ON}=\sqrt{5}:\frac{\sqrt{5}}{2}=2:1$

$\overline{AD}=x$라 하면 $\overline{DO}=\frac{x}{2}$, $\overline{DN}=\frac{1}{2}\overline{DM}$

점 O가 삼각형 ACD의 내접원의 중심이므로

$\overline{AN}=\overline{AM}$, $\angle DAE=\angle OAM$

$\overline{AD}=\overline{AN}+\overline{DN}=\overline{AM}+\frac{1}{2}\overline{DM}=\overline{AM}+\frac{1}{2}(\overline{DO}+\overline{OM})$에서

$x=\sqrt{5}+\frac{1}{2}\left(\frac{x}{2}+\frac{\sqrt{5}}{2}\right)=\frac{1}{4}x+\frac{5\sqrt{5}}{4}$

$\frac{3}{4}x=\frac{5\sqrt{5}}{4}$

$\overline{AD}=x=\frac{5\sqrt{5}}{3}$

$\cos(\angle DAE)=\cos(\angle OAM)=\frac{\overline{AM}}{\overline{AO}}=\frac{\sqrt{5}}{\frac{5}{2}}=\frac{2\sqrt{5}}{5}$

따라서 삼각형 DAE에서 코사인법칙에 의하여

$\overline{DE}^2=\overline{AD}^2+\overline{AE}^2-2\times\overline{AD}\times\overline{AE}\times\cos(\angle DAE)$

$=\left(\frac{5\sqrt{5}}{3}\right)^2+5^2-2\times\frac{5\sqrt{5}}{3}\times5\times\frac{2\sqrt{5}}{5}=\frac{50}{9}$

이므로 $\overline{DE}=\frac{5\sqrt{2}}{3}$

답 ②

14

삼차함수 $f(x)$의 최고차항의 계수가 1이고 $f'(-1)=f'(1)=0$이므로

$f'(x)=3(x+1)(x-1)=3x^2-3$

그러므로

$f(x)=\int f'(x)\,dx=\int(3x^2-3)\,dx$

$=x^3-3x+C$ (단, C는 적분상수)

함수 $f(x)$의 증가와 감소를 표로 나타내면 다음과 같다.

x	$\cdots$	-1	$\cdots$	1	$\cdots$
$f'(x)$	$+$	0	$-$	0	$+$
$f(x)$	↗	극대	↘	극소	↗

함수 $y=f(x)$의 그래프의 개형은 그림과 같다.

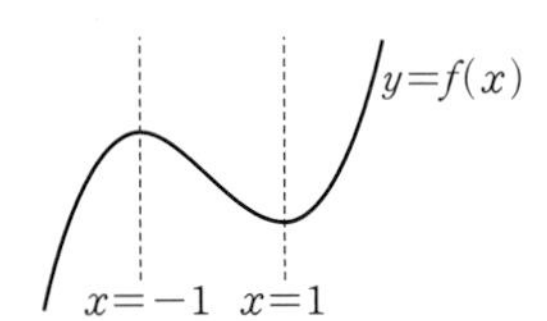

실수 t에 대하여 $x\le t$에서 함수 $y=g(x)$의 그래프는 함수 $y=f(x)$의 그래프와 같고, $x>t$에서 함수 $y=g(x)$의 그래프는 함수 $y=f(x)$의 그래프를 직선 $y=f(t)$에 대하여 대칭이동한 것과 같다.

$f(x)=f(1)$에서 $x^3-3x+C=-2+C$

$x^3-3x+2=0$, $(x+2)(x-1)^2=0$

$x=-2$ 또는 $x=1$

즉, $f(-2)=f(1)$

$f(x)=f(-1)$에서 $x^3-3x+C=2+C$

$x^3-3x-2=0$, $(x+1)^2(x-2)=0$

$x=-1$ 또는 $x=2$

즉, $f(2)=f(-1)$

또 함수 $y=x^3-3x$의 그래프가 원점에 대하여 대칭이므로 함수 $y=f(x)$의 그래프는 점 $(0, C)$에 대하여 대칭이고, 이때 실수 t의 값의 범위를 나누어 함수 $h(t)$를 구하면 다음과 같다.

(i) $t\le-2$일 때

함수 $y=g(x)$의 그래프의 개형은 그림과 같다.

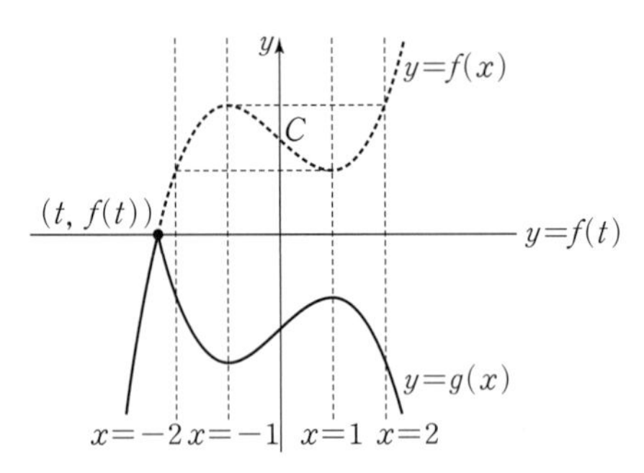

$h(t)=g(t)=f(t)=t^3-3t+C$

(ii) $-2<t\le-1$일 때

함수 $y=g(x)$의 그래프의 개형은 그림과 같다.

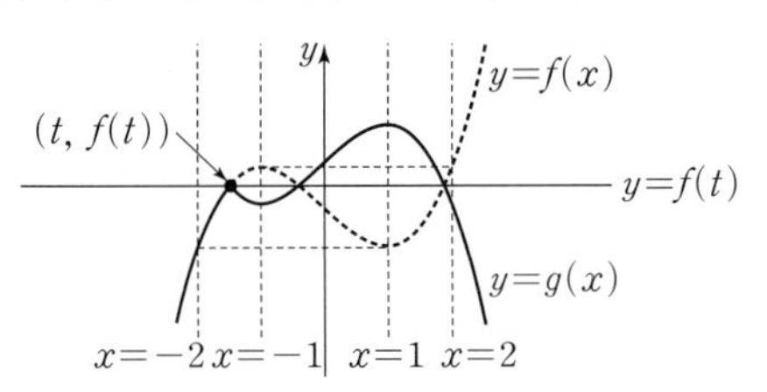

$h(t)=g(1)=-f(1)+2f(t)=2t^3-6t+2+C$

(iii) $-1<t\le0$일 때

함수 $y=g(x)$의 그래프의 개형은 그림과 같다.

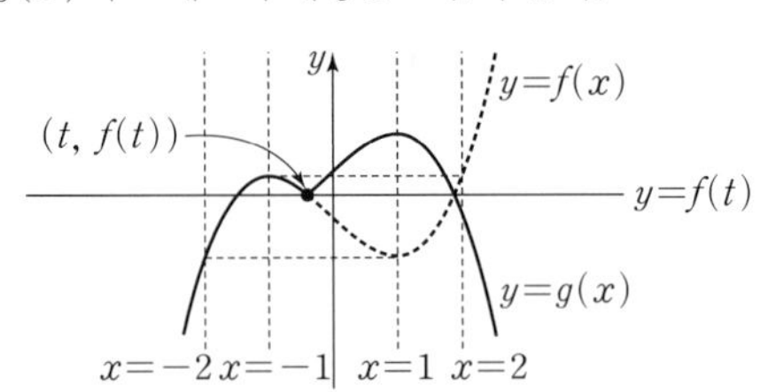

$h(t)=g(1)=-f(1)+2f(t)=2t^3-6t+2+C$

(iv) $0<t\le1$일 때

함수 $y=g(x)$의 그래프의 개형은 그림과 같다.

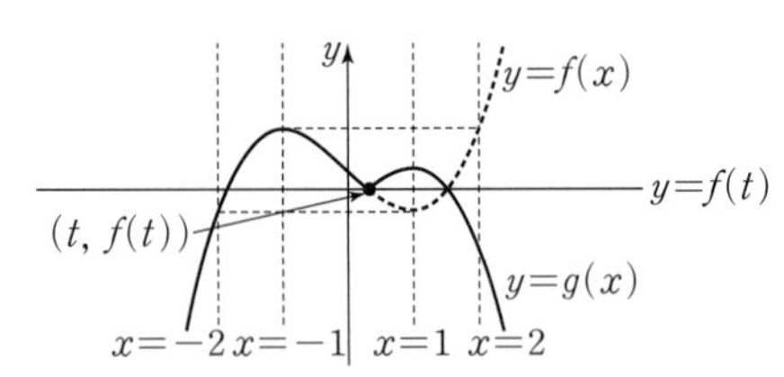

$h(t)=g(-1)=f(-1)=2+C$

(v) $1<t\le2$일 때

함수 $y=g(x)$의 그래프의 개형은 그림과 같다.

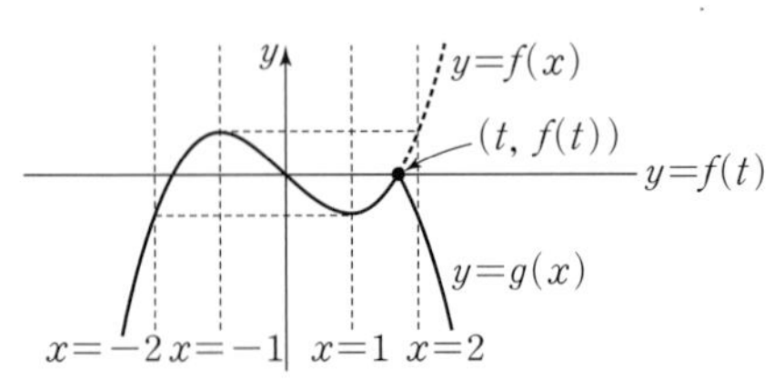

$h(t)=g(-1)=f(-1)=2+C$

(vi) $t>2$일 때

함수 $y=g(x)$의 그래프의 개형은 그림과 같다.

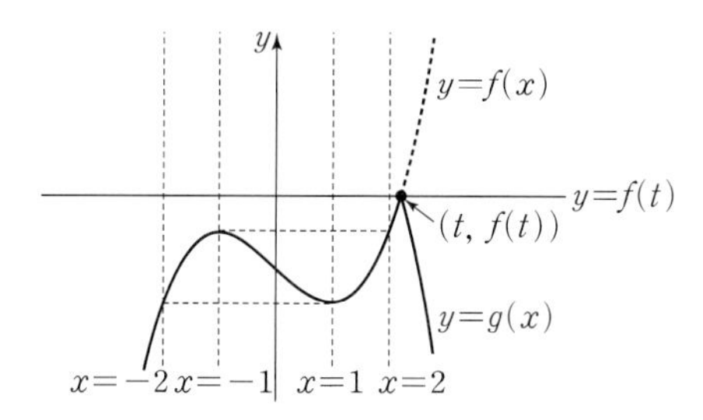

$h(t)=g(t)=f(t)=t^3-3t+C$

(i)~(vi)에 의하여 함수 $h(t)$는 다음과 같다.

$$h(t)=\begin{cases} t^3-3t+C & (t\le -2) \\ 2t^3-6t+2+C & (-2<t\le 0) \\ 2+C & (0<t\le 2) \\ t^3-3t+C & (t>2) \end{cases}$$

ㄱ. $h(0)=2+C$, $h(2)=2+C$이므로 $h(0)=h(2)$ (참)

ㄴ. $h(0)=0$에서 $2+C=0$, $C=-2$

함수 $g(x)$가 실수 전체의 집합에서 미분가능하므로 함수 $g(x)$는 $x=t$에서 미분가능해야 한다.

즉, $\lim_{x\to t-}\frac{g(x)-g(t)}{x-t}=\lim_{x\to t+}\frac{g(x)-g(t)}{x-t}$이어야 한다.

$$\lim_{x\to t-}\frac{g(x)-g(t)}{x-t}=\lim_{x\to t-}\frac{f(x)-f(t)}{x-t}=f'(t)$$

$$\lim_{x\to t+}\frac{g(x)-g(t)}{x-t}=\lim_{x\to t+}\frac{-f(x)+2f(t)-f(t)}{x-t}$$

$$=-\lim_{x\to t+}\frac{f(x)-f(t)}{x-t}=-f'(t)$$

즉, $f'(t)=-f'(t)$에서 $f'(t)=0$이므로

$t=-1$ 또는 $t=1$

따라서 $h(-1)=-2+6+2+C=6+C=4$, $h(1)=2+C=0$

이므로 $h(-1)+h(1)=4+0=4$ (거짓)

ㄷ. 함수 $y=h(t)$의 그래프는 그림과 같다.

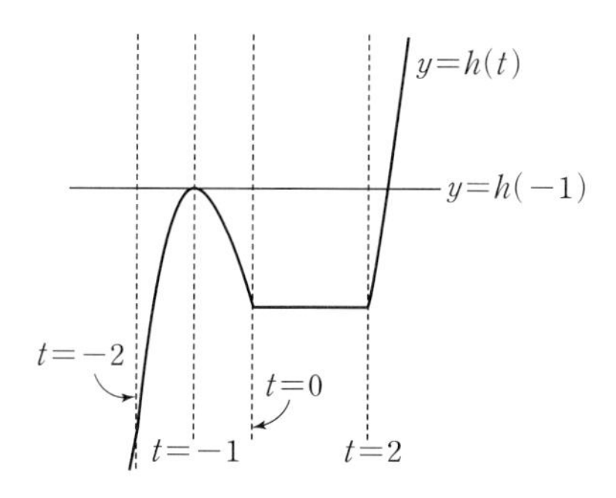

방정식 $h(t)=0$의 서로 다른 실근의 개수가 2이려면 함수 $y=h(t)$의 그래프와 t축이 서로 다른 두 점에서 만나야 하므로 $h(-1)=0$이어야 한다.

즉, $h(-1)=6+C=0$에서 $C=-6$

따라서 $h(0)=2+C=-4$ (참)

이상에서 옳은 것은 ㄱ, ㄷ이다.

답 ③

15

조건 (나)에서

$a_{n+1}\ge a_n$이면 $a_{n+2}=\frac{a_{n+1}}{2}$이고, $a_{n+1}\ge 2>0$이므로 $a_{n+2}<a_{n+1}$

$a_{n+1}<a_n$이면 $a_{n+2}=4a_{n+1}-4$이므로

$a_{n+2}-a_{n+1}=(4a_{n+1}-4)-a_{n+1}=3a_{n+1}-4$

이때 $a_{n+1}\ge 2$이므로 $3a_{n+1}-4\ge 0$, 즉 $a_{n+2}\ge a_{n+1}$

그러므로 $a_{n+1}\ge a_n$이면 $a_{n+2}<a_{n+1}$이고,

$a_{n+1}<a_n$이면 $a_{n+2}\ge a_{n+1}$이다. …… ㉠

조건 (가)에서 $a_1=2$이고, 모든 항이 2 이상이므로 $a_2\ge a_1$

그러므로 자연수 n에 대하여

$$a_{n+2}=\begin{cases} \frac{a_{n+1}}{2} & (n\text{이 홀수인 경우}) \\ 4a_{n+1}-4 & (n\text{이 짝수인 경우}) \end{cases}$$

$a_k=k$, $a_{k+m}=k+m$을 만족시키는 자연수 k와 5 이하의 자연수 m의 값을 k가 홀수인 경우와 짝수인 경우로 나누어 찾아보자.

(i) k가 홀수인 경우

$a_k=k$에서

$a_{k+1}=4k-4$이고 $k+1=4k-4$, $k=\frac{5}{3}$

$a_{k+2}=\frac{4k-4}{2}=2k-2$이고 $k+2=2k-2$, $k=4$

$a_{k+3}=4(2k-2)-4=8k-12$이고 $k+3=8k-12$, $k=\frac{15}{7}$

$a_{k+4}=\frac{8k-12}{2}=4k-6$이고 $k+4=4k-6$, $k=\frac{10}{3}$

$a_{k+5}=4(4k-6)-4=16k-28$이고 $k+5=16k-28$, $k=\frac{33}{15}$

(ii) k가 짝수인 경우

$a_k=k$에서

$a_{k+1}=\frac{k}{2}$이고 $k+1=\frac{k}{2}$, $k=-2$

$a_{k+2}=4\times\frac{k}{2}-4=2k-4$이고 $k+2=2k-4$, $k=6$

$a_{k+3}=\frac{2k-4}{2}=k-2$이고 $k+3=k-2$인 실수 k는 존재하지 않는다.

$a_{k+4}=4(k-2)-4=4k-12$이고 $k+4=4k-12$, $k=\frac{16}{3}$

$a_{k+5}=\frac{4k-12}{2}=2k-6$이고 $k+5=2k-6$, $k=11$

(i), (ii)에서 조건을 만족시키는 k, m의 값은 $k=6$, $m=2$

따라서 $2k+m=2\times 6+2=14$

답 ②

참고

$a_2=\frac{9}{2}$, $a_3=\frac{9}{4}$, $a_4=5$, $a_5=\frac{5}{2}$, $a_6=6$, $a_7=3$, $a_8=8$

16

로그의 진수의 조건에 의하여

$x^2-1>0$에서 $x>1$ 또는 $x<-1$

$x+1>0$에서 $x>-1$

그러므로 $x>1$ …… ㉠

$\log_3(x^2-1)<1+\log_3(x+1)$에서

$\log_3(x^2-1)<\log_3\{3(x+1)\}$

밑 3이 1보다 크므로 $x^2-1<3(x+1)$에서

$x^2-3x-4<0$, $(x+1)(x-4)<0$

$-1<x<4$ …… ㉡

㉠, ㉡에 의하여 $1<x<4$
따라서 정수 x의 값은 2, 3이고, 그 개수는 2이다.

답 2

17

$f'(x)=3x^2+6x$에서

$$f(x)=\int f'(x)\,dx=\int(3x^2+6x)\,dx$$
$$=x^3+3x^2+C \text{ (단, } C\text{는 적분상수)}$$

이때

$f(1)=1+3+C=4+C$, $f'(1)=3+6=9$

이므로 $f(1)=f'(1)$에서

$4+C=9$, $C=5$

따라서 $f(x)=x^3+3x^2+5$이므로

$f(2)=2^3+3\times2^2+5=25$

답 25

18

$b_n=\dfrac{a_n}{n^2+n}$으로 놓으면 $\displaystyle\sum_{k=1}^{n}b_k=\frac{2^n}{n+1}$

$n\ge2$일 때,

$$b_n=\sum_{k=1}^{n}b_k-\sum_{k=1}^{n-1}b_k=\frac{2^n}{n+1}-\frac{2^{n-1}}{n}$$
$$=\frac{n\times2^n-(n+1)2^{n-1}}{n^2+n}=\frac{(n-1)2^{n-1}}{n^2+n}$$

$n=1$일 때, $b_1=\dfrac{2^1}{1+1}=1$

즉, 수열 $\{b_n\}$은

$b_1=1$, $b_n=\dfrac{(n-1)2^{n-1}}{n^2+n}$ $(n\ge2)$

이므로 수열 $\{a_n\}$은

$a_1=2$, $a_n=(n-1)2^{n-1}$ $(n\ge2)$

따라서

$$\sum_{k=1}^{5}a_k=a_1+a_2+a_3+a_4+a_5=2+2+2\times2^2+3\times2^3+4\times2^4=100$$

답 100

19

$f(x)=x^3+ax^2-a^2x+4$에서

$f'(x)=3x^2+2ax-a^2=(x+a)(3x-a)$

$f'(x)=0$에서 $x=-a$ 또는 $x=\dfrac{a}{3}$

함수 $f(x)$의 증가와 감소를 표로 나타내면 다음과 같다.

x	$\cdots$	$-a$	$\cdots$	$\frac{a}{3}$	$\cdots$
$f'(x)$	$+$	0	$-$	0	$+$
$f(x)$	↗	극대	↘	극소	↗

함수 $f(x)$의 극솟값은

$$f\left(\frac{a}{3}\right)=\left(\frac{a}{3}\right)^3+a\times\left(\frac{a}{3}\right)^2-a^2\times\frac{a}{3}+4=-\frac{5}{27}a^3+4$$

이므로 $-\dfrac{5}{27}a^3+4=-1$에서

$a^3=5\times\dfrac{27}{5}=27$

$a>0$이므로 $a=3$이고, $f(x)=x^3+3x^2-9x+4$

$b<0$, $-a<0<\dfrac{a}{3}$이므로 닫힌구간 $[b, 0]$에서 함수 $f(x)$의 최솟값이 -1이 되기 위해서는 $f(b)=-1$이어야 한다.

즉, $b^3+3b^2-9b+4=-1$에서

$b^3+3b^2-9b+5=0$, $(b-1)^2(b+5)=0$

$b<0$이므로 $b=-5$

따라서 $a-b=3-(-5)=8$

답 8

20

$v(t)=a(t^2-2t)=at(t-2)$ $(a>0)$이므로 함수 $y=v(t)$의 그래프는 그림과 같다.

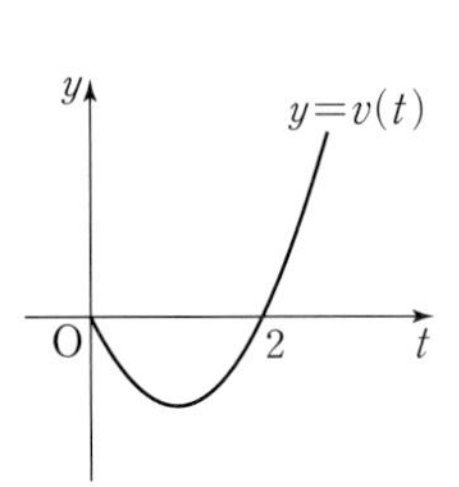

$0\le t\le2$에서 $v(t)\le0$이고, $t\ge2$에서 $v(t)\ge0$이므로 점 P의 시각 t에서의 위치를 $x(t)$라 하면 $x(t)$는 $t=2$에서 최소이다.

이때 점 P와 점 A(-10) 사이의 거리의 최솟값이 2이므로 $x(2)=-8$이어야 한다. 즉,

$$x(2)=\int_0^2 v(t)\,dt=a\int_0^2(t^2-2t)\,dt$$
$$=a\left[\frac{1}{3}t^3-t^2\right]_0^2=a\left(\frac{8}{3}-4\right)=-\frac{4}{3}a$$

이므로 $-\dfrac{4}{3}a=-8$에서 $a=6$

따라서 $v(t)=6t^2-12t$이므로 점 P의 시각 t에서의 가속도는

$v'(t)=12t-12$

한편, 점 P가 출발한 후 처음으로 원점을 지나는 시각을 $t=k$ $(k>0)$이라 하면 $x(k)=0$이다.

$$x(k)=\int_0^k v(t)\,dt=\int_0^k(6t^2-12t)\,dt$$
$$=\left[2t^3-6t^2\right]_0^k=2k^3-6k^2$$

이므로 $2k^3-6k^2=0$에서

$2k^2(k-3)=0$

$k>0$이므로 $k=3$

따라서 점 P의 시각 $t=3$에서의 가속도는

$v'(3)=12\times3-12=24$

답 24

참고

점 P와 점 A(-10) 사이의 거리의 최솟값이 2이므로

$|x(2)-(-10)|=2$, 즉 $|x(2)+10|=2$에서

$x(2)=-12$ 또는 $x(2)=-8$

그런데 $x(2)=-12$일 때 $0\le t\le2$에서 $v(t)\le0$이고 $x(t)$가 연속이며 $x(0)=0$이므로 사잇값의 정리에 의하여 $x(t)=-10$인 실수 t $(0<t<2)$가 존재한다.

즉, 점 P와 점 A(-10) 사이의 거리의 최솟값이 0이 되는 시각 t $(0<t<2)$가 존재하므로 조건을 만족시키지 않는다.

그러므로 $x(2)=-8$이다.

21

함수 $f(x)=2^{x-a}$의 역함수는 $f^{-1}(x)=\log_2 x+a$이고, 곡선 $y=f^{-1}(x)$를 x축의 방향으로 $-b$만큼, y축의 방향으로 $-b$만큼 평행이동한 곡선의 방정식은 $y=\log_2(x+b)+a-b$, 즉 $y=g(x)$이다. …… ㉠

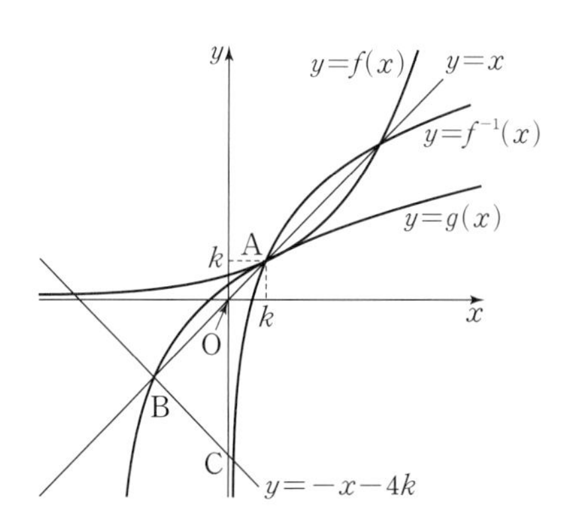

점 A(k, k)와 직선 $y=-x-4k$, 즉 $x+y+4k=0$ 사이의 거리는

$\frac{|k+k+4k|}{\sqrt{1^2+1^2}}=\frac{6k}{\sqrt{2}}$

삼각형 ABC의 넓이가 $6k^2$이므로

$\frac{1}{2}\times\frac{6k}{\sqrt{2}}\times\overline{BC}=6k^2$에서

$\overline{BC}=2\sqrt{2}k$

이때 점 B가 직선 $y=-x-4k$ 위의 점이므로

$\angle OCB=45°$, $\overline{OC}=4k$에서 B$(-2k, -2k)$이다.

즉, 점 B는 곡선 $y=g(x)$와 직선 $y=x$가 만나는 점 중 A가 아닌 점이다.

곡선 $y=f(x)$가 직선 $y=x$와 만나는 점 중 A가 아닌 점을 D라 하면 ㉠에서 점 D를 x축의 방향으로 $-b$만큼, y축의 방향으로 $-b$만큼 평행이동한 점은 A(k, k)이고, 점 A를 x축의 방향으로 $-b$만큼, y축의 방향으로 $-b$만큼 평행이동한 점은 B$(-2k, -2k)$이므로

$b=3k$이고 D$(4k, 4k)$

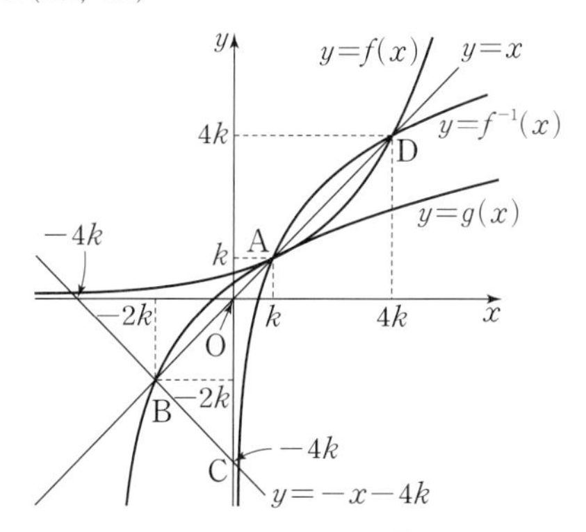

두 점 A(k, k), D$(4k, 4k)$가 곡선 $y=f^{-1}(x)$ 위의 점이므로

$k=\log_2 k+a$ …… ㉡

$4k=\log_2 4k+a$ …… ㉢

㉢−㉡을 하면

$3k=\log_2 4k-\log_2 k=\log_2\frac{4k}{k}=2$에서

$k=\frac{2}{3}$

이 값을 ㉡에 대입하면

$\frac{2}{3}=\log_2\frac{2}{3}+a$에서

$a=\frac{2}{3}-\log_2\frac{2}{3}=\frac{2}{3}-(\log_2 2-\log_2 3)=-\frac{1}{3}+\log_2 3$

또한 $b=3k=3\times\frac{2}{3}=2$

따라서

$2a+b+k=2\left(-\frac{1}{3}+\log_2 3\right)+2+\frac{2}{3}=\log_2 9+2$

이므로

$2^{2a+b+k}=2^{\log_2 9+2}=2^{\log_2 9}\times 2^2=9\times 4=36$

답 36

22

$\int_{-1}^{1}f(t)\,dt=0$이면 $g(x)=0$이 되어 조건 (나)를 만족시키지 않으므로

$\int_{-1}^{1}f(t)\,dt>0$ 또는 $\int_{-1}^{1}f(t)\,dt<0$이다.

(i) $\int_{-1}^{1}f(t)\,dt>0$일 때

$g'(x)=\int_{-1}^{1}f(t)\,dt\times f(x)$이고, 함수 $f(x)$가 최고차항의 계수가 양수인 삼차함수이므로

$\lim_{x\to\infty}g'(x)=\infty$

즉, 함수 $g(x)$의 최댓값이 존재하지 않으므로 조건 (가)를 만족시키지 않는다.

(ii) $\int_{-1}^{1}f(t)\,dt<0$일 때

$g'(x)=\int_{-1}^{1}f(t)\,dt\times f(x)$이고, 조건 (가)에 의하여 함수 $g(x)$가 $x=2$에서 극대인 동시에 최대이므로

$g'(2)=0$에서 $f(2)=0$

그러므로 함수 $f(x)$를

$f(x)=\alpha(x+1)(x-2)(x-\beta)$ ($\alpha>0$, β는 상수)

로 놓을 수 있다.

이때

$$\begin{aligned}\int_{-1}^{1}f(t)\,dt&=\int_{-1}^{1}\alpha(t+1)(t-2)(t-\beta)\,dt\\&=\alpha\int_{-1}^{1}\{t^3-(\beta+1)t^2-(2-\beta)t+2\beta\}\,dt\\&=2\alpha\int_{0}^{1}\{-(\beta+1)t^2+2\beta\}\,dt\\&=2\alpha\left[-\frac{\beta+1}{3}t^3+2\beta t\right]_0^1\\&=\frac{2\alpha(5\beta-1)}{3}\end{aligned}$$

$\int_{-1}^{1}f(t)\,dt<0$이므로

$\frac{2\alpha(5\beta-1)}{3}<0$에서 $\beta<\frac{1}{5}$

한편, $\beta=-4$일 때, $\int_{-4}^{2}f(t)\,dt=0$이므로 β의 값의 범위를 나누어 $\int_{-1}^{1}f(t)\,dt<0$과 주어진 조건을 만족시키는 함수 $f(x)$를 구하면 다음과 같다.

① $\beta<-4$일 때

두 함수 $y=f(x)$, $y=g(x)$의 그래프의 개형은 [그림 1]과 같다.

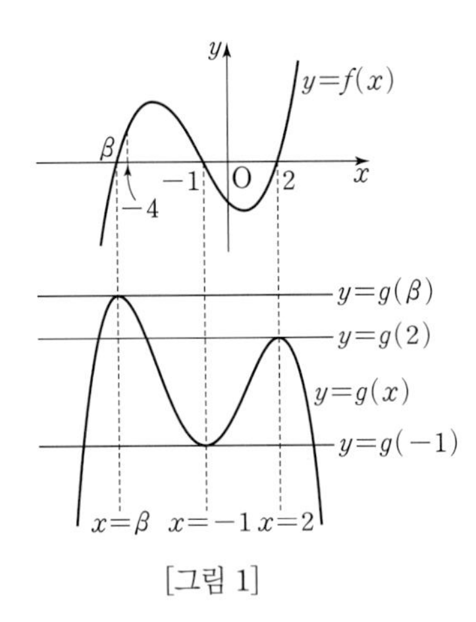

[그림 1]

이때 $g(\beta)>g(2)$이므로 조건 (가)를 만족시키지 않는다.

② $\beta=-4$일 때

두 함수 $y=f(x)$, $y=g(x)$의 그래프의 개형은 [그림 2]와 같다.

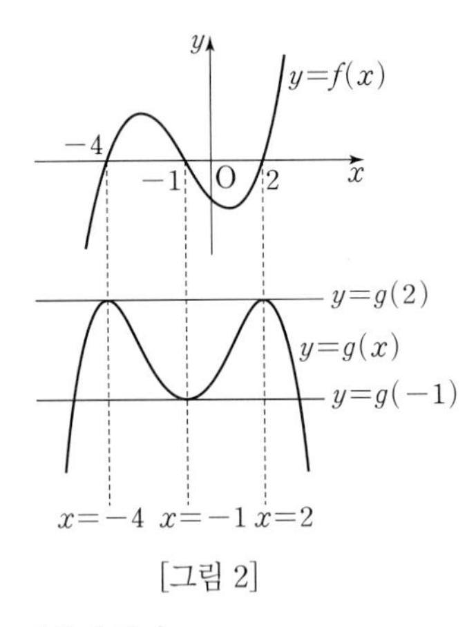

[그림 2]

함수 $h(k)$는 다음과 같다.

$$h(k)=\begin{cases} 2\ (k<g(-1)) \\ 3\ (k=g(-1)) \\ 4\ (g(-1)<k<g(2)) \\ 2\ (k=g(2)) \\ 0\ (k>g(2)) \end{cases}$$

이때 $\left|\lim_{k\to a+}h(k)-\lim_{k\to a-}h(k)\right|=2$를 만족시키는 a의 값은 $g(-1)$뿐이다.

그런데 $g(-1)=0$이므로 조건 (나)를 만족시키지 않는다.

③ $-4<\beta<-1$일 때

두 함수 $y=f(x)$, $y=g(x)$의 그래프의 개형은 [그림 3]과 같다.

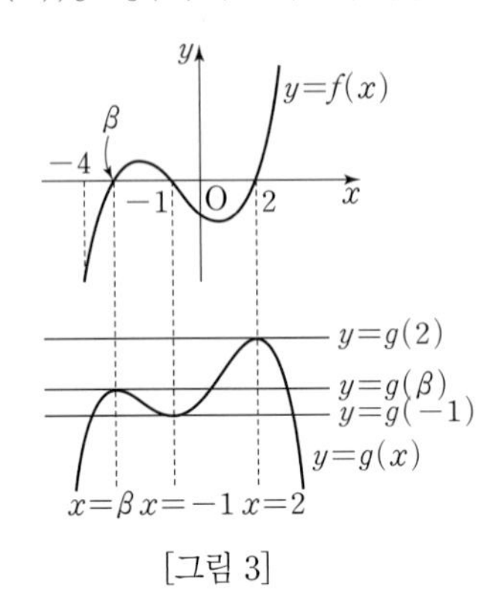

[그림 3]

함수 $h(k)$는 다음과 같다.

$$h(k)=\begin{cases} 2\ (k<g(-1)) \\ 3\ (k=g(-1)) \\ 4\ (g(-1)<k<g(\beta)) \\ 3\ (k=g(\beta)) \\ 2\ (g(\beta)<k<g(2)) \\ 1\ (k=g(2)) \\ 0\ (k>g(2)) \end{cases}$$

이때 $\left|\lim_{k\to a+}h(k)-\lim_{k\to a-}h(k)\right|=2$를 만족시키는 a의 값은 $g(2)$, $g(\beta)$, $g(-1)$이므로 조건 (나)를 만족시키지 않는다.

④ $\beta=-1$일 때

$f(x)=a(x+1)^2(x-2)=a(x^3-3x-2)$이고,

함수 $y=f(x)$와 그에 따른 함수 $y=g(x)$의 그래프의 개형은 [그림 4]와 같다.

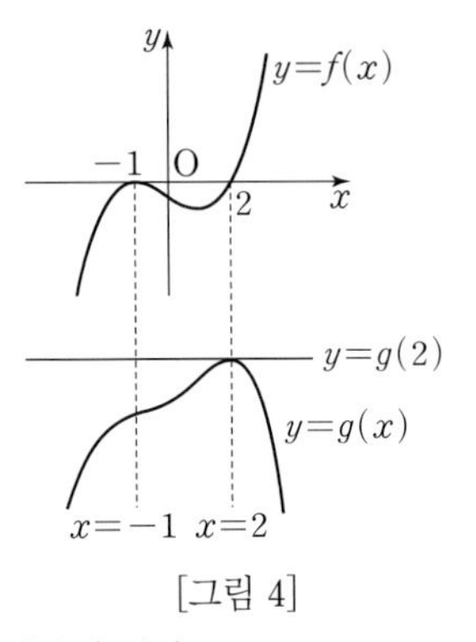

[그림 4]

함수 $h(k)$는 다음과 같다.

$$h(k)=\begin{cases} 2\ (k<g(2)) \\ 1\ (k=g(2)) \\ 0\ (k>g(2)) \end{cases}$$

이때 $\left|\lim_{k\to a+}h(k)-\lim_{k\to a-}h(k)\right|=2$를 만족시키는 a의 값은 $g(2)$뿐이므로 조건 (나)에 의하여 $g(2)=3$이어야 한다.

$$\int_{-1}^{1}f(t)\,dt=\int_{-1}^{1}a(t^3-3t-2)\,dt=2a\int_{0}^{1}(-2)\,dt$$
$$=2a\Big[-2t\Big]_0^1=-4a$$

$$\int_{-1}^{2}f(t)\,dt=\int_{-1}^{2}a(t^3-3t-2)\,dt=a\Big[\frac{1}{4}t^4-\frac{3}{2}t^2-2t\Big]_{-1}^{2}$$
$$=a\left(-6-\frac{3}{4}\right)=-\frac{27}{4}a$$

이므로

$$g(2)=\int_{-1}^{1}f(t)\,dt\times\int_{-1}^{2}f(t)\,dt$$
$$=(-4a)\times\left(-\frac{27}{4}a\right)$$
$$=27a^2$$

즉, $27a^2=3$에서 $a>0$이므로 $a=\frac{1}{3}$

그러므로 $f(x)=\frac{1}{3}x^3-x-\frac{2}{3}$

⑤ $-1<\beta<\frac{1}{5}$일 때

함수 $y=f(x)$와 그에 따른 함수 $y=g(x)$의 그래프의 개형은 [그림 5]와 같다.

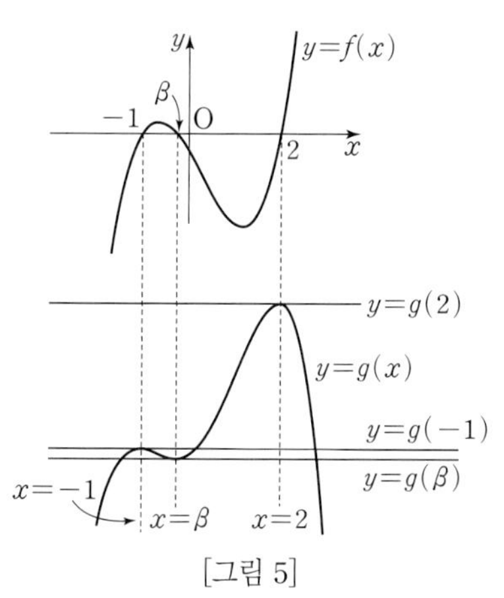

[그림 5]

함수 $h(k)$는 다음과 같다.

$$h(k)=\begin{cases} 2\ (k<g(\beta)) \\ 3\ (k=g(\beta)) \\ 4\ (g(\beta)<k<g(-1)) \\ 3\ (k=g(-1)) \\ 2\ (g(-1)<k<g(2)) \\ 1\ (k=g(2)) \\ 0\ (k>g(2)) \end{cases}$$

이때 $\left|\lim_{k\to a+}h(k)-\lim_{k\to a-}h(k)\right|=2$를 만족시키는 a의 값은 $g(2)$, $g(-1)$, $g(\beta)$이므로 조건 (나)를 만족시키지 않는다.

(i), (ii)에 의하여 $f(x)=\frac{1}{3}x^3-x-\frac{2}{3}$

따라서

$$g(0)=\int_{-1}^{1}f(t)\,dt\times\int_{-1}^{0}f(t)\,dt$$
$$=\int_{-1}^{1}\left(\frac{1}{3}t^3-t-\frac{2}{3}\right)dt\times\int_{-1}^{0}\left(\frac{1}{3}t^3-t-\frac{2}{3}\right)dt$$
$$=2\left[-\frac{2}{3}t\right]_0^1\times\left[\frac{1}{12}t^4-\frac{1}{2}t^2-\frac{2}{3}t\right]_{-1}^0$$
$$=-\frac{4}{3}\times\left(-\frac{1}{4}\right)=\frac{1}{3}$$

이므로 $30\times g(0)=30\times\frac{1}{3}=10$

답 10

참고

$g(\beta)=g(2)$인 β의 값은 다음과 같이 구할 수 있다.

$\int_{-1}^{\beta}f(t)\,dt=\int_{-1}^{2}f(t)\,dt$에서 $\int_{-1}^{2}f(t)\,dt-\int_{-1}^{\beta}f(t)\,dt=0$

즉, $\int_{-1}^{2}f(t)\,dt+\int_{\beta}^{-1}f(t)\,dt=0$에서 $\int_{\beta}^{2}f(t)\,dt=0$

$$\int_{\beta}^{2}f(t)\,dt=a\int_{\beta}^{2}(t+1)(t-2)(t-\beta)\,dt$$
$$=a\int_{\beta}^{2}\{t^3-(\beta+1)t^2-(2-\beta)t+2\beta\}\,dt$$
$$=a\left[\frac{1}{4}t^4-\frac{\beta+1}{3}t^3-\frac{2-\beta}{2}t^2+2\beta t\right]_{\beta}^{2}$$
$$=\frac{a}{12}(\beta^4-2\beta^3-12\beta^2+40\beta-32)=\frac{a}{12}(\beta-2)^3(\beta+4)$$

$\beta<\frac{1}{5}$이므로 $\frac{a}{12}(\beta-2)^3(\beta+4)=0$에서 $\beta=-4$

그러므로 $\int_{-4}^{2}f(t)\,dt=0$

23

다항식 $(x+2)^6$의 전개식의 일반항은

${}_6C_r\times x^r\times 2^{6-r}={}_6C_r\times 2^{6-r}\times x^r$ $(r=0, 1, 2, \cdots, 6)$

x^4항은 $r=4$일 때이므로 x^4의 계수는

${}_6C_4\times 2^2={}_6C_2\times 2^2=15\times 4=60$

답 ②

24

숫자 1, 2, 3 중에서 중복을 허락하여 4개를 택해 일렬로 나열하여 만들 수 있는 네 자리의 자연수에서 천의 자리의 수, 백의 자리의 수, 십의 자리의 수, 일의 자리의 수를 각각 a, b, c, d라 하자.

이 네 자리의 수가 짝수이므로 $d=2$

또 각 자리의 수의 합이 9 이상이므로

$a+b+c+d\geq 9$

이때 $d=2$이고, a, b, c는 각각 1, 2, 3 중 하나의 수이므로

$7\leq a+b+c\leq 9$ …… ㉠

이때 조건을 만족시키는 네 자리의 자연수의 개수는 ㉠을 만족시키는 세 수 a, b, c의 순서쌍 (a, b, c)의 개수와 같다.

(i) $a+b+c=9$일 때

$9=3+3+3$이므로 순서쌍 (a, b, c)는 $(3, 3, 3)$이다. 즉, 순서쌍 (a, b, c)의 개수는 1이다.

(ii) $a+b+c=8$일 때

$8=3+3+2$이므로 순서쌍 (a, b, c)의 개수는 3, 3, 2를 일렬로 나열하는 경우의 수와 같다.

즉, $\frac{3!}{2!}=3$

(iii) $a+b+c=7$일 때

$7=3+3+1=3+2+2$이므로 순서쌍 (a, b, c)의 개수는 세 수 3, 3, 1과 세 수 3, 2, 2를 각각 일렬로 나열하는 경우의 수와 같다.

즉, $\frac{3!}{2!}+\frac{3!}{2!}=3+3=6$

(i), (ii), (iii)에 의하여 세 수 a, b, c의 순서쌍 (a, b, c)의 개수는

$1+3+6=10$

따라서 조건을 만족시키는 네 자리의 자연수의 개수는 10이다.

답 ④

25

한 개의 주사위를 두 번 던져서 나오는 눈의 수 a, b의 모든 순서쌍 (a, b)의 개수는 $6\times 6=36$이다.

$|ab-15|<12$에서

$-12<ab-15<12$

$3<ab<27$

$ab\geq 27$인 사건을 A, $ab\leq 3$인 사건을 B라 하면 $|ab-15|<12$인 사건은 $(A\cup B)^C$이다.

사건 A가 일어나는 경우는

$(5, 6)$, $(6, 5)$, $(6, 6)$

이므로 $P(A)=\frac{3}{36}=\frac{1}{12}$

사건 B가 일어나는 경우는

(1, 1), (1, 2), (1, 3), (2, 1), (3, 1)

이므로 $\mathrm{P}(B)=\frac{5}{36}$

또한 두 사건 A, B가 서로 배반사건이므로

$\mathrm{P}(A\cup B)=\mathrm{P}(A)+\mathrm{P}(B)$

$=\frac{1}{12}+\frac{5}{36}=\frac{2}{9}$

따라서 구하는 확률은

$\mathrm{P}((A\cup B)^C)=1-\mathrm{P}(A\cup B)$

$=1-\frac{2}{9}=\frac{7}{9}$

답 ④

26

세 주머니 A, B, C에서 각각 임의로 1개의 공을 꺼내는 시행을 할 때, 꺼낸 3개의 공에 적힌 수를 각각 a, b, c라 하고, 이 시행에서 꺼낸 3개의 공에 적힌 수의 최댓값과 최솟값의 차가 3인 사건을 M, 꺼낸 3개의 공에 적힌 수를 모두 곱한 값이 8인 사건을 N이라 하면 구하는 확률은 $\mathrm{P}(M\cup N)$이다.

(i) 세 수 a, b, c의 최댓값과 최솟값의 차가 3인 경우는

① $(a, b, c)=(1, 2, 4)$일 때

이 경우의 확률은 $\frac{2}{3}\times\frac{2}{3}\times\frac{1}{4}=\frac{1}{9}$

② $(a, b, c)=(1, 1, 4)$일 때

이 경우의 확률은 $\frac{2}{3}\times\frac{1}{3}\times\frac{1}{4}=\frac{1}{18}$

③ $(a, b, c)=(2, 1, 4)$일 때

이 경우의 확률은 $\frac{1}{3}\times\frac{1}{3}\times\frac{1}{4}=\frac{1}{36}$

그러므로 $\mathrm{P}(M)=\frac{1}{9}+\frac{1}{18}+\frac{1}{36}=\frac{7}{36}$

(ii) 세 수 a, b, c의 곱이 8인 경우는

① $(a, b, c)=(1, 2, 4)$일 때

이 경우의 확률은 $\frac{2}{3}\times\frac{2}{3}\times\frac{1}{4}=\frac{1}{9}$

② $(a, b, c)=(2, 1, 4)$일 때

이 경우의 확률은 $\frac{1}{3}\times\frac{1}{3}\times\frac{1}{4}=\frac{1}{36}$

③ $(a, b, c)=(2, 2, 2)$일 때

이 경우의 확률은 $\frac{1}{3}\times\frac{2}{3}\times\frac{2}{4}=\frac{1}{9}$

그러므로 $\mathrm{P}(N)=\frac{1}{9}+\frac{1}{36}+\frac{1}{9}=\frac{1}{4}$

(iii) 세 수 a, b, c의 최댓값과 최솟값의 차가 3이면서 세 수 a, b, c의 곱이 8인 경우는

① $(a, b, c)=(1, 2, 4)$일 때

이 경우의 확률은 $\frac{2}{3}\times\frac{2}{3}\times\frac{1}{4}=\frac{1}{9}$

② $(a, b, c)=(2, 1, 4)$일 때

이 경우의 확률은 $\frac{1}{3}\times\frac{1}{3}\times\frac{1}{4}=\frac{1}{36}$

그러므로 $\mathrm{P}(M\cap N)=\frac{1}{9}+\frac{1}{36}=\frac{5}{36}$

(i), (ii), (iii)에서 구하는 확률은 확률의 덧셈정리에 의하여

$\mathrm{P}(M\cup N)=\mathrm{P}(M)+\mathrm{P}(N)-\mathrm{P}(M\cap N)$

$=\frac{7}{36}+\frac{1}{4}-\frac{5}{36}=\frac{11}{36}$

답 ①

27

확률변수 X가 정규분포 $\mathrm{N}(m, \sigma^2)$을 따르므로 $Z_1=\frac{X-m}{\sigma}$으로 놓으면 확률변수 Z_1은 표준정규분포 $\mathrm{N}(0, 1)$을 따른다.

$\mathrm{P}(m\le X\le 120)+\mathrm{P}(X\le 80)$

$=\mathrm{P}\left(\frac{m-m}{\sigma}\le Z_1\le\frac{120-m}{\sigma}\right)+\mathrm{P}\left(Z_1\le\frac{80-m}{\sigma}\right)$

$=\mathrm{P}\left(0\le Z_1\le\frac{120-m}{\sigma}\right)+\mathrm{P}\left(Z_1\le\frac{80-m}{\sigma}\right)=0.5$

이므로

$\frac{120-m}{\sigma}=-\frac{80-m}{\sigma}$

$120-m=-80+m$

$2m=200$

$m=100$

확률변수 $\overline{X}$가 정규분포 $\mathrm{N}\left(100, \left(\frac{\sigma}{2}\right)^2\right)$을 따르므로 $Z_2=\frac{\overline{X}-100}{\frac{\sigma}{2}}$

으로 놓으면 확률변수 Z_2는 표준정규분포 $\mathrm{N}(0, 1)$을 따른다.

$\mathrm{P}(\overline{X}\le 90)=\mathrm{P}\left(Z_2\le\frac{90-100}{\frac{\sigma}{2}}\right)=\mathrm{P}\left(Z_2\le-\frac{20}{\sigma}\right)$,

$\mathrm{P}(\overline{X}\ge m+\sigma)=\mathrm{P}\left(Z_2\ge\frac{100+\sigma-100}{\frac{\sigma}{2}}\right)=\mathrm{P}(Z_2\ge 2)$

이므로 $\mathrm{P}(\overline{X}\le 90)=\mathrm{P}(\overline{X}\ge m+\sigma)$에서

$\mathrm{P}\left(Z_2\le-\frac{20}{\sigma}\right)=\mathrm{P}(Z_2\ge 2)$

이때 $2=-\left(-\frac{20}{\sigma}\right)$이므로 $\sigma=10$

따라서

$\mathrm{P}(\overline{X}\le 95)=\mathrm{P}\left(Z_2\le\frac{95-100}{5}\right)$

$=\mathrm{P}(Z_2\le -1)$

$=\mathrm{P}(Z_2\ge 1)$

$=0.5-\mathrm{P}(0\le Z_2\le 1)$

$=0.5-0.3413$

$=0.1587$

답 ③

28

확률밀도함수 $y=f(x)$의 그래프는 그림과 같다.

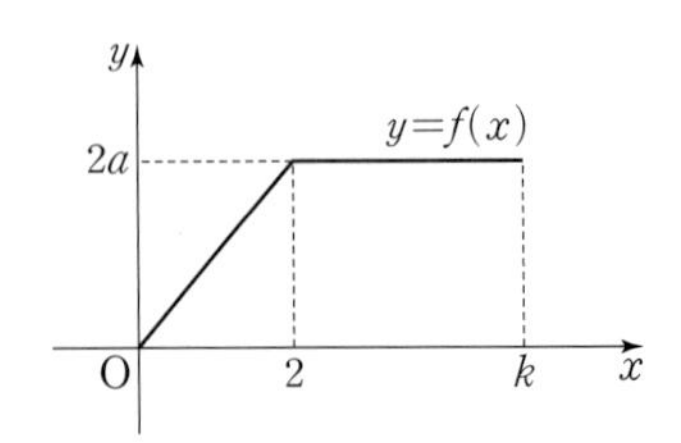

함수 $f(x)$가 연속확률변수 X의 확률밀도함수이므로
$P(0\le X\le k)=1$에서
$\frac{1}{2}\times 2\times 2a+(k-2)\times 2a=1$
즉, $2a(k-1)=1$ …… ㉠
함수 $y=f(6-x)$의 그래프는 함수 $y=f(x)$의 그래프와 직선 $x=3$에 대하여 대칭이고, 함수 $g(x)$가 연속확률변수 Y의 확률밀도함수이므로
$P(0\le Y\le 3)=\frac{1}{2}$
이어야 한다.
$0\le x\le 3$에서 $g(x)=f(x)$이므로
$P(0\le Y\le 3)=P(0\le X\le 3)=\frac{1}{2}\times 2\times 2a+2a\times 1=4a$
즉, $4a=\frac{1}{2}$에서 $a=\frac{1}{8}$이므로 ㉠에서
$\frac{1}{4}(k-1)=1$
$k=5$
따라서 $f(x)=\begin{cases}\frac{1}{8}x & (0\le x\le 2)\\ \frac{1}{4} & (2\le x\le 5)\end{cases}$ 이므로

$$\begin{aligned}P\left(1\le X\le \frac{2}{3}k\right)&=P\left(1\le X\le \frac{10}{3}\right)\\&=P(1\le X\le 2)+P\left(2\le X\le \frac{10}{3}\right)\\&=\frac{1}{2}\times\left(\frac{1}{8}+\frac{1}{4}\right)\times 1+\left(\frac{10}{3}-2\right)\times\frac{1}{4}\\&=\frac{25}{48}\end{aligned}$$

답 ⑤

29

주머니 A에 들어 있는 카드에 적혀 있는 모든 수의 합은
$1+2+6+8=17$
주머니 B에 들어 있는 카드에 적혀 있는 모든 수의 합은
$3+4+5+7=19$
두 번의 시행은 다음 세 가지 경우로 나눌 수 있다. 이때 두 번의 시행을 한 후 두 주머니 A, B에 들어 있는 카드에 적혀 있는 수의 합을 각각 S_1, S_2라 하자.

(i) 한 개의 주사위를 두 번 던져 나온 눈의 수가 모두 6의 약수인 경우
두 번의 시행에서 주머니 A에 들어 있는 카드 2장을 꺼내어 주머니 B에 넣으므로
$S_1\le 17-1-2=14$, $S_2\ge 19+1+2=22$
그러므로 $S_1<S_2$이다.

(ii) 한 개의 주사위를 두 번 던져 6의 약수가 한 번, 6의 약수가 아닌 수가 한 번 나온 경우
첫 번째 시행에서 6의 약수가 나오고 두 번째 시행에서 6의 약수가 아닌 수가 나왔을 때, 주머니 A에서 꺼내어 주머니 B에 넣은 카드에 적혀 있는 숫자를 a, 주머니 B에서 꺼내어 주머니 A에 넣은 카드에 적혀 있는 숫자를 b라 하고 $S_1>S_2$인 경우를 두 수 a, b의 순서쌍 (a, b)로 나타내면
$(1, 3)$, $(1, 4)$, $(1, 5)$, $(1, 7)$, $(2, 4)$, $(2, 5)$, $(2, 7)$
이므로 $S_1>S_2$인 경우의 수는 7이다.
마찬가지 방법으로 첫 번째 시행에서 6의 약수가 아닌 수가 나오고 두 번째 시행에서 6의 약수가 나왔을 때, $S_1>S_2$인 경우의 수는 7이다.

(iii) 한 개의 주사위를 두 번 던져 나온 눈의 수가 모두 6의 약수가 아닌 경우
두 번의 시행에서 주머니 B에 들어 있는 카드 2장을 꺼내어 주머니 A에 넣으므로
$S_1\ge 17+3+4=24$, $S_2\le 19-3-4=12$
그러므로 $S_1>S_2$이다.

한편, 한 개의 주사위를 던져서 나온 눈의 수가 6의 약수일 확률은 $\frac{4}{6}=\frac{2}{3}$이고, 6의 약수가 아닐 확률은 $\frac{2}{6}=\frac{1}{3}$이다.
그러므로 두 번의 시행 후 주머니 A에 들어 있는 카드에 적혀 있는 수의 합이 주머니 B에 들어 있는 카드에 적혀 있는 수의 합보다 큰 사건을 S, 두 주머니 A, B에 들어 있는 카드의 개수가 같은 사건을 T라 하면 (i), (ii), (iii)에서
$P(S)=2\times\left(\frac{2}{3}\times\frac{1}{3}\times\frac{7}{4\times 5}\right)+\frac{1}{3}\times\frac{1}{3}=\frac{7}{45}+\frac{1}{9}=\frac{4}{15}$,
$P(S\cap T)=2\times\left(\frac{2}{3}\times\frac{1}{3}\times\frac{7}{4\times 5}\right)=\frac{7}{45}$
이므로 구하는 확률은
$$P(T|S)=\frac{P(S\cap T)}{P(S)}=\frac{\frac{7}{45}}{\frac{4}{15}}=\frac{7}{12}$$
따라서 $p=12$, $q=7$이므로
$p+q=12+7=19$

답 19

30

조건 (가)에 의하여
$f(1)\le f(2)\le f(3)\le f(4)\le f(5)\le f(6)$
조건 (나)에 의하여 $f(3)f(4)f(5)$, $f(4)f(5)f(6)$의 값이 모두 3의 배수이므로 다음과 같이 경우를 나눌 수 있다.

(i) $f(4)f(5)$의 값이 3의 배수인 경우
① $f(4)=1$일 때
$f(1)$, $f(2)$, $f(3)$의 값을 정하는 경우의 수는 1
$f(4)f(5)$의 값이 3의 배수이려면
$f(5)=3$일 때 $f(6)$의 값을 정하는 경우의 수는 4
$f(5)=6$일 때 $f(6)$의 값을 정하는 경우의 수는 1
그러므로 이 경우의 수는
$1\times(4+1)=5$
② $f(4)=2$일 때
$f(1)$, $f(2)$, $f(3)$의 값을 정하는 경우의 수는
${}_2H_3={}_4C_3={}_4C_1=4$
$f(4)f(5)$의 값이 3의 배수이려면
$f(5)=3$일 때 $f(6)$의 값을 정하는 경우의 수는 4
$f(5)=6$일 때 $f(6)$의 값을 정하는 경우의 수는 1

그러므로 이 경우의 수는

$4\times(4+1)=20$

③ $f(4)=3$일 때

$f(1)$, $f(2)$, $f(3)$의 값을 정하는 경우의 수는

${}_{3}H_{3}={}_{5}C_{3}={}_{5}C_{2}=10$

$f(4)f(5)$의 값이 3의 배수이므로 $f(5)$, $f(6)$의 값을 정하는 경우의 수는

${}_{4}H_{2}={}_{5}C_{2}=10$

그러므로 이 경우의 수는

$10\times10=100$

④ $f(4)=4$일 때

$f(1)$, $f(2)$, $f(3)$의 값을 정하는 경우의 수는

${}_{4}H_{3}={}_{6}C_{3}=20$

$f(4)f(5)$의 값이 3의 배수이려면 $f(5)=6$이어야 하고,

이때 $f(6)=6$이다.

그러므로 이 경우의 수는

$20\times1=20$

⑤ $f(4)=5$일 때

$f(1)$, $f(2)$, $f(3)$의 값을 정하는 경우의 수는

${}_{5}H_{3}={}_{7}C_{3}=35$

$f(4)f(5)$의 값이 3의 배수이려면 $f(5)=6$이어야 하고,

이때 $f(6)=6$이다.

그러므로 이 경우의 수는

$35\times1=35$

⑥ $f(4)=6$일 때

$f(1)$, $f(2)$, $f(3)$의 값을 정하는 경우의 수는

${}_{6}H_{3}={}_{8}C_{3}=56$

$f(4)f(5)$의 값이 3의 배수이므로 $f(5)$, $f(6)$의 값을 정하는 경우의 수는 1

그러므로 이 경우의 수는

$56\times1=56$

①~⑥에 의하여 조건을 만족시키는 함수 f의 개수는

$5+20+100+20+35+56=236$

(ii) $f(4)f(5)$의 값이 3의 배수가 아닌 경우

조건 (나)를 만족시키기 위해서는 $f(3)$의 값과 $f(6)$의 값이 모두 3의 배수이어야 한다.

① $f(3)=f(6)=3$일 때

$f(4)=f(5)=3$이므로 $f(4)f(5)$의 값이 3의 배수가 되어 주어진 경우를 만족시키지 않는다.

② $f(3)=3$, $f(6)=6$일 때

$f(1)$, $f(2)$의 값을 정하는 경우의 수는

${}_{3}H_{2}={}_{4}C_{2}=6$

이 각각에 대하여 $f(4)$, $f(5)$의 값을 정하는 경우는

$f(4)=f(5)=4$ 또는 $f(4)=4$, $f(5)=5$ 또는 $f(4)=f(5)=5$의 3가지이다.

그러므로 이 경우의 수는

$6\times3=18$

③ $f(3)=f(6)=6$일 때

$f(4)=f(5)=6$이므로 $f(4)f(5)$의 값이 3의 배수가 되어 주어진 경우를 만족시키지 않는다.

①, ②, ③에 의하여 조건을 만족시키는 함수 f의 개수는 18이다.

(i), (ii)에 의하여 구하는 함수 f의 개수는

$236+18=254$

답 254

MEMO

고2~N수 수능 집중 로드맵

수능 입문 → 기출 / 연습 → 연계+연계 보완 → 심화 / 발전 → 모의고사

수능 입문
- 윤혜정의 개념/패턴의 나비효과
- 하루 6개 1등급 영어독해
- 수능 감(感)잡기
- 수능특강 Light
- 강의노트 수능개념

기출 / 연습
- 윤혜정의 기출의 나비효과
- 수능 기출의 미래
- 수능 기출의 미래 미니모의고사
- 수능특강Q 미니모의고사

연계+연계 보완
- 수능연계교재의 VOCA 1800
- 수능연계 기출 Vaccine VOCA 2200
- 연계: 수능특강
- 연계: 수능완성
- 수능특강 사용설명서
- 수능특강 연계 기출
- 수능 영어 간접연계 서치라이트
- 수능완성 사용설명서

심화 / 발전
- 수능연계완성 3주 특강
- 박봄의 사회 · 문화 표 분석의 패턴

모의고사
- FINAL 실전모의고사
- 만점마무리 봉투모의고사
- 만점마무리 봉투모의고사 시즌2
- 만점마무리 봉투모의고사 BLACK Edition
- 수능 직전보강 클리어 봉투모의고사

구분	시리즈명	특징	수준	영역
수능 입문	윤혜정의 개념/패턴의 나비효과	윤혜정 선생님과 함께하는 수능 국어 개념/패턴 학습	●	국어
	하루 6개 1등급 영어독해	매일 꾸준한 기출문제 학습으로 완성하는 1등급 영어 독해	●	영어
	수능 감(感) 잡기	동일 소재 · 유형의 내신과 수능 문항 비교로 수능 입문	●	국/수/영
	수능특강 Light	수능 연계교재 학습 전 연계교재 입문서	●	영어
	수능개념	EBSi 대표 강사들과 함께하는 수능 개념 다지기	●	전 영역
기출/연습	윤혜정의 기출의 나비효과	윤혜정 선생님과 함께하는 까다로운 국어 기출 완전 정복	●	국어
	수능 기출의 미래	올해 수능에 딱 필요한 문제만 선별한 기출문제집	●	전 영역
	수능 기출의 미래 미니모의고사	부담없는 실전 훈련, 고품질 기출 미니모의고사	●	국/수/영
	수능특강Q 미니모의고사	매일 15분으로 연습하는 고품격 미니모의고사	●	전 영역
연계 + 연계 보완	수능특강	최신 수능 경향과 기출 유형을 분석한 종합 개념서	●	전 영역
	수능특강 사용설명서	수능 연계교재 수능특강의 지문 · 자료 · 문항 분석	●	국/영
	수능특강 연계 기출	수능특강 수록 작품 · 지문과 연결된 기출문제 학습	●	국어
	수능완성	유형 분석과 실전모의고사로 단련하는 문항 연습	●	전 영역
	수능완성 사용설명서	수능 연계교재 수능완성의 국어 · 영어 지문 분석	●	국/영
	수능 영어 간접연계 서치라이트	출제 가능성이 높은 핵심만 모아 구성한 간접연계 대비 교재	●	영어
	수능연계교재의 VOCA 1800	수능특강과 수능완성의 필수 중요 어휘 1800개 수록	●	영어
	수능연계 기출 Vaccine VOCA 2200	수능-EBS 연계 및 평가원 최다 빈출 어휘 선별 수록	●	영어
심화/발전	수능연계완성 3주 특강	단기간에 끝내는 수능 1등급 변별 문항 대비서	●	국/수/영
	박봄의 사회 · 문화 표 분석의 패턴	박봄 선생님과 사회 · 문화 표 분석 문항의 패턴 연습	●	사회탐구
모의고사	FINAL 실전모의고사	EBS 모의고사 중 최다 분량, 최다 과목 모의고사	●	전 영역
	만점마무리 봉투모의고사	실제 시험지 형태와 OMR 카드로 실전 훈련 모의고사	●	전 영역
	만점마무리 봉투모의고사 시즌2	수능 직전 실전 훈련 봉투모의고사	●	국/수/영
	만점마무리 봉투모의고사 BLACK Edition	수능 직전 최종 마무리용 실전 훈련 봉투모의고사	●	국·수·영
	수능 직전보강 클리어 봉투모의고사	수능 직전(D-60) 보강 학습용 실전 훈련 봉투모의고사	●	전 영역